●サンプルデータについて

本書で紹介したデータは、サンプルとして秀和システムのホームページからダウンロードできます。詳しいダウンロードの方法については、次のページをご参照ください。

●ダウンロードページ
http://www.shuwasystem.co.jp/books/pmvcshap2019no181/

●中見出し
紹介する機能や内容を表します。

●手順解説（Process）
操作の手順について、順を追って解説しています。

●具体的な操作
どこをどう操作すればよいか、具体的な操作と、その手順を表しています。

●本文の太字
重要語句は太字で表しています。用語索引（→P.638）とも連動しています。

●理解が深まる囲み解説
下のアイコンのついた囲み解説には関連する操作や注意事項、ヒント、応用例など、ほかに類のない豊富な内容を網羅しています。

Onepoint
正しく操作するためのポイントを解説しています。

Attention
操作上の注意や、犯しやすいミスを解説しています。

Tips
関連操作やプラスアルファの上級テクニックを解説しています。

Hint
機能の応用や、実用に役立つヒントを紹介しています。

Memo
内容の補足や、別の使い方などを紹介しています。

見やすい手順とわかりやすい解説で理解度抜群！

■ サンプルデータについて

本書で紹介したデータは、㈱秀和システムのホームページからダウンロードできます。本書を読み進めるときや説明に従って操作するときは、サンプルデータをダウンロードして利用されることをおすすめします。

ダウンロードは以下のサイトから行ってください。

㈱秀和システムのホームページ
http://www.shuwasystem.co.jp/

サンプルファイルのダウンロードページ
http://www.shuwasystem.co.jp/books/pmvcshap2019no181/

サンプルデータは、「chap02.zip」「chap03.zip」など章ごとに分けてありますので、それぞれをダウンロードして、解凍してお使いください。

ファイルを解凍すると、フォルダーが開きます。そのフォルダーの中には、サンプルファイルが節ごとに格納されていますので、目的のサンプルファイルをご利用ください。

なお、解凍したファイルは、操作を始める前にバックアップを作成してから利用されることをおすすめします。

▼サンプルデータのフォルダー構造

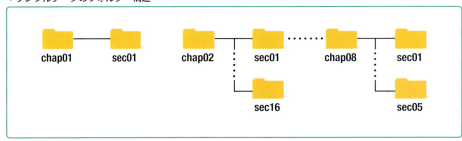

Perfect Master 181

Microsoft Visual Studio

Visual C# 2019 パーフェクトマスター

[Community 2019 完全対応
Professional 2019/
Enterprise 2019 対応]

ダウンロードサービス付

金城 俊哉 著

秀和システム

◢ 注意

(1) 本書は著者が独自に調査した結果を出版したものです。

(2) 本書は内容について万全を期して作成いたしましたが、万一、ご不審な点や誤り、記載漏れなどお気付きの点がありましたら、出版元まで書面にてご連絡ください。

(3) 本書の内容に関して運用した結果の影響については、上記 (2) 項にかかわらず責任を負いかねます。あらかじめご了承ください。

(4) 本書の全部、または一部について、出版元から文書による許諾を得ずに複製することは禁じられています。

◢ 商標

・Microsoft、Windows、Windows 10/8.1/7、およびVisual C#、Visual Studioは、米国Microsoft Corporationの米国、およびその他の国における商標または登録商標です。

・その他、CPU、ソフト名は一般に各メーカーの商標または登録商標です。

なお、本文中では™および®マークは明記していません。

書籍のなかでは通称またはその他の名称で表記していることがあります。ご了承ください。

Visual C# を楽しく学びましょう

　Visual C#は、C/C++言語の流れを汲むC#言語をMicrosoft社の開発ツール「Visual Studio」に適応させたプログラミング言語です。言語仕様そのものはC#ですが、デスクトップアプリやWebアプリ、データベースアプリに加え、これらのアプリとは異なるプラットフォームで動作するユニバーサルWindowsアプリを開発するためのライブラリを備えています。

　Visual C#が搭載されているVisual Studioには、Visual BasicやVisual C++などの言語も標準で搭載されていて、最新バージョンはVisual Studio 2019です。これに伴い、Visual C#も「Visual C# 2019」となりました。

　本書では、C#のソースコードの書き方からはじめ、プログラムが動作する仕組みを織り交ぜながら、デスクトップ、データベース、Web、ユニバーサルWindowsなど、Visual Studioで開発できるすべてのタイプのアプリ（WPFアプリは除きます）の開発について学んでいきます。文法解説の多くは、コンソールアプリを題材としていますが、これらの知識を生かしつつ、デスクトップやデータベースアプリ、その他の開発に進めるように本書を構成しました。

　それぞれの項目ではソースコードの構造を、プログラムが動く様子を織り交ぜながら解説していますので、プログラミングがはじめてでも無理なく楽しく学んでもらえると思います。

　なお、本書では、無償で利用できる「Visual Studio Community 2019」を利用して次の形態のVisual C#アプリの開発を通して、段階的に学習していきます。

・コンソールアプリ
・デスクトップアプリ
・データベースアプリ（Visual Studioに同梱されているSQL Serverとの連携）
・Webアプリ（Webサーバーで動作するアプリ）
・ユニバーサルWindowsアプリ

　また、本書の改訂にあたり、近年話題のAI（人工知能）的な動作をするチャットボット（会話ボット）、「C#ちゃん」の開発を新たに取り入れましたので、途中で飽きたり挫折することなく、最後まで楽しく読み通していただけると思います。

　Visual C#は、時代と共に様々な形態のアプリの開発をサポートするようになっただけでなく、言語自体の仕様もどんどん進化しています。本書では、最新の情報も詰め込んでいますので、Visual C#プログラミングのスキルがしっかり身に付くことでしょう。

　この本がVisual C#プログラミングを学ぶための一助となることを願っております。

2019年9月　　　　　　　　　　　　　　　　　　　　　　　　　　　　金城俊哉

Contents
目次

Perfect Master Series
Visual C# 2019

0.1	**Visual C# プログラミングをゼロからスタート**	**22**
0.2	**プログラミングの知識がなくても大丈夫!!**	**24**

Chapter 1　Visual C#ってそもそも何？　　25

1.1	**Visual C#ってそもそも何をするものなの？**	**26**
1.1.1	Visual C# と Visual Studio	27
	C# と Visual C#	27
	Visual Studioはアプリを開発するためのアプリ	27
	Visual Studioでは3つの言語が使える	28
1.2	**.NET Framework の概要**	**29**
1.2.1	.NET Framework の構造	30
	.NET Frameworkの構成	30
1.2.2	CLR（共通言語ランタイム）の構造	31
	CLR（共通言語ランタイム）が必要な理由	31
Memo	C、C++とC#の関係を教えてください	32
	CLR（共通言語ランタイム）に含まれるソフトウェアを確認する	33
1.2.3	Visual C#のための開発ツール	34
	Visual C#の学習なら「Community」	34
1.3	**VS Community 2019のダウンロードとインストール**	**35**
1.3.1	Visual Studio Community 2019のダウンロードとインストール手順	36
1.4	**Visual Studio Community 2019によるデスクトップアプリ開発**	**39**
1.4.1	デスクトップアプリ開発の流れ	40
Memo	ソリューション	41
Memo	Visual Studioと.NET Frameworkのバージョン	41
1.5	**プログラム用ファイルの作成と保存**	**42**
1.5.1	［スタート画面］からプロジェクトを作成する	43
	プロジェクトを保存して閉じる	44
	作成済みのプロジェクトを開く	44
	プロジェクト作成時に生成されるファイルを確認する	45
Memo	コンソールアプリケーション作成時に生成されるファイルやフォルダー	46

Contents　目次

1.6　Visual Studioの操作画面　　47

1.6.1　Visual Studioの作業画面（ドキュメントウィンドウ）······48
　　　　　フォームデザイナーを表示する······48
　Hint　　フォーム用のファイル······48
　　　　　コードエディターを表示する······49

1.6.2　Visual Studioで使用する各種のツール······50
　　　　　ツールボックスを表示する······50
　Memo　C#のバージョンアップ時に追加された機能（その①）······50
　Memo　C#のバージョンアップ時に追加された機能（その②）······51
　　　　　ソリューションエクスプローラーを表示する······52
　　　　　プロパティウィンドウを表示する······53
　　　　　ツールウィンドウの表示方法を指定する······54

1.6.3　ダイナミックヘルプを使う······55
　Memo　ツールウィンドウの自動非表示を解除する······55

Chapter 2　Visual C#の文法　　57

2.1　コンソールアプリケーションのプログラムの構造　　58

2.1.1　ソースコードの実体（ステートメント）······59
　　　　　ステートメントを記述する······59
　　　　　コンソールアプリのコードはどうなっている？······60
　Memo　コンソールウィンドウの設定······61
　Memo　C#のバージョンアップ時に追加された機能（その③）······63
　Memo　Visual C#のキーワード······63

2.2　Visual C#で扱うデータの種類　　64

　Memo　値型のメモリ管理······65
　Memo　値型のメモリ割り当て······65

2.2.1　CTS（共通型システム）······66
　　　　　Visual C#のデータ型を確認する······66

2.2.2　データ型のタイプ（値型と参照型）······69
　　　　　値型の特徴······69
　Memo　スタックとヒープ······72
　Memo　クラスとオブジェクト······73
　　　　　参照型の特徴······74
　Memo　スタック割り当てはヒープメモリの確保よりも高速で行われる······77
　　　　　値型と参照型が使い分けられる理由······78

Contents 目次

2.3 データに名前を付けて保持しよう（変数） 79

2.3.1 変数の使い方 80
変数を宣言する 80
変数に値を代入する 81
varによる暗黙の型を利用した変数宣言 82
Memo ヒープの使い方 83
変数名の付け方を確認する 84
2.3.2 ローカル変数とフィールド 85
ローカル変数とフィールドの宣言 85
ローカル変数とフィールドのスコープを確認する 87

2.4 変えてはいけない！（定数） 92

2.4.1 定数の使い方 93
定数の種類 93
ローカル定数の宣言 93
フィールドの定数を宣言 94
Memo 定数名の付け方 94

2.5 演算子で演算しよう 95

2.5.1 演算の実行 96
演算子の種類と使い方 96
代入演算子による簡略表記 100
Memo 前置インクリメント演算と後置インクリメント演算 103
Memo 単項演算子と二項演算子 104
Memo 単純代入演算子と複合代入演算子 104
文字列を比較する 105
Memo C#のバージョンアップ時に追加された機能（その④） 106
2.5.2 「税込み金額計算アプリ」を作る 107
Memo リテラル 110
ソースコードを入力する 112

2.6 データ型の変換 118

Memo 整数型への型キャストを行うメソッド 119
2.6.1 データ型の変換（暗黙的な型変換とキャスト） 120
暗黙的な型変換が行われる状況を確認する 121
Hint キャストを正しく行うための注意点 123
2.6.2 メソッドを使用した型変換（Convertクラスによる変換） 124
Memo C#のバージョンアップ時に追加された機能（その⑤） 125
2.6.3 値型から参照型への変換（Boxing） 126
2.6.4 数値を3桁区切りの文字列にする（Format()メソッド） 129

		数値を3桁ごとに区切る	129
	Memo	#と0の違い	134

2.7 組み込み型 — 135

	Memo	小数点以下の切り捨て	136
2.7.1		**整数型**	137
	Memo	実数リテラルの表記法	138
	Memo	整数型の変数宣言	139
		データ型の不適切な指定によるエラーを回避する	140
	Memo	long型同士の演算	141
		オーバーフローを回避する	142
	Memo	浮動小数点数型への型キャストを行うメソッド	142
	Memo	オーバーフローをチェックする	144
2.7.2		**浮動小数点数型**	145
	Memo	C#のバージョンアップ時に追加された機能（その⑥）	146
2.7.3		**10進数型**	147
	Memo	decimal型への型キャストを行うメソッド	147
2.7.4		**論理型**	148
2.7.5		**文字型**	148
	Memo	bool型への型キャストを行うメソッド	149
	Memo	char型への型キャストを行うメソッド	149
	Memo	char型で使用する演算子	150
	Hint	char型の変数にエスケープシーケンスを代入する	150
2.7.6		**object型**	151
	Memo	object型で使用する演算子	151
2.7.7		**string型**	152
	Memo	string型への型キャストを行うメソッド	154
2.7.8		**繰り返し処理をstring型とStringBuilderクラスで行う**	154
	Memo	コメントの記述	156

2.8 名前空間（ネームスペース） — 157

2.8.1		**名前空間の定義**	158
2.8.2		**usingによる名前空間の指定**	160
	Memo	usingキーワードを使ってエイリアスを指定する	160

2.9 ○○なら××せよ！ — 161

2.9.1		**条件によって処理を分岐**	162
2.9.2		**3つ以上の選択肢を使って処理を分岐**	164
2.9.3		**複数の条件に対応して処理を分岐**	170
	Memo	MessageBox.Show()メソッド	172
	Memo	名前空間の特徴	172

Contents 目次

2.10 繰り返しステートメント 173

2.10.1	**同じ処理を繰り返す (for)**	174
	指定した回数だけ処理を繰り返す	174
	ゲームをイメージしたバトルシーンを再現してみよう	175
2.10.2	**状況によって繰り返す処理の内容を変える**	177
	2つの処理を交互に繰り返す	177
	3つの処理をランダムに織り交ぜる	179
2.10.3	**指定した条件が成立するまで繰り返す (while)**	182
	条件が成立する間は同じ処理を繰り返す	182
	必殺の呪文で魔物を全滅させる	182
	無限ループ	184
	処理回数をカウントする	185
	whileを強制的に抜けるためのbreak	186
Hint	ドキュメントコメント	187
2.10.4	**繰り返し処理を最低1回は行う**	188
2.10.5	**コレクション内のすべてのオブジェクトに同じ処理を実行**	189
Tips	特定のコントロールに対して処理を行う	191
Memo	「Controls」コレクションの中身を確認する	192

2.11 配列とコレクション 193

2.11.1	**1次元配列を使う**	194
	1次元配列を利用したプログラムを作成する	196
Memo	インデクサーを使う	201
	1次元配列を利用したプログラムを実行する	203
2.11.2	**2次元配列を使う**	205
	2次元配列を利用したプログラムを作成する	206
	プログラムの実行	210
Memo	varを使用した配列の宣言	211
Hint	コレクション初期化子	212
Memo	初期化子	212
2.11.3	**コレクション・クラス**	213
Hint	小数以下の値を四捨五入するには	215

2.12 ジェネリック 216

2.12.1	**ジェネリッククラス**	217
Hint	コンソールがすぐに閉じてしまうときの対処法	218
Hint	ジェネリッククラスとArrayListクラスの処理時間の比較	219
Tips	Dictionary<TKey,TValue>クラス	220
Tips	List<T>ジェネリッククラスでのAction<T>デリゲートの使用	222
Hint	カッコの使い方	224

Contents 目次

2.12.2	型パラメーターを持つクラス	225
	コード解説	226
	複数の型パラメーターを持つクラス	228
Memo	==演算子での値型と参照型の判定結果の違い	229
2.12.3	ジェネリックメソッド	230

2.13 イテレーター 231

2.13.1	イテレーターによる反復処理	232
	イテレーターを使ったプログラム	234
Memo	＋演算子	235

2.14 LINQによるデータの抽出 236

2.14.1	LINQとクエリ式	237
	配列から特定の範囲の数値を取り出す	237
	文字配列から特定の文字で始まるデータを取り出す	240
Memo	ラスターグラフィックスとベクターグラフィックスの違い	241
2.14.2	LINQを利用した並べ替え	242
Memo	クエリ式をメソッドの呼び出し式に書き換える	243
2.14.3	select句でのデータの加工処理	244
Memo	メソッドを使った式に書き換える	245
2.14.4	クエリの結果をオブジェクトにして返す	246
	メソッドを使った式に書き換える	249
Memo	C#のバージョンアップ時に追加された機能 (その⑦)	249
Hint	抽出するインスタンスを絞り込む	249

2.15 構造体 250

2.15.1	構造体の概要	251
	構造体を使ったプログラムを作成する	253
Tips	配列の要素数を求める	256
Hint	構造体とクラスの処理時間を計測してみる	256

2.16 列挙体 258

2.16.1	列挙体の概要	259
2.16.2	列挙体を使ったプログラムの作成	260
Memo	C#のバージョンアップ時に追加された機能 (その⑧)	261

Chapter 3 Visual C#のオブジェクト指向プログラミング 263

3.1 クラスの作成 264

3.1.1	クラス専用ファイルの作成	265

9

Contents　目次

	空のクラスを作成する	265
Memo	クラス名の付け方	265
3.1.2	**フィールドとプロパティを定義する**	268
	プロパティを定義する	269
Memo	getとsetに異なるアクセシビリティを設定する	270
3.1.3	**メソッドの定義**	271
Memo	論理演算子	273
Memo	読み取り専用と書き込み専用のプロパティ	273
3.1.4	**操作画面の作成**	274
	イベントハンドラーの作成	274
	プログラムを実行して動作を確認する	276
3.1.5	**コンストラクターの定義**	277
Tips	プロパティにチェック機能を実装する	279
3.1.6	**自動実装プロパティ**	281
Memo	パラメーターの既定値	282

3.2　メソッドの戻り値とパラメーターの設定　　283

3.2.1	**returnによるメソッドの強制終了**	284
	ifステートメントでメソッドを終了させる	284
	ループを強制終了させる	285
Tips	自動実装プロパティの初期化	285
3.2.2	**メソッドの戻り値とパラメーター**	286
	パラメーターと引数	286
3.2.3	**値渡しと参照渡し**	287
	値渡しと参照渡しは値型や参照型とは異なる	287
	outで参照渡しを簡潔に実行する	289
Memo	可変長のパラメーター	291

3.3　メソッドの呼び出し式　　292

Tips	パラメーターの並び順を無視して引数の並び順を決める	293
3.3.1	**呼び出し式を使用したメソッド呼び出し**	294
	インスタンスメソッドの呼び出し	294
	静的メソッドの呼び出し	295
Tips	式だけで構成されるラムダ式	296
Memo	Funcの書き方	297
3.3.2	**デリゲート経由のメソッド呼び出し**	298
	定義済みのデリゲート型	299
3.3.3	**ラムダ式によるデリゲートの実行**	301
	ラムダ式の書き方	302
	値を返すラムダ式	303

Contents　目次

3.3.4	メソッドの戻り値をクラス型で返す	305
3.3.5	メソッドのオーバーロード	306
	メソッドをオーバーロードする（パラメーターの型の相違）	306
	メソッドをオーバーロードする（パラメーターの数の相違）	307
Memo	条件演算子を利用したifステートメントの省略	308

3.4　コンストラクター　309

3.4.1	コンストラクターの役割	310
	コンストラクターのパラメーターを配列にする	312
	コンストラクターのオーバーロード	313
Memo	継承のメリット	316
3.4.2	thisによる参照情報の付加	317
	this()で別のコンストラクターを呼び出す	317

3.5　クラスを引き継いで子供クラスを作る（継承）　320

3.5.1	スーパークラスとサブクラスを作成してみる	321
	スーパークラスを継承してサブクラスを作る	321
3.5.2	継承でのコンストラクターの扱い	322
Memo	継承に含まれない要素	323
	スーパークラスのコンストラクターの呼び出し	324
	パラメーター付きコンストラクター呼び出し時のエラー	325
Memo	オーバーライドとオーバーロード	326
3.5.3	サブクラスでメソッドをオーバーロードする	327
	スーパークラスのメソッドの呼び出し	328

3.6　メソッドを改造して同じ名前で呼び分ける（オーバーライドとポリモーフィズム）　329

3.6.1	オーバーライドによるメソッドの再定義	330
	オーバーライドを利用したチャットボット「C#ちゃん」の作成	330
	ポリモーフィズムによってオーバーライドされたメソッドを呼び分ける	333
	応答クラスのスーパークラス	334
	核心の対話処理その1	335
	核心の対話処理その2	336
	イベントハンドラーの定義	338

3.7　もう一度ポリモーフィズム　341

3.7.1	スーパークラス型の参照変数の利用	342
	スーパークラス型の変数にサブクラスのインスタンスを割り当てる	342
3.7.2	インスタンスの型によるオーバーライドメソッドの有効化	344
	起動するオーバーライドメソッドの指定	345
Hint	実装したメソッドと同名のメソッドを定義する	345

11

Contents　目次

3.7.3	オーバーライド/オーバーロードされたメソッドを呼び分ける	347

3.8　抽象クラスとインターフェイス　350

3.8.1	抽象クラス	351
3.8.2	スーパークラスを抽象クラスにしてポリモーフィズムを実現	353
3.8.3	インターフェイスの概要	355
3.8.4	インターフェイスの作成	356
3.8.5	インターフェイスの実装	357
	インターフェイスをクラスに実装する	357
3.8.6	インターフェイスを実装してメソッド呼び出しの仕組みを作る	358
	インターフェイスの作成	359
	スーパークラスとサブクラスの作成	360
	操作画面とイベントハンドラーの作成	362
Memo	abstractを付けるとどんなクラスでも抽象クラスになる	364

3.9　デリゲート　365

3.9.1	デリゲートの特徴と用途	366
	デリゲートを活用する	367
	静的メソッドの登録	369
	privateメソッドの登録	370
	複数の委譲先をまとめて登録する	371

3.10　メソッドと配列での参照変数の利用　373

3.10.1	参照型のパラメーター	374
3.10.2	インスタンス同士の演算	376
Hint	初期値をセットしてクラス型の配列を作成する	377
3.10.3	クラス型の配列	378
	複数のフィールドを持つクラスを配列要素で扱う	379

Chapter 4　デスクトップアプリの開発　381

4.1　Windowsフォームアプリケーションのプログラムの構造　382

4.1.1	Windowsフォームアプリケーションの実体—プログラムコードの検証	383
Memo	プロセスとスレッド	385
Hint	ヘルプでプロパティの内容を調べるには	390
4.1.2	プログラム実行の流れ	391
	フォームが終了されるプロセス	393
	フォームへのボタン追加時のプログラムコードを確認する	395
Memo	ビルド	396

Contents 目次

4.2 デスクトップアプリ (UI) の開発　397

4.2.1	**Windowsフォームの役割と種類**	398
Memo	文字列の改行	398
4.2.2	**コントロールの種類**	399
Memo	C#のバージョンアップ時に追加された機能 (その⑨)	402
Hint	Visual Studioのインテリセンスを使ってコードを入力する	403

4.3 フォームの操作　404

4.3.1	**フォームの名前を変更する**	405
	フォームの名前を変更する	405
Hint	[プロパティ]ウィンドウを使ってフォームのサイズを変更する	405
	フォームの背景色を変更する	406
Hint	Color構造体	406
Memo	色の指定	407
Memo	[BackColor]プロパティの設定	408
Memo	[リソースの選択]ダイアログボックス	408
	タイトルバーのタイトルを変更する	409
Memo	タイトルバーの[Text]プロパティの設定	409
4.3.3	**フォームの表示位置の指定**	410
	プログラム起動時にFormを画面中央に表示する	410
Onepoint	[StartPosition]プロパティの設定	411
Memo	[StartPosition]プロパティで指定できる値	411
	フォームの表示位置を指定する	412
Onepoint	[Location]プロパティの設定	412

4.4 コントロールとコンポーネントの操作　413

4.4.1	**コントロールの操作**	414
	コントロールに表示するテキストを変更する	414
	テキストのサイズやフォントを指定する	415
Memo	ツールバーに[レイアウト]が表示されていない場合は	415
	テキストや背景の色を指定する	416
Memo	[ForeColor]プロパティと[BackColor]プロパティの設定	417
	GroupBoxを利用して複数のコントロールを配置する	418
4.4.2	**コントロールのカスタマイズ**	419
	テキストボックスの入力モードを指定する	419
Memo	[ImeMode]プロパティ	419
Tips	フォーム上にグリッドを表示する	420
4.4.3	**メニューを配置する**	421
	メニューの項目を設定する	421
Tips	メニュー項目に区分線を入れる	422

13

Contents　目次

| Hint | メニューの項目やサブメニューを削除するには | 423 |

| Memo | コントロールのTextプロパティの設定 | 424 |

| Memo | メニューを追加する | 424 |

4.5　イベントドリブンプログラミング　425

| Hint | サブメニューを追加するには | 426 |

4.5.1　ボタンコントロールでイベントを処理する 427

ボタンクリックで別のフォームを表示する 427

| Hint | フォームをモードレスで開くには | 428 |

| Memo | フォームを閉じるステートメント | 428 |

| Onepoint | プログラムを終了させるExit() | 428 |

ボタンクリックでフォームを閉じる 429

フォームを閉じると同時にプログラムを終了する 429

ボタンクリックで背景色を変える 430

4.5.2　テキストボックスの利用 431

入力したテキストをラベルに表示する 431

| Onepoint | タイトルバーのボタンを非表示にするステートメント | 432 |

入力された文字列を数値に変換する 433

| Onepoint | フォームの位置を変化させるステートメント | 436 |

4.5.3　チェックボックスとラジオボタンの利用 437

チェックボックスを使う 437

ラジオボタンを使う 438

4.5.4　リストボックスの利用 440

選択した項目を取得する 440

| Memo | リストボックスで複数選択を可能にする | 441 |

複数の項目を選択できるようにする 442

| Onepoint | チェックボックスのチェックの状態を取得する | 443 |

リストボックスに項目を追加できるようにする 447

| Memo | リストボックスにアイテムを追加/削除する | 449 |

4.6　イベントドリブン型デスクトップアプリの作成　450

4.6.1　誕生日までの日数を計算する 451

| Memo | DateTimePickerコントロールを利用した処理 | 453 |

| Memo | 「MessageBoxButtons」列挙体 | 454 |

4.6.2　メッセージボックスを使う 455

| Memo | ボタンの戻り値 | 455 |

4.6.3　メニューが選択されたら処理を行う 456

| Hint | メニューを利用してコントロールを整列させる | 457 |

4.6.4　他のアプリケーションとの連携 458

プログラムを終了する処理を追加する 460

Contents　目次

| | Onepoint | スクロールバーの表示 | 461 |

4.7　現在の日付と時刻の表示　462

4.7.1	日付と時刻を表示するアプリ	463
	日付と時刻を表示するプログラムを作成する	463
Memo	Timerコンポーネント	465
	時刻をデジタル表示するアプリ	465
Hint	「DateTime」型のデータから任意の値を取り出す	467
Hint	LoadFileメソッドのパラメーター	467

4.8　ファイルの入出力処理　468

4.8.1	テキストエディターの操作画面を作る	470
Memo	テキストボックスのプロパティ	471
4.8.2	ダイアログボックスを利用したファイル入出力	472
	ダイアログボックスを使ってファイルを開くための処理を記述する	478
	プログラムの終了処理	481
Memo	整列用のボタン	481
Memo	[保存]ボタンまたは[キャンセル]ボタンがクリックされたときの処理	482
Memo	左右の間隔調整用のボタン	482

4.9　印刷機能の追加　483

Memo	サイズ揃え用のボタン	484
4.9.1	印刷機能の組み込み（PrintDocumentとPrintDialog）	485
	[印刷]ダイアログボックスを使って印刷が行えるようにする	485
Memo	上下の間隔を調整するボタン	487
Memo	C#のバージョンアップ時に追加された機能（その⑩）	491
	PrintDocumentオブジェクトの印刷内容を設定する	492
4.9.2	印刷プレビューとページ設定の追加	502
	[印刷プレビュー]ダイアログボックスを表示する機能を追加する	502
	[ページ設定]ダイアログボックスを表示する	503
Memo	[印刷プレビュー]ダイアログボックスの表示	503
Hint	MouseClickイベントの種類とイベントの内容	504
Memo	構造化エラー処理（try...catchステートメント）	505

4.10　デバッグ　506

4.10.1	ステートメントの1行単位の実行—ステップ実行	508
	ステップインでステートメントを1行ずつ実行する	508
Memo	[デバッグの停止]ボタンと[続行]ボタン	509
4.10.2	指定したステートメントまでの実行（ブレークポイントの設定）	510
	中断しているステートメント内の変数の値を確認する	511
	メソッドに含まれるすべてのローカル変数の値を確認する	511

15

Contents 目次

4.11 Visual C# アプリの実行可能ファイルの作成 512

4.11.1	アセンブリとビルド	513
4.11.2	ビルドの準備	514
Memo	各種情報の表示	515
	実行可能ファイルの名前を設定する	516
4.11.3	実行可能ファイルの作成	517
	作成したEXEファイル (実行可能ファイル) を実行する	518
Memo	実行可能ファイルが保存されているフォルダー	518

4.12 プログラムに「感情」を組み込む (正規表現) 519

4.12.1	アプリの画面を作ろう	520
	C#ちゃんのGUI	520
4.12.2	辞書を片手に (Cdictionaryクラス)	522
	ランダム応答用の辞書	522
	C#ちゃん、パターンに反応する (応答パターンを「辞書化」する)	524
	正規表現のパターン	525
	パターン辞書ファイルを作ろう	529
	C#ちゃん、辞書を読み込む	530
4.12.3	感情の創出	533
	C#ちゃんに「感情」を与えるためのアルゴリズム	533
4.12.4	感情モデルの移植 (CchanEmotionクラス)	537
	プロパティの定義	539
	コンストラクターの定義	539
4.12.5	感情モデルの移植 (ParseItemクラス)	540
	正規表現のパターン	544
	ParseItemクラスのコンストラクターによるオブジェクトの初期化	546
	Match()、Choice()、Suitable()メソッドの追加	548
4.12.6	感情モデルの移植 (Responderクラス、PatternResponderクラス、	
	RandomResponderクラス、RepeatResponderクラス、Cchanクラス)	551
	ResponderクラスとRepeatResponder、RandomResponder	551
	パターン辞書を扱うPatternResponderクラス	554
4.12.7	感情モデルの移植 (C#ちゃんの本体クラス)	556
4.12.8	C#ちゃん、笑ったり落ち込んだり (Form1クラス)	558
	感情の揺らぎを表情で表す	558
Memo	エラーの種類とエラー関連の用語	561

Contents 目次

Chapter 5　ADO.NETによる データベースプログラミング　563

5.1　ADO.NETの概要　564

5.1.1　ADO.NETとデータベースプログラミング　565
　　　　ADO.NETの実体はクラスライブラリ　565
　　　　ADO.NETのインストール先　565
5.1.2　データベース管理システム　566
　　　　SQLによるデータベースの操作　566
　　　　データベースファイルとテーブル　567

5.2　データベースの作成　568

5.2.1　データベースを作成する　569
Memo　データベースへの接続と切断　570
Memo　テーブル名の指定　570
5.2.2　テーブルの作成　571
　　　　作成したテーブルを確認する　573
Hint　プライマリーキー　573
Memo　SQL Serverで使用する主なデータ型　574
Memo　コードペイン　575
5.2.3　データの登録　576

5.3　データベースアプリの作成　577

5.3.1　接続文字列の作成　578
5.3.2　データベース操作の概要　581
　　　　データプロバイダーによるデータベースへのアクセス　581
　　　　SqlConnectionクラスによる接続　582
　　　　SqlCommandインスタンスへのSQL文の格納　583
Hint　テーブルの内容を変更するには　584
　　　　SqlDataReaderインスタンスからのレコード取得　585
5.3.3　操作画面の作成とイベントハンドラーの作成　588
　　　　テーブルデータを表示するイベントハンドラーの作成　588
Memo　データを登録する (INSERT INTO...VALUES)　591
5.3.4　指定したデータの抽出　592
Memo　指定したデータを抽出する　593
　　　　住所を指定して抽出する　594
Memo　指定した文字を含むデータを検索する (LIKEによるあいまい検索)　595
Memo　ListBoxのクリア　596
5.3.5　データ登録用フォームの作成　597
5.3.6　データ消去用フォームの作成　600

17

Contents 目次

5.4	データセットによるデータベースアプリの作成	603
5.4.1	データセットを利用したデータベースプログラミング	604
	データセットの仕組み	604
	ADO.NETのクラス	604
Memo	レコード単位でデータを削除する	605
	データセットを作成する	607
	データセットをフォームに登録する	610
5.4.2	プログラムの改造	612
	[データのロード] と [更新] ボタンを配置する	612
Memo	接続文字列の構造	616
Hint	SQLの基本的な書き方	616

5.5	LINQを利用したデータベースアプリの開発	618
5.5.1	LINQ to DataSetの作成	619
	データセットの作成	619
Memo	LINQを使うメリット	619
Memo	接続文字列の確認	622
	LINQ to DataSetでデータベースのデータを抽出する	623
	作成したプログラムを実行する	626

Chapter 6　マルチスレッドプログラミング　627

6.1	マルチスレッドプログラミング	628
6.1.1	CPUの動作	629
	CPUのマシンサイクル	629
	CPUの高速化技術	630
Memo	CPUとは	630
6.1.2	CPUでのマルチタスク処理	631
	ジョブ管理	631
	タスク管理	632
6.1.3	スレッドの生成による処理の効率化	633
	マルチタスクOSでのスレッドの生成	633

6.2	Threadクラスを使用したスレッドの作成と実行	634
6.2.1	Threadクラスによるスレッドの生成と実行	635
	マルチスレッドの基本、Threadクラスによるスレッドの生成	635
	Threadクラスを使ってスレッドを生成するプログラムを作成①	636
Onepoint	ラムダ式を使った記述	638
Memo	マルチスレッドの利便性	638

18

Contents　目次

		Threadクラスを使ってスレッドを生成するプログラムを作成②	639
Tips		クロック倍率	640
Memo		スレッドの状態の推移	641
Memo		ロック	641
		Threadクラスを使ってスレッドを生成するプログラムを作成③	642
	6.2.2	**Sleepによるスレッドの交互操作**	644
		スレッドを交互に実行させる	644
	6.2.3	**別スレッドで実行中のメソッドへの引数渡し**	646
		別スレッドで実行中のメソッドへ引数を渡す	646
Memo		タスクの状態の切り替え	648
	6.2.4	**フォアグラウンドスレッドとバックグラウンドスレッド**	649
		フォアグラウンドとバックグラウンドを交互に実行するプログラムの作成	649
Tips		タスクスケジューリングの方法	652
Memo		フォアグラウンドスレッドとバックグラウンドスレッドの切り替え	652
	6.2.5	**スレッドが終了するまで待機させる**	654
		Main() メソッドでスレッドの終了を待機する	654
	6.2.6	**スレッドの破棄**	656
		特定のスレッドを破棄する	656
Hint		CPUとクロック	657
	6.2.7	**Monitorクラスを使用した同期制御**	658
		同期制御が必要な理由	658
		Monitorクラスを使用して同期制御する	660
	6.2.8	**lockを利用した排他制御**	663
		lockステートメントを使う	663
	6.2.9	**競合状態とデッドロック**	664
		競合状態の発生	664
		デッドロック	665
Hint		Monitorクラスのメンバー	667

6.3　ThreadPoolクラスを利用したマルチスレッドの実現　668

	6.3.1	**ThreadPool（スレッドプール）でのマルチスレッド**	669
		スレッドプールによる引数渡し	671
Memo		マルチコア	673
Tips		Monitorクラス	674

6.4　Parallelクラスでサポートされたマルチスレッド　677

	6.4.1	**Parallelクラス**	678
		ParallelクラスのInvoke() メソッド	679
Onepoint		Threadオブジェクトにラムダ式でメソッドを登録する	680
		foreachステートメントのParallel.ForEach() メソッドへの置き換え	681

19

Contents　目次

Tips	forステートメントをパラレル処理する	682
6.4.2	**スレッドの進捗状況の表示**	**683**
	スレッドの進捗状況を表示するプログラムを作成する	683
6.4.3	**スレッドの中止**	**686**
Memo	複数のスレッドに対して安全な「スレッドセーフ」	688

Chapter 7　ASP.NETによるWebアプリ開発の概要　689

7.1　ASP.NETによるWebアプリ開発の概要　690

Memo	IISのインストール	690
7.1.1	**Webアプリの概要**	**691**
	Webフォームコントロール	692
7.1.2	**Visual C#でのWebアプリの開発**	**693**

7.2　ASP.NETを利用したWebアプリの作成　694

7.2.1	**Webサイトの作成**	**695**
7.2.2	**Webアプリの作成**	**696**
	デザインビューを表示できるようにする	696
	Webフォームを作成する	696
	Webフォーム上にコントロールを配置する	697
	イベントハンドラーで実行するコードを記述する	699
	作成したWebアプリの動作を確認する	699

7.3　ASP.NETを利用したデータアクセスページの作成　700

7.3.1	**データベース連携型Webアプリの作成**	**701**
	データ接続を作成する	701
	データソースとグリッドビューを作成する	703
	グリッドビューのデザインを設定する	703
	グリッドビューの機能を設定する	704
7.3.2	**Webアプリの動作確認**	**705**

Chapter 8　ユニバーサルWindowsアプリの開発　707

8.1　ユニバーサルWindowsアプリの概要　708

8.1.1	**ユニバーサルWindowsアプリの開発環境**	**709**
	ユニバーサルWindowsアプリ用に作成する実行関連ファイル	709
8.1.2	**XAMLの基礎**	**710**
	XAML要素のコンテンツ	711

Contents　目次

8.2　ユニバーサルWindowsアプリ用プロジェクトの作成と実行　712

8.2.1	ユニバーサルWindowsアプリ用プロジェクトの作成	713
8.2.2	メッセージを表示するアプリ	714
	ButtonとTextBlockを配置する	714
Memo	各プログラミング言語で利用する画面構築用の言語	714
	プロパティを設定する	715
	メッセージを表示するイベントハンドラーを作成する	715
Hint	画面の分割を解除する	716
	プログラムを実行する	717
Memo	シミュレーターの起動に失敗する場合	717
Memo	シミュレーターを利用したプログラムの実行	718

8.3　Webページの表示　719

8.3.1	Webブラウザーの作成	720
	Webページの表示方法を確認する	720
	Webブラウザーを作成する	723
Memo	デザイナーの画面	731
Memo	Microsoft社のサイトからフリーの素材を入手する	731

Appendix　資料　733

Appendix 1　関数、メソッド、プロパティ、イベント　734

文字列の操作に関する関数とメソッド	734
日付/時刻の操作に関するメソッドとプロパティ	736
データ型の変換を行う関数とメソッド	737
数値の演算を行うメソッド	743
財務処理を行う関数	744
ファイル/ディレクトリの操作を行うメソッド	746
Formオブジェクト (System.Windows.Forms 名前空間) のプロパティ、メソッド、イベント	753
コントロールに共通するプロパティ、メソッド、イベント	756
各オブジェクトに対する接頭辞 (プリフィックス)	760

Appendix 2　用語集　761

Index　用語索引　776

21

Section 0.1

Visual C# プログラミングをゼロからスタート

この本には、Visual C#でプログラミングするための初歩的なことから書いていますので、これまでにプログラミングを学んだことがある人はもちろん、プログラミングがまったくはじめての人でも本書を読み進めていくことで、Visual C#のひととおりのプログラミングテクニックが身につくようになっています。

好きなところから読み始めてもらってかまいません

Visual C#の概要と、プログラムが動作する仕組みの解説から始まり、開発環境の用意を経て、実際のプログラミングへと入っていきます。もちろん、気になる個所があれば、そこから読み始めてもかまいません。どの章にどんなことが書いてあるのかをまとめましたので、本書を読み進める際の参考にしてください。

Visual C# 言語の概要と開発環境の用意

Chapter1 Visual C#ってそもそも何？

Visual C#がどのようなプログラミング言語なのか、またVisual C#を使うとどんなプログラムが作れるのかを解説します。Visual C#プログラムがコンピューター上で動作する仕組みについても触れています。

後半では、Visual C#でプログラミングするための開発環境として「Visual Studio Community 2019」のダウンロードとインストールを行います。インストールしたあと、プログラム用のファイルの作成をはじめ、VS Community 2019の使い方をひととおり紹介します。

Visual C# の文法を徹底解説

Chapter2 Visual C#の文法
Chapter3 Visual C#のオブジェクト指向プログラミング

Chapter 2ではVisual C#のコードの書き方からはじまり、データ型や制御構造など、Visual C#の基本的な文法を紹介します。Chapter 3においては、Visual C#で「オブジェクト指向プログラミング」を行うためのクラスの使い方やインターフェイスなど、ひととおりのテクニックについて見ていきます。

デスクトップアプリをはじめ、データベースやWebアプリの開発など、Visual C#プログラミングの基礎となる部分です。

0.1 Visual C#プログラミングをゼロからスタート

デスクトップアプリの開発手法を解説

● Chapter4 デスクトップアプリの開発

アプリの画面を構成するフォームや各種のコントロールの使い方をメインに、プログラムとの連携について学ぶことで、Windowsで動作する様々な形態のデスクトップアプリが開発できるようになります。

チャットボットを作成します

データベースアプリ、Webアプリの開発

● Chapter5 ADO.NETによるデータベースプログラミング
● Chapter7 ASP.NETによるWebアプリ開発の概要

データベースと連携したアプリ、さらにWebサーバー上で動作するサーバーサイドのWebアプリの開発手法を見ていきます。

データベースと連携するアプリです

マルチスレッドでプログラムを実行する

● Chapter6 マルチスレッドプログラミング

Visual C#には、マルチスレッドで並行処理を行うための様々な機能が搭載されています。ここでは、プログラムの動作単位であるスレッドを複数作成し、それぞれのスレッドを同時並列的に実行する方法、さらには、排他ロックを使用したスレッドの制御までを学びます。

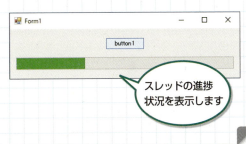

スレッドの進捗状況を表示します

ユニバーサルWindowsアプリの開発

● Chapter8 ユニバーサルWindowsアプリの開発

デスクトップアプリをタブレットやスマートフォンにも対応させた新しい形態の「ユニバーサルWindowsアプリ」の作り方について見ていきます。

ブラウザー型のユニバーサルWindowsアプリです

Section 0.2 プログラミングの知識がなくても大丈夫！！

Visual C#でアプリを作るのがはじめての人でも、そもそもプログラミング自体がはじめての人でも無理なくアプリが作れるように、この本は基本の「キ」の部分から解説しています。

もちろんVisual C#の開発には、プログラミングの知識が必要です。そこで、プログラミングに入る前に、そもそもプログラミングとは何をするものなのか、プログラミングしたことでアプリがどうやって動くのか、といったことからはじめていきます。

この本の仕組み

Visual C#のアプリ開発には「Visual Studio」という開発ツールを用意するだけです。このツールさえ用意すれば、デスクトップアプリをはじめ、Webアプリ、データベースアプリなど、様々な形態のアプリが開発できます。

●ゼロの状態からアプリ完成まで

まったく何もない状態からアプリを作る手順です。

最初だけやること

Microsoft社のサイトから「Visual Studio Community 2019」をダウンロードして、PCにインストールする

↓

Visual Studioをセットアップする

Visual C#でアプリを作る

アプリに必要なファイルをまとめて管理する「プロジェクト」を作る
（プロジェクトにはデスクトップアプリ、コンソールアプリ、Webアプリ、ユニバーサルWindowsアプリ用のものが用意されています）

↓

専用のウィンドウでアプリの画面を作る

↓

ソースコードを入力する

↓

Visual Studio上でアプリを実行してテストする

↓

アプリの完成！

Perfect Master Series
Visual C# 2019

Chapter 1

Visual C#って
そもそも何？

Visual C# 2019は、Microsoft社のMicrosoft.NETと呼ばれる技術体系に準じた開発言語で
す。また、ユニバーサルWindowsアプリの実行環境であるWindowsランタイムにも対応してい
るので、デスクトップアプリやWPFアプリに加え、ユニバーサルWindowsアプリの開発も行えま
す。

この章では、Visual C# 2019の基盤技術であるMicrosoft.NETの概要、そしてデスクトップ
アプリの開発環境であるVisual Studio Community 2019のインストール方法と基本操作につ
いて見ていきます。

1.1	Visual C#ってそもそも何をするものなの？
1.2	.NET Framework の概要
1.3	VS Community 2019のダウンロードとインストール
1.4	Visual Studio Community 2019によるデスクトップアプリ開発
1.5	プログラム用ファイルの作成と保存
1.6	Visual Studioの操作画面

Section 1.1 Visual C#ってそもそも何をするものなの？

Level ★★★ Keyword Visual C# Visual Studio IDE

Visual C#ってプログラミングをするための言語であることはわかるのですが、そもそもなぜ、Visual C#なのでしょう。プログラミング言語の「C#」とは違う言語なのか、Visual C#でいったい何ができるのか。まずは、Visual C#の素性と、この言語を学ぶことで何ができるようになるのか、といったところから始めたいと思います。

ここがポイント！ Visual C#ってこんな言語

　Visual C#は、Microsoft社によるC#言語処理系の実装です。具体的には、C#をMicrosoft社の「Visual Studio」という開発ツールで使えるようにしたものです。C#言語の開発環境に、デスクトップアプリやユニバーサルWindowsアプリ、Webアプリを開発するために必要なUI（ユーザーインターフェイス）部品やプログラム部品などを追加した開発環境がVisual Studioであり、ここで使われるC#のことをVisual C#と呼ぶというわけです。

▼「Visual Studio Community 2019」のダウンロードページ

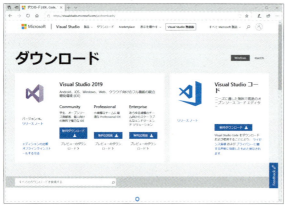

● Visual Studio 2019

　Visual C#の開発は、ソースコードの入力画面や、入力したコードをコンピューターが理解できるように翻訳する機能など、開発に必要なすべてを組み込んだVisual Studioというソフトウェアを使って行います。Visual Studioには、有償版や学習用途の無償版などのいくつかのエディションがあります。学習にあたっては、無償版の「Visual Studio Community 2019」を使用することになります。無償版とはいっても、有償版とまったく同じように各種のアプリを開発できます。

1.1.1　Visual C# と Visual Studio

　Visual C#のプログラミングは、Microsoft社の**Visual Studio**というアプリケーションを使って行います。アプリケーションというと、同社のWordやExcelを思い浮かべますが、Visual Studioもそれらのアプリと同様に、操作用の画面があり、プログラミングに必要なあらゆる機能が搭載されています。このことから、Visual Studioは、別名**統合開発環境（IDE）**とも呼ばれます。

C# と Visual C#

　C#（シーシャープ）は、Microsoft社が開発したプログラミング言語で、名前からもわかるように、C言語やC++言語をベースに、独自の機能や構文が盛り込まれています。現在、Ecma Internationalや国際標準化機構（ISO）によって標準化されていて、国内においても日本工業規格に制定されています。

　ところでVisual C#という呼び方ですが、これはC#を開発ツールの「Visual Studio」で使えるようにしたことに由来します。Visual Studioで使うC#なので「Visual C#」と呼んでいるというわけです。

Visual Studioはアプリを開発するためのアプリ

　Visual Studioは、アプリを開発するためのアプリ（統合開発環境（IDE））です。Visual Studioでは、次のようにWindows上で動作する様々な形態のアプリを開発できます。

▼Visual Studioで開発できるアプリ

デスクトップ上で動作するアプリです

1.1 Visual C#ってそもそも何をするものなの？

●デスクトップアプリ

Windowsのデスクトップで動作するアプリです。メモ帳やOfficeアプリなどの画面（GUI：グラフィカルユーザーインターフェイス）を持つ、一般的に広く利用されている形態のアプリです。

●UWPアプリ（ユニバーサルWindowsアプリ）

Windowsストアアプリという名称で、Windows 8から導入された、携帯端末にも対応する新しい形態のアプリです。Windows 10が搭載されたデスクトップPC、タブレット、Windows Phone、Xboxなどで同じように動作するのが大きな特徴です。

●WPFアプリ

XAMLと呼ばれるマークアップ言語を使って画面を構築する、デスクトップ型のアプリです。

●Win32アプリ

Windows上で動作するアプリですが、C++言語でのみ開発が可能です。

このあとで詳しく見ていきますが、.NET Frameworkは、アプリとOSとしてのWindowsをつなぐ役割をするソフトウェア群です。

デスクトップアプリの場合、PCの画面上にダイアログなどの操作画面を表示するには、画面表示に関するやり取りをOS側としなければならないので、このための機能をまとめたものが、.NET Frameworkです。

.NET Frameworkが間に入ることで、開発者はアプリで実現したい機能の開発に集中できるようになっています。

Visual Studioでは3つの言語が使える

Visual Studioでは、Visual C#を始めとする次の言語で開発が行えます。

▼Visual Studioで使用するプログラミング言語

```
Visual C#
Visual Basic
Visual C++
```

どれもMicrosoft社が開発した言語ですが、Visual Basicは、BASIC言語をVisual Studio対応に発展させた言語で、Visual C#も同様に、C#言語をVisual Studio対応に発展させた言語です。BASIC、C#、C++のVisual Studio対応版がVisual Basic、Visual C#、Visual C++というわけです。

なお、Visual Studioでは、Microsoft社が開発したこれら3つの言語の他に、別途モジュールをダウンロードすることで、JavaScriptやPythonを用いた開発も行えます。

28

Section 1.2 .NET Frameworkの概要

Level ★★★　　Keyword　.NET Framework　CLR　ADO.NET　ASP.NET

.NET Frameworkは、デスクトップアプリが動作するために必要なソフトウェアです。Visual Studioなどの製品に付属している他、Windowsには標準で搭載されているので、特に何もしなくても.NET Framework対応アプリケーションを動かすことができます。

.NET Frameworkとは

.NET Frameworkは、Visual Studioで開発したデスクトップアプリを実行するための土台（実行環境）です。.NET FrameworkはWindows OSに標準で搭載されていて、2019年8月現在、バージョン4.7.1が搭載されています（.NET Frameworkの最新バージョンは4.8）。

以下は、.NET Frameworkに含まれる主要なソフトウェアです。

●Windowsフォーム

デスクトップアプリの画面のもとになるUI（ユーザーインターフェイス）部品です。レイアウト用のエディターを使って、アプリ画面にドラッグ＆ドロップでボタンやチェックボックスなどを配置できるようになっています。

●クラスライブラリ

クラスとは、ある目的のために作られたプログラムのことで、.NET Frameworkには、開発で使用する様々なクラスがライブラリとして収録されています。

●ASP.NET

Webアプリを開発するためのクラス（プログラム部品）ライブラリです。Webアプリ用のレイアウトエディターを使って、デスクトップアプリのように、ドラッグ＆ドロップでボタンなどの部品を配置できるようになっています。

●ADO.NET

Visual Studioで使用する各プログラミング言語からデータベースを操作するための機能を提供するクラスライブラリです。

1.2 .NET Frameworkの概要

1.2.1 .NET Frameworkの構造

　.NET Frameworkは、共通言語ランタイムのCLRと、.NETに対応したプログラミング言語から利用可能なクラスライブラリで構成されています。

.NET Frameworkの構成

　.NET Frameworkは、1つのインストールプログラムの形態で配布されてはいますが、Visual Studioに付属しているほか、Windowsに標準で搭載されています。

　.NET Frameworkは、大きく分けてVisual Studioに含まれる開発言語が利用するためのプログラム部品（クラス）の集合体である**クラスライブラリ**と、.NET対応のプログラムを実行するためのJITコンパイラーなどのソフトウェアが含まれる**共通言語ランタイム**（**CLR**）で構成されています。

▼.NET Frameworkの構造

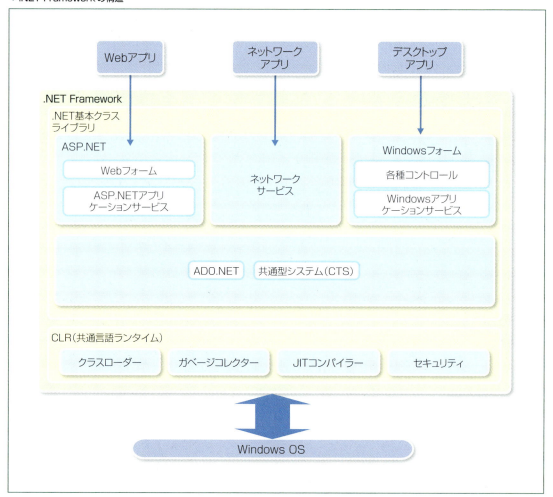

1.2 .NET Frameworkの概要

1.2.2 CLR（共通言語ランタイム）の構造

CLRは、Common Language Runtimeの略で、「**共通言語ランタイム**」とも呼ばれます。名前のとおり、.NET Frameworkに対応するすべてのプログラミング言語で作成されたプログラムを実行するために必要なソフトウェアを収録した**ランタイム**（アプリを実行するためのソフトウェア）です。

CLR（共通言語ランタイム）が必要な理由

そもそも、なぜ、CLRが必要なのか、その理由は、.NET対応のプログラムが動作する仕組みに関係があります。

●.NET Framework対応のプログラムはすべてMSIL形式の中間コードに変換される

.NET Frameworkが目指しているのは、「プラットフォームに依存せずにあらゆる環境下でプログラムが実行できること」です。このため、.NET Framework対応のプログラムは、すべてMSIL*と呼ばれる形式の中間コードにコンパイル*されます。

MSILのコードは、マシン語に極めて近い形式のコードで、PC側でMSILのコードが実行できる環境を用意さえすれば、Visual C#で作成したプログラムも、Visual Basicで作成したプログラムも同じように実行できる、つまりプラットフォームに依存しないという考えです。

●CLRはMSILのコードを実行するためのソフトウェア群

MSILのコードにコンパイルさえすれば、特に、プログラムを実行する側の環境を考慮する必要がないので、開発者の負担を減らす大きなメリットとなります。しかし、プログラムを実行する側はどうなるのでしょうか。MSILが統一された形式の中間コードであるといっても、マシン語のコードにコンパイルしなくては、プログラムを実行することができません。そこで、.NET Framework対応のプログラムを実行するための環境として用意されているのが**CLR**です。CLRには、MSILのコードをマシン語にコンパイルするための**JITコンパイラー**を始め、メモリ管理やセキュリティに関する処理を行うソフトウェアが含まれています。CLRがインストールされたコンピューターであれば、MSILのコードをマシン語に変換して、プログラムを実行することができます。

---

* **MSIL**　Microsoft Intermediate Languageの略。
* **コンパイル**　プログラミング言語を用いて作成したソースコードを、コンピューター上で実行可能な形式に変換すること。コンパイルを行うためのソフトウェアのことを**コンパイラー**と呼ぶ。

1.2 .NET Frameworkの概要

▼.NET Framework対応プログラムの実行環境

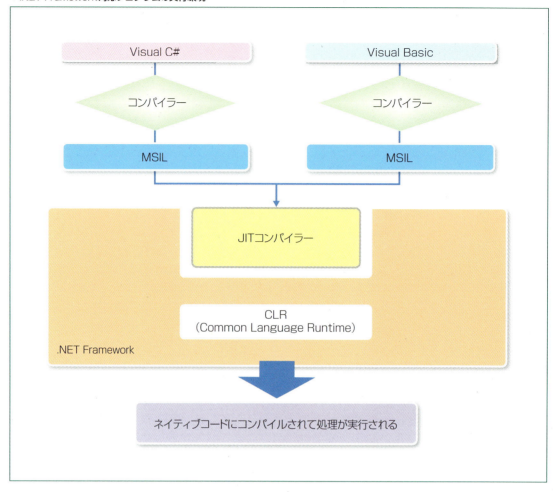

Memo C、C++とC#の関係を教えてください

　C言語➡C++➡C#の順番で開発されました。
　C言語は、ベル研究所の2人の研究員が、UNIXを開発する上で作り上げた3つ目のプログラミング言語です。1つ目の言語は「A」で、2つ目に作られた言語は「B」であったので、「C」という名前になったのです。
　C言語は、アセンブリ言語並みに、コンピューターのメモリアドレスを直接、操作できる強力な言語です。ただし、C言語は、構造化プログラミングの手法を採用していたため、時代の流れと共にオブジェクト指向の機運が高まる中、クラスの機能を実装したオブジェクト指向言語C++が登場します。
　このようなCやC++をベースに、Microsoft社によって考案されたのが、C#です。

CLR（共通言語ランタイム）に含まれるソフトウェアを確認する

CLRには、以下のソフトウェアが含まれます。

●JIT*コンパイラー

.NET Frameworkで開発した実行可能プログラムのMSILコードをネイティブコードにコンパイルするソフトウェアです。JITはJust-In-Timeの略で、プログラムコードを1回でコンパイルするのではなく、必要なときにその都度コンパイルを行います。

このため、プログラムを短時間で起動することができ、また、従来のインタープリターのように、プログラムコードを一行ずつ解釈して実行する場合に比べて、プログラムの実行速度を高めることができます。さらには、一度コンパイルされたネイティブコードは、プログラムが終了するまで保持されると共に、必要に応じて再利用されるので、プログラムを効率的に実行することができるようになっています。

●クラスローダー

.NET Frameworkに対応したプログラムの開発では、.NET Frameworkクラスライブラリに収録されているクラスを利用してプログラミングを行います。このため、プログラムコードの中には、必要に応じて、ライブラリ内のクラスを呼び出すための記述があります。**クラスローダー**は、このようなクラスの呼出し命令を読み取って、指定されたクラスの情報をメモリ上に展開するためのソフトウェアです。

●ガベージコレクター

プログラムの実行中にメモリを管理するためのソフトウェアです。.NET Framework対応のプログラムが起動すると、ガベージコレクターがメモリを監視し、不要になったメモリ領域の解放を行います。このような処理は、**ガベージコレクション**と呼ばれ、ガベージコレクションを行うことで、不要になったメモリ領域が残り続けることによってプログラムの実行が中断されてしまうことを防止します。

CやC++などの言語では、メモリの解放をプログラムコードによって明示的に行うのですが、.NET Framework対応のプログラミング言語では、ガベージコレクションが自動的に行われるので、そのような必要がありません。

●セキュリティ

CLRには、コードベースのセキュリティを実現するための機能が組み込まれています。**コードベースのセキュリティ**とは、プログラムコードの信頼度と、コードが実際に実行する処理を事前にチェックし、コードの実行の有無を制御することを指します。

＊**JIT** Just-In-Timeの略。

1.2 .NET Frameworkの概要

1.2.3 Visual C#のための開発ツール

Visual C#やVisual Basic、Visual C++の各言語で開発するためには、Microsoft社が提供する**Visual Studio**を使用することになります。無償で利用できるCommunity版、本格的な業務アプリなどの開発に使用する有償版があり、それぞれのエディションでVisual C#をはじめ、Visual Basic、VisualC++の各言語を使って開発できます。

▼Visual Studioの各エディション

エディション	有償/無償	内容
Visual Studio Community 2019	無償	Professional版とほぼ同様の機能を持つ。
Visual Studio Professional 2019	有償	個人や小規模なチームによる開発向け。
Visual Studio Enterprise 2019	有償	大規模開発に対応するエディション。

Visual C#の学習なら「Community」

学習にあたっては、無償で入手できる「Community」を利用しましょう。もし、有償版を使ってみたいのなら、90日間の無償評価版がダウンロードページからダウンロードできるので、試しに使ってみるのもよいでしょう。

Community版はProfessional版とほぼ同じ機能を持ち、Visual C#のすべての開発が行えます。Community版の使用にあたっては、組織で使用する場合は次のような制約があるものの、個人の開発者は自由に使えます（有償アプリの開発も可能）。このことから、本書では、Community版を使用することにします。

▼Visual Studio Community 2019における組織ユーザーの使用要件

- トレーニング／教育／学術研究を目的とした場合には人数の制限なく使える
- オープンソースプロジェクトの開発では人数の制限なく使える
- エンタープライズ*な組織（「250台以上のPCを所有もしくは250人を超えるユーザーがいる」もしくは「年間収益が100万米ドルを超える」組織とその関連会社）では使えない（上記の条件を満たす場合を除く）
- 非エンタープライズな組織では同時に最大5人のユーザーが使える

---

* **エンタープライズ**　大企業や中堅企業、公的機関など、複数の部門で構成されるような比較的規模の大きな法人に向けた市場や製品のこと。これに対し、個人事業主や中小企業は**スモールビジネス**と呼ぶ。

Section 1.3 VS Community 2019のダウンロードとインストール

Level ★★☆ Keyword Visual Studio Community 2019

ここでは、無償で利用できるVisual Studio Community 2019を入手してインストールする方法を紹介します。

Visual Studio Community 2019を用意する

Professional版と同等の機能が搭載された無償版のVisual Studio Community 2019をMicrosoft社のサイトからダウンロードし、インストールします。

● Visual Studio Community 2019に必要なシステム要件

・サポートされているオペレーティング システム

Windows 10（バージョン1703以降、Home、Professional、Education、Enterprise）
Windows 8.1（Core、Professional）
Windows 7 Service Pack 1（最新のWindows Updateを適用）
Windows Server 2019（Standard、Datacenter）
Windows Server 2016（Standard、Datacenter）
Windows Server 2012 R2

Windows 8.1 および Windows Server 2012 R2 にインストールするには、更新プログラム2919355 が必要です（Windows Update からも入手できる）。

● ハードウェア要件

・1.8GHz 以上のプロセッサ
・2GB RAM（8GB以上を推奨。仮想マシン上で実行する場合は最小2.5GB）
・800MB〜210GB のハードディスク空き領域（インストールする機能により異なる。一般的なインストールでは、20〜50GBの空き領域が必要）
・720p（720×1280）以上の解像度を表示できるビデオカード（768×1366以上で快適に動作）

1.3 VS Community 2019のダウンロードとインストール

1.3.1 Visual Studio Community 2019のダウンロードとインストール手順

Visual Studio Community 2019のダウンロードとインストール手順は次のとおりです。

▼Visual Studioのダウンロードページ

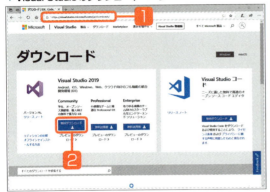

1. Webブラウザーを起動して、「https://www.visualstudio.com/ja/downloads」にアクセスします。

2. Visual Studio 2019 Communityにある**無料ダウンロード**をクリックします。

▼ダウンロードの開始

3. **実行**ボタンをクリックします。

▼ライセンス条項等の確認

4. **続行**ボタンをクリックします。

36

1.3 VS Community 2019のダウンロードとインストール

▼ [ワークロード] タブ

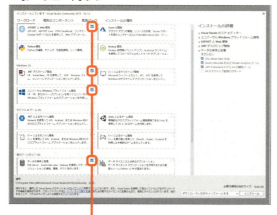

最低限、これらの項目はチェックする

5 インストールする機能を選択するための画面が表示されます。**ワークロード**タブには、開発可能なアプリの種類がカテゴリーごとに分類されて表示されます。必要な項目にチェックを入れますが、本書で紹介するアプリを開発するためには、以下の項目にチェックを入れておくようにしてください。

> ● Windows
> ・ユニバーサルWindowsプラットフォーム開発
> ・.NETデスクトップ開発
> ● Web & クラウド
> ・ASP.NETとWeb開発
> ・データの保存と処理

▼ [個別のコンポーネント] タブ

特に追加でインストールしたいコンポーネントがなければこの状態のままにする

6 **個別のコンポーネント**タブをクリックすると、インストールされるコンポーネントが表示されます。先の**ワークロード**でチェックを入れた項目に応じてコンポーネントが選択されています。個別に追加したいコンポーネントがなければ何もする必要はありません。

▼ [言語パック] タブ

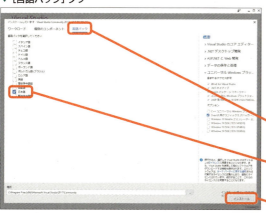

[言語パック] タブをクリック

[日本語] にチェックが入っている

[インストール] ボタンをクリック

7 **言語パック**タブをクリックすると、Visual Studioで使用する言語の一覧が表示されます。**日本語**にチェックが入っているので、このままの状態でインストールを開始します。**インストール**ボタンをクリックしましょう。

1 Visual C#ってそもそも何?

37

1.3 VS Community 2019のダウンロードとインストール

▼画面を閉じる

8 インストールが完了したら、**閉じる**ボタンをクリックして画面を閉じます。

> **Onepoint**
> サインインの画面が表示された場合は、Microsoftアカウントでサインインします。アカウントを持っていない場合は、[Microsoftアカウントの作成]のリンクをクリックして、アカウントを取得してからサインインします。

9 Visual Studio Community 2019を起動します。**スタート**メニューの**Visual Studio 2019**をクリックします。

10 Visual Studio Community 2019のスタート画面が起動します。

▼スタートメニュー

▼Visual Studio Community 2019のスタート画面

38

Section 1.4 Visual Studio Community 2019によるデスクトップアプリ開発

Level ★★★　　Keyword　IDE　GUI　プロジェクト　ソリューション

Visual Studio Community 2019（以降「Visual Studio」と表記）では、インターフェイス用の画面の作成やコードの記述を行うためのウィンドウ、さらにはヘルプを始めとする各種のウィンドウが表示されます。

Visual Studioの基本操作

アプリケーションの開発は、次の手順で行います。

❶ Visual C#プロジェクトの作成
❷ プログラミング（ソースコードの記述やフォームの作成など）
❸ プロジェクトの保存

▼Windowsフォームデザイナー

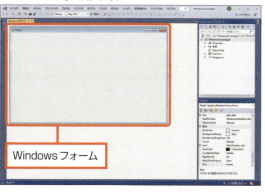

Windowsフォーム

　デスクトップアプリの開発は、Windowsフォームと各種のコントロールを使って操作画面（GUI*）を作成し、フォームやコントロールなどの各部品に対してソースコードを記述することで行います。
　デスクトップアプリケーションに限らず、コンソールアプリケーションやWebアプリケーションにおいても、アプリケーションを開発する際には、コードを記録しておくためのファイルの他に、フォームの内容を記録したファイルなど複数のファイルが必要になります。これらのファイルは、**プロジェクト**と呼ばれる単位で管理されます。

* **GUI**　Graphical User Interfaceの略。

39

1.4 Visual Studio Community 2019によるデスクトップアプリ開発

1.4.1 デスクトップアプリ開発の流れ

Visual C#では、ユーザーインターフェイスの作成とコードの記述を、それぞれ専用の画面を使って行います。

①Visual C#プロジェクトの作成
プロジェクトとは、1つのアプリケーションを開発するのに必要なファイルを管理する単位で、ソースコードやフォームのレイアウト情報、プログラムが使用する画像などのすべてのデータファイルがプロジェクト専用のフォルダーに保存されます。プロジェクトには、任意の名前を付けることができます。

②フォームの作成
デスクトップアプリケーションの開発では、アプリケーションソフトの操作画面（ユーザーインターフェイス）の土台であるフォームを作成し、必要に応じてボタンやメニューなどのコントロールを配置していきます。フォームの作成は、**Windowsフォームデザイナー**と呼ばれる画面を使って行います。

③ソースコードの記述
フォーム上に配置したボタンやメニューなどのコントロールに対して、必要な処理を**ソースコードエディター**を使って記述していきます。

④テストとデバッグ
プログラミングが済んだ段階で、プログラムが正しく動作するかを確認します。ソースコードの間違いや問題のことを**バグ**と呼び、バグをチェックしてコードを修正することを**デバッグ**と呼びます。

⑤ビルドを行って実行可能ファイルを作成
デバッグが完了した段階のプログラムは、Visual Studio上でしか実行することができません。このため、プログラムに必要なファイルへのリンクやソースコードのコンパイルを行って実行可能形式ファイル（EXEファイルまたはDLLファイル）を作成します。これによって、.NET Frameworkがインストールされているコンピューターであれば、単独で動作するアプリケーションが完成します。

Memo ソリューション

Visual Studioでは、大規模なアプリケーションソフトを開発する場合、特定の機能ごとにプロジェクトを作成し、これらのプロジェクトを統合して1つのアプリケーションを作り上げることができます。

このような複数のプロジェクトをまとめて管理するのが**ソリューション**です。1つのプロジェクトしか使用しない場合でも、プロジェクト名と同名のソリューションが自動的に作成されます。

なお、Visual C#以外に、Visual BasicやVisual C++で作成されたプロジェクトを1つのソリューションでまとめて管理し、最終的に1つのアプリケーションソフトに統合することも可能です。

Memo Visual Studioと.NET Frameworkのバージョン

.NET Frameworkと共にリリースされた**Visual Studio**は、.NET Framework1.0から2.0にかけて、それぞれVisual Studio.NET 2002からVisual Studio 2005までのバージョンに対応してきました。

.NET FrameworkとVisual Studioの対応は、以下のとおりとなっています。

Visual Studio 2012において、「Visual C# 2010 Express」「Visual Basic 2010 Express」「Visual C++ 2010 Express」が、「Visual Studio Express 2012 for Desktop」に統合されました。

▼.NET FrameworkとVisual Studioのバージョン対応表

Visual Studio	.NET Framework	主な機能
Visual Studio.NET 2002	1.0	ADO.NET、ASP.NET
Visual Studio.NET 2003	1.1	ASP.NET1.1
Visual Studio 2005	2.0	ADO.NET2.0、ASP.NET2.0
Visual Studio 2005(アドイン)	3.0	WPF*、WCF*、WF*、WCS*
Visual Studio 2008	3.5	LINQ、ASP.NET AJAX
Visual Studio 2010	4.0	MEF*、WFの機能強化
Visual Studio 2012	4.5	Windowsストアアプリ対応、非同期プログラミング
Visual Studio 2013	4.5	Windows 8.1に対応
Visual Studio 2015	4.6	64ビット版コンパイラー (RyuJIT)、オープンソース化、ASP.NET5対応
Visual Studio 2017	4.7	Azureによるクラウドアプリの開発、Xamarinによるモバイルアプリの開発
Visual Studio 2019	4.8	検索機能の向上、リファクタリング、IntelliCode、コードのクリーンアップ、レンダリング、統合されたコードレビュー、デバッグ機能の向上

* **WPF** Windows Presentation Foundationの略。
* **WCF** Windows Communication Foundationの略。
* **WF** Windows Workflow Foundationの略。
* **WCS** Windows Collar Systemの略。
* **MEF** Managed Extensibility Frameworkの略。

Section 1.5 プログラム用ファイルの作成と保存

Level ★★★　　Keyword　プロジェクトの作成　プロジェクトの保存

Visual Studioでは、プロジェクトの作成や保存などの基本的操作から、フォームの作成、コーディングなど、アプリケーションの開発に必要なすべての操作を行うことができます。ここでは、プロジェクトの作成や保存などの操作について見ていくことにししましょう。

ここがポイント！ Visual Studioにおけるプロジェクトの作成と保存

このセクションでは、プロジェクトの作成や保存にまつわる基本的な操作を行います。

- プロジェクトの作成
- 表示中のプロジェクトを閉じる
- プロジェクトの保存
- 作成済みのプロジェクトを開く

プロジェクトの作成や保存は、すべて [ファイル] メニューを使って行います。

▼[ファイル]メニュー

プロジェクトを開いたり閉じたりする

▼[新しいプロジェクトの作成]ダイアログボックス

プログラムの種類を選択する

1.5 プログラム用ファイルの作成と保存

1.5.1 ［スタート画面］からプロジェクトを作成する

［スタート画面］を使ってプロジェクトを作成する場合は、次のように操作します。

1 Visual Studio Community 2019のスタート画面の**新しいプロジェクトの作成**をクリックします。

2 Visual C#の**Windowsフォームアプリケーション（.NET Framework）**を選択して**次へ**ボタンをクリックします。

▼スタート画面

▼[新しいプロジェクトの作成]ダイアログボックス

3 プロジェクト名を入力します。

4 **参照**ボタンをクリックして保存先を選択します。

5 **作成**ボタンをクリックします。

6 新規のプロジェクトが作成され、Visual Studio Community 2019が起動します。

▼プロジェクトの作成

▼Visual Studio Community 2019の画面

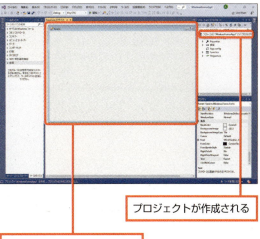

プロジェクトが作成される

新しいフォームが表示される

43

1.5 プログラム用ファイルの作成と保存

プロジェクトを保存して閉じる

プロジェクトを作成したら、必要に応じて内容を保存しておくようにします。

▼[ファイル]メニュー

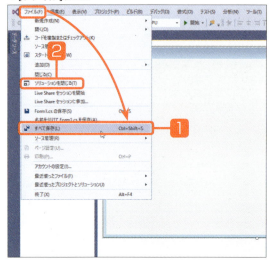

1 ファイルメニューの**すべて保存**を選択します。

2 ファイルメニューをクリックし、**ソリューションを閉じる**を選択します。

Onepoint
ツールバーのすべて保存ボタン🖫をクリックして保存することもできます。

作成済みのプロジェクトを開く

作成済みのプロジェクトを開くには、次のように操作します。

1 **ファイルメニュー**をクリックし、**開く→プロジェクト/ソリューション**を選択します。

2 **プロジェクトを開く**ダイアログボックスが表示されるので、プロジェクトが保存されているフォルダーを開きます。

3 プロジェクト名と同名のソリューションファイル（拡張子「.sln」）を選択します。

4 **開く**ボタンをクリックします。

▼[ファイル]メニュー

▼[プロジェクト／ソリューションを開く]ダイアログボックス

44

プロジェクト作成時に生成されるファイルを確認する

プロジェクトを作成すると、プロジェクト用の複数のファイルやフォルダーが自動的に生成されます。ここでは、プロジェクトを作成することによって生成される主なファイルやフォルダーについて見ていくことにしましょう。

以下は、「DesktopApp」という名前のプロジェクトを作成したときの例です。

▼プロジェクト作成時に生成される主なファイル

ファイル名	ファイルの種類	アイコン	内容
ソリューション名1.sln	ソリューションファイル（.sln）		ソリューションに収められたプロジェクトの情報が保存される。
App.config	アプリケーション構成ファイル（.config）		アプリケーション設定を構成するために使用するファイル。
Form1.cs	ソースファイル（.cs）		フォームに関するプログラムコードのうち、ユーザーが独自に記述したプログラムコードが保存される。
Form1.Designer.cs	ソースファイル（.cs）		フォームに関するプログラムコードのうち、Windowsフォームデザイナーが自動的に記述したプログラムコードが保存される。
Program.cs	ソースファイル（.cs）		プログラムコードのうち、最初に実行されるMain()メソッドが保存される。
DesktopApp.csproj	プロジェクトファイル（.csproj）		プロジェクトのファイル構成などの情報が保存される。
AssemblyInfo.cs（Properties内）	ソースファイル（.cs）		プログラムのバージョン情報や作成者の情報などのアセンブリ情報が保存される。
Settings.settings（Properties内）	セッティングファイル（.settings）		アプリケーションのプロパティ設定などの情報を動的に保存、取得するためのファイル。アプリケーションやユーザーの基本設定をコンピューターに保持するために使用する。Visual Studio 2005から追加された。
Settings.Designer.cs（Properties内）	ソースファイル（.cs）		アプリケーションのプロパティ設定を読み書きする機能やフォームに結び付ける機能を提供するSettingクラスを定義するためのプログラムコードが保存される。Settings.settingsファイルを編集すると、Settings.Designer.csが再生成される。
Resources.resx（Properties内）	リソースファイル（.resx）		プロジェクトで使用するリソース情報を保存するためのファイル。リソースの追加や削除を行うリソースエディターの設定情報がXML形式で保存される。
Resources.Designer.cs（Properties内）	ソースファイル（.cs）		リソースエディターでリソースの追加を行うと、リソースを使用するためのプログラムコードが保存される。

1.5 プログラム用ファイルの作成と保存

▼プロジェクト作成時に生成される主なフォルダー

フォルダー名	内容
obj	作成したプログラムを実行するためのファイルが保存される。
bin	作成したプログラムをビルドしたときに生成されるEXEファイルが保存される。なお、配布用にビルドした実行可能ファイルは、binフォルダー内にReleaseフォルダーが作成され、このフォルダー内に保存される。

Memo コンソールアプリケーション作成時に生成される ファイルやフォルダー

コンソールアプリケーション（GUIを使用せずにコマンドプロンプトを使って動作するアプリケーションのこと）用のプロジェクト「ConsoleApp」を作成した場合は、次のようなファイルやフォルダーが生成されます。

▼プロジェクト作成時に生成される主なファイル

名前	種類	アイコン	内容
ConsoleApp.sln	ソリューションファイル（.sln）		ソリューションに収められたプロジェクトの情報が保存される。
App.config	アプリケーション構成ファイル（.config）		アプリケーション設定を構成するために使用するファイル。
ConsoleApp.csproj	プロジェクトファイル（.csproj）		プロジェクトのファイル構成などの情報が保存される。
Program.cs	ソースファイル（.cs）		Main()メソッドを始めとするプログラムコードが保存される。
AssemblyInfo.cs（Properties内）	ソースファイル（.cs）		プログラムのバージョン情報や作成者の情報などのアセンブリ情報が保存される。

▼プロジェクト作成時に生成される主なフォルダー

フォルダー名	内容
obj	作成したプログラムを実行するためのファイルが保存される。
bin	作成したプログラムをビルドしたときに生成されるEXEファイルが保存される。

Section 1.6 Visual Studioの操作画面

Level ★★★　　Keyword　フォームデザイナー　コードエディター　ドキュメントウィンドウ

　Visual Studioのメインウィンドウは、**ドキュメントウィンドウ**と呼ばれ、フォームデザイナーやコードエディターなどがメインウィンドウに表示されます。
　また、ドキュメントウィンドウの両側や下部には、プログラミングを支援するためのツールを表示するための**ツールウィンドウ**が表示されます。

Visual Studioの画面構成

Visual Studioの画面は、プログラミングの作業を行うための以下のウィンドウで構成されます。

●ドキュメントウィンドウ
・フォームデザイナー
・コードエディター

●ツールウィンドウ
・ソリューションエクスプローラー　・プロパティウィンドウ　　・出力ウィンドウ　・クラスビュー
・サーバーエクスプローラー　　　　・タスク一覧ウィンドウ　　・オブジェクトブラウザー　　など

▼ドキュメントウィンドウ上にフォームデザイナーを表示

フォームデザイナー

▼ドキュメントウィンドウ上にコードエディターを表示

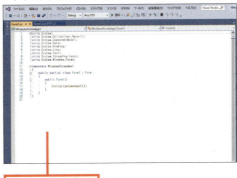

コードエディター

1.6 Visual Studioの操作画面

1.6.1 Visual Studioの作業画面（ドキュメントウィンドウ）

アプリの操作画面（ユーザーインターフェイス）を作成するための**Windowsフォームデザイナー**と、ソースコードを編集するための**コードエディター**について見ていきましょう。

フォームデザイナーを表示する

フォームデザイナーは、デスクトップアプリケーションのプロジェクトを作成すると自動的に表示されます。フォームデザイナーが表示されていない場合は、次の方法で表示できます。

▼ソリューションエクスプローラー

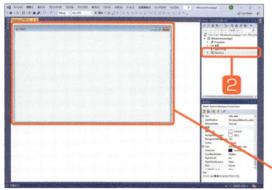

1. **表示**メニューの**ソリューションエクスプローラー**を選択します。

2. **ソリューションエクスプローラー**に表示されているプロジェクト内のファイル一覧で「Form1.cs」をダブルクリックします。

3. Windowsフォームデザイナーが起動して、フォームが表示されます。

フォームが表示される

Hint　フォーム用のファイル

フォームデザイナーでフォーム（Form1.cs）に対して行った操作は、「Form1.Designer.cs」に記録されます。また、ユーザー自身が入力するコードは、「Form1.cs」に記録されるようになっています。

・Form1.Designer.cs…Visual Studioが自動的に記述するコードを保存
・Form1.cs…ユーザーが記述するコードを保存

コードエディターを表示する

Visual Studioでは、フォームデザイナーで操作画面（ユーザーインターフェイス）をデザインし、コードエディターでコードを記述することで、アプリケーションの開発を行います。

▼ソリューションエクスプローラー

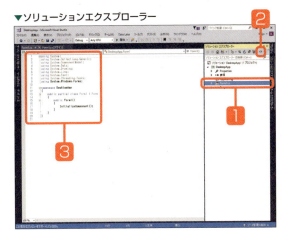

1 **ソリューションエクスプローラー**で、「Form1.cs」を選択します。

2 **コードの表示**ボタンをクリックします。

3 コードエディターが起動して、「Form1.cs」の内容が表示されます。

●コードエディターの構造

コードエディターは、**型**ボックス、**メンバー**ボックス、そして、コードを入力するための**コードペイン**で構成されます。

▼コードエディターの構造

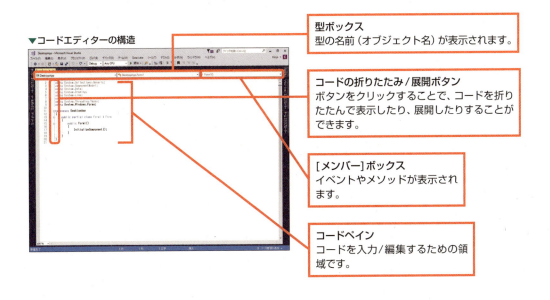

型ボックス
型の名前（オブジェクト名）が表示されます。

コードの折りたたみ/展開ボタン
ボタンをクリックすることで、コードを折りたたんで表示したり、展開したりすることができます。

[メンバー]ボックス
イベントやメソッドが表示されます。

コードペイン
コードを入力/編集するための領域です。

1.6.2　Visual Studioで使用する各種のツール

Visual Studioの画面には、プログラミングを支援するための各種のツールが表示されます。初期状態で表示されていないツールウィンドウもありますが、**表示**メニューから選択することで、任意のツールウィンドウを表示できます。

ツールボックスを表示する

ツールボックスには、フォーム上にボタンやテキストボックスなどの要素（これを**コントロール**と呼ぶ）を配置するためのコントロールやコンポーネントが一覧で表示されます。

▼［表示］メニュー

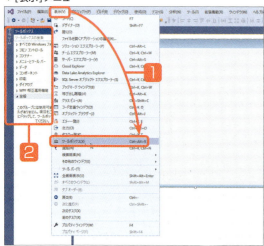

1. **表示**メニューの**ツールボックス**を選択します。
2. ツールボックスが表示されます。

Memo　C#のバージョンアップ時に追加された機能（その①）

C#は、Visual Studioのバージョンアップに伴い、バージョンアップを重ねてきました。2019年現在の最新バージョンは、C# 8.0です。

ここでは、C#のバージョンアップの推移と、バージョンアップ時に追加された機能を紹介しておきます。

▼C# 2.0

Visual Studio 2005 (Ver 8.0)	.NET Framework 2.0

▼C# 2.0で追加された機能

- 静的クラス　・yield（反復子）　・部分クラス（Partial Type）　・null許容型　・匿名デリゲート
- 名前空間のエイリアス修飾子　・ジェネリック　・フレンドアセンブリ
- extern alias（外部アセンブリのエイリアス）　・Conditional属性　・固定サイズバッファ
- プロパティアクセサーのアクセシビリティ　・デリゲートの共変性と反変性　・#pragma（インライン警告制御）

1.6 Visual Studioの操作画面

●ツールボックスの構造

▼Windowsフォームデザイナーを表示しているときのツールボックス

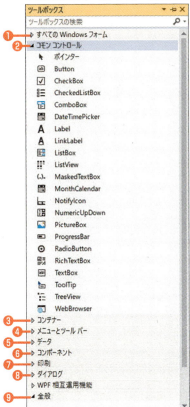

❶[すべてのWindowsフォーム]タブ
登録されているすべてのコントロールやコンポーネントが表示されます。

❷[コモンコントロール]タブ
ボタンやラベルなどフォーム上に配置するコントロールのみが表示されます。

❸[コンテナー]タブ
複数のコントロールをまとめるアイテムなどが表示されます。

❹[メニューとツールバー]タブ
各種のメニューやツールバーを表示するためのアイテムが表示されます。

❺[データ]タブ
データベースへの接続や操作を行うためのアイテムが表示されます。

❻[コンポーネント]タブ
プログラムのまとまりであるコンポーネントを作成するときに使用する各種のアイテムが表示されます。

❼[印刷]タブ
印刷に関する処理を行うアイテムが表示されます。

❽[ダイアログ]タブ
[ファイルを開く]や[ファイルの保存]ダイアログボックスなどを表示するアイテムが表示されます。

❾[全般]タブ
ユーザーが独自に設定したコントロールを配置するためのアイテムが表示されます。

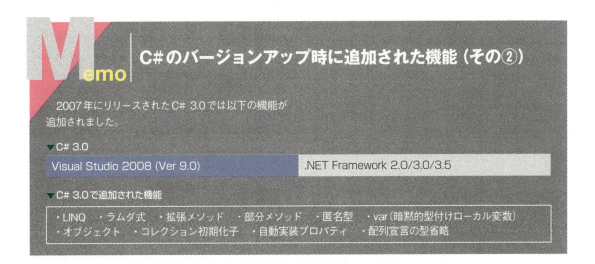

1.6 Visual Studioの操作画面

ソリューションエクスプローラーを表示する

ソリューションエクスプローラーは、ソリューション、およびプロジェクトにまとめられているプログラムやデータ用のファイルを階層構造で表示すると共に、各ファイルを操作するための機能を提供します。

1 表示メニューのソリューションエクスプローラーを選択します。

2 ソリューションエクスプローラーが表示されます。

●ソリューションエクスプローラーの構造

▼ソリューションエクスプローラー

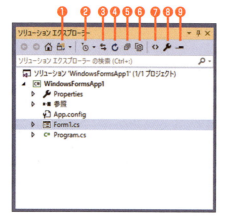

❶ [ビューを切り替える] ボタン
ソリューションを基準にした表示とプロジェクト用のフォルダーを基準にした表示の切り替えを行います。

❷ [保留中の変更フィルター] ボタン
▼をクリックして [開いているファイルフィルター] を選択すると、ボタンクリックで開いているファイルのみの表示と全ファイルの表示を切り替えられるようになります。▼をクリックして [保留中の変更フィルター] を選択すると、ボタンクリックで保留中のファイルのみの表示と全ファイルの表示を切り替えられるようになります。

❻ [すべてのファイルを表示] ボタン
非表示のファイルを含めてすべてのファイルを表示します。

❸ [アクティブドキュメントとの同期] ボタン
ドキュメントウィンドウで表示中のファイルを選択状態にします。

❼ [コードの表示] ボタン
コードエディターを表示します。

❹ [最新の情報に更新] ボタン
表示されている情報を最新の情報に更新します。

❽ [プロパティ] ボタン
選択した要素のプロパティを表示します。

❺ [すべて折りたたみ]
展開しているファイルをすべて折りたたみます。

❾ [選択した項目のプレビュー] ボタン
選択したファイルをプレビュー表示します。

1.6 Visual Studioの操作画面

プロパティウィンドウを表示する

プロパティウィンドウは、選択した要素のプロパティ（属性）を表示するためのウィンドウです。

1 表示メニューのプロパティウィンドウを選択します。

2 プロパティウィンドウが表示されます。

● プロパティウィンドウの機能

プロパティウィンドウには、選択した要素のプロパティ（属性）が一覧で表示され、値を変更することができるようになっています。

▼プロパティウィンドウ

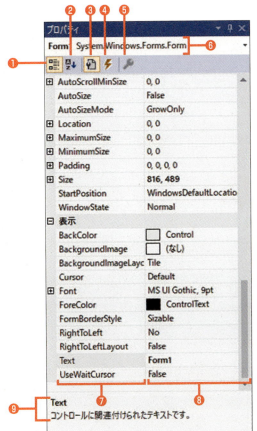

❶ [項目別] ボタン
プロパティを項目別に表示します。

❷ [アルファベット順] ボタン
プロパティをアルファベット順に表示します。

❸ [プロパティ] ボタン
選択した要素のプロパティを表示します。

❹ [イベント] ボタン
選択中の要素に関連するイベントの一覧を表示します。

❺ [プロパティページ] ボタン
ソリューションやプロジェクトを選択中の場合、独立したウィンドウを使ってプロパティページを表示します。

❻ [オブジェクト名] ボックス
選択中の要素（オブジェクト）の名前が表示されます。

❼ プロパティ名

❽ プロパティの値

❾ [説明] ペイン
選択したプロパティの説明が表示されます。

1.6 Visual Studioの操作画面

ツールウィンドウの表示方法を指定する

 ツールウィンドウの自動非表示を使うことで、ツールウィンドウを画面の端に最小化し、必要なときにだけ表示することができます。

1 ツールウィンドウのタイトルバーに表示されている**プッシュピン**アイコンをクリックして横向きの状態にし、すべてのツールウィンドウを最小化します。

2 ツールウィンドウが画面端にタブ表示されるので、表示したいツールウィンドウのタブをクリックします。

▼ツールウィンドウ

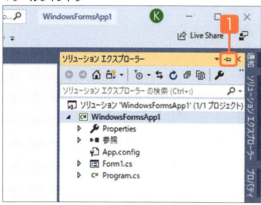

▼ツールウィンドウ

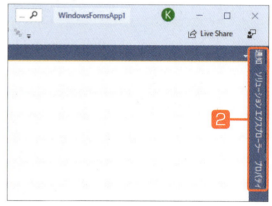

▼ツールウィンドウ

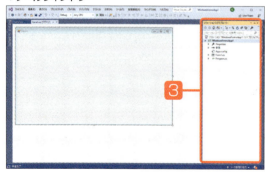

3 ツールウィンドウが表示されます。

このあと、ツールウィンドウ以外を選択すると、再びツールウィンドウが最小化されます。

1.6.3 ダイナミックヘルプを使う

Visual Studioの**ダイナミックヘルプ**は、操作画面上で選択した要素に対する**ヘルプ**をブラウザーで表示します。フォームデザイナーでフォームやコントロールを選択しても、コードエディターで単語を選択しても、それぞれの解説を表示します。

1 調べたい要素をクリックします。

2 F1 キーを押します。

3 ブラウザーが起動して選択した要素に関するヘルプが表示されます。

▼フォームデザイナー

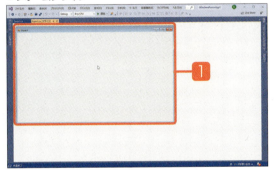

▼ダイナミックヘルプ

選択した要素に一致する項目が一覧表示される

Memo ツールウィンドウの自動非表示を解除する

ツールウィンドウの自動非表示を解除するには、ツールウィンドウを表示したあとで、タイトルバーに表示されている横向きの**プッシュピン**アイコンをクリックして、縦向きの状態にします。

▼ツールウィンドウの自動非表示の解除

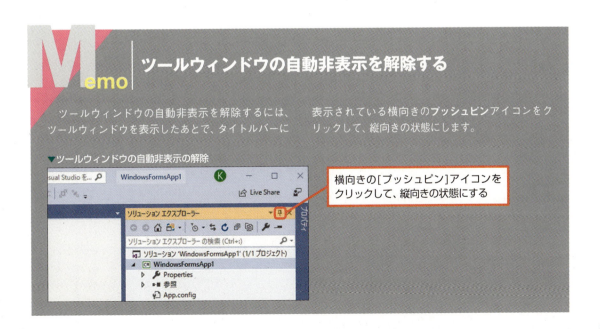

横向きの[プッシュピン]アイコンをクリックして、縦向きの状態にする

MEMO

Perfect Master Series
Visual C# 2019

Chapter 2

Visual C# の文法

Visual C#でプログラミングを行うための基礎となる文法についてまとめて紹介します。

2.1	コンソールアプリケーションの プログラムの構造	2.9	○○なら××せよ！
2.2	Visual C#で扱うデータの種類	2.10	繰り返しステートメント
2.3	データに名前を付けて保持しよう （変数）	2.11	配列とコレクション
		2.12	ジェネリック
2.4	変えてはいけない！（定数）	2.13	イテレーター
2.5	演算子で演算しよう	2.14	LINQによるデータの抽出
2.6	データ型の変換	2.15	構造体
2.7	組み込み型	2.16	列挙体
2.8	名前空間 (ネームスペース)		

Section 2.1 コンソールアプリケーションのプログラムの構造

Level ★★★　　Keyword　ステートメント　メソッド　クラス　コンソールアプリケーション

Visual C#では、特定の処理を行うソースコード(ステートメント)のまとまりに、名前を付けて管理します。このようなまとまりをメソッドと呼びます。そして、1つ、あるいは関連する複数のメソッドをクラスと呼ばれる単位で管理します。さらに、クラスは、**名前空間(ネームスペース)**と呼ばれる規則によって管理し、最終的に、名前空間に含まれるクラスは、プログラムコード用の専用ファイル(拡張子「.cs」)に保存されます。

Visual C#のプログラム

- **ステートメント**
  - キーワードを利用するステートメント(変数宣言など)
  - メソッドを使用するステートメント(プロパティを設定するステートメントを含む)

- **メソッド**
  - 関連するステートメントをメソッドとしてまとめる

- **クラス**
  - 関連するメソッドをクラスとしてまとめる
  - クラスの名前は、名前空間と呼ばれる規則に従って命名する

- **ソースファイル**
  - 作成したクラスを保存するためのファイル

Visual C#のソースコードは、**ステートメント**と呼ばれる命令文で構成され、関連するステートメントは、**メソッド**と呼ばれる単位で管理されます。一連のステートメントが集まった1つのブロックがメソッドです。関連するメソッドは、クラスの中にまとめ、名前空間(ネームスペース)と呼ばれる規則に従ってクラス名を管理します。このようにして作成したクラスは、ソースコード専用のファイルに保存します。

▼ソースファイルの中身(「Program.cs」)

ソースコード

2.1 コンソールアプリケーションのプログラムの構造

2.1.1 ソースコードの実体（ステートメント）

Visual C#のソースコードは、**ステートメント**と呼ばれる命令文で構成されます。
ステートメントの末尾には、必ず「;」（セミコロン）を付けます。「;」を付けることによって、1つのステートメントであることが示されます。

▼ステートメントの記述

構文

ステートメント;

ステートメントを記述する

以降の文法的な項目では、シンプルな「コンソールアプリ」を使って解説を進めていきたいと思います。では、実際にステートメントを記述して、コンソールアプリを作成してみることにしましょう。

1 **ファイル**メニューをクリックして、**新規作成➡プロジェクト**を選択します。（またはスタート画面の**新しいプロジェクトの作成**をクリック）

2 **C#**を選択し、**コンソールアプリ (.NET Core)**を選択して、**次へ**ボタンをクリックします。

3 プロジェクト名を入力し、**参照**ボタンをクリックして保存先を選択します。

4 **作成**ボタンをクリックします。

▼[新しいプロジェクトの作成]ダイアログボックス

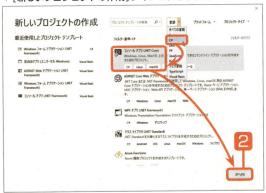

▼プロジェクトの作成

5 「Program.cs」ファイルがコードエディターで表示されます。

6 「static void Main(string[] args)」の下の「{」と「}」の間に、次ページのリストどおり記述します。

2.1 コンソールアプリケーションのプログラムの構造

▼コマンドプロンプトに「Hello World!」と表示する（Program;cs）（プロジェクト「ConsoleApp」）

```
using System;

namespace ConsoleApp
{
    class Program
    {
        static void Main(string[] args)
        {
            Console.WriteLine("Hello World!");
            Console.ReadKey();
        }
    }
}
```

このように記述

7 デバッグメニューをクリックして、デバッグの開始を選択します。

8 コンソールが起動して、「Hello World!」と表示されます。

▼[デバッグ]メニュー

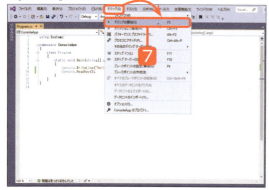

▼コンソール

Onepoint
プログラムを終了するには、キーボードのいずれかのキー（どのキーでも可）を押します。

コンソールアプリのコードはどうなっている？

それでは、コンソールアプリのコードを確認してみましょう。
ソースコードを1つずつ見ていきますが、Visual C#の文法的なことにかなり突っ込んでいますので、「こんなことが書いてある」という感じでざっと目を通してもらえれば結構です。

●「using System;」…名前空間の指定

usingは、任意の名前空間に属するクラスをクラス名だけで呼び出し可能にするキーワードです。Visual C#で、あらかじめ予約されている予約語のことを**キーワード**と呼びます。ここでは、「using System;」と記述することで、System名前空間に属するクラスが、クラス名だけで呼び出せるようにしています。「WriteLine」メソッドを使うときは、「System.Console.WriteLine」ではなく、たんに「Console.WriteLine」と記述できることになります。

●「namespace ConsoleApp」…新規の名前空間の宣言

namespaceは、名前空間を宣言するキーワードです。ここでは、「ConsoleApp」という名前空間を宣言しています。操作例では、「ConsoleApp」という名前のプロジェクトを作成していますが、これと同名の名前空間が自動的に設定されています。

次行の中カッコ「{」から最後の行の「}」までが、名前空間「ConsoleApp」の範囲になります。

●「class Program」…クラスの宣言

classは、クラスを宣言するキーワードです。ここでは、「Program」という名前のクラスが宣言されています。Programクラスの範囲は、次行の中カッコ「{」から下から2行目の「}」までです。

●「static void Main(string[] args)」…メソッドの宣言

メソッドの宣言部です。**メソッド**は、プログラムを実行する手続きをまとめたコードブロックのことです。メソッドに必要なステートメントは、宣言部の次行の中カッコ「{」と「}」の間に記述します。

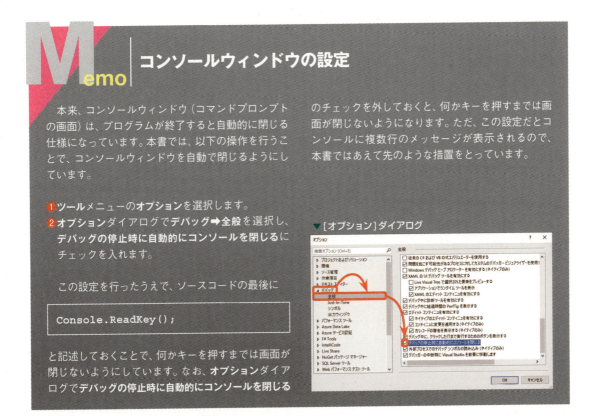

なお、メソッドは、プログラムの中に単独で記述することはできませんので、必ず、クラスの内部に記述します。

それと重要な点として、Visual C#では、**Main()** という名前が付けられたメソッドを最初に実行する決まりになっています。なので、Visual C#プログラムには、必ず1つのMain()メソッドが含まれることになります。

メソッドの宣言は、「(アクセス修飾子) 戻り値のデータ型 名前(パラメーター)」のように記述し、それぞれの単語の間には、半角スペースを入れます。

●「static」…インスタンス化を省略するキーワード

staticは、インスタンスを作成しなくてもメソッドを呼び出し可能にするキーワードです。**インスタンス**とは、クラスを実行したときに、メモリに転送されるデータのことを指します。

メソッドの実行は、クラスのデータをメモリに転送し、データに対して処理を実行するかたちで行います。でもアプリの起動直後は、メモリに何もデータが存在しない(インスタンスが存在しない)状態から処理を始めなくてはならないので、最初に実行されるMain()メソッドにはstaticキーワードが付いています。これによって、Main()メソッドの実行前に、必要なデータがメモリに転送されるようになります。

●「void」…メソッドが値を返さないことを示すキーワード

void(「空(から)の」という意味)は、このメソッドが値を返さないことを示します。voidメソッドによって処理が実行されても、処理結果としての値は返されず、メソッドの処理だけが行われます。

●「(string[] args)」…メソッドのパラメーター

Main()メソッドのパラメーターです。メソッドを呼び出すときは、メソッドのパラメーターにデータを渡すことができます。

パラメーターは、「(パラメーターのデータ型 パラメーター名, …)」のように複数、設定することができます。

ここでは、string型(文字列を扱うデータ型)のargsという名前のパラメーターを1つ定義しています。stringのあとに続く[]は、パラメーターが配列であることを示しています。

●「Console.WriteLine("Hello World!");」…WriteLineメソッドを実行するステートメント

メソッドを呼び出す場合は、「クラス名(またはクラスのインスタンス).メソッド名(引数);」のように記述します。

WriteLine() メソッドは、System名前空間に属するConsoleクラスのメソッドで、指定した文字列をコンソールに出力して、改行する処理を行います。冒頭の「using System;」によって、System名前空間に属するクラスがクラス名だけで呼び出せるようになっているので、「System.Console.WriteLine()」と記述せずに「Console.WriteLine()」と記述できます。

ここでは、WriteLine()メソッドの引数として「"Hello World!"」という文字列を指定しましたので、この文字列がコンソールに表示されるようになります。

なお、文字列を書く場合は、必ず対象の文字列をダブルクォーテーション「"」で囲むという決まりがあります。

2.1 コンソールアプリケーションのプログラムの構造

Memo C#のバージョンアップ時に追加された機能（その③）

C# 7.0 では、次の機能が追加されました。

▼C# 7.0

| Visual Studio 2017 | .NET Framework 4.7 |

▼C# 7.0 で追加された機能

- out パラメーター付き引数での変数宣言
  （Out Var）
- パターンマッチング（Pattern matching）
- タプル（Tuples）
- タプルを要素ごとの変数として受け取る分解
  （Deconstruction）
- ローカル関数
- 参照戻り値と参照ローカル変数
- async メソッドの戻り値型の一般化
- リテラル表記の向上（2進数の表記など）
- 式形式メンバーの追加
- スロー式（Throw Expressions）

Memo Visual C#のキーワード

Visual C#には、次のようなキーワードがあります。

▼Visual C#のキーワード

abstract	as	base	bool	break	byte
case	catch	char	checked	class	const
continue	decimal	default	delegate	do	double
else	enum	event	explicit	extern	false
finally	fixed	float	for	foreach	goto
if	implicit	in	int	interface	internal
is	lock	long	namespace	new	null
object	operator	out	override	params	private
protected	public	readonly	ref	return	sbyte
sealed	short	sizeof	stackalloc	static	string
struct	switch	this	throw	true	try
typeof	uint	ulong	unchecked	unsafe	ushort
using	virtual	volatile	void	while	get
partial	set	value	where	yield	

Section 2.2 Visual C#で扱うデータの種類

Level ★★★ Keyword CTS 値型 参照型

プログラミングでは、数値や文字など、「見た目」だけではなく「中身の種類」が異なるいろいろなデータを扱います。ですが、文字を数値として扱ったり、または数値を文字として扱ってしまうと、正しい処理ができません。そこで、データの種類に応じて正しい処理が行えるように、データの「型」というものを決めています。

Visual C#のデータ型

.NET Frameworkでは、対応する言語で共通して使用できるデータ型を決めています。これをCTS（共通型システム）と呼びます。Visual C#の基礎となるC#言語では、CTSのデータ型を独自の名前（エイリアス）を用いて利用するようになっています。

● Visual C#の標準定義データ型（あらかじめ定義されているデータ型）

値型	値の範囲
byte	0～255
ushort	0～65,535
uint	0～4,294,967,295
ulong	0～18,446,744,073,709,551,615
sbyte	－128～127
short	－32,768～32,767
int	－2,147,483,648～2,147,483,647
long	－9,223,372,036,854,775,808～9,223,372,036,854,775,807
float	$\pm 1.5 \times 10^{-45}$～$\pm 3.4 \times 10^{38}$
double	$\pm 5.0 \times 10^{-324}$～$\pm 1.7 \times 10^{308}$
decimal	$\pm 1.0 \times 10^{-28}$～$\pm 7.9 \times 10^{28}$
bool	TrueまたはFalse
char	Unicode（16ビット）文字

参照型	値の範囲
string	Unicode文字列
object	任意の型を格納できる

● ユーザー定義データ型（ユーザーが独自に定義するデータ型）

構造体	値型	クラス	参照型
列挙体	値型	デリゲート	参照型
配列	参照型	インターフェイス	参照型

Memo｜値型のメモリ管理

　文字列のように長さがバラバラで、なおかつサイズの大きいデータでなければ、単純なメモリ割り当て（スタック割り当て）を行う値型の方が効率的に処理が行えます。メソッド内部で宣言された値型のデータは、スタック上に格納されたあと、メソッドの終了と共に破棄されるので、ガベージコレクターによるメモリの解放処理が必要ありません。ただし、例外として、構造体は値型ですが、内部に参照型の変数が含まれる場合は、変数が使用している領域を解放するためのガベージコレクターの処理が必要になります。

Memo｜値型のメモリ割り当て

　ここでは、値型に属するint型の変数を例に、メモリ領域の割り当てについて軽く見てみることにしましょう。

　int型は、4バイト（32ビット）のメモリ領域をスタック上に確保します。例えば、int型の変数xに「12345678(0x*)」を代入する場合は、4バイトのメモリ領域に、下位の桁から順番に格納されていきます。

　ただし、コンピューターは、データを1バイト単位で処理するので、4バイトのメモリ領域を確保する場合は、1バイトのブロックが4つ続く領域が確保されます。

　このあと、確保した領域の下位のアドレスのブロックから順番に、「12(0x)」「34(0x)」「56(0x)」「78(0x)」の各値が格納されていきます。

●値の表記法

　コンピューターで扱う値はすべて2進数が使われますが、2進数の表記は読みづらいので、データのチェックなどを行う場合は、16進数表記がよく使われます。16進数は、4桁の2進数を1桁で表すので、1バイト（8ビット）を2桁で表現することができるためです。

* **0x**　「0x」は、数値が16進数表記であることを示している。

2.2.1 CTS（共通型システム）

データ型を一言で表せば、「データの種類とデータが使用するメモリ上のビット数を示すもの」です。このようなデータ型は、それぞれのプログラミング言語で固有の型が定義されています。

冒頭でもお話しましたが、.NET Frameworkでは共通型システム（**CTS**＊）という規格に基づいて、.NET Framework対応のすべての言語で共通して使用するデータ型を決めています。Visual C#では、これを独自の名前で使えるようにしていますので、例えば整数型の共通名「Int32」は「int」となります。なので、CTSの型名はあくまで参考として見ていただき、Visual C#の型名に注目してください。

Visual C#のデータ型を確認する

データ型は、**値型**と**参照型**に大別され、すべてのデータ型がクラスや構造体によって定義されています。次の図は、データ型を定義するクラスの構成図です。

Onepoint
.NET Frameworkのすべてのクラスは、「System.Object」クラスを継承しています。「System.Object」クラスは、すべてのクラスのスーパークラス（基本クラス）です。

▼データ型を定義するクラスの構成

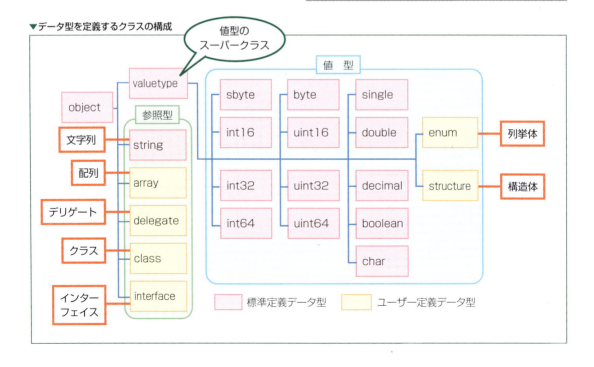

＊**CTS** Common Type Systemの略。

2.2 Visual C#で扱うデータの種類

▼機能別に分類したデータ型

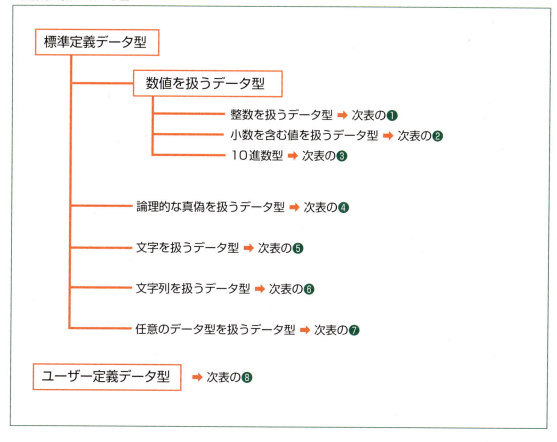

❶整数型／標準定義データ型

データ型	Visual C#の型名	CTSの型名	型の種類	内容	値の範囲
バイト型	byte	System.Byte	値型	8ビット符号なし整数	0～255
短整数型	ushort	System.UInt16	値型	16ビット符号なし整数	0～65,535
整数型	uint	System.Uint32	値型	32ビット符号なし整数	0～4,294,967,295
長整数型	ulong	System.UInt64	値型	64ビット符号なし整数	0～18,446,744,073,709,551,615
バイト型	sbyte	System.SByte	値型	8ビット符号付き整数	－128～127
短整数型	short	System.Int16	値型	16ビット符号付き整数	－32,768～32,767
整数型	int	System.Int32	値型	32ビット符号付き整数	－2,147,483,648～2,147,483,647
長整数型	long	System.Int64	値型	64ビット符号付き整数	－9,223,372,036,854,775,808～9,223,372,036,854,775,8078

2.2 Visual C#で扱うデータの種類

❷浮動小数点数型／標準定義データ型

データ型	Visual C#の型名	CTSの型名	型の種類	内容	値の範囲
単精度浮動小数点数型	float	System.Single	値型	32ビット単精度浮動小数点数	$\pm 1.5 \times 10^{-45} \sim$ $\pm 3.4 \times 10^{38}$
倍精度浮動小数点数型	double	System.Double	値型	64ビット倍精度浮動小数点数	$\pm 5.0 \times 10^{-324} \sim$ $\pm 1.7 \times 10^{308}$

❸10進数型／標準定義データ型

データ型	Visual C#の型名	CTSの型名	型の種類	内容	値の範囲
10進数型	decimal	System.Decimal	値型	128ビット高精度10進数	$\pm 1.0 \times 10^{-28} \sim$ $\pm 7.9 \times 10^{28}$

❹論理型（論理的な真偽を扱う）／標準定義データ型

データ型	Visual C#の型名	CTSの型名	型の種類	内容	値の範囲
論理型	bool	System.Boolean	値型	論理値	TrueまたはFalse

❺文字型／標準定義データ型

データ型	Visual C#の型名	CTSの型名	型の種類	内容
文字型	char	System.Char	値型	Unicode（16ビット）文字

❻文字列型／標準定義データ型

データ型	Visual C#の型名	CTSの型名	型の種類	内容	値の範囲
文字列型	string	System.String	参照型	1文字あたり2バイト	Unicode文字列

❼オブジェクト型（任意のデータ型を扱う）／標準定義データ型

データ型	Visual C#の型名	CTSの型名	型の種類	内容
オブジェクト型	object	System.Object	参照型	任意の型を格納できる。すべてのデータ型はオブジェクト型から派生する。

❽ユーザー定義データ型

型名	型の種類
構造体	値型
列挙体	値型
配列	参照型
クラス	参照型
デリゲート	参照型
インターフェイス	参照型

2.2.2　データ型のタイプ（値型と参照型）

データ型は、**参照型**（Reference Type）と**値型**（Value Type）の2つのタイプに大別され、それぞれのメモリの使い方は大きく異なります。

値型の特徴

値型の変数の宣言と値の代入を通して、値型の変数におけるメモリの使い方を見てみることにしましょう。

次のコードは、「int型（値型に属するデータ型）の変数を確保して！」という命令を実行するための、「変数の宣言」というものです。このステートメントが実行されると、メモリ上の**スタック**と呼ばれる領域に32ビットぶんの領域が確保され、xという変数が用意されます。

▼値型の変数宣言
```
int x;
```

次は、「変数xに1を代入！」という命令を実行するステートメントです。実行された後、変数x用のメモリ領域に1という値が格納されます。

▼変数xに値を格納
```
x = 1;
```

「int x;」と「x = 1;」は、「int x = 1;」のように、1つのステートメントにまとめることもできます。

それでは、変数の宣言と値の代入を行うコンソールアプリを作成してみることにしましょう。プロジェクトを作成し、「Program.cs」ファイルのMain()メソッドに以下のコードを記述しましょう。

▼変数の宣言と値の代入を行うメソッド（Program.cs）（プロジェクト「ValueType」）
```
namespace ValueType
{
    class Program
    {
        static void Main(string[] args)
        {
```

2.2 Visual C#で扱うデータの種類

```
int x;
x = 100;
Console.WriteLine(x);
Console.ReadKey();
      }
   }
}
```

——このように記述

Onepoint
Console.WriteLine()メソッドは、()内の引数として指定された要素の値をコマンドプロンプトに表示する処理を行います。

　コードの入力ができたら、**デバッグメニュー**の**デバッグの開始**を選択して、プログラムを実行してみましょう。コマンドプロンプトが起動して、変数xに格納されている数値の「100」が表示されます。

▼値型の変数xの内容を表示

値型の変数xの内容

● 値型のデータはメモリのスタック領域を使う
　これまで見てきた値型の変数は、メモリの**スタック**と呼ばれる領域を使用します。スタックでは、データが、**後入れ先出し方式**でメモリに格納されます。「後入れ先出し」とは、メモリを管理する方法のことで、メモリ領域を確保してデータを格納し、あとに格納したデータから順に、データの取り出しが行われます。

● 値型の変数はそれぞれ独自の値を持つ
　ここでは、値型の変数が持つ値を他の変数にコピーするとどうなるかを見てみることにします。まず、先のプログラムコードに続けて、以下のコードを入力することにします。

▼コードの続き
```
int y;
y = x;
y = 10;
```

　追加する最初のコードは、int型の変数yを宣言し、続くコードでは、変数xの値を変数yに代入しています。続くコードでは、変数yに「10」の値を代入し、最後に変数x、yの値をコンソールに表示します。

▼値型の変数x、yに値を代入してそれぞれの値を表示するプログラム (Program.cs) (プロジェクト「ValueCopy」)

```
namespace ValueCopy
{
    class Program
    {
        static void Main(string[] args)
        {
            int x;
            x = 100;

            int y;
            y = x;         ── コードを追加
            y = 10;

            Console.WriteLine(x);
            Console.WriteLine(y);
            Console.ReadKey();
        }
    }
}
```

　デバッグメニューのデバッグの開始で実行を選択して、プログラムを実行してみると、変数xの値が「100」、変数yの値が「10」と表示されます。
　「int y;」でint型の変数yを宣言し、続く「y = x;」で変数yにxが持つ値を代入したので、この時点の変数yの値は100です。
　変数yを宣言することでスタック上に32ビット (4バイト) の領域が確保され、そこへ変数xが持つスタック上のデータ (ここでは100という値) がコピーされたというわけです。ですが、次の行の「y = 10;」でyの値を10に変えています。この時点で、変数yの100という値が10に上書きされます。

▼値型の変数x、yにおける処理の流れ

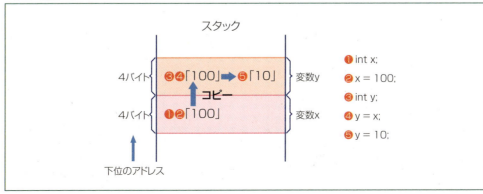

2.2 Visual C#で扱うデータの種類

スタックとヒープ

ここから先の解説では、**スタック**と**ヒープ**という用語が頻繁に登場します。

この2つの用語は、メモリ上の領域を表す用語で、プログラムがメモリ上にロード（読み込まれること）されるときは、データ用の領域として、スタック、ヒープ、**スタティック**の3つの領域が確保されます。

▼プログラムが実行されるときに確保されるメモリ領域

- スタック
- ヒープ
- スタティック
  └ スタティックフィールド（静的変数）領域

●スタック

メソッド内で使用される変数のデータを格納するための領域で、値型に属する変数のデータが格納されます。可能な限り、メモリ上の上位のアドレスを基点に、下位のアドレスに向かって確保されます。

●ヒープ

参照型に属する変数のデータが格納される領域です。ヒープ領域は、スタック領域とスタティック領域の間に位置します。

●スタティック領域

スタティックフィールド（静的変数）のデータを格納するための領域です。メモリ上の下位のアドレスを基点に、上位のアドレスに向かって確保されます。

スタック領域に展開されたデータは、メソッドの終了と同時に自動的に破棄されます。

これに対し、ヒープ上に確保していた領域は、**ガベージコレクター**によって、解放が行われます。

▼スタック、ヒープ、スタティック領域の確保

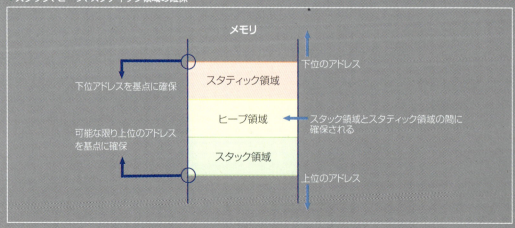

Memo クラスとオブジェクト

広い意味でオブジェクトは、アプリケーションを構成するソフトウェア部品のことを指します。フォームはオブジェクトであり、フォーム上に配置されたボタンもオブジェクトです。これらのオブジェクトは、クラスによって定義されています。

●オブジェクトはクラスから作られる

クラスの内部には必要なステートメントが記述されているので、クラスの内容をメモリに読み込むことでオブジェクトが生成されます。デスクトップアプリの場合は、実行時に、メモリ上にフォームに相当するオブジェクトが生成され、画面にフォームが表示されます。

このメモリ上のフォームオブジェクトの元になるのがForm1クラスです。Form1クラスは、Windowsフォームアプリケーション用のプロジェクトを作成すると、.NET Frameworkに収録されているFormクラスの機能を引き継いだクラスとして自動的に作成されます。Form1クラス実行すると、メモリ上のヒープ領域にクラスのデータが転送されます。これを**クラスのインスタンス化**と呼び、メモリ上に展開されたクラスのデータのことを**インスタンス**と呼びます。

●フォームオブジェクトを生成するコード

では、実際にフォームがどのようにインスタンス化されるのかを見てみましょう。次は、Form1クラスをインスタンス化して画面に表示するためのコードです。

▼フォームを画面に表示するためのコード

```
Form1 frm = new Form1();// Form1()をインスタンス化
frm.Show();              // 画面表示
```

newは、クラスをインスタンス化するためのキーワードです。1行目のコードが実行されるとForm1クラスのインスタンスが生成され、インスタンスのメモリアドレスが変数frmに格納されます。

続く2行目のコードでは、実際にフォームを画面に表示するためのShow()メソッドを呼び出しています。Show()メソッドは、Form1クラスの基になったクラス（スーパークラス）で定義されているメソッドなので、インスタンスを通じて呼び出すことができます。

なお、フォームのコードは、Visual Studioが自動的に生成するので、実際にコードを書くことはほとんどありません。

●クラスは「オブジェクトをたくさん作る」ための設計図

クラスを定義するコードは1つしかありませんが、そこから複数のインスタンスを作ることができます。例えば、Buttonコントロールの実体は、Buttonクラスです。Buttonコントロールをフォームデザイナー上で配置すると、自動的に次のコードが記述されます。

▼Buttonコントロールを配置したときに自動で記述されるコード

```
this.button1 = new System.Windows.Forms.Button();
this.button2 = new System.Windows.Forms.Button();
```

この2つのコードは、どれもButtonクラスをインスタンス化するためのコードです。ポイントは、1つのButtonクラスを基にしてbutton1、button2という2個のインスタンスが生成される点です。

このように、オブジェクト指向プログラミングでは、1つのクラスからインスタンスを「たくさん作る」ことができ、それぞれのインスタンスは固有の状態を維持します。1つのクラスをもとにして様々な状態のインスタンスを生成し、それぞれの状態を処理によって変化させていくことができます。

2.2 Visual C#で扱うデータの種類

参照型の特徴

ここでは、参照型の変数の宣言と値の代入を通して、参照型の変数におけるメモリの使い方を見てみることにしましょう。本文中の丸付き数字は、本文77ページの図と対応していますので、図を参照しながら読み進めてください。

●参照型の変数にはメモリ領域への参照情報が格納される

次のコードは、参照型のインスタンスを生成するValueクラスを定義するためのコードです。Valueクラスでは、int型の変数valueを宣言しています。クラスで宣言される変数を正確には「フィールド」と呼びますが、ここでは「変数」という呼び方で続けます。

▼クラスの定義

```
class Value ──────────── Valueクラスを定義
{
    public int value; ──── int型の変数valueの宣言
}
```

次のコードは、「Valueクラス型の変数を用意せよ」という変数宣言のコードです。この時点でValue型のインスタンスを参照するxという変数のみが用意されます（❶）。

▼参照型の変数宣言

```
Value x; ──────────────── Value型の変数xの宣言
```

さらに次のコードは、Valueクラスからインスタンスを生成するコードです。インスタンスの生成は、「インスタンスを参照するための変数 = new クラス名();」のように、「new」キーワードを使って行います。

Valueクラスでは、int型のvalueという変数を定義していますので以下のコードを実行すると、ヒープ上にValueクラスの変数value用の4バイトぶんの領域が確保されます（❷）。同時に、インスタンスが使用している領域を参照するための情報（アドレス）が変数xに代入されます（❸）。変数x用の領域はスタック上にあります。

ポイントは、スタック上に確保された変数x用の領域に値が格納されるのではなく、インスタンスが存在するヒープ上の領域への参照情報が格納される点です。

この時点では、インスタンスの中身は空っぽの状態です。

▼インスタンスの生成

```
x = new Value();
```

次のコードは、インスタンス内の変数に値を代入するためのコードです。このコードが実行されると、変数xが指し示すインスタンスの変数valueの値として「1」が代入されます（❹）。

▼値の格納

```
x.value = 1;
```

●**参照型の変数は参照先の値を共有する**

　次に、参照型の変数が持つ値を他の変数にコピーすることにします。

　Value クラス型の変数 y を宣言（❺）し、続いてインスタンスを生成します。ここで Value クラスの変数 value の値を格納するための 4 バイトぶんの領域がヒープに確保される（❻）と同時に、インスタンスの領域を参照するための情報（アドレス）が変数 y に代入されます（❼）。

▼参照型の変数 y の宣言とインスタンス化を行うコード

```
Value y;
y = new Value();
```

　以下のコードは、参照型の変数 y に x の値を代入するコードです。

　ここで注意しなくてはならないのは、変数 y に x の値を代入した場合、x が参照するインスタンスそのものがコピーされるのではなく、x の参照情報（メモリアドレス）がコピーされる点です（❽）。

▼変数 x の参照を y に代入する

```
y = x;
```

　次に、変数 y が指し示すインスタンスの変数 value に値を代入してみることにしましょう。

　このコードが実行されると、変数 y が参照するインスタンスの変数 value に「10」が代入されます（❾）。

▼変数 y が参照するインスタンスの変数 value に値を格納する

```
y.value = 10;
```

　最後に 2 つのインスタンスの value の値を表示してみることにしますが、この場合、どのインスタンスの value なのかを示すことが必要なので、「Console.Writeline(x.value);」のように、引数を「インスタンス.value」の形式で指定します。そうすると、x が指し示すインスタンスの value が参照されるというわけです。

　ここまでのソースコードは、以下のようになります。**デバッグ**メニューの**デバッグなしで実行**を選択して、プログラムを実行してみましょう。

2.2 Visual C#で扱うデータの種類

▼変数yの宣言と代入された値の表示までを行うプログラム (Program.cs)(プロジェクト「ReferenceType」)

```
namespace ReferenceType
{
    class Value                          ┐
    {                                    │
        public int value;                │─ 追加したコード
    }                                    ┘

    class Program
    {
        static void Main(string[] args)
        {
            Value x;
            x = new Value();
            x.value = 1;

            Value y;                         ┐
            y = new Value();                 │
            y = x;                           │
            y.value = 10;                    │─ 追加したコード
            Console.WriteLine(x.value);      │
            Console.WriteLine(y.value);      │
            Console.ReadKey();               ┘
        }
    }
}
```

▼参照型の変数x、yが指し示すインスタンスのvalueの内容を表示

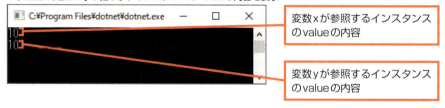

変数xが参照するインスタンスのvalueの内容

変数yが参照するインスタンスのvalueの内容

　　参照型の変数であるx、yは、共に同じインスタンスを参照しています。したがって、どちらかの変数で行った変更は、双方の変数に反映されるので、変数x、yが指し示すインスタンス内の変数valueの値は、次のようになります。

> x.valueの値　　10
> y.valueの値　　10

▼参照型の変数x、yにおける処理の流れ

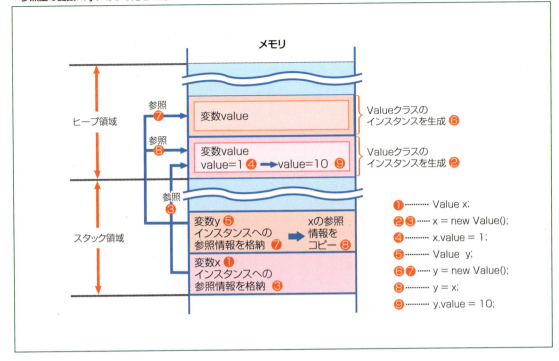

Memo スタック割り当てはヒープメモリの確保よりも高速で行われる

　メソッドが実行されると、ローカル変数用の領域がスタックに確保されます。メソッドの処理が終われば、値が不要となるので、スタックポインターが指し示すスタックのトップ（先頭）の位置を動かして空き領域を作り、新たなローカル変数用の領域として利用します。これは、ヒープメモリの確保に比べると、非常に高速に行われます。メソッドが呼び出される度に、スタック上のローカル変数域が確保される点がポイントです。

●スタックポインター
　CPUのアドレスレジスターの一種で、コールスタックの先頭を指すポインターレジスターです。レジスターとは、CPUに内蔵されている記憶回路のことで、データレジスターやプログラムカウンターなどの数個から数十個のレジスターがあります。レジスターは内部バスや演算回路などと密接に結びついているため、高速に動作し、プログラムコードに従ってメインメモリとレジスターの間でデータを移送することでCPUは処理を進めていきます。

●スタックとメソッドの関係
・サブルーチン（メソッド）のコードは、メモリ内の特定領域（スタックでもヒープでもないところ）に保持されている。
・メソッドが呼び出されると、メインスレッドにスタック領域が作成され、このスタックに、現在実行しているプログラムカウンターの値と、ローカル変数が保持される。
・このスレッドに CPU が割り当てられると、プログラムカウンターが指し示すコードを実行し、次の行へとどんどん進んでいく。
・結果として、プログラムカウンターの指し示す位置が順次、次行のコードの先頭に移動し、そこに書かれている処理命令が、スタックメモリ内のデータに対して実行される。

値型と参照型が使い分けられる理由

値型と参照型におけるメモリの使い方について見ていきましたが、そもそも値型と参照型がなぜ、必要なのでしょうか。

●**単純なデータ構造であれば値型を使う**

参照型のデータの検索には、単純なスタック割り当てよりも時間がかかることに加え、コスト（メモリの解放処理など）もかかります。

単純なデータ構造であれば、参照型よりも値型の方が高速にプログラムが動作します。

●**複雑なデータ構造であれば参照型を使う**

ただし、スタック検索が高速であるといっても、文字列などのサイズの大きなデータになると話は別です。値型の変数にサイズの大きなデータを格納すると、とたんに処理が重くなってしまいます。

スタック自体が巨大化すると、処理に時間がかかるようになってしまうのです。

参照型であれば、スタック上に参照情報だけを置き、実際のデータ（インスタンス）は、ヒープ上に置かれます。たとえ、データサイズが大きくても、スタック上に置かれるのは8バイトの参照情報だけです。

また、サイズの大きなデータをコピーする場合、参照型であればインスタンスへの参照情報だけをコピーすれば済んでしまいます。

●**単純なデータ構造であれば構造体、複雑なデータ構造であればクラスを使う**

このことから、比較的単純なデータを扱う場合は**値型**、より複雑なデータを扱う場合は**参照型**が使われます。

なお、ユーザーが独自に定義できるデータ構造には、クラスの他に**構造体**があります。クラスも構造体も、変数とメソッドを内部に持つことができます。ただし、クラスが参照型であるのに対し、構造体は値型に属します。また、クラスが**継承**（「3.5　クラスを引き継いで子供クラスを作る（継承）」を参照）を行えるのに対し、構造体では継承を行うことができません。

このため、オブジェクト指向を活かしたいのであればクラスを使用し、そうでなければ構造体、という使い分けになります。

Section 2.3 データに名前を付けて保持しよう（変数）

Level ★★★　　Keyword　変数　ローカル変数　フィールド

変数は、数値や文字などのデータを一時的に格納しておくためのものです。変数の値は、プログラムの実行中に、何度でも変更することができます。

ローカル変数とフィールド

変数には、任意の名前を付けることができます。変数の数に制限はなく、必要な数だけ変数を作成して利用することができます。

● 変数は値の受け渡しに使う

変数は値の受け渡しに使います。変数を作成することを**変数の宣言**と呼び、変数に任意の値を入れることを**変数に値を代入する**と表現します。変数には、新しい値を代入することで、変数の値を何度でも変更できます。

▼変数の宣言

```
データ型 変数名;
```

● 変数の種類

変数には、**ローカル変数**と**フィールド**があります。

● ローカル変数

メソッドの内部で宣言し、メソッド内部における値の受け渡しに使われます。ローカル変数は、メソッドの処理が完了するまで有効です。

● フィールド

クラスの内部で直接宣言します。フィールドには、宣言を行ったクラスだけでなく、他のクラスからもアクセスできるようにすることが可能です。フィールドは、インスタンスが存在する限り有効です。

2.3 データに名前を付けて保持しよう（変数）

2.3.1 変数の使い方

変数には、一時的にデータを格納しておくことができるので、ユーザーが入力した値や計算結果を保持するには、すべて変数を使って処理を行います。「データに名前を付けて保持する」と考えてもよいでしょう。

変数を宣言する

変数を使う場合には、あらかじめ変数で扱うデータの型を指定します。これを、**変数の宣言**と呼び、変数の宣言を行うことで変数を使用できるようになります。

▼変数の宣言

データ型 変数名;

整数を使用する変数xを宣言する場合は、整数型（int）を指定して、次のように記述します。

▼int型の変数xを宣言
```
int x;
```

●複数の変数の宣言

同じデータ型の変数であれば、「,」（カンマ）を使うことで、まとめて宣言することができますが、あまりおススメの方法ではありません。

▼複数の変数宣言

データ型 変数名1,変数名2,変数名3,…;

一応、例を載せておきましょう。int型の変数x、y、zをまとめて宣言する場合は、以下のように記述します。

▼int型の変数x、y、zをまとめて宣言
```
int x,y,z;
```

変数に値を代入する

変数に、特定のデータを格納することを**代入**と呼びます。変数に値を代入するには、代入演算子＝を使います。

▼変数への値の代入

> 変数名 ＝ 値;

int型の変数xに、数値の「10」を代入する場合は、次のように記述します。

▼int型の変数xに数値の「10」を代入

```
x = 10;
```

この後、xと記述すれば、xが指し示すメモリ領域に格納されている10という値を取り出すことができます。

変数宣言を行う際に、代入演算子（＝）を続けて記述することで、変数宣言と同時に値を代入することができます。

▼変数の宣言と同時に値を代入（変数宣言と初期化）

> データ型 変数名 ＝ 値;

例えば、int型の変数xを宣言して、「10」という数値を代入するには、次のように記述します。

▼int型の変数xに数値の10を代入

```
int x = 10;
```

同一のデータ型の複数の変数宣言と値の代入を同時に行う場合は、次のように書きます。

▼複数の変数の宣言と同時に値を代入

> データ型 変数名 ＝ 値,変数名 ＝ 値,変数名 ＝ 値,…;

int型の変数x、y、zの宣言と、値の代入を同時に行う場合は、次のように記述します。

▼int型の変数x、y、zの宣言と値の代入

```
int x = 10, y = 5, z = 20;
```

varによる暗黙の型を利用した変数宣言

varというキーワードを使って変数を宣言すると、変数に代入する値によって、コンパイラーが型を決定するようになります。例として、int型の変数を宣言して、10という値で初期化する場合について見てみましょう。初期化とは、変数の初期値を設定することです。

▼int型変数の初期化（データ型を指定）
```
int i = 10;
```

▼varを利用した初期化（データ型の指定なし）
```
var i = 10;
```

varを利用した場合は、代入する値が「10」なので、自動的にint型になります。次の場合、変数aはstring型になります。

▼varを利用したstring型の変数宣言
```
var a = "ABC";
```

なお、次のように変数の宣言と初期値の設定を分けて書くことはできません。このように書くと、変数の型が判別できないためです。

▼エラーになる例
```
var a;          ← 初期値がないので型が判別できない
a = 10;
```

●暗黙の型変換には気を付ける

varを使って宣言された変数の型は、代入する初期値をヒントにコンパイラーが決定します。このため、次の❶のようにlong型を指定して「1」の値を代入した場合は、内部でint型の1が暗黙的にlong型に型変換されますが、❷のようにvarを使った場合は、既定値であるint型が設定されます。

▼varで宣言する（Program.cs）（プロジェクト「DeclareVar」）
```
namespace DeclareVar
{
    class Program
    {
        static void Main(string[] args)
        {
            long a = 1;                              ❶
            Console.WriteLine(a.GetType().Name);
```

2.3 データに名前を付けて保持しよう（変数）

```
        var b = 1;                                                    ❷
        Console.WriteLine(b.GetType().Name);
        Console.ReadKey();
      }
    }
}
```

▼実行結果

Int64はlong型

Int32はint型

varを使った場合は、コンパイラーが既定の型を設定するので、int型の値をlong型とするような場合は、型指定を行う必要があります。

Onepoint

GetTypeは、対象のインスタンスの型情報を持つTypeオブジェクトを取得します。操作例では、TypeオブジェクトのNameプロパティを参照することで、インスタンスの型名を取得しています。なお、出力結果の「Int64」はCTSの型名でC#のlong型、「Int32」はint型になります。

Memo｜ヒープの使い方

ヒープ領域は、プログラムが実行された時点で1つのまとまった領域が確保され、プログラムの実行によって、参照型のデータを格納するために必要な領域が、逐次、動的に確保されます。ただし、ヒープ上に格納されたデータ（インスタンス）は、インスタンスへの参照がなくなったからといって、単純に削除できるものではありません。状況の変化や時間の経過によって、再び参照される可能性があるからです。

このようなことから、ヒープ上に格納されたデータ用の領域は、開発者が明示的に解放の指示をする必要があるのですが、.NET Frameworkには、**ガベージコレクター**と呼ばれるソフトウェアが付属していて、必要のなくなったインスタンスを自動的に検出し、インスタンスが使用していたヒープ上の領域を解放するようになっています。

2.3 データに名前を付けて保持しよう（変数）

変数名の付け方を確認する

変数には、任意の名前を付けることができますが、規則に従って名前付けを行うことが必要です。

●変数名に使用できる文字
変数名には、次の文字が使えます。

> ・a～zなどの小文字やA～Zなどの大文字を含むアルファベット
> ・0～9などの数字
> ・アンダースコア（_）

この他に、全角文字や半角カタカナを使うことも可能ですが、日本語の文字はトラブルの原因になるので通常は使用しません。

●変数名を付けるときの制限
変数名の付け方には、以下のルールを守ることが必要です。

・変数名の最初の文字には数字を使用することができません。
・Visual C#で定義されているキーワードをはじめ、メソッドに使われている名前は使用できません。ただし、キーワードを変数名の一部に含むことは許されます（例：DoGetNumber（Doはキーワード））。

●変数名のパターン
前記の制限を守っていれば、変数名にどんな名前を付けてもかまいませんが、用途がわかりやすいように、次のような方式が使われています。

▼変数名の名前付け方式

方式	内容	例
ハンガリアン記法	変数名の先頭に1～3文字程度の接頭辞（プレフィックス）を付ける。	strName
パスカル方式	変数名に複数の単語を使用し、各単語の先頭を大文字にする。	UserName
大文字方式	変数名をすべて大文字にする。	USERNAME

2.3.2 ローカル変数とフィールド

メソッドの内部で宣言される変数がローカル変数で、メソッドの外部、つまり、クラス直下で宣言される変数がフィールドです。ローカル変数がメソッド内部でのみ利用できるのに対し、フィールドは、クラス内部のすべてのメソッドで利用することができます。

ローカル変数とフィールドの宣言

●ローカル変数

ローカル変数は、宣言を行ったメソッド内部でのみ使用することができ、メソッドを実行している間だけ有効です。

▼ローカル変数を宣言する場所

```
名前空間名
{
    クラスの宣言
    {
        メソッドの宣言
        {
            ローカル変数の宣言
        }
    }
}
```

●フィールド

クラス直下で宣言する変数がフィールドで、**メンバー変数**と呼ばれることもあります。フィールドには、宣言を行ったクラス内部のすべてのメソッドからアクセスできます。ローカル変数がメソッド呼び出し1回ぶんの間だけ有効なのに対し、フィールドは、クラスのインスタンスが存在する限り有効です。

▼フィールド変数を宣言する場所

```
名前空間名
{
    クラスの宣言
    {
        フィールドの宣言
        メソッドの宣言
        {
            ・・・・・
```

2.3 データに名前を付けて保持しよう（変数）

```
            }
        }
}
```

■ ローカル変数の宣言

ローカル変数を宣言する方法は、「2.3.1 変数の使い方」で紹介したとおりです。
ローカル変数を宣言する場合は、変数を使用するコードよりも前の場所で宣言を行います。

■ フィールドの宣言

フィールドには、アクセスできる範囲を指定するための修飾子が用意されていて、任意の範囲を設定できるようになっています。
データ型とアクセス修飾子が同一であれば、「,」（カンマ）を使うことで、複数のフィールドをまとめて宣言することができます。

▼フィールドの宣言

> アクセス修飾子 データ型 フィールド名 , フィールド名…;

▼フィールドの初期化

> フィールド名 = 値、または初期化式;

> **Onepoint**
> 宣言した変数やフィールドに、あらかじめ値を代入しておくことを初期化と呼びます。

●フィールドのアクセス修飾子

フィールドには、4種類のアクセス修飾子が用意されています。
なお、アクセス修飾子を省略した場合は、デフォルトで「private」が適用されます。

▼フィールドのアクセス修飾子

アクセス修飾子	内容
public	制限なく、どこからでもアクセスすることが可能。
internal	同一のプログラム内からのアクセスを許可する。
protected	フィールドを宣言した型（クラスまたは構造体）と、型から派生した型からのアクセスを許可する。
private	フィールドを宣言した型内からのアクセスだけを許可する。
protected internal	protectedの範囲にinternalの範囲を加えたスコープを許可する。つまり、フィールドを宣言した型とその型から派生した型に加え、同一のプログラム内からのアクセスを許可する。

2.3 データに名前を付けて保持しよう（変数）

ローカル変数とフィールドのスコープを確認する

スコープとは、対象の要素にアクセスできる範囲のことで、**変数のスコープ**と表記する場合は、対象の変数にアクセスできる範囲のことを指します。

●ローカル変数のスコープ

ローカル変数のスコープは、変数宣言を行った場所によって決定します。具体的には、変数宣言以降からメソッドの末尾までになります。

▼ローカル変数のスコープ

```
名前空間
{
    クラス
    {
        メソッド
        {
            ローカル変数の宣言  ┐
            ・                  │
            ・                  ├─ ローカル変数のスコープ
            ・                  │
            ・                  ↓
        }
    }
}
```

●フィールドのスコープ

フィールドのスコープは、アクセス修飾子を指定しない限り、同一のクラス内に限定されます。これは、アクセス修飾子の「private」がデフォルトで設定されているためです。

▼アクセス修飾子を指定しない場合のフィールドのスコープ

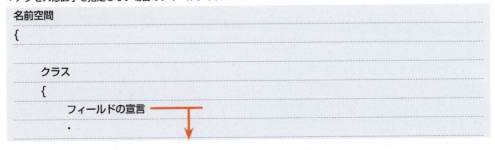

87

2.3 データに名前を付けて保持しよう（変数）

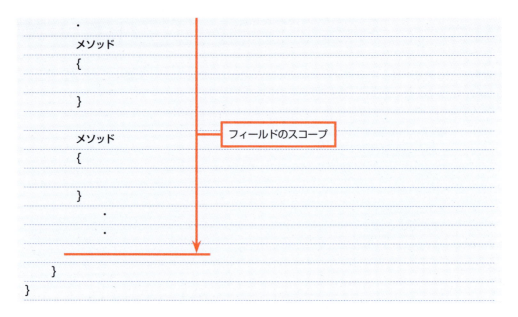

▼ローカル変数とのフィールドのスコープの比較

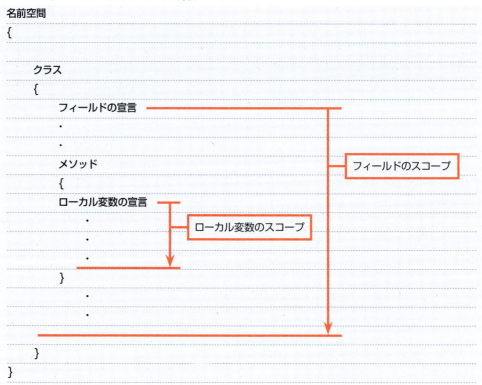

2.3 データに名前を付けて保持しよう（変数）

●ローカル変数のスコープを確認する

　次のプログラムでは、Test() という名前のメソッドでローカル変数xを宣言して値の代入を行っています。ところが、このxというローカル変数は、「Main」メソッドですでに使用しています。同じ名前のローカル変数を宣言して、エラーにならないか調べてみましょう。

▼同名のローカル変数の宣言と値の代入を行う（Program.cs）（プロジェクト「LocalVariable」）

```
namespace LocalVariable
{
    class Program
    {
        static void Main(string[] args)
        {
            int x = 1;                  ── このように記述
            Console.WriteLine(x);

            Test();
            Console.ReadKey();

        }

        static void Test()
        {
            int x = 20;                 ── このように記述
            Console.WriteLine(x);
        }

    }
}
```

　デバッグメニューの**デバッグなしで実行**を選択して、プログラムを実行してみましょう。

▼2つのローカル変数xの内容を表示

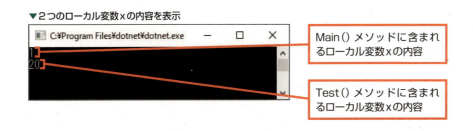

Main() メソッドに含まれるローカル変数xの内容

Test() メソッドに含まれるローカル変数xの内容

2.3 データに名前を付けて保持しよう（変数）

● コードの解説

同じ変数名を使うと、コンパイルエラーになってしまいそうな気がしますが、2つのローカル変数は、それぞれ異なるメソッド内で宣言されていますので、変数のスコープは重複してはいません。ローカル変数のスコープは、宣言されたメソッド内部に限られるので、それぞれのメソッドに含まれるローカル変数 x は、まったく別のものとして認識されます。

● フィールドを参照する

フィールドの宣言と値の代入を行い、代入されている値をコンソール上に表示してみることにしましょう。

▼フィールド変数の宣言と値の代入を行うメソッド（Program.cs）（プロジェクト「Field」）

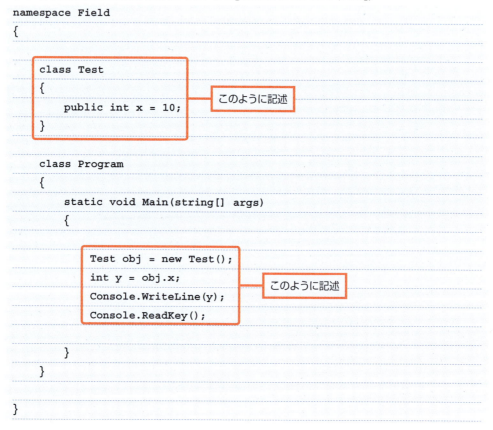

プログラムを実行すると次のように表示されます。

▼ローカル変数 y の内容を表示

2.3 データに名前を付けて保持しよう（変数）

●コードの解説

　今回は、最初にTestクラスを宣言し、フィールドxに「10」を代入しています。フィールドのアクセス修飾子には「public」を指定して、他のクラスからもアクセスできるようにしています。

　「Main」メソッドでは、Testクラス型の「obj」という名前のローカル変数を宣言し、new演算子を使って、Testクラスのインスタンスの参照を代入しています。

▼ローカル変数objにTestクラスのインスタンスの参照を代入
```
Test obj = new Test();         Testクラスのインスタンス化
     └ Test型のローカル変数を宣言
```

　次の行では、int型のローカル変数「y」を宣言して、Testクラスのフィールドxの値を代入しています。

▼ローカル変数「y」に「Test」クラスのフィールド「x」の値を代入
```
int y = obj.x;                 フィールド「x」の値を代入
    └ int型のローカル変数を宣言
```

Onepoint 変数yにフィールドxの参照が代入されるような気もしますが、あくまで値そのものが代入されます。

　最後に、「Console.WriteLine」メソッドを使って、ローカル変数「y」の内容をコンソール上に表示します。

▼ローカル変数「y」の内容をコンソール上に表示
```
Console.WriteLine(y);
```

Section 2.4 変えてはいけない！（定数）

Level ★★★　　Keyword　定数　ローカル定数　フィールド定数

プログラムの中では、終始一貫して同じ値を使い続けることがあります。例えば、商品の代金を求める場合に使用する消費税率は、プログラムが実行中に変更されることはありません。このような、変更してはならない値を格納しておく手段として**定数**が使われます。

定数の役割と使用法

税率や円周率のように、プログラムの実行中に変更してはならない値の保持には、定数を利用します。

❶定数の用途

固定の値を扱う場合に利用します。

❷定数の宣言

定数には、ローカル定数とフィールド定数があります。

●ローカル定数

メソッド内で宣言され、メソッド内部において、読み取り専用の変数として利用されます。

▼ローカル定数の宣言

```
constデータ型 ローカル定数名;
```

●フィールド定数

クラス内で宣言され、クラスに関連付けられた読み取り専用のフィールドとして利用されます。

▼フィールド定数の宣言

```
アクセス修飾子 const データ型 フィールド定数名;
```

2.4.1　定数の使い方

プログラム内で変えてはならない値を入れておくために利用するのが**定数**です。
いったん定数に代入した値は、あとから変更することはできません。

定数の種類

定数には、ローカル定数とフィールド定数があり、クラスで使われる定数はたんに**定数**と呼ばれることもあります。

・**ローカル定数**
　メソッド内において宣言します。ローカル定数は、読み取り専用のローカル変数として考えることができます。

・**フィールド定数**
　クラスや構造体の内部で宣言します。フィールド定数は、読み取り専用のフィールドです。

ローカル定数の宣言

　ローカル定数は、メソッド内部において、定数を使用するコードよりも前の場所で宣言します。
ローカル定数のスコープは、定数宣言以降から、定数を含むメソッドの範囲内です。
　ローカル定数は、**const**キーワードを使って宣言します。

▼ローカル定数の宣言

```
const データ型 ローカル定数名 (,ローカル定数名…);
```

▼ローカル定数の初期化

```
ローカル定数名 = 値、または初期化式;
```

2.4 変えてはいけない！（定数）

フィールドの定数を宣言

フィールド定数は、スコープを設定するためのアクセス修飾子を使うことができるので、有効範囲を任意に設定することができます。アクセス修飾子を指定しない場合は、同一のクラス内に限定する「private」がデフォルトで設定されます。

▼フィールド定数の宣言

```
アクセス修飾子 const データ型 フィールド定数名 ( ,フィールド定数名 … );
```

▼フィールド定数の初期化

```
フィールド定数名 = 値、または初期化式;
```

● フィールド定数におけるアクセス修飾子
フィールド定数は、フィールドと同様に、以下のアクセス修飾子を使用できます。

▼フィールド定数のアクセス修飾子

アクセス修飾子	内容
public	制限なく、どこからでもアクセスすることが可能。
internal	同一のプログラム内からのアクセスを許可する。
protected	フィールド定数を宣言した型（クラスまたは構造体）と、型から派生した型からのアクセスを許可する。
private	フィールド定数を宣言したクラス、または構造体内からのアクセスだけを許可する。
protected internal	protectedの範囲にinternalの範囲を加えたスコープを許可する。つまり、フィールド定数を宣言した型とその型から派生した型に加え、同一のプログラム内からのアクセスを許可する。

ここでは、フィールド定数の宣言を行う方法について紹介します。定数名を付ける場合、名前付けに関する規則は特にありませんが、すべて大文字で記述しておけば、定数であることがわかりやすくなります。

Section 2.5 演算子で演算しよう

Level ★★★　　Keyword　演算　演算子　数式

数値の計算や変数や定数に値を代入したりすることを総称して**演算**と呼びます。Visual C#には、様々な種類の演算を行うための演算子が用意されています。

Visual C#の演算子

Visual C#には次のような演算子があります。

- **主な演算子の種類**

演算子の種類	演算子
代入演算子	= += -= *= /= %= &= |= ^= <<= >>= ??
算術演算子	+ - * / %
連結演算子	+
比較演算子	== != < > <= >= is as
論理演算子	&	^ ! ~ && || true false
シフト演算子	<< >>
インクリメント	++
デクリメント	--

2.5.1 演算の実行

演算子の使い方について、種類別に見ていくことにしましょう。

演算子の種類と使い方

■ 代入演算子

代入演算子は、右辺の値を左辺の要素に代入します。

▼int型の変数valueに5を代入するステートメント
```
int value = 5;
```

次は、変数valueの値に5を加算した値を再代入します。

▼変数valueの値に5を加算した値をvalueに再代入
```
value = value + 5;
```

▼代入演算子の種類

演算子	内容	使用例	変数xの値
=	右辺の値を左辺に代入する	int x = 5;	5
+=	左辺の値に右辺の値を加算して左辺に代入する	int x = 5;　x += 2;	7
-=	左辺の値から右辺の値を減算して左辺に代入する	int x = 5;　x -= 2;	3
*=	左辺の値に右辺の値を乗算して左辺に代入する	int x = 5;　x *= 2;	10
/=	左辺の値を右辺の値で除算して左辺に代入する	int x = 10;　x /= 2;	5
%=	左辺の値を右辺の値で除算した結果の剰余を左辺に代入する	int x = 5;　x %= 3;	2
&=	左辺の値と右辺の値をAND演算する	int x = 0x0c;　x &= 0x06;	0x04
|=	左辺の値と右辺の値をOR演算する	int x = 0x0c;　x |= 0x06;	0x0e
^=	排他的OR演算を行う	int x = 0x0c;　x ^= 0x06;	0x0a
<<=	左シフト演算を行う	int x = 1000;　x <<= 4;	16000
>>=	右シフト演算を行う	int x = 1000;　x >>= -4;	62

算術演算子

数値の足し算や引き算などの演算は、**算術演算子**を使って行います。5と5を掛けた値に1を加算するには、次のように記述します。

▼5と5を乗算した値に1を加算した値をint型の変数valueに代入
```
int value = 5 * 5 + 1;
```

演算を行う場合は、加算（＋）や減算（−）よりも、乗算（＊）や除算（/）が先に計算されます。5と1を加算した値を5に乗じる場合は、次のようにカッコ「()」を使って、5+1の計算を先に行わせるようにします。

▼5に1を加算した値に5を掛けた値をvalueに代入
```
value = 5 * ( 5 + 1 );
```

▼算術演算子の種類

演算子	内容	例	変数xの値	優先順位[*]
−	数値をマイナスの値にする	int x = −10;	−10	1
＊	乗算	int x = 5 ＊ 2;	10	1
/	除算	int x = 5 / 2;	2.5	1
%	剰余（割り算の余り）	int x = 5 % 2;	1	2
＋	加算	int x = 5 ＋ 2;	7	3
−	減算	int x = 5 − 2;	3	3

連結演算子

連結演算子は、文字列同士を連結します。

▼連結演算子の種類

演算子	内容	例	xの値
＋	文字列の連結	string x = "Micro" + "soft";	Microsoft

---

[*]**優先順位** 演算を行うときの優先順位を示す。なお、同一の数式の中に、同じ順位にある複数の演算子が含まれている場合は、式の左にある演算子から順に演算が行われる。

2.5 演算子で演算しよう

比較演算子

比較演算子は、2つの式を比較する場合に使用します。比較の結果は、True（真）またはFalse（偽）のどちらかの値で返されます。

True（真）とFalse（偽）はブール（bool）というデータ型に属する値です。

▼比較演算子の種類

演算子	内容	例	返される値
==	等しい	x == 5	xが5であればTrue、5以外の場合はFalse。
!=	等しくない	x != 5	xが5以外であればTrue、5の場合はFalse。
<	右辺より小さい	x < 5	xが5より小さい場合はTrue、5以上の場合はFalse。
<=	右辺以下	x <= 5	xが5以下の場合はTrue、5より大きい場合はFalse。
>	右辺より大きい	x > 5	xが5より大きい場合はTrue、5以下の場合はFalse。
>=	右辺以上	x >= 5	xが5以上の場合はTrue、5より小さい場合はFalse。

論理演算子

論理演算子は、複数の条件式を組み合わせて、複合的な条件の判定を行う場合に利用します。判定の結果は、True（真）またはFalse（偽）のどちらかの値で返されます。

演算子	内容
&	2つの条件式の論理積を求める。2つの式が両方ともTrueの場合にのみTrueとなり、それ以外はFalse。

▼使用例
```
int A = 5;
int B = 2;
int C = 1;
bool check;
check = A > B & B > C;     ── checkにはTrueの値が格納される
check = B > A & B > C;     ── checkにはFalseの値が格納される
```

演算子	内容
|	2つの条件式の論理和を求める。2つの式のどちらかがTrueであればTrue（2つの式が両方ともTrueである場合もTrue）となり、2つの式の両方がFalseの場合にのみFalseとなる。

▼使用例

```
int A = 5;
int B = 2;
int C = 1;
bool check;
check = A > B | B > C ;  ──────── checkにはTrueの値が格納される
check = B > A | B > C ;  ──────── checkにはTrueの値が格納される
check = B > A | C > B ;  ──────── checkにはFalseの値が格納される
```

演算子	内容
!	条件式の論理否定を求める。条件式の真偽を反対に変換する。条件式がTrueであればFalse、条件式がFalseであればTrueの結果を返す。

▼使用例

```
int A = 5;
int B = 2;
bool check;
check = !(A > B);  ──────── checkにはFalseの値が格納される
check = !(B > A);  ──────── checkにはTrueの値が格納される
```

演算子	内容
^	2つの条件式の排他的論理和を求める。2つの式のどちらかがTrueの場合にのみTrueの結果を返し、2つの式の両方がTrue、またはFalseの場合は、Falseの結果を返す。

▼使用例

```
int A = 5;
int B = 2;
int C = 1;
bool check;
check = A > B ^ C > B;  ──────── checkにはTrueの値が格納される
check = B > A ^ B > C;  ──────── checkにはTrueの値が格納される
check = A > B ^ B > C;  ──────── checkにはFalseの値が格納される
check = B > A ^ C > B;  ──────── checkにはFalseの値が格納される
```

代入演算子による簡略表記

代入演算子は、次のように簡略表記できます。

通常の表記	簡略表記
a = a + b	a += b
a = a - b	a -= b
a = a * b	a *= b
a = a / b	a /= b
a = a & b	a &= b
a = a << b	a <<= b
a = a >> b	a >>= b

●+= 演算子❶

数式の値を数値型の変数に加算して、その結果を変数に代入します。次は、変数num1の値に数値変数num2の値を加算した値をnum1に再代入します。

▼+=演算子の演算例❶

```
int num1 = 10;
int num2 = 25;
num1 += num2;    //num1の値は「35」
```

●+= 演算子❷

+= 演算子は、文字列を連結し、その結果を変数に代入することもできます。

▼+=演算子の演算例❷

```
string num1 = "aaa";
string num2 = "bbb";
num1 += num2;    //num1の値は「aaabbb」
```

●-= 演算子

変数の値から、式で指定された値を減算してその結果を変数に代入します。

▼-=演算子の演算例

```
int num1 = 10;
int num2 = 3;
num1 -= num2;    //num1の値は「7」
```

2.5 演算子で演算しよう

● *= 演算子

左辺の値に右辺の値を乗じた結果を左辺の変数に代入します。

▼*=演算子の演算例

```
int num1 = 10;
int num2 = 3;
num1 *= num2;    //num1の値は「30」
```

● /= 演算子

左辺の値を右辺の値で除算した結果を左辺の変数に代入します。

▼/=演算子の演算例

```
int num1 = 25;
int num2 = 5;
num1 /= num2;    //num1の値は「5」
```

● &= 演算子

&= 演算子を使うと、「x = x & y」を「x &= y」のように記述することができます。2つの条件式がTrueの場合のみTrueになります。

▼&=演算子の演算例（プロジェクト「Operator」）

```
static void Main(string[] args)
{
    bool b = true;
    b &= false;                //「b = b & false」と同じ
    Console.WriteLine(b);
    Console.ReadKey();
}
```

▼プログラムの実行結果

b &= false;の結果

● <<= 演算子

ビットの並びを右辺で指定した桁数のぶんだけ左にシフトし、空白となった右端の桁に「0」を入れます。上位のビット位置からはみ出したビットは破棄されます。2進数では、左に1つシフトするたびに値が2倍、4倍、8倍、16倍、…と変化します。Short型の2バイト（16ビット）の場合は、次のようになります。

2.5 演算子で演算しよう

●シフト前の2バイトの値

0000 0000 1111 1111（10進数の255）

●シフト後の値

0000 1111 1111 0000（10進数の4080）

4つ左シフトした結果、4つの0が埋め込まれる

▼<<=演算子の演算例（プロジェクト「Operator2」）

```
static void Main(string[] args)
{
    int num = 255;
    int shift = 4;
    num <<= shift;
    Console.WriteLine(num);
    Console.ReadKey();
}
```

▼プログラムの実行結果

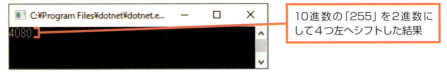

10進数の「255」を2進数にして4つ左へシフトした結果

●>>=演算子

ビットの並びを右辺で指定した桁数のぶんだけ右にシフトし、空白となった左端の桁に「0」を入れます。下位のビット位置からはみ出したビットは破棄されます。右シフトするたびに値が1/2倍、1/4倍、1/8倍…と変化します。Short型の2バイト（16ビット）の場合は、次のようになります。

●シフト前の2バイトの値

0000 0000 1111 1111（10進数の255）

●シフト後の値

0000 0000 0000 1111（10進数の15）

4つ右シフトした結果、4つの0が埋め込まれる

2.5 演算子で演算しよう

▼>>=演算子の演算例（プロジェクト「Operator3」）

```
static void Main(string[] args)
{
    int num = 255;
    int shift = 4;
    num >>= shift;
    Console.WriteLine(num);
    Console.ReadKey();
}
```

▼プログラムの実行結果

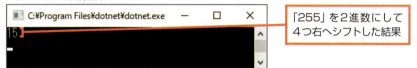

「255」を2進数にして4つ右へシフトした結果

Memo 前置インクリメント演算と後置インクリメント演算

整数型の変数の値を1増やす処理のことを「インクリメント」、逆に1減らす処理のことを「デクリメント」と呼びます。これらの処理は、処理の回数を数える、あるいは指定した処理回数まで残り何回かを数える場合などに使われます。なお、インクリメントとデクリメントには、「++」または「--」を変数の前に置く前置型と、変数の後ろに置く後置型があり、それぞれ異なる処理が行われます。

次の❶は、**前置インクリメント演算**です。この演算の結果は、インクリメントが行われた後の値になるので、❶の演算結果は「2」です。一方、❷は、**後置インクリメント演算**なので、変数の値を先に評価してから1を加算します。

▼前置インクリメント演算と後置インクリメント演算（プロジェクト「Increment」）

```
static void Main(string[] args)
{
    int x = 1;
    int y = 1;
    Console.WriteLine(++x);         // ❶前置インクリメント演算
    Console.WriteLine(y++);         // ❷後置インクリメント演算
    Console.WriteLine("x=" + x);    // インクリメント後のxの値
    Console.WriteLine("y=" + y);    // インクリメント後のyの値
    Console.ReadKey();
}
```

▼実行結果

前置インクリメント
後置インクリメント
処理後のxの値
処理後のyの値

2.5 演算子で演算しよう

次は、前置デクリメント演算と後置デクリメント演算の例です。❶は、1から1減らした「0」になります。❷は、先にxの値を評価するので「1」と表示されます。評価した後に1減らすので、処理の後に「0」と表示されます。

▼前置デクリメント演算と後置デクリメント演算（プロジェクト「Decrement」）

```
static void Main(string[] args)
{
    int x = 1;
    int y = 1;
    Console.WriteLine(--x);        // ❶前置デクリメント演算
    Console.WriteLine(y--);        // ❷後置デクリメント演算
    Console.WriteLine("x=" + x);   // デクリメント後のxの値
    Console.WriteLine("y=" + y);   // デクリメント後のyの値
    Console.ReadKey();
}
```

▼実行結果

Memo 単項演算子と二項演算子

演算子を大きく分けると左辺のみを対象にする単項演算子と、左辺と右辺の両方を対象にする二項演算子に分けられます。

●単項演算子

単項演算子には、インクリメント演算子の「++」や、デクリメント演算子「−−」があります。単項演算子は、左辺の値しか持ちません。

●二項演算子

二項演算子は、左辺と右辺の両方のオペランドを指定します。

二項演算子には、+、−、*、/、%、&、|、^、<<、>>、==、!=、>、<、>=、<= があります。

なお、オペランドとは、値そのもの、または値を表す式のことです。

Memo 単純代入演算子と複合代入演算子

代入演算子のうちで「=」は、**単純代入演算子**と呼びます。

これに対し、=演算子と、+、−、*、/、%、&、|、^、<<、>> のいずれかの演算子を結合して、「−=」のように記述する演算子を**複合代入演算子**と呼びます。

文字列を比較する

2つの文字列を比較して「等しいか」「等しくないか」を調べるには、演算子の「==」または「!=」を使います。「==」は等しい場合にTrue、「!=」は等しくない場合にTrueを返します。

▼演算子で2つの文字列を比較する（プロジェクト「Equivalent」）

```
static void Main(string[] args)
{
    var str1 = "C#";
    var str2 = "C++";
    Console.WriteLine(str1 == str2);      // 等しいのでFalseが出力される
    Console.WriteLine(str1 != str2);      // 等しくないのでTrueが出力される
    Console.ReadKey();
}
```

以上は、2つの文字列の比較でしたが、文字列を扱うstring型を定義しているStringクラスには、以下のメソッドがあり、文字列の中に特定の文字、または文字列が含まれているかを調べることができます。

- Contains()メソッド

　判定する文字列の中に、指定した文字が含まれているかどうかを判定します。大文字と小文字を区別し、判定する文字列の最初の文字位置から最後の文字位置まで検索されます。

- StartsWith()メソッド

　判定する文字列の先頭に、指定した文字列が含まれているかどうかを判定します。大文字と小文字を区別します。

- EndsWith()メソッド

　判定する文字列の末尾に、指定した文字列が含まれているかどうかを判定します。大文字と小文字を区別します。

　次は、**Contains()**メソッドを使って、変数str1に、str2、およびstr3が含まれているかどうかを調べる例です。

▼Contains()メソッドを使う（プロジェクト「ContainsMethod」）

```
static void Main(string[] args)
{
    string str1 = "Microsoft Visual C#";
    string str2 = "C#";
    string str3 = "C++";
    Console.WriteLine(str1.Contains(str2));    // str1にstr2の文字列が含まれているか
    Console.WriteLine(str1.Contains(str3));    // str1にstr3の文字列が含まれているか
```

```
        Console.ReadKey();
    }
```

▼実行結果

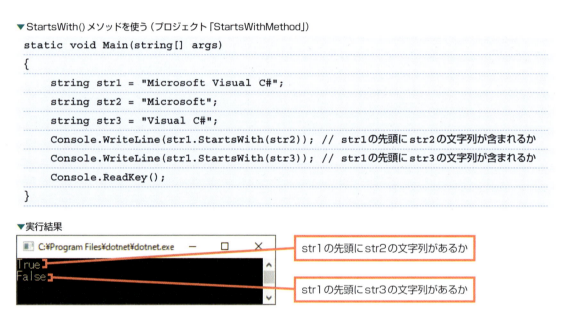

str1にstr2の文字列が含まれているか

str1にstr3の文字列が含まれているか

　　　　次は、StartsWith()メソッドを使って、変数str1の先頭からの文字列に、str2、およびstr3が含まれているかどうかを調べる例です。

▼StartsWith()メソッドを使う（プロジェクト「StartsWithMethod」）

```
static void Main(string[] args)
{
    string str1 = "Microsoft Visual C#";
    string str2 = "Microsoft";
    string str3 = "Visual C#";
    Console.WriteLine(str1.StartsWith(str2));  // str1の先頭にstr2の文字列が含まれるか
    Console.WriteLine(str1.StartsWith(str3));  // str1の先頭にstr3の文字列が含まれるか
    Console.ReadKey();
}
```

▼実行結果

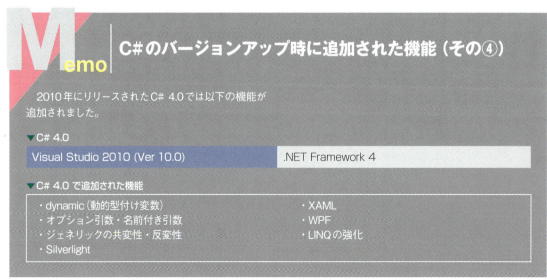

str1の先頭にstr2の文字列があるか

str1の先頭にstr3の文字列があるか

Memo｜C#のバージョンアップ時に追加された機能（その④）

　2010年にリリースされたC# 4.0では以下の機能が追加されました。

▼C# 4.0

| Visual Studio 2010 (Ver 10.0) | .NET Framework 4 |

▼C# 4.0 で追加された機能

- dynamic（動的型付け変数）
- オプション引数・名前付き引数
- ジェネリックの共変性・反変性
- Silverlight
- XAML
- WPF
- LINQの強化

2.5.2 「税込み金額計算アプリ」を作る

いきなりですが、変数や定数を使用するデスクトップアプリを作ってみましょう。ボタンとラベル、テキストボックスだけの画面ですので挑戦してみてください。

金額と数量を入力すると、自動的に消費税額が計上された合計金額を算出するようにしてみます。

操作画面を作る

最初にデスクトップアプリのためのプロジェクトを作成しましょう。

1 ファイルメニューの**新規作成➡プロジェクト**を選択して「新しいプロジェクト」ダイアログを表示します（スタート画面の場合は**新しいプロジェクトの作成**をクリック）。

2 C#を選択し、**Windowsフォームアプリケーション (.NET Framework)** を選択して**次へ**ボタンをクリックします。

3 プロジェクト名を入力し、**参照**ボタンをクリックして保存先を選択します。

4 **作成**ボタンをクリックします。
デスクトップアプリ用のプロジェクトが作成され、何も配置されていない操作画面（フォーム）が表示されます。

▼[新しいプロジェクト]ダイアログ

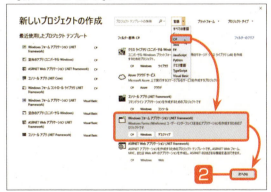

▼プロジェクトの作成

▼デスクトップアプリ用のプロジェクトの画面 (Form1.cs)
（プロジェクト「CalculateApp」）

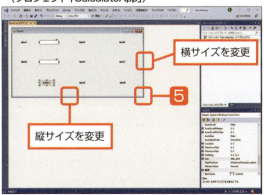

5 フォームの右下のサイズ変更ハンドル□をドラッグして、サイズを少し小さくしましょう。

2.5 演算子で演算しよう

▼ラベルを8個配置する

コントロールを
ドラッグして位置を
調整します

6 **ツールボックス**タブをクリックして、ツールボックスを表示し、**自動的に隠す**ボタンをクリックして、ツールボックスが隠れないようにします。

7 **コモンコントロール**を展開すると**Label**という項目がありますので、これをクリックし、フォームの右上の部分をクリックします。これでLabelがフォーム上に配置されます。

8 同じように操作して、左に2つ、中央に3つ、右に3つのラベルを上から順に配置していきましょう。なお、配置したラベルをドラッグすれば位置を変更できるので、図のような配置になるように調整してください。

▼テキストボックスとボタンの配置

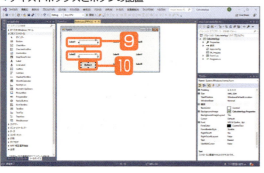

9 **ツールボックス**の**TextBox**をクリックして、テキストボックスを2つ配置します。

10 **ツールボックス**の**Button**をクリックして、ボタンを1つ配置します。

Onepoint
自動的に隠すボタンをクリックすると、ツールボックスが再び折り畳まれます。

　　以上で、部品（コントロール）の配置は完了です。次に、各コントロールの設定値（プロパティ）を設定していきましょう。

▼ラベルのプロパティの設定

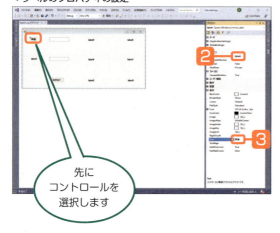

先に
コントロールを
選択します

1 **プロパティ**タブをクリックして**プロパティウィンドウ**を表示します。

2 左上のラベルをクリックして選択します。選択中のラベルのプロパティを設定する画面になりますので、**(Name)** の項目に「label1」と入力します。これは、選択中のラベルをプログラム内で識別するための名前になります。

3 プロパティウィンドウを下にスクロールすると**Text**という項目があるので、「単価」と入力して Enter キーを押します。

2.5 演算子で演算しよう

4 同じように操作して、各コントロールのプロパティを以下のように設定していきましょう。

▼フォーム上に配置するコントロール

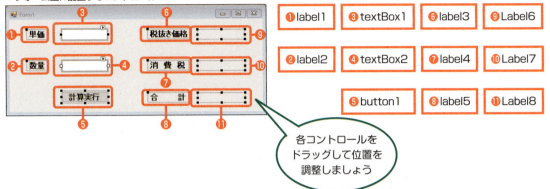

各コントロールをドラッグして位置を調整しましょう

▼各コントロールのプロパティ設定

● ❶ label（1列目の上から1番目）

プロパティ名	設定値
(Name)	label1
Text	単価
FontのSize	12
FontのBold	True

● ❷ label（1列目の上から2番目）

プロパティ名	設定値
(Name)	label2
Text	数量
FontのSize	12
FontのBold	True

● ❻ label（3列目の上から1番目）

プロパティ名	設定値
(Name)	label3
Text	税抜き価格
FontのSize	12
FontのBold	True

● ❼ label（3列目の上から2番目）

プロパティ名	設定値
(Name)	label4
Text	消費税
FontのSize	12
FontのBold	True

● ❽ label（3列目の上から3番目）

プロパティ名	設定値
(Name)	label5
Text	合計
FontのSize	12
FontのBold	True

● ❾ label（4列目の上から1番目）

プロパティ名	設定値
(Name)	label6
AutoSize	False
Size (Width)	100
Size (Height)	16
Text	（空欄）
TextAlign	TopRight
FontのSize	12
FontのBold	True

109

2.5 演算子で演算しよう

●⑩ label（4列目の上から2番目）

プロパティ名	設定値
(Name)	label7
AutoSize	False
Size (Width)	100
Size (Height)	16
Text	（空欄）
TextAlign	TopRight
FontのSize	12
FontのBold	True

●⑪ label（4列目の上から3番目）

プロパティ名	設定値
(Name)	label8
AutoSize	False
Size (Width)	100
Size (Height)	16
Text	（空欄）
TextAlign	TopRight
FontのSize	12
FontのBold	True

●❸ textBox（上から1番目）

プロパティ名	設定値
(Name)	textBox1
Text	（空欄）
FontのSize	12
FontのBold	True

●❹ textBox（上から2番目）

プロパティ名	設定値
(Name)	textBox2
Text	（空欄）
FontのSize	12
FontのBold	True

●❺ button

プロパティ名	設定値
(Name)	button1
Text	計算実行
FontのSize	12
FontのBold	True

Memo｜リテラル

プログラムコードの中で、数値や文字列のように、直接、記述されているデータのことを**リテラル**と呼びます。

Visual C#では、以下のように、リテラルの書式が定められています。

・数値リテラル

数値リテラルは、値をそのまま記述します。

（例）x = 10;

・文字リテラル

文字リテラルは、1つの文字をシングルクォーテーション「'」で囲みます。

（例）x = 'A';

・文字列リテラル

文字列リテラルは、文字列をダブルクォーテーション「"」で囲みます。

（例）x = "ABCDEFG";

2.5 演算子で演算しよう

背景イメージの設定

背景イメージを設定します。先に**ソリューションエクスプローラー**を開いておきます。続いて、プロジェクトフォルダー以下にイメージファイルをコピーして、これを背景イメージとして設定します。

▼背景イメージの設定

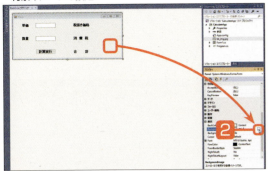

1 任意のイメージをコピーして、**ソリューションエクスプローラー**でプロジェクト名を右クリックして**貼り付け**を選択します。これでプロジェクト用のフォルダーにイメージがコピーされます。

2 フォーム上の何も表示されていない部分をクリックして、**プロパティウィンドウ**の**表示**カテゴリにある**BackgroundImage**を選択し、値の欄に表示されているボタンをクリックします。

3 **リソースの選択**ダイアログが表示されるので、**プロジェクトリソースファイル**をオンにして**インポート**ボタンをクリックします。

4 プロジェクト用フォルダーにコピーしたイメージを選択して**開く**ボタンをクリックします。

▼[リソースの選択] ダイアログ

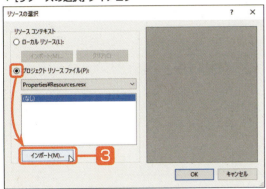

▼背景イメージの選択

5 **リソースの選択**ダイアログの**OK**ボタンをクリックします。

6 背景イメージが設定されます。

▼[リソースの選択] ダイアログ

▼設定された背景イメージ

ソースコードを入力する

　コントロールの配置が済んだら、入力された単価と数量に応じて金額を計算し、さらに消費税額と消費税を含んだ合計額を算出するためのコードを記述することにしましょう。
　次の変数と定数を宣言し、これらの変数と定数を使って演算を行うためのソースコードを記述します。

▼変数

変数名	内容	データ型
price	テキストボックスの「単価」欄に入力された値を格納するための変数。	int
quantity	テキストボックスの「数量」欄に入力された値を格納するための変数。	int
subtotal	priceの値にquantityの値を掛けた値を格納するための変数。	int
tax	税額を格納するための変数。subtotalの値と定数TAX_RATEを掛け合わせた値を格納する。	int
total	合計金額を格納するための変数。subtotalにtaxを足した値を格納する。	int

▼定数

定数名	内容	データ型
TAX_RATE	消費税率の0.1を格納しておく定数。	double（倍精度浮動小数点数型）

　フォーム上に配置したボタンをダブルクリックしてみてください。すると、コードエディターが開いて、次のように表示されるはずです。

▼ボタンをダブルクリックしたあとのコードエディター

ボタンをクリックしたときに呼び出されるメソッド

Onepoint

「public partial class Form1」は、Form1というクラスであることを示しています。ここに、先ほど作成したフォームやコントロールを操作するためのコードを書いていきます。

2.5 演算子で演算しよう

■ イベントハンドラー

　ポイントは、「private void Button1_Click(object sender, EventArgs e) { }」のコードブロックです。これは、ボタンがクリックされたときに自動で呼び出されるメソッドです。Visual Studioでは、フォーム上に配置したコントロールをダブルクリックすると、そのコントロールがクリックされたときに呼び出される空のメソッドを自動で作成するようになっています。このメソッドの{ }の中に何かの処理を書いておけば、ボタンをクリックすると、書いておいた処理が実行されます。このような「何かを操作したときに呼ばれるメソッド」は、**イベントハンドラー**と呼ばれます。

　Button1_Click()メソッドの内部に次のように入力しましょう。

▼CalculateApp（Form1.cs）

```
namespace CalculateApp
{
    public partial class Form1 : Form
    {
        public Form1()
        {
            InitializeComponent();
        }

        private void Button1_Click(object sender, EventArgs e)
        {
            int price, quantity, subtotal, tax, total;        ──── ❶
            const double TAX_RATE = 0.1;                       ──── ❷

            price       = Convert.ToInt32(textBox1.Text);      ──── ❸
            quantity    = Convert.ToInt32(textBox2.Text);      ──── ❹
            subtotal    = price * quantity;                    ──── ❺
            tax         = (int)(subtotal * TAX_RATE);          ──── ❻

            total       = subtotal + tax;                      ──── ❼

            label16.Text = Convert.ToString(subtotal);      ┐
            label17.Text = Convert.ToString(tax);           ├─ ❽
            label18.Text = Convert.ToString(total);         ┘
        }
    }
}
```

※消費税率は、2019年10月以降の税率（10%）を設定しています。

113

▼実行中のアプリ

1 ツールバーの**開始**ボタンをクリックして、プログラムを実行します。
2 単価、数量を入力して**計算実行**ボタンをクリックします。
3 計算結果が表示されます。

●コードの解説

操作例では、**計算実行**ボタンをクリックしたときに実行される**イベントハンドラー**（ボタンクリックイベントが発生したときに実行されるメソッド）に入力したコードは、次のように、変数と定数の宣言部分、計算を実行する部分、計算結果を表示する部分の3つで構成されています。

●変数と定数の宣言部
int型のローカル変数と、double型のローカル定数を宣言しています。

❶ int型のローカル変数の宣言

```
int price, quantity, subtotal, tax, total;
```

❷ double型のローカル定数

```
const double TAX_RATE = 0.1;
```

計算を実行する部分

計算を実行する部分は、2つのテキストボックスに入力された値を変数に代入する部分と、計算を行う部分で構成されます。

●TextBoxコントロールに入力された値を変数に代入する部分

テキストボックスに入力された値を取得するには、Textプロパティを使います。「テキストボックス名.Text」と記述すれば、該当するテキストボックスに入力された値を取得することができます。

ただし、テキストボックスに入力された値は、すべて文字列として扱われます。操作例で**単価**に入力した「5000」も**数量**に入力した「10」も見かけ上は数値ですが、あくまで文字列として扱われるので、このままの状態では演算を行うことができません。

そこで、**Convert.ToInt32()** メソッドを使って、テキストボックスの文字列を数値へ変換しています。このメソッドには、指定したデータをint型の整数に変換する機能があります。

2.5 演算子で演算しよう

▼int型への変換

構文 | Convert.ToInt32(データ)

ここでは、次のように「textBox1」と「textBox2」に入力された値をConvert.ToInt32()メソッドで整数に変換したあと、各変数に代入するようにしています。

❸❹ textBox1（単価入力用）とtextBox2（数量入力用）に入力された値をローカル変数price、quantityに代入します。

● 計算を行う部分

合計金額の計算は、次の順序で行います。

・税抜き価格を求める

❺ 単価と数量の乗算を行って税抜き価格を求め、結果を「subtotal」に代入します。

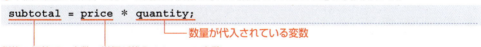

・消費税額を求める

次に、税抜き価格に消費税率を掛けて、税額を計算します。税抜き価格を代入している変数subtotalがint型であるのに対し、消費税率を代入している定数TAX_RATEはdouble型ですが、int型とdouble型の演算を行った場合、演算結果はdouble型のデータとして出力されます。このように、自動的にデータ型が変換されることを**暗黙的な型変換**と呼びます。暗黙的な型変換は、値の範囲が小さいデータ型から値の範囲が大きいデータ型に対してのみ行われますが、ここでは代入先の変数taxがint型であるため、コンパイルエラーになってしまいます。

▼消費税額を求めるステートメント（誤り）

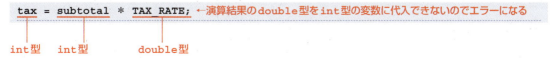

そこで「明示的な型変換（キャスト）」を行って、double型の値をint型の整数に変換するようにします。

2.5 演算子で演算しよう

明示的な型変換（**キャスト**）とは、データ型の変換を明示的に行うことです。明示的なキャストでは、**キャスト演算子**「()」を使用して、カッコ内に変換したいデータ型を記述することで、データ型を強制的に変換します。

なお、double型の値をint型に変換した場合は、小数以下の値が切り捨てられるので、ここでは消費税額の小数以下の値が切り捨てられることになります。

なお、string型からint型（あるいはその逆）のように、文字列から数値型など、まったく異なる型への変換には、キャストを使うことはできません。このような場合は、前出の「Convert.ToString」メソッドなどの「Convert」クラスに属するメソッドを使用します。

▼明示的な型変換（キャスト）

（キャスト後のデータ型）対象となるデータ

Onepoint
暗黙的な型変換は、byte型、sbyte型➡short型、ushort型➡int型、uint型➡long型、ulong型➡float型➡double型➡decimal型の順で行われます。

Attention
ここでは、算出された消費税額の小数以下の値を切り捨てています。なお、小数以下の値を四捨五入したい場合は、215ページの「HINT 小数以下の値を四捨五入するには」を参照してください。

❻税抜き価格に消費税率を掛けて税額を求め、結果を「tax」に代入します。

❼❺で求めた税抜き価格に❻で求めた消費税額を加算し、結果を「total」に代入します。

```
total = subtotal + tax;
```
合計額用の変数　税抜き価格が代入されている変数　消費税額が代入されている変数

● 計算結果を表示する部分

最後に、subtotalに格納されている税抜き価格、taxに格納されている税額、totalに格納されている合計金額を、それぞれラベルに表示します。

ただし、これらのローカル変数に代入されている値はint型であるため、この状態でラベルのTextプロパティに代入することはできません。Textプロパティは文字列を扱うプロパティなので、事前にString型に変更しておくことが必要です。

そこで、「Convert.ToString」メソッドを使って、int型の値をstring型に変換したあとで、Textプロパティに代入するようにしています。

2.5 演算子で演算しよう

❽これまでの計算結果を各ラベルに表示する。

▼税抜き価格をlabel6に表示

```
label6.Text = Convert.ToString(subtotal);
```

label6のTextプロパティ　subtotalの値をstring型に変換

2

Visual C#の文法

▼消費税額をlabel7に表示

```
label7.Text = Convert.ToString(tax);
```

label7のTextプロパティ　taxの値をstring型に変換

▼合計額をlabel8に表示

```
label8.Text = Convert.ToString(total);
```

label8のTextプロパティ　totalの値をstring型に変換

Onepoint

　今回作成したアプリは、テキストボックスに「数値が入力される」ことを前提にしています。このため、文字を入力したり、何も入力しないで計算実行ボタンをクリックするとエラーになってプログラムが止まってしまいます。この場合は、デバッグメニューのデバッグの停止を選択してプログラムをいったん終了してください。

117

Section 2.6 データ型の変換

Level ★★★　　Keyword　暗黙的な型変換　キャスト　Boxing

Visual C#では、必要に応じて、特定のデータ型を他のデータ型に変換することができます。このようなデータ型の変換には、Visual C#のコンパイラーに自動的に変換させる方法と、開発者自身がコードを記述して明示的に行う方法があります。

データ型の変換

データ型の変換には、**暗黙的な型変換**と、**キャスト**と呼ばれる方法があります。
また、値型のデータを参照型のデータに変換することも可能で、これを**Boxing**（ボクシング）と呼びます。

●暗黙的な型変換

暗黙的な型変換は、以下のように、データ型が異なる変数へ値を代入しようとしたときに行われます。ただし、暗黙的なデータ変換は、値の範囲が小さいデータ型から値の大きいデータ型へ変換する場合のみ行われます。

▼暗黙的な型変換
```
int x =10;
long y = x;         ─── xの値がint型からlong型に変換されてyに代入される
```

●キャスト

キャストは、キャスト演算子「()」を使用して、明示的にデータ変換を行います。この場合、値の範囲が大きいデータ型から値の範囲が小さいデータ型への変換を行うことが可能です。

```
long x = 1000;
int y = (int)x      ─── xの値がlong型からint型に変換されてyに代入される
```

● Boxing

Boxingは、値型のデータを参照型に変換する処理のことで、暗黙的に行うことも、キャスト演算子を使用して明示的に行うことも可能です。

```
int x = 10;
object y = x;              xのint型の値が暗黙的にobject型に変換されてyに代入される
```

●Unboxing

Boxingしたデータを元のデータ型に戻すことをUnboxingと呼びます。

```
int z = (int)y;           yのobject型の値をint型に戻して変数zに代入する
```

Memo | 整数型への型キャストを行うメソッド

整数型へ型キャストを行うには、Convertクラスのメソッドを使います。

メソッド名	変換後のデータ型
Convert.ToSByte()	sbyte
Convert.ToByte()	byte
Convert.ToInt16()	short
Convert.ToUInt16()	ushort
Convert.ToInt32()	int
Convert.ToUInt32()	uint
Convert.ToInt64()	long
Convert.ToUInt64()	ulong

2.6.1 データ型の変換（暗黙的な型変換とキャスト）

まずは、データ型を変換しなければならない状況について見てみましょう。

▼コンパイルエラーとなるコード
```
byte x = 5;
byte y = 11;
byte total;

total = x + y;

Console.WriteLine(total);
```

プログラムを実行しようとすると、「型'byte'を暗黙的に変換できません。…」というエラーメッセージが表示され、コンパイルエラーとなってしまいます。これは、「x + y」の演算を行ったときに、演算結果がbyte型ではなく、int型で返されるためです。

●暗黙的な型変換

C#のコンパイラーは、2つのbyte型の値を加算した場合、演算結果がbyte型の値の範囲である0～255に収まらないことを予想して、値を自動的にint型に変換します。これを**暗黙的な型変換**と呼びます。

前記のコードでは「total = x + y;」によって変数「x」と「y」の合計値を変数「total」に代入しようとしていますが合計値は、暗黙の型変換によってint型で返されるため、byte型の変数totalに代入しようとした時点でエラーになってしまうのです。

●エラー箇所の修正

では、前記のコードの問題点を修正することにしましょう。問題は、変数「total」のデータ型です。変数「total」のデータ型は、byte型です。これを演算結果として返される値のデータ型であるint型に修正すれば、エラーは発生しないはずです。コードを以下のように修正することにしましょう。

▼修正後のソースコード（Program.cs）（コンソールアプリプロジェクト「ImplicitConvert」）
```
static void Main(string[] args)
{
    byte x = 5;
    byte y = 11;
    int total;           ──── byte型をint型に修正

    total = x + y;

    Console.WriteLine(total);
```

```
        Console.ReadKey();
}
```

デバッグメニューのデバッグなしで実行を選択すると、無事にコンパイルが完了し、コンソール画面に結果が表示されます。

▼演算結果

演算結果が表示される

暗黙的な型変換が行われる状況を確認する

ここでは、「暗黙的な型変換」が行われる状況を見てみることにしましょう。

●暗黙的な型変換の条件

暗黙的な型変換は、値の範囲が小さいデータ型から、値の範囲が大きいデータ型への変換だけを行います。次は、int型の変数xとdouble型の変数zの掛け算を行う例です。

▼暗黙的な型変換が行われる例

```
int x = 950;
double y;
double z = 0.05;


y = x * z;


Console.WriteLine(y);
```

　int型とdouble型の乗算を行うと、C#のコンパイラーが暗黙的な演算結果をdouble型に変換します。
　演算結果の代入先がdouble型の変数yなので、値の代入は問題なく行われます。ただし、変数yがint型などの他のデータ型である場合は、コンパイルエラーになります。

●暗黙的な型変換が行われるデータ型

次の表は、暗黙的な型変換が行われるデータ型と、変換後のデータ型をまとめた表です。

▼データ型

変換前のデータ型	変換後のデータ型
整数型	
sbyte	short、int、long、float、double、decimal
byte	short、ushort、int、uint、long、ulong、float、double、decimal
short	int、long、float、double、decimal
ushort	int、uint、long、ulong、float、double、decimal
int	long、float、double、decimal
uint	long、ulong、float、double、decimal
long	float、double、decimal
ulong	float、double、decimal
実数型	
float	double
文字型	
char	ushort、int、uint、long、ulong、float、double、decimal

　以上のように、暗黙の型変換は、値の範囲が小さいデータ型から値の範囲が大きいデータ型に対して行われます。値の範囲が大きなデータ型への変換に限定されるのは、変換を行っても値自体は変わらないためです。

　逆に、4バイトのメモリサイズを持つint型から、1バイトのメモリサイズを持つbyte型への変換は、3バイトのデータを損失することになるので、暗黙のデータ変換は行われません。値の範囲が大きいデータ型から値の範囲が小さいデータ型への変換は、この次で紹介するキャスト・(明示的な型変換)を行わない限り、自動で行われることはありません。

　なお、uint型からint型への変換は、共に4バイトのメモリサイズを持つデータ型同士の変換となりますが、記憶できる値の範囲が異なるので暗黙的な型変換は行われません。

キャストを行う

　プログラマーが意図的にデータの変換を行うことを**キャスト**(**明示的な型変換**)と呼びます。

　キャストは、拡大的な変換(アップキャスト)はもちろん、値の範囲の小さなデータ型への変換(ダウンキャスト)が行えます。アップキャストは暗黙の型変換でも行えますが、ソースコードを見てもわかりにくいことが多いので、「ここで型変換している」ことを示すためにあえてアップキャストを行うコードを書くこともあります。

2.6 データ型の変換

●キャストの実行

キャストを行うには、**キャスト演算子**「()」を使って、変換後のデータ型を指定します。

▼キャストの実行

```
(変換後のデータ型)変換前のデータ
```

long型の変数に代入されているデータをint型のデータに変換するには、次のように記述します。

▼long型からint型へのキャスト
```
long x = 1000;
int y = (int)x;
```

「(int)x」は、「変数xのデータをint型のデータに変換せよ」という命令であり、変数x自体をint型の変数に変えるという命令ではないことに注意してください。あくまで、変数xに格納されているデータをint型にして変数yに代入するための命令なので、この命令が実行されても、変数xはlong型の「1000」という値を保持しています。

値型に含まれるデータ型のキャストは、整数型、浮動小数点数型、10進数型、論理型、列挙型の範囲内でのみ行うことができます。これ以外のデータ型への変換は、このあとで紹介する「Convert」クラスのメソッドを利用します。

Hint キャストを正しく行うための注意点

明示的なキャストを行う場合は、不適切なデータ型を指定してしまうと、データの一部やデータ全体が失われることがあるので、注意が必要です。

●データの一部を損失
例えば、int型をshort型、またはlong型をint型にキャストした場合、データを格納できるサイズが小さくなるので、データの一部を損失してしまう可能性があります。

●小数部の損失
浮動小数点数型のデータをintなどの整数型のデータにキャストすると、キャスト前の小数部が破棄されます。

●符号の損失
符号付きのデータを符号なしのデータ型に変換すると、符号が失われることになるので、「-」(マイナス)の符号付きデータは、正しく処理できなくなってしまいます。

2.6.2 メソッドを使用した型変換（Convertクラスによる変換）

データ型の変換を行う第3の方法である、「Convert」クラスのメソッドを使った方法についてみていきましょう。**Convert**は「System」名前空間に属するクラスで、定義済みの基本データ型の変換を行うための、数多くのメソッドが定義されています。

▼Convertクラスに含まれるメソッド

メソッド	内容
ToBase64CharArray	8ビット符号なし整数配列のデータを、Base64の数値でエンコードされたUnicode文字配列のデータに変換する。
ToBase64String	8ビット符号なし整数配列のデータを、Base64の数値でエンコードされたstring型のデータに変換する。
ToBoolean	指定した値をbool型（TrueまたはFalse）のデータに変換する。
ToByte	指定した値をbyte型（8ビット符号なし整数）のデータに変換する。
ToChar	指定した値をchar型（Unicode16ビット文字）のデータに変換する。
ToDateTime	指定した値をDateTime型＊のデータに変換する。
ToDecimal	指定した値をdecimal型（128ビット高精度10進数）のデータに変換する。
ToDouble	指定した値をdouble型（倍精度浮動小数点数型）のデータに変換する。
ToInt16	指定した値をshort型（16ビット符号付き整数）に変換する。
ToInt32	指定した値をint型（32ビット符号付き整数）に変換する。
ToInt64	指定した値をlong型（64ビット符号付き整数）に変換する。
ToSByte	指定した値をsbyte型（8ビット符号付き整数）に変換する。
ToSingle	指定した値をfloat型（単精度浮動小数点数）に変換する。
ToString	指定した値をstring型（Unicode文字の不変固定長文字列）に変換する。
ToUInt16	指定した値をushort型（16ビット符号なし整数）に変換する。
ToUInt32	指定した値をuint型（32ビット符号なし整数）に変換する。
ToUInt64	指定した値をulong型（64ビット符号なし整数）に変換する。

＊**DateTime型**　　Visual C#のデータ型としてのキーワードは存在しないが、CTS（共通型システム）において定義されているデータ型。日付、時刻に関するデータを扱う。

2.6 データ型の変換

●Convert クラスのメソッドを使って型変換を行う

「2.5.2 「税込み金額計算アプリ」を作る」において作成したプログラムでは、演算を行うためにテキストボックスに入力されたstring型（文字列）の値をint型（32ビット符号付き整数）に変換します。

▼int型への変換

構文

```
Convert.ToInt32(データ)
```

テキストボックスに入力されたstring型のデータ（Textプロパティで取得可能）をint型に変換して、変数priceに代入しています。

▼string型のデータをint型に変換

```
price = Convert.ToInt32(textBox1.Text);
```

- price → 変換した値を代入する変数
- Convert.ToInt32 → 「Convert.ToInt32」メソッド
- textBox1.Text → textBox1のTextプロパティが保持しているstring型のデータ

また、演算結果を表示する部分では、結果として出力されたint型の値をstring型に変換することで、ラベルに表示しています。

▼演算の結果をラベル（label6）に表示する

```
label6.Text = Convert.ToString(subtotal);
```

- label6.Text → label6のTextプロパティ
- Convert.ToString(subtotal) → subtotalのint型の値をstring型に変換

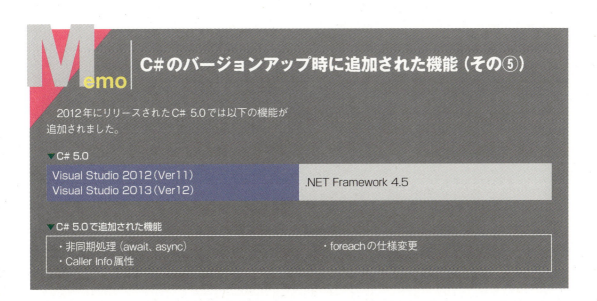

Memo　C#のバージョンアップ時に追加された機能（その⑤）

2012年にリリースされたC# 5.0では以下の機能が追加されました。

▼C# 5.0

| Visual Studio 2012（Ver11） Visual Studio 2013（Ver12） | .NET Framework 4.5 |

▼C# 5.0で追加された機能

- 非同期処理（await、async）
- Caller Info属性
- foreachの仕様変更

2.6.3 値型から参照型への変換（Boxing）

これまでは、値型のデータを対象にデータ型のキャストを行う方法を見てきました。一方、暗黙の型変換やキャストの他に、値型のデータを参照型に変換することも可能で、このことを**Boxing**（**ボクシング**）と呼びます。値型のデータはスタック上に配置され、参照型はインスタンスへの参照情報のみをスタック上に置き、インスタンスの実体はヒープ上に配置されますが、Boxingではこのようなメモリ領域の構造がまったく異なるデータ型の変換を行います。

● Boxing を実行する

ここでは、int型の変数valueを参照型に属するobject型に変換してみることにします。

▼Boxingを行うプログラム（Program.cs）（コンソールアプリプロジェクト「Boxing」）

```
static void Main(string[] args)
{

    int value = 100;
    object obj;
    obj = (object)value;         ← このように記述

    Console.WriteLine(obj);
    Console.ReadKey();
}
```

プログラムを実行すると、変数objの値「100」が表示されます。

▼Boxingの結果

（C:¥Program Files¥dotnet¥dotnet.exe）
100

変数の値として100が表示される

● Boxingの仕組み

前記のコードでは、「int value = 100;」によってint型の変数「value」に100を代入し、続く「object obj;」でobject型の変数「obj」を宣言しています。このあと、キャスト演算子「()」を使って、変数「value」のデータ型をobject型にキャストしたあとで、変数「obj」にデータを代入しています。

▼変数valueのボクシング

`obj = (object)value;` ← 変換後のデータ型を`object`に指定

ボクシングの方法は、キャストと同じです。ただし、値型に属するint型から参照型のobject型への変換なので、結果としてBoxingの処理が行われています。

次の図は、変数「value」と「obj」のインスタンスが生成される様子を図にしたものです。

▼変数valueとobjのインスタンスの生成

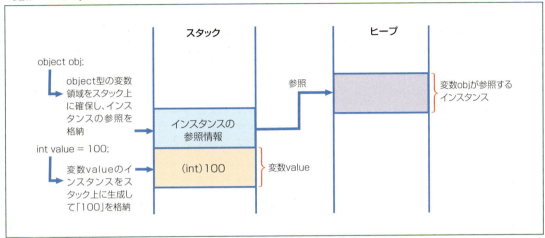

2つの変数のインスタンスを生成される様子を確認したあと、もう一度、Boxingを行うステートメントを見てみましょう。

「obj = (object)value;」は、変数valueのデータをobject型にBoxingします。すると、次の図のように、変数valueのint型データが、変数objが参照するインスタンスにコピーされます。

▼「obj = (object)value;」の処理

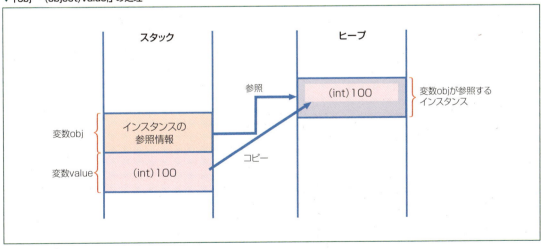

変数「value」をobject型に変えるのではなく、保持しているint型のデータをインスタンスにコピーしているのがポイントです。

参照型のデータを値型に戻す

参照型にボクシングしたデータは、元の値型のデータに戻すこともできます。これをUnboxing（アンボクシング）と呼びます。Unboxingも、キャスト演算子「()」を使って行います。

▼unboxingを行うプログラム（Program.cs）（コンソールアプリプロジェクト「UnBoxing」）

```
static void Main(string[] args)
{
    int value1 = 100;
    object obj = (object)value1;
    int value2 = (int)obj;

    Console.WriteLine(value2);
    Console.ReadKey();
}
```

プログラムを実行すると、Unboxingによって変数value2に代入された値を確認できます。

▼Unboxingを行うプログラムの実行

変数の値が表示される

次の図はプログラムを実行したときの様子です。

▼Unboxingの処理

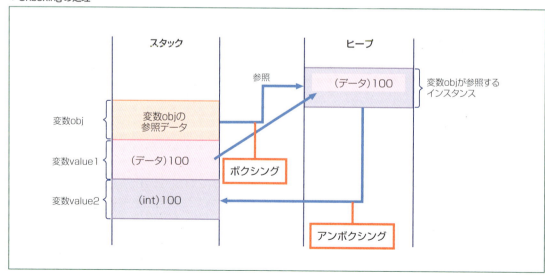

「int value2 = (int)obj;」が実行されると、object型の変数objが参照するインスタンスの中身（int型の「100」）が値型の変数value2に代入されます。

2.6.4 数値を3桁区切りの文字列にする（Format()メソッド）

数値型のデータを文字列のデータに変換するには、Convert.ToString()メソッドの他に、**String.Format()** メソッドを使う方法があります。String.Format()メソッドは、数値の3桁ごとにカンマを挿入するなど、書式指定を行えるのが特徴です。

数値を3桁ごとに区切る

ここでは、「2.5.2 「税込み金額計算アプリ」を作る」で作成したプログラムを改造して、計算結果を3桁ごとに区切った上で、数値の最後に「円」と表示するようにしてみることにします。

▼「2.5.2 「税込み金額計算アプリ」を作る」で作成したプログラムの書き換え (Form1.cs)

```
public partial class Form1 : Form
{
    public Form1()
    {
        InitializeComponent();
    }

    private void Button1_Click(object sender, EventArgs e)
    {
        //変数と定数の宣言
        int price, quantity, subtotal, tax, total;
        const double TAX_RATE = 0.1;

        //計算を行う
        price = Convert.ToInt32(textBox1.Text);
        quantity = Convert.ToInt32(textBox2.Text);
        subtotal = price * quantity;
        tax = (int)(subtotal * TAX_RATE);
        total = subtotal + tax;

        //計算結果をラベルに表示する

        label6.Text = String.Format("{0:0,000}円",subtotal);
        label7.Text = String.Format("{0:0,000}円",tax);
        label8.Text = String.Format("{0:0,000}円",total);

    }
}
```

このように書き換える

2.6 データ型の変換

▼プログラムの実行

単価と数量を入力して、[計算実行]ボタンをクリックすると、結果が3桁区切りで表示される

●String.Format()メソッドの解説

String.Format()メソッドは、第1引数で書式指定文字列を設定し、第2引数で変換対象のデータを指定します。第1パラメーターは文字列の書式を指定するので、パラメーター全体をダブルクォーテーション（「"」）で囲むことが必要です。

▼String.Format()メソッド

メソッドの宣言部	public static string Format(string format, Object arg)	
パラメーター	string format	書式指定文字列
	Object arg	書式指定するオブジェクト（文字列）
戻り値	変換後の文字列	

▼C#の書式指定文字

書式指定文字	内容
0	1つの0が1桁に相当する。
	0を指定した桁に数値がない場合は、0が表示される。
	0を指定した桁を数値が超える場合は、すべての桁の値が表示される。
	数値の小数部の桁数が、0の小数部で指定されている桁数を超えている場合は、超えている部分が四捨五入されて、0と同じ桁数で表示される。
#	1つの#が1桁に相当する。
	#を指定した桁に数値がない場合は、何も表示されない。
	#を指定した桁を数値が超える場合は、すべての桁の値が表示される。
	数値の小数部の桁数が、#の小数部で指定されている桁数を超えている場合は、超えている部分が四捨五入されて、#と同じ桁数で表示される。
.	小数点を設定する。
,	カンマを挿入する。
%	値を100倍して、パーセント記号（%）を挿入する。
¥	¥を表示するには、¥¥と記述する。

書式指定文字で桁数を指定するには、「0」または「#」を使い、桁区切りには「,」を使います。数値を3桁ごとに区切って表示するには次のように書きます。

▼3桁で区切る書式指定文字列
```
"{0:0,000}"
```

インデックス

書式指定文字列全体を{ }で囲んだうえで、文字列として「"」で囲みます。{ }は「プレースホルダー」と呼ばれるもので、書式指定文字列を設定するためのものです。なお、「0」で指定した桁数をフォーマット対象の数値の桁が超える場合はすべての桁の値が表示されるので、0,000と書いておけば、すべての桁が3桁区切りで表示されるようになります。

▼変数subtotalの数値を3桁区切りで表示
```
label6.Text = String.Format("{0:0,000}円", subtotal);
```

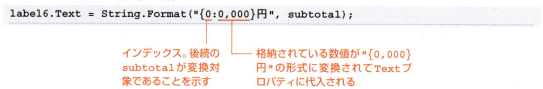

インデックス。後続のsubtotalが変換対象であることを示す　　格納されている数値が"{0,000}円"の形式に変換されてTextプロパティに代入される

先頭に「0:」が付いていますが、これは変換対象の要素を指し示すためのインデックス値です。変換対象の要素は複数指定できるので、どの要素を当てはめるのかを0から始まる値で指定します。

▼インデックスで変換対象を指定
```
string str = String.Format("{0:0,000}と{1:00000}", 1000, 2000);
Console.WriteLine(str);   // 「1,000と02000」と表示
```

1つ目の変換対象「1000」が当てはめられる　　2つ目の変換対象「2000」が当てはめられる

指定した桁に満たない数値に「0」を表示しないようにする

前記のコードには、1つの問題点があります。書式指定文字の「0」を使った場合、「0」で指定した桁を数値が超える場合は、すべての桁が表示されますが、指定した桁に値がない場合は「0」がそのまま表示されてしまいます。

例えば、次のプログラムを実行すると数値が「0,050」と表示されます。

▼3桁に満たない数値を変換対象にする
```
string str = String.Format("{0:0,000}", 50);
Console.WriteLine(str);                        // 「0,050」と表示される
```

2.6 データ型の変換

●桁に満たない部分に「0」を表示しないようにする

桁に満たない部分に「0」を表示させたくない場合は、書式指定文字の「#」を「0」と組み合わせて使います。「#」は、指定した桁に数値がない場合は何も表示しません。

先のコードを次のように書き換えれば、桁に満たない部分に何も表示されないようになります。

▼指定した桁に満たない数値に「0」を表示しないようにする

```
string str = String.Format("{0:#,##0}",50);
```
　　　　　　　　　　　書式指定文字列を「{0:#,##0}」に書き換える

```
Console.WriteLine(str);
```

> **Onepoint**
> 書式指定文字列を「"{0:#,###}"」ではなく、「"{0:#,##0}"」のように最後の桁を「0」にしている理由は、数値が0の場合に「0」と表示するためです。

●計算プログラムの修正

それでは、「0」と「#」の組み合わせを使って、先の計算プログラムを修正しましょう。現状では、「0」で指定した桁に満たない部分があると「0」が表示されてしまいますが、以下のように書き換えることで、「0」が表示されないようになります。

▼129ページの計算プログラムの計算結果を表示する部分の書き換え

```
label6.Text = String.Format ("{0:#,##0}円",subtotal);
label7.Text = String.Format ("{0:#,##0}円",tax);
label8.Text = String.Format ("{0:#,##0}円",total);
```
　　　　　　　　　　　　　　　　　書き換える部分

> **Onepoint**
> 「String.Format」メソッドの第1パラメーターは二重引用符「"」で囲まれているので、パラメーター内に直接、文字列を入れることができます。操作例では、「String.Format」メソッドを使って、計算結果の数値を3桁ごとに区切り、最後に「円」を付けた上で、文字列として表示しています。

2.6 データ型の変換

「String.Format」メソッドでの書式設定の方法を確認する

ここでは、「String.Format」メソッドでの書式設定の方法を整理しておきましょう。

●書式指定の例

以下に、書式指定の例を挙げます。

●指定した桁数で数値を表示する

55という数値を「0055」のように、4桁で表示するには次のように記述します。

    String.Format("{0:0000}",55);   実行結果「0055」

●数値のすべての整数部をそのまま表示する

0または、#を使って次のように記述します。#にした場合は、数値が0のとき何も表示されません。

    String.Format("{0:0}", 55555);   実行結果「55555」

●小数点以下を表示する

小数点以下の桁数を表示する場合は、次のように記述します。

    String.Format("{0:0.00}", 123.45);   実行結果「123.45」

ただし、「String.Format("{0:0.00}", 123.455)」のように、小数点以下の桁数を超えている場合は、四捨五入して表示されるので注意が必要です。

    String.Format("{0:0.00}", 123.455);   実行結果「123.46」
    String.Format("{0:0}", 123.555);   実行結果「124」

●3桁ごとにカンマを挿入する

59800という数値を「59,800」のようにカンマで区切るには、次のように記述します。

    String.Format("{0:#,###}", 59800);   実行結果「59,800」

2.6 データ型の変換

数値が0のときに「0」と表示したい場合は、次のように記述します。

String.Format("{0:#,##0}", 0);　　実行結果「0」

● 文字列と組み合わせて表示する

「合計59,800円です。」のように、特定の文字列と組み合わせて表示するには、次のように記述します。

String.Format("{0:合計 #,### 円です。}", 59800);　　　実行結果「合計59,800円です。」

● 文字列の表示幅を指定する

文字列の幅を指定して表示するには、次のように記述します。以下の例では、文字列が4桁の右詰で表示されます。

String.Format("{0,4}", 1);　　実行結果「　　　1」

● 文字列の表示幅を指定し、なおかつ3桁ごとにカンマを挿入する

String.Format("{0,10:#,##0}", 1000);　　実行結果「　　　　　1,000」

Memo #と0の違い

　#と0は、どちらも値を数字として表示する働きがありますが、指定してある桁に数値がない場合、0の場合は「0」という数字が表示されるのに対し、#の場合は何も表示されません。

```
String.Format("{0:0000}",11);
実行結果「0011」
String.Format("{0:####}",11);
実行結果「11」
```

　なお、変換する数値が指定した桁数を超えている場合は、0や#で指定した桁数に関係なく、すべての整数部の値が表示されます。

```
String.Format("{0:0}",12345);
実行結果「12345」
String.Format("{0:#}",12345);
実行結果「12345」
```

Section 2.7 組み込み型

Level ★★　　Keyword　組み込み型　リテラル　オーバーフロー

　Visual C#が利用するCTS（共通型システム）のデータ型は、C#独自のキーワードに置き換えて利用できます。このように、あらかじめ定義されているデータ型を**組み込み型**と呼び、開発者が独自に定義するデータ型を**ユーザー定義型**と呼びます。ユーザー定義型には、値型に属する構造体や、参照型に属するクラスがあります。

組み込み型

組み込み型には、以下のようなデータ型があります。

● 組み込み型

●値型に属する組み込み型

整数型	扱う値の範囲
byte	0～255（0～2^8-1）
ushort	0～65,535（0～$2^{16}-1$）
uint	0～4,294,967,295（0～$2^{32}-1$）
ulong	0～18,446,744,073,709,551,615（0～$2^{64}-1$）
sbyte	－128～127（－2^7～2^7-1）
short	－32,768～32,767（－2^{15}～$2^{15}-1$）
int	－2,147,483,648～2,147,483,647（－2^{31}～$2^{31}-1$）
long	－9,223,372,036,854,775,808～9,223,372,036,854,775,807（－2^{63}～$2^{63}-1$）

浮動小数点数型	扱う値の範囲
float	±$1.5×10^{-45}$～±$3.4×10^{38}$
double	±$1.5×10^{-324}$～±$1.7×10^{308}$

2.7 組み込み型

10進数型	扱う値の範囲
decimal	$(-7.9 \times 10^{28} \sim 7.9 \times 10^{28})/(10^{0 \sim 28})$

ブール型	扱う値の範囲
bool	TrueまたはFalse

文字型	扱う値の範囲
char	Unicode（16ビット）文字

●参照型に属する組み込み型

オブジェクト型	扱う値
object	任意の型を格納できる

文字列型	扱う値
string	Unicode文字列

Memo 小数点以下の切り捨て

float型やdouble型を、整数型に属するデータ型に変換した場合は、次のように、小数点以下の値が切り捨てられます。

▼double型をint型に変換

```
double x = 10.234;
x = (int)(x + 1);        ←xの値は「11」
```

2.7.1 整数型

整数型には、以下のように8種類のデータ型が用意されています。8ビット、16ビット、32ビット、64ビットのメモリサイズを持つデータ型があり、それぞれ符号付きと符号なしがあります。

▼整数型に属するデータ型

型名	内容	値の範囲
byte	8ビット符号なし整数	0～255（0～2^8-1）
sbyte	8ビット符号付き整数	-128～127（-2^7～2^7-1）
ushort	16ビット符号なし整数	0～65,535（0～$2^{16}-1$）
short	16ビット符号付き整数	-32,768～32,767（-2^{15}～$2^{15}-1$）
uint	32ビット符号なし整数	0～4,294,967,295（0～$2^{32}-1$）
int	32ビット符号付き整数	-2,147,483,648～2,147,483,647（-2^{31}～$2^{31}-1$）
ulong	64ビット符号なし整数	0～18,446,744,073,709,551,615（0～$2^{64}-1$）
long	64ビット符号付き整数	-9,223,372,036,854,775,808～9,223,372,036,854,775,807（-2^{63}～$2^{63}-1$）

●整数型の変数の初期値

整数型に含まれるデータ型の変数を宣言した場合は、以下の値が初期値として扱われます。

▼整数型の初期値

型名	初期値	型名	初期値
byte	0	uint	0
sbyte	0	int	0
ushort	0	ulong	0
short	0	long	0L

Onepoint
long型の初期値である「0L」の「L」は、**サフィックス**と呼ばれる、データ型を指定するための文字です。「L」の場合は、long型を示します。

「初期値」とはなっていますが、これらの値が変数に代入されるわけではありません。

  int x, z;
  int y = 1;
  z = x + y;

とした場合、xには何も代入されていないので「x + y」の計算で「xは初期値の0」としてzに結果の1が代入される、ということです。

2.7 組み込み型

なので、以下のようにコードを記述してプログラムを実行すると、コンパイルエラーになります。

▼変数の初期値を代入していないプログラム (Program.cs)（コンソールアプリプロジェクト「Initialize」）

```
static void Main(string[] args)
{
    int value;  ──────── 初期化していない
    Console.WriteLine(value);
}
```

この場合は、次のように、変数に値を代入して初期化すれば、正常にプログラムが実行されます。

▼修正後のコード

```
static void Main(string[] args)
{
    int value;
    value = 0;  ──────── 変数「value」に初期値を代入
    Console.WriteLine(value);
}
```

Memo | 実数リテラルの表記法

実数リテラルを指定する方法には、10進数表記と指数表記があります。**10進数表記**は、「0」～「9」の数字と小数点「.」を使って表記するのに対し、**指数表記**は、10進数表記のあとに「e±」と指数を表記します。

なお、**指数**とは累乗を示す数値のことで、「10の3乗」の「3」の部分が指数にあたります。例えば、int型の最大値である「2147483647」は、指数を使って「2.147483647+e9」と表します。「2.147483647+e9」は、「2.147483647×10^9」の指数である「9」を使って表記しています。

以下は、実数の「12.3456」を変数に代入するときに、10進数表記と指数表記で表した例です。

▼実数「12.3456」の表記

・10進数表記

```
double x = 12.3456;
```

・指数表記

```
double x = 0.123456e+2;
double x = 123456e-4;
```

Memo 整数型の変数宣言

ここでは、各整数型の変数宣言のパターンを見ておきましょう。なお、各整数型とも、代入する整数リテラルの値が型の範囲を超えると、コンパイルエラーになります。

●byte型

```
byte myByte = 255;
```

整数リテラル255は、暗黙的にintからbyteに変換されます。

●sbyte型

```
sbyte sByte1 = 127;
```

整数リテラル127は、intからsbyteに変換されます。

●ushort型

```
ushort myShort = 65535;
```

整数リテラル65535は、intからushortに変換されます。

●short型

```
short x = 32767;
```

整数リテラル32767は、intからshortに変換されます。

●uint型

```
uint myUint = 4294967290;
```

サフィックスがない整数リテラルの型は、int、uint、long、ulong のうち、その整数の値を表すことができる最も範囲の狭い型になります。 上記の場合は、uint型になります。

```
uint uInt2 = 123u;
```

サフィックス Uまたはuを使用すると、リテラルの型は、リテラルの数値に応じて uint またはulong のいずれかに決まります。 上記の場合は、uint型になります。

●int型

```
int i = 123;
```

サフィックスがない整数リテラルの型は、int、uint、long、ulong のうち、その整数の値を表すことができる最も範囲の狭い型になります。 上記の場合は、int型です。

●ulong型

```
ulong uLong = 9223372036854775808;
```

サフィックスがない整数リテラルの型は、int、uint、long、ulong のうち、その整数の値を表すことができる最も範囲の狭い型になるので、上記の場合は、ulong型になります。

サフィックスL、またはlを使用した場合、リテラル整数の型は、サイズに応じてlongまたはulong のいずれかに決まります。なお、"l" は数字の "1" と混同しやすいので、明確にするためには "L" を使用します。

サフィックスU、またはuを使用した場合、リテラル整数の型は、サイズに応じて uint または ulong のいずれかに決まります。

一方、UL、ul、Ul、uL、LU、lu、Lu、lU を使用した場合、リテラル整数の型は ulongになります。

●long型

```
long long1 = 4294967296;
```

サフィックスがない整数リテラルの型は、int、uint、long、ulong のうち、その整数の値を表すことができる最も範囲の狭い型になり、上記の例では、uintの範囲を超えているので、long型になります。

```
long long2 = 4294967296L;
```

サフィックスLを使用した場合、リテラル整数の型は、サイズに応じて long または ulong のいずれかに決まります。上記の例では、ulongの範囲よりも小さいため、long になります。

2.7 組み込み型

データ型の不適切な指定によるエラーを回避する

Visual C#では、整数同士の演算を行った場合、演算結果はint型になります。

このため、byte型やshort型同士の演算結果を、同じデータ型の変数に代入しようとするとエラーが発生します。

▼エラーが発生するコード（Program.cs）（コンソールアプリプロジェクト「ImplicitlyCast」）

```csharp
static void Main(string[] args)
{
    byte x, y, z;
    x = 10;
    y = 20;
    z = x + y;                  ——— x+yの値はint型になるのでエラー
    Console.WriteLine(z);
    Console.ReadKey();
}
```

プログラムを実行しようとすると、「型'int'を'byte'に暗黙的に変換できません。…」というエラーメッセージが表示されます。原因は、変数「z」のデータ型です。

●整数同士の演算は演算結果も含めてint型として扱われる

「x + y」の演算を行うと、演算結果はint型になります。ところが、演算結果の代入先である変数「z」はbyte型なのでエラーが発生してしまうというわけです。

演算結果は30であるため、0から255までの整数を扱うことができるbyte型の変数への代入は、まったく問題ないのですが、結果の代入先はint型でなければならないのです。

結果の代入先を演算結果に合わせてInt型にすれば、エラーは起こりません。

▼結果の代入先の変数をint型に修正する

```csharp
static void Main(string[] args)
{
    byte x, y;
    int z;                      ——— 変数「z」をint型として宣言する
    x = 10;
    y = 20;
    z = x + y;
    Console.WriteLine(z);
    Console.ReadKey();
}
```

2.7　組み込み型

●演算結果を代入先の変数と同じデータ型に変換する

先の例では「Convert」クラスに属するメソッドを使用して、演算結果を代入先の変数と同じデータ型に変換してもOKです。

▼「Convert.ToByte」メソッドを使用して型変換を行う（プロジェクト「ConvertByte」）

```
static void Main(string[] args)
{
    byte x, y, z;
    x = 10;
    y = 20;
    z = Convert.ToByte(x + y);————————— 演算結果をbyte型に変換
    Console.WriteLine(z);
    Console.ReadKey();
}
```

Onepoint

キャスト演算子「()」を使えば、「Convert.ToByte」メソッドを使用しなくても、byte型に変換することができます。この場合、「z = (byte)(x + y);」と記述します。

Memo　long型同士の演算

操作例では、byte型のデータ同士の演算結果がint型として出力される例を紹介しました。それでは、int型よりも扱える値の範囲が大きいlong型同士の演算はどうなるのか見てみることにしましょう。ここでは、整数同士の演算はint型で行われるという仮定のもとに、long型同士の演算結果をint型の変数に代入するコードを用意しました。

▼long型同士の演算結果をint型の変数に代入する
（Program.cs）（プロジェクト「LongType」）

```
long x, y;
int z;   ←演算結果を代入する変数
x = 10;
y = 20;
z = x + y;
```

プログラムを実行したところ、「型 'long' を 'int' に暗黙的に変換できません。…」というメッセージが表示されて、コンパイルエラーになってしまいました。

どうやらエラーの原因は、変数「z」のデータ型にあるようです。メッセージを見ると、long型をint型に変換できないことが指摘されています。ということ

は、long型同士の演算結果はlong型として出力されていることになります。

C#では、このように、int型よりも扱う値の範囲が大きいデータ型を含む演算を行った場合は、扱う範囲が一番大きいデータ型であるlong型で結果が出力されます。

・byte型やshort型のように、int型よりも扱う値の範囲が小さいデータ型同士の演算結果はint型で出力される。

・long型のように、int型よりも扱う値の範囲が大きいデータ型を含む演算の場合は、演算結果がlong型で出力される。

前記のコードは、以下のように修正することで、エラーを回避することができます。

▼修正後のプログラムコード

```
long x, y, z;   ←すべての変数を
                  long型にする
x = 10;
y = 20;
z = x + y;
```

オーバーフローを回避する

データ型が扱える値の範囲を超える値を代入しようとするとオーバーフローを起こしてしまいます。オーバーフローが発生した場合は、代入した値がまったく異なる値に変わってしまいます。

▼int型の変数の最大値を超える演算を行う（コンソールアプリプロジェクト「Overflow」）

```
static void Main(string[] args)
{
    int x = 2147483647;
    x = x + 1;
    Console.WriteLine(x);
    Console.ReadKey();
}
```

プログラムを実行すると次のように表示されます。

▼プログラムの実行結果

演算結果

変数「x」の初期化時に「2147483647」という値が代入されているので、「x = x + 1」の結果は、「2147483648」になるはずですが、コンソールには「－2147483648」と表示されています。

int型が扱える値の範囲は、「－2147483648」から「2147483647」の範囲ですが、最大値の「2147483647」に「1」を加算しているため、オーバーフローを起こしてしまったのです。

オーバーフローが発生しても、コンパイルエラーとはならずにプログラムが実行されますが、対象のデータ型が扱える値の範囲に収まるように演算が行われます。

int型の最大値である「2147483647」に「1」を加算した場合は、最大値を超えたぶんは「－147483648」に戻って計算が行われるのです。

Memo 浮動小数点数型への型キャストを行うメソッド

浮動小数点数型へ型キャストを行うには、次のConvertクラスのメソッドを使います。

メソッド名	変換されるデータ型
Convert.ToSingle()	float
Convert.ToDouble()	double

2.7 組み込み型

●データ型が扱える値の最小値を超える演算を行う

今度は、int型の最小値である「−2147483648」から「1」を減算するとどうなるか確認してみましょう。

▼int型の変数を使って演算を行うプログラム（コンソールアプリプロジェクト「Overflow2」）

```
class Program
{
    static void Main(string[] args)
    {
        int x = -2147483648;
        x = x - 1;
        Console.WriteLine(x);
        Console.ReadKey();
    }
}
```

プログラムを実行すると、次のように表示されます。

▼プログラムの実行結果

最小値から−1した結果、最大値になった

・最小値を超える場合の演算結果

今回の演算結果は、「2147483647」になっています。int型の最小値である「−2147483648」から「1」を減算すると、最小値を超えたぶんは、int型の最大値に移行して減算が行われたことになります。

Memo オーバーフローをチェックする

checkedキーワードのコードブロックを使うと、オーバーフロー発生時に例外（エラー）を意図的に発生させることができます。

▼オーバーフローのチェック（プロジェクト「OverflowCheck」）
```
static void Main(string[] args)
{
    int a = int.MaxValue;
    int b = 1;
    checked
    {
        Console.WriteLine(a + b);
    }
}
```

▼実行結果

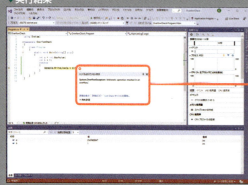

エラーが発生してプログラムが停止する

　int.MaxValueは、int型を定義するInt32構造体の定数で、Int32の最大有効値（2,147,483,647）を表します。前記の場合は、最大有効値に1を足しているので、エラーが発生します。
　意図的にオーバーフローのチェックをしないようにするには、unchekedキーワードを使います。上記のコードをunchekedに書き換えると、checkedもuncheckedも使用しない場合と同じように、オーバーフローのチェックは行われません。

2.7.2 浮動小数点数型

浮動小数点数型は、小数を含む実数を扱うためのデータ型です。float型とdouble型があります。

▼浮動小数点数型に属するデータ型

型名	内容	有効桁数	おおよその範囲
float	32ビット単精度浮動小数点数	7	$-3.4 \times 10^{38} \sim +3.4 \times 10^{38}$
double	64ビット倍精度浮動小数点数	15〜16	$\pm 1.5 \times 10^{-324} \sim$ $\pm 1.7 \times 10^{308}$

● 浮動小数点数型の変数の初期値

浮動小数点数型に含まれるデータ型の変数を宣言した場合は、以下の初期値が設定されます。ただし、これらの値が実際に代入されるわけではないことに注意してください。

▼浮動小数点数型の初期値

型名	初期値
float	0.0F
double	0.0D

nepoint
float型の初期値である「0.0F」の「F」、double型の初期値である「0.0D」の「D」は、**サフィックス**と呼ばれる、データ型を指定するための文字です。「F（またはf）」の場合はfloat型を示し、「D（またはd）」の場合はdouble型を示します。

浮動小数点数型の各データ型の変数においても、整数型と同様に、初期化を行わずに変数の値を参照しようとするとコンパイルエラーになります。

■ リテラルの不適切な指定によるエラー

C#では、実数（小数を含む値）を**double**型として扱います。このため、float型を使いたい場合は、変数に値を代入するときに、**サフィックス**（データ型を指定するための文字）である「F」または「f」をリテラルの最後に付ける必要があります。

以下では、float型の変数に実数を代入し、代入した値をコンソールに表示します。

2.7 組み込み型

▼変数に代入された実数を表示するプログラム（コンソールアプリプロジェクト「FloatDouble」）
```
static void Main(string[] args)
{
    float x = 1.2;

    Console.WriteLine(x);
}
```

このプログラムを実行しようとすると、**エラー一覧**ウィンドウに、「型'double'のリテラルを暗黙的に型'float'に変換することはできません。'F'サフィックスを使用して、この方のリテラルを作成してください。」と表示さます。

以下のように修正すれば、プログラムが正しく動くようになります。

▼リテラルの書式を修正

```
float x=1.2F;
```
――――― `float`型のサフィックス「`F`」を数値のあとに付ける

C#のバージョンアップ時に追加された機能（その⑥）

2015年にリリースされたC# 6.0では以下の機能が追加されました。

▼C# 6.0

| Visual Studio 2015 | .NET Framework 4.6 |

▼C# 6.0で追加された機能

- get のみの自動実装プロパティおよびコンストラクター代入
- パラメーターなしの struct コンストラクター
- 静的 using ステートメント
- Dictionary 初期化子
- catch/finally での await
- 例外フィルター
- Expression-bodied メンバー
- null 条件演算子
- 文字列補間（テンプレート文字列）
- nameof 演算子
- #pragma
- コレクションの初期化子での拡張メソッド
- オーバーロード解決の改善

2.7.3 10進数型

10進数型のdecimalは、10進数を用いて演算を行うためのデータ型です。浮動小数点数型がデータを2進数に置き換えて扱うのに対し、10進数型は、10進数のデータをそのまま扱うのが特徴です。

▼10進数型に属するデータ型

型名	内容	有効桁数	おおよその範囲
decimal	128ビット高精度10進数	28～29	$(-7.9 \times 10^{28} \sim 7.9 \times 10^{28})/(10^{0 \sim 28})$

● 10進数型の変数の初期値

decimal型の変数を宣言した場合は、以下の初期値が変数に代入されます。

▼10進数型の初期値

型名	初期値
decimal	0.0M

「0.0M」の「M（またはm）」は、この場合はdecimal型を示すサフィックスです。

decimal型の変数においても、初期値が設定されるようになっています。
サフィックスMまたはmがないとdouble型として扱われるので注意してください。

```
decimal myMoney = 300.5;        ← 「300.5M」にしなければならない
```

decimal型への型キャストを行うメソッド

decimal型へ型キャストをするには、ConvertクラスのToDecimal()メソッドを使います。

メソッド名	変換されるデータ型
Convert.ToDecimal()	decimal

2.7.4 論理型

論理型のboolは、True(真)、またはFalse(偽)のうち、いずれかの値を扱うデータ型です。

▼論理型に属するbool型

型名	扱う値
bool	TrueまたはFalse

● bool 型の初期値

bool型の変数を宣言した場合の初期値はFalseです。

2.7.5 文字型

char型は、1文字ぶんの文字コードを格納するデータ型です。

▼char型

型名	内容	扱う値
char	Unicode文字	Unicodeの文字コード

● char 型の変数の初期値

char型の変数を宣言した場合は、以下の初期値がセットされます。

▼char型の初期値

型名	初期値
char	'¥0'

「'¥0'」は「null」を示す**エスケープ文字**です。

初期値が設定されますが、他のデータ型と同様に初期化は必要です。

char型の変数に値を代入する

char型のリテラルは、文字を単一引用符「'」(シングルクォーテーション)で囲むことで指定します。
また、char型の値には、直接、文字リテラルを指定する他に、4桁の16進数によるUnicode値を指定することや、10進数のUnicode値をchar型にキャストして指定することも可能です。

次のどの方法を使っても、アルファベットの「A」が変数に代入されます。

▼文字リテラル
```
char char1='A';
```

▼Unicodeの16進数 (4桁) 表記
```
char char2 = '\u0041';
char char3 = '\x0041';
```

▼Unicodeを10進数で指定する場合
```
char char4 = (char)65;
```

> **Onepoint**
> アルファベットの「A」をUnicodeで表すと「65」となります。これを4桁の16進数表記にすると「0041」となります。

Memo | bool型への型キャストを行うメソッド

bool型へキャストをするには、ConvertクラスのToBoolean()メソッドを使います。

メソッド名	変換後のデータ型
Convert.ToBoolean()	bool

Memo | char型への型キャストを行うメソッド

char型へキャストをするには、ConvertクラスのToChar()メソッドを使います。

メソッド名	変換後のデータ型
Convert.ToChar()	char

2.7 組み込み型

M emo char型で使用する演算子

char型で使用する演算子は、以下のとおりです。

▼char型で使用する演算子

・代入演算子

演算子	内容
=	右辺の要素を左辺に代入する。

・比較演算子

演算子	内容
==	右辺の要素が左辺の要素と等しいことを示す。
!=	右辺の要素が左辺の要素と等しくないことを示す。
<	右辺の要素が左辺の要素より大きいことを示す。
>	右辺の要素が左辺の要素より小さいことを示す。
<=	右辺の要素が左辺の要素より大きい、または等しいことを示す。
>=	右辺の要素が左辺の要素より小さい、または等しいことを示す。

H int char型の変数にエスケープシーケンスを代入する

エスケープシーケンスとは、文字以外の**制御コード**（**制御文字**とも呼ばれる）のことです。エスケープシーケンスには、改行やタブ挿入などの種類があり、char型の変数には、これらのエスケープシーケンスを値と
して代入することができます。エスケープシーケンスは、次のように、円記号「¥」を使って指定します。

▼エスケープシーケンス一覧

エスケープシーケンス	文字コード（Unicodeの16進数表記）	機能
¥0	¥u0000	nullを表す
¥"	¥u0022	二重引用符「"」を表す
¥'	¥u0027	単一引用符「'」を表す
¥¥	¥u005C	円記号「¥」を表す
¥b	¥u0008	バックスペース
¥f	¥u000C	改ページ（フォームフィード）
¥n	¥u000A	改行（ラインフィード）
¥r	¥u000D	復帰（キャリッジリターン）
¥t	¥u0009	水平タブ
¥v	¥u000B	垂直タブ

2.7.6 object型

　object型は、すべてのクラスの基本の型で、Visual C#のすべてのクラスは、object型を定義する「System.Object」クラスを継承（機能を引き継ぐこと）しています。
　System.Objectクラスには、継承先のクラスで共通して使用できるメソッドが用意されています。これらのメソッドは、継承先のクラスにおいてオーバーライドされることを想定し、ごく基本的な機能だけを持っています。なお、**オーバーライド**とは、継承先のクラスにおいて、継承元のメソッドに独自の機能を追加することです。

▼「System.Object」クラスのメソッド

メソッド	内容
Equals()	2つのobject型のインスタンスが等しいかどうかを検証する。
GetHashCode()	特定のデータ型のハッシュ関数*として機能する。
GetType()	現在のインスタンスのデータ型を取得する。
ReferenceEquals()	指定した複数のobject型のインスタンスが同一かどうかを検証する。
ToString()	現在のインスタンスを生成したクラスを表す文字列（完全限定名）を返す。

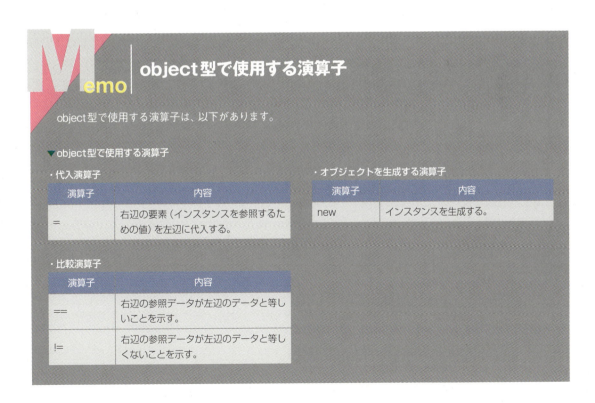

Memo　object型で使用する演算子

object型で使用する演算子は、以下があります。

▼object型で使用する演算子

・代入演算子

演算子	内容
=	右辺の要素（インスタンスを参照するための値）を左辺に代入する。

・オブジェクトを生成する演算子

演算子	内容
new	インスタンスを生成する。

・比較演算子

演算子	内容
==	右辺の参照データが左辺のデータと等しいことを示す。
!=	右辺の参照データが左辺のデータと等しくないことを示す。

*ハッシュ関数　　指定したデータを固定長の疑似乱数に変換する演算方法のこと。生成された値はハッシュ値と呼ばれる。

2.7.7 string型

▼string型

型名	メモリサイズ	扱う値
string	(1文字当たり2バイト)+4バイト	0～約20億個のUnicode文字

▼string型の初期値

初期値
null

nullは、参照するインスタンスがないことを示すキーワードです。

string型の変数には、前記の初期値が設定されますが、他のデータ型と同様に、初期化が必須です。

string型のリテラル（値）は、文字列を二重引用符「"」（ダブルクォーテーション）で囲むことで指定します。

▼string型の変数に値を代入

```
string name = "Shuwa Taro";
```

●string 型は値が変わるたびに新たなインスタンスを生成する

string型は、不変の要素（インスタンス）を持つデータ型として定義されています。

```
string name = "Shuwa Taro";
name = "Yamada Jiro";
```

1行目でstring型の変数nameを宣言し、「Shuwa Taro」という文字列を代入しています。nameが参照するインスタンスの中身は、「Shuwa Taro」ということになります。

2行目で、nameに「Yamada Jiro」という文字列を代入しています。この時点で、nameの中身が「Syuwa Taro」から「Yamada Jiro」に変わっているように見えますが、実は、中身は変わっていません。

2行目の処理では、「Yamada Jiro」のインスタンスが新たに生成されると共に、変数nameの参照が、このインスタンスへの参照情報に書き換えられます。

string型のインスタンスの変移を見る

コンソールアプリを作成して、以下のコードを記述してみましょう。

▼2つのstring型の変数を利用するプログラム (Program.cs)（プロジェクト「StringCopy」）

```
static void Main(string[] args)
{
    string str1 = "ABC";                                    ——❶変数str1に文字列ABCを代入
    string str2 = str1;                                     ——❷str2にstr1の内容をコピー
    Console.WriteLine(str1);                                ——str1の内容を表示
    Console.WriteLine(str2);                                ——str2の内容を表示

    str1 = "DEF";                                           ——str1に新たな値を代入
    Console.WriteLine("str1変更後のstr1の値：" + str1);     ——❸str1の内容を表示
    Console.WriteLine("str1変更後のstr2の値：" + str2);     ——❹str2の内容を表示
}
```

● string型以外の参照型変数におけるコピー時の処理

プログラムの実行してみると、str1は新たな値に変更されているのに対し、str1の内容をコピーしたstr2の値は元のままです。

通常、参照型の変数であれば、コピーを行うと、インスタンスへの参照情報がコピー先の変数に代入され、コピー元とコピー先の変数は、互いに同じ参照情報を持つことになります。

▼プログラムの実行結果

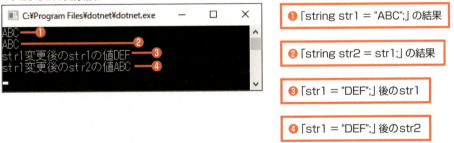

しかし、string型の場合は、変数が参照しているインスタンスの内容を書き換えようとすると、新たなインスタンスを生成して新しいデータを格納し、同時にインスタンスへの参照情報が書き換えられます。string型の変数では、内容を書き換えるたびに新たなインスタンスが生成され、元のインスタンスはそのまま残り続けることになります。

▼string型のインスタンスの変移

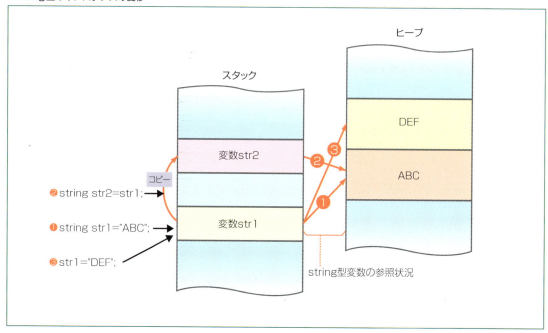

Memo | string型への型キャストを行うメソッド

string型にキャストを行うには、ConvertクラスのtoString()メソッドを使います。

メソッド名	変換後のデータ型
Convert.ToString()	string

2.7.8　繰り返し処理をstring型とStringBuilderクラスで行う

　string型に再代入を行うと新たにインスタンスが生成されるので、文字列の連結を繰り返し行う場合は、元のインスタンスのコピーをその都度作成し、元の文字列に対して新たな文字列を追加する、といった処理が繰り返されます。
　ここでは、「str1」というstring型の変数に、「ABCDEFG」という文字列を追加する処理を50000回実行するプログラムを作成し、処理にどのくらいの時間がかかるのかを確かめてみましょう。

▼string型の変数にABCDEFGという文字列を追加する処理を50000回実行する
（Program.cs）（コンソールアプリプロジェクト「StringConcatenate」）

```
static void Main(string[] args)
{
    string str1 = "";
    for (int i = 0; i < 50000; i++)
    {
        str1 = str1 + "ABCDEFG";
    }
    Console.WriteLine("処理が終了しました。");
    Console.ReadKey();
}
```

　上記のプログラムを実行すると、3GHzクラスのCPUを搭載したコンピューターでも、処理の終了までに数秒間かかってしまいます。

▼実行中のプログラム

メッセージが表示されるまで数秒かかる

　変数str1への代入処理が行われるたびに、現在のstr1の文字列をヒープ上の新しい領域にコピーし、それから新規の文字列を追加するという処理を繰り返すので、時間がかかってしまうのです。
　さらに、残っているインスタンスは、ガベージコレクションによって解放されるまでメモリ上に残り続けるので、リソース*を圧迫する効率の悪いプログラムになっています。

●同じ処理を「StringBuilder」クラスの「Append」メソッドで行う
　C#には、文字列を操作するための**StringBuilder**クラスが用意されていて、このクラスの**Append()**メソッドを使うと、指定したデータの末尾に任意のデータを追加することができます。
　では、以下のコードを記述して、同じ処理をStringBuilderクラスで実行してみることにしましょう。

---

* **リソース**　資源の意味。ここでは、使用可能なメモリ領域のことを指している。

2.7 組み込み型

▼StringBuilderクラスを使用した繰り返し処理を行うコード (Program.cs) (コンソールアプリプロジェクト「StringBuilder」)

```
static void Main(string[] args)
{
    System.Text.StringBuilder str1 = new System.Text.StringBuilder();
    for (int i = 0; i < 50000; i++)
    {
        str1.Append("ABCDEFG");
    }
    Console.WriteLine("処理が終了しました。");
    Console.ReadKey();
}
```

▼実行中のプログラム

瞬時に処理が完了し、メッセージが表示される

　プログラムを実行すると、処理が一瞬のうちに完了します。処理が実行される度に、元のデータに対して次々と文字列が追加されていくためです。

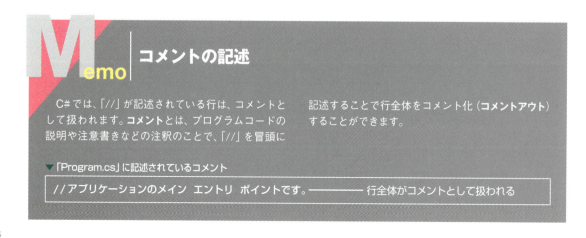

Section 2.8 名前空間（ネームスペース）

Level ★★★　　Keyword　名前空間　ネームスペース　using　エイリアス

　名前空間（ネームスペース）とは、クラスや構造体、列挙体などの型を分類するための仕組みのことです。これまでにも、「System.Console.WriteLine」などのメソッドが出てきましたが、この「System」の部分が名前空間です。

名前空間の定義と名前空間の指定

　C#を始めとする.NET対応のプログラミング言語では、クラスや構造体などの型をすべて名前空間内部で定義することが必要です。このようにして定義されたクラスなどの型は、該当する名前空間を指定することで、呼び出せるようになります。

●名前空間の宣言

　名前空間は、特定のソースファイル内で宣言し、内部でクラスなどの型を定義します。名前空間の範囲は、中カッコ「{」から「}」までの間となります。
　なお、1つのソースファイルで複数の名前空間を定義することも可能です。

▼名前空間の宣言

```
namespace 名前空間名
{

    クラスなどの型の定義部


}
```

●usingキーワードによる名前空間の指定

　クラスを呼び出すには、「名前空間.クラス名」と記述しますが、プログラム中で何度も同じ名前空間を呼び出すような場合は、usingキーワードを使って、あらかじめ使用する名前空間を宣言しておくことができます。こうしておけば、「System」の記述を省略することができます。

2.8 名前空間 (ネームスペース)

2.8.1　名前空間の定義

　C#は、名前空間を使うことで、クラスライブラリに収録された膨大なクラスの中から、目的のクラスを確実に呼び出せるようになっています。

　次はコンソールアプリの初期状態のソースコードです。

▼プロジェクト作成直後の「Program.cs」ファイルの中身

```
using System;
using System.Collections.Generic;
using System.Linq;
using System.Text;
using System.Threading.Tasks;

namespace ConsoleApp
{
    class Program
    {
        static void Main(string[] args)
        {
        }
    }
}
```

　冒頭に「using…」で始まるコードがあります。この**using**の箇所が名前空間を使用するためのコードです。

　7行目の**namespace**は、名前空間を定義するためのキーワードで、「ConsoleApp」という名前空間を宣言しています。以降の中カッコ「{」から最後の行の「}」までが、ConsoleApp名前空間になります。

● 「Program」クラス

　その次の「class Program」がProgramクラスの宣言部です。

　なので、Programクラスは、ConsoleApp名前空間に属するクラスになります。

● 「Main()」メソッド

　「Program」クラスのメソッドです。

　外部からこのメソッドを呼び出したい場合は、「ConsoleApp.Program.Main();」と記述します。

2.8 名前空間（ネームスペース）

●名前空間のメリット

「ConsoleApp.Program.Main();」は、ConsoleApp 名前空間に属する Program クラスの Main() メソッドという意味で、それぞれの要素を「.」（ドット）で区切って記述します。

これまでに何度か利用した Console.WriteLine() メソッドは、正確には「System」名前空間に属する「Console」クラスのメソッドです。「System.Console.WriteLine」と記述しなかったのは、ソースファイルの冒頭で、「using System;」で System 名前空間の使用が宣言されていたからです。

名前空間を定義する

名前空間を定義するには、次のように書きます。

▼名前空間の定義

```
namespace 名前空間名
{
        … ──────── ここでクラスなどの型を定義する
}
```

名前空間の範囲は、「namespace」キーワードの宣言部の次の中カッコ「{」から「}」までです。
1つのソースファイルの中で、複数の名前空間を定義することも可能です。

●名前空間の階層化

名前空間は、階層構造を使って定義することができます。例えば、次のように、「MySpace」名前空間に、「MyData」という名前空間を**ネスト**（入れ子）にすることができます。

▼名前空間の階層化

```
namespace MySpace
{
    namespace MyData
    {


    }
}
```

2.8.2　usingによる名前空間の指定

usingは、名前空間を使用するためのキーワードです。
「Program.cs」ファイルの冒頭部には、次のコードがあります。

▼「Program.cs」ファイルの冒頭部分
```
using System;
```

　この記述によって、System名前空間に属するConsoleクラスの「WriteLine」メソッドを使うのであれば、「System.Console.WriteLine」ではなく、たんに「Console.WriteLine」と記述すれば済むようになります。

Memo　usingキーワードを使ってエイリアスを指定する

　usingキーワードの使い方として、**エイリアス**の指定があります。エイリアスとは、特定の名前空間の別名のことで、「System.Windows.Forms」などの長い名前空間名を「MyAlias」などの任意の名前にすることができます。
　エイリアスを作成する場合は、次の構文を使います。

▼エイリアスの作成

構文
```
using エイリアス名 = 名前空間;
```

　例えば、前出の「System.Windows.Forms」名前空間に、「MyAlias」というエイリアスを割り当てる場合は、次のように記述します。

▼「System.Windows.Forms」名前空間にエイリアスを割り当てる
```
using MyAlias = System.Windows.Forms;
```

　このように記述すれば、「System.Windows.Forms」と記述する代わりに「MyAlias」と記述することができます。「System.Windows.Forms」名前空間の「Form」クラスを呼び出す場合は、「MyAlias.Form」となります。

Section 2.9

○○なら××せよ！

Level ★★★　　Keyword　if...elseステートメント　switchステートメント

プログラムを作成する上で、条件によって処理を分岐することは避けては通れない重要な要素です。
C#には、条件分岐を行うためのifやswitchが用意されています。

選択ステートメント

C#で使用できる条件分岐には、次の種類があります。

- 条件によって処理を分岐・・・「if...else」ステートメント
- 3つ以上の選択肢を使って処理を分岐・・・「if...else if...else if」ステートメント
- 複数の条件に対応して処理を分岐・・・「switch」ステートメント

▼条件によって処理を分岐

クリックして結果を知る

▼入力された数値を判定する

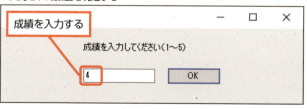

成績を入力する

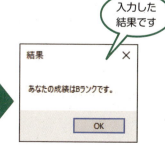

入力した結果です

2.9 ○○なら××せよ！

2.9.1 条件によって処理を分岐

●「if...else」ステートメント

条件によって異なる処理を行う場合は、**if...else**ステートメントを使用します。

if以下で条件を判定し、真（True）の場合はif以下の処理が実行され、偽（False）の場合はelse以下の処理が実行されます。

▼条件によって処理を分岐する

```
if(条件式)
{
    条件式が真（True）の場合に実行されるステートメント
}
else
{
    条件式が偽（False）の場合に実行されるステートメント
}
```

●{ }を省略した書き方

if (条件式) 条件式がTrueの場合に実行されるステートメント;
else 条件式がFalseの場合に実行されるステートメント;

●条件式で使用する演算子

条件式では、以下のような演算子を使って判定を行います。

比較演算子	内容	例	返される値
==	等しい	A == B	AとBが等しければTrue、等しくなければFalse。
!=	等しくない	A != B	AとBが等しくなければTrue、等しければFalse。
>	より大きい	A > B	AがBより大きければTrue、そうでなければFalse。
>=	以上	A >= B	AがB以上であればTrue、そうでなければFalse。
<	より小さい	A < B	AがBより小さければTrue、そうでなければFalse。
<=	以下	A <= B	AがB以下であればTrue、そうでなければFalse。

ここでは、if...elseステートメントを利用して、フォーム上に配置されたチェックボックスのチェックの有無によって、異なるメッセージを表示してみましょう。

2.9 ○○なら××せよ！

▼フォームデザイナー

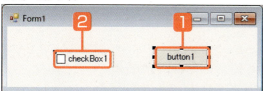

1 フォーム上にButton（button1）コントロールを配置します。

2 CheckBoxコントロール（checkBox1）を配置します。

3 Buttonコントロールをダブルクリックして、イベントハンドラーに次のコードを記述します。

▼Form1.cs（プロジェクト「IfElse」）

```csharp
private void button1_Click(object sender, EventArgs e)
{
    if(checkBox1.Checked) MessageBox.Show("チェックボックスがチェックされています。","確認");
    else MessageBox.Show("チェックボックスがチェックされていません。","確認");
}
```

このように記述

Onepoint

チェックボックスがチェックされているかどうかは、Checkedプロパティを使って調べることができます。この場合、「チェックボックス名.Checked」のように指定すれば、チェックが入っている場合はTrueが返されます。

▼実行中のプログラム

1 プログラムを実行します。

2 チェックを入れて、[Button1]ボタンをクリックします。

3 次のメッセージが表示されます。

4 チェックボックスにチェックを入れずにボタンをクリックすると、次のメッセージが表示されます。

▼メッセージ

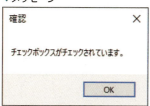

▼メッセージ

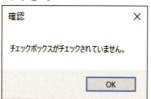

2.9 ○○なら××せよ！

2.9.2　3つ以上の選択肢を使って処理を分岐

条件がAかBかといった二者択一ではなく、AかBかCかDか…のように、3つ以上の選択肢によって異なる処理を行う場合は、**if…else if…else if**ステートメントを使用します。

すべての条件に一致しない場合に実行する処理がある場合は、elseを使います。

▼3つ以上の条件によって処理を分岐する

```
if(条件式1)
{
    条件式1が真（True）の場合に実行されるステートメント
}

else if(条件式2)
{
    条件式2が真（True）の場合に実行されるステートメント
}

else if(条件式3)
{
    条件式3が真（True）の場合に実行されるステートメント
}
 ・
 ・
 ・
else
{
    すべての条件式が偽（False）の場合に実行されるステートメント
}
```

▼{ }を省略した書き方

```
if (条件式1)　条件式1がTrueの場合に実行されるステートメント
else if (条件式2)　条件式2がTrueの場合に実行されるステートメント
else if (条件式3)　条件式3がTrueの場合に実行されるステートメント
else　すべての条件式がFalseの場合に実行されるステートメント
```

ここでは、「if…else if…else if」ステートメントを利用して、「今日のおやつを決定」アプリを作成してみましょう。

2.9 ○○なら××せよ！

1 ラベルを2つ配置します。

2 テキストボックスを1つ配置します。

3 ボタンを2つ配置します。

4 配置したコントロールのプロパティを次表のように設定します。

▼フォーム

プロパティ	設定する値
BackgroundImage	事前に背景用のイメージをプロジェクトフォルダー内にコピーしておく。プロパティの値の欄のボタンをクリックして [プロジェクトリソースファイル] をオンにし、[インポート] ボタンをクリックして背景イメージを選択したあと [OK] ボタンをクリックする。
Text	おやつにいくら使える？

▼1つ目のラベル

プロパティ	設定する値
(Name)	label1
Text	おやつにいくら使える？

▼2つ目のラベル

プロパティ	設定する値
(Name)	label2
Text	今日のおやつは？
FontのSize	20
FontのBold	True

▼テキストボックス

プロパティ	設定する値
(Name)	textBox1

▼1つ目のボタン

プロパティ	設定する値
(Name)	button1
Text	おやつを決定

▼2つ目のボタン

プロパティ	設定する値
(Name)	button2
Text	クリア

5 配置したbutton1をダブルクリックして、イベントハンドラー内部に次のように記述します。

▼Form1.csのButton1_Clickイベントハンドラー（プロジェクト「BuySweets」）

```
private void Button1_Click(object sender, EventArgs e)
{
    if (textBox1.Text == "")
    {
        MessageBox.Show("使える金額を入力してね");
    }
    else
    {
        // 入力された金額をint型にする
```

2 Visual C#の文法

165

2.9 ○○なら××せよ！

```
int pocket = Convert.ToInt32(textBox1.Text);
```

```
// タイトルの文字列
string caption = "どっちか選んでね";
// メッセージボックスに「はい」「いいえ」ボタンを表示
MessageBoxButtons buttons = MessageBoxButtons.YesNo;
// メッセージボックスの結果を取得するための列挙体
DialogResult result1;
DialogResult result2;
```

```
// 1つ目の質問
string message1 = "甘いものがいい？";
// 2つ目の質問
string message2 = "カロリーを気にしてる？";
```

```
// 金額が300円に満たない場合は先に結果を表示する
if (pocket < 300)
{
    label2.Text = "チョコドーナツだね";
}
// 300円以上ならメッセージボックスを表示して処理を開始
else
{
    // 1つ目のメッセージボックスを表示
    result1 = MessageBox.Show(
                    message1,    // メッセージ
                    caption,     // タイトル
                    buttons      // ボタンを指定
                );

    // 2つ目のメッセージボックスを表示
    result2 = MessageBox.Show(
                    message2,    // メッセージ
                    caption,     // タイトル
                    buttons      // ボタンを指定
                );
    // 甘いものがYesでカロリーもYesである場合
    if (
        result1 == DialogResult.Yes &
        result2 == DialogResult.Yes
    )
    {
```

166

2.9　○○なら××せよ！

```csharp
            label2.Text = "お豆腐プリンにしましょう";
        }
        // 甘いものがYesでカロリーがNoである場合
        else if (
            result1 == DialogResult.Yes &
            result2 == DialogResult.No
        )
        {
            label2.Text = "濃厚キャラメルチーズタルトにしましょう";
        }
        // 甘いものがNoでカロリーがYesである場合
        else if (
            result1 == DialogResult.No &
            result2 == DialogResult.Yes
        )
        {
            label2.Text = "ダイエットコーラとこんにゃくゼリーにしましょう";
        }
        // 甘いものがNoでカロリーもNoである場合
        else
        {
            label2.Text = "ウーロン茶とポテチにしましょう";
        }
    }
}
}
```

　　プログラムは、次のようにif...elseにif...elseを入れ子にした構造になっています。外側のif...else
で金額が300円に満たないかそれ以上かを判定し、300円以上であれば入れ子のif...elseでメッ
セージボックスの表示と結果の判定を行います。

▼プログラムの骨格

```
if （テキストボックスが空欄である）
    メッセージボックスで金額を入力するように促す
else
    入力された金額をint型に変換する
    メッセージボックスの設定内容を用意

    ◎入れ子のif（金額が300円に満たない）
        "チョコドーナツだね"と表示
    ◎入れ子のelse
        1つ目のメッセージボックスを表示して結果をresult1に格納
```

2

Visual C#の文法

167

2.9 ○○なら××せよ！

```
2つ目のメッセージボックスを表示して結果をresult2に格納

○入れ子のif(1つ目Yes　2つ目Yes)
    "お豆腐プリンにしましょう"と表示
○入れ子のelse if(1つ目Yes　2つ目No)
    "濃厚キャラメルチーズタルトにしましょう"と表示
○入れ子のelse if(1つ目No　2つ目Yes)
    "ダイエットコーラとこんにゃくゼリーにしましょう"と表示
○入れ子のelse
    "ウーロン茶とポテチにしましょう"と表示
```

●MessageBoxButtonsクラスのMessageBoxButtons列挙体

定数のMessageBoxButtons.YesNoを設定すると、メッセージボックスに［はい］ボタンと［いいえ］ボタンを表示します。

●FormsクラスのDialogResult列挙体

メッセージボックスのどのボタンがクリックされたかを調べることができます。
［はい］ボタンがクリックされるとDialogResult.Yes、と返されます。

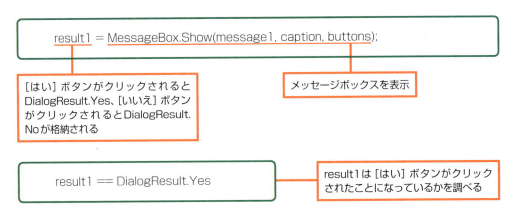

6 配置したbutton2をダブルクリックして、イベントハンドラー内部に次のように記述します。ここでは、ボタンがクリックされたらテキストボックスを空にし、label2の表示を最初の文字列に戻します。

▼Form1.csのButton2イベントハンドラー（プロジェクト「BuySweets」）
```
private void Button2_Click(object sender, EventArgs e)
{
    textBox1.Text = "";
    label2.Text   = "今日のおやつは？";
}
```

7 プログラムを実行し、金額を入力して［おやつを決定］ボタンをクリックします。

▼実行中のプログラム

8 どちらかのボタンをクリックします。

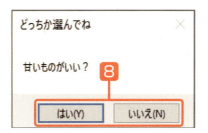

9 どちらかのボタンをクリックします。

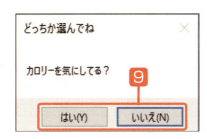

10 結果が表示されます。

実行中のプログラム▶

2.9 ○○なら××せよ！

2.9.3 複数の条件に対応して処理を分岐

複数の条件に対応して処理を分岐するには、**switch**ステートメントを使います。

switchステートメントでは、特定の変数に格納された値によって処理を分岐させることができます。

▼switchステートメントを使って処理を分岐する

```
switch(変数名または条件式)          switchで評価する部分は、変数、または条件式を指定
{
    case 条件1:                    条件にする値を指定
        条件1が真（true）の場合に実行されるステートメント
        break;

    case 条件2:
        条件2が真（true）の場合に実行されるステートメント
        break;
        ・
        ・
        ・

    default:                       defaultのブロックは省略可
        どの条件にも当てはまらないときに実行されるステートメント
        break;
}
```

　　例として、1～5までの成績を入力すると、入力した成績に応じて、A～Dまでのランクを表示するようにしてみましょう。

1 フォーム上にLabel、TextBox、Buttonの各コントロールを配置します。

2 下表のとおりに、それぞれのプロパティを設定します。

▼各コントロールのプロパティ設定

●Label コントロール

プロパティ	設定する値
Text	成績を入力してください（1～5）

●TextBox コントロール

プロパティ	設定する値
(Name)	textBox1
Text	（空欄）

●Button コントロール

プロパティ	設定する値
(Name)	button1
Text	OK

170

3 フォーム上に配置したbutton1をダブルクリックして、イベントハンドラーに次のコードを記述します。

▼Form1.cs（プロジェクト「SwitchApp」）

```csharp
private void Button1_Click(object sender, EventArgs e)
{
    int score;
    score = Convert.ToInt32(textBox1.Text);

    switch (score)
    {

        case 5:
            MessageBox.Show("あなたの成績はAランクです。", "結果");
            break;
        case 4:
            MessageBox.Show("あなたの成績はBランクです。", "結果");
            break;
        case 3:
            MessageBox.Show("あなたの成績はCランクです。", "結果");
            break;
        default:
            MessageBox.Show("あなたの成績はDランクです。", "結果");
            break;
    }
}
```

▼実行中のプログラム

値を入力して、ボタンをクリックする

Onepoint

テキストボックスに入力された数字を「textbox1」の「Text」プロパティで取得したあと、「Convert.ToInt32」メソッドを使ってint型の数値に変換し、「switch」ステートメントで数値を判定するようにしています。

2.9 ○○なら××せよ！

▼[Button1]ボタンをクリックしたときのメッセージ

4 プログラムを実行し、1〜5までの値を入力して、ボタンをクリックすると、入力した値によって、このようなメッセージが表示されます。

Memo | MessageBox.Show()メソッド

　MessageBox.Show()メソッドは、メッセージボックスを表示するためのメソッドです。「MessageBox.Show("メッセージ",タイトル,ボタンとアイコンの指定);」と記述することで、メッセージボックスのメッセージとタイトルを設定した上で、表示することができます。

　なお、「タイトル」と「ボタンとアイコンの指定」の部分は省略できます。「タイトル」を省略した場合は、メッセージボックスのタイトルバーに何も表示されません。また、「ボタンとアイコンの指定」を省略した場合は、メッセージボックス上のボタンとして、[OK]ボタンだけが表示されます。

Memo | 名前空間の特徴

　C#の名前空間には、次のような特徴があります。

- 名前空間は「.」演算子を使って各要素を区切ります。
- 「using」ディレクティブを使用することで、クラスごとに名前空間の名前を指定する必要がなくなります。
- 名前空間を使用することで、規模の大きなプログラムのプロジェクトを効率的に管理することができます。

Section 2.10 繰り返しステートメント

Level ★★★

Keyword　whileステートメント　forステートメント　breakステートメント

　同じ処理を繰り返し実行したい場合はforやwhileを用いたステートメントを使います。このセクションでは、繰り返し処理を行うステートメントを記述する方法について見ていきます。

同じ処理を繰り返し実行するステートメント

　C#では、繰り返す処理の内容によって、次のようなステートメントを使います。

- 条件を満たす限り同じ処理を繰り返す…「while」ステートメント
- 繰り返し処理を最低1回は行う…「do...while」ステートメント
- 指定した回数に達するまで処理を繰り返す…「for」ステートメント
- コレクション内のすべてのオブジェクトに同じ処理を実行…「foreach」ステートメント
- ループを途中で止める…「break」ステートメント

▼「while」ステートメントを使って繰り返し処理を行うバトルゲームプログラム

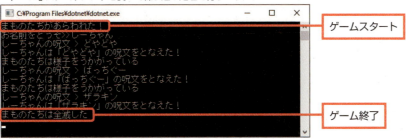

173

2.10.1 同じ処理を繰り返す（for）

何かの不具合を知らせるために「エラー！」という表示を連続して出力したいとします。でも、1つの処理を何度も書くのは面倒です。こんなときは「繰り返し処理」という仕組みを使います。

指定した回数だけ処理を繰り返す

forは、指定した回数だけ処理を繰り返すためのキーワード（予約語）です。

▼forの書式

```
for (カウンター変数; 条件式; 変数の増減式)
{
    繰り返す処理
}
```

カウンター変数というのは、処理の回数を数えるための変数です。どんなふうに数えるのか、次のプログラムで確かめてみましょう。

▼カウンター変数の値を表示する（コンソールアプリプロジェクト「ForApp」）

```
class Program
{
    static void Main(string[] args)
    {
        for (int i = 0; i < 5; i++)  ──────────── 処理を5回繰り返す
        {
            Console.WriteLine(i);
        }
        Console.ReadKey();
    }
}
```

▼実行結果

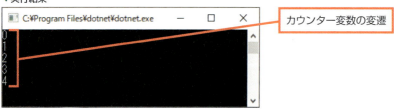

カウンター変数の変遷

0から4までが順に出力されました。for文が実行されると、まず「int i = 0;」で初期化したカウンター変数iが参照されます。条件式は「i < 5」なので、「iが5になったら」処理を終了します。forブロック内の「Console.WriteLine(i);」でiの値「0」を出力したあと、変数の増減式「i++」でiに1加算して1回目の処理が終了します。

続く2回目の処理でiの値を出力した後、「i++」でiに1加算して「2」にして3回目の処理に入ります。最後の5回目の処理でiの値の「4」を出力した後、「i++」でiを「5」にしてforの条件式

```
i < 5;
```

がチェックされますが、iは5なのでこの式は成立しません。ここでforの処理が終了し、ブロックを抜けます。

●forのブロック

forで繰り返す処理の範囲は、forの行と{}の中のソースコードです。この部分をまとめてforの「**ブロック**」と呼びます。

▼forのブロック

```
for (int i = 0; i < 5; i++) ―――――― iの値が5になったら終了
{
    処理 ――――――――――――――――――― 処理したらi++して、forの先頭に戻ってi < 5を評価する
}
```

ゲームをイメージしたバトルシーンを再現してみよう

RPGなどの対戦型のゲームには、主人公がモンスターに遭遇するとバトルを開始するものがあります。これをプログラムで再現してみたいのですが、1回攻撃しただけではやっつけられないかもしれません。なので、5回連続して攻撃したら退散させるようにしてみましょう。

▼モンスターに連続して5回攻撃する（コンソールアプリプロジェクト「Battle」）

```
static void Main(string[] args)
{
    // ゲームの主人公名を取得
    Console.Write("お名前をどうぞ>>");
    string brave = Console.ReadLine(); // ユーザーの入力した文字列を1行読み込む

    // 名前が入力されたら以下の処理を実行
    if (brave!="")
    {        ―――― 名前が入力されていればbraveには値が存在するのでTrueになる
```

2.10 繰り返しステートメント

```
        for (int i = 0; i < 5; i++)
        {
            Console.WriteLine(brave + "の攻撃!");
        }
        Console.WriteLine("まものたちはたいさんした");
    }

    // 何も入力されなければゲームを終了
    else
        Console.WriteLine("ゲーム終了");
    Console.ReadKey();


}
```

- `int i = 0` … 処理回数を保持するカウンター変数
- `i < 5; i++` … 処理を5回繰り返す
- `Console.WriteLine(brave + "の攻撃!");` … 繰り返す処理

▼実行結果

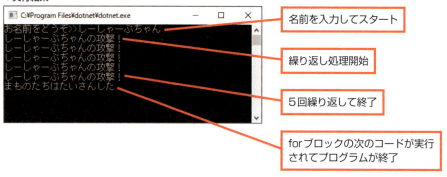

- 名前を入力してスタート
- 繰り返し処理開始
- 5回繰り返して終了
- forブロックの次のコードが実行されてプログラムが終了

2.10 繰り返しステートメント

2.10.2 状況によって繰り返す処理の内容を変える

攻撃するだけでは面白くありませんので、魔物たちの反応も加えることにしましょう。

2つの処理を交互に繰り返す

forブロックの内部に書けるソースコードには特に制限がありませんので、if文を書くこともできます。そうすれば、forの繰り返しの中で処理を分ける（分岐させる）ことができます。そこで今回は、何回目の繰り返しなのかを調べて異なる処理を行います。奇数回の処理なら勇者の攻撃、偶数回の処理なら魔物たちの反応を表示すれば、それぞれが交互に出力されるはずです。

▼勇者の攻撃と魔物たちの反応を織り交ぜる（コンソールアプリプロジェクト「Battle2」）

```csharp
static void Main(string[] args)
{
    // ゲームの主人公名を取得
    Console.Write("お名前をどうぞ>>");
    string brave = Console.ReadLine(); // ユーザーの入力した文字列を1行読み込む


    // 魔物の応答パターン
    string monster1 = "まものたちはひるんでいる";
    string monster2 = "まものたちはたいさんした";

    // 名前が入力されたら以下の処理を10回繰り返す
    if (!string.IsNullOrEmpty(brave))
    {
    // 10回繰り返す
    for (int i = 0; i < 10; i++)
        {
            // 奇数回の処理なら勇者の攻撃を出力
            if (i % 2 == 0)
            {              ┗ カウンターの値を2で割った余りが0であるか
                Console.WriteLine(brave + "の攻撃！");
            }
            // 偶数回の処理なら魔物たちの応答monster1を出力
            else
            {              ┗ それ以外は偶数なので以下を実行
                Console.WriteLine(monster1);
            }

            Console.WriteLine(brave + "の攻撃！");
```

177

2.10 繰り返しステートメント

```
        }
        Console.WriteLine(monster2);
    }

    // 何も入力されなければゲームを終了
    else
    {
        Console.WriteLine("ゲーム終了");
    }
    Console.ReadKey();
}
```

▼実行結果

```
お名前をどうぞ＞＞しーちゃん        ← 名前を入力してスタート
しーちゃんの攻撃！              ← 1回目はiの値が「0」なので偶数回の処理
まものたちはひるんでいる          ← 2回目はiの値が「1」なので奇数回の処理
しーちゃんの攻撃！
まものたちはひるんでいる
しーちゃんの攻撃！
まものたちはひるんでいる
しーちゃんの攻撃！
まものたちはひるんでいる
しーちゃんの攻撃！
まものたちはひるんでいる          ← 最後の10回目はiの値が「9」なので奇数回の処理
まものたちはたいさんした          ← forの次のコードが実行されてプログラムが終了
```

　forの変数iには最初の処理のときに0、以後処理を繰り返すたびに1から9までの値が順番に代入されます。ifの条件式を「count % 2 ==0」にすることで「2で割った余りが0」、つまり偶数回の処理であることを条件にしていますので、偶数回の処理であれば勇者の攻撃が出力されます。一方、2で割った余りが0以外であるのは2で割り切れない、つまり奇数ということなのでelse以下で魔物たちの反応を出力します。これで勇者の攻撃と魔物たちの反応が交互に出力され、バトルシーンが終了します。

178

3つの処理をランダムに織り交ぜる

　勇者の攻撃と魔物たちの応答を交互に繰り返すようになりましたが、ちょっと面白みに欠けるところではあります。攻撃と応答のパターンをもっと増やして、ランダムに織り交ぜるようにすれば、もっとバトルらしい雰囲気になりそうです。

●疑似乱数を発生させる

　ここでは、指定した範囲の値をランダムに発生させるRandomクラスのNext()というメソッドを使うことにします。

▼【メソッド】Random.Next()

メソッドの構造	Random.Next(Min,Max)
戻り値	Min〜Max−1の整数を返します。

　Next()メソッドを実行して、0から9までの範囲で何か1つの値を取得するには次のように書きます。

▼0〜10未満の中から値を1つ取得する

```
Random rnd = new Random();
int num = rnd.Next(0, 10)
```
└──0〜10未満の整数をランダムに生成

　このコードが実行されるまで変数numに何の値が代入されるのかはわかりません。あるときは1であったり、またあるときは0や9だったりという具合です。
　あと、ここではforの繰り返しを実行する直前に毎回、

```
System.Threading.Thread.Sleep(1000);
```

の処理を行って1秒間、プログラムをスリープ状態にします。一気にforステートメントの処理が終わってしまうと面白くないので、1回ごとの結果を1秒おきに出力することで対戦の雰囲気を出そうというのです。ThreadクラスのSleep()メソッドは、その名のとおり指定した時間(ミリ秒単位)プログラムを停止状態(スリープ)にします。

■4つのパターンをランダムに出力する

　さて、何のためにNext()メソッドを使うのかというと、for文の中で何度も実行して、そのときに生成されたランダムな値(乱数)を使って処理を振り分けたいからです。例えば、1、2、3のいずれかであれば勇者の攻撃、4か5であれば魔物たちの反応、という具合です。
　こうすると「やってみなければわからない」というゲーム的な雰囲気を出すことができるので、ゲームプログラミングでよく使われる手法です。

2.10 繰り返しステートメント

▼ランダムに攻撃を繰り出す（コンソールアプリプロジェクト「Battle3」）

```
static void Main(string[] args)
{
    Console.WriteLine("まものたちがあらわれた！");        // 最初に出力

    Console.Write("お名前をどうぞ>>");                   // ゲームの主人公名を取得
    string brave = Console.ReadLine();

    string brave1 = brave + "のこうげき！";              // 1つ目の攻撃パターンを作る
    string brave2 = brave + "は呪文をとなえた！";         // 2つ目の攻撃パターンを作る
    string monster1 = "まものたちはひるんでいる";          // 魔物の反応その1
    string monster2 = "まものたちがはんげきした！";        // 魔物の反応その2

    string monster3 = "まものたちはたいさんした";          // 魔物の反応その3
    Random rnd = new Random();                        // Randomのインスタンス化


    // 名前が入力されたら以下の処理を10回繰り返す
    if (!string.IsNullOrEmpty(brave))
    {
        // 繰り返しの前に勇者の攻撃を出力しておく
        Console.WriteLine(brave1);

        // 10回繰り返す
        for (int i = 0; i < 10; i++)
        {
            // 1秒間スリープ
            System.Threading.Thread.Sleep(1000);
            // 0～9の範囲の値をランダムに生成
            int num = rnd.Next(0, 10);
            // 生成された値が2以下ならbrave1を出力
            if (num <= 2)
            {
                Console.WriteLine(brave1);
            }
            // 生成された値が3以上5以下ならbrave2を出力
            else if (num >= 3 & num <= 5)
            {
                Console.WriteLine(brave2);
            }
            // 生成された値が6以上8以下ならmonster1を出力
            else if (num >= 6 & num <= 8)
```

180

2.10 繰り返しステートメント

```
            {
                    Console.WriteLine(monster1);
            }
            // 上記以外はmonster2を出力
            else
            {
                    Console.WriteLine(monster2);
            }
        }
        // forを抜けたらmonster3を出力
        Console.WriteLine(monster3);
    }
    // 何も入力されなければゲームを終了
    else
    {
        Console.WriteLine("ゲーム終了");
    }
    Console.ReadKey();
}
```

2

Visual C#の文法

▼実行例

まものたちがあらわれた！
お名前をどうぞ＞＞しーちゃん   ← 名前を入力してスタート
しーちゃんのこうげき！
しーちゃんは呪文をとなえた！   ← ここから繰り返し処理が始まる
まものたちはひるんでいる
まものたちはひるんでいる
しーちゃんのこうげき！
まものたちはひるんでいる
しーちゃんは呪文をとなえた！
しーちゃんは呪文をとなえた！
まものたちはひるんでいる
まものたちがはんげきした！
しーちゃんは呪文をとなえた！   ← 10回目の繰り返し処理
まものたちはたいさんした

ランダムに生成した値が0～2、または3～5、6～8の範囲であるかによってif...else if...elseで処理が分かれるようになっています。最後のelseはそれ以外の9が生成されたときに実行されます。

181

2.10.3　指定した条件が成立する限り繰り返す（while）

C#には、もう1つ、処理を繰り返すためのwhileがあります。forは、「回数を指定して繰り返す」ものでしたが、whileには「条件を指定して繰り返す」という違いがあります。

条件が成立する間は同じ処理を繰り返す

「○○が××になったら」という条件で処理を繰り返したい場合、何回繰り返せばよいのかわかりませんのでforを使うことはできません。このような場合はwhileです。whileは、指定した条件が成立する（Trueである）限り、処理を繰り返します。

▼whileによる繰り返し

構文

```
while(条件式)
{
    繰り返す処理
}
```

forは、回数を指定して処理を繰り返すものでした。一方、whileは「条件式がTrueである限り」処理を繰り返します。条件式がTrueの間ですので、「a == 1」とすれば変数aの値が「1であれば」処理を繰り返し、「a != 1」とすればaの値が「1ではなければ」処理を繰り返します。

必殺の呪文で魔物を全滅させる

人気のRPGで使われる呪文に、一瞬で敵を全滅させる呪文があります。そこで、ある呪文を唱えない限り、延々とゲームが続くというパターンをプログラミングしてみましょう。

▼必殺の呪文を使わない限りバトルを繰り返す（コンソールアプリプロジェクト「Battle4」）

```
static void Main(string[] args)
{
    Console.WriteLine("まものたちがあらわれた！");  // 最初に出力

    Console.Write("お名前をどうぞ>>");              // ゲームの主人公名を取得
    string brave = Console.ReadLine();              // ユーザーが入力した文字列を読み込む

    string prompt = brave + "の呪文 > ";            // プロンプトを作る
    string attack = "";                             // 呪文を代入する変数を用意

    // 名前が入力されたら以下の処理を実行
```

2.10 繰り返しステートメント

```csharp
if (!string.IsNullOrEmpty(brave))
{
    // attackが'ザラキン'でない限り繰り返す
    while (attack != "ザラキン")
    {
        Console.Write(prompt);              //プロンプトを表示して 呪文を取得
        attack = Console.ReadLine();
        Console.WriteLine(brave + "は「" + attack + "」の呪文をとなえた！");

        // attackが'ザラキン'でなければ以下を表示
        if (attack != "ザラキン")
        {
            Console.WriteLine("まものたちは様子をうかがっている");
        }
    }
    Console.WriteLine("まものたちは全滅した");
}
// 何も入力されなければゲームを終了
else
{
    Console.WriteLine("ゲーム終了");
}
Console.ReadKey();
}
```

　whileの条件式は「attack != 'ザラキン'」にしました。これで'ザラキン'と入力しない限り、while ブロックの処理が繰り返されます。なお、attackにはあらかじめ何かの値を代入しておかないとエラーになりますので、あらかじめ空の文字列""を代入してあります。

　さて、注目の繰り返し処理ですが、まずプロンプトを表示してユーザーが入力された文字列を取得します。"○○は××の呪文をとなえた！"と表示したあと、if文を使って"まものたちは様子をうかがっている"を表示します。ここでif文を使ったのは、"ザラキン"が入力された直後に表示させないためです。

　では、さっそく実行して結果を見てみましょう。

▼実行結果

```
まものたちがあらわれた！
お名前をどうぞ＞＞しーちゃん          ← 名前を入力してスタート
しーちゃんの呪文 ＞ キラキラ          ← 呪文を入力（繰り返し処理の1回目）
しーちゃんは「キラキラ」の呪文をとなえた！
まものたちは様子をうかがっている
しーちゃんの呪文 ＞ トドメダン         ← 呪文を入力（繰り返し処理の2回目）
```

183

2.10 繰り返しステートメント

```
しーちゃんは「トドメダン」の呪文をとなえた！
まものたちは様子をうかがっている
しーちゃんの呪文 ＞ ザラキン        ← 呪文を入力（繰り返し処理の3回目）
しーちゃんは「ザラキン」の呪文をとなえた！  ← ここでwhileブロックを抜ける（条件不成立）
まものたちは全滅した              ← whileブロックを抜けたあとの処理
```

無限ループ

whileの条件式にtrueとだけ書くと、永遠に処理が繰り返されます。これを「無限ループ」と呼びます。trueでなくても、次のようにtrue以外にはなり得ない条件を書いても無限ループが発生します。

▼無限に呪文を唱える（コンソールアプリプロジェクト「Infinite_loop」）

```
static void Main(string[] args)
{
    int counter = 0;
    while (counter < 10)
    {
        Console.WriteLine("ホイミン");
    }
}
```

条件式は「counter < 10」ですが、counterの値は0なのでいつまでたってもTrueのままです。

▼実行結果

```
ホイミン
ホイミン
ホイミン
……省略……
ホイミン
ホイミン
← Ctrl + C キーで止める
```

2.10 繰り返しステートメント

処理回数をカウントする

ポイントは、変数counterです。0が代入されていますが、繰り返し処理の最後にcounterに1を足して処理のたびに1ずつ増えていくようにすれば、値が10になったところで「counter < 10」がFalseになり、whileを抜けます（whileブロックを終了するという意味です）。

次は、前項のプログラムを改造したものです。指定した文字列を入力しなくても、処理を3回繰り返したらwhileブロックを抜けてプログラムが終了するようにしてみました。

▼whileの繰り返しを最大3回までにする（コンソールアプリプロジェクト「Battle5」）

```
static void Main(string[] args)
{
    Console.WriteLine("まものたちがあらわれた！");  // 最初に出力

    Console.Write("お名前をどうぞ>>");             // ゲームの主人公名を取得
    string brave = Console.ReadLine();            // ユーザーの入力した文字列を1行読み込む

    string prompt = brave + "の呪文 > ";           // プロンプトを作る
    string attack = "";                           // 呪文を代入する変数を用意
    int counter = 0;                              // カウンター変数

    // 名前が入力されたら以下の処理を実行
    if (!string.IsNullOrEmpty(brave))
    {
        // attackが'ザラキン'でない限り繰り返す
        while (counter < 3)
        {
            Console.Write(prompt);         //プロンプトを表示して 呪文を取得
            attack = Console.ReadLine();
            Console.WriteLine(brave + "は「" + attack + "」の呪文をとなえた！");
            // attackが'ザラキン'でなければ以下を表示
            if (attack == "ザラキン")
            {
                Console.WriteLine("まものたちは全滅した");
                break;  ──────── ❶ここでwhileブロックを抜ける
            }
            else
            {
                Console.WriteLine("まものたちは様子をうかがっている");
            }
            counter++;
        }
```

2

Visual C#の文法

185

2.10 繰り返しステートメント

```
        if (counter == 3)                        // 3回繰り返した場合の処理
        {
            Console.WriteLine("まものたちはどこかへ行ってしまった...");
        }
    }
    // 何も入力されなければゲームを終了
    else
    {
        Console.WriteLine("ゲーム終了");
    }
    Console.ReadKey();
}
```

whileを強制的に抜けるためのbreak

❶の「break」は、強制的にwhileブロックを抜ける（終了する）ためのキーワード（予約語）です。breakを配置したことで、指定した文字列が入力されたタイミングで応答を表示してwhileブロックを抜けるようになります。なお、入力文字の判定は、前回のプログラムではwhileの条件でしたが、今回は処理回数を条件にしましたので、whileブロック内のifステートメントで判定するようにしたというわけです。最後のifステートメントは、処理が3回繰り返された場合に対応するためのものです。
　では、プログラムを実行して結果を見てみましょう。

▼指定した文字列が入力されなかった場合

> まものたちがあらわれた！
> お名前をどうぞ＞＞しーちゃん
> しーちゃんの呪文 ＞ ルンルン　　←　繰り返しの1回目
> しーちゃんは「ルンルン」の呪文をとなえた！
> まものたちは様子をうかがっている
> しーちゃんの呪文 ＞ タンタン　　←　繰り返しの2回目
> しーちゃんは「タンタン」の呪文をとなえた！
> まものたちは様子をうかがっている
> しーちゃんの呪文 ＞ ドカンダン　　←　繰り返しの3回目
> しーちゃんは「ドカンダン」の呪文をとなえた！
> まものたちは様子をうかがっている
> まものたちはどこかへ行ってしまった...

186

2.10 繰り返しステートメント

▼指定した文字列が入力された場合

> まものたちがあらわれた！
> お名前をどうぞ＞＞しーちゃん
> しーちゃんの呪文 ＞ ザラキン　←──　繰り返しの１回目
> しーちゃんは「ザラキン」の呪文をとなえた！
> まものたちは全滅した

2

Visual C#の文法

Hint ｜ ドキュメントコメント

Windowsフォームアプリケーションの「Program.cs」には、「// <summary>」～「// </summary>」で囲まれた記述があります。

このブロックは**ドキュメントコメント**と呼ばれ、「<summary>」～「</summary>」などのタグを使うと、プログラムコードからAPIリファレンスを作成することができます。

API リファレンスとは、クラスやメソッドの仕様を記述するリファレンスマニュアルのことです。APIリファレンスを使うと、クラスやメソッドの仕様を表記した文章がVisual C#のドキュメントウィンドウに表示されるので、プログラムの情報を複数のユーザーで共有できるようになります。

▼「Program.cs」に記述されているドキュメントコメント

```
// <summary>──────ドキュメントコメントとして扱われる
//アプリケーションのメイン エントリ ポイントです。
// </summary>
```

APIリファレンスで利用するドキュメントコメントのタグには、次のようなタグがあります。なお、クラ
ス内では、<summary>、<remarks>、<newpara>タグを使うことができます。

▼ドキュメントコメントのタグ

タグ	内容
<summary>～</summary>	クラスやメソッドの概要を記述する
<remarks>～</remarks>	ここの要素の解説を記述する
<newpara>～</newpara>	概要や解説、戻り値のコードブロック内に段落を設定する
<param>～</param>	メソッドの引数の解説を記述する
<returns>～</returns>	メソッドの戻り値の解説を記述する

2.10.4 繰り返し処理を最低1回は行う

これまで見てきたwhileステートメントは、最初に、指定された条件の判定が行われてから処理が実行されるので、最初から条件が偽（False）であれば、繰り返し処理が一度も実行されません。

しかし、プログラムの内容によっては、条件にかかわらずに、最低1回は指定した処理を実行させたいことがあります。このような場合は、**do...while**ステートメントを使います。

▼指定した処理を1回実行してから条件を判定する

構文
```
do
{
    繰り返し実行するステートメント
}
while(条件式);
```

例として、ボタンをクリックしたときに最低1回はメッセージを表示し、そのあとは、指定した回数に達するまで繰り返し処理を行うようにしてみましょう。

 フォーム上にButtonコントロールを配置し、これをダブルクリックして、イベントハンドラーに次のコードを記述します。

▼Form1.cs（プロジェクト「DoWhileApp」）

```csharp
private void Button1_Click(object sender, EventArgs e)
{
    int i = 1;
    do
    {
        MessageBox.Show(Convert.ToString(i) +"回目の処理です。", "プログラム実行中");
        i++;
    }
    while (i <= 5) ;
}
```

このように記述

Onepoint
ここでは、do以下にメッセージボックスを表示するコードを記述してから、while以下に判定を行うコードを記述しています。メッセージボックスを表示してから、条件の判定が行われ、**OK**ボタンをクリックするたびに、「MessageBox.Show(Convert.ToString(i) + "回目の処理です。","プログラム実行中");」というステートメントが、計5回実行されます。

2.10.5 コレクション内のすべてのオブジェクトに同じ処理を実行

●foreachステートメント

　フォーム上に配置したコントロールなどのオブジェクトの集まりを**コレクション**と呼びます。Visual C#では、フォーム上のオブジェクトを**Controls**コレクションとして管理しています。

　Controlsコレクションは、フォームの作成時に自動的に作成され、フォーム上にコントロールを配置するたびに、コレクションに追加されるようになっています。

　foreachステートメントを使うと、Controlsコレクションに含まれるコントロールに対して、一括して同じ処理を行うことができます。

▼オブジェクトの集合に対して同じ処理を行う

構文

```
foreach(オブジェクトの型 オブジェクトを格納する変数名 in 対象のオブジェクト)
{
    繰り返し実行するステートメント
}
```

▼Controlsコレクションに対して同じ処理を行う

構文

```
foreach (Control オブジェクトを格納する変数名 in 対象のフォーム名.Controls)
{
    繰り返し実行するステートメント
}
```

　では、**foreach**ステートメントを利用して、フォーム上に配置したボタンの色を一括して変更するようにしてみましょう。

▼Windowsフォームデザイナー

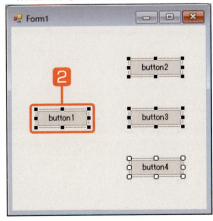

1. フォーム上に、Buttonコントロールを4個配置します。

2. **button1**をダブルクリックして、イベントハンドラーに次のコードを記述します。

2.10 繰り返しステートメント

▼Form.cs（プロジェクト「ForeachApp」）

```
private void Button1_Click(object sender, EventArgs e)
{
    foreach (Control ctrl in this.Controls)

        ctrl.BackColor = System.Drawing.Color.Red;
}
```

このように記述

Onepoint
Control型の変数「ctrl」を宣言し、オブジェクト（フォーム上に配置されたコントロール）を格納する変数として利用しています。

3 プログラムを実行し、**button1**をクリックすると、すべてのボタンの色が変わります。

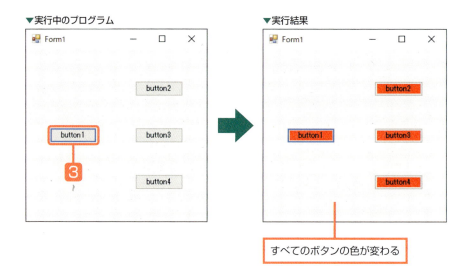

▼実行中のプログラム　　▼実行結果

すべてのボタンの色が変わる

●コードの解説

　foreachの要素として、**Control**型の変数ctrlを宣言しています。Controlは、コントロールの基本クラスで、コントロールを操作するためのプロパティやメソッドが定義されています。

　inキーワードで対象のControlsコレクションを指定しています。ここでは、**this**キーワードを使って、Form1フォーム自体に配置されているコントロールの「Controls」コレクションが操作の対象であることを指定しています。

2.10 繰り返しステートメント

▼「foreach」ステートメントの要素

```
foreach (Control ctrl in this.Controls)
```

- Control クラス
- 対象のコントロールを格納する変数
- Form1自身を示す「this」キーワード
- Controlsコレクションを指定

● 繰り返し実行する処理

　ボタンコントロールの背景色は、**BackColor**プロパティで指定することができます。Control型の変数ctrlに、Controlsコレクションに含まれるbutton1、button2、button3、button4を順番に代入し、BackColorプロパティの値を赤（「System.Drawing」名前空間の「Color」構造体で定義されている「Red」プロパティで定義されている）に設定しています。

▼すべてのボタンの背景色を赤に設定する繰り返し処理

```
ctrl.BackColor = System.Drawing.Color.Red;
```

- Controlクラスで定義されている背景色を設定するプロパティ
- 「System.Drawing」名前空間のColor構造体で定義されているRedプロパティで定義されている色（赤）を指定

Tips　特定のコントロールに対して処理を行う

　foreachの解説中で作成したプログラムでは、処理を実行するボタン自体の色も変更されますが、処理を実行するボタンの色を変更したくない場合は、ifステートメントを「foreach」ステートメント内部に入れ子にして組み合わせます。

　以下のコードでは、「if」ステートメントの中でNameプロパティを使用して、現在、変数「ctrl」に代入されているコントロールの名前を取得し、「button1」という名前に合致しない場合に限り、ボタンの背景色を変更するようにしています。

▼処理を実行するボタン以外のボタンの背景色だけを変更する（プロジェクト「ForeachApp」）

```
private void Button1_Click(object sender, EventArgs e)
{
    foreach (Control ctrl in this.Controls)
    {
        if (ctrl.Name != "button1")
            ctrl.BackColor = System.Drawing.Color.Red;
    }
}
```

コントロールの名前が「button1」でなければ以下のステートメントを実行します

2.10 繰り返しステートメント

Memo 「Controls」コレクションの中身を確認する

フォーム上にコントロールを配置すると「Control.ControlCollection」クラスで定義されているAdd()メソッドを使ってControlsコレクションに追加するコードが自動的に生成されます。

「Form1」の場合、「Form1.Designer.cs」をコードビューで開くと、これらのコードを見ることができます。

なお、登録された各コントロールは、「0」から始まるインデックス値（通し番号）で管理されています。

インデックス値は、フォームを配置した順番とは逆に、一番最後に登録されたコントロールから「0」、「1」、「2」…の順で割り振られます。

「コントロールが配置されているフォーム名.Controls[インデックス値]」と記述することで、特定のコントロールを参照することができます。

▼「Form1. Designer.cs」をコードビューで表示

「this.Controls.Add(this.button4);」から「this.Controls.Add(this.button1);」までがControlsコレクションに登録するためのステートメント

Section 2.11 配列とコレクション

Level ★★★　　Keyword　配列　コレクション　2次元配列

複数の値をまとめて扱う機能を**コレクション**と呼びます。Visual C#で利用できるコレクションの中で、基本となるのが**配列**です。
このセクションでは、配列の使い方と、コレクションクラスを利用したデータ操作について見ていきます。

配列の概要

フィールドやローカル変数に格納できる値は、1つだけですが、プログラムではときとして複数のデータをまとめて扱わなければならない場合があります。例えば、表計算ソフトの場合は、画面上の小分けされた領域（セル）に格納された値を、プログラム上ですべて記憶しておく必要があります。
このような場合には、配列を利用します。配列には、複数のデータをまとめて入れることができます。

●配列を使うメリット

配列を1つ作成すれば、同じデータ型の値を必要なぶんだけ入れることができます。例えば、得点を代入するための配列を宣言すれば、クラス全員ぶんの得点をまとめて格納することができます。
なお、配列内のデータは、0から始まるインデックスを使って管理します。インデックスを使うことで、配列内の任意の場所にデータを格納することができ、必要に応じて指定したデータを取り出すことができます。

▼配列を利用したプログラム

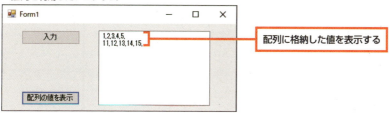

配列に格納した値を表示する

2.11.1　1次元配列を使う

一列に並んだ要素が通し番号（インデックス）によって管理される配列を、**1次元配列**と呼びます。1次元配列を宣言するには、次のように記述します。

▼1次元配列を宣言する

> データ型[] 配列名 = new データ型[配列の要素数];

配列に格納されるデータのことを**要素**と呼びます。次は、10個のint型の要素を持つ配列aを宣言する例です。

▼int型の配列を宣言

```
int[] a = new int[10];
```

すると、次の図のように、int型のデータを10個格納できるaという名前の配列が利用できるようになります。配列内の10個の要素には、0～9の通し番号が付けられます。この通し番号のことを**インデックス**と呼びます。

▼配列a

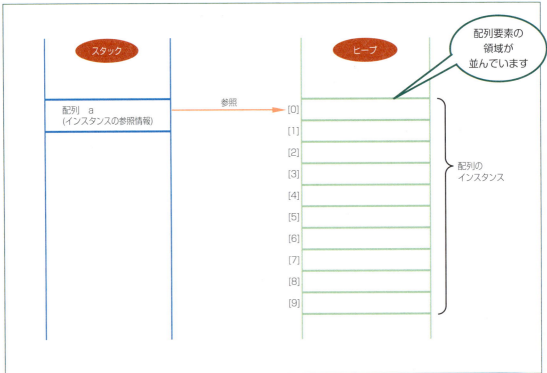

2.11 配列とコレクション

1次元配列に値を代入する場合は、配列名とインデックスを使って次のように記述します。

▼1次元配列の要素に値を入れる

構文　配列名[インデックス値] = データ;

10個の要素を持つ配列aの、5番目の要素として整数の「80」を格納するには、次のように記述します。

`a[4] = 80;` ── 配列のインデックスは0から始まるので、5番目の要素のインデックスは4になる

▼配列a

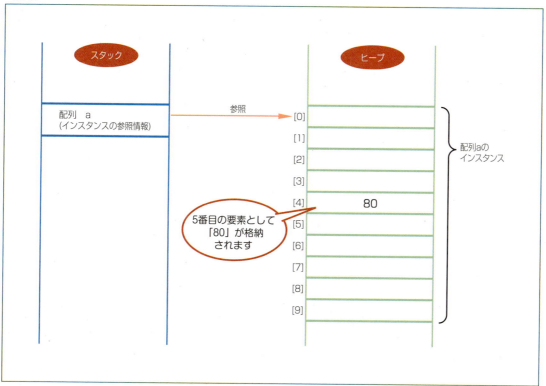

2.11 配列とコレクション

1次元配列を利用したプログラムを作成する

では、配列を利用した簡単なプログラムを作成してみることにしましょう。ここでは、整数型の5つの要素を持つarrayという配列の要素に、入力専用のフォームを使って任意の値を格納し、格納したすべての値を表示するようにしてみましょう。

■ メインフォーム（Form1）の作成

1 フォーム上にButtonを2つとTextBoxを配置します。

2 別表のとおりに、それぞれのプロパティを設定します。

▼各コントロールのプロパティ設定

●Buttonコントロール（上）

プロパティ名	設定値
(Name)	button1
Text	入力

●Buttonコントロール（下）

プロパティ名	設定値
(Name)	button2
Text	配列の値を表示

●TextBoxコントロール

プロパティ名	設定値
(Name)	textBox1
Multiline	True
Text	（空欄）

Onepoint

TextBoxコントロールのMultilineプロパティをTrueに設定すると、テキストボックスに複数行の文字列を入力できるようになります。

▼テキストボックスのサイズ調整

3 テキストボックスの角をドラッグして、サイズを調整します。

4 button1（**入力ボタン**）をダブルクリックして、イベントハンドラーに次のコードを記述します。

2.11 配列とコレクション

▼Form1.cs（プロジェクト「OneDimensionalArray」）

```csharp
namespace OneDimensionalArray
{
    public partial class Form1 : Form
    {
        public Form1()
        {
            InitializeComponent();
        }

        private int[] array = new int[5];                              ①

        このように記述

        private void Button1_Click(object sender, EventArgs e)
        {
            Form2 frmDialog = new Form2();                             ②
            for (int i = 0; i < 5; i++)                                ③
            {
                frmDialog.textBox1.Clear();   // テキストボックスをクリア
                frmDialog.Text = (i + 1) + "番目の要素";               ④
                frmDialog.ShowDialog();                               ⑤
                array[i] = Convert.ToInt32(frmDialog.textBox1.Text);  ⑥
            }
        }

        このように記述
    }
}
```

Onepoint

ここでは、5つの要素を持つ配列「array」を宣言し、このあと作成するForm2を利用して、配列の要素に値を代入するためのコードを記述しました。

Memo

クォーテーション「'」は、char型の変数に文字を代入する場合に使用し、ダブルクォーテーション「"」は、string型の変数に文字列を代入する場合に使用します。

5 フォームデザイナーでbutton2（「配列の値を表示」ボタン）をダブルクリックして、イベントハンドラーに次のコードを記述します。

197

2.11 配列とコレクション

```
private void button2_Click(object sender, EventArgs e)
{
    string strResult = "";                                          ❶
    for (int i = 0; i < 5; i++)                                     ❷
    {
    strResult = strResult + Convert.ToString(array[i]) + "\r\n";   ❸
    }
    textBox1.Text = strResult;                                      ❹
}
```

このように記述

Onepoint
ここでは、配列「array」の各要素に格納された値をテキストボックスに表示するようにしています。

1 プロジェクトメニューの**Windowsフォームの追加**を選択します。

2 新しい項目の追加ダイアログボックスが表示されるので、**テンプレート**で**Windowsフォーム**を選択し、**ファイル名**の入力欄に「Form2.cs」と入力して**追加**ボタンをクリックします。

3 Form2にButtonとTextBoxを配置します。

4 下表のとおりに、それぞれのプロパティを設定します。

▼Form2

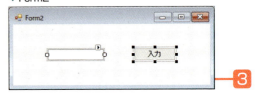

▼各コントロールのプロパティ設定

● Button コントロール

プロパティ名	設定値
(Name)	button1
DialogResult	OK
Text	入力

● TextBox コントロール

プロパティ名	設定値
(Name)	textBox1
TextAlign	Right
Text	(空欄)

Onepoint
Buttonコントロールの「DialogResult」プロパティで、OKを選択しておくと、ボタンにOKボタンとしての機能を実装することができます。

2.11 配列とコレクション

5 button1(「入力」と表示されているボタン)を
ダブルクリックして、空のイベントハンドラー
を作成します。

▼Form2.csに空のイベントハンドラーを作成

```
namespace OneDimensionalArray
{
    public partial class Form2 : Form
    {
        public Form2()
        {
            InitializeComponent();
        }

        private void Button1_Click(object sender, EventArgs e)
        {

        }
    }
}
```

button1の空のイベントハンドラーを作成

▼コードエディター

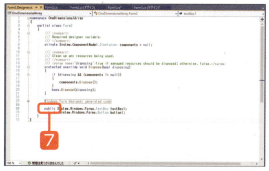

6 ソリューションエクスプローラーで「Form2.
Designer.cs」を選択して、**コードの表示**ボタ
ンをクリックします。

7 下の行に記述されている「private System.
Windows.Forms.TextBox textBox1;」の
「private」を「public」に書き換えます。

Onepoint
Fomr2で空のイベントハンドラーを作成したのは、button1の「DialogResult」プロパティで**OK**を選択し、**OK**ボタンとしての機能を実装した場合、ボタンクリックのイベントハンドラーが必要になるためです。

Onepoint
ここで、「private System.Windows.Forms.TextBox textBox1;」の「private」(同一のクラス以外のアクセスを不可にするアクセス修飾子)を「public」(アクセス制限なし)に書き換えたのは、Form2のテキストボックス(textBox1)に入力されたデータをForm1で取得できるようにするためです。

199

2.11 配列とコレクション

●コードの解説（Form1.cs）

❶ **praivate int[] array=new int[5];**

int型の5つの要素を持つ配列「array」をフィールドとして宣言しています。

●イベントハンドラー「button1_Click」内のコード

❷ **Form2 frmDialog = new Form2();**

Form2をインスタンス化し、インスタンスへの参照情報をローカル変数「frmDialog」に代入します。

❸ **for (int i = 0; i < 5; i++)**

カウンター変数を0で初期化し、「i < 5」で処理回数を5回、「i++」で処理が1回実行されるたびにiの値を1つ増やします。

❹ **frmDialog.Text = (i + 1) + "番目の要素";**

Form2のタイトルバーに処理回数を表示します。Form2のインスタンスfrmDialogから、Textプロパティ（タイトルバーに表示するテキストを設定する）に、カウンター変数の値に「1」を加えた値を設定します。カウンター変数は0から始まるので、1を加えることによって処理の回数を求めます。

❺ **frmDialog.ShowDialog();**

Form2のインスタンスfrmDialogからShowDialog()メソッドを実行して、フォームを画面上に表示します。

❻ **array[i] = Convert.ToInt32(frmDialog.textBox1.Text);**

array[i]でインデックス値としてカウンター変数iを指定することで、処理が繰り返されるたびに配列の5つの要素に順番に値が代入されるようになります。

代入する値は、Form2のテキストボックスに入力された値を「frmDialog.textBox1.Text」で取得し、Convert.ToInt32()メソッドでint型に変換します。

●イベントハンドラー「button2_Click」内のコード

❶ **string strResult = "";**

string型のローカル変数strResultを宣言し、空の文字列を代入しています。

❷ **for (int i = 0; i < 5; i++)**

配列の各要素を取り出す処理を5回繰り返します。

❸ **strResult = strResult + Convert.ToString(array[i]) + "¥r¥n";**

forステートメント内部で、配列の各要素を取り出すための処理を行います。array[i]によって、処理が繰り返されるたびに配列の5つの要素を順番に、ローカル変数strResultに追加しますが、要素の末尾に「¥r¥n」（改行を行うコード）を付け加えます。

strResultにstring型 + int型 + string型を連結して代入するので、int型は暗黙的にstringに変換されますが、あえてToString()を使うことで、変換していることがわかるようにしています。

2.11 配列とコレクション

❹textBox1.Text = strResult;

　forステートメントの繰り返し処理が終了した時点で、strResultをテキストボックス（textBox1）のTextプロパティの値として設定し、配列のすべての要素を表示します。

2

Visual C#の文法

Memo インデクサーを使う

　インデクサーは、オブジェクトに対して、配列のようなアクセスを可能にします。インデクサーを設定したフィールドには、インデックスを指定するだけで直接、アクセスできるようになります。List<T>などのコレクションを扱うクラスでは、インデクサーが定義済みなので、宣言しなくてもすぐに利用することができるようになっていますが、これ以外のクラスでも、次のように宣言することで使えるようになります。get()は、フィールドの値を参照するため、set()は、フィールドに値を代入するためのメソッドです。

▼インデクサーを宣言する

構文
```
アクセス修飾子 int this[型 インデックス値を格納する変数名]
{
    get
    {
        return インデクサーを設定するフィールド名[インデックス変数];
    }
    set
    {
        インデクサーを設定するフィールド名[インデックス変数] = value;
    }
}
```

●インデクサーを利用したプログラム

　例として、TestクラスにtestArrayという配列を用意し、インデクサーを使ってアクセスできるようにしてみましょう。

▼Program.cs（プロジェクト「Indexer」）
```
using System.Collections.Generic;


namespace Indexer
{
    class Test
    {
        public int[] testArray = new int[10] {10, 20, 30, 40, 50,
                                      60, 70, 80, 90, 100 };
```

201

2.11 配列とコレクション

```
        public int this[int index]  ──────── インデクサーの宣言
        {
            get{ return testArray[index]; }
            set{ testArray[index] = value; }
        }
    }

    class Program
    {
        static void Main(string[] args)
        {
            Test obj = new Test();

            obj[1] = 111;  ──────────── フィールドの2番目の要素に代入
            obj[2] = 555;  ──────────── フィールドの3番目の要素に代入
            obj.testArray[3] = 666;  ────── 通常の書き方

            for (int i = 0; i < 10; i++)  ←フィールドの値をすべて表示
            {
                System.Console.WriteLine("Element #{0} = {1}", i, obj[i]);
            }
            Console.ReadKey();
        }
    }
}
```

▼実行結果

```
C:¥Program Files¥dotnet¥dotnet.exe          —  □  ×
Element #0 = 10
Element #1 = 111
Element #2 = 555
Element #3 = 40
Element #4 = 50
Element #5 = 60
Element #6 = 70
Element #7 = 80
Element #8 = 90
Element #9 = 100
```

配列の値

● List<T> クラスにおけるインデクサーの利用

　List<T> クラスにはインデクサーが設定されているので、宣言は不要です。前記のプログラムを List<T> を使用したものに書き換えると、次のようになります。

2.11 配列とコレクション

▼List<T>クラスにおけるインデクサーの利用（プロジェクト「IndexerList」）

```
using System.Collections.Generic;

namespace IndexerList
{
    class Program
    {
        static void Main(string[] args)
        {
            List<int> obj =
                new List<int>() { 10, 20, 30, 40, 50,
                                  60, 70, 80, 90, 100 };
            obj[1] = 111;
            obj[2] = 555;

            for (int i = 0; i < 10; i++)
            {
                System.Console.WriteLine("Element #{0} = {1}", i, obj[i]);
            }
            System.Console.ReadKey();
        }
    }
}
```

（`List<int>()` の部分に吹き出し）List<T>型のオブジェクトを生成します

1次元配列を利用したプログラムを実行する

では、作成したプログラムを実行しましょう。

▼Form2のインスタンス（入力用のフォーム）

1. 入力ボタンをクリックします。

2. 配列の値を代入するためのフォームが表示されるので、「1」と入力して入力ボタンをクリックします。

●繰り返し処理の1回目

この段階では、カウンター変数 i の値は「0」です。

2.11 配列とコレクション

▼配列array[0]に値を代入する

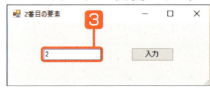

▼Form2のインスタンス（入力用のフォーム）

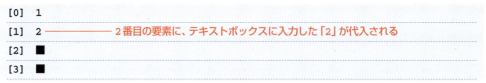

③ 2つ目の要素に値を代入するためのフォームが表示されるので、「2」と入力して**入力**ボタンをクリックします。

●繰り返し処理の2回目

この段階では、カウンター変数iの値は「1」です。

▼配列array[1]に値を代入する

```
[0]   1
[1]   2 ─────────── 2番目の要素に、テキストボックスに入力した「2」が代入される
[2]   ■
[3]   ■
```

④ 続けて3～4番目の要素に「3」「4」を代入し、5つ目の要素に値を格納するためのフォームで、「5」と入力して**入力**ボタンをクリックします。

▼配列array[4]に値を代入する

```
[0]   1
[1]   2
[2]   3
[3]   4
[4]   5 ─────────── 5番目の要素に、テキストボックスに入力した「5」の値が格納される
```

▼配列の各要素を表示

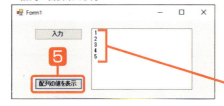

⑤ **配列の値を表示**ボタンをクリックすると、配列の各要素に格納した値が上から順番に表示されます。

配列の各要素に格納した値が上から順番に表示される

2.11.2 2次元配列を使う

2次元配列は、いわば「配列の配列」です。以降は、構造がわかりやすいように、1次元配列の要素が横に並び、同じ要素が縦に重なっているイメージで見ていくことにしましょう。

▼2次元配列を宣言する

データ型[,] 配列名 ＝ newデータ型[2次元の要素数,1次元の要素数];)

2次元配列の宣言では、「[,]」のようにカンマ「,」を入れることで、2次元の配列であることを示し、[縦の要素数,横の要素数]で、2次元の要素数と1次元の要素数を指定します。

例えば、10人の生徒の3科目の点数を入れる配列を宣言する場合には、次のようになります。

```
int[,] array = new int[3,10];
```

これによって、次のような要素を持つ配列を使えるようになります。

▼配列array

		0	1	2	3	4	5	6	7	8	9	(1次元のインデックス)
(2次元のインデックス)	0	■	■	■	■	■	■	■	■	■	■	
	1	■	■	■	■	■	■	■	■	■	■	
	2	■	■	■	■	■	■	■	■	■	■	

2次元配列の要素に値を代入するには、次のように、各次元のインデックスを指定します。

▼2次元配列の要素に値を代入する

配列名[縦のインデックス,横のインデックス] ＝ 代入するデータ;

2次元の要素数が3、1次元の要素数が10の配列arrayの、2行目の5列目の要素に「90」を代入するには、次のように記述します。

```
int[,] array = new int[3, 10];       ── 配列の宣言
array[1, 4] = 90;                    ── 2行目のインデックスは1、5列目のインデックスは4
```

2.11 配列とコレクション

2次元配列を利用したプログラムを作成する

int型の2次元の要素を持つ配列「array」に、入力専用のフォームを使って値を代入し、代入されたすべての値を表示するようにしてみましょう。

■ メインのフォーム（Form1）の作成

1 フォーム上にButtonを2個とTextBoxを配置し、下表のとおりに、それぞれのプロパティを設定します。

▼各コントロールのプロパティ設定

●Button コントロール（上）

プロパティ名	設定値
(Name)	button1
Text	入力

●Button コントロール（下）

プロパティ名	設定値
(Name)	button2
Text	配列の値を表示

●TextBox コントロール

プロパティ名	設定値
(Name)	textBox1
Multiline	True
Text	(空欄)

▼テキストボックスのサイズ調整

2 TextBoxの角をドラッグして、サイズを調整します。

3 button1（入力ボタン）をダブルクリックし、イベントハンドラーに次のコードを記述します。

▼Form1.cs（プロジェクト「TwoDimensionsArray」）

```
・・・・・・省略・・・・・・
    public partial class Form1 : Form
    {
        public Form1()
        {
```

2.11 配列とコレクション

```
            InitializeComponent();
    }

    private int[,] array=new int[2,5];                                    ❶

    private void Button1_Click(object sender, EventArgs e)
    {
        Form2 frmDialog = new Form2();                                    ❷
        for (int i = 0; i < 2; i++)                                       ❸
        {
            for (int j = 0; j < 5; j++)
            {
                frmDialog.Text = (i + 1) + "行目の" + (j + 1) + "列目の要素"; ❹
                frmDialog.ShowDialog();                                   ❺
                array[i,j] = Convert.ToInt32(frmDialog.textBox1.Text);    ❻
            }
        }
    }
}
```

4 フォームデザイナーで**button2**（配列の値を表示ボタン）をダブルクリックし、イベントハンドラーに次のコードを記述します。

```
private void button2_Click(object sender, EventArgs e)
{
    string strResult = "";                                               ❶

    for (int i = 0; i < 2; i++)                                          ❷
    {
        for (int j = 0; j < 5; j++)                                      ❸
        {
            strResult = strResult + array[i,j] + ",";                    ❹
        }
        strResult += "¥r¥n";                                            ❺
    }
    textBox1.Text = strResult;                                           ❻
}
```

> 「,」を表示して区切ります

2

Visual C#の文法

207

2.11 配列とコレクション

●入力用のフォーム (Form2) の作成

▼Windowsフォームデザイナー

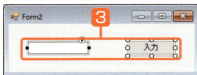

1. メニューの**プロジェクト**をクリックし、**Windowsフォームの追加**を選択します。

2. **新しい項目の追加**ダイアログボックスが表示されるので、**テンプレート**で**Windowsフォーム**を選択し、**ファイル名**の入力欄に「Form2.cs」と入力して、**追加**ボタンをクリックします。

3. Form2にButtonとTextBoxを配置し、下表のとおりにプロパティを設定します。

▼各コントロールのプロパティ設定

●Buttonコントロール

プロパティ名	設定値
(Name)	button1
DialogResult	OK
Text	入力

●TextBoxコントロール

プロパティ名	設定値
(Name)	textBox1
TextAlign	Right
Text	(空欄)

4. button1（**入力**ボタン）をダブルクリックして、空のイベントハンドラーを作成します。

```
namespace TowDimensionalArray
{
    public partial class Form2 : Form
    {
        public Form2()
        {
            InitializeComponent();
        }

        private void button1_Click(object sender, EventArgs e)
        {

        }
    }
}
```

└ 空のイベントハンドラーを作成する

> **Onepoint**
> 「button1」の「DialogResult」プロパティで**OK**を選択し、**OK**ボタンとしての機能を実装したので、空のイベントハンドラーを作成しています。

▼コードエディター

5 ソリューションエクスプローラーで「Form2.Designer.cs」を選択して、**コードの表示**ボタンをクリックします。

6 下の行に記述されている「private System.Windows.Forms.TextBox textBox1;」の「private」を「public」に書き換えます。

> **Onepoint**
> Form2のテキストボックス (textBox1) に入力されたデータをForm1で取得できるようにします。

●コードの解説 (Form1.cs)

❶ private int[,] array = new int[2,5];

2行、5列の要素を持つint型の2次元配列「array」をフィールドとして宣言しています。

●イベントハンドラー「button1_Click」内のコード

❷ Form2 frmDialog = new Form2();

Form2をインスタンス化し、インスタンスの参照を変数frmDialogに代入します。

❸ for (int i = 0; i < 2; i++)

ここでは、2行、5列の要素を持つ配列「array」に値を格納するための手段として、2重構造のforステートメントを使用します。

最初のforステートメントでは「for (int i = 0; i < 2; i++)」において、処理回数を2回にしています。これによって、2つの1次元配列のすべての要素に値を代入します。

❹ for (int j = 0; j < 5; j++)

入れ子にしたforステートメントでは、「j < 5」において5回処理を繰り返すようにして、array[0,0]からarray[0,4]までの要素に値を代入します。

繰り返しが終了すると、1番目のforステートメントに戻り (この時点でiの値は1になる)、array[1,0]からarray[1,4]までのすべての要素に値を代入します。

❺ frmDialog.Text = (i + 1) + "行目の" + (j + 1) + "列目の要素";

Form2のタイトルバーに処理回数を表示します。

「(i + 1)」で2次元のインデックスに1を加えた値、「(j + 1)」で1次元のインデックスに1を加えた値を表示します。

❻ frmDialog.ShowDialog();

Form2を画面上に表示します。

❼ array[i,j] = Convert.ToInt32(frmDialog.textBox1.Text);

配列「array」に、値を代入するための処理です。

テキストボックスに入力された値を「frmDialog.textBox1.Text」によって取得し、array[i,j]に代入します。

● イベントハンドラー「button2_Click」内のコード
❶ string strResult = "";

配列要素を代入するためのstring型のローカル変数を宣言しています。

❷ for (int i = 0; i < 2; i++)

2重構造のforステートメントのうち、最初に実行されるステートメントは、処理回数を2回にすることで、2次元配列のすべての要素の値を取得します。

❸ for (int i = 0; i < 5; i++)

入れ子のforステートメントでは処理回数を5回にして1次元配列のすべての値を取得します。

❹ strResult = strResult + array[i,j] + ",";

配列の要素を取り出して変数strResultに格納されている値に連結します。

❺ strResult += "¥r¥n";

入れ子のforステートメントを抜けた時点で、「+ "¥r¥n"」で改行を行うコードを追加します。

❻ textBox1.Text = strResult;

forステートメントによる繰り返し処理が、すべて終了した時点で、配列のすべての要素が代入されたstrResultをtextBox1の「Text」プロパティの値として設定します。

プログラムの実行

作成したプログラムを実行してみましょう。

▼入力用のフォーム

1 入力ボタンをクリックします。

2 1行目の1列目の要素に値を格納するためのフォームが表示されるので、「1」と入力して入力ボタンをクリックします。

この段階では、カウンターiの値は「0」、カウンターjの値も「0」です。

▼「array(0,0)」にテキストボックスに入力された「1」を代入

		[0]	[1]	[2]	[3]	[4]	（1次元のインデックス）
（2次元のインデックス）	[0]	1	■	■	■	■	← 1行目の1列目の要素に「1」の値が代入される
	[1]	■	■	■	■	■	

3 1行目のすべての要素に1〜5までの値を入力した時点のarrayの中身は次のようになります。

▼ここまでの操作が完了した時点での配列array

		[0]	[1]	[2]	[3]	[4]	（1次元のインデックス）
（2次元のインデックス）	[0]	1	2	3	4	5	← 1行目のすべての要素に値が代入される
	[1]	■	■	■	■	■	

▼入力用のフォーム

4 「2行目の1列目の要素」と表示されるので、「11」と入力して**入力**ボタンをクリックします。

5 同じように操作して、2行目のすべての列の値を入力します。

2行目のすべての要素に値を格納した時点のarrayの中身です。

▼配列arrayのすべての要素に値が代入される

		[0]	[1]	[2]	[3]	[4]	（1次元のインデックス）
（2次元のインデックス）	[0]	1	2	3	4	5	
	[1]	11	12	13	14	15	

▼配列の各要素を表示

6 **配列の値を表示**ボタンをクリックして、配列の各要素に格納した値を表示します。

配列の各要素に格納した値が表示される

varを使用した配列の宣言

次の配列宣言は、varを使って書くことができます。

▼通常の配列宣言
```
int a = new int[3];
```

▼varを使う
```
var a = new int[3];
```

Hint｜コレクション初期化子

本文216ページで紹介しているジェネリックにおいて、コレクションの宣言と値の代入を同時に行いたい場合は、配列で使用した初期化子を使用することができます。コレクションの初期化子のことを**コレクション初期化子**と呼びます。

●List<T>クラス

List<T>クラスでは、{ }内に初期値をカンマで区切って記述します。

▼List<T>クラスにおけるコレクション初期化子の利用

```
var obj1 = new List<int> { 10, 20, 30 };             ──── コレクション初期化子
```

●Dictionary<TKey,TValue>クラス

Dictionary<TKey,TValue>クラスの場合は、キーと値のペアで初期値を設定します。コレクションに追加する要素ごとに、{ }内にキーと値をカンマで区切って記述し、要素全体をさらに{ }で囲みます。

▼List<T>クラスにおけるコレクション初期化子の利用

```
var obj2 = new Dictionary<string,int>
{
    {"a", 10 },                                       ──── コレクション初期化子
    {"b", 20 },
    {"c", 30 }
};
```

Memo｜初期化子

{ }によって示される「初期化子」を使うと、配列の初期化を簡潔に記述できます。

なお、int[]をvarに置き換える場合は、次のようにnew演算子を使います。

▼初期化子による配列の初期化

```
int[] a = { 1, 2, 3 };
```

▼varを使用する場合

```
var array = new [] { 1, 2, 3 };
```

上記の場合、代入する値の個数によって配列の要素数が決定します。

2.11.3 コレクション・クラス

配列は宣言時にサイズ（要素数）が固定されますが、**ArrayList**クラス型の配列を使うと、必要に応じて、動的にサイズを増加させることができます。これは、要素を追加するごとにメモリの再割り当てが行われるためです。

ArrayListクラスでは、格納する要素をすべてobject型として扱います。object型はすべてのクラスの基本クラスのため、すべてのデータ型の値を格納することができ、複数のデータ型を混在させることも可能です。

●ArrayListクラスを使う

ArrayListクラスでは、**Add()**メソッドを使って、要素をいくつでも追加できます。

▼ArrayListクラス型のコレクション（配列）の生成

```
ArrayList 変数名 = new ArrayList();
```

▼Addメソッドによる要素の追加

```
変数名.Add(追加する要素);
```

コンソールアプリでは、ArrayListのコレクションに要素を追加し、各要素を画面に表示してみましょう。

▼Program.cs（プロジェクト「ArrayListApp」）

```
using System;
using System.Collections; ←追加する

namespace ArrayListApp
{
    class Program
    {
        static void Main(string[] args)
        {
            ArrayList col = new ArrayList();                         ──❶
            col.Add("VisualC#");                                     ──❷
            col.Add(2019);                                           ──❸
            Console.WriteLine(col[0]);                               ──❹
            Console.WriteLine(col[1]);                               ──❺
            Console.WriteLine(col[0].GetType().Name);                ──❻
            Console.WriteLine(col[1].GetType().Name);                ──❼
            Console.ReadKey();
```

```
            }
        }
    }
```

❶ **ArrayList col = new ArrayList();**
　ArrayListクラスのインスタンス（コレクション）を生成し、参照を変数colに代入しています。

❷ **col.Add("Visual C#");**
　ArrayListのコレクションの1つ目の要素として、文字列を格納します。ArrayListクラスのAdd()は、コレクションの末尾にデータを追加するメソッドです。

❸ **col.Add(2019);**
　コレクションの2つ目の要素として、数値の2019を追加しています。

❹ **Console.WriteLine(col[0]);**
　コレクションの中身は、[]を使用したインデックスで参照できます。[0]を指定して、コレクションの1つ目の要素をコンソールに表示します。

❺ **Console.WriteLine(col[1]);**
　コレクションの2つ目の要素を表示します。

❻❼ **コレクションの要素の型を表示**
　ArrayListのコレクションには、あらゆる型のデータを格納することができます。操作例において、string型とint型の値を格納できたのもこのためです。
　コレクションの要素の型をGetType()メソッドで表示してみます。

▼実行結果

❶ 1つ目の要素の型
❷ 2つ目の要素の型

● **ArrayListにおけるキャスト**
　前記のプログラムでは、ArrayListのコレクションの型を表示しましたが、これはそれぞれの要素として格納されている値の型が表示されただけで、要素そのものの型は、すべてobject型になります。
　次のコードを実行すると、4行目で「型'object'を'string'に暗黙的に変換できません。…」とエラーを示すメッセージが表示され、コンパイルが失敗します。
　文字列"abc"を格納した変数strを、コレクションの1番目の要素に格納する処理は問題なく行えますが、コレクションに格納した文字列をstrに代入しようとすると、エラーになります。

```
ArrayList obj = new ArrayList();
string str = "abc";
obj.Add(str)        ───── string型がobject型にキャストされる
str = obj[0];       ───── string型の変数にobject型は代入できない
```

ArrayListのコレクションがobject型なので、次のようにキャストが必要になります。

```
str = Convert.ToString(obj[0]);
```

小数以下の値を四捨五入するには

小数以下の値を切り捨てではなく、四捨五入を行いたい場合は、以下の方法を使います。

小数点第1位が5以上の場合

0.5を加算すると桁が上がるので、そのまま小数以下を切り捨てれば、小数点第1位の5以上の値を切り上げることができます。

| 49円 × 0.08 = 3.92円 |
▼
| 3.92円 + 0.5 = 4.42円 |
▼
| 小数以下を切り捨て |
▼
| 4円 |

小数点第1位が5未満の場合

0.5を加算しても桁上がりを起こさないので、そのまま小数以下を切り捨てれば、小数点第1位の5未満の値を切り捨てることができます。

| 51円 × 0.08 = 4.08円 |
▼
| 4.08円 + 0.5 = 4.58円 |
▼
| 小数以下を切り捨て |
▼
| 4円 |

この方法では、単価と消費税率を乗じた値に「0.5」を加算したあとでint型へのキャストを行い、小数以下の値を切り捨てることで小数以下の四捨五入を行っています。

▼消費税額の小数以下の値を四捨五入するステートメント

```
tax = (int)((subtotal * TAX_RATE)+0.5);
```
- tax: 消費税額を代入する変数（int型）
- subtotal: 税抜き価格（int型）
- TAX_RATE: 消費税率（double型）
- 単価と消費税率を乗じた値に「0.5」を加算する

Section 2.12 ジェネリック

Level ★★★　　Keyword　ジェネリック　コレクション　キャスト

ArrayListクラスは、データ型のキャストを行うので、処理が重くなることがあります。C#にはキャストを必要としないジェネリッククラスが用意されています。

ジェネリック

ジェネリックは、コレクションの操作を行うための機能を提供します。

● ArrayListクラスのちょっとした問題

ArrayListクラスは内部で要素をObject型として取り扱うため、データの格納や取り出しを行う際にキャストが行われ、以下の問題点が潜んでいます。

・記述するコードが多くなりがちで、キャストを使うことでプログラムの実行速度が低下することがあります。
・キャストを使うと、プログラムを実行するまで型のチェックができません。

● ジェネリックを使うメリット

・コレクションの生成時にデータ型を指定するので、タイプセーフ（型としての正しい動作が保証される）なコレクションを使うことができます。
・型指定されているので、要素を追加する際にキャストが行われることはありません。

2.12.1　ジェネリッククラス

　コレクションを生成するクラスとして、ジェネリックの仕組みを使った**Listジェネリッククラス**があります。ジェネリック (Generics：総称性) は、クラスをインスタンス化する際に、型をパラメーターとして指定することで、その型だけに対応したインスタンスを生成する機能です。

　Listジェネリッククラスは、「List<T>」クラスとして表記されます。大文字の「T」は**型パラメーター**（**タイプパラメーター**）と呼び、インスタンスの作成時に「T」の部分にリストの要素として扱いたい型を指定します。

▼ジェネリッククラス型のインスタンスの生成

```
List<型> 変数名 = new List<型>();
```

　List<T>クラスを文字列 (string型) のリスト (コレクション) としてインスタンス化し、要素を追加するには次のように記述します。なお、List<T>クラスを使うには、ソースファイルの冒頭に

```
using System.Collections.Generic;
```

の記述をしておくことが必要ですので、注意してください。

▼string型のリストを扱うList<T>クラスのインスタンス（コンソールアプリプロジェクト「GenericApp」）
```
List<string> list = new List<string>();

list.Add("1番目のリスト");             ――― Add() メソッドで要素を追加
list.Add("2番目のリスト");             ――― Add() メソッドで要素を追加
```

　型パラメーターに<string>を指定することで、格納される要素の型がstring型に限定され、listオブジェクトは文字列専用のリストになります。
　次のように記述して、リストに追加することも可能です。

```
string str1 = "3番目のリスト";
list.Add(str1);
```

　listに格納できるのはstring型だけなので、次のように記述するとコンパイルエラーになります。

▼不正な代入
```
int x = "500";
list.Add(x);                           ――― コンパイルエラー
```

2.12 ジェネリック

- **インデクサー**

    リストは、ArrayListクラスと同じように操作できます。
    インデクサーの仕組みを利用して、[ ]（ブラケット）で、リストの中身を取り出すことができます。

▼インデクサーによる要素の取り出し
```
string str2 = list[2];
Console.WriteLine(str2);   //"3番目のリスト"と表示される
```

- **foreachステートメント**

    foreachステートメントによる逐次処理を行うことが可能です。

▼foreachステートメントによるコレクションの操作
```
foreach (string str in list)
{
    Console.WriteLine(str);
}
```

▼実行結果

リストの項目が表示される

Hint　コンソールがすぐに閉じてしまうときの対処法

ビルドメニューの**デバッグなしで実行**、または**デバッグメニューのデバッグ開始**を選択してプログラムを実行しても、コンソール画面がすぐに閉じてしまう場合があります。

このような場合は、コンソールアプリケーションの実行コードの最後に「Console.ReadKey();」を記述します。このコードは、キー入力が行われるまで、コンソールを閉じないようにするためのコードです。
コンソールがすぐに閉じてしまう場合は、この方法を使用してください。

2.12　ジェネリック

2

Visual C# の文法

Hint | ジェネリッククラスと ArrayList クラスの処理時間の比較

ジェネリッククラスでは、あらかじめ型指定が行われているので、キャストが不要となるぶん、ジェネリックのコレクションの応答速度は高速になります。これに対し、ArrayListクラスのリストに、値型である int 型の数値を追加する場合は、ArrayList 内部で、数値を object 型に変換するためのボクシングが行われます。これがオーバーヘッドとなり、プログラムの処理速度を低下させてしまいます。

▼ジェネリッククラスと ArrayList クラスの処理時間の比較を行うコンソールアプリ（プロジェクト「ArrayList_vs_List」）

```csharp
using System;

using System.Collections.Generic;

using System.Collections;


namespace ArrayList_vs_List

{

    public class ClassTest

    {

        static void Main(string[] args)

        {

            DateTime start, end;                                    ❶


            // ArrayListクラスを使う

            ArrayList arrayList = new ArrayList();                   ❷

            start = DateTime.Now;                                   ❸

            for (int i = 0; i < 10000000; i++)                      ❹

            {

                arrayList.Add(i);                                   ❺

            }

            end = DateTime.Now;                                     ❻

            Console.WriteLine(end - start);                         ❼


            // Listジェネリッククラスを使う

            List<int> genericList = new List<int>();                ❽

            start = DateTime.Now;

            for (int i = 0; i < 10000000; i++)

            {

                genericList.Add(i);                                 ❾

            }

            end = DateTime.Now;

            Console.WriteLine(end - start);
```

219

2.12 ジェネリック

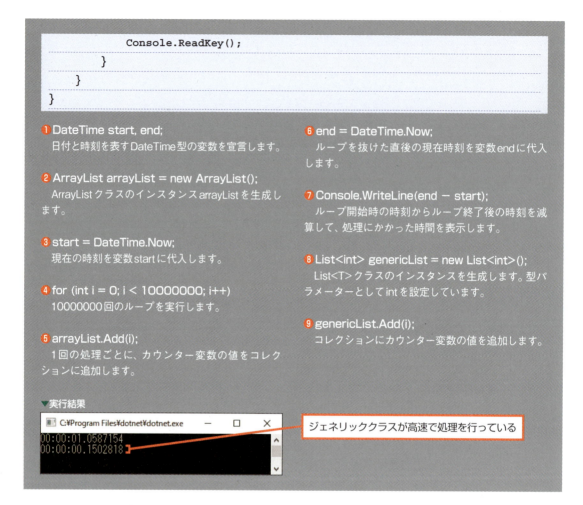

```
            Console.ReadKey();
        }
    }
}
```

❶ DateTime start, end;
日付と時刻を表すDateTime型の変数を宣言します。

❷ ArrayList arrayList = new ArrayList();
ArrayListクラスのインスタンスarrayListを生成します。

❸ start = DateTime.Now;
現在の時刻を変数startに代入します。

❹ for (int i = 0; i < 10000000; i++)
10000000回のループを実行します。

❺ arrayList.Add(i);
1回の処理ごとに、カウンター変数の値をコレクションに追加します。

❻ end = DateTime.Now;
ループを抜けた直後の現在時刻を変数endに代入します。

❼ Console.WriteLine(end - start);
ループ開始時の時刻からループ終了後の時刻を減算して、処理にかかった時間を表示します。

❽ List<int> genericList = new List<int>();
List<T>クラスのインスタンスを生成します。型パラメーターとしてintを設定しています。

❾ genericList.Add(i);
コレクションにカウンター変数の値を追加します。

▼実行結果

ジェネリッククラスが高速で処理を行っている

Tips Dictionary<TKey,TValue>クラス

Dictionaryクラスは、キーと値をペアで管理するコレクションを生成します。キーは、値に関連付けられる任意の値で、コレクションには、常にキーと値のペアを追加します。

▼Program.cs（コンソールアプリプロジェクト「DctionaryApp」）

```
using System;
using System.Collections.Generic;
using System.Linq;
namespace DctionaryApp
{
    class Program
    {
```

2.12 ジェネリック

```
        static void Main(string[] args)


        {
                var obj = new Dictionary<string, int>(); ————————①
                obj.Add("element_1", 10); ————————②
                obj.Add("element_2", 20);
                obj.Add("element_3", 30);
                Disp(obj);
                Console.ReadKey();
        }


        static void Disp(Dictionary<string, int> t) ————————③
        {
                foreach(var item in t.Keys) ————————④
                {
                        Console.WriteLine(
                                String.Format(
                                        "{0}の値は{1}です。", item, t[item])); ————————⑤
                }
                Console.WriteLine("要素の値の合計は" + t.Values.Sum());
        }
}
```

2

Visual C#の文法

① var obj = new Dictionary<string, int>();
　Dictionary クラスのインスタンスを生成します。キーの型パラメーターを string 型、値の型パラメーターを int 型に設定しています。

② obj.Add("element_1", 10);
　コレクションの1番目の要素を追加しています。キーが" element_1"、値が10です。

③ static void Disp(Dictionary<string, int> t)
　コレクションの中身を表示するメソッドです。パラメーターとして、Dictionary 型の t を設定しています。キーの型パラメーターは string 型、値の型パラメーターは int 型です。

④ foreach(var item in t.Keys)
　foreach ステートメントを利用して、キーの値を順次、変数 item に代入します。変数の型は var としました。

● Dictionary<TKey,TValue>.Keys プロパティ
　コレクション内のキーを参照するプロパティです。コレクションに複数のキーが格納されている場合は、すべての値を列挙します。foreach で Keys を使用することで、コレクション内のキーを1つずつ取り出すことができます。

⑤ Console.WriteLine(String.Format("{0}の値は{1}です。",item, t[item]));
　コレクションのキーの値と、キーに連結した値を表示します。

・キーの値の参照
　「foreach(var item in t.Keys)」によって、コレクション t のキーの値が item に格納されるので、この変数を使ってキーの値を取得することができます。

・キーに連結した値を参照する
　キーに連結した値は、t[item]のように [ ]内にキー

221

を指定すれば、連結されている値を参照できます。配列のインデックス（添え字）に似た書き方です。
"{0}の値は{1}です。"の{0}の部分に、itemに格納されているキーの値を表示し、{1}の部分にキーに連結されている値を表示します。この部分は、String.Formatメソッドを利用して書式化しています。

❻ Console.WriteLine("要素の値の合計は" + t.Values.Sum());

Sumメソッドは、対象のオブジェクトに格納された値のシーケンス（連続した値の並びのこと）の合計を計算します。

● Dictionary<TKey,TValue>.Valuesプロパティ
Dictionary<TKey,TValue>のコレクションの値の部分を取得するプロパティです。コレクションに複数の値が格納されている場合は、すべての値を列挙します。

▼実行結果

Dictionaryコレクションのキーと値が表示される

Tips: List<T>ジェネリッククラスでのAction<T>デリゲートの使用

List<T>ジェネリッククラスには、リストの検索、並べ替え、および操作のための各種のメソッドが定義されています。ここでは、List<T>ジェネリッククラスのAction<T>デリゲートについて見ていきます。
デリゲートはメソッドを表す型なので、Action<T>型のインスタンスを生成すると、メソッドの参照がセットされます。「デリゲート(引数);」と書けば、デリゲートが参照するメソッドが呼び出され、引数が渡されます。しかし、これだと通常のメソッド呼び出しと変わりません。デリゲートが優れているのは、リストで使用すると、ForEach()メソッドでリストのすべての要素に対してデリゲートを実行できる点です。

▼Action<in T>()デリゲートの宣言部

```
public delegate void Action<in T>(T obj)
```

● Action<in T>()デリゲートのインスタンス化

▼Action<in T>()デリゲートの宣言部

 構文
```
Action<型> デリゲート名 =
        new Action<型>(デリゲートにセットするメソッド名);
```

ただし、newを省略して、メソッドの参照を直接代入することもできます。

● Action<in T>()デリゲートのインスタンス化（newを省略）

 構文
```
Action<型> デリゲート名 = デリゲートにセットするメソッド名;
```

● デリゲートを実行する

構文
```
デリゲート名(引数);
```

●リストのすべての要素にデリゲートを実行する

リストのオブジェクトからメソッドを実行するので、デリゲートに引数を設定する必要がないのがポイントです。

 構文　リストのオブジェクト.ForEach(デリゲート名);

▼List<T>.ForEach()メソッド　List<T>のすべての要素に対して、デリゲートを実行

宣言部	public void ForEach(Action<T> action)
パラメーター	Action<T> action

次のプログラムでは、List<T>ジェネリッククラスのList<T>.ForEach()メソッドでは、Action<T>デリゲートを使用してList<T>の各要素に対してShow()メソッドを実行します。

▼Program.cs（コンソールアプリプロジェクト「ActionDelegate」）

```csharp
using System;
using System.Collections.Generic;

namespace ActionDelegate
{
    class Program
    {
        static void Main(string[] args)
        {
            Class1 obj = new Class1();
            obj.DoDelegate();
            Console.ReadKey();
        }
    }

    class Class1
    {
        //デリゲートに登録するメソッド
        void Show(string str)
        {
            Console.WriteLine(str);
        }

        public void DoDelegate()
        {
            List<string> monthList = new List<string>();
            monthList.Add("January");
            monthList.Add("February");
```

2.12 ジェネリック

```
            monthList.Add("March");
            monthList.Add("April");
            monthList.Add("May");

            // デリゲートインスタンスの作成
            Action<string> del = new Action<string>(Show);

            monthList.ForEach(del);
        }
    }
}
```

▼実行結果

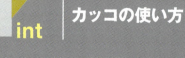

Action<T>デリゲートを使用してList<T>の各要素に対して、指定された処理を実行する

前記のプログラムでは、monthListオブジェクトの各要素に対して、Show()メソッドが呼び出されることで画面への出力が行われていることが確認できます。

Hint カッコの使い方

数式の中で、演算子の優先順位に関係なく、指定した順序で計算を行いたい場合には、カッコ「()」を使います。ここでは、以下の数式に、二重にカッコを適用する場合について見てみましょう。

```
int x = 5－2 * 2 / 3;
```

上記の数式において、5から2を減じて2を乗じた値を3で除する計算を行いたい場合は次のように記述します。

```
int X = ((5－2) * 2) / 3;
```

この数式では、まず内側のカッコ内の減算が行われたあと、次に外側のカッコの乗算が行われ、最後に除算が行われます。

2.12 ジェネリック

2.12.2 型パラメーターを持つクラス

List<T>クラスやDictionary<TKey,TValue>は、型パラメーターを持つクラスです。型パラメーターは、独自に作成したクラスにも設定が可能で、この場合、型パラメーターは、クラスをインスタンス化する際に指定した型に置き換わるので、あらゆる型に対応する汎用的なクラスを作成することができます。

次のプログラムは、型パラメーターとインデクサーを持ったジェネリッククラスListTestを利用する例です。

▼型パラメーターとインデクサーを持ったジェネリッククラス (コンソールアプリプロジェクト「GenericClass」)

```csharp
using System;

namespace GenericClass
{
    public class ListTest<T>                                         ①
    {
        privateT[] list = new T[100];                               ②
        int add;                                                    ③

        public void AddItem(T item)                                 ④
        {
            list[add++] = item;                                     ⑤
        }
        //  インデクサーの定義
        public T this[int index]                                    ⑥
        {
            get {return list[index]; }                              ⑦
            set {list[index] = value;}                              ⑧
        }
    }

    class Program
    {
        static void Main(string[] args)
        {
            // 文字列のリストを作成
            ListTest<string> list = new ListTest<string>();          ⑨

            list.AddItem("1番目の要素です。");                        ⑩
            list.AddItem("2番目の要素です。");
```

225

2.12 ジェネリック

```csharp
        // 文字列の出力
        Console.WriteLine(list[0]);                                    ⑪

        // 文字列の出力
        Console.WriteLine(list[1]);                                    ⑫

        // DateTime型のリストを作成
        ListTest<DateTime> dt = new ListTest<DateTime>();              ⑬

        dt.AddItem(DateTime.Today);                                    ⑭

        // 日時の出力
        DateTime today = dt[0];
        Console.WriteLine(today);

        Console.ReadKey();
    }
  }
}
```

コード解説

●ジェネリッククラス ListTest<T>

❶ public class ListTest<T>

クラスに型パラメーター<T>を設定します。Tの部分は、単なる名前なので、任意の名前を付けることができますが、Microsoft社のガイドラインでは、型パラメーターが1つだけの場合は、Tを用いることが推奨されています。このTは、クラスをインスタンス化する際に指定した型名に置き換わります。

❷ private T[] list = new T[100];

型パラメーターを利用して、100個の要素を持つ配列型フィールドlistを宣言します。Tの部分は、クラスのインスタンス化の際に指定した型に置き換わります。

❸ int add;

配列のインデックスとして利用する変数です。

❹ public void AddItem(T item)

型パラメーターを設定したパラメーターを持つメソッドです。

❺ list[add++] = item;

パラメーターの値を配列listに追加します。メソッドを呼び出すたびに、インデックスを示すaddに1を加算します。

2.12 ジェネリック

❻ **public T this[int index]**
Tを型とするインデクサーです。

❼ **return list[index];**
インデクサーのgetアクセサーにおける処理では、indexの値に応じて、対応する配列要素の値を返します。

❽ **list[index] = value;**
インデクサーのsetアクセサーにおける処理では、indexの値に応じて、対応する配列要素に値を格納します。

● 実行用のクラス Program

❾ **ListTest<string> list = new ListTest<string>();**
ListTestをstring型に限定して、インスタンス化します。これによって、ListTestのTがstringに置き換えられた状態でインスタンスが作られます。

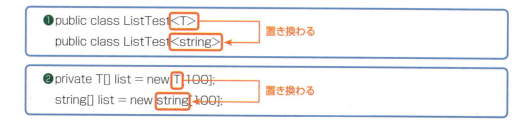

❿ **list.AddItem("1 番目の要素です。");**
AddItemメソッドを呼び出して、配列listに文字列を追加します。

⓫ **Console.WriteLine(list[0]);**
ListTestクラスのインデクサーを利用して、コレクションの1番目の要素を取得します。

⓬ **Console.WriteLine(list[1]);**
インデクサーを利用して、コレクションの2番目の要素を取得します。

⓭ **ListTest<DateTime> dt = new ListTest<DateTime>();**
ListTestをDateTime型に限定して、インスタンスを生成します。

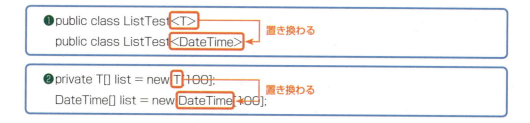

227

2.12 ジェネリック

⑭**dt.AddItem(DateTime.Today);**

AddItemメソッドを呼び出して、配列listに現在の日時を追加します。

▼実行結果

```
1番目の要素です。
2番目の要素です。
2019/07/23 0:00:00
```

複数の型パラメーターを持つクラス

型パラメーターをカンマで区切ることで、複数の型パラメーターを設定することができます。

▼2つの型パラメーターを持つクラス (Program.cs)(プロジェクト「MultiParameter」)

```csharp
using System;
namespace MultiParameter
{
    class Test<T1,T2>                          型パラメーターをカンマで区切る
    {
        public T1 val1 { get; set; }        //型パラメーターとインデクサーを
        public T2 val2 { get; set; }        //設定したフィールド
    }
    class Program
    {
        static void Main(string[] args)
        {
            var a = new Test<string, int>();       型をカンマで区切る
            var b = new Test<int, string>();
            a.val1 = "abc";
            a.val2 = 100;
            b.val1 = 500;
            b.val2 = "xyz";
            Console.WriteLine("a.val1={0}, a.val2={1}", a.val1, a.val2);
            Console.WriteLine("b.val1={0}, b.val2={1}", b.val1, b.val2);
            Console.ReadKey();
        }
    }
}
```

228

前記のTest<T1,T2>クラスでは、インデクサーの設定は行っていませんが、getアクセサーとsetアクセサーを記述して、フィールドへの値の出し入れが行えるようにしています。この場合、{ get; set; }のように省略した書き方ができます。

▼実行結果

フィールドの値を表示

Memo ==演算子での値型と参照型の判定結果の違い

==は、値型の値同士と、参照型の値同士を判定することができますが、それぞれのデータ型によって、異なる結果を返します。

値型の判定は、値が等しい場合にTrueが返されます。次のように、変数dt1とdt2に、それぞれ同じ値を代入し、==演算子で等価関係を判定すると、結果はTrueとなります。

▼値型同士の判定

```
int dt1 = 100;
int dt2 = 100;
bool b1 = dt1 == dt2;        //b1はtrue
```

参照型同士の等価関係を==で判定する場合は、それぞれの変数の参照先のメモリアドレスが同じ場合にのみ、Trueが返されます。

次のコードでは、object型の変数ob1、ob2にそれぞれ同じ値（100）を代入していますが、参照型の変数では、100の値がそれぞれ別のメモリ領域に格納されます。このため、==で等価関係を判定すると、結果はFalseになります。

▼参照型同士の判定

```
object ob1 = 100;
object ob2 = 100;
bool b2 = ob1 == ob2;        //b2はfalse
```

2.12.3 ジェネリックメソッド

型パラメーターは、メソッドに対して設定することもできます。次は、メソッドのパラメーターに、型パラメーターを使用した例です。

▼型パラメーターをメソッドに設定（プロジェクト「GenericMethod」）

```
using System;

namespace GenericMethod
{
    class Program
    {
        static void Disp<T>(T p)          ──── 型パラメーターを持つメソッド
        {
            Console.WriteLine(p);
        }

        static void Main(string[] args)
        {
            Disp<int>(500);               ──── 型を指定してメソッドを呼び出す
            Disp<string>("VisualC#");
            Disp(500);                    ──── 型指定は省略可能
            Disp("VisualC#");
            Console.ReadKey();
        }
    }
}
```

▼実行結果

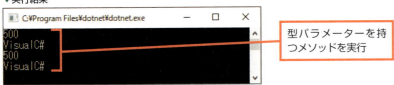

型パラメーターを持つメソッドを実行

● メソッド呼び出し時における型指定の省略

前記のプログラムのように、メソッド呼び出し時に型指定を省略することが可能です。ただし、これはコンパイラーが判別できる範囲に限られます。long型とint型のように、コンパイラーの推定が期待できない場合は、明示的に型を指定します。

Section 2.13 イテレーター

Level ★★★　　Keyword　イテレーター　yield キーワード

　反復処理を行うforeachステートメントは、時としてソースコードが複雑、かつ冗長になってしまうことがあります。
　このような場合は、**反復子**（Iterator：**イテレーター**）を利用することで、反復処理のコードをシンプルにすることができます。

イテレーターの使用

ここでは、反復処理を効率的に行うイテレーターについて見ていくことにしましょう。

● イテレーターの使用

　イテレーターを使うと、状態の管理を行うコードを記述しなくても済むので、foreachステートメントと比較して、プログラムコードがかなりシンプルになります。

・イテレーターでは、yieldと呼ばれるステートメントを利用します。通常は、returnステートメントと組み合わせて「yield return」として記述します。
・yield returnは、順に値を返すためのステートメントで、このステートメントによって、foreachブロックがメソッドを呼び出すたびに、次のyield returnステートメントが呼び出されます。

▼実行結果

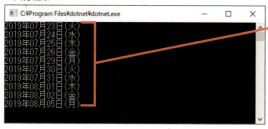

日付データを連続して表示する

2.13 イテレーター

2.13.1 イテレーターによる反復処理

　反復処理を行うイテレーターでは、**yield**と呼ばれるステートメントを利用します。通常は、return
ステートメントと組み合わせて「yield return」として記述して、値を返すようにします。
　次は、foreachブロックがShow()メソッドを呼び出すたびに、yield returnステートメントを順番
に呼び出します。

▼yieldステートメントを利用する (Program.cs)(プロジェクト「Iterator」)

```csharp
using System;
using System.Collections;

namespace Iterator
{
    class Program
    {
        static IEnumerable Show()
        {
            yield return "January";
            yield return "February";
            yield return "March";
        }

        static void Main(string[] args)
        {
            foreach (string val in Program.Show())
            {
                Console.WriteLine(val);
            }
            Console.ReadKey();
        }
    }
}
```

▼実行結果

```
C:\Program Files\dotnet\dotnet.exe          —    □    ×
January
February
March
```

順番に値を呼び出す

232

2.13 イテレーター

●イテレーターの戻り値

イテレーターの戻り値は、IEnumerable、またはIEnumeratorというインターフェイス型です。インターフェイスは、クラスのようなものですが、それ自体をインスタンス化することはできません。その代わりにあるクラスに機能を追加する目的で使用されます（詳しくはインターフェイスの項目で見ていきます）。IEnumerableには「値を列挙する」という機能があるので、反復処理を行う値の型として使われます。

実際、ArrayクラスやList<T>などのコレクションクラスは、すべてIEnumerableを「実装」しています。実装とは、クラスにインターフェイスを追加し、その機能を使えるようにすることです。クラスの宣言部でクラス名のあとに「:」に続けてインターフェイス名を書くと、そのインターフェイスが実装されます。

▼Arrayクラスの宣言部
```
public abstract class Array : ICloneable, IList, ICollection,
    IEnumerable, IStructuralComparable, IStructuralEquatable
```

▼List<T>クラスの宣言部
```
public class List<T> : IList<T>, ICollection<T>, IEnumerable<T>,
    IEnumerable, IList, ICollection, IReadOnlyList<T>,
 IReadOnlyCollection<T>
```

込み入った話をしてしまいましたが、おなじみのforeachは、そもそもIEnumerableを実装する配列やコレクションに対して繰り返しの処理を行うためのステートメントなのです。これまで何気なく配列などのコレクションに対してforeachを使っていましたが、これは処理対象の配列やコレクションがIEnumerableを実装していたので反復処理ができたのです。

ということで、イテレーターの戻り値をforeachで処理する場合は、IEnumerable型に指定します。

▼イテレーターで戻り値を返すメソッド

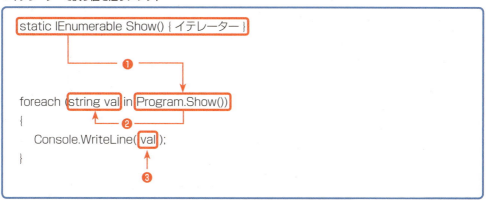

2.13 イテレーター

❶ Show() メソッドの戻り値は IEnumerable 型です。

❷ IEnumerable 型の戻り値に含まれているデータは string なので、ここで string 型に変換します。

❸ の val は string 型です。

　もし、次のように反復変数 val の型を var にした場合は、暗黙的に object 型になります（❶）。これは、イテレーター（yield）そのものの型が object であるためです。❷においても val は object 型です。

```
foreach (var val in Program.Show())
{
    Console.WriteLine( val );
}
```

イテレーターを使ったプログラム

　イテレーターを使用する例として、もう1つプログラムを作ってみましょう。次は、現在の日付に1日加算した値を、指定した回数だけ返すイテレーターを使っています。

▼ Program.cs（プロジェクト「IteratorDays」）

```
using System;
using System.Collections;

namespace IteratorDays
{
    class Program
    {
        public static IEnumerable Test(int days)
        {
            DateTime dt = DateTime.Today;
            for (int i = 1; i <= days;)
            {
            //土曜と日曜を除く日付を返す
                if (
                    dt.DayOfWeek != DayOfWeek.Sunday &&
                    dt.DayOfWeek != DayOfWeek.Saturday
                    )
                {
```

234

```
                    yield return dt;        //日付を戻り値として返す
                    i++;        //処理回数の加算
                }
                dt = dt.AddDays(1);        //日付に1日加算
            }
        }

        static void Main(string[] args)
        {
            // Test()を10回呼び出す
            foreach (DateTime dt in Test(10))
            {
                Console.WriteLine(
                    dt.ToString("yyyy年MM月dd日(ddd)"));
            }
            Console.ReadKey();
        }
    }
}
```

▼実行結果

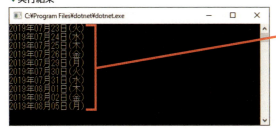

現在の日時（2019年07月23日）に1日加算を10回繰り返す（土日除く）

Memo ｜ ＋演算子

＋演算子は、文字列同士を連結する働きをします。

```
strWord = "Hello" + " world!";
                  └─＋演算子
```

左記のように記述した場合、変数strWordには、「Hello」と「world!」を連結した「Hello world!」が格納されます。

Section 2.14 LINQによるデータの抽出

Level ★★★　　Keyword　LINQ　クエリ式　遅延実行

LINQ（Language INtegrated Query、「リンク」と発音）は、様々な種類のデータに対して、標準化された方法でデータの問い合わせ処理を行うための専用の言語です。

LINQを使うメリット

LINQは、あらゆる種類のデータソースに対して適用することができます。配列（Arrayクラス）やコレクションクラスのオブジェクトの操作と、データベースシステムの操作は、それぞれ異なる仕組みを用いて行います。しかし、LINQを使えば、これらのオブジェクトやデータベースを共通の方法を使って操作することができます。

● LINQの種類

LINQには、右のような種類があります。

- LINQ to ADO.NET
- LINQ to SQL (DLinq)
- LINQ to Entities
- LINQ to DataSet
- LINQ to XML (XLinq)
- LINQ to Objects

● LINQ to Objects

LINQ to Objectsは、橋渡し的な要素を使わずに、配列やコレクションを直接、操作します。LINQ to Objectsにおいて提供されるLINQを使用すると、配列を始め、List<T>、Dictionary<TKey, TValue>などのコレクションクラスのオブジェクトに対して、データの照会が行えます。foreachで、コレクションからデータを取得する場合に比べ、次のようなメリットがあります。

・シンプルで読みやすいコードが書ける。
・強力なフィルター処理、並べ替え、およびグループ化機能を最小限のコードで実現できる。
・LINQのコードは、ほとんど変更することなく他のデータソースに移植できる。

2.14.1 LINQとクエリ式

LINQを使って問い合わせを行うためのコードを書けば、任意のコレクション（配列を含む）から任意のデータを抽出することができます。このような問い合わせを行うコードを**クエリ式**と呼びます。

配列から特定の範囲の数値を取り出す

LINQのクエリ式を使って、指定された条件の項目だけをコレクションから抽出してみることにしましょう。次のプログラムは、1から5までの整数を格納した配列から、「2以上4以下」という条件で、データを抽出します。

▼Program.cs（コンソールアプリプロジェクト「WhereNumber」）

```csharp
using System;
using System.Linq;

namespace WhereNumber
{
    class Program
    {
        static void Main(string[] args)
        {
            int[] numbers = { 1, 2, 3, 4, 5 };                              ――❶
            var query = from n
                        in numbers                                          ――❷
                        where n >= 2 && n <= 4
                        select n;
            foreach (var a in query) Console.WriteLine(a);                  ――❸
        }
    }
}
```

▼実行結果

クエリ式によって抽出されたデータ

●コード解説

❶ int[] numbers = { 1, 2, 3, 4, 5 };
5個の要素を持つ配列を作成しています。

2.14 LINQによるデータの抽出

❷ var query = from n
        in numbers
        where n >= 2 && n <= 4
        select n;

クエリ式の部分です。クエリ式は、次の３つの句で構成されます。

・from句（from 範囲変数名 in データソース名）

範囲変数とは、データソースから取り出した個々のデータを一時的に格納するための変数です。コンパイラーがデータソースを参照して型を判断するので、型指定を行う必要はありません。ただし、from int nと書いてもエラーにはなりません。inのあとに、操作対象のコレクションなどのデータソースを指定します。

・where句（where 抽出条件）

どのような条件でデータを抽出するのかを指定します。操作例では、「2以上4以下」という条件を設定するので、「n >= 2 && n <= 4」と書いています。

・select句

抽出したデータのうち、どのデータを最終的に取り出すのかを指定します。操作例では、抽出したデータをそのまま使うので、範囲変数nを指定しています。nの値は、変数queryに代入されます。

以上のクエリ式によって、「n >= 2 && n <= 4」に合致する2、3、4の値が抽出されます。

●クエリ式は値を列挙する

クエリ式を見てみると、where句によって、合致するデータを抽出しているように思えますが、実際には、対象のデータソースから抽出条件に合致したデータを列挙（一つひとつ数え上げること）しているだけです。クエリ式の結果を代入するのが「var query」のように変数になっているのは、このためです。実際に上記のクエリ式に基づいて抽出したデータの集合を作り出しているのは、foreachステートメントです。このため、foreachの内部で条件が満たされれば、そこで処理が中断されます。このような実行形態を**遅延実行**と呼びます。今後の操作において遅延実行を意識する場面はありませんが、クエリ式が実行される仕組みとして覚えておくとよいかと思います。

❸ foreach (var a in query) Console.WriteLine(a);

クエリ式による個々の抽出データは、逐次、変数queryに代入されます。foreachでは、queryから取り出したデータを変数aに格納し、Console.Writelineメソッドで画面に出力します。

●クエリ操作における型の関係

LINQ のクエリ操作では、データソース、クエリ自体、およびクエリの実行時に、それぞれ型が指定されます。クエリ自体が返す値の型は、IEnumerable型です。イテレーターのところでもお話ししましたが、IEnumerableには「値を列挙する」という機能があるので、反復処理を行う値の型として使われます。

238

▼クエリにおける型情報の扱い

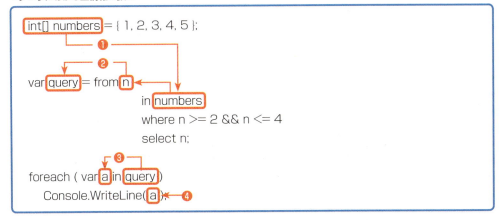

❶データソースの型によって、範囲変数の型が決まります。nはint型です。
❷選択したオブジェクトの型によってクエリ変数の型が決まります。範囲変数の型はintなので、queryの型は暗黙的にIEnumerable<int>になります。
❸queryを反復処理するたびにIEnumerable<string>が返され、「var a」に格納されます。このとき、暗黙的に「IEnumerable<int>」➡「int」に型変換されます。
❹のaの型はintです。

List<T>クラスのコレクションを使った場合を見てみると、よりわかりやすいかと思います。

▼クエリにおける型情報の扱い

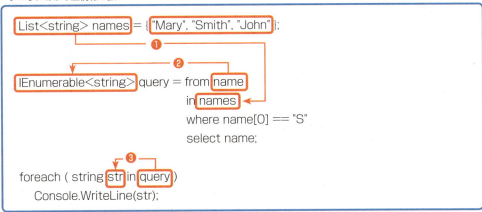

❶データソースの型によって、範囲変数の型が決まります。
❷選択したオブジェクトの型によって、クエリ変数の型が決まります。範囲変数nameはstring型なので、クエリ変数はIEnumerable<string>になります。
❸クエリ変数queryをforeachで反復処理する際、反復変数strはstring型です。

データベースを扱う「LINQ to ADO.NET」については、Chapter 5で紹介しています。

文字配列から特定の文字で始まるデータを取り出す

今度は、string型の配列から、特定の文字で始まるデータを取り出してみることにします。今回は、クエリ式を別のメソッドに書いて、Main()メソッドから呼び出して処理を行います。

▼クエリ式で文字データを取り出す（コンソールアプリプロジェクト「StartsWith」）

```
using System;
using System.Linq;

namespace StartsWith
{
    class Program
    {
        static string[] getString(string[] str)        ——❶
        {
            return (
                from    s in str
                where   s.StartsWith("A")              ——❷
                select  s
                ).ToArray();
        }

        static void Main(string[] args)
        {
            string[] fruit = { "Orange", "Apple", "Grape" };   ——❸
            string[] result=getString(fruit);                  ——❹
            foreach (var name in result) Console.WriteLine(name);  ——❺
            Console.ReadKey();
        }
    }
}
```

▼実行結果

Aで始まる文字列が抽出された

2.14　LINQによるデータの抽出

●コード解説

❶ **static string[] getString(string[] str)**

　クエリ式を記述するメソッドです。パラメーターで受け取った文字配列に対してクエリ式を実行し、結果を文字配列として返します。

❷ **return (from s in str where s.StartsWith("A") select s).ToArray();**

　"A"で始まる文字列を抽出するクエリ式です。StartsWithメソッドは、対象のインスタンスの先頭文字がパラメーターの文字と一致した場合にTrueを返します。

　クエリ式は抽出データを列挙するので、ToArray()メソッドを使って、クエリ式の結果を配列に変換してから戻り値として返すようにしています。クエリ式の結果であるIEnumerable<T>型の値から配列を作成する機能があります。

❸ **string[] fruit = { "Orange", "Apple", "Grape" };**

　3個の文字列を格納した配列fruitを作成しています。

❹ **string[] result=getString(fruit);**

　引数を配列fruitにして、クエリ式が記述されたgetStringを呼び出し、戻り値を配列rsultに代入します。

❺ **foreach (var name in result) Console.WriteLine(name);**

　getStringメソッドの戻り値から文字列を1つずつ取り出して、画面に出力します。

Memo｜ラスターグラフィックスとベクターグラフィックスの違い

ラスターグラフィックスとは、小さな色の点（ドット）を集めて構成された画像のことです。BMP、PNG、JPEGなどの画像フォーマットがラスタ画像に分類されます。

　これに対し、**ベクターグラフィックス**は、**アンカー**と呼ばれる座標の点を複数作り、アンカー同士を線で繋いだり、線で囲まれた部分を塗りつぶしたりすることで画像を表現します。アンカー位置などの情報だけを記録し、その情報をもとに図形を描画しています。

●**ラスターグラフィックスの特徴**

・画像のような緻密なデータを表現するのに適しています。
・画像に使われているドットのデータをすべて保存して圧縮するため、ファイルサイズが大きくなりがちです。

●**ベクターグラフィックスの特徴**

・拡大しても輪郭が綺麗に表示されます。ただし、表示のたびに計算を行うので、複雑な図形の場合は表示に時間がかかる場合があります。
・写真のような画像を表現するのには適していませんが、直線や曲線などで構成される図形の表現に適しています。
・アンカー位置などの情報だけを記録し、その情報をもとに図形を描画するので、ファイルサイズが小さくて済みます。

2.14.2　LINQを利用した並べ替え

LINQのorderby句を使うと、ソートを行って、昇順や降順で並べ替えを行うことができます。

▼配列の値を昇順で並べ替えるプログラム（コンソールアプリプロジェクト「OrderBy」）

```
using System;
using System.Linq;

namespace OrderBy
{
    class Program
    {
        static void Main(string[] args)
        {
            int[] num = { 50, 200, 15, 3, 75, 1000 };
            var r = from    n in num
                    where   n >= 10                          ――❶
                    orderby n                                ――❷
                    select  n;
            foreach (var n in r) Console.WriteLine(n);
            Console.ReadKey();
        }
    }
}
```

●コード解説

❶ where n >= 10

10以上の値を抽出します。条件が必要なければ、where句を省略できます。

❷ orderby n
　select n;

クエリ式にorderby句を追加しています。orderby句においてnを指定することで、nの値が昇順で抽出されます。なお、「orderby n descending select n」のようにdescendingを付けると、降順で並べ替えることができます。

▼実行結果

昇順で並べ替え

2.14 LINQによるデータの抽出

Memo クエリ式をメソッドの呼び出し式に書き換える

　LINQのクエリ式は、Enumerableというクラスのメソッドによって実現されます。Enumerableは、IEnumerable<T>を実装するオブジェクトを操作するためのメソッドを定義しているクラスで、Where句の場合はWhere()メソッド、orderby句の場合はOrderBy()メソッドの呼び出しに変換された後に処理が実行されます。なので、あえてLINQを書かずに、直接、これらのメソッドを呼び出すことで、クエリを実行することができます。なお、メソッドの呼び出しには、「ラムダ式」という記法を使っています（ラムダ式については「3.3.3　ラムダ式によるデリゲートの実行」参照）。

▼メソッドを利用してデータ操作を行う（コンソールアプリプロジェクト「QueryUseMethod」）

```
using System;
using System.Linq;

namespace QueryUseMethod
{
    class Program
    {
        static void Main(string[] args)
        {
            int[] num = { 50, 200, 15, 3, 75, 1000 };
            var r = num.Where((n) => n >= 10).OrderBy((n) =>n);
            foreach (var n in r) Console.WriteLine(n);
            Console.ReadKey();
        }
    }
}
```

　次のクエリ式が、メソッド呼び出しに書き換えられました。

▼クエリ式によるデータの並べ替え

```
var r = from n in num
    where n >= 10
    orderby n
    select n;
```

▼ラムダ式を用いたメソッド呼び出しによるデータの並べ替え

```
var r = num.Where((n) => n >= 10).OrderBy((n) =>n);
```
　　　　　　　　　抽出する際の条件　　　昇順で並べ替え

2.14.3 select句でのデータの加工処理

クエリ式の**select句**では、抽出したデータに対して処理を行うことができます。次のプログラムにおけるクエリ式は、配列の値を105パーセントに増加させます。

▼コレクションを加工するコンソールアプリ（コンソールアプリプロジェクト「ProcessingQuery」）

```
using System;
using System.Linq;

namespace ProcessingQuery
{
    class Program
    {
        static void Main(string[] args)
        {
            int[] num = { 100, 200, 300, 400, 500 };
            var r = from   n in num
                    select n * 105 / 100;
            foreach (var n in r) Console.WriteLine(n);
            Console.ReadKey();
        }
    }
}
```

▼実行結果

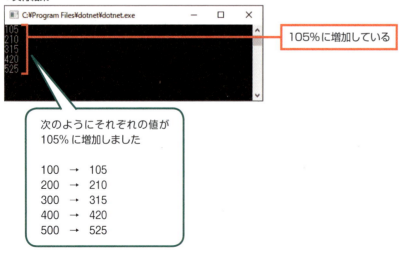

2.14 LINQによるデータの抽出

Memo | メソッドを使った式に書き換える

操作例のクエリ式は、ラムダ式を使用したメソッドの呼び出し式に書き換えることができます。この場合、select句の処理を行うSelect()メソッドを使います。

▼Select()メソッドを利用する（コンソールアプリプロジェクト「ProcessingMethod」）

```
using System;
using System.Linq;

namespace ProcessingMethod
{
    class Program
    {
        static void Main(string[] args)
        {
            int[] num = { 100, 200, 300, 400, 500 };
            var r = num.Select((n) => n * 105 / 100);
            foreach (var n in r) Console.WriteLine(n);
            Console.ReadKey();
        }
    }
}
```

クエリ式が、次のメソッド呼び出しに書き換えられました。

▼クエリ式によるデータの加工

```
var r = from n in num select n * 105 / 100;
```

▼ラムダ式を用いたメソッド呼び出しによるデータ加工

```
var r = num.Select(n => n * 105 / 100);
```
抽出した値に100/105を掛ける

245

2.14 LINQによるデータの抽出

2.14.4 クエリの結果をオブジェクトにして返す

select句では、newキーワードによるオブジェクト生成も行えます。これを利用すれば、クラス型のように、内部に複数のデータを持つオブジェクトを抽出し、新たなオブジェクトに作り変えるといった処理が可能です。

▼クエリで抽出したデータをオブジェクトにする（コンソールアプリプロジェクト「Instantiation」）

```csharp
using System;
using System.Linq;

namespace Instantiation
{
    class Fruit
    {
        public string code; // 商品番号を格納するフィールド
        public string name; // 商品名を格納するフィールド
        public int price;    // 価格を格納するフィールド
    }

    class Program
    {
        static void Main(string[] args)
        {
            Fruit[] f =                                                     ❶
            {
                new Fruit {
                    name = "Apple", price = 200, code = "A110"
                },
                new Fruit {
                    name = "Orange", price = 150, code = "G201"
                },
                new Fruit {
                    name = "Grape", price = 450, code = "GR50"
                }
            };
            var q = from n in f                                             ❷
                    select new { Name = n.name, Price = n.price, Code = n.code };
            foreach (var a in q)                                            ❸
            {
                Console.WriteLine(
                    "Name= {0} Price={1} Code={2}", a.Name, a.Price, a.Code ❹
```

```
            );
        }
        Console.ReadKey();
    }
  }
}
```

▼実行結果

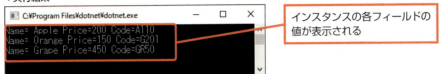

インスタンスの各フィールドの値が表示される

●コード解説

❶ Fruit[] f = { new Fruit { name = "Apple", price = 200, code = "A110" },
                new Fruit { name = "Orange", price = 150, code = "G201" },
                new Fruit { name = "Grape", price = 450, code = "GR50" }};

クラス型の配列fを作成し、配列要素として同じクラスのインスタンスを代入しています。ここでは、次の2つの初期化式が使われています。

・クラス型配列fの初期化式

Fruit型の配列なので、同じ型のインスタンスを要素にすることができます。
Fruit[] f = { インスタンス1, インスタンス2, …};

・オブジェクト初期化子

オブジェクト初期化子を使用すると、コンストラクターを呼び出さなくても、フィールドまたはプロパティに値を割り当てることができます。オブジェクト初期化子の構文では、コンストラクターの引数を指定することも、引数（およびかっこ）を省略することもできます。

▼Fruitクラス
```
class Fruit {
    public string code;
    public string name;
    public int price;
}
```

▼オブジェクト初期化子でインスタンスを生成する
```
Fruit fr = new Fruit { name = "Apple", price = 200, code = "A110" };
```

この場合、通常どおりfr.nameやfr.priceでフィールド値を参照できます。作成したプログラムでは、オブジェクト初期化子を利用して、Fruit型の配列fの要素として、同型のインスタンスを3つ格納しています。各インスタンスの参照変数はありませんが、配列のインデックスで識別できます。

```
Fruit[] f =
    {
        new Fruit {            ─── オブジェクト初期化子でFruitのインスタンスを生成
            name = "Apple", price = 200, code = "A110"
        },                     ─── フィールドの値を設定
        ........
    };
```

❷ var q = from n in f select new……

今回のソースは、インスタンスを格納した配列ですので、クエリの結果もインスタンスとして返すようにしました。このため、select句においてインスタンスを生成するわけですが、ここでは「匿名型」のインスタンスを生成するようにしています。

匿名型を使用すると、あらかじめクラスを定義することなく、読み取り専用のプロパティを格納したインスタンスを生成できます。もちろん、基になるクラスは定義していませんので、「型がない（＝匿名の）」プロパティだけがあるシンプルなオブジェクトを作ることができます。「プロパティ」とはフィールドにアクセスする手段として使われる「別名」のようなものです。匿名型を作成するには、new 演算子をオブジェクト初期化子と一緒に使用します。

▼select句において匿名型のオブジェクトを生成する

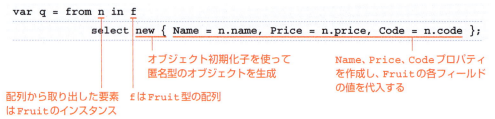

❸ foreach (var a in q)

❷のselect句で生成した匿名型のオブジェクトすべてに対して処理を行います。

❹ "Name= {0} Price={1} Code={2}", a.Name, a.Price, a.Code

クエリで返された匿名型のオブジェクトは、反復変数aで参照できます。a.Name、a.Price、a.Codeでプロパティを参照し、書式設定用のプレースホルダーを使って画面に表示します。

メソッドを使った式に書き換える

❷のソースコードは、ラムダ式を使用したメソッドの呼び出し式に書き換えることができます。

▼クエリ式によるデータの加工

```
var q = from n in f
    select new { Name = n.name, Price = n.price, Code = n.code };
```

▼ラムダ式を用いたメソッド呼び出し

```
var q = f.Select(
    (n) => new { Name = n.name, Price = n.price, Code = n.code }
);
```

Memo　C#のバージョンアップ時に追加された機能（その⑦）

2012年にリリースされたC# 5.0では以下の機能が追加されました。

▼C# 5.0

Visual Studio 2012/2013	.NET Framework 4.5

▼C# 4.0で追加された機能

- Windowsストアアプリ
- 非同期プログラミング（async/await）
- Caller Info

Hint　抽出するインスタンスを絞り込む

本編のプログラムでは、インスタンスの内容をそのまま抽出しましたが、クエリ式にwhere句を追加すれば、抽出するインスタンスを絞り込むことができます。

▼抽出条件を設定したクエリ式

```
var q = from   n in f
        where  n.price >= 200   ←priceが200以上のデータを抽出
        select n;
```

Section 2.15 構造体

Level ★★★　　Keyword　ユーザー定義型　構造体　列挙体　配列

C#には、複合型の内部構造を持つデータ構造として、クラスと構造体があります。
　メモリの使い方で見ると、クラスは参照型、構造体は値型に属します。このセクションでは、構造体の使い方について見ていきます。

ユーザー定義型の構造体

　プログラマーが独自に定義できる型として、値型に属する構造体と、参照型に属する配列やクラス、列挙体があります。

● 構造体の特徴

　構造体は、値型に属します。このため、構造体の実体は、スタック上に生成されます。構造体では、たんにデータを持つだけでなく、メソッドやプロパティを定義することができます。この点から見れば、クラスと何ら変わりません。

・構造体のインスタンスはスタック上に高速で割り当てられる

　ただし、構造体は値型なので、ヒープ上にデータを展開するクラスよりも、はるかに高速で処理されます。

・構造体はリソースを圧迫しない

　構造体は、他の値型と同様に、スコープを外れると即座にメモリ領域が解放されます。これは、ガベージコレクターによるメモリ領域の解放を行う参照型に比べて効率的です。

　構造体は、クラスのように継承やオーバーライドといったオブジェクト指向プログラミングのテクニックを使うことはできません。しかし、このような機能が必要ないのであれば、構造体を使った方がパフォーマンスの点で有利です。例えば、.NET Frameworkのライブラリでも、int型はInt32構造体で定義されています。

2.15.1 構造体の概要

構造体の中で定義できる要素のことを**構造体のメンバー**と呼びます。構造体では、次のようなメンバーを定義することができます。

▼構造体のメンバー

メンバー	内容
メンバー変数（フィールド）	データを保持するための変数や定数を定義できる。
メソッド	構造体で実行する処理を定義する。
プロパティ	プロパティは特殊なメソッドで、構造体のフィールドにアクセスする手段を提供する。外部から構造体のフィールドにアクセスするときは、プロパティを介することでフィールドを保護するのが目的。
イベント	ボタンのクリックやメニューの選択などの特定の出来事（イベント）が発生したときに、構造体側にイベントの発生を通知する場合に使用する。
コンストラクター	インスタンスを作成するときに呼び出されるメソッド。構造体のデータを初期化するために使用する。
デストラクター	インスタンスをメモリから削除するときに呼び出されるメソッド。
インデクサー	内部のデータに対して、配列と同様にインデックスを付けて管理できる。
構造体	入れ子にされた構造体。
クラス	入れ子にされたクラス。
列挙体	入れ子にされた列挙体。

● **構造体の定義**

構造体を定義するには、次の構文を使います。

▼構造体を定義する

```
アクセス修飾子 struct 構造体名
{
    メンバー1;
    メンバー2;
    メンバー3;
         ・
         ・
         ・
}
```

2.15 構造体

●構造体のアクセスレベル

名前空間内で直接宣言された構造体には、クラスと同様にpublic、またはinternalを指定できます。アクセス修飾子が指定されていない場合は、デフォルトでinternalが設定されます。

●構造体メンバーのアクセスレベル

構造体のメンバー（入れ子にされたクラスと構造体を含む）は、public、internal、またはprivateを適用することができます。構造体メンバー（入れ子にされたクラスと構造体も含む）のアクセスレベルは、クラスと同様に既定でprivateになります。

▼構造体メンバーのアクセス修飾子

アクセス修飾子	内容
public	制限なく、どこからでもアクセスすることが可能。
ineternal	同一のプログラム内からのアクセスを許可する。
private	構造体内部からのアクセスだけを許可する。

●構造体のインスタンス化

▼new演算子を使用したインスタンス化

構造体型変数名 = new 構造体名();

new演算子を使用してインスタンスを作成すると、構造体のコンストラクターが呼び出されます。ただ、構造体はnew演算子を使わなくてもインスタンス化できます。

コンストラクターとは、オブジェクト（インスタンス）を生成する際に実行される初期化用のメソッドのことです。構造体やクラスでは、特にコンストラクターを定義しなくても、暗黙的にパラメーターなしのコンストラクター（デフォルトコンストラクター）が作成されます。

2.15 構造体

構造体を使ったプログラムを作成する

それでは、実際に、構造体を使用したプログラムを作成してみることにしましょう。ここでは、int型とstring型のメンバー変数を持つ構造体を定義します。

フォームを使って入力されたデータを構造体型の変数に代入し、代入されたデータをメッセージボックスに表示するようにしてみましょう。

▼Windowsフォームデザイナー

1 フォーム上にラベル、テキストボックス、ボタンを配置します。

2 下表のとおりに、それぞれのプロパティを設定します。

▼ラベルのプロパティ設定

●ラベル1（上から1番目）

プロパティ名	設定値
Text	顧客番号を入力してください（半角数字）

●ラベル2（上から2番目）

プロパティ名	設定値
Text	氏名を入力してください

●ラベル3（上から3番目）

プロパティ名	設定値
Text	年令を入力してください（半角数字）

2.15 構造体

▼テキストボックスのプロパティ設定

●テキストボックス1（上から1番目）

プロパティ名	設定値
(Name)	textBox1
Text	（空欄）

●テキストボックス2（上から2番目）

プロパティ名	設定値
(Name)	textBox2
Text	（空欄）

●テキストボックス3（上から3番目）

プロパティ名	設定値
(Name)	textBox3
Text	（空欄）

▼ボタンのプロパティ設定

●ボタン

プロパティ名	設定値
(Name)	button1
Text	入力

3 フォーム上に配置したボタンをダブルクリックし、イベントハンドラーに次のコードを記述します。

▼Form1.cs（プロジェクト「Structure」）

```csharp
namespace Structure
{
    public partial class Form1 : Form
    {
        public struct Customer
        {
            public int Number;        ──── 構造体の定義
            public string Name;
            public int Age;
        }
        public Form1()
        {
```

254

2.15 構造体

```
        InitializeComponent();
    }

    private void Button1_Click(object sender, EventArgs e)
    {
        Customer customer1;
        customer1.Number = Convert.ToInt32(textBox1.Text);
        customer1.Name = textBox2.Text;
        customer1.Age = Convert.ToInt32(textBox3.Text);

        MessageBox.Show(
                "顧客番号  :  " + customer1.Number + "\n" +
                "氏名      :  " + customer1.Name + "\n" +
                "年令      :  " + customer1.Age + "\n",
                "データが入力されました"
                );
    }
}
```

構造体をインスタンス化して各フィールドにデータを代入

↓フィールドに代入されたデータをメッセージボックスに表示

Onepoint
ここでは、「textBox1」と「textBox3」に入力された文字データを**Convert.ToInt32**メソッドを使ってint型の整数に変換してから、int型のフィールドに代入しています。なお、int型のフィールドに代入されたデータをメッセージボックスに表示する際は、自動的にデータの変換（暗黙的な型変換）が行われるので、メソッドを使ってint型をstring型に変換する処理を記述しなくてもエラーにはなりません。

Onepoint
「"\n"」は、改行を行うための改行コードです。

▼実行中のプログラム

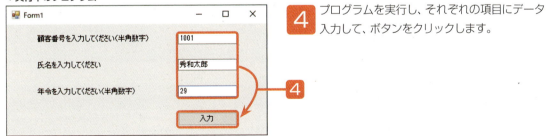

4 プログラムを実行し、それぞれの項目にデータ入力して、ボタンをクリックします。

2.15 　構造体

▼実行結果

```
データが入力されました        ×


顧客番号：  1001
氏名    ：  秀和太郎
年令    ：  29


              OK
```

構造体に格納されたデータが表示される

Attention

顧客番号と年令の入力欄には数字を入力しないと、
プログラムがエラーになります。

Tips

配列の要素数を求める

配列に含まれるすべての要素数は、**Length** プロパティを使って求めることができます。

●配列の要素数を求める

```
配列名.Length
```

例えば、配列「array」の要素数を求めるには、次のように記述します。

▼配列arrayのすべての要素数を求める

```
array.Length
```

また、2次元配列の次元ごとの要素数は、**Get Length()** メソッドを使って求めることができます。引数には、要素数を求める次元を0から始まる数値で指定します。2次元配列の場合は、次のように記述します。

```
array.GetLength(0)   ←2次元配列の最初の次元（行）の要素数を求める
array.GetLength(1)   ←2多次元配列の2番目の次元（列）の要素数を求める
```

Hint

構造体とクラスの処理時間を計測してみる

構造体とクラスを定義して、それぞれの型の配列にインスタンスを延々と代入する処理を行って、処理にかかった時間を計測してみることにします。

▼構造体とクラスの処理時間を調べる (Program.cs)（プロジェクト「Processing_time」)

```
using System;

namespace Processing_time
{
    struct S ─────── 構造体
    {
        public int num;
        public S(int n) { num = n; } ─────── コンストラクター
    }

    class C ←クラス
    {
        public int num;
        public C(int n) { num = n; } ─────── コンストラクター
    }
    class Program
    {
        static void Main(string[] args)
        {
            int s = 30000000;

            var now1 = DateTime.Now;
            S[] ar1 = new S[s];
            for (int i = 0; i < ar1.Length; i++) ar1[i] = new S(i);
            Console.WriteLine(DateTime.Now - now1);

            var now2 = DateTime.Now;
            C[] ar2 = new C[s];
            for (int i = 0; i < ar2.Length; i++) ar2[i] = new C(i);
            Console.WriteLine(DateTime.Now - now2);
            Console.ReadKey();
        }
    }
}
```

▼実行結果

構造体の処理時間
クラスの処理時間

結果を見てみると、構造体の場合は約0.2秒、クラスの場合は2秒以上を要しています。軽量なデータを扱うのであれば、構造体の方が効率がよいことがわかります。

Section 2.16 列挙体

Level ★★★　　Keyword　列挙体　enumステートメント

列挙体は、値型に属する型で、特定の数値の集まりに対して、独自の名前を付けることで、数値の集まりを管理しやすくすることができます。

例えば、0、1、2、3、…の通し番号を使って曜日を管理する場合は、通し番号を記述する代わりに、Week.mon、Week.tue、Week.wed…のように文字を使うことが可能となります。

列挙体を定義する

列挙体では、ある特定の数値の集まりに対して名前を付けます。いわば、定数のグループに名前を付けて管理するようなものです。一見してわかりにくい数値の集まりが、列挙体名によって識別しやすくなります。

●列挙体の定義

列挙体は、**enum**ステートメントを使って次のように定義します。なお、メソッド内で列挙体の定義を行うことはできないので、メソッドの外で定義するようにします。

構文

▼列挙体の宣言

```
アクセス修飾子 enum 列挙体名 : データ型
{
    列挙子名 = 値、または式,
    列挙子名 = 値、または式,
    列挙子名 = 値、または式,
        ・
        ・
        ・
    列挙子名 = 値、または式
}
```

> **Attention**
> 最後の「列挙子名 = 値、または式」の式には、カンマ「,」が付かないので注意してください。

2.16.1 列挙体の概要

列挙体は、冒頭で見たように、特定の数値に名前を付けて管理するための型です。列挙体を使うと、名前付きの定数のセットをまとめて宣言できます。

列挙体には、スコープを設定するための3種類のアクセス修飾子を設定できますが、アクセス修飾子を省略した場合は、デフォルトで「public」が適用されます。

▼列挙体のアクセス修飾子

アクセス修飾子	内容
public	制限なく、どこからでもアクセスすることが可能。
ineternal	同一のプログラム内からのアクセスを許可する。
private	列挙体を定義したクラス内部からのみアクセス許可。

列挙体で扱うデータ型は、自動的にint型が適用されます。なお、列挙体の定義部冒頭の「アクセス修飾子 enum 列挙体名 :データ型」における「:データ型」の部分で、任意の整数型 (byte、sbyte、short、ushort、int、uint、long、ulong) を指定することもできます。

●列挙体の定義例

例えば、曜日に0から始まる数値を割り当て、これを管理する列挙体を定義するには、次のように記述します。列挙体のデータ型と列挙子の値を省略して記述することも可能です。

▼曜日を扱う列挙体の定義

```
public enum Week :int
{
    Monday = 0,
    Tuesday = 1,
    Wednesday = 2,
    Thursday = 3,
    Friday = 4,
    Saturday = 5,
    Sunday = 6
}
```

▼曜日を扱う列挙体の定義 (データ型と列挙子の値を省略)

```
public enum Week
{
    Monday,
    Tuesday,
    Wednesday,
    Thursday,
```

2.16 列挙体

```
        Friday,
        Saturday,
        Sunday
}
```

各列挙子の値を指定しないときは、0から始まる連続した数値が割り当てられます。

2.16.2 列挙体を使ったプログラムの作成

都道府県には、01から始まる「都道府県コード」という識別コードが割り当てられていますので、一部のコードを管理する列挙体を定義してみることにします。

▼列挙体で都道府県コードを管理する (Program.cs)（プロジェクト「PrefecturalCode」）

```
using System;

namespace PrefecturalCode
{
    public enum Code : int
    {
        Gunma    = 10, // 群馬県のコードは「10」
        Saitama  = 11, // 埼玉県のコードは「11」
        Chiba    = 12, // 千葉県のコードは「12」
        Tokyo    = 13, // 東京都のコードは「13」
        Kanagawa = 14  // 神奈川県のコードは「14」
    }
    class Program
    {
        static void Main(string[] args)
        {
            Code value = Code.Saitama;      // 埼玉県のコードをvalueに格納
            Disp(value);                    // 画面表示を行う
        }
        static void Disp(Code value)
        {
            // 渡されたコードによって処理を分岐
            switch (value)
            {
                case Code.Gunma:
                    Console.WriteLine("群馬県のコード=" + (int)value);
```

```
                    break;
                case Code.Saitama:
                    Console.WriteLine("埼玉県のコード=" + (int)value);
                    break;
                case Code.Chiba:
                    Console.WriteLine("千葉県のコード" + (int)value);
                    break;
                case Code.Tokyo:
                    Console.WriteLine("東京都のコード" + (int)value);
                    break;
                case Code.Kanagawa:
                    Console.WriteLine("神奈川県のコード" + (int)value);
                    break;
            }
            Console.ReadKey();
        }
    }
}
```

▼実行結果

列挙体で定義されているコードによって表示内容が変わる

Memo: C#のバージョンアップ時に追加された機能（その⑧）

2015年にリリースされたC# 6.0では以下の機能が追加されました。

▼C# 6.0

| Visual Studio 2015 | .NET Framework4.6 |

▼C# 6.0で追加された機能

- 自動実装プロパティの機能強化
- ラムダ式本体によるメンバーの記述
- using static
- Null条件演算子
- 文字列補間
- nameof演算子
- インデックス初期化子
- 例外フィルター
- catchおよびfinallyブロック内でのawait
- コレクション初期化子内でのAdd拡張メソッドの利用
- オーバーロード解決の向上
- #pragmaによるユーザー定義コンパイラー警告の抑止

MEMO

Perfect Master Series
Visual C# 2019

Chapter 3

Visual C#のオブジェクト指向プログラミング

この章では、オブジェクト指向プログラミングにおける基本的な事項を紹介し、実際にクラスを作成することで、クラスの構造や利用方法について見ていきます。

後半では、継承やオーバーライド、ポリモーフィズム、インターフェイスなど、オブジェクト指向プログラミングに不可欠なテクニックを紹介します。

3.1	クラスの作成
3.2	メソッドの戻り値とパラメーターの設定
3.3	メソッドの呼び出し式
3.4	コンストラクター
3.5	クラスを引き継いで子供クラスを作る（継承）
3.6	メソッドを改造して同じ名前で呼び分ける（オーバーライドとポリモーフィズム）

3.7	もう一度ポリモーフィズム
3.8	抽象クラスとインターフェイス
3.9	デリゲート
3.10	メソッドと配列での参照変数の利用

Section 3.1 クラスの作成

Level ★★★　**Keyword**　フィールド　プロパティ　メソッド　コンストラクター

このセクションでは、新規のクラス用ファイル（Class1.cs）を作成し、このファイルに1つのクラスを定義してみることにします。

クラスの作成手順

クラスの作成は、新規のクラス用ファイル（Class1.cs）を作成したあと、以下の手順で各要素を追加していきます。

① 空のクラスを作成する
↓

② フィールドを定義する
↓

③ プロパティを定義する
↓

④ メソッドを定義する
↓

⑤ イベントハンドラーを定義する
↓
⑥ コンストラクターを定義する

クラスでは、データとデータの操作（メソッドやプロパティなど）をまとめて定義します。

完成したクラスは、フォーム上に配置したボタンをクリックしたときに実行されるイベントハンドラーを使って利用するようにします。

▼デスクトップアプリにおけるクラスの作成

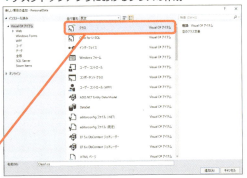

クラスを作成する

3.1.1 クラス専用ファイルの作成

Visual C#のソースコード用のファイルは、フォーム用の「Form1.cs」や「Form1.Designer.cs」などのファイルと同様に拡張子が「.cs」のファイルです。

空のクラスを作成する

新規のクラス専用ファイルを作成してみることにします。

▼［新しい項目の追加］ダイアログボックス

1. フォームアプリ用のプロジェクトを作成します。
2. **プロジェクト**メニューをクリックして**クラスの追加**を選択します。
3. **新しい項目の追加**ダイアログボックスが表示されるので、テンプレートの**クラス**をクリックします。
4. ファイル名の入力欄に「Class1.cs」と入力します。
5. **追加**ボタンをクリックします。
6. クラス専用のファイルが作成されると同時に、コードエディターが起動して、ファイルの内容が表示されます。

Memo クラス名の付け方

Microsoft社のガイドラインでは、**クラス名**には、単独の名前、または複数の単語を連結した名前のみを使用することが推奨されています。

また、データ型を示す「int」などの接頭辞やアンダースコア（_）を使用しないこととなっているので、変数名やコントロールなどにおけるハンガリアン表記は使いません。

したがって、クラスの場合は、「CustomerProfile」のようなPascal方式の名前を用いて、できるだけクラスの機能がわかるような名前を付けるようにします。

文法的な規則ではありませんが、推奨されているルールとして覚えておくとよいでしょう。

作成したクラスの中身を確認する

作成したクラス用のファイルには、次のようなコードが記述されています。

▼「Class1.cs」の内容（プロジェクト「PersonalData」）
```
namespace PersonalData
{
    class Class1
    {
    }
}
```

これがクラスの実体です。「class Class1」の「Class1」がクラス名で、次行の「{」と「}」で囲まれたブロックが、クラスのメンバーを記述する部分です。

●「Class1」が属する名前空間

「namespace PersonalData」の記述は、「Class1」が、プロジェクト名と同名の名前空間に属することを示しています。

現在のプロジェクトには、名前空間「PersonalData」に以下のクラスが含まれています。

▼プロジェクトに含まれるクラス

ファイル名	クラス名	内容
Program.cs	Program	プログラム起動時に最初に実行される「Main」メソッドを含む。
Form1.cs	Form1	フォームの初期化を行うコンストラクターや、イベントハンドラーを含む。
Form1.Designer.cs	Form1	フォームやコントロールの定義など、フォームデザイナー上で操作した内容が書き込まれる。
Class1.cs	Class1	あとから追加したクラス。

●クラスの定義

クラスは、classキーワードを使って、以下のように定義します。

▼クラスの定義
```
アクセス修飾子 class クラス名
{
    メンバー
}
```

●クラスのアクセシビリティ（参照可能範囲）

クラスには、アクセス修飾子のpublic、またはinternalを指定できます。未指定の場合はinternalが既定値として設定されます。

3.1 クラスの作成

▼クラスのアクセス修飾子

アクセス修飾子	内容
public	制限なく、どこからでもアクセスすることが可能。
internal	同一のプログラム内からのアクセスを許可する。

●クラスメンバーのアクセシビリティ

クラスのメンバー(入れ子にされたクラスと構造体を含む)は、次の5種類のアクセス修飾子を設定できます。なお、構造体は継承をサポートしていないので、構造体メンバーをprotected として宣言することはできません。

アクセス修飾子を省略した場合のアクセスレベルは、privateが既定値として設定されます。メンバーのアクセシビリティは、そのメンバーを定義していないクラスのアクセシビリティより緩く設定することはできません。

▼クラスメンバーのアクセス修飾子

アクセス修飾子	内容
public	制限なく、どこからでもアクセスすることが可能。
internal	同一のプログラム内からのアクセスを許可する。
protected	メンバーを宣言した型 (クラスまたは構造体)と、型から派生した型からのアクセスを許可する。
private	メンバーを宣言した型内からのアクセスだけを許可する。
protected internal	protectedの範囲にinternalの範囲を加えたスコープを許可する。メンバーを宣言した型とその型から派生した型に加え、同一のプログラム内からのアクセスを許可する。

◢ クラスの機能を決める

このセクションでは、「Class1」を利用して以下の処理を行うプログラムを作成します。

●テキストボックスに入力された氏名をメッセージボックスに表示する。
●カレンダーコントロールを利用して入力された生年月日を基に年齢を計算し、結果をメッセージボックスに表示する。

「Class1」では、以下のメンバーを定義することにします。

●フィールド
・氏名のデータを保持するためのフィールド「name」
・生年月日のデータを保持するためのフィールド「birthday」
●プロパティ
・フィールド「name」に外部からアクセスするためのプロパティ「Name」
・フィールド「birthday」に外部からアクセスするためのプロパティ「Birthday」
●メソッド
・「birthday」の値を基に年齢を計算し、計算結果を戻り値として返すメソッド「GetAge( )」

3

Visual C#のオブジェクト指向プログラミング

267

3.1.2 フィールドとプロパティを定義する

クラス内で宣言される変数が**フィールド**です。

■ フィールドを用意する

フィールドは、クラスのデータを保持するために使用します。

> **Onepoint**
> フィールドが使用するメモリ領域は、インスタンスが存在する限り有効です。なお、インスタンスへの参照がなくなった時点で、ガベージコレクターによって使用中のメモリ領域が解放されます。

●フィールドのカプセル化

クラス内で定義されているフィールドに対して、アクセスの制限を設定することを**カプセル化**と呼びます。フィールドをカプセル化によって隠蔽（いんぺい）しておくことで、クラス外部のコードからフィールドを直接、利用できないようにし、プログラムの安全性を確保するのです。

このため、フィールドは、通常、**private**キーワードを使って宣言することになりますが、外部からは、クラス内で定義したメソッドやプロパティを介して間接的にフィールドにアクセスできるようにします。

フィールドは、次の構文を使って宣言します。

▼フィールドの宣言

アクセス修飾子　型　フィールド名；

ここでは、「Class1」に、2つのフィールドを追加します。

▼「Class1」にフィールドを追加する（Class1.cs）

```
{
    class Class1
    {
        private string name;         ── 氏名を格納するフィールド
        private DateTime birthday;   ── 誕生日を格納するフィールド
    }
}
```

268

プロパティを定義する

プロパティは、クラスの外部からフィールドの値を参照したり設定をするための手段として用意します。

先に宣言したprivateフィールドに間接的にアクセスできるようにName、Birthdayという2つのプロパティを用意しましょう。

> **Onepoint**
> これまでにも、フォームやボタン、ラベルなどのプロパティを設定してきましたが、これは、プロパティを通じて、FormクラスやButtonクラスなどのフィールドに値を代入していたことになります。

● プロパティの定義

プロパティは、**property**キーワードを使って宣言し、「get」と「set」の2つのコードブロックを記述します。これらのコードブロックのことを**getアクセサー**、**setアクセサー**と呼びます。

▼プロパティの定義

```
修飾子  データ型  プロパティ名
{
    get
    {
        プロパティ取得時に実行する処理        ── 省略可
        return フィールド名;
    }
    set
    {
        プロパティ設定時に実行する処理        ── 省略可
        フィールド名 = value;
    }
}
```

● getアクセサー

getアクセサーは、プロパティの値を参照するときに呼び出されるコードブロックです。「returnフィールド名;」が実行されることで、フィールドに代入されているデータを呼び出し元に返します。

● setアクセサー

setアクセサーは、プロパティに値を設定しようとしたときに呼び出されるコードブロックです。

パラメーター（引数）として、暗黙的に「value」が設定されています。setアクセサーが呼び出されると、呼び出し元から送られてきた値をこのパラメーターを通じて受け取り、「フィールド名 = value;」によって、パラメーターの値がフィールドに代入されます。

● プロパティを定義する

それでは、nameとbirthdayの2つのフィールドに対応する、「Name」プロパティと「Birthday」プロパティを定義してみることにします。

3.1 クラスの作成

▼「Name」プロパティと「Birthday」プロパティの定義（Class1.cs）

構文

```csharp
class Class1
{
    private string name;
    private DateTime birthday;
    public string Name
    {
        get {return name;}
        set {name = value;}
    }
    public DateTime Birthday
    {
        get {return birthday;}
        set {birthday = value;}
    }
}
```

このように記述

Memo | getとsetに異なるアクセシビリティを設定する

プロパティのgetとsetには、それぞれ異なるアクセシビリティを設定することができます。例えば、次のように記述すると、プロパティの値は制限なく参照できますが、値をセットできるのは、クラス内部、もしくはクラスを継承したクラスからに限定されます。

```csharp
class Cls
{
    private int num;
    public int Num
    {
        get { return num; }
        protected set { num = value; }
    }
}
```

制限なく値を参照できる

値をセットできるのは同一クラス、またはクラスを継承したクラスのみ

3.1.3 メソッドの定義

　メソッドには、2つの形態があり、たんに処理だけを行うものと処理結果を呼び出し元に返す（戻り値を返す）ものがあります。戻り値を返す場合は、戻り値の型を指定し、返さない場合は戻り値がないことを示す「void」を指定します。

▼メソッドの定義

構文
```
修飾子 戻り値の型（またはvoid）メソッド名（パラメーター）——— パラメーターは省略可
{
    実行する処理
}
```

●メソッド名の付け方

　Microsoft社のガイドラインでは、メソッド名を付ける際に、接頭辞を使用する**ハンガリアン記法**ではなく、単一の単語、もしくは複数の単語を連結した**パスカル記法**（例：「PersonAge」）を用いることが推奨されています。

年齢を計算するメソッドを定義する

　DateTimePickerコントロールで選択された生年月日のデータを基にして、年齢を計算するメソッドを定義しましょう。コントロールで選択された日付のデータは、先に作成したBirthdayプロパティを通じて受け取るようにします。

▼GetAge()メソッドの追加（Class1.cs）

```
class Class1
{
    private string name;
    private DateTime birthday;
    public string Name
    {
        get { return name; }
        set { name = value; }
    }
    public DateTime Birthday
    {
        get { return birthday; }
        set { birthday = value; }
    }
    public int GetAge()  ——— int型の戻り値を返すメソッド
    {
```

3.1 クラスの作成

```
    int age = DateTime.Today.Year - birthday.Year;
    if (
        DateTime.Today.Month < birthday.Month ||
        DateTime.Today.Month == birthday.Month &&
        DateTime.Today.Day < birthday.Day
    ) {
        age = age - 1;
    }
    return age;
    }
}
```

❶ int age = DateTime.Today.Year - birthday.Year;

DateTime構造体のTodayプロパティを参照すると、システム時刻が格納されたDate型の値を取得することができます。

▼現在のシステム時刻を取得する

```
DateTime t;          // DateTime構造体のインスタンスを参照する変数を宣言
t = Datetime.Today  // tに現在のシステム時刻を代入
```

DateTime構造体型のTodayプロパティは、静的メンバー (インスタンス化しなくても利用できるメンバー) として宣言されています。静的メンバーの実体は1つしか存在しないので、「Datetime.Today」のように構造体名を使って参照できます。

●現在の日付の年から生年月日の年を引いた値を求める

年齢を求めるには、システム時刻の年の部分と、生年月日の年の部分の差を求めればよいことになります。この場合、DateTime構造体のYearプロパティを使うと、年の部分だけをint型の値として取得できます。

▼現在の年と誕生日の年の差を求める

```
int age = DateTime.Today.Year - birthday.Year;
```

❷ if (DateTime.Today.Month < birthday.Month || DateTime…………

今年の誕生日がまだであれば、次の条件を設定して、条件に一致した場合は❶の計算結果から1を引き算して、満年齢を求めます。

▼1つ目の条件

・誕生日の月に達していない

```
if (DateTime.Today.Month < birthday.Month
```

3.1 クラスの作成

▼2つ目の条件

・誕生日の月と現在の月が一致し、「なおかつ」誕生日の日に達していない

```
DateTime.Today.Month == birthday.Month &&
DateTime.Today.Day   <  birthday.Day)
```

▼上記の2つの条件のいずれかに一致すれば年齢を1減らす

```
age = age - 1;
```

❸ return age;

return ステートメントで計算結果を戻り値として、呼び出し元に返します。

Memo｜論理演算子

論理演算子は、複数の条件を組み合わせて判断する演算子です。最初の条件に一致すれば、以降の条件を調べないという特徴があります。

● &&

前後の2つの値がTrueであれば、結果をTrueにします。最初の値がTrueでないことが確定したら、2つ目の値の評価は行いません。

● ||

前後の2つの値のどちらかがTrueであれば、結果がTrueになります。最初の値がTrueであれば、2つ目の値の評価は行いません。

Memo｜読み取り専用と書き込み専用のプロパティ

プロパティには、getとsetのどちらかだけを記述することができます。getだけなら読み取り専用のプロパティ、setだけなら書き込み専用のプロパティになります。

3.1.4 操作画面の作成

Form1フォームに以下のコントロールを配置し、ボタンをクリックした際に実行されるイベントハンドラーにClass1を利用するコードを記述します。

●操作画面（Form1）の作成

1 「Form1」をWindowsフォームデザイナーで表示し、TextBox、DateTimePicker、Button、Labelを配置します。

2 下表のように、各コントロールのプロパティを設定します。

▼Windowsフォームデザイナーで「Form1」を表示

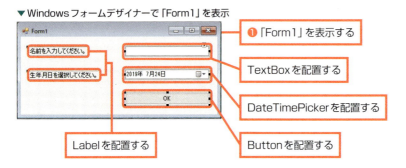

▼各コントロールのプロパティ設定

●TextBox

プロパティ名	設定値
(Name)	textBox1
Text	（空欄）

●DateTimePicker

プロパティ名	設定値
(Name)	dateTimePicker1

●Button

プロパティ名	設定値
(Name)	button1
Text	OK

●Label（上から1番目）

プロパティ名	設定値
Text	名前を入力してください。

●Label（上から2番目）

プロパティ名	設定値
Text	生年月日を選択してください。

イベントハンドラーの作成

フォーム上に配置したボタンをダブルクリックし、イベントハンドラーbutton1_Clickに次のコードを入力します。

3.1 クラスの作成

▼「Form1.cs」のコード

```csharp
namespace PersonalData
{
    public partial class Form1 : Form
    {
        public Form1()
        {
            InitializeComponent();
        }
        private void Button1_Click(object sender, EventArgs e)
        {
            Class1 person   = new Class1();           ❶
            person.Name     = textBox1.Text;          ❷
            person.Birthday = dateTimePicker1.Value.Date;
            MessageBox.Show(
                person.Name + "さんの年齢は" +
                Convert.ToString(person.GetAge()) + "歳です。"
            );
        }
    }
}
```

このように記述

❶ Class1 person = new Class1();

Class1型の参照変数（ローカル変数）personを宣言し、newキーワードでClass1のインスタンスを生成します。生成したインスタンスの参照情報がpersonに代入されます。

▼クラス型の変数宣言とクラスのインスタンス化

構文

> クラス名 変数名 = new クラス名();

❷ person.Name = textBox1.Text;

参照変数personで生成済みのインスタンスを参照し、テキストボックスに入力された文字列（「textBox1.Text」で取得）をNameプロパティにセットします。

▼プロパティの値を参照する

構文

> 参照変数名.プロパティ名

▼プロパティに値を設定する

構文

> 参照変数名.プロパティ名 = 格納する値;

3

Visual C# のオブジェクト指向プログラミング

275

3.1 クラスの作成

● person.Birthday = dateTimePicker1.Value.Date;

BirthdayプロパティにDateTimePickerコントロールで選択された日付データ(「dateTimePicker1.Value.Date」で取得)を格納します。

選択された日付データは、DateTimePickerクラスのValueプロパティで取得することができます。ただし、Valueプロパティの値は、時刻値を含むDateTime構造体型の値なので、Dateプロパティを指定して、西暦と日付だけを取得するようにします。

● MessageBox.Show(person.Name + "さんの年齢は" + Convert.ToString(person.GetAge()) + "歳です。");

Nameプロパティの値と、GetAge()メソッドの戻り値をメッセージボックスに表示します。

▼メソッドの実行

> オブジェクト名.メソッド名();

GetAge()メソッドはint型の値を戻り値として返すので、戻り値の値を「Convert.ToString」メソッドを使ってstring型に変換してから、メッセージボックスに表示するようにしています。

プログラムを実行して動作を確認する

では、プログラムを実行してみましょう。

▼実行中のプログラム

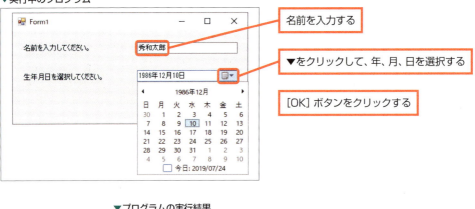

▼プログラムの実行結果

3.1.5　コンストラクターの定義

コンストラクターは、クラス名と同じ名前を持つ特殊なメソッドで、クラスをインスタンス化するときに自動的に呼び出されます。インスタンス化にあたって必ず実行する処理がある場合は、コンストラクターを使って初期化の処理を行います。

▼コンストラクターの定義

```
修飾子　クラス名（パラメーター）
{
    実行する処理
        ・
        ・
        ・
}
```

●デフォルトコンストラクター

　コンストラクターを定義しない場合は、暗黙的に何の処理も行われないコンストラクターが作成されます。これを**デフォルトコンストラクター**と呼びます。操作例のClass1では、内部で「Class1()」というデフォルトコンストラクターが作成されていて、Class1のインスタンス化時に呼び出されるようになっています。

　ただし、独自にコンストラクターを定義した場合は、デフォルトコンストラクターは使用されません。

●コンストラクターで行う処理

　現状では、「Class1」クラスをインスタンス化したあと、次のように、「Name」プロパティと「Birthday」プロパティに、コントロールから取得した値をそれぞれ格納する処理を行っています。

▼イベントハンドラー「button1_Clickにおける処理」

Class1 person = new Class1();　── `Class1`のインスタンス化
person.Name = textBox1.Text;　── `textBox1`の`Text`プロパティの値を`Name`プロパティに代入
person.Birthday = dateTimePicker1.Value.Date;

> dateTimePicker1のValueプロパティの値からDateプロパティで取得した日付データをBirthdayプロパティに代入

　これらの処理は、Class1をインスタンス化したときに必ず実行することなので、まとめてコンストラクターに行わせることにしましょう。

3.1 クラスの作成

▼コンストラクターの追加（Class1.cs）（プロジェクト「PersonalDataConstructor」）

```
class Class1
{
    private string name;
    private DateTime birthday;
    public Class1(string cst_name, DateTime cst_birthday)
    {
        Name = cst_name;
        Birthday = cst_birthday;
    }
    ・・省略・・
}
```

「public Class1(...)」ブロックに「このように記述」

● クラスをインスタンス化するコードの修正

　Form1.csをコードエディターで開いて、次のように修正します。

▼イベントハンドラー「button1_Click」の修正（Form1.cs）

```
private void button1_Click(object sender, EventArgs e)
{
    Class1 person = new Class1(textBox1.Text, dateTimePicker1.Value.Date);
    MessageBox.Show(person.Name + "さんの年齢は" +
        Convert.ToString(person.GetAge()) + "歳です。");
}
```

「Class1 person = new Class1(...)」の行に「このように修正」

● コンストラクターで行われる処理の確認

　以上のように記述することで、Class1のインスタンス化と同時に、各プロパティに設定する値を、コンストラクターに渡すことができるようになります。

▼Class1のインスタンス化と同時に行われる処理

・イベントハンドラー「button1_Click」のコード

```
Class1 person = new Class1(textBox1.Text, dateTimePicker1.Value.Date);
```

　　　　　　　　　　　　★データが渡される　　★データが渡される

・コンストラクター

```
public Class1(string cst_name, DateTime cst_birthday)
{
    Name = cst_name;         ─── パラメーターcst_nameの値をNameプロパティに代入する
    Birthday = cst_birthday; ─── パラメーターcst_birthdayの値をBirthdayプロパティに代入する
}
```

プロパティにチェック機能を実装する

Class1クラスでは、Nameプロパティに文字列が代入され、Birthdayプロパティに、誕生日の日付が代入されるようになっています。

ただし、操作によっては、意図しない値が代入されることがあるので、それぞれのプロパティのコードを次のように書き換えることで、不正な値が代入されそうなときに警告のメッセージを表示し、代わりの値をプロパティに代入するようにしてみましょう。

●Nameプロパティの書き換え

setアクセサーにおいては、ifステートメントを利用して、テキストボックスに何も入力されていない場合は、メッセージを表示し、nameフィールドに、代わりの値として文字列の「????」を代入します。

▼「Name」プロパティ（プロジェクト「PersonalDataCheck」）

```
public string Name
{
    get {return name;}
    set
    {
        if (value == "")
        {
            System.Windows.Forms.MessageBox.Show(
                "名前を入力してください。", "確認");
            name = "????";
        }
        else
        {
            name = value;
        }
    }
}
```

▼テキストボックスに何も入力されていないときに表示されるメッセージ

警告メッセージが表示される

3.1 クラスの作成

●Birthday プロパティの書き換え

　set アクセサーを書き換えて、コントロールで選択された日付が、今日の日付よりもあとの日付になっている場合に、メッセージを表示し、birthday フィールドに、代わりの値として今日の日付（「DateTime.Today」で取得）を代入するようにします。

▼「Birthday」プロパティ

```
public DateTime Birthday
{
    get {return birthday;}
    set
    {
        if (value > DateTime.Today)
        {
            System.Windows.Forms.MessageBox.Show(
              "今日以前の日付を選択してください。", "確認");
            birthday = DateTime.Today;
        }
        else
        {
            birthday = value;
        }
    }
}
```

▼今日の日付よりもあとの日付が選択された場合に表示されるメッセージ

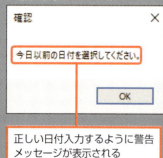

正しい日付入力するように警告メッセージが表示される

▼不正な値が設定されたときのプログラムの実行結果

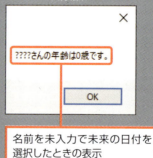

名前を未入力で未来の日付を選択したときの表示

3.1.6 自動実装プロパティ

自動実装プロパティとは、プロパティを定義する際に、Visual C#のコンパイラーがプロパティの値を保存するためのprivateなフィールドを自動的に作成し、さらに関連するgetとsetを自動的に生成する機能のことです。これを利用するとフィールドとプロパティの定義を、シンプルなコードで実現できます。

Class1のコードを自動実装プロパティを利用して記述すると、以下のようになります。

▼Class1を自動実装プロパティを使用するコードへ書き換える（プロジェクト「PersonalDataAutoProperties」）

```csharp
using System;

namespace WindowsFormsApplication1
{
    class Class1
    {
        public Class1(string cst_name, DateTime cst_birthday)
        {
            Name = cst_name;
            Birthday = cst_birthday;
        }

        public string Name { get; set; }      ── 自動実装プロパティに書き換える
        public DateTime Birthday { get; set; }

        public int GetAge()
        {
            int age = DateTime.Today.Year - Birthday.Year;
            if (
                DateTime.Today.Month <  Birthday.Month ||
                DateTime.Today.Month == Birthday.Month &&
                DateTime.Today.Day   <  Birthday.Day
               )
            {
                age = age - 1;
            }
            return age;
        }
    }
}
```

各プロパティのゲッター／セッターが自動的に定義されます

3.1 クラスの作成

自動実装プロパティを使用すると対応するフィールドが内部的に作成されるので、フィールドの宣言が不要になります。ただし、ソースコードからフィールドにアクセスすることはできないので、フィールドへのアクセスは、すべてプロパティ経由で行うようにします。もし、メソッドにフィールドを参照するコードがあれば、すべてプロパティを参照するコードに書き換えることが必要になります。

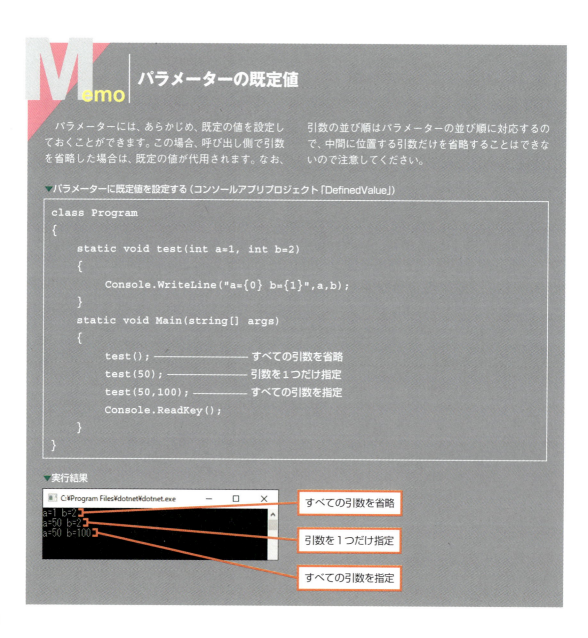

Memo パラメーターの既定値

パラメーターには、あらかじめ、既定の値を設定しておくことができます。この場合、呼び出し側で引数を省略した場合は、既定の値が代用されます。なお、引数の並び順はパラメーターの並び順に対応するので、中間に位置する引数だけを省略することはできないので注意してください。

▼パラメーターに既定値を設定する（コンソールアプリプロジェクト「DefinedValue」）

```
class Program
{
    static void test(int a=1, int b=2)
    {
        Console.WriteLine("a={0} b={1}",a,b);
    }
    static void Main(string[] args)
    {
        test();              ── すべての引数を省略
        test(50);            ── 引数を１つだけ指定
        test(50,100);        ── すべての引数を指定
        Console.ReadKey();
    }
}
```

▼実行結果

```
a=1  b=2      ── すべての引数を省略
a=50 b=2      ── 引数を１つだけ指定
a=50 b=100    ── すべての引数を指定
```

Section 3.2 メソッドの戻り値とパラメーターの設定

Level ★★★　　Keyword　メソッド　値渡し　参照渡し

メソッドには、たんに処理だけを行わせたり、何らかの値を渡して、処理結果を返させるなど、目的に応じて様々な処理を行わせることができます。ここでは、これまでに触れてこなかったメソッドの使い方や作り方について見ていくことにしましょう。

メソッドの使い方

• ifステートメントによるメソッドの終了
returnをifステートメントと組み合わせて使えば、特定の条件で処理を終了させることができます。

• パラメーターと引数
メソッドに任意の値を渡して処理を行わせることができます。メソッドに渡す値が「引数」です。メソッド側では、パラメーターを使って引数を受け取ります。

• 引数の参照渡し
引数を参照渡しにすると、引数に指定した変数の参照情報がコピーされるので、結果的に変数もパラメーターも同じ領域を参照することになります。

• メソッドの強制終了
returnステートメントを使うと、メソッドの実行を強制的に打ち切ることができます。

• メソッドの戻り値
returnを使えば、メソッドから何らかの値を「戻り値」として呼び出し元に返すことができます。

• 引数の値渡し
引数を値渡しすると、引数の値がメソッド側のパラメーターにコピーされます。

283

3.2.1　returnによるメソッドの強制終了

メソッドの処理は、ソースコードを記述した順番で、上から下へ向かって、実行されていきます。ただし、returnステートメントを使うと、メソッドの実行を強制的に打ち切ることができます。次のように記述した場合は、2つ目のメソッドを実行したところでプログラムが終了します。

▼returnステートメントでメソッドの実行を打ち切る（コンソールアプリプロジェクト「Return」）
```
static void Main(string[] args)
{
    Console.WriteLine("STEP1");
    Console.WriteLine("STEP2");
    return;          ———— ここで終了
    Console.WriteLine("STEP3");
}
```

ifステートメントでメソッドを終了させる

returnをifステートメントと組み合わせて使えば、特定の条件で処理を終了させることができます。

▼条件を指定して処理を終了（コンソールアプリプロジェクト「ReturnIf」）
```
static void Main(string[] args)
{
    int[] ar = { 10, 20, 30, 40, 50 };
    foreach(int i in ar)
    {
        // iの値が40であれば終了
        if (i == 40) return;
        Console.WriteLine(i + "に到達しました。");
        Console.ReadKey();
    }
}
```

▼実行結果

3.2 メソッドの戻り値とパラメーターの設定

ループを強制終了させる

次は、forによる無限ループをreturnステートメントで強制的に終了させる例です。

▼無限ループを含むメソッドを終了させる（コンソールアプリプロジェクト「ReturnFor」）

```
static void Main(string[] args)
{
    int i = 10;
    for(;;)
    {
        if (i > 100) return;
        Console.WriteLine("i = " + i);
        i = i * 2;
        Console.ReadKey();
    }
}
```

▼実行結果

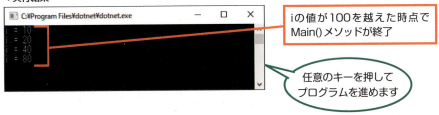

iの値が100を越えた時点でMain()メソッドが終了

任意のキーを押してプログラムを進めます

Tips 自動実装プロパティの初期化

C# 6以降では、フィールドと同じように、自動実装プロパティに初期値を設定（初期化）できるようになっています。

▼自動実装プロパティNameを初期化する

```
public string Name { get; set; } = "Taro";
```

3.2.2　メソッドの戻り値とパラメーター

returnは、メソッドから何らかの値を呼び出し元に返す（戻り値）ためのキーワードで、メソッドの宣言部において、戻り値の型を指定しておき、メソッドの内部においてreturnステートメントで戻り値を指定します。

▼メソッドの戻り値を画面に表示する（コンソールアプリプロジェクト「ReturnValue」）

```
class Program
{
    static string Return()         ── 戻り値はstring型
    {
        return ("BYE-BYE");
    }
    static void Main(string[] args)　── 戻り値はなし
    {
        Console.WriteLine("Mainメソッド実行中です。");
        string str = Return();
        Console.WriteLine(str);
        Console.ReadKey();
    }
}
```

パラメーターと引数

メソッドを呼び出す際に、引き渡す値のことを**引数**（ひきすう）と呼びます。これまでに何度も使用したConsole.WriteLine()メソッドでは、画面に表示する内容を( )の中に引数として書いていました。

一方、メソッド側では、引数を受け取るための変数のことを**パラメーター**と呼びます。すでに何度かやってきましたが、基本的な書き方を確認しておくことにしましょう。

パラメーターは、メソッドの宣言部の( )内に記述します。複数、必要な場合は「,」で区切って列挙し、必要なければ( )の中を空にしておきます。

▼パラメーターの設定

```
static void MyMethod(int a, int b)    ── 第1パラメーター / 第2パラメーター
{
    int sum = a + b;                  ── パラメーターの値を合計する
}
```

●引数の書き方

　一方、メソッド呼び出しにおける引数の並び順は、パラメーターの並び順に対応します。先のMyMethod()を呼び出す際は、次のように記述します。

```
MyMethod(100, 200);
```
「100」は第1引数　「200」は第2引数

3.2.3　値渡しと参照渡し

　引数の渡し方は、値そのものを渡すのか、それとも値を参照する情報を渡すのかによって大きく2つに分けられます。前者を引数の**値（ね）渡し**、後者を引数の**参照渡し**と呼びます。
　これまでに使用してきた引数の渡し方は値渡しです。値渡しを行うと、引数の値がメソッド側のパラメーターにコピーされます。引数に指定した変数とパラメーターの実体は、別々のメモリ領域に存在することになるので、コピー先のパラメーターの値を変更しても呼び出し元の変数は影響を受けません。

　一方、引数に **ref** キーワードを付けることで、参照渡しにすることができます。引数に指定した変数の**参照情報**がコピーされるので、結果的に変数もパラメーターも同じ領域を参照することになります。パラメーターの値を変更すると、呼び出し元の変数の値も変更されることになります。

値渡しと参照渡しは値型や参照型とは異なる

　値渡しと参照渡しは、メソッド呼び出しにおけるデータの伝え方の方法であって、データ構造における値型や参照型とは異なる概念です。値渡しをする引数が値型のこともあれば、参照型のこともあります。同様に、refを付けて参照渡しをする引数が値型のこともあれば参照型のこともあります。このように引数の渡し方と引数のデータ型が値型や参照型であることには、直接的な関連性はありません。

▼引数の渡し方

	パラメーターが値型の場合	パラメーターが参照型の場合
値渡し	値のコピーが渡される	参照情報のコピーが渡される
参照渡し	値型変数のアドレスが渡される	参照型変数のアドレスが渡される

　では、値型や参照型を値渡し、および参照渡しとする場合にどのような影響があるのかを確認してみることにしましょう。

▼値渡しと参照渡しを行う（コンソールアプリプロジェクト「ValueOrReference」）

```
class Program
{
    static void Pro1(int n1, int[] n2)
    {
```

3.2 メソッドの戻り値とパラメーターの設定

```
        n1 += 1;
        n2[0] += 1;
    }
    static void Pro2(ref int v1, ref int[] v2)
    {
        v1 += 1;
        v2[0] += 1;
    }

    static void Main(string[] args)
    {
        int a1 = 10, a2 = 10;
        int[] ary1 = { 1, 2, 3 };
        int[] ary2 = { 1, 2, 3 };

        Pro1(a1, ary1);                                          ❶
        Console.WriteLine("a1 = " + a1);
        Console.WriteLine("ary1[0] = " + ary1[0]);

        Pro2(ref a2, ref ary2);                                  ❷
        Console.WriteLine("a2 = " + a2);
        Console.WriteLine("ary2[0] = " + ary2[0]);
        Console.ReadKey();
    }
}
```

▼実行結果

メソッドPro1()とPro2()は、2つのパラメーターに対して1を加算する処理を行います。異なるのは、Pro1()が値渡し、Pro2()が参照渡しであることです。

● 値渡しを指定したPro1()メソッド

❶のメソッド呼び出し時における第1引数a1は値渡しなので、値の「10」がメソッドのパラメーターn1にコピーされます。メソッドの中でn1の値に1を加算して11にしても、ローカル変数a1の値は「10」のままです。

3.2 メソッドの戻り値とパラメーターの設定

一方、第2引数は配列変数ary1です。配列は参照型なので、パラメーターn2にコピーされるのは、配列のデータではなく、配列データを参照する「参照情報」です。

このため、n2もary1も同じ配列要素を参照することになります。メソッド内でn2[0]の要素に1を加算するとary1[0]も「2」になります。

●参照渡しを指定したPro2()メソッド

❷のメソッド呼び出し時における第1引数n1、第2引数も共に参照渡しが指定されているので、ローカル変数a2と配列変数ary2自体の参照情報がコピーされます。引数とした変数自体の参照情報が渡されることになるので、ローカル変数a2とパラメーターn1は、実質的にまったく同じ変数です。

また、配列変数ary2についても、配列の参照情報ではなく、配列変数の参照が引数として渡されます。名前こそ違いますが、ary2もn2も、変数自体が同一のスタックメモリ領域にあるので、まったく同じ配列変数です。別の角度で見ると、変数にエイリアス（別名）を付けたことになります。参照渡しなのでメソッド内でn1に1を加算すると、ローカル変数a2の値も「11」になり、n2[0]に1を加算するとary2[0]の値も2になります。n2とary2の実体は、引数と同一であるためです。

参照型を値渡しにした場合と参照渡しにした場合の違いはわかりにくいのですが、値渡しにした配列ary1とパラメーターn2は別々の領域に存在し（参照先は同じ）、参照渡しにした配列ary2とパラメーターv2は同じ領域に存在（参照先も同じ）することになります。

outで参照渡しを簡潔に実行する

▼引数を参照渡しにしてメソッド側で設定された値を取得する（コンソールアプリプロジェクト「PassByReference」）

```
class Program
{
    private static void getData(ref string Name, ref int Age)
    {
        Name = "Taro";
        Age = 26;
    }
    static void Main(string[] args)
    {
        string name = "";
        int age = 0;
        getData(ref name, ref age);  //nameとageを参照渡しにする
        Console.WriteLine("Name={0} Age={1}", name, age);
        Console.ReadKey();
    }
}
```

289

3.2 メソッドの戻り値とパラメーターの設定

▼実行結果

以上のように、引数を参照渡しにすれば、メソッド側で設定された値を戻り値の仕組みを使わずに取得することができます。

ただし、上記のコードを見てみると、「string name = "";」や「int age = 0;」の部分が気になります。メソッドから値を受け取るだけの変数ですが、このように初期化を行っておかないとエラーになってしまうのです。そこで、このような場合は、refではなく**out**を使えば、初期化のコードを記述しなくても済むようになります。outをパラメーターや引数で指定することで、この部分にはメソッドで必ず値が代入されることをコンパイラーに明示的に伝えるというわけです。

▼outによる出力パラメーターを利用する（コンソールアプリプロジェクト「PassByOut」）

```
class Program
{
    private static void getData(out string Name, out int Age)
    {
        Name = "Taro";
        Age = 26;
    }
    static void Main(string[] args)
    {
        string name;            ──── 初期値の代入は不要
        int age;                ──── 初期値の代入は不要
        getData(out name, out age);
        Console.WriteLine("Name={0} Age={1}", name, age);
        Console.ReadKey();
    }
}
```

3.2 メソッドの戻り値とパラメーターの設定

Memo 可変長のパラメーター

実際にプログラムを実行するまでは引数の数が決定しない場合があります。このような場合は、可変長のパラメーターリストを設定するparams修飾子を使用します。

例えば「(params string[] s)」のように記述すると、string型の引数を任意の数だけ受け取ることができるようになります。パラメーターsは配列です。

このようなパラメーターを**パラメーター配列**と呼び

ます。要素数を指定していないので、引数にする配列要素の数は任意に設定できます。なお、複数のパラメーターを用意する場合は、パラメーター配列を最後に記述します。

次は、string型の配列要素を受け取ると、foreachステートメントを使って、要素の値を順番に表示する例です。ループは、パラメーター配列の要素の数だけ実行されます。

▼パラメーター配列をメソッドに設定する（コンソールアプリプロジェクト「ParameterArray」）

```
class Program
{
    static void Show(int n, params string[] s)  ←パラメーター配列
    {
        Console.WriteLine("グループ : " + n);
        foreach (var str in s) Console.WriteLine(str);
    }
    static void Main(string[] args)
    {
        Show(1, "レタス", "人参", "キャベツ", "玉ねぎ");
        Show(2, "白桃", "パパイヤ");
        string[] data = {"エリンギ", "マッシュルーム", "マイタケ"};
        Show(3, data);
        Console.ReadKey();
    }
}
```

メソッドを呼び出す際は、パラメーターの並びに合わせて引数を記述し、パラメーター配列に渡す引数もカンマで区切って記述します。なお、配列を引数にすることも可能です。

▼引数をリスト形式で記述

```
Show(1, "レタス", "人参", "キャベツ", "玉ねぎ");
```

▼引数を配列にしてパラメーター配列に渡す

```
string[] data = {"エリンギ", "マッシュルーム", "マイタケ"};
Show(3, data);
```

配列を宣言します

第2引数を配列にします

3

Visual C#のオブジェクト指向プログラミング

291

メソッドの呼び出し式

Level ★★★　　Keyword　インスタンスメソッド　静的メソッド　デリゲート型　ラムダ式

メソッドを呼び出す際は、通常の呼び出し式に加え、ジェネリックを利用した呼び出しやデリゲートを利用した呼び出しなどがあります。
このセクションでは、メソッドを呼び出す各種の方法について見ていきます。

メソッドの呼び出しパターン

メソッドには、インスタンスに対して処理を行う**インスタンスメソッド**、クラス名を指定して直接、起動できる**静的メソッド**があります。

●インスタンスメソッドの呼び出し

インスタンスメソッドは、インスタンス化の処理を経て呼び出しを行います。

▼インスタンスメソッドの呼び出し

```
インスタンスの参照変数.メソッド名();
```

●ジェネリックと呼び出し式

コンパイラーが判別可能な場合は、型パラメーターの指定を省略してメソッドを呼び出すことが可能です。

●定義済みのデリゲート型

.NET Frameworkには、既定のデリゲート型が用意されています。戻り値がない場合はAction、戻り値がある場合はFuncを利用すればデリゲート型の宣言が不要になります。

●メソッドの戻り値をクラス型で返す

戻り値の数が多い場合は、戻り値の型をクラス型にすると便利です。この場合、あらかじめ任意のクラスを定義しておき、戻り値の型として、定義したクラスを指定します。

●静的メソッドの呼び出し

静的メソッドは、static修飾子が付くメソッドで、インスタンス化せずに呼び出せます。

3.3 メソッドの呼び出し式

●デリゲート経由のメソッド呼び出し

デリゲート型とは、メソッドを扱うための型のことです。デリゲート型にはメソッドの参照が格納されるので、デリゲート型の変数をメソッド名の代わりに使ってメソッドを呼び出すことができます。

●ラムダ式

デリゲートを利用する際にラムダ式を使えば、メソッドの名前が不要になります。

Tips パラメーターの並び順を無視して引数の並び順を決める

これまで、引数の並び順をパラメーターの並び順と一致させることで、各パラメーターに引数の値を渡すようにしていましたが、次のように引数にコロン「:」を付けてパラメーター名を指定することで、パラメーターの並び順に関係なく値を渡せるようになります。

▼パラメーター名を指定した引数の設定

```
メソッド名 (パラメーター名：値，パラメーター名：値 ......)
```

▼パラメーター名付きの引数をメソッドに渡す例（コンソールアプリプロジェクト「ParameterName」）

```csharp
class Program
{
    static void Proc(string s1, string s2, int num)
    {
        Console.WriteLine("a={0} b={1} c={2}", s1, s2, num);
    }

    static void Main(string[] args)
    {
        Proc(num: 2019, s2: "Visual Studio", s1: "Microsoft");
        Console.ReadKey();
    }
}
```

パラメーター名を指定する

▼実行結果

指定したとおりに値が渡されている

なお、通常の順番通りの書き方と、パラメーター名を指定した書き方を混在させることも可能です。ただし、この場合は、順番どおりの書き方を先に持ってくるようにします。

3.3.1 呼び出し式を使用したメソッド呼び出し

メソッドには、大きく分けて2種類のタイプがあります。1つは、生成したインスタンスに対して処理を行う**インスタンスメソッド**、もう1つはクラス名を指定して直接、実行できる**静的メソッド**です。

インスタンスメソッドの呼び出し

インスタンスメソッドは、インスタンス化の処理を経て利用する、オブジェクト指向プログラミングに欠かせないメソッドです。

▼インスタンスメソッドを使用する（コンソールアプリプロジェクト「InstanceMethod」）

```
using System;

namespace InstanceMethod
{
    class A
    {
        public int Num;                  ── フィールドの宣言
        public int Add(int p)            ── インスタンスメソッド
        {
            return Num + p;
        }
    }

    class Program
    {
        static void Main(string[] args)
        {
            var obj1 = new A();          ── 1つ目のインスタンスの生成
            var obj2 = new A();          ── 2つ目のインスタンスの生成
            obj1.Num = 10;                                        ──❶
            obj2.Num = 100;                                       ──❷

            Console.WriteLine("obj1=" + obj1.Add(1));             ──❸
            Console.WriteLine("obj2=" + obj2.Add(1));             ──❹
            Console.ReadKey();
        }
    }
}
```

3.3 メソッドの呼び出し式

▼インスタンスメソッドの呼び出し

構文
インスタンスの参照変数.メソッド名();

インスタンスメソッドは、メソッドが含まれるクラスのインスタンスを生成し、このインスタンスを使って呼び出します。

❶では、obj1が参照するインスタンスのフィールドNumに10を代入しています。❸では、obj1を指定してAddメソッドを呼び出しているので、obj1のフィールドNumの値が11になります。

❷では、obj2のフィールドNumに100を代入し、❹において、Addメソッドを呼び出しているので、obj2のフィールドNumの値が101になります。

以上のように、インスタンスメソッドは特定のインスタンスに対して作用するのが特徴です。

▼実行結果

obj1.Add(1)の結果

obj2.Add(1)の結果

静的メソッドの呼び出し

静的メソッドは、static修飾子を使って宣言されたメソッドで、インスタンス化を行わずに呼び出せるのが特徴です。インスタンスメソッドが「インスタンスに対して実行する」、つまり処理結果がインスタンスに保持されるのに対し、静的メソッドは「処理だけに特化した」メソッドです。例えば、C#のMathクラスのメソッドは、計算結果だけを取得できればよいので静的メソッドとして定義されています。

静的メソッドを呼び出すには、「クラス名.メソッド名」のように、メソッドを含むクラス名を記述します。

▼静的メソッドの呼び出し

構文
クラス名.メソッド名()

Onepoint
Console.WriteLine()やMessage.Show()も、静的メソッドです。

▼静的メソッドを利用する（コンソールアプリプロジェクト「StaticMethod」）

```
using System;

namespace StaticMethod
{
    class A
    {
        public static int Add(int p1, int p2)         ── 静的メソッド
```

3.3 メソッドの呼び出し式

```
        {
            return p1 + p2;
        }
    }
    class Program
    {
        static void Main(string[] args)
        {
            Console.WriteLine(A.Add(10, 10));    ──❶
            Console.WriteLine(A.Add(100, 100));  ──❷
            Console.ReadKey();
        }
    }
}
```

❶では、Addメソッドに引数として10と10を渡しているので、戻り値の20が返されます。❷では、引数として100と100を渡しているので、戻り値の200が返されます。

▼実行結果

Tips 式だけで構成されるラムダ式

ラムダ式における{}内のステートメントが1行だけであれば、{}とreturnキーワードを省略して、1行で記述することができます。

▼ラムダ式

```
Func<int,double,double> func = (x,y) =>
{
    return x * y;
};
```

▼1行にまとめる書き方

```
Func<int,double,double> func = (x, y) => (x * y);
```

ジェネリックと呼び出し式

次は、型パラメーターTを設定したメソッドを呼び出す例です。

▼型パラメーターが設定されたメソッドを利用する（コンソールアプリプロジェクト「GenericMethod」）

```csharp
class Program
{
    static void Test<T>(T t)
    {
        Console.WriteLine(t);
    }
    static void Main(string[] args)
    {
        Test<int>(500);
        Console.ReadKey();
    }
}
```

▼実行結果

ジェネリックメソッドの処理結果

Testメソッドは、型パラメーターTが設定されているので、呼び出し側の引数の型に対応します。なお、コンパイラーが判別可能な場合は、型パラメーターの指定を省略してメソッドを呼び出すことが可能です。

▼型パラメーターを省略する

```
Test(500);        引数の500からint型であると判断される
```

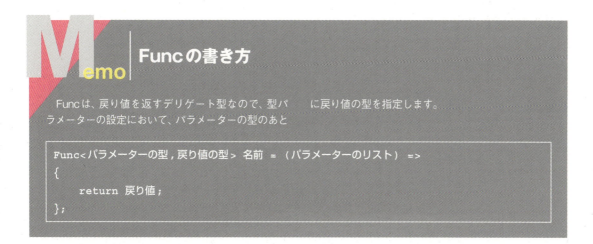

3.3.2 デリゲート経由のメソッド呼び出し

デリゲート型は、メソッドを扱うための型です。デリゲート型の変数にはメソッドの参照が格納されるので、変数を使ってメソッドを呼び出すことができます。

▼デリゲートを利用したメソッド呼び出し（コンソールアプリプロジェクト「Delegate」）

```
class Program
{
    delegate void Del();                              ①
    static void Disp()                                ②
    {
        Console.WriteLine("Hello,world!");
    }
    static void a(Del call)                           ③
    {
        call();
    }
    static void Main(string[] args)
    {
        a(Disp);                                      ④
        Console.ReadKey();
    }
}
```

▼実行結果

デリゲート経由でメソッドを呼び出した結果

① `delegate void Del();`
　デリゲート型を宣言しています。

▼デリゲート型の宣言

```
delegate 戻り値の型 デリゲート名 (パラメーター);
```

② `static void Disp()`
　文字列の表示を行うメソッドです。

③ `static void a(Del call)`
　デリゲート型のパラメーターを持つメソッドです。

④ `a(Disp);`
　引数に②のDisp()メソッドを指定して、③のa()メソッドを呼び出します。

定義済みのデリゲート型

.NET Frameworkには、既定のデリゲート型である「Action」と「Func」が用意されています。この2つのデリゲートは、パラメーターを持たないメソッドに対して使用できます。戻り値がない場合はAction、戻り値がある場合はFuncを利用すればデリゲート型の宣言が不要になります。

先のプログラムは、次のように書き換えることができます。

▼Actionデリゲートを使用したプログラム（コンソールアプリプロジェクト「ActionDelegate」）

```
class Program
{
    private static void Disp()
    {
        Console.WriteLine("Hello,world!");
    }
    private static void a(Action call)                    ──①
    {
        call();
    }
    static void Main(string[] args)
    {
        a(Disp);
        Console.ReadKey();
    }
}
```

①では、Actionデリゲート型のパラメーターを設定しています。これによってメソッドを引数にしてパラメーターに渡すことができるようになります。

次に、Funcデリゲートですが、これは戻り値を返すメソッドの登録に使用します。使用する際はFunc＜データ型＞のように、ジェネリックを使用して戻り値の型を指定します。

次は、一時ファイルを生成して文字列を書き込むSendToFile()メソッドをFuncデリゲートに登録する例です。SendToFile()メソッドは、処理に成功するとTrue、失敗するとFalseを戻り値として返します。デリゲートでこのメソッドを呼び出し、戻り値の値によって画面に結果を表示するようにしています。

▼Funcデリゲートを使う（コンソールアプリプロジェクト「FuncDelegate」）

```
using System;
using System.IO;

namespace FuncDelegate
{
```

3.3 メソッドの呼び出し式

```csharp
public class Output
{
    public bool SendToFile()
    {
        try
        {
            // 0バイトの一時ファイルをディスク上に作成し、ファイルのパスを取得
            string fn = Path.GetTempFileName();
            // 一時ファイル用のStreamWriterクラスのインスタンスを生成
            StreamWriter sw = new StreamWriter(fn);
            // TextWriter.WriteLineメソッドで文字列と行終端記号を一時ファイルに書き込む
            sw.WriteLine("Hello, World!");
            sw.Close();            // 書き込み用のストリームを閉じる
            return true;           // 処理後、trueを返す
        }
        catch
        {
            return false;          // 処理できなかった場合はfalseを返す
        }
    }
}
class Program
{
    static void Main(string[] args)
    {
        Output output = new Output();          // Outputのインスタンスを生成
        // Func<T> デリゲートにSendToFile() メソッドを登録
        Func<bool> methodCall = output.SendToFile;
        if (methodCall())        // デリゲートでメソッドを呼び出し、戻り値によって処理を分岐

            Console.WriteLine("一時ファイルへの書き込みが成功しました！");
        else
            Console.WriteLine("書き込みに失敗しました");
        Console.ReadKey();
    }
}
```

▼実行結果

デリゲート経由のメソッド呼び出しが成功した

3.3.3 ラムダ式によるデリゲートの実行

次は、Actionデリゲート型の変数にメソッドの参照を格納し、この変数を使ってメソッド呼び出しを行う例です。

▼デリゲート型変数を利用したメソッド呼び出し（コンソールアプリプロジェクト「ActionNoLambda」）

```
class Program
{
    static void Disp()
    {
        Console.WriteLine("Hello world!");
    }
    static void Main(string[] args)
    {
        Action act = Disp;
        act();
        Console.ReadKey();
    }
}
```

前記のプログラムではデリゲート型の変数を宣言したので、変数名のactでもメソッド名のDispでもメソッドを呼び出せます。しかし、メソッド呼び出しを使い分ける必要がなければ、デリゲート名だけで呼び出した方がすっきりします。

このような場合は、**ラムダ式**を使います。ラムダ式を使えば、メソッドの名前が不要になります。

▼ラムダ式を利用する（コンソールアプリプロジェクト「LambdaDelegate」）

```
class Program
{
    static void Main(string[] args)
    {
        Action act = () =>          ―――― ラムダ式にはメソッド名がない
        {
            Console.WriteLine("Hello world!");
        };
        act();    //デリゲートを実行
        Console.ReadKey();
    }
}
```

3.3 メソッドの呼び出し式

ラムダ式の書き方

処理の内容は、デリゲート経由のメソッド呼び出しとまったく同じです。ラムダ式を使うことでメソッドの名前は不要になり、残ったのは処理を行う部分だけになりました。このような無名のメソッドを利用する機能はC# 2.0で**匿名メソッド**として追加されましたが、C# 3.0以降からは匿名メソッドをさらに簡素化したラムダ式が利用できるようになっています。

▼ラムダ式の書き方

デリゲート型 デリゲート名 = (パラメーターのリスト) => { 実行するステートメント };

次は、パラメーターが2つのメソッドをラムダ式に変えた例です。

▼通常のメソッド

```
Void メソッド名(a, b)
{
    実行するステートメント
}
```

▼Actionデリゲートのラムダ式
```
Action<int,int> act = (a,b)=>
{
    // 実行するステートメント
};
```

　デリゲート型には、型パラメーターを設定することができます。上記の場合は、int型のパラメーターa、bがあることを示しています。
　次は、パラメーターを1つ持つ匿名メソッドを、ラムダ式でActionデリゲートに登録する例です。

▼パラメーターリストを設定したラムダ式 (コンソールアプリプロジェクト「LambdaAction」)
```
using System;

namespace LambdaAction
{
    class Program
    {
        static void Main(string[] args)
        {
            Action<string>act = (x) =>                              ❶
            {
                Console.WriteLine(x);
```

```
        };
        act("Hello world!");                                              ❷
        Console.ReadKey();
    }
  }
}
```

▼実行結果

ラムダ式でパラメーターリストを
使用した結果

❶ Action<string>act = (x) => { Console.WriteLine(x); };
パラメーターのリストを設定したラムダ式です。型パラメーターとしてstring型を指定しています。
❷ act("Hello world!");
ラムダ式でパラメーターリストを設定したので、デリゲート型の変数に引数を設定しています。

値を返すラムダ式

デリゲート型のFuncを使うと、ラムダ式から戻り値を取得することができます。

▼Func型デリゲートにラムダ式でメソッドを登録（コンソールアプリプロジェクト「LambdaFunc」）

```
class Program
{
    static void Main(string[] args)
    {
        // ラムダ式でFuncデリゲートにパラメーターx、yを乗算するメソッドを登録
        Func<int, double, double> func = (x, y) => (x * y);
        int i = 100;
        double d = 3.14159;
        // デリゲートfuncでメソッドを実行
        double result = func(i, d);
        Console.WriteLine(result);
        Console.ReadKey();
    }
}
```

▼実行結果

Func型デリゲートでdouble型の
戻り値が返された

3.3　メソッドの呼び出し式

ラムダ式で変数を参照する

　メソッド内で宣言されたローカル変数は、メソッド内でのみ有効です。他のメソッドから参照することはできません。
　これに対し、ラムダ式では、ラムダ式を含むメソッドの変数を直接、参照できます。次は、Main()メソッド内部にラムダ式を記述した例です。

▼Mainメソッド内部に記述されたラムダ式（コンソールアプリプロジェクト「ReferVariable1」）

```
static void Main(string[] args)
{
    int num = 100;
    Func<int, int> func = (a) =>
    {
        return a * 2;
    };
    num = func(num);
    Console.WriteLine(num);
    Console.ReadKey();
}
```

　上記のプログラムでは、デリゲート経由でラムダ式を呼び出しています。呼び出す際は、Mainメソッドのローカル変数であるnumを引数にしています。しかし、ラムダ式の内部でローカル変数を参照できるので、次のように書き換えることが可能です。

▼ラムダ式内部でローカル変数を参照する（コンソールアプリプロジェクト「ReferVariable2」）

```
static void Main(string[] args)
{
    int num = 100;
    Action act = () =>
    {
        num *= 2;            ――― ローカル変数を参照
    };
    act();
    Console.WriteLine(num);
    Console.ReadKey();
}
```

　ラムダ式内部でローカル変数を直接参照すれば、ラムダ式を呼び出す際にローカル変数を引数にする必要がなくなります。また、ラムダ式においても値を返す必要がなくなるのでパラメーターが不要になります。結果としてラムダ式をFuncからActionへ変更することが可能になるので、コードがシンプルになります。

3.3.4　メソッドの戻り値をクラス型で返す

　戻り値の数が多い場合は、戻り値の型をクラス型にすると便利です。この場合、あらかじめ、任意のクラスを定義しておき、戻り値の型として定義したクラスを指定します。戻り値として返す値の数が増えても、クラスの定義を変更すれば対処できます。

▼戻り値をクラス型で返す（コンソールアプリプロジェクト「ReturnObject」）

```csharp
using System;

namespace ReturnObject
{
    class Customer ───────────────── クラスの定義
    {
        public int Id; ───────────── 戻り値を用意する
        public string Name; ──────── 戻り値を用意する
    }

    class Program
    {
        private static Customer getData()
        {
            return new Customer() ── 戻り値としてインスタンスを返す
            {
                Id   = 1001, ─────── 値をセット
                Name = "Bill",
            };
        }
        static void Main(string[] args)
        {
            var dt = getData();
            Console.WriteLine("Name={0} Id={1}", dt.Name, dt.Id);
            Console.ReadKey();
        }
    }
}
```

▼実行結果

戻り値の値を出力する

3.3.5 メソッドのオーバーロード

同一のクラス内で、パラメーターの型や数、並び順が異なれば、同じ名前のメソッドを複数定義することができます。これを**メソッドのオーバーロード**と呼びます。

なお、戻り値の型、アクセス修飾子、パラメーターの名前が異なっていても、上記の要件に満たない場合はオーバーロードできません。

インスタンスメソッドも静的メソッドもオーバーロードすることができますが、ここではインスタンスメソッドを見ていくことにしましょう。

メソッドをオーバーロードする（パラメーターの型の相違）

次のJudgmentクラスには、フィールドnumと、パラメーターとして渡された数との大小を比較する2個のoverloadMethod()メソッドがあります。これらのメソッドはパラメーターに渡された値がint型の場合とdouble型の場合に対応してオーバーロードしています。

▼パラメーターの型の違いによってオーバーロードした例（コンソールアプリプロジェクト「OverloadType」）

```
using System;

namespace OverloadType
{
    class Judgment
    {
        int num;
        // コンストラクター
        public Judgment(int num) { this.num = num; }
        // int型のパラメーターを持つメソッド
        public bool overloadMethod(int val)
        { return num >= val; }
        // double型のパラメーターを持つメソッド
        public bool overloadMethod(double val)
        { return num >= val; }
    }
    class Program
    {
        static void Main(string[] args)
        {
            Judgment obj1 = new Judgment(100);
            // int型を引数にしてメソッドを実行
            bool return1 = obj1.overloadMethod(50);
```

```
            // double型を引数にしてメソッドを実行
            bool return2 = obj1.overloadMethod(150.55);
            Console.WriteLine(return1);
            Console.WriteLine(return2);
            Console.ReadKey();
        }
    }
}
```

▼実行結果

int型の値を引数にしてメソッドを呼び出したときの戻り値

double型の値を引数にしてメソッドを呼び出したときの戻り値

メソッドをオーバーロードする（パラメーターの数の相違）

今度は、メソッドのパラメーターの数を変えることでオーバーロードしてみましょう。

▼パラメーターの数の違いによってオーバーロードした例（コンソールアプリプロジェクト「OverloadNumber」）

```
using System;

namespace OverloadNumber
{
    class Member
    {
        // パラメーターを2個持つメソッド
        public void registry(string name, string country)
        {
            Console.WriteLine("名前は" + name + "：国籍は" + country);
        }

        // パラメーターを1個持つメソッド
        public void registry(string name)
        {
            Console.WriteLine("名前は" + name + "：国籍は日本");
        }
    }
    class Program
    {
```

3.3 メソッドの呼び出し式

```
    static void Main(string[] args)
    {
        Member obj1 = new Member();
        obj1.registry("Gerry Lopez", "米国");        // 引数は2個

        Member obj2 = new Member();
        obj2.registry("秀和太郎");                    // 引数は1個

        Console.ReadKey();
    }
}
```

▼実行結果

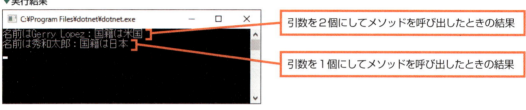

引数を2個にしてメソッドを呼び出したときの結果

引数を1個にしてメソッドを呼び出したときの結果

Memo 条件演算子を利用したifステートメントの省略

条件演算子を利用すると、ifステートメントを省略した簡易表記が可能になります。

▼条件演算子

構文　条件式 ? 条件が成立した場合の値 : 成立しなかった場合の値；

▼普通のifステートメント

```
bool b = true;
string str;
if (b)
    str = "OK";
else
    str = "NO";
```

ifステートメントの部分を条件演算子で書き換えると、1行で記述できます。

▼条件演算子に書き換える

```
str =(b) ? "OK" : "NO";
```

Section 3.4 コンストラクター

Level ★★★　　Keyword　コンストラクター　無名配列　デフォルトコンストラクター

コンストラクターは、クラスのインスタンス化に先立って実行される初期化用のメソッドです。コンストラクターを使うと、クラスがインスタンス化される際に、指定しておいた処理を実行させることができます。

ここがポイント！ コンストラクターの呼び出し

クラスをインスタンス化する場合は、次のように記述します。このときに記述した「Example()」がコンストラクターを呼び出す部分です。

```
Example obj1 = new Example();
```
——— Exampleクラスのコンストラクターを呼び出している

● デフォルトコンストラクター

コンストラクターはクラスと同じ名前を持ち、クラスを作成する際にコンストラクターを作成しなくても何も行わないコンストラクターがコンパイラーによって自動的に作成されます。

● パラメーターを持つコンストラクター

コンストラクターにパラメーターを設定すると、呼び出し元から値を受け取り、この値でフィールドを初期化することができます。

● コンストラクターのオーバーロード

コンストラクターのパラメーターの数や型が異なれば、1つのクラスの中に複数のコンストラクターを定義できます。これを「コンストラクターのオーバーロード(多重定義)」と呼びます。

▼コンストラクターのオーバーロードを使う条件

パラメーターの数が異なる	例:(int a, int b)と(int a)
パラメーターの並び順が異なる	例:(int a, string b)と(string b, int a)
パラメーターの型が異なる	例:(int a, string b)と(double a, string b)

309

3.4.1 コンストラクターの役割

コンストラクターを使用すると、オブジェクトの生成時に初期化のための処理が行えます。

●コンストラクターについて
・コンストラクター名はクラス名と同一で、戻り値を持ちません。
・アクセス属性はpublicであることが必要です。
・new演算子でインスタンス化を行う際に必ず呼び出されます。
・コンストラクターはオーバーロード（多重定義）することができます。
・コンストラクターを定義しない場合は、暗黙のうちにパラメーターなしのデフォルトコンストラクターが作成されます。

▼コンストラクターを定義する（パラメーターあり）

```
public クラス名 （パラメーターのリスト） {
    処理
}
```

●コンストラクターを定義するときのポイント
コンストラクターを定義する際のポイントは以下のとおりです。

●パラメーターの並び順や個数はフィールドと一致する必要はない
多くの場合、コンストラクターではパラメーターで受け取った値をフィールドに代入する処理を行います。ただし、フィールドに値を設定すればよいだけなので、パラメーターの並び順や数がフィールドと一致している必要はありません。

▼3個のフィールドに対してコンストラクターのパラメーターは1個

```
class Example
{
    int num1;
    int num2;
    string str;
    public Example(string s)　――――　パラメーターとフィールドの数は無関係
    {
        str = s;
    }
}
```

●フィールドをリテラル（定数）で初期化できる
パラメーターを使わずに、直接、100などの値でフィールドを初期化することもできます。

3.4 コンストラクター

▼フィールドをリテラルで初期化する

```
class Example
{
    int num1;
    string str;
    public Example(string s)
    {
        num1 = 100;         ─── リテラルで初期化してもよい
        str = s;
    }
}
```

●パラメーターがないコンストラクターも定義できる

コンストラクター内部の処理でフィールドを初期化します。

▼パラメーター内部の処理だけでフィールドを初期化する

```
class Example
{
    int num1;
    string str;
    public Example()       ─── パラメーターがないコンストラクター
    {
        num1 = 0;
        str = "";
    }
}
```

●return以外の命令文を記述できる

returnステートメント以外であれば、初期化に関係のないコードも記述できます。

▼初期化に関係のない命令文を記述できる

```
class Example
{
    int num1;
    string str;
    public Example(int n, string s)
    {
        num1 = n;
        str = s;
        Console.WriteLine("コンストラクターを実行しました。");
    }
}
```

3

Visual C#のオブジェクト指向プログラミング

311

コンストラクターのパラメーターを配列にする

フィールドが配列の場合はコンストラクターのパラメーターも配列にして、配列として受け取った値をフィールドに格納することができます。

この場合、コンストラクターの呼び出し側では**無名配列**を作成し、これを引数としてコンストラクターに渡すようにします。

▼配列型のパラメーターを持つコンストラクター（コンソールアプリプロジェクト「NonNameArray」）

```csharp
using System;

namespace NoNameArray
{
    class DataSet
    {
        public string s;
        public int[] n;                                    ── 配列型のフィールド

        public DataSet(String _s, int[] _n)                ── 配列のパラメーターを持つコンストラクター
        {
            s = _s;
            n = _n;
        }
    }

    class Program
    {
        static void Main(string[] args)
        {
            // インスタンスの生成
            DataSet ds1 = new DataSet(
                "配列の値",                                  ── 第1引数
                new int[] { 10, 20, 30, 40, 50 }            ── 第2引数は無名配列
            );

            Console.Write(ds1.s + "= {");
            foreach (var m in ds1.n)                        ── 配列要素を表示
            {
                Console.Write(m + " ");
            }
            Console.WriteLine("}");
            Console.ReadKey();
```

```
        }
    }
}
```

▼実行結果

```
C:¥Program Files¥dotnet¥dotnet.exe
配列の値= [ 10 20 30 40 50 ]
```

配列の値が表示される

コンストラクターのオーバーロード

コンストラクターのパラメーターの数や型が異なれば、複数のコンストラクターを定義できます。これを、**コンストラクターのオーバーロード**（**多重定義**）と呼びます。コンストラクターのオーバーロードを使うには、次のいずれかの条件を満たしていることが必要です。

▼パラメーターの数が異なる例

(int a, int b) と (int a)

▼パラメーターの並び順が異なる例

(int a, string b) と (string b, int a)

▼パラメーターの型が異なる例

(int a, string b) と (double a, string b)

　コンストラクターのオーバーロードを使えば、フィールドを初期化する場合に、ある状況ではすべてのフィールドをパラメーターで受け取った値で初期化し、別の状況では一部のフィールドのみパラメーターで初期化して、その他のフィールドはデフォルト値で初期化するといった操作を行うことができます。

　次のプログラムでは、パラメーターの数や型が異なるコンストラクターを定義しています。

▼オーバーロードした3個のコンストラクターを定義（コンソールアプリプロジェクト「OverloadConstructor」）

```
using System;

namespace OverloadConstructor
{
    class SetNumber
    {
        public int numA;
```

3.4 コンストラクター

```csharp
    public int numB;
    public double numC;


    // パラメーターを3個持つコンストラクター ━━━━━━━━━━━━━━━━━━ ❶
    public SetNumber(int a, int b, double c)
    {
        numA = a;   // パラメーターで初期化
        numB = b;   // パラメーターで初期化
        numC = c;   // パラメーターで初期化
    }


    // int型のパラメーターを1個持つコンストラクター ━━━━━━━━━━━━ ❷
    public SetNumber(int a)
    {
        numA = a;        // パラメーターで初期化
        numB = 10;       // 既定値で初期化
        numC = 1.234;    // 既定値で初期化
    }


    // double型のパラメーターを1個持つコンストラクター ━━━━━━━━━ ❸
    public SetNumber(double c)
    {
        numA = 500;  // 既定値で初期化
        numB = 10;   // 既定値で初期化
        numC = c;    // パラメーターで初期化
    }
}


class Program
{


    static void Main(string[] args)
    {
        // コンストラクターの呼び出しに3個の引数を指定 ━━━━━━━ ❶を呼び出し
        SetNumber obj1 = new SetNumber(11, 22, 33.405);
        Console.WriteLine(
            obj1.numA + "," + obj1.numB + "," + obj1.numC
        );


        // コンストラクターの呼び出しにint型の引数1つを指定 ━━━ ❷を呼び出し
        SetNumber obj2 = new SetNumber(20);
        Console.WriteLine(
```

```
            obj2.numA + "," + obj2.numB + "," + obj2.numC
        );

        // コンストラクターの呼び出しにdouble型の引数1つを指定 ────── ❸を呼び出し
        SetNumber obj3 = new SetNumber(11.55);
        Console.WriteLine(
            obj3.numA + "," + obj3.numB + "," + obj3.numC
        );

        Console.ReadKey();
    }
  }
}
```

▼実行結果

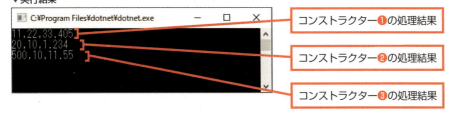

コンストラクター❶の処理結果
コンストラクター❷の処理結果
コンストラクター❸の処理結果

●各コンストラクターの呼び出し

　コンストラクター呼び出し時の引数の指定方法によって、次のコンストラクターが呼び出されます。

●int型の引数を2個、double型の引数を1個指定した場合

　int型のパラメーターを2個とdouble型のパラメーターを1個持つコンストラクター❶が呼び出されます。

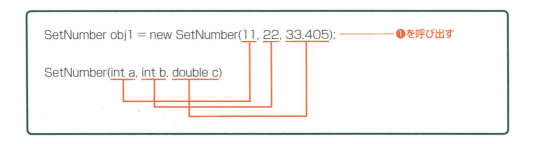

●int型の引数を1個だけ指定した場合

int型のパラメーターを1個だけ持つコンストラクター❷が呼び出されます。

```
SetNumber obj2 = new SetNumber(20);        ❷を呼び出す

SetNumber(int a)
```

●double型の引数を1個だけ指定した場合

double型のパラメーターを1個だけ持つコンストラクター❸が呼び出されます。

```
SetNumber obj3 = new SetNumber(11.55);        ❸を呼び出す

SetNumber(double c)
```

Memo 継承のメリット

継承を行わずに、既存のクラスの中身をコピーして、新たなフィールドやメソッドを追加すれば簡単に新しい機能を持つクラスを作成できます。しかし、そこには次のようなデメリットが潜んでいます。

・共通する機能を持つクラスが2つ存在することになる

共通する機能を持つクラスが複数、存在するということは、クラスを定義するコードが重複することになり、無駄な部分が増えることになります。

・既存のクラスと新規クラスとの互換性はない

コピー元のクラスと、コピーして作成したクラスは何の関係もありません。似たような機能を持ちながら、柔軟に使い分けることが困難です。

・修正が容易ではない

コピーしたコードの一部に誤りが見付かり、それを修正する場合、対象のコードを張り付けたすべての箇所に同じ修正を適用することが必要になります。また、バージョンアップ時の機能強化に伴ってコードを追加する際も同様の作業が発生してしまいます。

●継承のメリット

継承を使えば、次のようなメリットがあります。

・既存のクラスのフィールドやメソッドを流用できる

クラスを継承すると、基本クラスで定義したフィールドやメソッドを改めて定義しなくても派生クラスにはこれらの要素がそのまま引き継がれます。すべてのクラスに共通する要素を基本クラスで定義し、異なる部分だけを個別に派生クラスとして定義できるので無駄がありません。

・メソッドがオーバーライドできる

派生クラスでは、基本クラスのメソッドを引き継いで新たな機能を加えることができます。このため、基本的な処理が同じメソッドであれば、名前を統一することができます。

・クラスのメンバーを柔軟に呼び分けられる

基本クラス型の変数には、派生クラスのインスタンスの参照を格納することができます。このため、インスタンスの中身を入れ替えるだけで、継承関係にあるクラスのメンバーを柔軟に呼び分けられます。

3.4.2　thisによる参照情報の付加

　コンストラクターのパラメーター名とフィールド名が異なると、どのパラメーターがどのフィールドに対応するのかがわかりにくくなることがあります。このような場合は**this**キーワードを使うことで、フィールド名とパラメーター名を同じにすることができます。

▼thisキーワードでフィールドを示す
```
class Customer
{
    string id;
    string name;
    int age;
    public Customer(string id, string name, int age) {
        this.id = id;
        this.name = name;
        this.age = age;
    }
}
```

　thisは現在処理を行っているインスタンス（オブジェクト）を表すキーワードです。フィールドにthisを付けることで、インスタンスのフィールドであることが示されるので、パラメーター名とフィールド名を同じにすることができます。

this()で別のコンストラクターを呼び出す

　コンストラクターがオーバーロードされている場合、thisを使うと、コンストラクター同士で相互に呼び出すことができます。これが何の役に立つのかというと、フィールドに既定値を設定するコンストラクターとパラメーターで初期化するコンストラクターが存在する場合に便利なのです。まずは、次のプログラムを見てください。

▼thisでコンストラクターからコンストラクターを呼ぶ（コンソールアプリプロジェクト「CallByThis」）
```
using System;

namespace CallByThis
{
    class Customer
    {
        public string id;
        public string name;
        public int age;
```

3.4 コンストラクター

```csharp
        // パラメーターを持たないコンストラクター
        public Customer()                                               ❶
            : this("-", "-", -1)          ❸のコンストラクターを呼び出す
        {

        }


        // 2つのパラメーターを持つコンストラクター
        public Customer(string id, string name)                         ❷
            : this(id, name, -1)          ❸のコンストラクターを呼び出す
        {
        }


        // 3つのパラメーターを持つコンストラクター
        public Customer(string id, string name, int age)                ❸
        {
        // 3つのパラメーター値をフィールドに格納
            this.id   = id;
            this.name = name;
            this.age  = age;
        }
    }

class Program
{
    static void Main(string[] args)
    {
        Customer obj1 = new Customer();                         // 引数なし
        Customer obj2 = new Customer("A101", "秀和太郎");        // 引数2つ
        Customer obj3 = new Customer("B101", "山田次郎", 28);    // 引数3つ

        Console.WriteLine(
            obj1.id + "," + obj1.name + "," + obj1.age          // obj1を出力
        );
        Console.WriteLine(
            obj2.id + "," + obj2.name + "," + obj2.age          // obj2を出力
        );
        Console.WriteLine(
            obj3.id + "," + obj3.name + "," + obj3.age          // obj3を出力
        );
```

```
            Console.ReadKey();
        }
    }
}
```

❶と❷のコンストラクターは、一部のフィールドを既定値で初期化します。これに対し、❸のコンストラクターは、すべてのフィールドをパラメーター値で初期化します。そうであれば、❶、❷のコンストラクターでは、既定値だけを定義して、フィールドへの代入は❸のコンストラクターに任せてしまう、というのがポイントです。これを実現するために、❶、❷のコンストラクターは、既定値を引数にして❸を呼び出すようにします。このとき、「:this(引数のリスト)」をコンストラクターの宣言部の最後に書くと、オーバーロードの仕組みによって、引数のパターンに合致するコンストラクターが呼び出されます。

▼インスタンスの生成とコンストラクター呼び出し（引数なし）

```
Customer obj1 = new Customer();
```

⬇

❶のコンストラクターが呼び出される

```
public Customer()
    : this("-", "-", -1) ——— 3つの引数をセットして❸のコンストラクターを呼び出す
{
}
```

⬇

❸のコンストラクターが呼び出される

```
public Customer(string id, string name, int age)
{
    this.id = id;      ——— フィールドidに値をセット
    this.name = name;  ——— フィールドnameに値をセット
    this.age = age;    ——— フィールドageに値をセット
}
```

▼実行結果

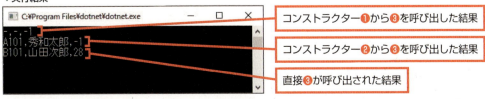

コンストラクター❶から❸を呼び出した結果
コンストラクター❷から❸を呼び出した結果
直接❸が呼び出された結果

Section 3.5 クラスを引き継いで子供クラスを作る（継承）

Level ★★★　**Keyword** 継承　スーパークラス　サブクラス

クラスの機能を引き継いだ別の新しいクラスを作ることができます。1つの親クラスからたくさんの子供クラスを作るというわけです。親クラスのことを「スーパークラス」、子供クラスのことを「サブクラス」と呼びます。こんなことをして何がウレシイのかよくわかりませんが、そこにはきっと何らかのメリットがあるはずです。

継承

あるクラスを「スーパークラス」とし、その機能を引き継いだ「サブクラス」を作成することを「継承」と呼びます。継承こそが、オブジェクト指向プログラミングのキモになる部分で、「継承があるからこそオブジェクト指向プログラミングができる」と言えるくらい重要なものです。

● 継承を行うメリット

- 1つのクラスの機能が肥大化したとき、中身をサブクラスごとに整理してスッキリさせられる。
- 似たような機能を持つクラスは重複するコードが多くなってしまう。継承を使えば、重複するコードはスーパークラスにまとめて、用途別に作成したサブクラスから利用できるようになる。
- 何と言っても継承の一番のメリットは「オーバーライド」。スーパークラスのメソッドを上書きすることで新機能を追加できるので、同じメソッド名を使って処理を振り分けることができる（ポリモーフィズム）。

3.5 クラスを引き継いで子供クラスを作る（継承）

3.5.1　スーパークラスとサブクラスを作成してみる

継承のメリットは、実際にやってみないと実感がわかないかと思います。まずは、シンプルなクラスを作ってそれをどんどん継承していろんなサブクラスを作ってみましょう。

スーパークラスを継承してサブクラスを作る

スーパークラスといっても「普通のクラス」です。宣言の仕方も内部の構造もこれまで見てきたクラスと何ら変わりません。つまり、いま手元で使えるクラスはすべてスーパークラスにすることができます。「サブクラスを作ってはじめて継承になる」というわけです。では、サブクラスの作り方です。

▼サブクラスの定義

```
class サブクラス名 : スーパークラス名
{
    サブクラスのメンバー
}
```

たったこれだけです。「:」の後にスーパークラスになるクラス名を書けば、「そのクラスのメンバーをごっそり引き継いだサブクラス」になります。いきなりですが、3世代にわたって継承する様子を見てみましょう。Aクラス←Bクラス←Cクラスという関係です。

▼Aクラスを頂点にBクラス、Cクラスの順で継承する（コンソールアプリ「InheritAndInherit」）

```csharp
using System;

namespace InheritAndInherit
{
    class A
    {
    }

    class B : A       // Aクラスを継承したサブクラスB
    {
    }

    class C : B       // Bクラスを継承したサブクラスC
    {
    }

    class Program
    {
```

```
            static void Main(string[] args)
            {
            }
        }
    }
```

　Aクラス←Bクラス←Cクラスという関係ができ上がったのですが、クラスの中身が何もないのでよくわかりませんね。では、それぞれのクラスにコンストラクターを定義してみましょう。

3.5.2　継承でのコンストラクターの扱い

　Aクラスと、Aクラスを継承したBクラス、さらにBクラスを継承したCクラスを作成し、Cクラスをインスタンス化した場合に、A、Bクラスのコンストラクターはどうなるのかを試してみましょう。

▼継承ツリー

```
    Aクラス
      ↑
      ← Bクラス
              ↑
              ← Cクラス
```

▼継承関係にある3つのクラスにおけるコンストラクターの扱いを確認（コンソールアプリプロジェクト「InheritAndInherit」）

```
using System;

namespace InthritAndInherit
{
    class A
    {
        public A()
        {
            Console.WriteLine("Aクラスのコンストラクターです。");
        }
    }

    class B : A
    {
        public B()
        {
            Console.WriteLine("Bクラスのコンストラクターです。");
```

```csharp
        }
    }

    class C : B
    {
        public C()
        {
            Console.WriteLine("Cクラスのコンストラクターです。");
        }
    }
    class Program
    {
        static void Main(string[] args)
        {
            C obj = new C();    //Cクラスをインスタンス化
            Console.ReadKey();
        }
    }
}
```

▼実行結果

A➡B➡Cクラスの順でコンストラクターが実行された

Memo 継承に含まれない要素

クラスを継承した際に引き継がれるのは、スーパークラスのインスタンスです。厳密にはスーパークラスのフィールドですが、メソッドが定義されている場合は、メソッドを使用することができます。

●継承されない要素
クラスの以下のメンバーは、継承されません。

▼継承されないメンバー

・コンストラクター
・static修飾されたメンバー (静的メンバー)
　静的フィールド、静的メソッド

●修飾子で制限されたメンバーは継承されない
privateが付けられたフィールドやメソッドには、クラスの外部からアクセスすることはできません。

スーパークラスのコンストラクターの呼び出し

先のプログラムの実行結果を見ると、最下位に位置するCクラスをインスタンス化すると、継承関係の頂点に位置するAクラスのコンストラクターから順に、Bクラスのコンストラクター、Cクラスのコンストラクターの順で実行されていることがわかります。

これは、コンパイラーが暗黙のうちに「: base()」という記述を各クラスのコンストラクターに追加したからです。

●baseキーワードによるスーパークラスのコンストラクター呼び出し

baseは、サブクラスからスーパークラスのメンバーにアクセスするためのキーワードです。Visual C#では、インスタンス化を行う場合はスーパークラスの初期化を行うことが定められています。このため、スーパークラスのコンストラクターにパラメーターがない場合は、引数なしの「:base()」が次のように内部的に挿入されます。なお、あえて「: base()」を書いても問題はありません。

▼コンパイラーによる「: base()」の追加

```
class A
{
    public A(): base()          ――― すべてのクラスのスーパークラス「Object」の
    {                                 コンストラクターを呼び出す
        Console.WriteLine("Aクラスのコンストラクターです。");
    }
}

class B : A
{
    public B(): base()          ――― Aクラスのコンストラクターの呼び出し
    {
        Console.WriteLine("Bクラスのコンストラクターです。");
    }
}

class C : B
{
    public C(): base()          ――― Bクラスのコンストラクターの呼び出し
    {
        Console.WriteLine("クラスCのコンストラクターです。");
    }
}
```

3.5 クラスを引き継いで子供クラスを作る（継承）

●すべてのクラスはObjectクラスのコンストラクターを呼び出す

　前ページのプログラムでは、Aクラスにも「: base()」の記述があります。Visual C#では、すべてのクラスは、System.Objectクラスを継承しています。このため、継承関係の最上位のAクラスでは、最終的にObjectクラスのコンストラクターを呼び出す必要があります。

Objectクラスのコンストラクターはパラメーターを持たないので、base()のように引数なしの呼び出しを行います。なお、Objectクラスのコンストラクターは特に何もしません。

パラメーター付きコンストラクター呼び出し時のエラー

　スーパークラスにパラメーターなしのコンストラクターが定義されている例を見てきました。今度は、スーパークラスにパラメーター付きのコンストラクターだけが定義されている場合について見てみましょう。

▼スーパークラスにパラメーター付きのコンストラクターのみを定義

```
class A
{
    int num;
    public A(int num)         ── パラメーター付きのコンストラクターしか存在しない
    {
        this.num = num;
        Console.WriteLine(num);
    }
}

class B : A
{
    public B(int n)
    : base(n)                                                              ❶
    {
    }
}

class Program
{
    static void Main(string[] args)
    {
        B sample = new B(100);                                             ❷
```

```
        }
}
```

●スーパークラスの明示的な初期化

　Aクラスにはパラメーター付きのコンストラクターだけが定義されています。このような場合は、❶のようにサブクラスBのコンストラクターにも同じパラメーターを設定し、baseキーワードでスーパークラスのコンストラクターに渡すようにします。そうすれば、Bクラスをインスタンス化する際に❷のように引数を指定すれば、Bクラスを経由してAクラスのコンストラクターに渡されます。

●Bクラスにおいてコンストラクターを定義しなかった場合

　Bクラスでコンストラクターを定義しないと、次のようにデフォルトコンストラクターが作成されて、引数なしの: base()が挿入されてしまうので、コンパイルエラーが発生します。

```
B()
: base()
{
}
```

▼サブクラスにおけるコンストラクターの定義

構文

> アクセス修飾子　サブクラス名 (スーパークラスとサブクラス独自のパラメーター)
> 　　　: base(スーパークラスのパラメーター)
> {
> 　　　サブクラスのコンストラクターの処理
> }

Memo｜オーバーライドとオーバーロード

　「オーバーロード」と混同してしまいがちなのが「オーバーライド」です。オーバーロードはパラメーターの構成を変えることで、同じ名前のメソッドを呼び分けるテクニックです。

　これに対し、オーバーライドはパラメーターの構成は同じですが、メソッドを実行するインスタンスによってスーパークラスやサブクラスで定義された同じ名前のメソッドを呼び分けるテクニックです。

3.5　クラスを引き継いで子供クラスを作る（継承）

3.5.3　サブクラスでメソッドをオーバーロードする

サブクラスでは、スーパークラスのメソッドをオーバーロードすることができます。
次のプログラムで確認してみましょう。

▼サブクラスでメソッドをオーバーロードする（コンソールアプリプロジェクト「OverloadBySubClass」）

```csharp
class Customer
{
    public string Name { get; set; }

    public void Registry(string name)                    ──── スーパークラスのメソッド
    {
        Name = "君の名は" + name;
    }
    public void show1()
    {
        Console.WriteLine(Name);
    }
}
class Country : Customer
{
    public string CountryName { get; set; }
    public void Registry(string name, string country)    ──── オーバーロードしたメソッド
    {
        Name = "君の名は" + name;
        CountryName = "国籍は" + country;
    }
    public void show2()
    {
        Console.WriteLine(Name);
        Console.WriteLine(CountryName);
    }
}
class Program
{
    static void Main(string[] args)
    {
        Country obj1 = new Country();
        obj1.Registry("秀和太郎");                         ──── 引数は1個
        obj1.show1();
```

327

```
        Country obj2 = new Country();
        obj2.Registry("Gerry Lopez", "米国");          ── 引数は2個
        obj2.show2();
    }
}
```

▼実行結果

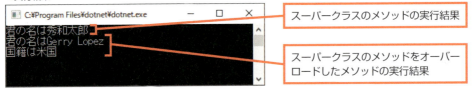

●オーバーロードしたメソッドの呼び出し
　Main()メソッドでは、サブクラスCountryのインスタンスを生成し、次のように引数の数を変えてRegistry()メソッドを呼び出しています。

```
obj1.Registry("秀和太郎");                    ── 引数は1個なのでスーパークラスのメソッドが呼び出される
obj2.Registry("Gerry Lopez", "米国");         ── 引数は2個なのでサブクラスでオーバーロードしたメソッドが呼び出される
```

スーパークラスのメソッドの呼び出し

　サブクラスでは、引数の構成を合わせることで、オーバーロードの元となったメソッドを呼び出すことができます。この方法を使うと、サブクラスでオーバーロードする際の記述を次のようにシンプルにできます。

▼Registry()メソッドのオーバーロード
```
public void Registry(string name, string country)
{
    Registry(name);              ── スーパークラスのRegistry()メソッドを呼び出す
    CountryName = "国籍は" + country;
}
```

Section 3.6 メソッドを改造して同じ名前で呼び分ける（オーバーライドとポリモーフィズム）

Level ★★★　　Keyword　オーバーライド　Virtual

継承のメリットは、何と言っても「メソッドのオーバーライド」にあります。スーパークラスのメソッドを書き換えれば、同じ名前でありながら機能が異なるメソッドがいくつも作れます。
　同じ名前だと目的のメソッドがうまく呼び出せるか不安ですが、これは「ポリモーフィズム」という仕組みが解決してくれます。

チャットボット「C#ちゃん」の作成

ここでは、シンプルなチャットボット「C#ちゃん」を題材に、オーバーライドとポリモーフィズムの仕組みを学んでいきます。

▼C#ちゃん

329

3.6.1 オーバーライドによるメソッドの再定義

　サブクラスでは、スーパークラスで定義されているメソッドと同名のメソッドを作成して、スーパークラスのメソッドを上書きすることができます。これを**オーバーライド（メソッドの再定義）**と呼びます。クラスを継承してサブクラスを作成する際に、「基本機能は同じだが各クラスごとに細部が異なるメソッド」をそれぞれのクラスで定義したいことがあります。このような場合にオーバーライドを使います。オーバーライドを使えば、すべてのサブクラスに共通のメソッド名を持たせながら、中身を自由に書き換えることができます。

●オーバーライドのメリット
・同じような処理を行う複数のメソッドを同じ名前で管理できるので、メソッド名が混乱することがありません。
・メソッドを使用する際はメソッドが属するクラスをインスタンス化するため、必然的に適切なメソッドが呼び出されます。

●オーバーライドできるメンバー
　オーバーライドは、override修飾子を付けて宣言したメソッドやプロパティに対して行うことができます。

●オーバーライドの条件
　オーバーライドを行うには次の条件を満たすことが必要です。

・スーパークラスのメソッド名と同じであること
　メソッド名を変えてオーバーライドすることはできません。
・スーパークラスのメソッドとパラメーターの構成が同じであること
　パラメーターの型や数、並び順を変えてはなりません。
・戻り値がある場合は同じ型であること

オーバーライドを利用したチャットボット「C#ちゃん」の作成

「C#ちゃん」の本体クラスを作る

　「**チャットボット**（chatbot）」とは、「チャット」と「ボット」を組み合わせた言葉で、正式には人工知能的な要素を活用した「自動会話プログラム」のことを指します。主にテキストを双方向でやり取りする仕組みのことですが、ここではそんな大げさなものではなく、相手の言葉をオウム返ししたり、複数のパターンからランダムに応答を返すことで何となくの会話をシミュレーションしてみようというものです。目的はオーバーライドとポリモーフィズムを体験することですので内容はかなりシンプルです。

　まずは、フォームアプリ用のプロジェクト「Chatbot」を作成しましょう。作成できたら、**プロジェクト**メニューの**クラスの追加**を選択し、「CSharpchan.cs」という名前でクラス用ファイルを作成しましょう。

3.6 メソッドを改造して同じ名前で呼び分ける（オーバーライドとポリモーフィズム）

▼クラス用ファイル「CSharpchan.cs」の作成

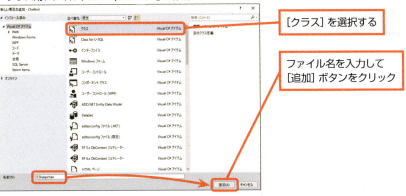

次が「C#ちゃん」の本体クラスCSharpchanのコードとなります。

▼CSharpchanクラス（CSharpchan.cs）

```
using System;

namespace Chatbot
{
    /*
     * C#ちゃんの本体クラス
     *
     */
    class CSharpchan
    {
        private string           name;        // オブジェクトの名前を保持するフィールド
        private RandomResponder res_random;   // RandomResponderのインスタンスを保持する
        private RepeatResponder res_repeat;   // RepeatResponderのインスタンスを保持する
        private Responder       responder;    // Responder型のフィールド

        public string Name                    // nameフィールドにアクセスするためのプロパティ
        {
            get { return name; }
            set { name = value; }
        }

        // コンストラクター
        public CSharpchan(string name)
        {
            this.name = name;
            res_random = new RandomResponder("Random");  // RandomResponderをインスタンス化
```

3.6 メソッドを改造して同じ名前で呼び分ける（オーバーライドとポリモーフィズム）

```
            res_repeat = new RepeatResponder("Repeat"); // RepeatResponderをインスタンス化
        }

        // 応答メッセージを返すメソッド
        public string Dialogue(string input)
        {
            Random rnd = new Random();          // Randomのインスタンス化
            int num = rnd.Next(0, 10);          // 0～9の範囲の値をランダムに生成
            if (num < 6)                        // 0～5ならRandomResponderをチョイス
            {
                this.responder = res_random;
            }
            else                                // 6～9ならRepeatResponderをチョイス
            {
                this.responder = res_repeat;
            }
            // チョイスしたオブジェクトのResponse()メソッドを実行し
            // 応答メッセージを戻り値として返す
            return this.responder.Response(input);
        }

        // チョイスしたオブジェクトの名前を返すメソッド
        public string GetName()
        {
            return responder.Name;
        }
    }
}
```

　今回のプログラムは、GUIの画面に会話の入力欄とプログラム側からの応答欄を配置し、会話を入力したら応答が画面に表示されることを通して会話っぽいものをしていこうというものです。応答のパターンには2つあって、

> RandomResponderクラス（登録されている会話パターンからランダムに応答する）

> RepeatResponderクラス（相手の言ったことに「××って何？」とオウム返しする）

という2つのクラスがその処理を受け持ちます。これらのクラスは「応答を作る」という目的は同じですので、

> Responderクラス（RepeatResponderとRandomResponder）

というスーパークラスのサブクラスとします。

で、今回のCSharpchanクラスが、「これらのクラスを呼び出して応答を作る」という司令塔、つまりコントローラー的な役目をします。

ポリモーフィズムによってオーバーライドされたメソッドを呼び分ける

というわけでCSharpchanクラスにはメソッドが1つしかありません。Dialogue()という応答を返すメソッドです。このメソッドでは、0～9の値をランダムに生成し、0～5が出ればRandomResponder、それ以外はRepeatResponderのインスタンスをresponderフィールドに格納します。これらのインスタンスはコンストラクターで生成されています。responderはスーパークラスResponder型のフィールドですので、どのサブクラスのインスタンスでも代入することができます。

さて、どちらかのサブクラスが選ばれたあと、次のreturn文で結果、つまり応答を返します。

> return responder.Response(input);

ここでポリモーフィズムが出動します。Response()は、スーパークラスResponderのメソッドをRandomResponder、RepeatResponderでそれぞれオーバーライドしています。responderにはランダムにチョイスされたインスタンスが代入されていますので、

> RandomResponderであればこのクラスのResponse()が呼ばれる

> RepeatResponderであればこのクラスのResponse()が呼ばれる

ということになります。**実行時型識別**（**RTTI**：Run-Time Type Identification）とも呼ばれるポリモーフィズムです。responder.Response(input)というコードを書いておけば、あとはresponderに格納されたインスタンスの種類によって「Response()メソッドが呼び分けられる」というわけです。

あと、Nameというプロパティですが、コンストラクターを使ってnameフィールドに格納されたC#ちゃんクラスのオブジェクト名にアクセスするためのものです。

最後にGetName()、これはサブクラスのオブジェクト名を返す役目をします。最終的にC#ちゃんクラスはフォームのイベントハンドラーから呼び出すようになりますが、イベントハンドラーからサブクラスに直接アクセスできないので、このメソッドが中継役をするというわけです。

3.6 メソッドを改造して同じ名前で呼び分ける（オーバーライドとポリモーフィズム）

応答クラスのスーパークラス

　　応答クラスのスーパークラス Responder です。「Responder.cs」という名前のクラス用ファイル
を作成し、以下のコードを記述しましょう。

▼スーパークラス Responder の定義（Responder.cs）

```
using System;
namespace Chatbot
{
    /*
     * 応答クラスのスーパークラス
     *
     */
    class Responder
    {
        private string name;        // オブジェクトの名前を保持するフィールド

        public string Name              // nameフィールドにアクセスするためのプロパティ
        {
            get { return name; }
            set { name = value; }
        }

        // コンストラクター
        // オブジェクト名を受け取ってnameフィールドにセット
        public Responder(string name)
        {
            this.name = name;
        }

        // オーバーライドを前提にしたメソッド
        // 応答メッセージを作成して戻り値として返す
        public virtual string Response(string input)
        {
            return "";
        }
    }
}
```

　　定義されているのは、コンストラクターとメソッドが1つだけです。C#ちゃんクラス
CSharpchanのコンストラクターで2つのサブクラスのインスタンス化を行うのですが、そのとき

334

3.6 メソッドを改造して同じ名前で呼び分ける（オーバーライドとポリモーフィズム）

にオブジェクトの識別名が引数として渡されてきます。それをResponderのコンストラクターでnameフィールドに格納します。

　Response()は応答を作成するメソッドですが、オーバーライドされることを前提にしていますので、「空文字を返す」という最低限の処理だけが定義されています。

核心の対話処理その1

　応答クラスのサブクラスRepeatResponderです。このクラスは相手の発言を「○○って何？」とオウム返しに質問します。「RepeatResponder.cs」という名前のクラス用ファイルを作成し、以下のコードを記述しましょう。

▼サブクラス RepeatResponder の定義（RepeatResponder.cs）

```
using System;
namespace Chatbot
{
    /*
     * オウム返しの応答を作るサブクラス
     */
    class RepeatResponder : Responder
    {
        // サブクラスのコンストラクター
        public RepeatResponder(string name) : base(name)
        {
        }

        // Response() メソッドをオーバーライド
        // オウム返しのメッセージを作成して返す
        public override string Response(string input)
        {
            return String.Format("{0}ってなに？", input);
        }
    }
}
```

　スーパークラスでパラメーター付きのコンストラクターを定義していますので、サブクラス側では定義コードのみを書いています。これで、サブクラスのコンストラクターを通じてスーパークラスのコンストラクターが呼び出されるようになります。

　オーバーライドしたResponse()メソッドは、拍子抜けするくらいにシンプルな処理です。String.Format()で相手の発言を取り込んだ文字列「○○って何？」を作ってそのままreturnで返します。

3.6 メソッドを改造して同じ名前で呼び分ける（オーバーライドとポリモーフィズム）

核心の対話処理その2

残るもう1つのサブクラスでは、あらかじめ用意した応答パターンからランダムに抽出し、これを返します。クラス用ファイル「RandomResponder.cs」を作成して、以下のコードを記述しましょう。

▼サブクラスRandomResponderの定義（RandomResponder.cs）

```csharp
using System;
namespace Chatbot
{
    /*
     * 独自の応答をランダムに返すサブクラス
     */
    class RandomResponder : Responder
    {
        // ランダム応答用の文字列
        private string[] responses = {
            "いい天気だね",
            "ぶっちゃけ、そういうことね",
            "10円ひろった",
            "じゃあこれ知ってる?",
            "それいいじゃない",
            "それかわいい♪"
        };

        // サブクラスのコンストラクター
        public RandomResponder(string name) : base(name)
        {
        }

        // Response()メソッドをオーバーライド
        // ランダム応答用のメッセージを作成して返す
        public override string Response(string input)
        {
            // Randomのインスタンス化
            Random rnd = new Random();
            // 配列からメッセージを抽出して戻り値として返す
            return responses[rnd.Next(0, responses.Length)];
        }
    }
}
```

336

string型の配列responsesを用意して、いくつかの応答パターンを登録しました。オーバーライドしたResponse()メソッドでは、配列のインデックスをランダムに生成し、対応する要素を戻り値として返します。それが次の部分です。

```
return responses [rnd.Next(0, responses.Length)];
```

0～配列のサイズの範囲でランダムに値を生成し、これを配列のインデックスとして要素を取り出します。簡単な仕掛けですが、これで配列に格納された応答パターンがランダムに返されます。

GUIとイベントハンドラーの用意

あとは画面を用意して、ボタンをクリックしたときのイベントハンドラーに対話のための処理を記述すれば完成です。まずは画面を作成しましょう。

▼C#ちゃんのGUI

▼ログ表示用のテキストボックス

(Name)	textBox2
Multiline	True
ScrollBars	Both

BackColor	White
FontのSize	12

▼ピクチャーボックス

(Name)	pictureBox1
BackgroundImage	事前に背景用のイメージをプロジェクトフォルダー内にコピーしておく。プロパティの値の欄のボタンをクリックして［ローカルリソース］をオンにし、［インポート］ボタンをクリックしてイメージ（img1.gif）を選択したあと［OK］ボタンをクリックする。

▼入力用のテキストボックス

(Name)	textBox1
FontのSize	12

▼ボタン

(Name)	button1
FontのSize	12
Text	話す

3.6 メソッドを改造して同じ名前で呼び分ける（オーバーライドとポリモーフィズム）

イベントハンドラーの定義

　対話処理は、ボタンをクリックしたタイミングで開始します。では、画面上のボタンをダブルクリックしてイベントハンドラーを作成し、Form1.csに以下のコードを記述しましょう。

▼Form1.csのソースコード

```csharp
using System;
using System.Windows.Forms;


namespace Chatbot
{
    public partial class Form1 : Form
    {
        // CSharpchanクラスをインスタンス化
        private CSharpchan _chan = new CSharpchan("C#ちゃん");          ──❶


        public Form1()
        {
            InitializeComponent();
        }


        // 対話ログをテキストボックスに追加するメソッド
        // str 入力文字または応答メッセージ
        private void PutLog(string str)                                ──❷
        {
            textBox2.AppendText(str + "\r\n");
        }


        // C#ちゃんのプロンプトを作る関数
        // 戻り値 プロンプト用の文字列
        private string Prompt()                                        ──❸
        {
            string p = _chan.Name + "：" + _chan.GetName();
            return p + "> ";


        }


        // ［話す］ボタンのイベントハンドラー
        private void Button1_Click(object sender, EventArgs e)
        {
            // テキストボックスに入力された文字列を取得
```

338

3.6 メソッドを改造して同じ名前で呼び分ける（オーバーライドとポリモーフィズム）

```csharp
        string value = textBox1.Text;                            ──④
        // 未入力の場合の応答
        if (string.IsNullOrEmpty(value))
        {
            label1.Text = "なに？";
        }
        // 入力されていたら対話処理を実行
        else
        {
            // 入力文字列を引数にしてDialogue()の結果を取得
            string response = _chan.Dialogue(value);             ──⑤
            // 応答メッセージをラベルに表示
            label1.Text = response;                              ──⑥
            // 入力文字列を引数にしてPutLog()を実行
            PutLog("> " + value);                                ──⑦
            // 応答メッセージを引数にしてPutLog()を実行
            PutLog(Prompt() + response);                         ──⑧
            // テキストボックスをクリア
            textBox1.Clear();
        }
    }
}
}
```

Form1クラスの冒頭❶にCSharpchanクラスをインスタンス化するコードを書いています。これでフォームが読み込まれると同時にCSharpchanのインスタンスが_chanフィールドに格納されます。

❷は引数で渡された文字列をログ表示用のテキストボックスに追加するメソッドです。

❸は、C#ちゃんの発言の冒頭に付けるプロンプトを作るメソッドです。

C#ちゃん：Random＞ じゃあこれ知ってる？

　　　　　　　　　　　　　　　　　　　この部分を作ります

次にイベントハンドラーの処理です。❹でテキストボックスに入力された文字列を所得し、if...elseで処理を振り分けます。未入力なら「なに？」と表示し、入力があった場合はelse以下で応答の処理を開始します。

❺でC#ちゃんクラスCSharpchanのインスタンスからDialogue()メソッドを呼び出します。すると、

Dialogue()メソッド➡応答用サブクラスのチョイス➡Response()メソッド実行

3

Visual C#のオブジェクト指向プログラミング

3.6 メソッドを改造して同じ名前で呼び分ける（オーバーライドとポリモーフィズム）

という流れで応答メッセージが返ってきます。

❻でC#ちゃんの応答をラベルに表示します。

❼と❽で❷のPutLog()メソッドを呼び出して、ログ表示用のテキストボックスにログを追加します。すると、

> やあ、こんちは　　　　　　　　　　　　　──────── ユーザーが入力した文字列
> C#ちゃん：Random＞ じゃあこれ知ってる？ ──────── C#ちゃんの応答

のようにログが追加されます。

🔺 C#ちゃん、うまく会話できる？

では、さっそくプログラムを実行してみましょう。

▼プログラムの実行

入力してボタンをクリックします

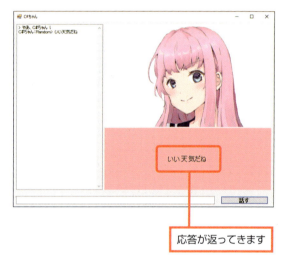

応答が返ってきます

これまでの会話のログ

　　まあ、噛み合ってるような噛み合ってないような…無理やり合わせてはいますが、時折入ってくるRepeatResponderのオウム返しの応答がアクセントになって、ボキャブラリーの少なさをカバーしています。これもポリモーフィズムによるオーバーライドメソッドの呼び分けが功を奏しているお陰かと思います。

340

Section 3.7 もう一度ポリモーフィズム

Level ★★★　　Keyword　ポリモーフィズム　抽象クラス

オーバーライドはスーパークラスのメソッドを上書きし、サブクラス独自のメソッドに再定義します。これによって、実行するインスタンスのクラス型で定義されているオーバーメソッドが呼び出されるようになります。これが**ポリモーフィズム**（**多態性**）です。

ここがポイント！ ポリモーフィズムの仕組み

ポリモーフィズムの概念は、おおむね次のとおりです。

●ポリモーフィズムの概念

次の3つのクラスには、それぞれ同じ名前の「Disp」メソッドが実装されています。

```
Class1    Dispメソッド
Class2    Dispメソッド
Class3    Dispメソッド
```

ポリモーフィズムを利用すると、Dispメソッドを呼び出したときに、状況に応じていずれかのクラスのDispメソッドが実行されます。

●ポリモーフィズムを使うメリット

・プログラムが簡潔になる
・プログラムの安全性の向上
・プログラムの拡張性の向上

▼ポリモーフィズムにおいて使用するスーパークラス

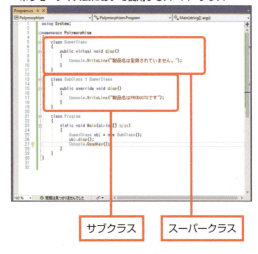

サブクラス　スーパークラス

3.7.1　スーパークラス型の参照変数の利用

スーパークラス型の変数には、サブクラス型のインスタンスの参照を格納することができます。サブクラスのインスタンスはスーパークラスの型と代入互換性があるためです。

▼スーパークラス型の変数にサブクラスのインスタンスを割り当てる

```
スーパークラス名 変数名 = new サブクラス名();
```

スーパークラス型の変数にサブクラスのインスタンスを割り当てる

次は、スーパークラスCustomer型の変数に、サブクラスのインスタンス（の参照）を代入する例です。

▼スーパークラス型の参照変数にサブクラス型のインスタンスの参照を代入（コンソールアプリプロジェクト「SuperClassType」）

```
using System;

namespace SuperClassType
{
    class Customer
    {
        public string name;
        public void registry(string name)
        {
            this.name = name;
        }
    }

    class Country : Customer
    {
        string country;
        void registry(string name, string country)
        {
            this.name = name;
            this.country = country;
        }
    }

    class Program
    {
```

```
        static void Main(string[] args)
        {
            Customer obj = new Country();
            obj.registry("Gerry Lopez");
            Console.WriteLine(obj.name);
            Console.ReadKey();
        }
    }
}
```

▼実行結果

スーパークラス型の変数からサブクラスのメソッドに実行

●変数のクラス型で使用できるメンバーが決定する

　スーパークラス型の参照変数には、サブクラス型のインスタンス（の参照）を代入することが可能です。スーパークラスは継承先のクラスなのでこのようなことが可能です。

▼サブクラスのインスタンスを作成

`Customer obj = new Country();` ──── サブクラスのインスタンスの参照を代入

●スーパークラスの参照型変数の参照範囲

　ただし、変数objには、サブクラスのインスタンスのメモリ上の位置を示す情報が格納されていますが、変数の型がスーパークラス型なので、サブクラスで拡張したメンバーにはアクセスすることができません。これは、スーパークラス型のインスタンスには、サブクラスの情報がないためです。

▼スーパークラスの参照型変数の参照範囲

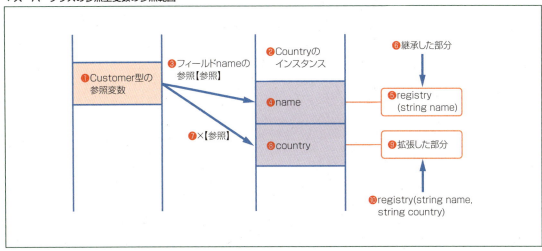

3.7 もう一度ポリモーフィズム

3.7.2 インスタンスの型によるオーバーライドメソッドの有効化

　スーパークラス型の参照変数にサブクラス型のインスタンスの参照を代入した場合、このインスタンスに対して実行できるメソッドは、スーパークラスで定義されているメソッドだけになります。

　ただし、オーバーライドしたメソッドは、名前もパラメーターの構成も同じです。サブクラスでオーバーライドされているメソッドがあれば、サブクラスのメソッドが呼び出されます。どのオーバーライドメソッドが呼び出されるのかは、参照変数のクラス型ではなく、参照先のインスタンスの型で決まります。

▼サブクラスのオーバーライドメソッドを呼び出すプログラム（コンソールアプリプロジェクト「Polymorphism」）

```csharp
using System;

namespace Polymorphism
{
    class SuperClass
    {
        public virtual void Disp()
        {
            Console.WriteLine("製品名は登録されていません。");
        }
    }

    class SubClass : SuperClass
    {
        public override void Disp()
        {
            Console.WriteLine("製品名はPRODUCTSです");
        }
    }

    class Program
    {
        static void Main(string[] args)
        {
            SuperClass obj = new SubClass();        ❶
            obj.Disp();                             ❷
            Console.ReadKey();
        }
    }
}
```

344

▼実行結果

> サブクラスで定義されたオーバーライドメソッドが呼び出される

❶では、SubClassのインスタンスを生成し、参照をスーパークラスであるSuperClass型の変数objに代入しています。

```
SuperClass obj = new SubClass();
```

❷では、objを使ってDisp()メソッドを実行しています。このときSuperClassのDisp()メソッドではなく、サブクラスでオーバーライドされたDisp()メソッドが起動します。

```
obj.Disp();
```
　　　　　　サブクラスのオーバーライドメソッドが起動する

起動するオーバーライドメソッドの指定

　スーパークラスのメソッドをオーバーライドした場合、サブクラスをインスタンス化するとスーパークラスのメソッドは廃棄状態になります。このため、スーパークラス型の変数にサブクラスのインスタンスを代入すると、廃棄状態にあるメソッドではなく、オーバーライドメソッドが呼び出されます。

　これが**ポリモーフィズム（多態性）**です。ポリモーフィズムを使用したプログラムでは、常にサブクラスで定義したオーバーライドメソッドが起動します。

Hint　実装したメソッドと同名のメソッドを定義する

　3.8.6で紹介しているインターフェイスのメンバーは、インターフェイス名を指定して明示的に実装することができます。この方法を使うと、実装するメンバーと同名のメンバーを定義してもエラーになりません。

　次のプログラムでは、インターフェイスとインターフェイスを実装しているクラスに同名のメソッドがありますが、それぞれ別のメソッドとして扱われます。

3.7 もう一度ポリモーフィズム

▼インターフェイスのメンバーを明示的に実装する（Program.cs）（プロジェクト「SameNameMethod」）

```csharp
using System;

namespace SameNameMethod
{
    interface ISample
    {
        void ShowA();
    }

    class SampleCls : ISample
    {
        void ISample.ShowA()　————— 明示的な実装
        {
            Console.WriteLine("インターフェイスのShowAメソッドです");
        }
        public void ShowA()
        {
            Console.WriteLine("SampleClsのShowAメソッドです");
        }
    }

    class Program
    {
        static void Main(string[] args)
        {
            SampleCls sc = new SampleCls();
            sc.ShowA();                                             ❶
            ISample isample = sc;
            isample.ShowA();                                        ❷
            Console.ReadKey();
        }
    }
}
```

▼実行結果

```
 C:¥Program Files¥dotnet¥dotnet.exe     —   □   ×
SampleClsのShowAメソッドです
インターフェイスのShowAメソッドです
```

SampleClsのShowAメソッドの実行結果

　❶のように、インスタンスの参照をクラス型の変数に代入した場合は、クラスで定義したメソッドが呼び出されます。

　❷では、インスタンスの参照をインターフェイス型の変数に代入しているので、実装を行ったメソッドが呼び出されます。

346

3.7 もう一度ポリモーフィズム

3.7.3　オーバーライド/オーバーロードされたメソッドを呼び分ける

ポリモーフィズムの最後の例として、オーバーライドメソッドとオーバーロードメソッドの呼び出しについて見てみましょう。

▼オーバーライドメソッドとオーバーロードメソッドを実装したクラスを定義（プロジェクト「OverrideOverload」）

```csharp
using System;

namespace OverrideOverload
{
    class Button                                    ← 電源ボタンを扱うスーパークラス
    {
        // 電源ボタンを扱うメソッド
        public virtual void Push()
        {
            Console.WriteLine("電源スイッチが押されました。");
        }
    }

    //
    class TV : Button                               ← テレビのボタンを扱うサブクラス
    {
        // 電源ボタンを扱うオーバーライドメソッド
        public override void Push()
        {
            base.Push();
            Console.WriteLine("テレビの電源がオンです。");
        }

        // チャンネルボタンを扱うオーバーロードメソッド
        public void Push(int a)
        {
            Console.WriteLine(a + "チャンネルのボタンが押されました。");
            Console.WriteLine(a + "チャンネルを表示します。");
        }
    }

    //
    class DvdPlayer : Button                         ← DVDプレイヤーのボタンを扱うサブクラス
    {
        // 電源ボタンを扱うオーバーライドメソッド
```

3

Visual C#のオブジェクト指向プログラミング

347

3.7 もう一度ポリモーフィズム

```
        public override void Push()
        {
            base.Push();
            Console.WriteLine("スタンバイしています。");
        }

        // チャプター用のボタンを扱うオーバーロードメソッド
        public void Push(int a)
        {
            Console.WriteLine(a + "ボタンが押されました。");
            Console.WriteLine("チャプター" + a + "を再生します。");
        }
    }
    class Program
    {
        static void Main(string[] args)
        {
            TV tv = new TV();                          ——❶
            Button bt = tv;                            ——❷
            bt.Push();                                 ——❸
            tv.Push(6);                                ——❹

            DvdPlayer dvd = new DvdPlayer();           ——❺
            bt = dvd;                                  ——❻
            bt.Push();                                 ——❼
            dvd.Push(10);                              ——❽

            Console.ReadKey();
        }
    }
}
```

▼実行結果

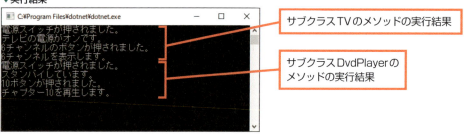

サブクラス TV のメソッドの実行結果

サブクラス DvdPlayer のメソッドの実行結果

3.7 もう一度ポリモーフィズム

●TVクラスのインスタンスに関する処理

❶ TV tv = new TV();

TVクラスのインスタンスを生成します。

❷ Button bt = tv;

スーパークラス型の参照変数を宣言し、TVクラスのインスタンスを代入します。

❸ bt.Push();

TVクラスでオーバーライドしたPush()メソッドを呼び出します。

❹ tv.Push(6);

TVクラスで定義されているオーバーロードしたPush()メソッドを呼び出しますが、この場合はTVクラスのインスタンスの参照を使う必要があります。

●DvdPlayerクラスのインスタンスに関する処理

❺ DvdPlayer dvd = new Dvd_Player();

DvdPlayerクラスのインスタンスを生成します。

❻ bt = dvd;

スーパークラス型の参照変数にDvdPlayerクラスのインスタンスを代入します。

❼ bt.Push();

DvdPlayerクラスでオーバーライドしたPushメソッドを呼び出します。TVクラスにおける**❸**と同じ記述ですが、参照変数btが参照しているのはDvdPlayerクラスのインスタンスなので、このクラスのオーバーライドメソッドが呼び出されます。

❽ dvd.Push(10);

DvdPlayerクラスでオーバーロードしたPushメソッドを、DvdPlayerクラスのインスタンスを使って呼び出します。

3

Visual C#のオブジェクト指向プログラミング

349

Section 3.8 抽象クラスとインターフェイス

Level ★★★　　Keyword　抽象クラス　抽象メソッド　インターフェイス

抽象メソッドとは、実際の処理を定義する部分を持たない、いわば空のメソッドのことです。スーパークラスのメソッドを、サブクラスで必ずオーバーライドするという場合は、スーパークラスのメソッドはオーバーライド専用として抽象メソッドにします。

一方、**インターフェイス**は、定数と抽象メソッドだけを宣言し、クラスの機能を拡張する目的で使います。

抽象クラスとインターフェイスの利用

抽象クラスは定義部を持たない、オーバーライド専用の抽象メソッドを持つクラスです。インターフェイスには定数と抽象メソッドだけを記述できます。

● 抽象メソッド

抽象メソッドは、abstractキーワードを使って宣言します。

```
public abstract class Sample ──────────── 抽象クラス
{
    public abstract void Display(int n); ──── 抽象メソッド
}
```

● インターフェイス

インターフェイスには、定数と抽象メソッドだけを宣言できます。

・インターフェイスは抽象メソッドを羅列しただけのもので継承関係には依存しません。たんにクラスに特定の機能を追加するために利用します。
・クラスで継承できるクラスは1つだけ（単一継承）ですが、複数のインターフェイスを実装することができます。

3.8.1 抽象クラス

　スーパークラスで定義されたメソッドを、サブクラスで必ずオーバーライドするのであれば、最初から**抽象メソッド**としておくと便利です。抽象メソッドとは、実際の処理を定義する部分を持たない、いわば**空のメソッド**のことです。

●抽象メソッドの作成

　抽象メソッドは、abstractキーワードを使って次のように記述します。

▼抽象メソッド

```
アクセス修飾子 abstract 戻り値の型 メソッド名(パラメーター);　　　　　　　定義部がない
```

　このように記述すると、アクセス修飾子、戻り値の型、パラメーターを継承してオーバーライドができるようになります。

●抽象クラスの作成

　抽象メソッドを含むクラスのことを**抽象クラス**と呼びます。抽象クラスもabstractキーワードを使って次のように記述します。

▼抽象クラス

```
public abstract class クラス名　　　　　　抽象クラス
{
　　　　　　　　　　　　　　　　　　　　　　抽象メソッドをここで宣言する
}
```

●抽象クラスの役割

　抽象クラスは定義が完結していないクラスです。このため、継承先のクラスで抽象メソッドの内容を定義することで**具象クラス**にしなければなりません。言い換えると、サブクラスにおいてメソッドをオーバーライドして処理を定義するように強制するのが抽象クラスです。

●オーバーライドによるメソッド定義の実装

　抽象クラスのメソッドをオーバーライドして具体的な処理を定義することを**実装**と呼びます。抽象クラスを継承した場合、サブクラスでオーバーライドを行わないと、コンパイルエラーが発生します。サブクラスでは抽象メソッドを引き継いだだけの状態となり、結果的にサブクラスも抽象クラスになってしまうためです。

▼サブクラスにおけるメソッドの実装

```
class subClassA : superClass
{
```

```
    public override void Disp()  ──────────── 抽象メソッドをオーバーライド
    {
        Console.WriteLine("商品名はPRODUCTです");  ──────── 実装
    }
}
```

●**抽象クラスを使用する際の条件**
　抽象クラスを使用する際は、以下の条件が適用されます。

●**抽象クラスはインスタンスを生成できない**
　抽象クラスは定義が完全ではないので、newでインスタンス化することはできません。サブクラスにおいてすべてのメソッドの定義部を実装して**具象クラス**（抽象クラスではない一般的なクラス）にすれば、インスタンス化できるようになります。

●**サブクラスはすべての抽象メソッドの実装を行わなくてはならない**
　サブクラスにおいて一部の抽象メソッドの実装しか行わなかった場合は、サブクラス自体も抽象クラスになります。

●**抽象メソッドのオーバーライドは通常のオーバーロードの条件に従わなければならない**
　抽象メソッドをオーバーライドして実装を行う場合は、通常のオーバーライドと同様に次の条件に従う必要があります。

・パラメーターの構成を変えてはいけない（構成を変えるとオーバーロードになる）。
・戻り値型を変えてはいけない。
・アクセス属性を変えてはいけない。

●**抽象メソッドの宣言で static 修飾子または virtual 修飾子を使用することはできない**
　抽象メソッドは、オブジェクトの継承に基づくので、静的なメソッドにすることはできません。

3.8 抽象クラスとインターフェイス

3.8.2 スーパークラスを抽象クラスにしてポリモーフィズムを実現

　スーパークラス型の参照変数にはサブクラスのインスタンスを格納できるので、同じステートメントを使ってオーバーライドメソッドを呼び分けることが可能になります。ここでは、スーパークラスを抽象クラスにして抽象メソッドを宣言し、サブクラスでメソッドを実装することにします。

▼スーパークラスを汎用的なクラスとして使用する（プロジェクト「CallOverride」）

```
using System;

namespace CallOverride
{
    abstract class superClass          // スーパークラスを抽象クラスにする
    {
        abstract public void disp();   // 抽象メソッド
    }

    class subClassA : superClass       // サブクラス
    {
        public override void disp()
        {
            //  実装する
            Console.WriteLine("商品名はPRODUCTです");
        }
    }

    class subClassB : superClass       // サブクラス
    {
        public override void disp()
        {
            //  実装する
            Console.WriteLine("商品名はMANUFACTUREです");
        }
    }

    class subClassC : superClass       // サブクラス
    {
        public override void disp()
        {
            //  実装する
            Console.WriteLine("商品名はGOODSです");
        }
```

3

Visual C#のオブジェクト指向プログラミング

353

```
    }
    class Program
    {
        // サブクラスのdisp()メソッドを順番に呼び出すメソッド
        // params修飾子を使ってパラメーター配列にする
        static void Call(params superClass[] args)
        {
            // 配列要素のすべてのインスタンスに対してdisp()を実行
            foreach (superClass o in args)
            {
                o.disp();
            }
        }

        static void Main(string[] args)
        {
            // サブクラスのインスタンスを配列に格納
            superClass[] a = {
                new subClassA(), new subClassB(), new subClassC()
            };
            // 配列を引数にしてCall()を実行
            Call(a);

            Console.ReadKey();
        }
    }
}
```

▼実行結果

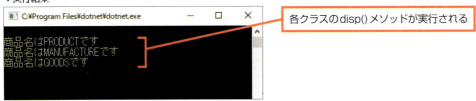

各クラスのdisp()メソッドが実行される

3.8.3　インターフェイスの概要

　インターフェイスは、定数と抽象メソッドだけを宣言している特別なクラスのような存在で、クラスの機能を拡張する目的で使います。メソッドの定義が完結していないのでインターフェイス自体をインスタンス化することはできませんが、インターフェイスをうまく利用することによって、「プログラムを交換可能な部品にする」ことができるようになります。

●単一継承の機能を補うインターフェイス
　インターフェイスは、継承と同様にインターフェイスの機能をクラスに引き継ぐことができます。このことを実装と呼びます。クラスの継承に当たるのが実装です。
　クラスで継承できるのは1個だけ（単一継承）ですが、インターフェイスは、複数を実装することができます。また、構造体は継承を行うことはできませんが、インターフェイスを実装することはできます。

▼インターフェイスの実装

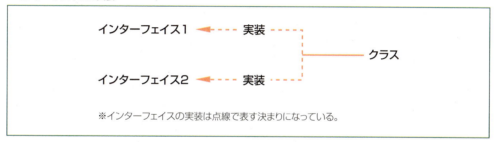

※インターフェイスの実装は点線で表す決まりになっている。

▼クラスの継承

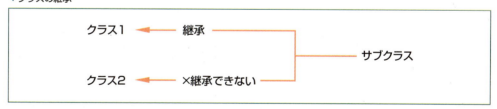

●クラスに機能を追加するだけであればインターフェイスを利用する
　一方、インターフェイスは抽象メソッドを羅列しただけのものでクラスのような継承関係には依存しません。たんに機能を追加する目的で使用します。

3.8.4 インターフェイスの作成

インターフェイスは、次のように記述します。

▼インターフェイスの宣言

```
interface インターフェイス名
{
    インターフェイスメンバーの宣言
}
```

●インターフェイス宣言のポイント
・インターフェイスのアクセシビリティは、既定でpublicです。ただし、明示的にpublic、またはinternalを記述してもエラーにはなりません。
・インターフェイスのメンバーにアクセス修飾子を付けることはできません。インターフェイスメンバーは既定でpublicです。
・インターフェイスには、メソッドのほかにイベント、インデクサー、およびプロパティをメンバーとして含めることができます。

インターフェイスを作成することを**インターフェイスの宣言**と呼び、インターフェイスの定義とは呼びません。これは内部に抽象メソッドのような実装を持たない（定義されていない）メソッドがあるためです。

▼インターフェイスの宣言

```
interface インターフェイス名
{
    アクセス修飾子 戻り値の型 メソッド名 ( パラメーター ) ;
}
```

インターフェイスで宣言するのは、抽象メソッドですが、抽象クラスのメソッドようにabstractを付ける必要はありません。

3.8.5 インターフェイスの実装

インターフェイスを実装する場合は、継承と同じ書き方をします。

構文 ▼インターフェイスの実装

```
class クラス名 : インターフェイス名
{
    アクセス修飾子 戻り値の型 オーバーライドするメソッド名(パラメーター)
    {
        メソッドを実装するためのコード
    }
}
```

なお、複数のインターフェイスを実装する場合は、「class クラス名：インターフェイス名，インターフェイス名」のようにカンマ「，」で区切って列挙します。

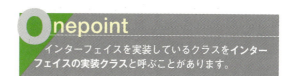

Onepoint
インターフェイスを実装しているクラスをインターフェイスの実装クラスと呼ぶことがあります。

インターフェイスをクラスに実装する

実際にインターフェイスを作成してクラスに実装してみましょう。

▼インターフェイスをクラスに実装する（プロジェクト「Interface」）

```
using System;

namespace Interface
{
    interface ISample ──────── インターフェイス
    {
        void Show(); //抽象メソッド
    }

    class SampleCls : ISample ──────── ISampleを実装する
    {
        public void Show() //抽象メソッドのオーバーライド
        {
```

357

3.8 抽象クラスとインターフェイス

```
                Console.WriteLine("SampleClsのShow()メソッドです"); //実装
            }
        }

        class Program
        {
            static void Main(string[] args)
            {
                SampleCls sc = new SampleCls();   ── SampleClsのインスタンスを生成
                sc.Show();                         ── SampleClsのShow()メソッドを実行
                Console.ReadKey();
            }
        }
}
```

▼実行結果

SampleClsのshow()メソッドの実行結果

Onepoint
インターフェイスを実装したクラスでは、すべての抽象メソッドの実装を行う必要があります。実装を行わない場合でも、「メソッド名(){}」のように記述しておかないとエラーになります。

3.8.6 インターフェイスを実装してメソッド呼び出しの仕組みを作る

　ここでは、スーパークラスと2つのサブクラスを作成し、インターフェイスのメソッドを実装してみることにします。インターフェイスでは、計算を行うための2つの抽象メソッドとこれらのメソッドを呼び出すための抽象メソッドを宣言します。スーパークラスでは、計算を行う2つのメソッドの呼び出し方法だけを決めておいて、実際にどのような計算を行うのかはサブクラス側で決めるようにします。

▼作成するクラス／インターフェイス

ISample（インターフェイス）
SuperCls（スーパークラス：抽象クラス） ・インターフェイスのメソッドを実装し、メソッド呼び出しの仕組みを作ります。 ・2つの抽象メソッドを宣言します。
Cls1、Cls2（サブクラス） ・スーパークラスの2つの抽象メソッドをオーバーライドします。

インターフェイスの作成

デスクトップアプリ用のプロジェクトを作成し、インターフェイス用のソースファイルを作成します。**プロジェクト**メニューの**新しい項目の追加**を選択し、**新しい項目の追加**ダイアログのVisual C#**アイテム**を選択した後、**インターフェイス**を選択して**名前**に「ISample」と入力して、**追加**ボタンをクリックします。

▼[新しい項目の追加]ダイアログ

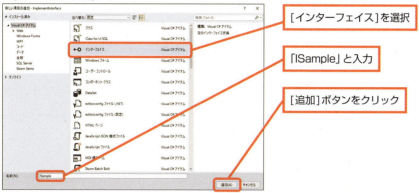

作成したインターフェイスで抽象メソッドを宣言します。

▼インターフェイスISample（ISample.cs）（プロジェクト「ImplementInterface」）

```
namespace ImplementInterface
{
    interface ISample
    {
        void DoCalc(int n);    // 計算処理を実行するための抽象メソッド
    }
}
```

3.8 抽象クラスとインターフェイス

スーパークラスとサブクラスの作成

　　プロジェクトメニューの**クラスの追加**を選択して、「SuperCls.cs」「Cls1.cs」「Cls2.cs」の3つの
ファイルを作成します。

　　まず、スーパークラスSuperClsは抽象クラスにして、掛け算を行うMultiplier()、割り算を行う
Divider()を抽象メソッドとして宣言します。一方、インターフェイスの抽象メソッドDoCalc()には、
パラメーターの値によって先の抽象メソッドを呼び分ける処理を実装します。つまり、スーパークラ
スでは、「メソッドの呼び出し方法だけを決めて」おき、「具体的な処理はサブクラスに任せる」ように
します。

▼スーパークラスSuperCls（SuperCls.cs）

```csharp
using System;

namespace ImplementInterface
{
    // ISampleインターフェイスを実装する抽象クラス
    abstract class SuperCls : ISample
    {
        public int Val { get; set; }          // 計算結果を保持するプロパティ
        public int Num { get; set; } = 100;   // 計算に使用する値を保持するプロパティ

        // 掛け算を行うメソッド
        abstract public void Multiplier(int n);

        // 割り算を行うメソッド
        abstract public void Divider(int n);

        // Multiplier()とDivider()を呼び出す方法だけを定義
        public void DoCalc(int n)
        {
            if (Num > n)
                //パラメーターnの値がNumより小さければMultiplier()を実行
                this.Multiplier(n);
            else
                //それ以外はDivider()を実行
                this.Divider(n);
        }
    }
}
```

　　SuperClsのサブクラスCls1では、Multiplier()とDivider()の処理を定義します。

3.8 抽象クラスとインターフェイス

▼サブクラス Cls1 (Cls1.cs)

```csharp
using System.Windows.Forms;


namespace ImplementInterface
{
    class Cls1 : SuperCls
    {
        public override void Multiplier(int n)
        {
            Val = n * 2; // パラメーターの値を2倍する
            MessageBox.Show("処理結果は" + Val);
        }
        public override void Divider(int n)
        {
            Val = n / 2; // パラメーターの値を2で割る
            MessageBox.Show("処理結果は" + Val);
        }
    }
}
```

サブクラス Cls2 においても、Multiplier() と Divider() の処理を定義します。

▼サブクラス Cls2 (Cls2.cs)

```csharp
using System.Windows.Forms;


namespace ImplementInterface
{
    class Cls2 : SuperCls // SuperClsを継承
    {
        public override void Multiplier(int n)
        {
            Val = n * 4; // パラメーターの値を4倍する
            MessageBox.Show("処理結果は" + Val);
        }
        public override void Divider(int n)
        {
            Val = n / 4; // パラメーターの値を4で割る
            MessageBox.Show("処理結果は" + Val);
        }
    }
}
```

3.8 抽象クラスとインターフェイス

操作画面とイベントハンドラーの作成

フォーム上にテキストボックスとボタンを配置して、次のようにプロパティを設定します。

▼1つ目のボタンのプロパティ

(Name)	button1
Text	＊2 or / 2

▼2つ目のボタンのプロパティ

(Name)	button2
Text	＊4 or / 4

▼テキストボックスのプロパティ

(Name)	textBox1

ソースファイルForm1.csに、以下のコードを記述します。

▼Form1.cs

```csharp
using System;
using System.Windows.Forms;

namespace ImplementInterface
{
    public partial class Form1 : Form
    {
        ISample obj;                                              ❶

        public Form1()
        {
            InitializeComponent();
        }

        private void button1_Click(object sender, EventArgs e)    ❷
        {
            obj = new Cls1();
            Do();
        }

        private void button2_Click(object sender, EventArgs e)    ❸
        {
            obj = new Cls2();
            Do();
        }

        private void Do()                                         ❹
```

button1をダブルクリックしてイベントハンドラーを作成し、このように記述

```
        {
            obj.DoCalc(Int32.Parse(textBox1.Text));
        }
    }
}
```

❶ ISample obj;
　インターフェイス型のフィールドobjを作成します。このフィールドにサブクラスのインスタンスを格納してメソッドを実行します。なお、スーパークラスのSuperClsは、ISampleインターフェイスを実装していますので、サブクラスのインスタンスを代入することができます。

❷ private void button1_Click(object sender, EventArgs e) ……
　button1のイベントハンドラーでは、サブクラスCls1のインスタンスをフィールドに代入し、Do()メソッドを呼び出すようにします。

❸ private void button2_Click(object sender, EventArgs e) ……
　button2のイベントハンドラーでは、サブクラスCls2のインスタンスをフィールドに代入し、Do()メソッドを呼び出すようにします。

❹ private void Do() ……
　計算を行うメソッドを呼び出すためのメソッドを定義します。ISampleインターフェイス型のフィールドには、サブクラスのインスタンスが格納されていますので、ポリモーフィズムの仕組みを使ってDoCalc()メソッドを実行します。インスタンスの中身によって、それぞれのサブクラスでオーバーライドしたメソッドが呼ばれます。

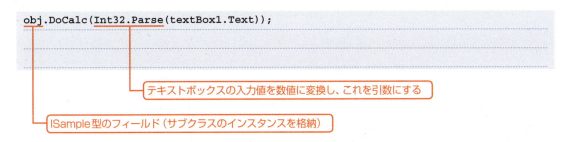

▼button1をクリックした場合　Cls1のMultiplier()が実行される
▼button2をクリックした場合　Cls2のMultiplier()が実行される

Memo｜abstractを付けるとどんなクラスでも抽象クラスになる

　abstractを付けると、抽象メソッドがなくても抽象クラスにすることが可能です。次の例は、すべて文法上は正しい記述です。

▼抽象メソッドを持たない抽象クラス

```
abstract class SuperClass ──── 実際に使うことはないが文法上はOK
{
    public void Disp(int n)
    {
        Console.WriteLine(n);
    }
}
```

▼抽象メソッドと具象メソッドを持つ抽象クラス

```
abstract class SuperClass
{
    abstract public void Disp(int n);      ──── 抽象メソッド
    public void superMethod(int n)          ──── 具象メソッド
    {
        Console.WriteLine(n);
    }
}
```

▼定義部がない抽象クラス

```
abstract class SuperClass { }
```

Section 3.9 デリゲート

Level ★★★　　Keyword　デリゲート　動的メソッド呼び出し

メソッドを呼び出すための情報は**デリゲート**型の変数に登録することができます。

デリゲート

Visual C#では、定義済みのメソッドや関数との関連付けは、コンパイル時に行われます。

● リンク

メソッドの呼び出しと、クラスライブラリに収録されている実体としてのメソッドとの関連付けは、コンパイル時に行われます。これを**リンク**と呼びます。

● 動的メソッド呼び出し

フォーム上に配置されたボタンがクリックされたときにMessageBox.Show()を呼び出す場合は、コンパイルの時点で呼び出す側と呼び出される側を結び付けることはできません。この「結び付き」は、プログラムの実行中に行われる必要があります。

あくまでも、実際にプログラムが実行されていて、対象のボタンがクリックしたときにダイナミック（動的）に結び付けるのです。

● メソッド呼び出しとメソッドの定義部の橋渡しを行うデリゲート

デリゲートには、メソッドを呼び出すコードと、呼び出されるメソッドの定義部（プログラムファイルやクラスライブラリなどにおいて定義）の中間に位置し、両者を間接的に結び付ける機能があります。

3.9.1 デリゲートの特徴と用途

デリゲートは、メソッドへの参照を格納できる型です。これが何の役に立つのかというと、メソッドのパラメーターや戻り値をデリゲートで、他のメソッドに渡すことで、メソッドの受け渡しができるようになるのです。もちろん、デリゲートにはメソッドの参照が格納されていますので、デリゲートのインスタンス（デリゲート型の変数）からメソッドを起動できます。

イベントハンドラーにも、デリゲートの仕組みが使われていて、イベント発生時に、コントロールがデリゲートを介して呼び出すようになっています。

●デリゲートの宣言

デリゲートは、次の構文を使って定義します。

▼デリゲートの宣言

```
アクセス修飾子 delegate 戻り値の型 デリゲート名(パラメーターのリスト);
```

▼デリゲートの宣言例

```
delegate int TestDelegate(int x, int y);
```

このデリゲートの戻り値はint型、2つのパラメーター（x、y）もint型にしています。クラスや構造体の中に、デリゲートのシグネチャ（戻り値の型とパラメーター）が一致するメソッドがあれば、デリゲートを使ってメソッドを呼び出せるようになります。「TestDelegate」がデリゲート型の名前です。

Onepoint
デリゲートの宣言には、publicやprivateなどのキーワードも付けることが可能です。

Onepoint
デリゲートは型の一種なので、ソースコード中において型が宣言可能な箇所で宣言することができます。

●デリゲートの利用

先のデリゲートを利用するには、デリゲート自体をnewでインスタンス化します。このとき、デリゲートのコンストラクターの引数に、登録するメソッドの参照を指定します。以下は、Class1に定義されている、int型のパラメーター2つとint型の戻り値を持つMethod()を登録する例です。

▼デリゲートインスタンスの生成

```
Class1 obj = new Class1();          ──── 登録するメソッドが定義されているクラスのインスタンスを生成
delegate int Del(int x, int y);     ──── delegate型のDelを宣言（デリゲートの宣言）
Del delObj = new delObj(obj.Method); ──── Method()の参照を登録
```

デリゲートに登録するメソッドの参照は、メソッドが定義されているインスタンスからの参照として指定します。

3.9 デリゲート

以降は、次のようにデリゲート経由でMethod()を実行できるようになります。

▼デリゲート経由でメソッドを実行

```
int result = delObj(10, 20);　　　　　　　Method()の戻り値
```

デリゲートを活用する

複数のメソッドを定義し、それぞれのメソッドをデリゲートを通じて呼び出すプログラムを作成してみましょう。

▼汎用的なメソッドでデリゲートメソッドを実行する（コンソールアプリプロジェクト「UseDelegate」）

```
using System;

namespace UseDelegate
{
    delegate int Del(int x, int y);　　　　　　　　　　　　　　　❶
    class Class1
    {
        // デリゲートに登録するメソッド
        public int Method1(int x, int y)　　　　　　　　　　　　❷
        {
            return x + y;
        }
        // デリゲートに登録するメソッド
        public int Method2(int x, int y)　　　　　　　　　　　　❸
        {
            return x - y;
        }
    }

    class Program
    {
        // デリゲートを受け取って実行するメソッド
        public static void Proc(　　　　　　　　　　　　　　　　❹
            int x, int y, Del proc
        ){
            int answer = proc(x, y);          // デリゲートを実行
            Console.WriteLine(answer);        // メソッドの戻り値を出力
        }
```

3

Visual C#のオブジェクト指向プログラミング

367

3.9 デリゲート

```
        static void Main(string[] args)
        {
            Class1 obj = new Class1();
            // 汎用メソッドに処理を移譲
            Proc(500,
                100,
                new Del(obj.Method1)
            );
            // 汎用メソッドに処理を移譲
            Proc(500,
                100,
                new Del(obj.Method2)
            );
            Console.ReadKey();
        }
    }
}
```

▼実行結果
```
600
400
```

●作成したプログラムのポイント

❶デリゲートを宣言しています。デリゲートの戻り値はint型、パラメーターx、yもint型です。

```
delegate int Del(int x, int y);
```

❷パラメーターを通じて受け取ったint型の2つの値の和を求めるメソッドです。このメソッドをデリゲートに登録します。

❸パラメーターを通じて受け取ったint型の2つの値の差を求めるメソッドです。このメソッドもデリゲートに登録します。

❹デリゲートを受け取って、実行するメソッドです。第1、第2パラメーターでデリゲートに登録されたメソッドに渡す引数値を受け取り、第3パラメーターの「Del proc」でデリゲートを受け取ります。

```
public static void Proc(
    int x, int y, Del proc
){                      ┌─[ デリゲートを受け取るパラメーター ]
    int answer = proc(x, y);
    Console.WriteLine(answer);
}                       └─[ 受け取ったデリゲートに引数をセットして実行 ]
```

368

3.9 デリゲート

静的メソッドの登録

デリゲートに静的メソッドを登録する場合、メソッドが定義されているクラス名を指定します。

▼静的メソッドをデリゲートに登録する（コンソールアプリプロジェクト「StaticMethod」）

```csharp
using System;

namespace StaticMethod
{
    delegate int Del(int x, int y);

    class Class1
    {
        // デリゲートに登録する静的メソッド
        public static int Add(int x, int y)
        {
            return x + y;
        }
        // デリゲートに登録する静的メソッド
        public static int Subtract(int x, int y)
        {
            return x - y;
        }
    }

    class Program
    {
        // デリゲートを受け取って実行するメソッド
        public static void Proc(
            int x, int y, Del proc)
        {
            int answer = proc(x, y);        // デリゲートを実行
            Console.WriteLine(answer);      // メソッドの戻り値を出力
        }

        static void Main(string[] args)
        {
            // 汎用メソッドに処理を移譲
            Proc(
                500,
                100,
```

3

Visual C#のオブジェクト指向プログラミング

369

3.9 デリゲート

```
                new Del(Class1.Add)                                              ❶
        );
        // 汎用メソッドに処理を移譲
        Proc(
            500,
            100,
            new Del(Class1.Subtract)                                             ❷
        );
    }
  }
}
```

▼実行結果

```
600
400
```

❶と❷では、デリゲートインスタンスにAdd()とSubtract()メソッドを登録しています。静的メソッドなので、インスタンス化の必要はありません。「クラス名.静的メソッド名」を引数にすれば、メソッドの参照がデリゲートに格納されます。

privateメソッドの登録

privateが設定されたメソッドは、外部のクラスのデリゲートに登録することはできません。この場合は、privateメソッドが定義されているクラス側でデリゲートへの登録を行い、実行する側にデリゲートそのものを返すメソッドを用意します。

▼privateメソッドをデリゲートに登録する (コンソールアプリプロジェクト「PrivateMethod」)

```
using System;

namespace PrivateMethod
{
    // デリゲートの宣言
    delegate void Del(string strMessage);

    class Class1
    {
        // private修飾子が設定されたメソッド
        private void Show(string msg)
        {
            Console.WriteLine(msg);
        }
```

370

3.9 デリゲート

```csharp
        // privateメソッドをデリゲートに登録し、
        // 戻り値として返すメソッド
        public Del ReturnRef()                                    ❶
        {
            return new Del(this.Show);
        }
    }

    class Program
    {
        static void Main(string[] args)
        {
            Class1 obj = new Class1();
            // デリゲートインスタンスを取得
            Del value = obj.ReturnRef();                          ❷
            // デリゲートを実行
            value("VisualC# 2019!");                              ❸
            Console.ReadKey();
        }
    }
}
```

●プログラムのポイント

❶privateなメソッドをデリゲートに登録し、戻り値として返すメソッドです。

❷ReturnRef()を実行して、戻り値のデリゲートインスタンスを取得します。

❸取得したデリゲートを使ってShow()メソッドを実行します。

複数の委譲先をまとめて登録する

デリゲート型の変数には、複数のデリゲートインスタンスを格納することができます。そうすると、複数のメソッドをまとめて実行できるようになります。これを**マルチキャストデリゲート**と呼びます。マルチキャストデリゲートに登録するデリゲートインスタンスは、「+」演算子で連結して登録するのがポイントです。

▼マルチキャストデリゲートを使う（コンソールアプリプロジェクト「MulticastDelegate」）

```csharp
using System;
namespace MulticastDelegate
{
    delegate void Del();

    class Class1
```

371

3.9 デリゲート

```
    {
        public void Show1()
        {
            Console.WriteLine("Show1()を実行");
        }

        public void Show2()
        {
            Console.WriteLine("Show2()を実行");
        }
    }

    class Program
    {
        static void Main(string[] args)
        {
            Class1 obj = new Class1();
            Del delObj1 = new Del(obj.Show1);
            Del delObj2 = new Del(obj.Show2);
            // デリゲート型の変数に2つのデリゲートを格納
            Del multi = delObj1 + delObj2;    ―❶
            multi();    ―❷
        }
    }
}
```

❶において、Del型の変数にdelObj1、delObj2を「+」演算子で連結したうえで代入しています。
❷でデリゲートを実行すると、2つのメソッドが順に実行されます。

▼実行結果

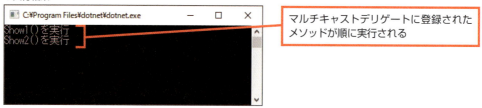

マルチキャストデリゲートに登録された
メソッドが順に実行される

Section 3.10 メソッドと配列での参照変数の利用

Level ★★★

Keyword メソッドのパラメーター　配列要素

インスタンスを生成するときに使用する参照変数には、メモリ上に生成されたインスタンスにアクセスするための参照値が格納されているので、メソッドのパラメーターとして使うことができます。

ここがポイント！ インスタンスの参照の利用

● 参照型のパラメーター

　メソッドのパラメーターをインスタンスの参照にすると、参照が指し示すインスタンスのGetアクセサーやSetアクセサーを使ってフィールドの値を取得したり、値をセットすることができるようになります。

● インスタンス同士の演算

　メソッドのパラメーターをインスタンスの参照にすることで、メソッド呼び出し時に別のインスタンスを引数にしてインスタンス同士の演算を行うことができるようになります。

```
public void Add(TestClass a)
{
    num += a.num;
}
```

フィールドの値とパラメーターで受けたインスタンスのフィールドの値を合計します

● クラス型の配列

　配列の要素には、クラスのインスタンスの参照を格納することができます。インスタンスを複数、生成し、これらのインスタンスを操作する場合、インスタンスの参照を配列にまとめて入れておくと便利な場合があります。

```
TestClass[] a = new TestClass[3];        ── 配列を作成
a[0] = new TestClass("public");
a[1] = new TestClass("private");         ── インスタンスの参照を要素に代入
a[2] = new TestClass("protected");
```

3.10 メソッドと配列での参照変数の利用

3.10.1 参照型のパラメーター

インスタンスの参照を格納する変数は、メソッドのパラメーターとして使うことができます。パラメーターで参照を受け取ると、参照が指し示すインスタンスのGetアクセサーやSetアクセサーを使ってフィールドの値を取得したり、値をセットすることができるようになります。

▼参照をパラメーターに取るメソッドを定義 (コンソールアプリプロジェクト「ReferenceType」)

```csharp
using System;


namespace ReferenceType
{
    public class TestClass
    {
        private int num;
        public TestClass(int num)
        {
            this.num = num;
        }
        public int Num
        {
            get { return num; }
        }


        // クラス型のパラメーターを持つメソッド
        public void Show(TestClass a) ────────────────────────── ❶
        {
            Console.WriteLine(
                "呼び出し元のインスタンスのフィールド値は" + this.num); ── ❷
            Console.WriteLine(
                "引数で渡されたインスタンスのフィールド値は" + a.num); ──── ❸
        }
    }
    class Program
    {
        static void Main(string[] args)
        {
            TestClass obj1 = new TestClass(100); ──────────────── ❹
            TestClass obj2 = new TestClass(500); ──────────────── ❺
            // 参照変数obj2を引数にしてshow()メソッドを呼び出す
            obj1.Show(obj2); ─────────────────────────────────── ❻
            Console.ReadKey();
```

374

```
        }
      }
    }
```

▼表示されたメッセージ

obj1のShow()メソッドで2個のインスタンスのフィールド値を表示

❶ public void Show(TestClass a)

　フィールドの値を表示するメソッドです。パラメーターは、メソッドが定義されているTestClass型にしています。

❷ Console.WriteLine…

❸ Console.WriteLine…

　Showメソッドの最後の処理として、実行中のインスタンスのフィールド値と参照先のインスタンスから取得したフィールド値をそれぞれ画面に表示します。

```
Console.WriteLine(
    "呼び出し元のインスタンスのフィールド値は" + this.num);
Console.WriteLine(
    "引数で渡されたインスタンスのフィールド値は" + a.num);
```

this.num ── 実行中のインスタンスのフィールド
a.num ── 参照先のインスタンスのフィールド値が格納されている

❹ TestClass obj1 = new TestClass(100);

❺ TestClass obj2 = new TestClass(500);

　TestClassのインスタンスを2個生成します。

❻ obj1.Show(obj2);

　変数obj1からTestClassクラスのShow()メソッドを呼び出します。このとき、引数にobj2を指定しているのがポイントです。

> **Onepoint**
> 操作例とは逆に「obj2.Show(obj1);」と記述した場合は、「呼び出し元のインスタンスのフィールド値は500」、「引数で渡されたインスタンスのフィールド値は100」のように表示結果が逆になります。

3.10 メソッドと配列での参照変数の利用

3.10.2 インスタンス同士の演算

前項ではメソッドのパラメーターをインスタンスの参照にすることで、別のインスタンスが保持するフィールドの値を取得する処理を行いました。今度は、この仕組みを利用して、インスタンスが保持するフィールド同士で演算を行ってみることにします。

▼インスタンス同士の計算を行う（コンソールアプリプロジェクト「CalculateObject」）

```csharp
using System;

namespace CalculateObject
{
    class TestClass
    {
        private int num;
        public TestClass(int num)
        {
            this.num = num;
        }
        public int Num
        {
            get { return num; }
        }
        // クラス型のパラメーターを持つメソッド
        public void Add(TestClass a)
        {
            // 呼び出し元のフィールドに参照先のフィールドの値を加算する
            this.num += a.num;
        }
        public void Subtract(TestClass a)
        {
            // 呼び出し元のフィールドの値から
            // 参照先のフィールドの値を減算する
            this.num -= a.num;
        }
    }

    class Program
    {
        static void Main(string[] args)
        {
            TestClass obj1 = new TestClass(400);   ←――――― インスタンスの生成
```

```
            TestClass obj2 = new TestClass(200);            ── インスタンスの生成

        obj1.Add(obj2);                                     ── 引数に参照変数を指定
        Console.WriteLine(obj1.Num);                        ── 画面表示（Numが必要）

        obj1.Subtract(obj2);                                ── 引数に参照変数を指定
        Console.WriteLine(obj1.Num);                        ── 画面表示（Numが必要）
        Console.ReadKey();
        }
    }
}
```

▼実行結果

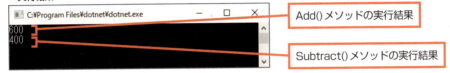

Add()メソッドの実行結果

Subtract()メソッドの実行結果

Hint 初期値をセットしてクラス型の配列を作成する

インスタンスの参照を初期値としてセットして、配列を作成することもできます。この場合、初期値のリストを使って次のように記述します。

▼配列の作成時に初期化する

```
class Program
{
    static void Main(string[] args)
    {
        TestClass[] a = { new TestClass("public"),          ── 初期化子を使う
                          new TestClass("private"),
                          new TestClass("protected") };
        foreach (TestClass tc in a)
        {
            Console.WriteLine(tc.Modifier);                 ── 画面表示
        }
    }
}
```

3.10 メソッドと配列での参照変数の利用

3.10.3 クラス型の配列

配列の要素には、クラスのインスタンスの参照を入れることができます。インスタンスを複数、生成し、これらのインスタンスを操作する場合、インスタンスの参照を配列にまとめて入れておくと便利な場合があります。

実際にクラス型の配列を作成してみることにしましょう。

▼インスタンスを配列要素として扱う（コンソールアプリプロジェクト「ClassTypeArray」）

```csharp
using System;

namespace ClassTypeArray
{
    public class TestClass
    {
        private string modifier;          // フィールド

        public TestClass(string modifier) // コンストラクター
        {
            this.modifier = modifier;
        }

        public string Modifier            //プロパティ
        {
            get { return modifier; }
        }
    }

    class Program
    {
        static void Main(string[] args)
        {
            TestClass[] a = new TestClass[3];          // 配列を作成
            a[0] = new TestClass("public");            // インスタンスの参照を要素に代入
            a[1] = new TestClass("private");
            a[2] = new TestClass("protected");
            foreach (TestClass tc in a)
            {
                Console.WriteLine(tc.Modifier);        // 画面表示
            }
            Console.ReadKey();
        }
```

378

3.10　メソッドと配列での参照変数の利用

```
        }
}
```

▼実行結果

```
C:¥Program Files¥dotnet¥dotnet.exe      －  □  ×
public
private
protected
```

配列要素の値が表示される

複数のフィールドを持つクラスを配列要素で扱う

　　今度は、複数のフィールドを持つクラスのインスタンスの参照を配列要素にする例を見てみましょう。次の例は、int型とstring型のフィールドを持つクラスのインスタンスを生成して、参照を配列の要素にしています。このとき、2個のフィールドの初期値も同時にセットします。

▼int型とstring型のフィールドを持つクラス（コンソールアプリプロジェクト「ClassTypeArray2」）

```
using System;

namespace ClassTypeArray2
{
    public class TestClass
    {
        private int id;
        private string product_name;
        public TestClass(int id, string product_name)
        {
            this.id = id;
            this.product_name = product_name;
        }

        public int Id
        {
            get { return id; }
        }
        public string Product_name
        {
            get { return product_name; }
        }
    }

    class Program
```

3

Visual C#のオブジェクト指向プログラミング

379

3.10 メソッドと配列での参照変数の利用

```
{
    static void Main(string[] args)
    {
        TestClass[] a = { new TestClass(10001,"public"),
                          new TestClass(10002,"private"),
                          new TestClass(10003,"protected") };
        foreach (TestClass tc in a) ──────── フィールド値を画面に表示
        {
            Console.WriteLine(tc.Id + "=" + tc.Product_name);
        }
        Console.ReadKey();
    }
}
}
```

▼実行結果

foreachによる画面表示

Onepoint

例では、TestClass型の配列aを宣言し、配列要素としてTestClassのインスタンスを代入しています。
　続くforeachで配列aから要素を1つずつ取り出して変数tcに代入した後、WriteLine()でフィールドの値を出力していきます。

Perfect Master Series
Visual C# 2019

Chapter 4

デスクトップアプリの開発

フォーム上に配置したコントロールには、ユーザーの操作に対応して、特定の処理を実行する役目があります。このとき、「ボタンがクリックされた」、「メニューを選択した」といった事象は、イベントとして通知され、イベントに対応したプログラム（イベントハンドラー）を記述しておくことで、ユーザーの操作に応じて様々な処理を行わせることができます。

このような、イベントに対応して処理を分岐させていくプログラミングのことを、イベントドリブン（イベント駆動）プログラミングと呼びます。ここでは、デスクトップアプリを開発する上で重要なポイントとなるイベントドリブンプログラミングについて解説します。

4.1	Windowsフォームアプリケーションのプログラムの構造
4.2	デスクトップアプリ（UI）の開発
4.3	フォームの操作
4.4	コントロールとコンポーネントの操作
4.5	イベントドリブンプログラミング
4.6	イベントドリブン型デスクトップアプリの作成
4.7	現在の日付と時刻の表示

4.8	ファイルの入出力処理
4.9	印刷機能の追加
4.10	デバッグ
4.11	Visual C#アプリの実行可能ファイルの作成
4.12	プログラムに「感情」を組み込む（正規表現）

Section 4.1 Windowsフォームアプリケーションのプログラムの構造

Level ★★★　Keyword　Program.cs　Form1.cs　Form1.Designer.cs

このセクションでは、デスクトップアプリ（フォームアプリケーション）におけるプログラムの構造を見ていきます。デスクトップアプリは、フォームやコントロールなどの視覚的なプログラム部品を扱うため、最低でも3つのソースファイルを扱います。

フォームアプリケーションの構造

ここでは、フォームアプリケーションのプログラムコードが、どのような構造になっているのかを詳細に見ていきます。

•「Program.cs」

アプリケーションの開始に必要な「Main」メソッドが保存されるソースファイルです。

Program.cs

•「Form1.Designer.cs」

Windowsフォームデザイナーによる、フォームやコントロールなどの配置を行う操作に伴って、自動的に記述されるプログラムコードが保存されるソースファイルです。

Form1.Designer.cs

•「Form1.cs」

ボタンをクリックしたときやメニューを選択したときに実行される処理など、プログラマーが独自に記述するプログラムコードが保存されるソースファイルです。

Form1.cs

4.1.1 Windowsフォームアプリケーションの実体 —プログラムコードの検証

　ここでは、Windowsアプリケーションのプロジェクトを作成すると自動的に作成される「Program.cs」、「Form1.cs」、「Form1.Designer.cs」の3つのファイルに書き込まれているコードを順に見ていくことにしましょう。

■「Program.cs」ファイルのソースコード

　フォームアプリケーションプロジェクトを作成し、**ソリューションエクスプローラー**で「Program.cs」を選択して、**コードの表示**ボタンをクリックしましょう。

▼「Program.cs」をコードビューで表示

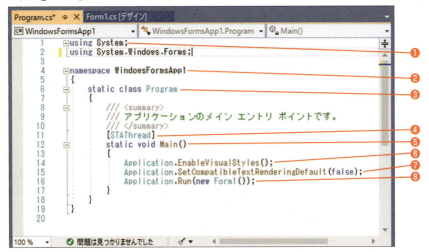

❶ using System;
　using System.Windows.Forms;

　usingキーワードで「System」「System.Windows.Forms」の2つの名前空間を読み込めるようにしています。

❷ namespace WindowsFormsApp1 … 新規の名前空間の宣言

　namespaceは、名前空間を宣言するキーワードです。ここでは、「WindowsFormsApp1」というプロジェクト名と同名の名前空間が宣言されています。
　次行の中カッコ「{」と最後の行の「}」までが、名前空間「WindowsFormsApp1」の範囲になります。

❸ static class Program … クラスの宣言

　classキーワードでProgramという名前のクラスを宣言しています。

4.1 Windowsフォームアプリケーションのプログラムの構造

❹[STAThread] … 便宜的に記述されるキーワード

STAThreadは、System名前空間に属する**STAThreadAttribute**クラスのことを示しています。[ ]は、属性を指定するためのものです。

属性とは、クラスやメソッドに対して付加的な情報を付け加えるための仕組みのことで、属性を使用することで、独自の情報をクラスやメソッドに与えることができます。

ここでは、STAThreadAttributeクラスを属性として指定することで、シングルスレッドであることが宣言されています。マルチスレッドを使用する場合以外に、特にスレッドの指定は必要ないのですが、Visual C#のMain()メソッドでは、便宜的に[STAThread]が自動で記述されます。

なお、スレッドに関しては、このあとの「**MEMO**　プロセスとスレッド」を参照してください。

❺static void Main() … 静的メソッドを宣言するstaticキーワード

Main()メソッドの宣言部です。C#では、プログラム起動時にMain()メソッドが最初に実行されます。

❻Application.EnableVisualStyles(); … コントロールをWindowsXPスタイルにするメソッド

System.Windows.Forms名前空間に属するApplicationクラスのEnableVisualStyles()は、デスクトップアプリスタイルの外観を持ったコントロールを使用できるようにするためのメソッドです。

❼Application.SetCompatibleTextRenderingDefault(false);
… フォームのテキスト表示の方法を指定するメソッド

System.Windows.Forms名前空間に属するApplicationクラスのSetCompatibleTextRenderingDefault()は、フォームのテキスト表示の方法を指定するメソッドです。引数がTrue の場合は、GDI+ベースのGraphicsクラスを使用し、Falseの場合はGDIベースのTextRendererクラスを使用します。

GDIとは、「Graphics Device Interface」の略で、グラフィックス処理に関する機能を提供するAPIです。**GDI+**は、GDIの.NET対応版です。

❽Application.Run(new Form1());

Windowsフォームアプリケーションでは、ユーザーが行う操作に対して、次々と対応するプログラムを実行していかなくてはなりません。つまり、1つの処理が終わった時点で、次のイベントの発生を待って処理を行うことが必要になります。

そこで、Application.Run()メソッドです。**Application.Run()**メソッドを実行すると、アプリケーションの起動と同時にイベントの監視が始まり、イベント発生時に、イベントハンドラーによって処理が実行されます。「イベントの発生」➡「イベントハンドラーの実行」という一連の処理を、Form1を終了するまで実行し続けることになります。このような一連の処理の流れを**メッセージループ**と呼びます。

Form1が終了すれば、メッセージループが終了し、Main()メソッドに処理が移ります。Main()メソッドには、他に実行するメソッドはないので、ここでアプリケーション自体が終了となります。

4.1 Windowsフォームアプリケーションのプログラムの構造

● Application.Run() メソッド

　現在のスレッドで標準のアプリケーションメッセージループの実行を開始します。引数にフォームを指定した場合は、メッセージループの開始と同時にフォームを表示します。

　Application.Run() メソッドは、staticキーワードが付いた静的メソッドなので、インスタンス化のプロセスが不要です。

4

デスクトップアプリの開発

Memo｜プロセスとスレッド

　プロセスとスレッドについて確認しておきましょう。

●プロセス

　プロセスとは、特定のアプリケーションソフトによる処理の単位のことです。OSから見た処理の実行単位を指す用語であるタスクと、ほぼ同じ使い方をされています。

　Windowsは、**マルチプロセス（マルチタスク）**に対応したOSで、CPUの処理時間を分割して、複数のアプリケーション（プロセス）に割り当てることで、同時に複数のアプリケーションを並行して実行することができるようになっています。実際は、非常に短い間隔で処理の対象となるプロセスを切り替えているのですが、見かけ上は、複数のアプリケーションが同時に動いているように見えるというわけです。

●スレッド

　スレッドとは、プロセスの中に生成される、プログラムの実行単位のことです。例えば、Webブラウザーでは複数のタブを開くことができますが、この場合、アプリケーションウィンドウがプロセス、それぞれのタブがスレッドに当たります。

　このようにすれば、共通して利用できる部分を共有することができるので、メモリなどのリソースの消費を抑えることができます。また、スレッドによる処理は、メモリアドレスの変換などの処理が不要になるなどの理由から、処理が軽くなるというメリットがあります。

　このような、1つのプロセス内に複数のスレッドを生成して、同時並列的に実行する仕組みを**マルチスレッド**と呼びます。アプリケーションで、実行されるマルチタスク処理がマルチスレッドにあたります。Windowsなどのマルチスレッドに対応したOSは、1つのプロセスに対して最低、1つのスレッドを生成します。

4.1 Windowsフォームアプリケーションのプログラムの構造

「Form1.Designer.cs」ファイルのソースコード

ソリューションエクスプローラーで「Form1.Designer.cs」を選択して、**コードの表示**ボタンをクリックしてソースコードを表示しましょう。

▼「Form1.Designer.cs」をコードビューで表示

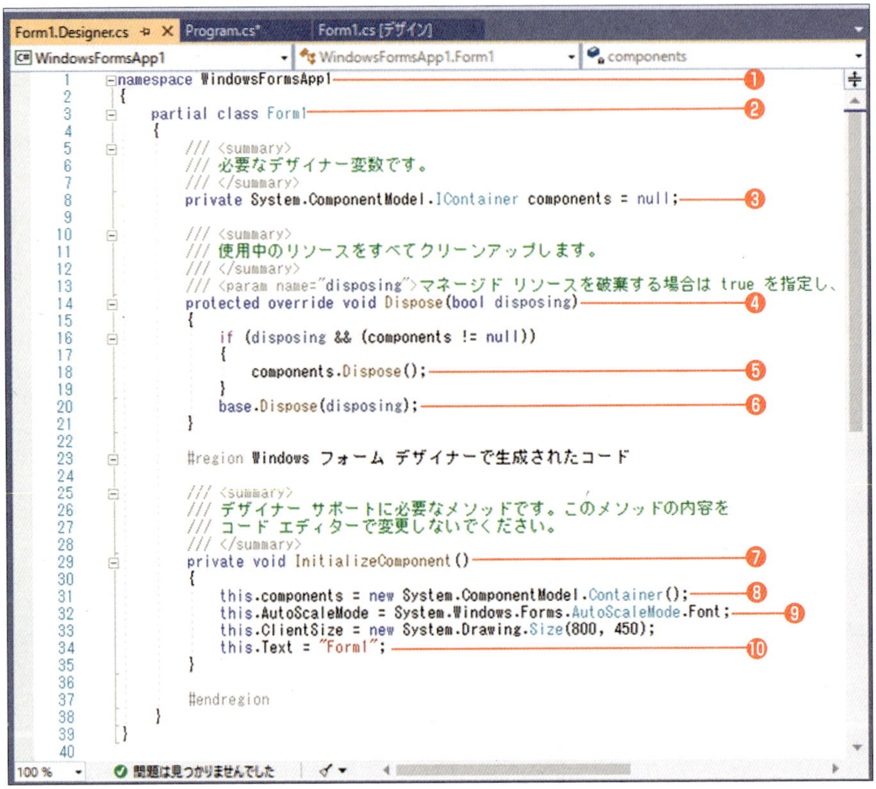

❶ namespace WindowsFormsApp1 … 名前空間の宣言

❷ partial class Form1 … Form1クラスの宣言

Form1クラスを宣言しています。

・partial … クラスの定義部を分割可能にするキーワード

partialは、宣言したクラスの定義を複数のファイルに分割して記述できるようにするためのキーワードです。Visual C#では、Windowsフォームデザイナーが自動的に記述するコードは、「Form1.Designer.cs」ファイルの「Form1」クラスに記述され、ユーザーが入力するコードは、「Form1.cs」の「Form1」クラスに分割して記述されます。

・Form1 … フォームを表示する機能を持つクラス

Form1クラスは、フォームを生成し、画面上に表示する機能を持つFormクラスを継承したクラスです。

386

4.1 Windowsフォームアプリケーションのプログラムの構造

❸private System.ComponentModel.IContainer components = null;

… コンポーネントを管理する変数の宣言

IContainer型のフィールドcomponentsが宣言されています。System.ComponentModel名前空間のIContainerは、コンポーネントを管理する機能を追加するためのインターフェイスです。

❹protected override void Dispose(bool disposing)

… アプリケーションの終了処理を行うメソッド

アプリケーションの終了処理を行うDispose()メソッドをオーバーライドしています。フォームが使用しているメモリ領域を解放する処理を行います。

・disposing … ifステートメントにおける第1の条件

「if (disposing)」と記述した場合は、「disposingの値がTrue（真）であれば「{」～「}」の処理を実行する」という意味になります。

前述の「Program.cs」ファイルに記述された「Application.Run(new Form1());」によって、Application.Run()メソッドを実行した場合、処理対象のインスタンス（Form1）がユーザーの操作によって終了されると、Dispose()メソッドが呼び出されます。このとき、パラメーター「disposing」に「True」が渡されるようになっています。

・components != null … ifステートメントにおける第2の条件

!=は、「同じではない」ことを意味する比較演算子です。

componentsフィールドには、宣言時に「null」の値が格納されていますが、Form1クラスのインスタンスが作成される際に、コンストラクターによってInitializeComponent()メソッドが実行されると同時に、componentsフィールドにコンポーネントを管理するためのデータが格納されます。

❺components.Dispose(); … コンポーネントの管理データをクリーンアップするメソッド

Dispose()は、IDisposableインターフェイスのメソッドで、コンポーネントが使用しているメモリ領域を解放する処理を行います。

ifステートメントの2つの条件が成立すると、components.Dispose();ステートメントが実行され、「Container」クラスのインスタンスが破棄されます。

❻base.Dispose(disposing);

… スーパークラスのDispose()メソッドでフォームが使用中のメモリ領域を解放

このステートメントは、ifステートメントの条件にかかわらず、フォームが終了されると同時に実行されます。ここでは、スーパークラスFormのDispose()メソッドを実行します。

・(disposing) … Dispose()メソッドに渡す引数

オーバーライドしたDispose()メソッドが呼び出される際に、Trueが引数として渡されてきますので、スーパークラスFormのDispose()メソッドに引数として渡せば、フォームが使用していたリソースが解放されます。

4.1 Windowsフォームアプリケーションのプログラムの構造

●オーバーライドしたDispose()メソッドにおける2つの処理

スーパークラスFormのDispose()メソッドがオーバーライドされているので、次の2つの処理が行われることになります。

・変数componentsが使用していたリソースの解放

ifステートメントの成立時にContainerクラスのDispose()メソッドが実行され、コンポーネント管理用のcomponentsフィールドに格納されていたコンポーネント用のメモリ領域が解放されます。

・フォームのインスタンスが使用しているメモリ領域の解放

スーパークラスFormのDispose()メソッドが実行され、フォーム用のメモリ領域が解放されます。

いろんなDispose()メソッドが出てきてわかりにくいので整理しておきましょう。

・オーバーライドしたDispose()メソッド

FormクラスのDispose()メソッドをオーバーライドしています。

・components.Dispose()で呼び出すメソッド

Containerクラスで定義されているDispose()メソッドです。この後の処理で、componentsフィールドにContainerクラスのインスタンスを格納します。Containerクラスで実装した、IContainerインターフェイスのDispose()メソッドが呼ばれます。

・base.Dispose(disposing)で呼び出すメソッド

FormクラスのDispose()メソッドが呼ばれます。

❼private void InitializeComponent() … フォームの初期化を行うメソッド

InitializeComponent()メソッドの宣言部です。このメソッドは、Form1クラスのコンストラクターから呼び出され、フォームの初期化に関する処理を行います。

❽this.components = new System.ComponentModel.Container();

コンポーネントを管理する機能を持つContainerクラスをインスタンス化し、参照情報をcomponentsフィールドに格納します。

❾this.AutoScaleMode = System.Windows.Forms.AutoScaleMode.Font;
… フォームやコントロールのスケーリングモードを指定

System.Windows.Forms.AutoScaleMode列挙体は、コントロールのスケーリングモードを指定します。ここでは、OSのシステムフォントのサイズに応じてコントロールやフォームをスケーリングする定数Fontが指定されています。

▼「AutoScaleMode」列挙体の値

値	内容
Dpi	ディスプレイの解像度を基準としてスケールを制御します。一般的な解像度は、96dpiと120dpiです。
Font	クラスで使用されているフォント（通常はシステムのフォント）の大きさを基準にしてスケーリングを行います。
Inherit	継承元のクラスのスケーリングモードに従ってスケーリングを行います。継承元のクラスが存在しない場合は、自動スケーリングが無効になります。
None	自動スケーリングを無効にします。

❿this.Text = "Form1"; … フォームのタイトルを設定

Formクラスの**Text**プロパティは、フォームのタイトルを設定するためのプロパティです。

「Form1.cs」ファイルのソースコード

「Form1.cs」ファイルは、ボタンをクリックしたときに実行される処理など、ユーザーが独自に記述するプログラムコードを保存するためのファイルです。

ソリューションエクスプローラーで「Form1.cs」を選択して、**コードの表示**ボタンをクリックして、ソースコードを表示しましょう。

▼「Form1.cs」をコードビューで表示

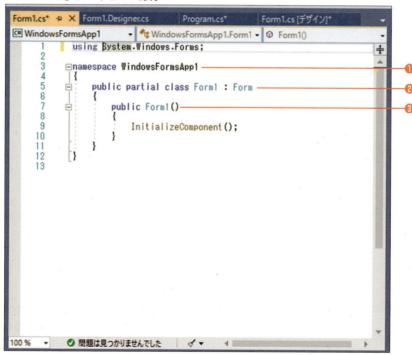

冒頭では、名前空間を読み込んでいます。

4.1 Windowsフォームアプリケーションのプログラムの構造

❶ namespace WindowsFormsApp1 … 独自の名前空間の宣言
プロジェクトと同名の名前空間が宣言されています。

❷ public partial class Form1 : Form … サブクラス「Form1」の宣言
Formクラスを継承したサブクラスForm1を宣言しています。
　partialは、宣言したクラスの定義を複数のファイルに分割して記述できるようにするためのキーワードです。

❸ public Form1() … コンストラクターの宣言
Form1クラスのコンストラクターです。
「Form1.Designer.cs」で定義されている**InitializeComponent()**メソッドを呼び出して、フォームを表示する際に必要な初期化の処理を行います。

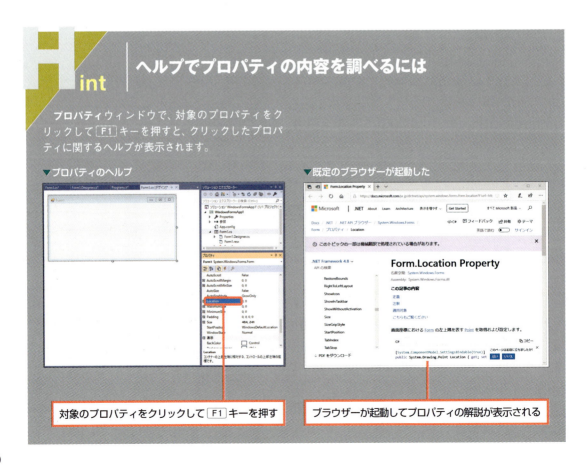

ヘルプでプロパティの内容を調べるには

プロパティウィンドウで、対象のプロパティをクリックして F1 キーを押すと、クリックしたプロパティに関するヘルプが表示されます。

▼プロパティのヘルプ　　　　　　　　　　　　　▼既定のブラウザーが起動した

対象のプロパティをクリックして F1 キーを押す　　ブラウザーが起動してプロパティの解説が表示される

4.1.2　プログラム実行の流れ

　プログラムコードの確認が終わったところで、今度は、これらのプログラムコードがどのような順番で実行されるのかを、フォームが表示されるまでの過程を通して確認していきましょう。

❶アプリケーションを起動する操作を行うと、OS（Windows）からCLR（共通言語ランタイム）に通知があります。

❷CLRによってMain()メソッドが呼び出されて、以下の処理が行われます。

　❶Application.EnableVisualStyles()メソッドの実行
　　コントロールの外観をWindowsデスクトップスタイルに設定します。
　❷Application.SetCompatibleTextRenderingDefault()メソッドの実行
　　フォームのテキスト表示の方法を指定します。
　❸Application.Run()メソッドの実行
　　「Application.Run(new Form1());」の記述に基づいて、Form1クラスのコンストラクターが呼び出され、内部でInitializeComponent()メソッドの呼び出しが行われます。以下の処理が順番に行われます。

　　①「this.components = new System.ComponentModel.Container();」の記述によって、「Container」クラスをインスタンス化し、参照情報をcomponentsフィールドに格納します。
　　②「this.AutoScaleMode = System.Windows.Forms.AutoScaleMode.Font;」によって、フォームやコントロールのスケーリングモードがFont（システムのフォントサイズを基準にしてサイズが決定される）に設定されます。
　　③「this.Text = "Form1";」によって、フォームのタイトルが設定（この場合は「Form1」）されます。
　　このあと、プログラムの制御が「Application.Run」メソッドに戻り、イベントの監視（メッセージループ）が開始されます。

❸イベントが発生した場合には、イベントハンドラーが起動して処理が行われます。「イベントの発生」➡「イベントハンドラーの実行」という一連の処理が、プログラムが終了するまで実行されます。

4.1　Windowsフォームアプリケーションのプログラムの構造

▼フォームが表示されるまでの処理の流れ

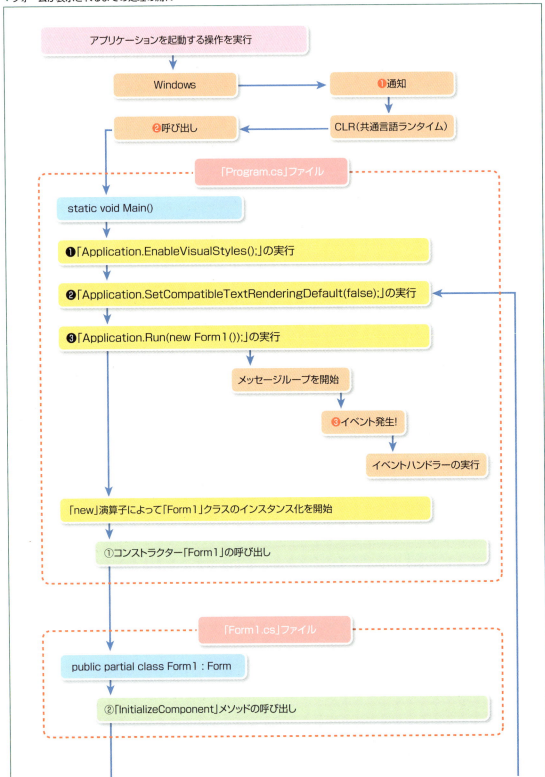

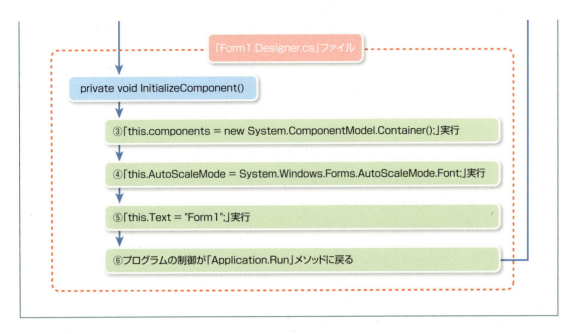

フォームが終了されるプロセス

フォームが閉じられた場合の終了処理について見ていくことにしましょう。

❶ フォームの閉じるボタンをクリックすると、Dispose()メソッドが呼び出されて、以下の処理が順番に行われます。
　❶ if ステートメントで次の条件がチェックされます。
　　・パラメーター「disposing」の値が「True」である
　　・components フィールドの値が「null」ではない
　条件が成立するとContainer クラスのDispose()メソッドを実行し、components が使用していたリソースを解放します。
❷「System.Windows.Forms」名前空間に属する「Form」クラスの「Dispose」メソッドを実行し、フォームが使用していたリソースを解放します。
❸ プログラムの制御がApplication.Run()メソッドに戻ります。
❹ プログラムの制御がMain()メソッドに戻ります。
❺ Main()メソッドには、これ以上の処理は記述されていないので、この時点でアプリケーションが終了します。

4.1 Windowsフォームアプリケーションのプログラムの構造

▼フォームが閉じられたときの処理の流れ

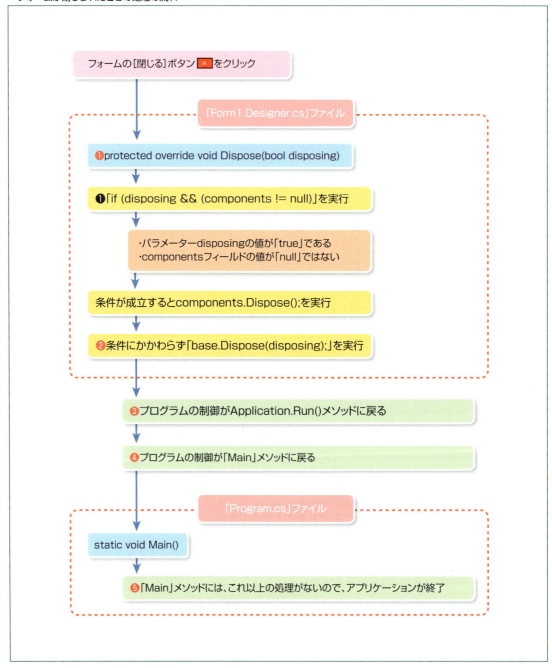

4.1 Windowsフォームアプリケーションのプログラムの構造

フォームへのボタン追加時のプログラムコードを確認する

フォームにボタンを追加すると、どのようなプログラムコードが記述されるのか確認しておきましょう。
フォームにボタンを配置したあと、「Form1.Designer.cs」のソースコードを表示してみましょう。

▼ボタン追加後の「Form1.Designer.cs」

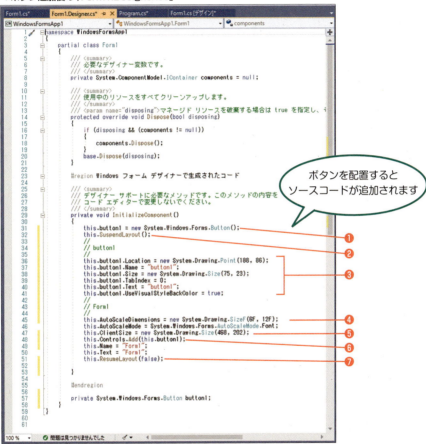

▼❶「System.Windows.Forms」名前空間の「Button」クラスをインスタンス化

```
this.button1 = new System.Windows.Forms.Button();
```

▼❷コントロールのレイアウト処理を一時的に中断

```
this.SuspendLayout();
```

フォーム上にコントロールを配置したあとでレイアウト処理が行えるように、レイアウト処理を一時的に停止します。

4.1 Windows フォームアプリケーションのプログラムの構造

▼❸ボタンコントロールの各プロパティを設定

```
this.button1.Location = new System.Drawing.Point(188,86);
```

```
this.button1.Name = "button1";
```

```
this.button1.Size = new System.Drawing.Size(75, 23);
```

```
this.button1.TabIndex = 0;
```

```
this.button1.Text = "button1";
```

```
this.button1.UseVisualStyleBackColor = true;
```

▼❹フォームのサイズ調整を行うときの基本サイズを設定

```
this.AutoScaleDimensions = new System.Drawing.SizeF(6F,12F);
```

▼❺フォームのタイトルバーなどを除いた領域のサイズを設定

```
this.ClientSize = new System.Drawing.Size(468, 202);
```

▼❻フォームにボタンコントロールを追加

```
this.Controls.Add(this.button1);
```

▼❼コントロールのレイアウト処理を再開

```
this.ResumeLayout(false);
```

Memo | ビルド

　ツールバーの**開始ボタン▶**をクリックすると、プロジェクト用のフォルダー内部にある**bin➡Debug**フォルダー内に、実行形式ファイル（拡張子「.exe」）が生成されると共に、プログラムが実行されます。このような、実行形式ファイルの生成を行う処理のことを**ビルド**と呼びます。

　ビルドでは、プログラムコードを翻訳するためのコンパイルと、各プログラムファイルの関連付けを行うための**リンク**と呼ばれる処理が行われます。

Section 4.2 デスクトップアプリ (UI) の開発

Level ★★★

Keyword　ユーザーインターフェイス　コーディング　デバッグ　ビルド
　　　　　コントロール　ツールボックス

　デスクトップアプリでは、フォーム上に、ボタンなどのコントロール (プログラム部品) を配置して、**ユーザーインターフェイス** (UI) を作成します。
　デスクトップアプリのUIは、グラフィックを利用したGUI (Graphical User Interface) です。

デスクトップアプリの開発過程

デスクトップアプリの開発は、基本的に、次のステップで進めていきます。

❶ フォームアプリケーションプロジェクトの作成
❷ 画面 (ユーザーインターフェイス) の作成
❸ コーディング
❹ デバッグとビルド

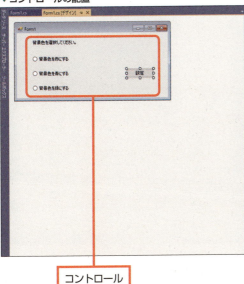

▼コントロールの配置　　　　　　　　　▼ソースコードの入力 (コーディング)

コントロール　　　　　　　　　　　　　ソースコード

397

4.2 デスクトップアプリ（UI）の開発

4.2.1 Windowsフォームの役割と種類

アプリケーションウィンドウのことを**Windowsフォーム**、または、たんに**フォーム**と呼びます。

● SDI *

基本的なインターフェイスで、1つのアプリケーションウィンドウを持ちます。Windowsアプリケーションでは、「メモ帳」や「ペイント」などのインターフェイスがSDIになっています。

▼SDI

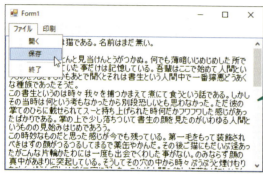

1つのウィンドウを持つ通常型のデスクトップアプリです

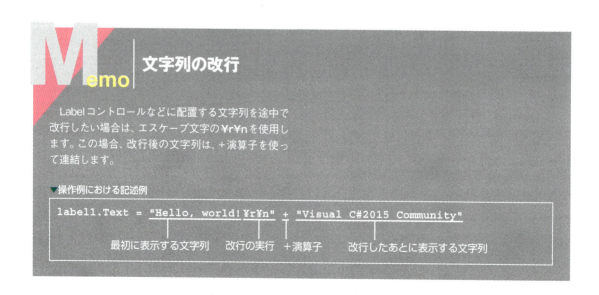

---

* **SDI** Single Document Interfaceの略。

4.2 デスクトップアプリ (UI) の開発

4.2.2 コントロールの種類

Visual Studioのツールボックスには、様々なコントロールが用意されています。それぞれのコントロールは、フォーム上にドラッグするだけで配置できます。

▼コモンコントロール

● コモンコントロール

❶ ポインター
マウスポインターを通常の形に戻すためのボタンで、コントロールではありません。❷以降のコントロールを選択していない状態であれば、このボタンがアクティブになります。

❷ ボタン
コマンドボタンを表示します。

❸ チェックボックス
チェックボックスを表示します。

❹ チェックリストボックス
チェックボックス付きのリストボックスを表示します。

❺ コンボボックス
ドロップダウン式のリストボックスを表示します。

❻ デイトタイムピッカー
日付や時刻を入力するためのドロップダウン式のカレンダーを表示します。

❼ ラベル
フォーム上に文字列を表示します。

❽ リンクラベル
Webサイトへのリンクを表示します。

❾ リストボックス
選択用の項目をリスト表示するためのボックスを表示します。

❿ リストビュー
アイコンやラベルを使って、リストを表示するボックスを表示します。

⓫ マスクドテキストボックス
適切なユーザー入力と不適切なユーザー入力を区別するためのコントロールです。

⓬ マンスカレンダー
ドロップダウン式の月のカレンダーを表示します。

⓭ Notify (ノーティファイ) アイコン
ステータスバーにアイコンを表示するときに使用します。

⓮ Numeric (ヌメリック) アップダウン
▲や▼を使って数値を選択できるボックスを表示します。

⓯ ピクチャボックス
イメージの描画や表示を行うためのボックスを表示します。

⓰ プログレスバー
処理の進行状況を視覚的に表示するバーを表示します。

⓱ ラジオボタン
ラジオボタンを表示します。

⓲ リッチテキストボックス
文字のフォントやサイズ、カラーなどのスタイル設定が可能な、テキストボックスの機能を拡張したボックスを表示します。

⓳ テキストボックス
文字列の入力や表示を行います。

⓴ ツールチップ
コントロールをマウスでポイントしたときに、任意のテキストをポップアップ表示します。

㉑ ツリービュー
データの関係をツリー構造 (階層構造) で表示するボックスを表示します。

㉒ Webブラウザー
ユーザーがフォーム内でWebページを移動できるようにします。

4.2 デスクトップアプリ（UI）の開発

▼コンテナー

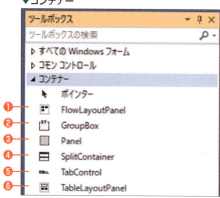

●コンテナー
❶ フローレイヤーパネル
内容を水平方向、または垂直方向に動的に配置するパネルを表します。
❷ グループボックス
複数のコントロールを1つのグループにまとめて表示します。
❸ パネル
複数のコントロールをグループにまとめて表示します。グループボックスとは異なり、ラベルは表示されません。
❹ スプリットコンテナー
コンテナーの表示領域をサイズ変更可能な2つのパネルに分割し、移動可能なバーで構成されるコントロールを表します。
❺ タブコントロール
タブ付きのパネルを表示します。各タブには、任意のコントロールを貼り付けることができます。
❻ テーブルレイヤーパネル
行と列で構成されるグリッドに内容を動的にレイアウトするパネルを表します。

▼メニューとツールバー

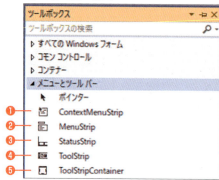

●メニューとツールバー
❶ コンテキストメニューストリップ
右クリック時のショートカットメニューを表示します。
❷ メニューストリップ
フォームのメニューシステムを提供します。
❸ ステータスストリップ
ステータスバーコントロールを表示します。
❹ ツールストリップ
ツールバーオブジェクトにコンテナを提供します。
❺ ツールストリップコンテナー
1つ以上のコントロールを保持できる、フォームの上下と両側に配置されるパネル、および中央に配置されるパネルを提供します。

▼データ

●データ
❶ チャート
データをグラフで表示します。
❷ バインディングナビゲーター
フォーム上にあるデータにバインドされたコントロールの移動および操作用ユーザーインターフェイスを表示します。
❸ バインディングソース
フォームのデータソースをカプセル化します。
❹ データグリッドビュー
カスタマイズできるグリッドにデータを表示します。
❺ データセット
データのメモリ内キャッシュを表示します。

4.2 デスクトップアプリ（UI）の開発

●コンポーネント

❶**バックグラウンドワーカー**
別のスレッドで操作を実行します。

❷**ディレクトリエントリー**
ActiveDirectory階層内のオブジェクトをカプセル化します。

❸**ディレクトリサーチャー**
ActiveDirectoryに対するクエリ（検索/抽出）を実行します。

❹**エラープロバイダー**
フォーム上のコントロールにエラーが関連付けられていることを示すための、ユーザーインターフェイスを提供します。

❺**イベントログ**
Windowsのイベントログとの通信を実現します。

❻**ファイルシステムウォッチャー**
ファイルシステムの変更通知を待機し、ディレクトリまたはディレクトリ内のファイルが変更されたときにイベントを発生させます。

❼**ヘルププロバイダー**
コントロールのポップアップヘルプ、またはオンラインドキュメントを提供します。

❽**イメージリスト**
イメージオブジェクトのコレクションを管理するメソッドを提供します。

❾**メッセージキュー**
メッセージキューサーバーへのキューを提供します。

❿**パフォーマンスカウンタ**
Windowsパフォーマンスカウンタコンポーネントを表示します。

⓫**プロセス**
ローカルプロセスとリモートプロセスにアクセスできるようにして、ローカルシステムプロセスの起動と中断ができるようにします。

⓬**シリアルポート**
シリアルポートのリソースを表します。

⓭**サービスコントローラ**
Windowsサービスへの接続やクエリの実行、停止を行う手段を提供します。

⓮**タイマ**
ユーザー定義の間隔でイベントを発生させるタイマを実装します。このタイマは、Windowsアプリケーションで使用できるように最適化されているので、ウィンドウで使用する必要があります。

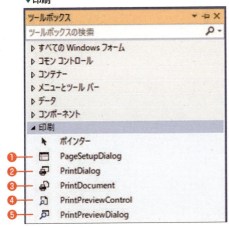

●印刷

❶**ページセットアップダイアログ**
印刷時の余白や用紙方向などのページ設定を行うためのダイアログボックスを表示します。

❷**プリントダイアログ**
印刷を行うための[印刷]ダイアログボックスを表示します。

❸**プリントドキュメント**
印刷処理を行うときに使用します。

❹**プリントプレビューコントロール**
印刷プレビューを利用するときに使用します。

❺**プリントプレビューダイアログ**
印刷プレビューを表示するためのダイアログボックスを表示します。

4.2 デスクトップアプリ (UI) の開発

▼ダイアログ

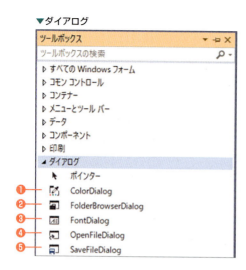

●ダイアログ
❶カラーダイアログ
色を設定するためのダイアログボックスを表示します。
❷フォルダーブラウザーダイアログ
フォルダーの参照と選択を行うためのダイアログボックスを表示します。
❸フォントダイアログ
フォントの設定を行うための[フォント]ダイアログボックスを表示します。
❹オープンファイルダイアログ
[ファイルを開く]ダイアログボックスを表示します。
❺セーブファイルダイアログ
[名前を付けて保存]ダイアログボックスを表示します。

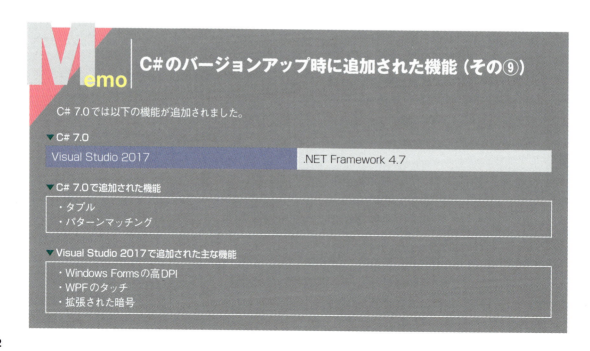

Memo | C#のバージョンアップ時に追加された機能（その⑨）

C# 7.0では以下の機能が追加されました。

▼C# 7.0

| Visual Studio 2017 | .NET Framework 4.7 |

▼C# 7.0で追加された機能

・タプル
・パターンマッチング

▼Visual Studio 2017で追加された主な機能

・Windows Formsの高DPI
・WPFのタッチ
・拡張された暗号

Hint Visual Studioのインテリセンスを使ってコードを入力する

Visual Studioには、コードの入力を支援するための**インテリセンス**（入力支援機能）と呼ばれる機能が備わっています。フォーム上にラベルが配置されている場合を例にして見ていきましょう。

❶ フォームデザイナーで**Show**ボタンをダブルクリックすると、コードエディターが起動して、イベントハンドラー「Button1_Click」の「{」と「}」の間にカーソルが移動します。

▼コードエディター

❶「{」と「}」の間にカーソルが移動する

❷「l（Lの小文字）」と入力すると、lで始まるリストが表示されるので、「label1」を選択して Tab キーを押します。

▼コードエディターに表示されたリスト

❷ 選択して Tab キーを押す

❸ 続いて「.」（ピリオド）をタイプすると次に記述すべき候補のリストが表示されるので、さらに「t」と入力し、候補から「Text」を選択して Tab キーを押します。

❹「Text」が入力されるので、このあとのコードを入力します。

▼コードの入力

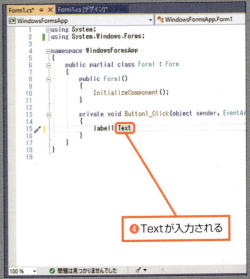

❹ Textが入力される

❸ 選択して Tab キーを押す

なお、入力候補が表示されない場合は Ctrl + スペース キーを押すと表示されます。

Section 4.3 フォームの操作

Level ★★★　　Keyword　フォームの名前　背景色　背景イメージ　フォームの表示位置

Form（**フォーム**）は、デスクトップアプリの操作画面の土台となるUI部品（コンポーネント）です。GUI*環境では、フォーム上にボタンやメニューなどを配置することで、アプリの画面を作っていきます。

Formの各種設定

このセクションでは、Form名や外観の操作方法などを見ていきます。

- **Form名やファイル名の変更**

- **フォームの外観の操作**
  - サイズの変更
  - 背景色の指定
  - 背景イメージの指定
  - タイトルバーのタイトル設定
  - 半透明化
  - タイトルバーのアイコン変更
  - タイトルバーのボタンの表示/非表示

- **フォームのサイズ変更**

　Formの識別名やファイル名（拡張子.cs）は、任意の名前に変更することができます。
　また、表示サイズや背景色などの外観の設定やタイトルバー上の表示も自由に変更することができます。

＊**GUI**　Graphical User Interfaceの略。

4.3.1 フォームの名前を変更する

フォームには、フォーム自体の識別名と、フォームのソースファイル（拡張子「.cs」）用の名前があります。それぞれの名前は、**プロパティ**ウィンドウを使って、任意の名前に変更できます。

フォームの名前を変更する

Windowsフォームデザイナーで、対象のフォームをクリックして、次のように操作します。

▼［プロパティ］ウィンドウ

1. **プロパティウィンドウで、(Name)** の値の欄をクリックして、フォームの識別名を入力します。
2. Enter キーを押します。

フォーム名が変更される

Hint ［プロパティ］ウィンドウを使ってフォームのサイズを変更する

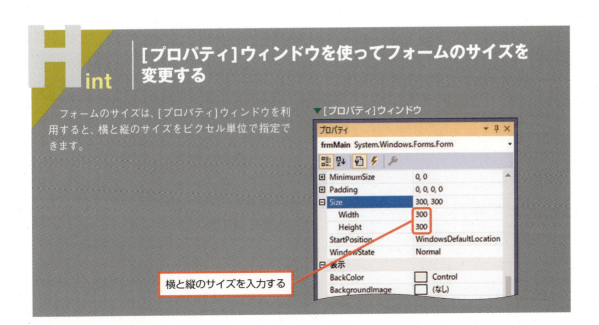

フォームのサイズは、［プロパティ］ウィンドウを利用すると、横と縦のサイズをピクセル単位で指定できます。

▼［プロパティ］ウィンドウ

横と縦のサイズを入力する

4.3 フォームの操作

フォームの背景色を変更する

フォームの背景色は、**BackColor**プロパティを使って指定することができます。

▼[プロパティ]ウィンドウ

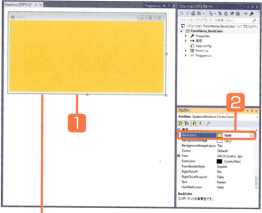

1 対象のフォームをクリックします。

2 プロパティウィンドウで、**BackColor**をクリックします。

3 **Web**タブをクリックして、目的の色を選択します。

フォームの色が変更される

Hint Color構造体

コンピューターでは、RGBA*（赤、緑、青、アルファ）（ARGBと表記されることもある）を使ってカラーを表示します。これらの色は、Color構造体で定義されています。

各ピクセルの色は、RGBA値のそれぞれを8ビット、合計32ビットの数値で表現し、4つの各要素は、0から255までの数値で表されます。この場合、0は輝度がないことを表し、255は最大の輝度を表します。また、アルファ要素は色の透明度を表し、0は完全な透明を、255は完全な不透明を表します。値の表記は「#」に続く16進表記で行われます。

* **RGBA** Red-Green-Blue-Alphaの略。コンピューターで色を表現する際に用いられる表記法。特定の色を赤（R）、緑（G）、青（B）の三原色と、透明度（A）の組み合わせで表現する。RGBモードに透明度が加えられているので、半透明の画像を表現することができる。

4.3 フォームの操作

Memo | 色の指定

4

デスクトップアプリの開発

カラーパレットから色を選ぶと、「System.Drawing」名前空間に所属する、Color構造体のプロパティとして定義されている色（詳細は以下の表を参照）が適用されます。これらの色は、RGBA値によって定義されています。

▼Color構造体で定義されているプロパティ（色）の一覧

AliceBlue	DarkOrange	Khaki	MediumSpringGreen	SaddleBrown
AntiqueWhite	DarkOrchid	Lavender	MediumTurquoise	Salmon
Aqua	DarkRed	LavenderBlush	MediumVioletRed	SandyBrown
Aquamarine	DarkSalmon	LawnGreen	MidnightBlue	SeaGreen
Azure	DarkSeaGreen	LemonChiffon	MintCream	SeaShell
Beige	DarkSlateBlue	LightBlue	MistyRose	Sienna
Bisque	DarkSlateGray	LightCoral	Moccasin	Silver
Black	DarkTurquoise	LightCyan	NavajoWhite	SkyBlue
BlanchedAlmond	DarkViolet	LightGoldenrodYellow	Navy	SlateBlue
Blue	DeepPink	LightGray	OldLace	SlateGray
BlueViolet	DeepSkyBlue	LightGreen	Olive	Snow
Brown	DimGray	LightPink	OliveDrab	SpringGreen
BurlyWood	DodgerBlue	LightSalmon	Orange	SteelBlue
CadetBlue	Firebrick	LightSeaGreen	OrangeRed	Tan
Chartreuse	FloralWhite	LightSkyBlue	Orchid	Teal
Chocolate	ForestGreen	LightSlateGray	PaleGoldenrod	thistle
Coral	Fuchsia	LightSteelBlue	PaleGreen	Tomato
CornflowerBlue	Gainsboro	LightYellow	PaleTurquoise	Transparent
Cornsilk	GhostWhite	Lime	PaleVioletRed	Turquoise
Crimson	Gold	LimeGreen	PapayaWhip	Violet
Cyan	Goldenrod	Linen	PeachPuff	Wheat
DarkBlue	Gray	Magenta	Peru	White
DarkCyan	Green	Maroon	Pink	WhiteSmoke
DarkGoldenrod	GreenYellow	MediumAquamarine	Plum	Yellow
DarkGray	Honeydew	MediumBlue	PowderBlue	YellowGreen
DarkGreen	HotPink	MediumOrchid	Purple	
DarkKhaki	IndianRed	MediumPurple	Red	
DarkMagenta	Indigo	MediumSeaGreen	RosyBrown	
DarkOliveGreen	Ivory	MediumSlateBlue	RoyalBlue	

Memo [BackColor]プロパティの設定

ここでの操作によって、「Form1.Designer.cs」に、次のようなコードが記述されます。

フォームの背景色は、**BackColor**プロパティで指定します。プロパティの値はSystemDrawing.Color構造体の色指定用のプロパティが設定されています。

▼「Program.cs」に記述されているコメント

```
this.BackColor = System.Drawing.Color.Blue;
```
　　└── BackColorプロパティ
　└── フォーム自身を示す

▼構文　フォームの背景色をColor構造体のプロパティを使って指定する

```
フォーム名.BackColor = System.Drawing.Color.既定値;
```

Memo [リソースの選択]ダイアログボックス

背景イメージ等を設定する際に使用する**リソースの選択**ダイアログボックスでは、以下の2つの方法で、リソース（ここでは背景用の画像）ファイルへの参照を設定できるようになっています。

●ローカルリソース

選択したファイルのデータが、.resxファイル（初期設定で「Form1.resx」ファイル）内にコピーされます。このとき、ファイル内のデータだけがコピーされ、ファイル自体のコピーは行われません。コピーしたデータへの参照情報は、「Form1.Designer.cs」ファイルに記述されます。

●プロジェクトリソースファイル

選択したファイルが、プロジェクト用のフォルダー内に作成される「Resources」フォルダー内にコピーされます。コピーしたファイルへの参照情報は、

「Form1.Designer.cs」ファイルに記述されます。

▼[リソースの選択]ダイアログボックス

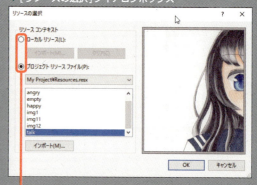

[ローカルリソース]または[プロジェクトリソースファイル]を選択

タイトルバーのタイトルを変更する

FormのタイトルバーにはTextプロパティを使って、任意のタイトルを表示させることができます。

▼[プロパティ]ウィンドウ

1 対象のフォームを選択し、**プロパティウィンドウ**で、**Text**プロパティの値の欄をクリックして、任意のタイトルを入力します。

入力したタイトルが、Formのタイトルバーに表示される

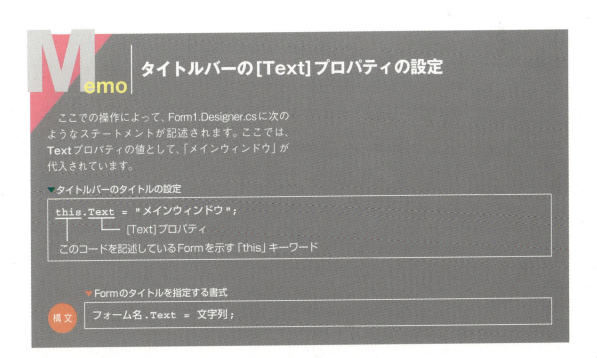

Memo タイトルバーの[Text]プロパティの設定

ここでの操作によって、Form1.Designer.csに次のようなステートメントが記述されます。ここでは、**Text**プロパティの値として、「メインウィンドウ」が代入されています。

▼タイトルバーのタイトルの設定

```
this.Text = "メインウィンドウ";
```
　└ [Text]プロパティ
このコードを記述しているFormを示す「this」キーワード

▼Formのタイトルを指定する書式

構文
```
フォーム名.Text = 文字列;
```

4.3.3 フォームの表示位置の指定

プログラムを起動したときのFormの表示位置は、**StartPosition**プロパティを利用することで、あらかじめ指定しておくことができます。

プログラム起動時にFormを画面中央に表示する

プログラム起動時にFormを画面中央に表示するには、**StartPosition**プロパティの値に、CenterScreenを指定します。

▼[プロパティ]ウィンドウ

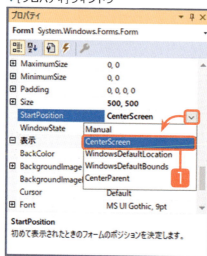

1 プロパティウィンドウで、**StartPosition**プロパティのボタンをクリックして、**CenterScreen**を選択します。

▼IDEの操作画面

2 プログラムを実行すると、フォームが画面中央に表示されます。

4.3 フォームの操作

[StartPosition]プロパティの設定

「プログラム起動時にFormを画面中央に表示する」における操作によって、Form1.Designer.csに次のようなステートメントが記述されます。ここでは、「System.Windows.Forms」名前空間に属する「FormStartPosition」列挙体の「CenterScreen」を代入しています。

▼フォームの表示位置を中央に設定

```
this.StartPosition = System.Windows.Forms.FormStartPosition.CenterScreen;
```

[StartPosition]プロパティ
処理の対象がForm1自身であることを示す「this」キーワード
スクリーン上の中央に表示するための「CenterScreen」を代入

構文 ▼フォームの表示位置を画面中央に設定する書式

```
フォーム名.StartPosition = System.Windows.Forms.FormStartPosition.既定値;
```

[StartPosition]プロパティで指定できる値

412ページの「フォームの表示位置を指定する」で紹介している**StartPosition**プロパティでは、System.Windows.Forms名前空間に属するFormStartPosition列挙体で定義されている次の値（定数）を指定することができます。

値（定数）	内容
Manual	XY座標を使ってフォームの位置指定を行う。
CenterScreen	スクリーン上の中央に表示。
WindowsDefaultLocation	Windowsの既定位置に配置。
WindowsDefaultBounds	Windowsの既定位置に配置され、Windows既定の境界が設定される。
CenterParent	親フォームの境界内の中央に配置。

411

フォームの表示位置を指定する

プログラムを起動したときにフォームを任意の位置に表示するには、**StartPosition**プロパティで**Manual**を指定しておいた上で、**Location**プロパティで位置指定を行います。

▼[プロパティ]ウィンドウ

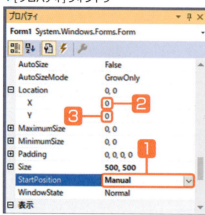

1 StartPositionのボタンをクリックして、Manualを選択します。

2 LocationプロパティのXの値欄に、画面左端からの位置を入力します。

3 Yの値欄に、画面左上端からの位置を入力します。

onepoint
ここで入力した値は、ピクセル単位で扱われます。

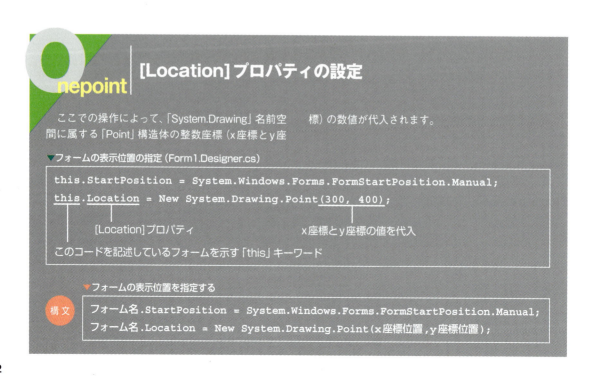

onepoint [Location]プロパティの設定

ここでの操作によって、「System.Drawing」名前空間に属する「Point」構造体の整数座標（x座標とy座標）の数値が代入されます。

▼フォームの表示位置の指定 (Form1.Designer.cs)

```
this.StartPosition = System.Windows.Forms.FormStartPosition.Manual;
this.Location = New System.Drawing.Point(300, 400);
```

　　[Location]プロパティ　　　　　　　　x座標とy座標の値を代入
このコードを記述しているフォームを示す「this」キーワード

▼フォームの表示位置を指定する

構文
```
フォーム名.StartPosition = System.Windows.Forms.FormStartPosition.Manual;
フォーム名.Location = New System.Drawing.Point(x座標位置,y座標位置);
```

Section 4.4 コントロールとコンポーネントの操作

Level ★★★

Keyword オブジェクト　コントロール　コンポーネント

デスクトップアプリは、フォーム上にボタンやメニューなどを配置することで、操作画面であるユーザーインターフェイスを作成します。ここでは、ボタンやメニューなどのコントロール／コンポーネントの配置や設定方法について見ていきます。

コントロールとコンポーネント

ButtonやCheckBoxのように、フォーム上に実体として存在する要素がコントロール、メニューやツールヒントのように、初期状態では折りたたまれていたり、画面上に表示されない要素がコンポーネントです。

▼主なコントロール

コントロール名	内容
Button	コマンドボタン。
TextBox	テキストボックス。
Label	ラベル。文字列を表示。
CheckBox	チェックボックス。
ComboBox	コンボボックス（テキストボックスとリストボックスが組み合わさったもの）。
ListBox	リストボックス。
RadioButton	ラジオボタン。
ToolBar	ツールバーを表示。
StatusBar	ステータスバーを表示。
PictureBox	ピクチャボックス。画像を表示。
TabControl	タブを表示。

▼主なコンポーネント

コンポーネント名	内容
MainMenu	メニューを表示。
ContextMenu	右クリックでメニューを表示。
ToolTip	ツールヒントを表示。
Timer	タイマー。一定の間隔で特定の処理を実行。
OpenFileDialog	［ファイルを開く］ダイアログボックスを表示。
SaveFileDialog	［ファイルの保存］ダイアログボックスを表示。
DataSet	データベースから取得したデータを保管する。

4.4.1 コントロールの操作

フォーム上にコントロールを配置すると、「button1」や「label1」のように自動的に名前が付けられますが、これらの名前は、独自の名前に変更できます。

▼[プロパティ]ウィンドウ

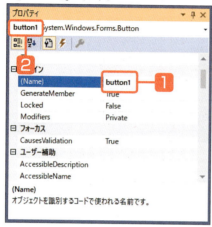

1. 対象のコントロールを選択し、**プロパティウィンドウ**の**(Name)**プロパティの値の入力欄に名前を入力して、Enterキーを押します。
2. コントロールの名前が変更されたことが確認できます。

コントロールに表示するテキストを変更する

コントロールに表示するテキストを変更してみましょう。

▼フォームデザイナーと[プロパティ]ウィンドウ

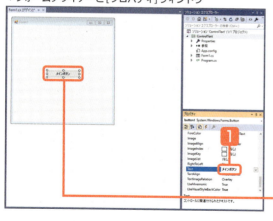

1. プロパティウィンドウの**Text**プロパティの欄に、コントロールに表示させる文字列を入力して、Enterキーを押します。

指定した文字列がコントロールに表示される

テキストのサイズやフォントを指定する

Fontプロパティを利用すると、文字列のサイズやフォントなどの、テキストの見栄えに関する設定を行うことができます。

▼[プロパティ]ウィンドウ

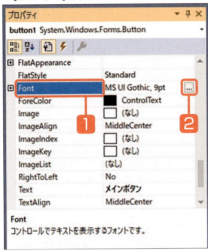

1 プロパティウィンドウで、**Font**プロパティをクリックします。

2 値の入力欄に表示された**参照ボタン**をクリックします。

▼[フォント]ダイアログボックス

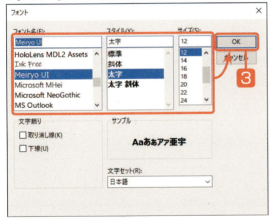

3 フォントダイアログボックスが表示されるので、**フォント名**、**スタイル**、**サイズ**を選択して、**OK**ボタンをクリックします。
コントロールの文字列の書式が設定されます。

Memo ツールバーに[レイアウト]が表示されていない場合は

ツールバーに**レイアウト**が表示されていない場合は、ツールバーのボタン以外のスペースを右クリックして、**レイアウト**を選択します。

テキストや背景の色を指定する

コントロールのテキストや背景の色を指定の**プロパティウィンドウ**で行えます。

▼テキストカラーの変更

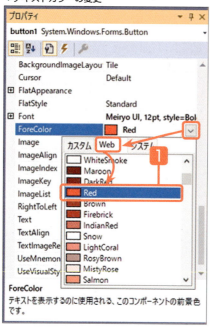

1 プロパティウィンドウで、**ForeColor**プロパティのボタンをクリックし、**Web**タブをクリックして、目的の色を選択します。

▼[プロパティ]ウィンドウ

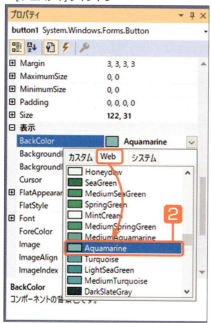

2 **BackColor**プロパティのボタンをクリックし、目的の色を選択します。

4.4 コントロールとコンポーネントの操作

Memo [ForeColor]プロパティと[BackColor]プロパティの設定

ForeColor プロパティは、コントロール上に表示するテキストの色を設定し、BackColor プロパティは、コントロール自体の色を設定します。

それぞれのプロパティには、System.Drawing 名前空間に属するColor構造体で定義されている値を代入します。

▼テキストの色を指定

```
this.Button1.ForeColor = System.Drawing.Color.Red;
```
— Color構造体のプロパティ
[ForeColor]プロパティ
コントロール名
このコードを記述しているフォームを示す「this」

▼コントロール上のテキストの色を指定する

構文
```
フォーム名.コントロール名.ForeColor = System.Drawing.Color.既定値;
```

▼Button コントロールの背景色を指定

このコードを記述しているフォームを示す「this」
Color構造体で定義されている FromArgbメソッド
コントロール名　[BackColor]プロパティ

```
this.button1.BackColor = System.Drawing.Color.FromArgb(
  ((int)(((byte)(128)))), ((int)(((byte)(128)))), ((int)(((★byte)(255)))));
```

引数として指定されたRGB値

▼コントロールの背景色を指定する

構文
```
フォーム名.コントロール名.BackColor = System.Drawing.Color.既定値;
```

カラーパレットから色を選ぶと、「System.Drawing」名前空間に所属する、Color構造体のプロパティとして定義されている色(「MEMO 色の指定」の表を参照)が適用されます。

ただし、カスタムタブに表示されるカラーパレットなどを使って、Color構造体にない色を指定した場合は、Color構造体のFromArgbメソッドの引数に、直接、RGB*値がセットされて、指定された色が示されます。「▼Button コントロールの背景色を指定」のステートメントがその例です。

＊**RGB** Red-Green-Blueの略。コンピューターで色を表現する際に用いられる表記法。特定の色を赤(R)、緑(G)、青(B)の三原色の組み合わせで表現する。

GroupBoxを利用して複数のコントロールを配置する

GroupBoxには、複数のコントロールをまとめて配置する土台としての機能があります。GroupBoxには境界線が表示されるので、視覚的に他の領域と区別しやすいほか、GroupBoxを移動することで配置されているコントロールをまとめて移動できるので、レイアウト作業の際にも便利です。

▼ツールボックス

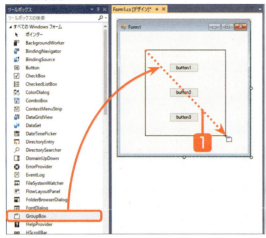

1 ツールボックスの**GroupBox**をクリックし、フォーム上をドラッグして、GroupBoxを描画します。

▼Windowsフォームデザイナー

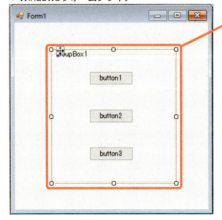

GroupBoxが作成される

Onepoint
GroupBoxには、初期状態で「GroupBox1」と表示されます。表示名はTextプロパティで変更できます。

4.4 コントロールとコンポーネントの操作

4.4.2 コントロールのカスタマイズ

ここでは、コントロールを使いやすくするための方法を見ていきましょう。

テキストボックスの入力モードを指定する

移動したときの入力モードを指定しておくことができます。

▼[プロパティ]ウィンドウ

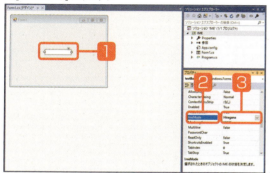

1 日本語入力をOffにしたいテキストボックスをクリックします。

2 プロパティウィンドウで、**ImeMode**プロパティをクリックします。

3 ボタンをクリックして、**Hiragana**を選択します。

M emo [ImeMode]プロパティ

ImeModeプロパティでは、テキストボックスにカーソルが移動したときの日本語入力の状態を指定することができます。

この場合、System.Windows.Forms名前空間に属するImeMode列挙体で定義されている次の表の定数を値として設定します。

▼ImeMode列挙体で定義されている主な定数

定数名	内容
Inherit	親コントロールの入力モードを継承する。
NoControl	何も指定しない(既定)。
On	IMEをオンにする。
Off	IMEをオフにする。ただし、ユーザーは手動でIMEをオンにすることができる。
Disable	IMEを無効にする。ユーザーはIMEを有効にできない。
Katakana	全角カタカナモードにする。
KatakanaHalf	半角カタカナモードにする。
AlphaFull	全角英数モードにする。

フォーム上にグリッドを表示する

フォーム上には、コントロールを配置するときの目安として等間隔で並んだ黒い点を表示することができます。この黒い点のことを**グリッド**と呼び、コントロールを配置するときの目安となる他にグリッドに沿ってコントロールを配置することができます。これを**グリッドへのスナップ**と呼びます。

グリッドは、次の方法で表示することができます。

なお、グリッドはフォームデザイナーを一度閉じて再度表示すると、表示されます。

❶ **ツール**メニューの**オプション**を選択します。
❷ **Windowsフォームデザイナー**を選択します。
❸ **グリッドの表示**で**True**を選択します。
❹ **レイアウトモード**で**SnapToGrid**を選択します。

●グリッドを表示した状態でスナップを無効にする

ただし、グリッドの間隔は8ピクセルなので、コントロールの位置やサイズを設定するときは、すべて8ピクセル単位で行われることになります。コントロールの位置やサイズをさらに細かく指定したい場合は、対象のフォームを選択した状態で、**プロパティウィンドウ**の**SnapToGrid**で**False**を選択すると、グリッドへのスナップを無効にすることができます。

逆に、**LayoutMode**で**SnapToGrid**、**SnapToGrid**で**True**、**ShowGrid**で**False**を選択しておくと、グリッドへのスナップを有効にした状態で、グリッドを非表示にすることができます。

▼[オプション]ダイアログボックス

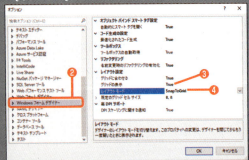

▼グリッドの表示とスナップの設定

グリッド	スナップ	LayoutMode	ShowGrid	SnapToGrid
表示	有効	SnapToGrid	True	True
表示	無効	SnapToGrid	True	False
非表示	有効	SnapToGrid	False	True

●グリッドの間隔を変える

GridSizeプロパティを使うと、グリッドの間隔を変えることができます。この場合、[オプション]ダイアログボックスの**GridSize**の左横のボタンをクリックしたあと、**Width**（横間隔）、**Height**（縦間隔）に、それぞれ値（ピクセル単位で扱われる）を入力します。

4.4 コントロールとコンポーネントの操作

4.4.3 メニューを配置する

MenuStripコントロールを配置して、メニューを作成する方法について見ていきます。

▼フォームデザイナー

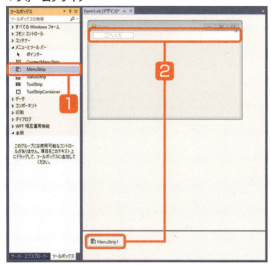

1. ツールボックスで、**MenuStrip**をダブルクリックします。
2. フォームの上部にメニューデザイナーが表示され、コンポーネントトレイに、**MenuStrip**コンポーネントが表示されます。

メニューの項目を設定する

メニューに表示する項目（メニューアイテム）を設定します。

1. **ここへ入力**と表示されている部分をクリックし、メニューのタイトルとして表示する文字列を入力して、Enter キーを押します。

2. メニュータイトルの下部に表示されている**ここへ入力**をクリックし、メニューの項目として表示する文字列を入力して、Enter キーを押します。

▼フォームデザイナー

▼フォームデザイナー

4.4 コントロールとコンポーネントの操作

▼メニューの完成

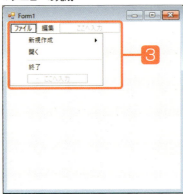

3 さらに、メニューアイテムとして表示する文字列を入力して、メニューを完成させます。

Tips メニュー項目に区分線を入れる

区分線を入れたい位置の真下にある項目を右クリックして、**挿入➡Separator**を選択します。

▼メニューデザイナー

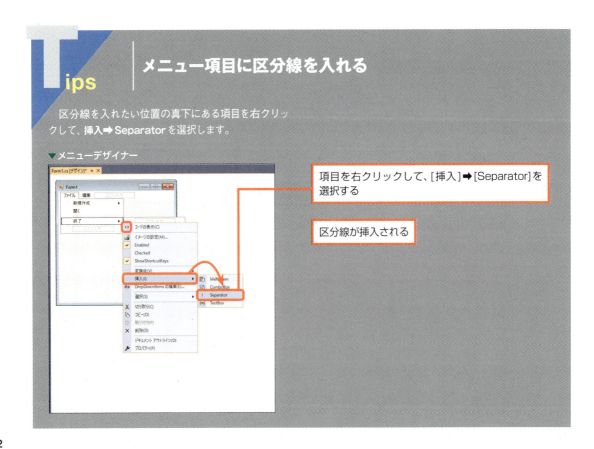

項目を右クリックして、[挿入]➡[Separator]を選択する

区分線が挿入される

4.4 コントロールとコンポーネントの操作

Hint メニューの項目やサブメニューを削除するには

メニューの項目やサブメニューを削除するには、次のように操作します。

●メニューを削除する
① コンポーネントトレイのMenuStripコンポーネントを選択します。
② プロパティウィンドウの**データ➡ Items** をクリックして、ボタンをクリックします。
③ **項目コレクションエディター**が表示されるので、メンバーに表示されている項目の中から削除したいメニューを選択します。
④ ボタンをクリックして、選択した項目を削除します。
⑤ **OK** ボタンをクリックします。

▼[項目コレクションエディター]

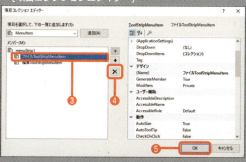

●サブメニューを削除する
① メンバーの中から削除したい項目を含むメニューを選択します。
② **DropDownItems** のボタンをクリックします。

▼[項目コレクションエディター]

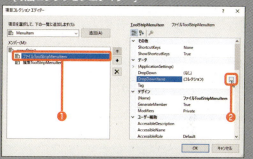

③ メニューアイテムの**項目コレクションエディター**が表示されるので、削除したい項目を選択して、ボタンをクリックして、選択した項目を削除します。
④ **OK** ボタンをクリックします。

▼メニューアイテムの[項目コレクションエディター]

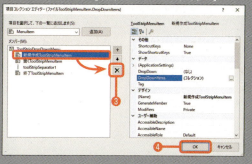

4 デスクトップアプリの開発

423

4.4 コントロールとコンポーネントの操作

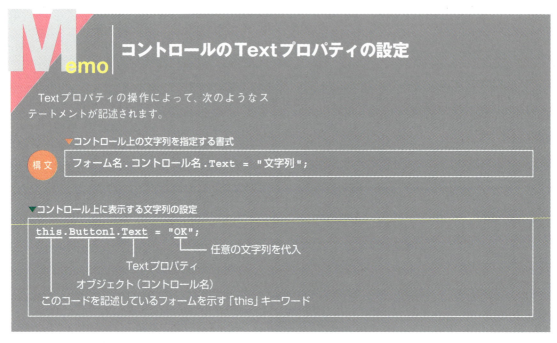

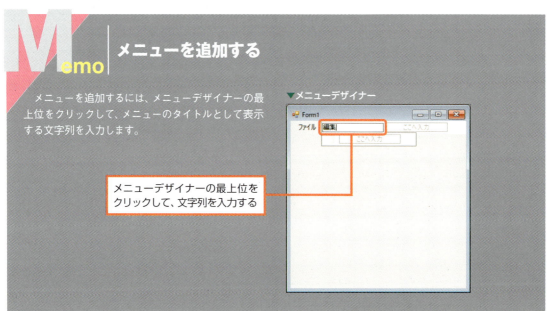

Section 4.5 イベントドリブンプログラミング

Level ★★★　　Keyword　イベント　イベントドリブンプログラミング　イベント

イベントは、「ボタンをクリックした」、「メニューをクリックした」、「フォームが読み込まれた」などのコントロールやフォームに対して発生した事象を通知するための仕組みです。
このようなイベントを利用して、特定のイベントが発生したときに、任意の処理を行わせるプログラミング手法のことを**イベントドリブンプログラミング**と呼びます。

イベントに対応したプログラムの作成

ここでは、以下のコントロールにおけるイベントを利用したプログラミングテクニックを紹介していきます。

- ボタンコントロールを利用したフォームの制御
- ボタンコントロールによるフォームの外観の変更
- テキストボックスの利用
- チェックボックスとラジオボタンの利用
- リストボックスの利用

▼ラジオボタンで背景色を選択

Visual Studioは、イベントが発生したときに呼び出される空のイベントハンドラーを自動的に作成してくれます。内部に任意の処理を記述すれば、特定のイベント発生時に、指定した処理を実行することができます。

ボタンをクリックすると色が変更される

4.5 イベントドリブンプログラミング

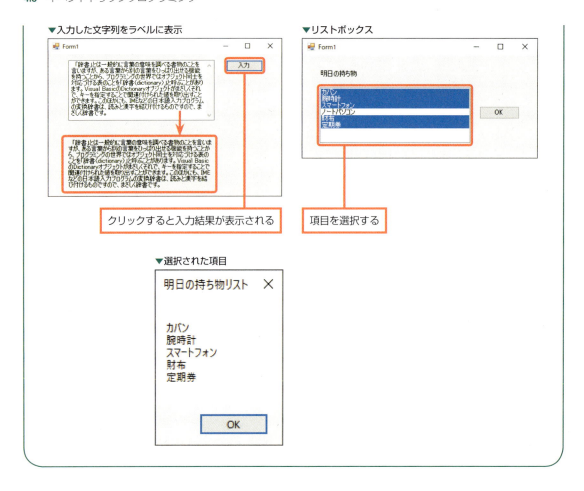

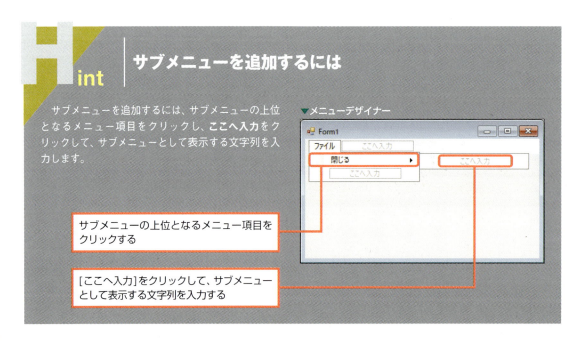

4.5.1 ボタンコントロールでイベントを処理する

ここでは、ボタンクリック時のイベントを利用して、様々な処理を行ってみましょう。

ボタンクリックで別のフォームを表示する

ボタンをクリックすると、別のフォームを表示するようにしてみましょう。

▼[新しい項目の追加]ダイアログボックス

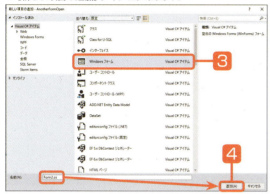

1 フォーム上にボタン（Buttonコントロール）を配置します。

2 **プロジェクト**メニューをクリックして、**Windowsフォームの追加**を選択します。

3 **新しい項目の追加**ダイアログボックスが表示されるので、**Windowsフォーム**を選択します。

4 ファイル名に「Form2.cs」と入力して、**追加**ボタンをクリックし、新規のフォーム（「Form2.cs」）を作成します。

5 Form1に配置してあるボタンをダブルクリックして、イベントハンドラー「Button1_Click」に次のコードを入力します。

▼「Form2」を開くためのステートメント（プロジェクト「AnotherFormOpen」）

```
private void Button1_Click(object sender, EventArgs e)
{
    Form2 frmForm2 = new Form2();   ← このように記述
    frmForm2.ShowDialog();
}
```

6 **button1**ボタンをクリックすると、「Form2」が開きます。

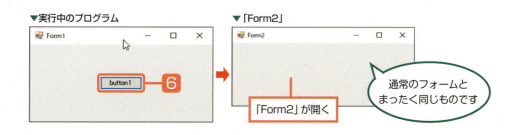

▼実行中のプログラム　　　　　　▼「Form2」

「Form2」が開く　　通常のフォームとまったく同じものです

ここでは、**ShowDialog**メソッドを使って、フォーム「Form2」をモーダルで表示しています。**モーダル**とは、新たに表示されたフォームを閉じない限り呼び出し元のフォームの操作ができない表示モードです。ダイアログボックスの表示はモーダルで行われます。

フォームをモードレスで開くには

フォームを表示する方法には、モーダルの他に**モードレス**と呼ばれる表示方法があります。モードレスでは、新たにフォームを表示していても呼び出し元のフォームを操作することができます。

フォームをモードレスで表示するには、Show()メソッドを使います。

▼フォームをモードレスで表示する

```
フォームのクラス名 参照変数名 = new フォームのクラス名();
参照変数名.Show();
```

フォームを閉じるステートメント

ここでは、コマンドボタンがクリックされたタイミングで、以下のステートメントを実行するようにしています。

なお、操作例では、フォーム名の代わりに、現在、参照されているインスタンス（ここでは「Form2」）を示すthisキーワードを使用しています。

▼表示中のフォームを閉じる

```
this.Close();
```

▼フォームを閉じる

```
フォーム名.Close();
```

プログラムを終了させるExit()

Applicationクラスの**Exit()**メソッドは、表示中のフォームを閉じると同時に、プログラムを終了します。Exit()は静的メソッドなので、インスタンスではなく、クラスから実行するようにします。

▼プログラムを終了する

```
Application.Exit();
```

ボタンクリックでフォームを閉じる

　FormクラスのClose()メソッドを使うと、ボタンをクリックしたタイミングでフォームを閉じることができます。ここでは、前項で作成したフォームForm2に、フォームを閉じるためのボタンを設定してみましょう。

1 Form2にボタンを配置して、Textプロパティの値の欄に、「フォームを閉じる」と入力しておきます。

2 Buttonをダブルクリックして、イベントハンドラー「button1_Click」に次のように記述します。

▼イベントハンドラー「button1_Click」
```
private void button1_Click(object sender, EventArgs e)
{
    this.Close();    ← このように記述
}
```

▼実行中のプログラム「Form2」

3 **フォームを閉じる**ボタンをクリックすると、「Form2」が閉じます。

ボタンをクリックすると、フォームが閉じます

フォームを閉じると同時にプログラムを終了する

　ApplicationクラスのExit()メソッドを使うと、開いているすべてのフォームを閉じた上で、プログラムを終了することができます。

1 フォーム上に配置したボタンをダブルクリックして、イベントハンドラーに次のように記述します。

▼イベントハンドラー「button1_Click」(プロジェクト「Exit」)
```
private void button1_Click(object sender, EventArgs e)
{
    Application.Exit();    ← このように記述
}
```

2 **プログラムを終了します**ボタンをクリックすると、フォームが閉じると共に、プログラムが終了します。

ボタンクリックで背景色を変える

フォームの**BackColor**プロパティの値を設定することで、フォームの背景色を任意の色に変えることができます。

1 フォーム上に配置したボタンをダブルクリックして、イベントハンドラー「Button1_Click」に次のように記述します。

▼イベントハンドラー「Button1_Click」（プロジェクト「BackColorChange」）

```
private void Button1_Click(object sender, EventArgs e)
{
    this.BackColor = System.Drawing.Color.Red;
}
```

このように記述

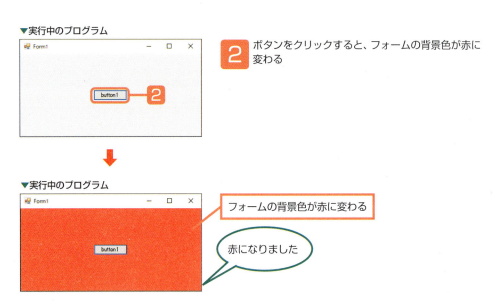

2 ボタンをクリックすると、フォームの背景色が赤に変わる

フォームの背景色が赤に変わる

赤になりました

4.5.2 テキストボックスの利用

テキストボックスに入力された文字列を、ボタンのクリックイベントを利用して処理をする方法について見ていきましょう。

入力したテキストをラベルに表示する

テキストボックスに入力した文字列をボタンクリックでラベルに表示してみましょう。

▼フォームデザイナー

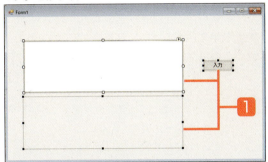

1 フォーム上に、TextBox、Button、Labelを配置し、各コントロールのプロパティの値を下表の通りに設定します。

▼各コントロールのプロパティ設定

● TextBoxコントロール

プロパティ名	設定値
(Name)	textBox1
Text	(空欄)
Size(Width)	300
Size(Height)	19

● Buttonコントロール

プロパティ名	設定値
(Name)	button1
Text	入力

● Labelコントロール

プロパティ名	設定値
(Name)	label1
Text	(空欄)
AutoSize	False
Size(Width)	300
Size(Height)	100
MultiLine (「動作」カテゴリ)	True
ScrollBars (「表示」カテゴリ)	Vertical

テキストボックスの初期状態では、入力できる行数が1行ですが、MultiLineプロパティの値をTrueにすると、複数行での入力が可能になります。また、ScrollBarsプロパティの値をVerticalにすると、縦方向のスクロールバーを表示できるようになります。なお、Horizontalを設定すると横方向、Bothで両方向のスクロールバーを表示できます。

4.5 イベントドリブンプログラミング

2 ボタンをダブルクリックして、イベントハンドラーButton1_Click()に次のように記述します。

▼イベントハンドラー「Button1_Click」（プロジェクト「TextBox」）

```
private void Button1_Click(object sender, EventArgs e)
{
    label1.Text = textBox1.Text;     ← このように記述
}
```

▼実行中のプログラム

3 **開始**ボタンをクリックして、プログラムを実行します。

4 テキストボックスに、任意の文字列を入力して**入力**ボタンをクリックすると、入力した文字列がラベルに表示されます。

▼実行中のプログラム

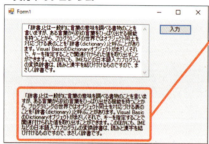

入力した文字列が表示される

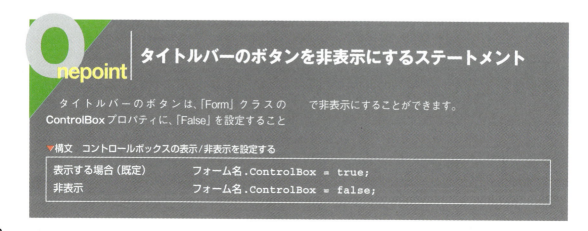

タイトルバーのボタンを非表示にするステートメント

タイトルバーのボタンは、「Form」クラスのControlBoxプロパティに、「False」を設定することで非表示にすることができます。

▼構文　コントロールボックスの表示/非表示を設定する

表示する場合（既定）	フォーム名.ControlBox = true;
非表示	フォーム名.ControlBox = false;

4.5 イベントドリブンプログラミング

入力された文字列を数値に変換する

テキストボックスに入力された値を計算するプログラムを作成するには、テキストボックスに入力された数字を数値に変換してから、計算を行う必要があります。ここでは、データ型の変換を行う**Convert**クラスのメソッドを使って、テキストボックスに入力された値を整数値に変換した上で、2つの値の計算を行うプログラムを作成してみます。

▼Windowsフォームデザイナー

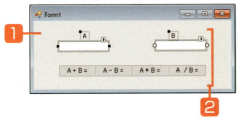

1. フォーム上に、Labelを2つ、TextBoxを2つ、Buttonを4つ配置します。
2. 下表のとおりに、それぞれのプロパティを設定します。

▼各コントロールのプロパティ設定

● ラベル（左から1番目）

プロパティ名	設定値
(Name)	label1
Text	A

● ラベル（左から2番目）

プロパティ名	設定値
(Name)	Label2
Text	B

● テキストボックス（左から1番目）

プロパティ名	設定値
(Name)	textBox1

● テキストボックス（左から2番目）

プロパティ名	設定値
(Name)	textBox2

● 1つ目のボタン

プロパティ名	設定値
(Name)	button1
Text	A＋B＝

● 2つ目のボタン

プロパティ名	設定値
(Name)	button2
Text	A－B＝

● 3つ目のボタン

プロパティ名	設定値
(Name)	button3
Text	A＊B＝

● 4つ目のボタン

プロパティ名	設定値
(Name)	button4
Text	A／B＝

4.5 イベントドリブンプログラミング

3 button1をダブルクリックして、イベントハンドラーButton1_Click()にコードを入力します。

4 button2をダブルクリックして、イベントハンドラーButton2_Click()にコードを入力します。

5 button3をダブルクリックして、イベントハンドラーButton3_Click()にコードを入力します。

6 button4をダブルクリックして、イベントハンドラーButton4_Click()にコードを入力します。

7 テキストボックスの値をint型に変換した後の値を格納するフィールドnum1、num2を宣言します。

8 テキストボックスの値をint型に変換するcheckValue()メソッドを定義します。

▼Form1.cs（プロジェクト「ConvertTo」）

```csharp
using System;
using System.Windows.Forms;

namespace ConvertTo
{
    public partial class Form1 : Form
    {
        public Form1()
        {
            InitializeComponent();
        }
        // テキストボックスの値を保持するint型のフィールド
        private int num1, num2;

        private bool checkValue()
        {
            // テキストボックスの値をint型に変換してフィールドに格納
            // 成功すればtrueを返す
            try
            {
                num1 = Convert.ToInt32(textBox1.Text);
                num2 = Convert.ToInt32(textBox2.Text);
                return true;
            }
            // int型に変換できない場合はメッセージを表示
            // falseを返す
            catch
            {
                MessageBox.Show("A欄とB欄に数字を入力してください。", "エラー");
                return false;
            }
```

4.5 イベントドリブンプログラミング

```csharp
        }
        // テキストボックスをクリアする
        finally
        {
            textBox1.Clear();
            textBox2.Clear();
            textBox1.Focus();
        }
    }

    private void Button1_Click(object sender, EventArgs e)
    {
        if(checkValue())
            MessageBox.Show(Convert.ToString(num1 + num2));
    }

    private void Button2_Click(object sender, EventArgs e)
    {
        if(checkValue())
            MessageBox.Show(Convert.ToString(num1 - num2));
    }

    private void Button3_Click(object sender, EventArgs e)
    {
        if(checkValue())
            MessageBox.Show(Convert.ToString(num1 * num2));
    }

    private void Button4_Click(object sender, EventArgs e)
    {
        if (checkValue())
        {
            double a = num1 / (double)num2;
            MessageBox.Show(Convert.ToString(a));
        }
    }
}
}
```

4.5 イベントドリブンプログラミング

●checkValue()メソッド

テキストボックスの入力値は、try...catchステートメントを利用してConvert.ToInt32()メソッドでint型に変換し、フィールドに代入します。数値に変換できない値が入力されている場合はエラーが発生するので、これをcatchブロックで捕捉してメッセージを表示します。

●各ボタンのイベントハンドラー

checkValue()メソッドを実行し、戻り値がTrueであれば、それぞれの計算を行って結果を出力します。結果の値はConvert.ToString()メソッドで文字列に変換します。

なお、割り算のみ「double a = num1 / (double)num2;」で結果をdouble型にして、結果に小数が含まれる場合は、小数以下も表示できるようにします。

▼実行中のプログラム

⑨ A欄とB欄に適当な数字を入力して、いずれかのボタンをクリックすると、計算結果が表示されます。

▼計算結果

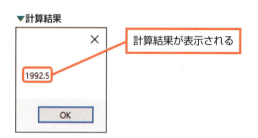

計算結果が表示される

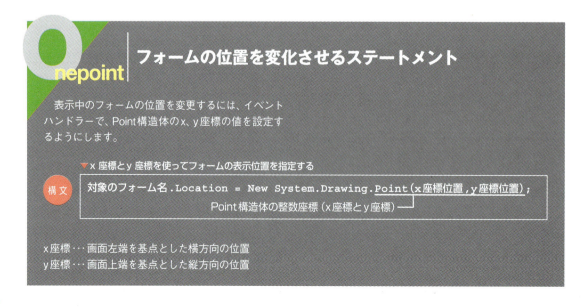

Onepoint｜フォームの位置を変化させるステートメント

表示中のフォームの位置を変更するには、イベントハンドラーで、Point構造体のx、y座標の値を設定するようにします。

▼x座標とy座標を使ってフォームの表示位置を指定する

構文　対象のフォーム名.Location = New System.Drawing.Point(x座標位置,y座標位置);
　　　　　　　　　　　　　　　　Point構造体の整数座標（x座標とy座標）

x座標…画面左端を基点とした横方向の位置
y座標…画面上端を基点とした縦方向の位置

4.5 イベントドリブンプログラミング

4.5.3 チェックボックスとラジオボタンの利用

ここでは、チェックボックスとラジオボタンを利用して、ユーザーが選択した結果によって特定の処理を行うプログラムを作成してみることにしましょう。

チェックボックスを使う

チェックボックスは、複数の選択肢の中から任意の数だけ選択する用途で使用します。

1 Label、ButtonとCheckBoxを3つ配置し、下表の通りに、それぞれのプロパティを設定します。

▼各コントロールのプロパティ設定

●Labelコントロール

プロパティ名	設定値
Text	商品を選んでください。

●Buttonコントロール

プロパティ名	設定値
(Name)	button1
Text	決定

●上から1番目のCheckBox

プロパティ名	設定値
(Name)	checkBox1
Text	商品A（500円）

●上から2番目のCheckBox

プロパティ名	設定値
(Name)	checkBox2
Text	商品B（600円）

●上から3番目のCheckBox

プロパティ名	設定値
(Name)	checkBox3
Text	商品C（700円）

2 button1をダブルクリックして、イベントハンドラーButton1_Click()に次のように記述します。

▼イベントハンドラー「Button1_Click」（プロジェクト「CheckBoxApp」）

```
private void Button1_Click(object sender, EventArgs e)
{
    int check1, check2, check3, total;
    check1 = 0;
    check2 = 0;
    check3 = 0;
```

4

デスクトップアプリの開発

437

```
    if (checkBox1.Checked)
        check1 = 500;
    if (checkBox2.Checked)
        check2 = 600;
    if (checkBox3.Checked)
        check3 = 700;

    total = check1 + check2 + check3;
    MessageBox.Show("合計金額は" + total + "円です。", "計算結果");
}
```

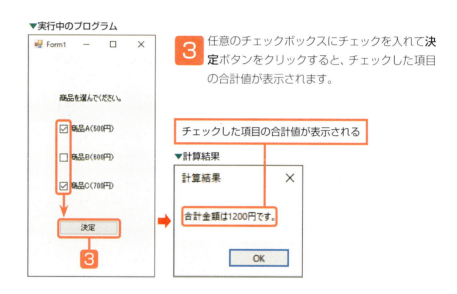

3 任意のチェックボックスにチェックを入れて**決定**ボタンをクリックすると、チェックした項目の合計値が表示されます。

ラジオボタンを使う

ラジオボタンは、チェックボックスとは異なり、複数の選択肢の中から1つだけ選択する用途に利用します。

▼Windowsフォームデザイナー

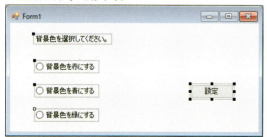

1 Label、ButtonとRadioButtonを3つ配置し、次ページの表のとおりに、それぞれのプロパティを設定します。

4.5 イベントドリブンプログラミング

▼各コントロールのプロパティ設定

● Label コントロール

プロパティ名	設定値
Text	背景色を選択してください。

● Button コントロール

プロパティ名	設定値
Text	設定

● 上から1番目の RadioButton コントロール

プロパティ名	設定値
(Name)	radioButton1
Text	背景色を赤にする

● 上から2番目の RadioButton コントロール

プロパティ名	設定値
(Name)	radioButton2
Text	背景色を青にする

● 上から3番目の RadioButton コントロール

プロパティ名	設定値
(Name)	radioButton3
Text	背景色を緑にする

2 button1をダブルクリックして、イベントハンドラーButton1_Click()に次のように記述します。

▼イベントハンドラー「Button1_Click」（プロジェクト「RadioButtonApp」）

```
private void Button1_Click(object sender, EventArgs e)
{
    if (radioButton1.Checked)
        this.BackColor = Color.Red;
    if (radioButton2.Checked)
        this.BackColor = Color.Blue;
    if (radioButton3.Checked)
        this.BackColor = Color.Green;
}
```

このように記述

▼実行中のプログラム

3 任意のラジオボタンをオンにして**設定**ボタンをクリックすると、フォームの背景色が変更されます。

4.5.4 リストボックスの利用

リストボックスを利用すると、複数の項目の中から目的の項目を選択したり、ユーザーが入力した文字列をリスト項目として追加したりすることができます。
リストボックスは、ツールボックスの**ListBox**をクリックして作成します。

▼フォームデザイナー

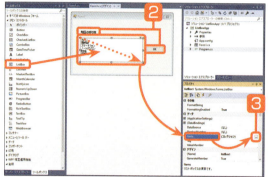

1. ツールボックスの**ListBox**をクリックし、フォーム上をドラッグして、ListBoxを描画します。
2. ButtonとLabelを配置し、**Text**プロパティを設定します。
3. ListBoxを選択し、**プロパティウィンドウ**で、**Items**プロパティをクリックし、ボタンをクリックします。

▼文字コレクションエディター

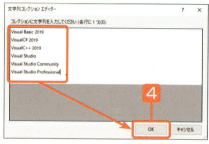

4. **文字列コレクションエディター**が表示されるので、リストボックスに表示する文字列を入力して、**OK**ボタンをクリックします。

選択した項目を取得する

リストボックスで選択された項目は、**SelectedItem**プロパティで取得することができます。

1. Buttonをダブルクリックします。
2. コードエディターが起動して「Form1.cs」が表示され、イベントハンドラー「Button1_Click」にカーソルが移動するので、次のように記述します。

4.5 イベントドリブンプログラミング

▼イベントハンドラー「Button1_Click」（プロジェクト「ListBoxApp」）
```
private void Button1_Click(object sender, EventArgs e)
{
    if (listBox1.SelectedItem == null)
        MessageBox.Show("項目が未選択です", "エラー");
    else
        MessageBox.Show(listBox1.SelectedItem.ToString(),
            "明日は忘れずに");
}
```

3 任意の項目を選択して、**OK**ボタンをクリックすると、選択した項目がメッセージボックスに表示されます。

▼実行中のプログラム　▼メッセージボックス　選択した項目が表示される

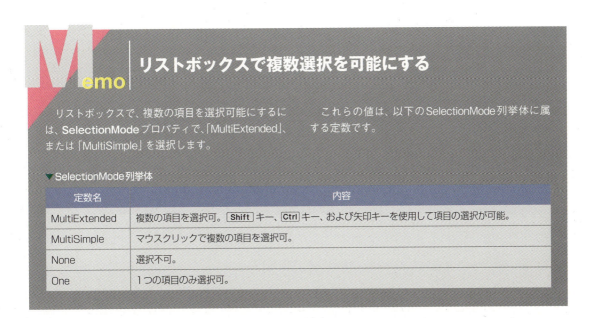

Memo リストボックスで複数選択を可能にする

リストボックスで、複数の項目を選択可能にするには、**SelectionMode**プロパティで、「MultiExtended」、または「MultiSimple」を選択します。

これらの値は、以下のSelectionMode列挙体に属する定数です。

▼SelectionMode列挙体

定数名	内容
MultiExtended	複数の項目を選択可。Shiftキー、Ctrlキー、および矢印キーを使用して項目の選択が可能。
MultiSimple	マウスクリックで複数の項目を選択可。
None	選択不可。
One	1つの項目のみ選択可。

4.5 イベントドリブンプログラミング

複数の項目を選択できるようにする

　LabelBoxコントロールの**SelectionMode**プロパティで「MultiExtended」、または「MultiSimple」を設定すると、複数の項目を同時に選択できるようになります。
　ここでは前項と同じ操作画面を作成して、リストボックスで複数の項目を選択できるようにしてみましょう。

▼[プロパティ]ウィンドウ

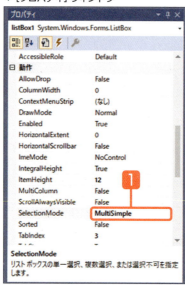

1 リストボックスを選択し、**プロパティウィンドウ**で、SelectionModeプロパティの▼をクリックして、**MultiSimple**を選択します。

2 **OK**ボタンをダブルクリックして、イベントハンドラーbutton1_Click()に次のように記述します。

▼イベントハンドラー「button1_Click」(プロジェクト「ListBoxMultiSelect」)

```
private void button1_Click(object sender, EventArgs e)
{
    if (listBox1.SelectedItem == null)
    {
        MessageBox.Show("項目が未選択です。", "エラー");
    }
    else
    {
        string select = "";
        for (int i = 0; i < listBox1.SelectedItems.Count; i++)
        {
            select = select + listBox1.SelectedItems[i].ToString() + "\r\n";
        }
        MessageBox.Show(select, "明日の持ち物リスト");
    }
}
```

このように記述

4.5 イベントドリブンプログラミング

▼実行中のプログラム

3 任意の項目を複数選択して、**OK**ボタンをクリックすると、選択したすべての項目がメッセージボックスに表示されます。

▼メッセージボックス

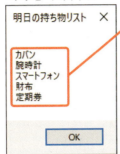

選択したすべての項目が表示される

チェックボックスのチェックの状態を取得する

CheckBoxコントロールを配置した場合、チェックの有無はCheckedプロパティに格納されている値で確認することができます。Checkedプロパティはチェックボックスにチェックが入っていればTrue、チェックが入っていなければFalseの値を返します。

先の例では、ifステートメントを使ってチェックの有無を確認したあと、チェックが入っている商品の合計金額を計算するようにしています。

▼CheckBox1がチェックされているときの処理

```
if (checkBox1.Checked) ── CheckBox1のCheckedプロパティの値がtrueであれば以下の処理を実行
    check1 = 500;
```

▼CheckBox2がチェックされているときの処理

```
if (checkBox2.Checked) ── CheckBox2のCheckedプロパティの値がtrueであれば以下の処理を実行
    check2 = 600;
```

▼CheckBox3がチェックされているときの処理

```
if (checkBox1.Checked) ── CheckBox3のCheckedプロパティの値がtrueであれば以下の処理を実行
    check3 = 700;
```

4.5 イベントドリブンプログラミング

◾ 選択された項目の情報を取り出す方法を確認する

リストボックスは、リスト自体のオブジェクトの中に項目 (アイテム) をコレクション (配列) 形式で格納します。

●リストボックスが作成される過程を見る

リストボックスの項目 (アイテム) は、ListBox.ObjectCollection クラスのオブジェクトにコレクションの形態で保存されます。

▼リストボックスのアイテムを保存するコレクションクラス

```
System.Windows.Forms.ListBox.ObjectCollection
```

フォームデザイナー上でリストボックスを配置し、コレクションを追加した場合は、次のようなコードがForm1.Designer.csに記述されます。AddRange()はObjectCollectionオブジェクトにアイテムを追加するメソッドです。

▼リストボックスを作成した際に記述されるコード

```
this.listBox1 = new System.Windows.Forms.ListBox(); // リストボックスのインスタンス化
this.listBox1.FormattingEnabled = true; // プロパティに対する書式設定を有効にする
this.listBox1.ItemHeight = 12; // アイテムの高さを設定
this.listBox1.Items.AddRange(new object[] { // アイテムの追加
    "カバン",
    "腕時計",
    "スマートフォン",
    "ノートパソコン",
    "財布",
    "定期券"
});
```

ObjectCollection オブジェクトに対してアイテムを配列として追加する

アイテムを格納するオブジェクト (ObjectCollection オブジェクト) を取得

●ListBox.Items プロパティ
リストボックスのアイテム (ObjectCollection オブジェクト) を取得します。

●ListBox.ObjectCollection.AddRange() メソッド (Object[])
リストボックスに、アイテムを配列として追加します。

配置されたリストボックスからItemsプロパティでObjectCollectionオブジェクトを取得し、このオブジェクトに対して、AddRange()でアイテムの配列を追加するという手順です。

●リストボックスで選択されているアイテムを調べる
リストボックスで選択されているアイテムは、ListBox.SelectedItemプロパティで取得できます。

444

●ListBox.SelectedItem プロパティ
リストボックスで選択されているアイテム（Object型のオブジェクト）を取得します。

アイテムが選択されているかを調べるには、次のように記述すればOKです。

▼アイテムが選択されているかを調べる
```
if (listBox1.SelectedItem == null)   // 未選択だとnullになる
{
    MessageBox.Show("項目が未選択です。", "エラー");
}
```

次のように書けば、選択中のアイテム（の文字列）をメッセージボックスに出力できます。

▼選択中のアイテムを表示
```
MessageBox.Show(listBox1.SelectedItem.ToString());
```

▼リストボックス

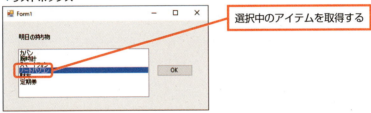

選択中のアイテムを取得する

●複数選択可のリストボックス
一方、複数のアイテムを選択可（SelectionModeプロパティをMultiSimple）にした場合、選択されているアイテムの情報はListBox.SelectedObjectCollectionクラスのオブジェクトに、コレクションとして保持されるようになります。このオブジェクトは、ListBox.SelectedItems プロパティで取得できます。

▼SelectedObjectCollectionオブジェクトを取得する
```
listBox1.SelectedItems
```

リストボックスの識別名（オブジェクトの参照変数）

▼リストボックス

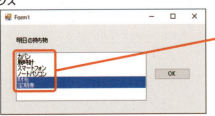

選択されたアイテムの情報は
SelectedObjectCollection
オブジェクトに格納される

4.5 イベントドリブンプログラミング

選択された項目数は、SelectedObjectCollectionクラスのCountプロパティで取得できます。

●ListBox.SelectedObjectCollection.Count プロパティ
コレクション内の項目の数を取得します。

▼選択された項目数を取得する

```
listBox1.SelectedItems.Count
```

SelectedItemsで取得したSelectedObjectCollection
オブジェクトから選択項目数を取得

一方、SelectedObjectCollectionクラスのオブジェクトそのものには、選択された項目の情報がコレクション（Object型の配列）として格納されています。次のように書くと選択された項目のうちの先頭要素を参照できます。

▼選択されている最初の項目を参照する

```
listBox1.SelectedItems[0]
```

この状態だとコレクションの要素を参照しているだけなので、項目名を取得するには、toString()メソッドを使います。toString()は、Objectクラスで定義されているので、SelectedObjectCollectionオブジェクトに対して実行できます。

▼選択されている最初の要素の文字列（項目名）を取得する

```
listBox1.SelectedItems[0].ToString()
```

次のようにforステートメントを使えば、選択されているすべてのアイテムを取り出すことができます。

▼選択中のすべてのアイテムを取り出す

```
for (int i = 0; i < listBox1.SelectedItems.Count; i++)
```

選択された項目数のぶんだけ繰り返す

```
    select = select + listBox1.SelectedItems[i].ToString() + "¥r¥n";
```

これで変数selectにすべての項目名が格納されますので、先の例では、Show()メソッドでメッセージボックスに出力しています。

4.5 イベントドリブンプログラミング

リストボックスに項目を追加できるようにする

これまでは、あらかじめ、リストボックスに設定された項目から選択する処理を行ってきましたが、今度は、テキストボックスに入力した文字列をリストボックスに追加するプログラムを作成してみることにしましょう。

▼フォームデザイナー

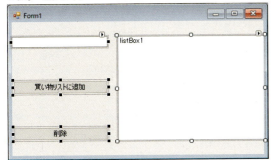

1 フォーム上にTextBox、ListBoxとButtonを2つ配置します。

2 別表のとおりに、それぞれのプロパティを設定します。

▼各コントロールのプロパティ設定

● TextBox コントロール

プロパティ名	設定値
(Name)	textBox1
Text	(空欄)

● ListBox コントロール

プロパティ名	設定値
(Name)	listBox1

● Button コントロール（上から1番目）

プロパティ名	設定値
(Name)	button1
Text	買い物リストに追加

● Button コントロール（上から2番目）

プロパティ名	設定値
(Name)	button2
Text	削除

3 button1をダブルクリックして、イベントハンドラーButton1_Click()に次のように記述します。

▼イベントハンドラー「Button1_Click」（プロジェクト「ListBoxItemsAdd」）

```
private void Button1_Click(object sender, EventArgs e)
{
    listBox1.Items.Insert(0, textBox1.Text);
    textBox1.Clear();
}
```

このように記述

4.5 イベントドリブンプログラミング

4 button2ボタンをダブルクリックして、イベントハンドラーButton2_Click()に次のように記述します。

▼イベントハンドラー「Button2_Click」

```
private void Button2_Click(object sender, EventArgs e)
{
    if (listBox1.SelectedIndex == -1)
    {
        MessageBox.Show("削除する項目を選択してください。", "未選択");
    }
    else
    {
        listBox1.Items.RemoveAt(listBox1.SelectedIndex);
    }
}
```

このように記述

▼実行中のプログラム

5 任意の文字列を入力して、**買い物リストに追加**ボタンをクリックすると、入力した文字列がリストボックスに追加されます。

▼項目の削除

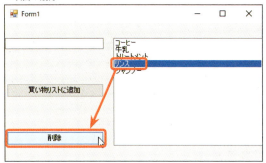

6 任意の項目を選択して、**削除**ボタンをクリックすると、選択した項目が削除されます。

4.5 イベントドリブンプログラミング

Memo リストボックスにアイテムを追加/削除する

リストボックスのアイテムは、ListBox.Object Collection クラスのオブジェクトに保持されています。

このオブジェクトを ListBox.Items プロパティで取得し、ListBox.ObjectCollection クラスのメソッドを使うことで、アイテムの追加や削除が行えます。Insert() はアイテムの追加、RemoveAt() は、アイテムを削除するメソッドです。

▼テキストボックスに入力された文字列をリストボックスに追加する

```
listBox1.Items.Insert(0, textBox1.Text);
```

▼リストボックスに項目を追加する

構文
リストボックス名.Items.Insert(
　　　　リストボックスに追加する位置を示す値 , 追加する項目名を表すオブジェクト);

▼リストボックスの項目をインデックス値で指定して削除する

構文
リストボックス名.Items.RemoveAt(削除する項目のインデックス値);

また、「ListBox.SelectedIndex」プロパティを使うと、リストボックスで現在、選択されている項目のインデックス値を取得することができます。

▼リストボックスで選択されている項目のインデックス値を取得する

構文
リストボックス名.SelectedIndex

先の例では、RemoveAt() メソッドの引数として SelectedIndex プロパティで取得したインデックス値を指定しています。これによって、**削除**ボタンをクリックしたタイミングで、リストボックスで選択されている項目が削除されます。

▼リストボックスで選択された項目を削除する

```
listBox1.Items.RemoveAt (listBox1.SelectedIndex);
```

なお、アイテムが未選択の場合、SelectedIndex プロパティは「-1」を返すので、次のように記述すれば、未選択かどうかがわかります。

▼アイテムが未選択かどうかを調べる

```
if (listBox1.SelectedIndex == -1)
{
    MessageBox.Show("削除する項目を選択してください。", "未選択");
}
```

4

デスクトップアプリの開発

449

Section 4.6 イベントドリブン型デスクトップアプリの作成

Level ★★★　　Keyword　カレンダーコントロール　メッセージボックス　メニュー　ツールバー

これまでに、各種のコントロールを利用して、イベントドリブン型のプログラムの作成を行ってきました。このセクションでは、さらに様々な形態のデスクトップアプリを作成してみましょう。

カレンダーやメッセージボックスを利用したWindowsアプリの開発

このセクションでは、次のような機能を実装したアプリケーションソフトの開発を行います。

- **カレンダーを使って日付を取得する（誕生日計算プログラムの作成）**
- **メッセージボックスの利用**
- **メニューの利用**
- **他のアプリケーションとの連携**

カレンダーコントロール（DateTimePicker）は、任意の日付データをユーザーが選択できるコントロールです。
また、**メッセージボックス**は、目的に応じて、指定したメッセージを表示できる便利なアイテムです。

▼カレンダーの利用

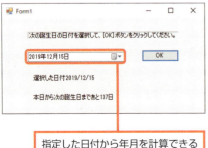

指定した日付から年月を計算できる

▼他のアプリケーションソフトの起動と終了を行うプログラム

関連付けたアプリケーションを起動する

4.6.1 誕生日までの日数を計算する

　DateTimePicker コントロールを使うと、ポップアップ表示されるカレンダー機能を使って、日付の入力が行えるようになります。
　ここでは、次回の誕生日の日付を入力すると、誕生日までの日数を表示するプログラムを作成してみることにしましょう。

▼フォームデザイナー

1. フォーム上にLabelを3つ、Buttonを1つ配置します。
2. ツールボックスの**DateTimePicker**をダブルクリックして配置します。
3. 下表のとおりに、それぞれのプロパティを設定します。

▼各コントロールのプロパティ設定

●Labelコントロール（上から1番目）

プロパティ名	設定値
(Name)	label1
BorderStyle	Fixed3D
Text	次の誕生日の日付を選択して、[OK] ボタンをクリックしてください。

●Labelコントロール（上から2番目）

プロパティ名	設定値
(Name)	label2
Text	（空欄）

●Labelコントロール（上から3番目）

プロパティ名	設定値
(Name)	label3
Text	（空欄）

●Buttonコントロール

プロパティ名	設定値
(Name)	button1
Text	OK

4.6 イベントドリブン型デスクトップアプリの作成

4 OKボタンをダブルクリックして、イベントハンドラーButton1_Click()に次のように記述します。

▼イベントハンドラー「Button1_Click」(プロジェクト「NextBirthday」)

```
private void Button1_Click(object sender, EventArgs e)
{
    int intBirthday;
    label2.Text = "選択した日付" + dateTimePicker1.Value.Date.ToString();
    intBirthday = dateTimePicker1.Value.Subtract(DateTime.Today).Days;
    label3.Text = "本日から次の誕生日まであと" + intBirthday.ToString() + "日";
}
```

このように記述

▼実行中のプログラム

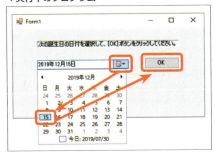

5 ボタンをクリックして、カレンダーを表示し、誕生日の月と日付を選択して OK ボタンをクリックします。

▼実行中のプログラム

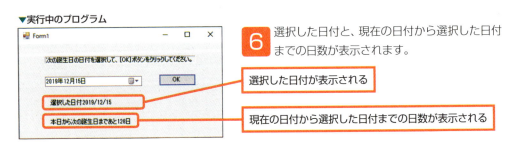

6 選択した日付と、現在の日付から選択した日付までの日数が表示されます。

選択した日付が表示される

現在の日付から選択した日付までの日数が表示される

4.6　イベントドリブン型デスクトップアプリの作成

4

デスクトップアプリの開発

M emo ｜ DateTimePicker コントロールを利用した処理

　DateTimePicker コントロールは、カレンダー上で任意の日付をクリックするとクリックした日付のデータを「DateTimePicker」クラスのValueプロパティに格納します。選択中の日付データは、「DateTimePicker コントロール名.Value」で取得できます。返されるデータは、DateTime構造体型のデータです。

▼カレンダーで選択された日付をラベルに表示

```
label2.Text = "選択した日付" + dateTimePicker1.Value.Date.ToString();
```

| ラベルコントロール名 | 文字列を連結 | Valueプロパティ |

Textプロパティ　　DateTimePickerの　　Dateプロパティ（DateTime構造体型の
　　　　　　　　　オブジェクト　　　　データから日付のデータだけを取り出す）

▼今日から選択された日までの日数をローカル変数に格納

```
intBirthday = dateTimePicker1.Value.Subtract(DateTime.Today).Days;
```

「intBirthday」に代入する　　　　　　　　　　　　　　　今日の日付

　選択された日付を「dateTimePicker1.Value」で取得し、「DateTime」構造体のSubtractメソッドを使って今日の日付を減算することで、今日から選択された日までの日数を計算します。

　Subtractメソッドは、戻り値として「TimeSpan」構造体型のデータを返します。日数の他に、時間、分、秒などのデータが含まれているので、日付のデータだけを取得できるDaysプロパティで取得します。

　今日の日付は、DateTime構造体のTodayプロパティで取得できます。

4.6 イベントドリブン型デスクトップアプリの作成

M emo 「MessageBoxButtons」列挙体

MessageBox.Show メソッドでは、次のようなMessage
BoxButtons 列挙体をパラメーターに指定すること
で、メッセージボックスに表示するボタンやアイコン
を指定することができます。

▼MessageBoxButtons列挙体のメンバー（ボタン）

メンバー名	内容
OK	[OK] ボタンを表示する。
OKCancel	[OK] ボタンと[キャンセル] ボタンを表示する。
YesNo	[はい] ボタンと [いいえ] ボタンを表示する。
YesNoCancel	[はい] ボタン、[いいえ] ボタン、[キャンセル] ボタンを表示する。
RetryCancel	[再試行] ボタンと [キャンセル] ボタンを表示する。
AbortRetryIgnore	[中止] ボタン、[再試行] ボタン、[無視] ボタンを表示する。

▼MessageBoxIcon列挙体のメンバー（アイコン）

メンバー名	内容
Asterisk	情報メッセージアイコンを表示する。
Information	情報メッセージアイコンを表示する。
Error	警告メッセージアイコンを表示する。
Stop	警告メッセージアイコンを表示する。
Hand	警告メッセージアイコンを表示する。
Exclamation	注意メッセージアイコンを表示する。
Warning	注意メッセージアイコンを表示する。
Question	問い合わせメッセージアイコンを表示する。
None	メッセージ ボックスに記号を表示しない。

4.6.2 メッセージボックスを使う

メッセージボックスは、**MessageBox.Show()** メソッドで表示します。

▼メッセージボックスを表示する

```
MessageBox.Show("メッセージ","タイトル",ボタンとアイコンを指定する列挙体);
```

▼MessageBox.Show メソッドのパラメーター

パラメーター	パラメーターの種類	内容
第1パラメーター	メッセージ	省略不可。半角文字（1バイト）で最大1024文字まで指定することが可能。
第2パラメーター	タイトル	省略可能。省略した場合は、タイトルバーに何も表示されない。
第3パラメーター	ボタンとアイコンを指定する列挙体	省略可能。ただし、省略した場合は、[OK]ボタンのみを表示。詳細は、MessageBoxButtonsおよびMessageBoxIcon列挙体の表を参照。

▼「MessageBox.Show」メソッドの使用例

```
MessageBox.Show(
    "表示ボタンがクリックされました。",
    "確認",
    MessageBoxButtons.OK,————————[OK]ボタンの表示を指定する列挙体
    MessageBoxIcon.Information);————インフォメーション用のアイコンの表示を指定する列挙体
```

Memo ボタンの戻り値

MessageBox.Show メソッドで表示したメッセージボックスでは、クリックしたボタンに応じて、以下の表で示したDialogResult列挙体のメンバーを返してきます。このため、操作例では、ifステートメントを使って、DialogResult列挙体のメンバーがNoの場合は、「Application」クラスの「Exit」メソッドを実行してプログラムを終了するようにしています。

▼戻り値（DialogResult列挙体のメンバー）

ボタン	戻り値	ボタン	戻り値
キャンセル	Cancel	中止	Abort
はい	Yes	無視	Ignore
いいえ	No	再試行	Retry
OK	OK		

4.6.3 メニューが選択されたら処理を行う

フォームデザイナーでメニューアイテムをダブルクリックすると、イベントハンドラーが自動で作成されます。
ここでは、メニューアイテム選択時の処理について見ていきます。

1 ツールボックスの**メニューとツールバー**カテゴリで**MenuStrip**をダブルクリックして、メニューを配置します。

2 メニューの項目名とアイテム名を入力します。

3 メニューアイテムをクリックし、**プロパティウィンドウ**で、**(Name)**の入力欄に、「ToolStripMenuItem1」と入力します。

4 入力したメニューアイテムをダブルクリックし、イベントハンドラーToolStripMenuItem1_Click()に下記のように記述します。

▼フォームデザイナー（プロジェクト「Menu」）

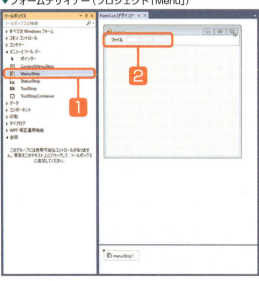

▼メニュー項目のプロパティ設定

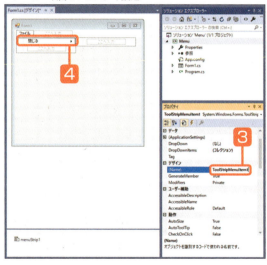

▼イベントハンドラー「ToolStripMenuItem1_Click」

```
private void ToolStripMenuItem1_Click(object sender, EventArgs e)
{
    MessageBox.Show("プログラムを終了します。", "終了");
    Application.Exit();
}
```

このように記述

4.6 イベントドリブン型デスクトップアプリの作成

5 ファイル➡閉じるを選択します。

6 OKボタンをクリックすると、プログラムが終了します。

メッセージが表示される

Hint メニューを利用してコントロールを整列させる

書式メニューには、整列を行うコマンドやコントロールの間隔や、サイズを揃えるコマンドが登録されています。

▼[整列]メニュー

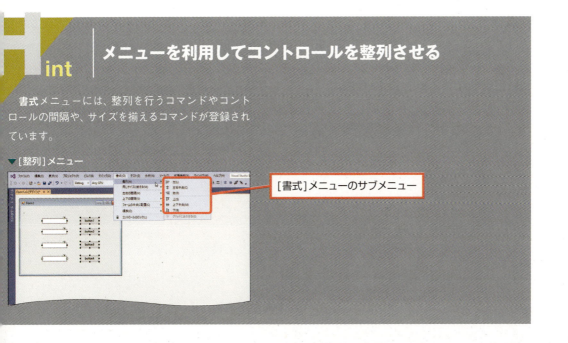

[書式]メニューのサブメニュー

457

4.6.4 他のアプリケーションとの連携

Processコンポーネントを利用すると、コンピューターにインストール済みの他のアプリケーションソフトの起動、終了が行えます。ここでは、Windowsに標準搭載のメモ帳とペイントの起動と終了を行ってみます。

▼フォームデザイナー（プロジェクト「ProcessCompo」）

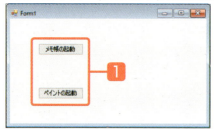

1 フォーム上にButtonを2つ配置して、下表のとおりに、それぞれのプロパティを設定します。

▼各コントロールのプロパティ設定

● Buttonコントロール（上）

プロパティ名	設定値
(Name)	button1
Text	メモ帳の起動

● Buttonコントロール（左下）

プロパティ名	設定値
(Name)	button2
Text	ペイントの起動

▼ツールボックス

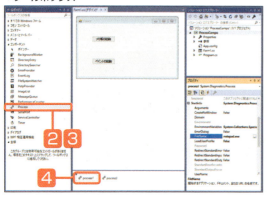

2 ツールボックスの**コンポーネント**タブにある**Process**をダブルクリックします。

3 続けて、もう一度**Process**コンポーネントをダブルクリックします。

4 「Process1」「Process2」という2つのコンポーネントが表示されるので、「Process1」をクリックします。

5 プロパティウィンドウで、**その他 ➡ StartInfo**を展開し、**FileName**の値の欄に、「notepad.exe」と入力します。

4.6 イベントドリブン型デスクトップアプリの作成

▼［プロパティ］ウィンドウ

6 フォームデザイナーに表示されている「Process2」をクリックします。

7 プロパティウィンドウで、**FileName**の欄に、「mspaint.exe」と入力します。

8 **メモ帳の起動**ボタン（button1）をダブルクリックし、イベントハンドラーButton1_Click()に次のように記述します。

▼イベントハンドラーButton1_Click()
```
private void Button1_Click(object sender, EventArgs e)
{
    process1.Start();    ← このように記述
}
```

Onepoint
ここでは、メモ帳の起動ボタン（button1）がクリックされたときの処理として、**Start()**メソッドを使って、メモ帳を起動するための「process1」コンポーネントを実行するようにしています。

9 **ペイントの起動**ボタン（Button2）をダブルクリックし、イベントハンドラーButton2_Click()に次のように記述します。

▼イベントハンドラーButton2_Click()
```
private void Button2_Click(object sender, EventArgs e)
{
    process2.Start();    ← このように記述
}
```

Onepoint
ここでは、**ペイントの起動**ボタン（button2）がクリックされたときの処理として、**Start()**メソッドを使って、ペイントを起動するための「process2」コンポーネントを実行するようにしています。

プログラムを終了する処理を追加する

CloseMainWindow()メソッドを使うと、アプリケーションソフトのタイトルバーに表示される**閉じる**ボタンをクリックしたときと同じ操作を行うことができます。

▼Windowsフォームデザイナー

1 フォーム上にButtonを2つ追加し、下表のとおりに、それぞれのプロパティを設定します。

▼各コントロールのプロパティ設定

●Buttonコントロール (右上)

プロパティ名	設定値
(Name)	button3
Text	メモ帳を閉じる

●Buttonコントロール (右下)

プロパティ名	設定値
(Name)	button4
Text	ペイントを閉じる

2 **メモ帳を閉じる**ボタン (button3) をダブルクリックし、イベントハンドラーButton3_Click()に次のように記述します。

▼イベントハンドラーButton3_Click()

```
private void Button3_Click(object sender, EventArgs e)
{
    process1.CloseMainWindow();   ← このように記述
}
```

Onepoint
CloseMainWindow()メソッドを使って、メモ帳を実行しているProcess1コンポーネントを終了するようにしています。

3 **ペイントを閉じる**ボタン (button4) をダブルクリックし、イベントハンドラーButton4_Click()に次のように記述します。

4.6 イベントドリブン型デスクトップアプリの作成

▼イベントハンドラー「Button4_Click」

```
private void Button4_Click(object sender, EventArgs e)
{
    process2.CloseMainWindow();      ← このように記述
}
```

Onepoint
ここでは、ペイントを実行しているProcess2コンポーネントを終了するようにしています。

4 **デバッグ開始**ボタンをクリックして、プログラムを実行します。

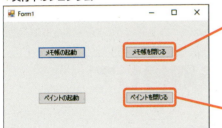

▼実行中のプログラム

[メモ帳を閉じる]ボタンをクリックすると、メモ帳が終了する

[ペイントを閉じる]ボタンをクリックすると、ペイントが終了する

Onepoint スクロールバーの表示

テキストボックスへのスクロールバーの表示は、**ScrollBars**プロパティに、「ScrollBars」列挙体の定数をセットすることで行います。

▼スクロールバーの設定を行う

構文　テキストボックス名.ScrollBars=System.Windows.Forms.ScrollBars.ScrollBars列挙体の定数;

▼ScrollBars列挙体の定数

定数名	内容
Horizontal	水平スクロールバーのみを表示。
Vertical	垂直スクロールバーのみを表示。
Both	水平スクロールバーと垂直スクロールバーを表示。
None	非表示。

Section 4.7 現在の日付と時刻の表示

Level ★★★　　Keyword　Timer コンポーネント

　ここでは、コンピューターのシステム時計から時刻を取得して画面に表示するプログラムや現在時刻をデジタル表示するプログラムを通じて、時刻や日付を取得する方法やTimerコントロールの利用方法について見ていくことにしましょう。

現在時刻や日付を取得して画面に表示する

システム時刻から日付や時刻を取得するプロパティには、次のプロパティがあります。

●「DateTime」構造体の「Now」プロパティ

現在の日付と時刻を返す。

▼ラベルに今日の日付を表示　　　　　　　　　▼ラベルに現在の時刻を表示

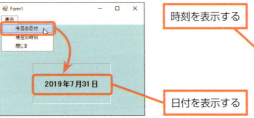
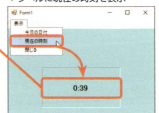

● Timer コントロールの利用

　Timerコントロールを使うと、指定した間隔でシステム時刻を取得し、取得した時刻をリアルタイムに画面に表示させることができます。

▼1秒ごとに時刻を更新することで時計として動作するプログラムを作成する

4.7.1 日付と時刻を表示するアプリ

選択したメニューに応じて、今日の日付や現在の時刻を表示するプログラムと、デジタル表示の時計プログラムを作成してみましょう。

日付と時刻を表示するプログラムを作成する

DateStringやTimeStringプロパティでシステム時刻から日付や時刻データを取得できます。

▼フォームデザイナー (プロジェクト「DateTimeApp」)

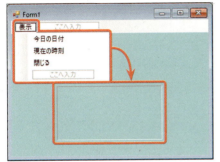

1 フォーム上にMenuStripを配置して、画面のような項目を設定し、その下にラベルを配置します。

2 下表のとおりに、それぞれのプロパティを設定します。

▼各コントロールのプロパティ設定

● Labelコントロール

プロパティ名	設定値
(Name)	label1
BorderStyle	Fixed3D
Font(Size)	14
Font(Bold)	True
AutoSize	False
Size(Width)	200
Size(Height)	100
Text	(空欄)
TextAlign	MiddleCenter

● メニュー

プロパティ名	設定値
(Name)	ToolStripMenuItem1
Text	表示

● メニュー項目1

プロパティ名	設定値
(Name)	ToolStripMenuItem2
Text	今日の日付

● メニュー項目2

プロパティ名	設定値
(Name)	ToolStripMenuItem3
Text	現在の時刻

● メニュー項目3

プロパティ名	設定値
(Name)	ToolStripMenuItem4
Text	閉じる

● フォームのプロパティ設定

プロパティ名	設定値
BackColor	PaleGreen

4.7 現在の日付と時刻の表示

3 メニューの**今日の日付**アイテムをダブルクリックし、イベントハンドラーToolStripMenuItem2_Click()に次のように記述します。

▼イベントハンドラー「ToolStripMenuItem2_Click」

```csharp
private void ToolStripMenuItem2_Click(object sender, EventArgs e)
{
    DateTime dat = DateTime.Now;
    label1.Text = dat.ToLongDateString();
}
```

このように記述

4 フォームデザイナーでメニューの**現在の時刻**アイテムをダブルクリックし、イベントハンドラーToolStripMenuItem3_Click()に次のように記述します。

▼イベントハンドラー「ToolStripMenuItem3_Click」

```csharp
private void ToolStripMenuItem3_Click(object sender, EventArgs e)
{
    DateTime dat = DateTime.Now;
    label1.Text = dat.ToShortTimeString();
}
```

このように記述

5 フォームデザイナーでメニューの**閉じる**アイテムをダブルクリックし、イベントハンドラーToolStripMenuItem4_Click()に次のように記述します。

▼イベントハンドラー「ToolStripMenuItem4_Click」

```csharp
private void ToolStripMenuItem4_Click(object sender, EventArgs e)
{
    Application.Exit();
}
```

このように記述

6 **表示**メニューの**今日の日付**を選択すると、今日の日付が表示されます。

▼日付の表示

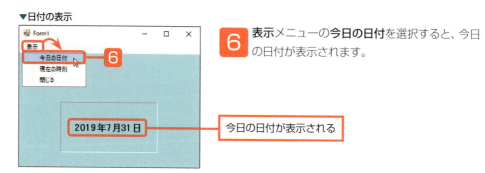

今日の日付が表示される

4.7 現在の日付と時刻の表示

▼時刻の表示

7 **現在の時刻**を選択すると、現在の時刻が表示されます。

現在の時刻が表示される

Memo Timerコンポーネント

Timerコンポーネントを利用すると、指定した間隔（デフォルトでは0.1秒ごと）でイベントを発生させ、対応する処理（イベントハンドラー）を実行させることができます。イベントを発生させる間隔は、**Interval**プロパティで設定することができます。

操作例では、**Interval**プロパティの値に「1000」（ミリ秒単位で設定する）を設定することで、1秒ごとにイベントが発生するようにしています。

時刻をデジタル表示するアプリ

ここでは、現在の時刻を表示する時計として機能するように、**Timer**コンポーネントを使って1秒ごとに最新のシステム時刻を取得して、これを表示させることにします。

▼フォームデザイナー（プロジェクト「DigitalClock」）

1 フォーム上にLabelを配置して、下表のとおりに、プロパティを設定します。

●フォームのプロパティ設定

プロパティ名	設定値
BackColor	White
Text	現在時刻

●Labelコントロールのプロパティ設定

プロパティ名	設定値
(Name)	label1
AutoSize	False
Font(Name)	Times New Roman
Font(Size)	24
Font(Bold)	True
Text	(空欄)
TextAlign	MiddleCenter

465

4.7 現在の日付と時刻の表示

▼Timerコンポーネントの設定

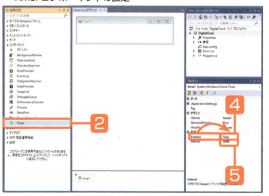

2 ツールボックスの**コンポーネント**カテゴリで**Timer**コンポーネントをダブルクリックします。

3 Windowsフォームデザイナーに**Timer**コンポーネントが表示されるので、これをクリックします。

4 プロパティウィンドウで、**Enabled**の▼をクリックして、**True**を選択します。

5 **Interval**の入力欄に、「1000」と入力します。

6 コンポーネントトレイに表示されている**Timer**コンポーネントをダブルクリックし、イベントハンドラーtimer1_Tick()に、以下のコードを記述します。

> **Onepoint**
> EnabledプロパティでTrueを選択することで、Timerコンポーネントが有効になります。また、Intervalの欄に、「1000」と入力することで、Timerコンポーネントのイベントが1秒ごとに発生するようになります。

▼イベントハンドラー「timer1_Tick」

```csharp
private void timer1_Tick(object sender, EventArgs e)
{
    DateTime dat = DateTime.Now;
    label1.Text = dat.ToLongTimeString();
}
```

このように記述

> **Onepoint**
> 「DateTime.Now」プロパティで取得した「DateTime」型のデータを、「ToLongTimeString」メソッドを使って、時刻の部分を長い書式の文字列（例:12:56:15）に変換しています。

▼実行中のプログラム

7 現在の時刻が表示され、1秒ごとに時刻が更新されます。

「DateTime」型のデータから任意の値を取り出す

　DateTime.Now プロパティで現在の日時を取得する場合、以下の DateTime 構造体のメソッドを使うことで、取得した日時データから、任意の値を取り出すことができます。

▼日時データを任意の書式に変換する「DateTime」構造体のメソッド

メソッド	内容	取得データの例
ToLongDateString()	「DateTime」型のデータのうち、日付の部分を長い書式の文字列に変換する。	2006年11月29日
ToShortDateString()	「DateTime」型データのうち、日付の部分を短い書式の文字列に変換する。	2006/11/29
ToLongTimeString()	「DateTime」型データのうち、時刻の部分を長い書式の文字列に変換する。	2:56:15
ToShortTimeString()	「DateTime」型データのうち、時刻の部分を短い書式の文字列に変換する。	2:56

LoadFile メソッドのパラメーター

　LoadFile() メソッドでは、「LoadFile(ファイル名, ファイルの種類)」とすることで、ファイル名とファイルの種類を指定してリッチテキストボックスにファイルを読み込ませることができます。このとき、ファイルの種類を指定する2番目の引数には、RichTextBoxStreamType 列挙体を使います。

▼ファイルの種類をリッチテキストファイルに指定して読み込みを行う

```
リッチテキストボックス.LoadFile(openFileDialog1.FileName, RichTextBoxStreamType.RichText)
```

▼RichTextBoxStreamType 列挙体の値

値	内容
PlainText	テキストファイル(.txt)。
RichText	リッチテキストファイル(.rtf)。
RichNoOleObjs	OLE*オブジェクトをスペースに置き換えたリッチテキストファイル(.rtf)。
TextTextOleObjs	OLEオブジェクトをテキストで表現したリッチテキストファイル(.rtf)。
UnicodePlainText	OLEオブジェクトの代わりに空白が含まれているUnicodeの書式なしテキストファイル(.txt)。

＊**OLE**　Object Linking and Embedding の略。

Section 4.8 ファイルの入出力処理

Level ★★★　　Keyword　ファイルの保存　ファイルを開く

テキストエディターを作成し、入力した文字列をテキストファイルとして保存する機能と保存済みのテキストファイルを開くための機能を組み込んでみることにします。

ファイルのオープンと保存

　このセクションでは、**名前を付けて保存**ダイアログボックス、および**ファイルを開く**ダイアログボックスを使って、ファイルの入出力を行うことにします。

● ファイルを保存する機能を実装する手順

❶ [名前を付けて保存]ダイアログボックスを表示する[SaveFileDialog]コントロールの組み込み
❷ コードの記述

> [名前を付けて保存]ダイアログボックスで指定されたファイル名をFileDialogクラスのFileNameプロパティで、ファイル名とファイルへのパスを取得してローカル変数に格納

> ファイル名とパスを指定してファイルをオープン（既存のファイルがない場合は新規に作成）

> StreamWriterクラスのWrite()メソッドでファイルにデータを書き込む

4.8 ファイルの入出力処理

●ファイルを開くための機能を実装する手順
❶［ファイルを開く］ダイアログボックスを表示する［OpenFileDialog］コントロールの組み込み
❷コードの記述

```
［開く］ダイアログボックスで指定されたファイル名を変数に格納
```
▼
```
FileDialogクラスのFileNameプロパティで取得したファイル名とファイル番号を指定して、
ファイルをオープン
```
▼
```
StreamReaderクラスのReadToEnd()メソッドでデータストリームの末尾までを読み込んで、
テキストボックスにデータを表示
```

▼［名前を付けて保存］ダイアログボックス

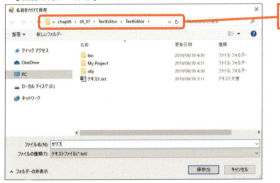

保存する場所を指定する

▼［開く］ダイアログボックス

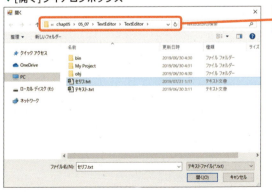

開くファイルの場所を指定する

4.8.1 テキストエディターの操作画面を作る

テキストエディターの操作画面には、テキストボックスを配置し、テキストボックスの **MultiLine** プロパティの値を「True」に設定することで、複数行の入力を行えるようにします。

▼フォームデザイナー（プロジェクト「TextEditor」）

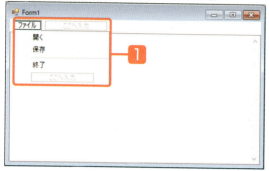

1. フォーム上にメニューを配置し、アイテムを3つ作成します。
2. テキストボックスを配置します。
3. 別表のように、それぞれプロパティを設定します。

▼menuStripコントロールのプロパティ設定

●トップレベルメニュー

プロパティ名	設定値
(Name)	Menu1
Text	ファイル

●1つ目のアイテム

プロパティ名	設定値
(Name)	ToolStripMenuItem1
Text	開く

●2つ目のアイテム

プロパティ名	設定値
(Name)	ToolStripMenuItem2
Text	保存

●3つ目のアイテム

プロパティ名	設定値
(Name)	ToolStripMenuItem3
Text	終了

●TextBoxコントロールのプロパティ設定

プロパティ名	設定値
(Name)	textBox1
AcceptsReturn	True
MultiLine	True
WordWrap	True
Dock	Fill
(Font) Size	11
ScrollBars	Vertical

4.8 ファイルの入出力処理

4

デスクトップアプリの開発

M emo テキストボックスのプロパティ

作成例では、TextBox コントロールで以下のプロパティの指定を行っています。

なお、WordWrap が True（文字列の折り返しが有効）になっていると、ScrollBars プロパティで Both、または Horizontal を指定しても、水平スクロールバーは表示されません。

また、AcceptsReturn プロパティで True を指定すると、Enter キーを使って改行できるようになりますが、フォームの AcceptButton プロパティが「（なし）」に指定されている（デフォルトで「（なし）」に指定されている）場合は、AcceptsReturn プロパティの値にかかわらず、Enter キーで改行することができます。

▼操作例で指定した TextBox コントロールのプロパティ

プロパティ	値	機能
MultiLine	True	テキストボックスに複数行の文字列を入力できるようになる。操作例では、True を指定。
	False	1行ぶんの文字列だけが入力できる。
WordWrap	True	入力された文字列をテキストボックスの端で、自動的に折り返す。操作例では、True を指定。
	False	折り返しなし。
Dock	Fill	TextBox コントロールをフォームいっぱいに表示することができる。この場合、フォームの境界線との間の余白が0になる。操作例では、True を指定。
	Top	TextBox コントロールをフォームの上端にドッキングさせる。
	Left	TextBox コントロールをフォームの左端にドッキングさせる。
	Bottom	TextBox コントロールをフォームの下端にドッキングさせる。
	None	TextBox コントロールをフォームの端にドッキングさせない。
ScrollBars	Vertical	垂直スクロールバーを表示。操作例では、Vertical を指定。
	Horizontal	水平スクロールバーのみを表示。
	Both	垂直スクロールバーと水平スクロールバーを表示。
	None	スクロールバーを表示しない。
AcceptsReturn	True	Enter キーを使って改行できるようになる。
	False	Enter キーによる改行不可。改行は Ctrl キー+ Enter キーで行う。

471

4.8.2 ダイアログボックスを利用したファイル入出力

名前を付けて保存と**開く**ダイアログを表示するためのコントロールを組み込んで、ファイルの保存や読み込みを行うコードを記述します。

saveFileDialogコントロールを使うと、**名前を付けて保存**ダイアログボックスを表示して、ファイルの保存に関する操作を行えるようになります。ここでは、テキストボックスに入力された文字列をテキスト形式のファイルで保存できるようにしてみましょう。

1 ツールボックスの**ダイアログ**カテゴリの**SaveFileDialog**コントロールをダブルクリックします。

2 コンポーネントトレイに**SaveFileDialog**コントロールが表示されるので、これをクリックし、**プロパティウィンドウ**で、Name、DefaultExt、Filterの各プロパティの値を下表のとおりに設定します。

▼ [SaveFileDialog]コントロールの組み込み

Onepoint

DefaultExtプロパティでは、ファイルを保存するときの拡張子を指定します。操作例では、テキスト形式で保存するので、「txt」を指定しています。
Filterプロパティは、ダイアログボックスのファイルの種類にフィルタを適用するためのプロパティです。ここでは、「テキストファイル(＊.txt)」と「＊.txt」という文字列を「|」を挟んで記述しています。このように記述することで、選択できる項目名として「テキストファイル(＊.txt)」という項目名を表示し、ダイアログボックスの一覧にtxt形式のファイルだけを表示できるようになります。

● プロパティの設定

プロパティ名	設定値
(Name)	saveFileDialog1
DefaultExt	txt
Filter	テキストファイル(＊.txt)|＊.txt

3 フォーム上に配置したメニューの、**保存**アイテムをダブルクリックし、メニューの**保存**(MenuItem2)をクリックしたときに呼び出されるイベントハンドラーToolStripMenuItem2_Clickに以下のコードを記述し、「Form1.cs」ファイルの上部の「using System.Windows.Forms;」の次行に以下のコードを記述します。

4.8 ファイルの入出力処理

▼名前空間のインポート

```
using System;
using System.Windows.Forms;
using System.IO;          ←このように記述
```

> **Onepoint**
> ここでは、必要な名前空間のみ掲載しています。なお、不要なインポート文を削除するには、コードエディター上で右クリックして、**usingの整理➡未使用のusingの削除**を選択すると、必要なインポート文だけを残して、不要な文が自動で削除されます。

▼イベントハンドラーToolStripMenuItem2_Click()

```
}

private void ToolStripMenuItem2_Click(object sender, EventArgs e)
{
    string saveFileName;

    if (saveFileDialog1.ShowDialog() == DialogResult.OK)
    {
        saveFileName = saveFileDialog1.FileName;
    }
    else
    {
        return;
    }
    StreamWriter textFile =
        new StreamWriter(
            new FileStream(saveFileName, FileMode.Create)
        );
    textFile.Write(textBox1.Text);
    textFile.Close();
}
```

←このように記述

▼プログラムの実行

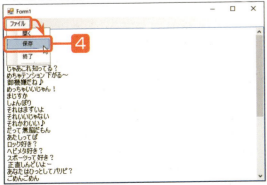

4 任意の文字列を入力し、**ファイル**メニューの**保存**を選択します。

▼［名前を付けて保存］ダイアログボックス

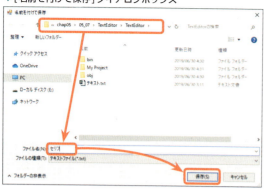

5 **名前を付けて保存**ダイアログボックスが表示されるので、保存先を選択し、**ファイル名**に、保存するファイルの名前を入力して、**保存**ボタンをクリックすると、テキスト形式のファイルとして保存されます。

データをファイルに保存するときの処理

テキストボックスに入力された文字列をファイルに保存するには、「ファイルパスの取得」➡「ファイルのオープン」➡「ファイルへのデータの書き出し」といった手順で処理を進めていきます。

●［名前を付けて保存］ダイアログボックスの表示

　名前を付けて保存ダイアログボックスの表示は、**saveFileDialog**コントロールを使って行います。SaveFileDialogコントロールの実体は、System.Windows.Forms名前空間のSaveFileDialogクラスのオブジェクトです。

　ダイアログの表示は、CommonDialog.ShowDialog()メソッドで行います。SaveFileDialogクラスは、間接的にCommonDialogクラスを継承しているので、SaveFileDialogオブジェクトから直接、ShowDialog()を実行できます。

▼SaveFileDialogの継承ツリー

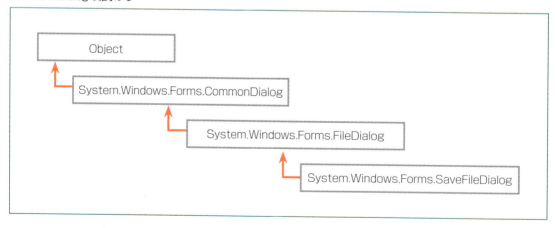

▼［名前を付けて保存］ダイアログの表示

4.8 ファイルの入出力処理

●ファイルパスの取得

ファイルパスは、FileDialog クラスの FileName プロパティで取得できます。
上記の継承ツリーのように、SaveFileDialog クラスは FileDialog を継承しているので、次のように書けば、ダイアログで指定されたファイルパスを取得できます。

▼ダイアログボックスに入力されたファイル名とファイルへのパスの取得

```
変数名=SaveFileDialogのオブジェクト.FileName;
```

作成例では、次のように記述して、ダイアログボックスで指定されたファイルパスを取得しています。

▼FileName プロパティを使用してファイルパスを取得

ファイルのフルパスを代入する string 型のローカル変数 ── saveFileName = saveFileDialog1.FileName;

●書き込み用のファイルを開く

データを保存するために、次の手順で書き込み用のファイルを開きます。

❶ファイルを開いてストリーム用のインスタンスを生成する

　ストリームとは、データを入出力する際の状態のことを指します。ファイルからデータを読み込んだ直後は 0 と 1 のビットが 1 列に並んだ状態であり、これがストリームに当たります。プログラムでは、このストリームを読み取って、テキスト形式などの人間が認識できる状態のデータに加工します。
　逆に、データをファイルに書き込む場合も、テキストなどのデータを、0 と 1 のビットの並びが連続したストリームにしてから書き込みを行うので、一時的にストリームを格納できるオブジェクト（インスタンス）を、次の要領で生成しておくことが必要です。

・指定されたファイルが存在しない場合は、新たにファイルを作成して、ストリームオブジェクトを生成する。
・ファイルが存在する場合は、対象のファイルを開いてストリームオブジェクトを生成する。

●FileStream クラス

読み取り操作と書き込み操作を行うファイル用ストリームを操作するための機能を提供します。

●FileStream() コンストラクター

指定されたパスと、ファイルのオープンモードを使用して、FileStream クラスのインスタンスを生成します。第 2 引数のオープンモードの指定は、FileMode 列挙体のメンバーを使います。

▼FileStream オブジェクトの生成

```
FileStream(ファイルのパス,オープンモード)
```

475

4.8 ファイルの入出力処理

▼ファイルのオープンモードを指定するFileMode列挙体のメンバー

メンバー名	説明
Append	ファイルが存在する場合はそのファイルを開き、ファイルの末尾をシーク（探索）します。指定されたファイルが存在しない場合は、新しいファイルを作成します。
Create	新規にファイルを作成します。ファイルがすでに存在する場合は、上書きできる状態でファイルをオープンします。
CreateNew	新規にファイルを作成します。ファイルがすでに存在する場合は、IOExceptionという例外を発生させます。
Open	既存のファイルを開きます。ファイルが存在しない場合は、System.IO.FileNotFoundExceptionという例外を発生させます。
OpenOrCreate	ファイルが存在する場合はそのファイルを開き、ファイルの末尾をシーク（探索）します。指定されたファイルが存在しない場合は、新しいファイルを作成します。このモードを使用した場合は、アクセス許可の指定が必要になります。
Truncate	指定したファイルを開くときに、データサイズが0になるようにデータを切り捨てた状態でファイルを開きます。このモードを使用した場合は、アクセス許可の指定が必要になります。

FileStreamクラスのインスタンスfsを作成するには次のように記述します。

▼ストリームのインスタンスを生成

```
FileStream fs = new FileStream(strFileName, FileMode.Create);
```

❷書き込み用のオブジェクトの生成

FileStreamオブジェクトは、ファイル用のストリームなので、これをファイルに書き込むには、StreamWriterクラスのオブジェクトが必要になります。

●StreamWriterクラス

文字を特定のエンコーディング（文字を符号化すること）でストリームに書き込むための機能を提供します。

●StreamWriter()コンストラクター

UTF-8と呼ばれる標準のエンコーディング形式で、StreamWriterクラスのインスタンスを生成します。引数には対象のストリームを指定します。

▼FileStreamオブジェクトをファイルに書き込むためのStreamWriterオブジェクトを生成

構文

```
StreamWriter textFile = new StreamWiter(FileStreamオブジェクト);
```

なお、FileStreamオブジェクトは名前を付ける必要がないので、次のように匿名のオブジェクトとして記述すればOKです。

▼ストリームを生成して書き込みモードでファイルを開く
```
StreamWriter textFile =
    new StreamWriter(
        new FileStream(saveFileName, FileMode.Create)
                        FileStreamは匿名オブジェクトとして生成
    );
```

● ファイルへのデータの書き出し

　ファイルを開いたら、StreamWriterクラスのWrite()メソッドを使って、テキストボックスに入力されている文字列をファイルに書き出します。

　このメソッドには、**シーケンシャル出力モード**（データをファイルの先頭から順番に書き込むこと）で開いたファイルに、改行を含むデータを書き込む機能があります。

▼データをファイルに書き出す

 構文　`StreamWriterオブジェクト.Write(書き込むデータ);`

▼ファイルにデータを書き込む
```
textFile.Write(textBox1.Text);
```
StreamWriterオブジェクトの参照　　TextBoxコントロールのTextプロパティで文字列を取得

❸ StreamWriterオブジェクトの破棄

　書き込み処理が終了したら、Close()メソッドでオブジェクトを破棄します。データサイズが大きいことがあるので、ガベージコレクションを待たずにメモリの解放を行うというわけです。

▼StreamWriterオブジェクトを破棄する
```
textFile.Close();
```

ダイアログボックスを使ってファイルを開くための処理を記述する

OpenFileDialogコントロールを使うと、開くダイアログボックスを表示して、任意のファイルを開くための操作が行えるようになります。

▼ツールボックス

1. ツールボックスのOpenFileDialogコントロールをダブルクリックします。
2. OpenFileDialogコントロールが挿入されるので、これをクリックし、プロパティウィンドウで、各プロパティの値を下表のように設定します。

▼[OpenFileDialog]コントロールのプロパティの設定

プロパティ名	設定値
(Name)	openFileDialog1
DefaultExt	txt
Filter	テキストファイル(＊.txt)｜＊.txt

Onepoint
DefaultExtプロパティは、開く対象のファイルの拡張子を指定し、Filterプロパティは、ダイアログボックスのファイルの種類にフィルタを適用するためのプロパティです。

3. フォーム上に配置したメニューの開くアイテムをダブルクリックし、イベントハンドラーToolStripMenuItem1_Click()に以下のコードを記述します。

▼イベントハンドラーToolStripMenuItem1_Click
```
private void ToolStripMenuItem1_Click(object sender, EventArgs e)
{
    string openFileName;

    if (openFileDialog1.ShowDialog() == DialogResult.OK)
    {
        openFileName = openFileDialog1.FileName;
    }
    else
    {
        return;
```

```
        }

        textBox1.Clear();
        StreamReader textFile = new StreamReader(openFileName);
        textBox1.Text = textFile.ReadToEnd();
        textFile.Close();
}
```

4 ファイルメニューの**開く**を選択します。

5 **開く**ダイアログボックスが表示されるので、**ファイルの場所**でファイルが保存されている場所を選択し、目的のファイルを選択して、**開く**ボタンをクリックすると、指定したファイルが開きます。

▼実行中のプログラム

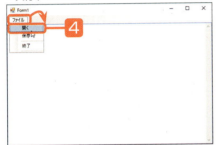

▼[開く]ダイアログボックス

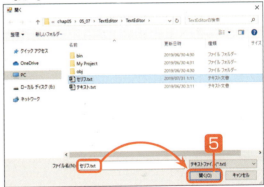

ファイルのデータを読み込むときの処理

　開くダイアログボックスを表示するOpenFileDialogコントロールの実体はOpenFileDialogクラスのオブジェクトです。**名前を付けて保存**ダイアログボックスと同様に**ShowDialog()**メソッドで表示します。さらに、ファイル名を選択して**開く**ボタンをクリックすると、ShowDialog()メソッドで次の2つの処理を行います。

▼ShowDialog()メソッドの処理

> ・DialogResult列挙体のオブジェクトにOKという値を格納して戻り値として返す
> ・OpenFileDialogオブジェクトのFileNameプロパティにファイル名をフルパスで格納する

　作成例では、これを利用して、次のようにif...elseステートメントを使って処理を分岐しています。

4.8 ファイルの入出力処理

▼ユーザーがファイル名を選択して[開く]ボタンをクリックした場合の処理

```
if (openFileDialog1.ShowDialog() == DialogResult.OK)
```

　　　　　　DialogResultオブジェクトにOKが格納されていれば
　　　　　　以下の処理を実行

```
{
    openFileName = openFileDialog1.FileName;
```

　　　　　　FileNameプロパティに格納されたファイルパスを
　　　　　　openFileNameに代入

```
else
{
    return;
```

　　　　　　[キャンセル]ボタンや[閉じる]ボタンがクリックされた
　　　　　　場合はイベントハンドラーを抜ける

```
}
```

●ファイルを開くときの処理

　ファイルを開くには、「ファイル名とファイルへのパスの取得」➡「ファイルのオープン」➡「ファイルからのデータの読み込み」の順で処理を進めます。

●ファイルパスの取得

　ファイルのパスは、FileDialogクラスのFileNameプロパティで取得できます。

▼ファイルのパスを取得

```
openFileName = openFileDialog1.FileName;
```

　　　　ファイルへのパスを代入するstring型のローカル変数

●ファイルのオープン

　ファイル名とパスを取得したら、StreamReaderクラスのオブジェクトにファイルのデータを読み込みます。

▼StreamReaderクラスを使ってファイルをオープン

```
textBox1.Clear();                                              ❶
StreamReader textFile = new StreamReader(openFileName);        ❷
textBox1.Text = textFile.ReadToEnd();                          ❸
textFile.Close();                                              ❹
```

　前処理として、TextBoxに入力されている文字列を削除します。

　選択されたファイルのパスを指定して、StreamReaderクラスのインスタンスを生成し、コンストラクターのStreamReader()の引数にファイルパスを指定すると、ファイルからデータをストリームとして読み出し、これを格納したStreamReaderオブジェクトが生成されます。

　StreamReaderクラスのReadToEnd()は、ストリームの先頭から最後までを読み込むメソッドです。戻り値をそのままTextBoxのTextプロパティにセットすることで画面に表示します。

480

プログラムの終了処理

最後に、フォームデザイナーで**ファイル**メニューの**終了**アイテムをダブルクリックして、プログラムを終了する処理を記述しておきましょう。

▼イベントハンドラーToolStripMenuItem3_Click

```
private void ToolStripMenuItem3_Click(object sender, EventArgs e)
{
    Application.Exit();    ←記述する
}
```

Memo 整列用のボタン

レイアウトツールバーには、複数のコントロールをまとめて整列させるための次のようなボタンが用意されています。基準となるコントロールを最初に選択したあと他のコントロールを選択していき、整列用のいずれかのボタンをクリックすれば、最初に選択したボタンを基準にして、他のボタンが整列します。

▼整列用のボタン

ボタン名	[整列]メニューの項目名	機能
[左揃え]	[左]	縦に並んだコントロールの左端を揃える。
[左右中央整列]	[左右中央]	縦に並んだコントロールの左右の中心を揃えて配置する。
[右揃え]	[右]	縦に並んだコントロールの右端を揃える。
[上揃え]	[上]	横に並んだコントロールの上端を揃える。
[上下中央整列]	[上下中央]	横に並んだコントロールの上下の中心を揃えて配置する。
[下揃え]	[下]	横に並んだコントロールの下端を揃える。

Memo [保存]ボタンまたは[キャンセル]ボタンが クリックされたときの処理

saveFileDialogコントロールに対してShowDialog()メソッドを実行すると**名前を付けて保存**ダイアログが表示されます。

なお、**ShowDialog()**メソッドは、ダイアログの**保存ボタン**がクリックされると次の2つの処理も行います。

- FormsDialogResult列挙体のオブジェクトにOKという値を格納して戻り値として返す
- saveFileDialogオブジェクトのFileNameプロパティにファイル名をフルパスで格納する

作成例では、これを利用して、次のようにif...elseステートメントを使って処理を分岐しています。

▼ユーザーがファイル名を入力して[保存]ボタンをクリックした場合の処理

```
if (saveFileDialog1.ShowDialog() == DialogResult.OK)      DialogResultオブジェク
{                                                         トにOKが格納されていれ
                                                          ば以下の処理を実行
    saveFileName = saveFileDialog1.FileName;
}                    └── FileNameプロパティに格納された
else                     ファイルパスをsaveFileNameに代入
{
    return;          ────── [キャンセル]ボタンや[閉じる]がクリックされた場合は、
}                            OK以外の値が返されるのでイベントハンドラーを抜ける
```

Memo 左右の間隔調整用のボタン

レイアウトツールバーには、コントロールの左右の間隔を調整するために次のようなボタンが用意されています。

▼左右間隔の調整

ボタン名	[左右の間隔]メニューの項目名	機能
[左右の間隔を均等にする]	[間隔を均等にする]	選択したコントロールの左右の間隔を同じにする。
[左右の間隔を広くする]	[間隔を広くする]	選択したコントロールの左右の間隔を広げる。
[左右の間隔を狭くする]	[間隔を狭くする]	選択したコントロールの左右の間隔を狭める。
[左右の間隔を削除する]	[削除]	選択したコントロールの左右の間隔をなくす。

Section 4.9 印刷機能の追加

Level ★★★　　**Keyword**　印刷ダイアログボックス　印刷プレビュー　ページ設定ダイアログボックス

ここでは、「4.8　ファイルの入出力処理」で作成したアプリケーションに、印刷を行うための機能を組み込んで、ページ設定や印刷プレビューが行えるようにしていきます。

印刷機能の実装

印刷機能を実装するには、次の2つのコントロールの組み込みを行います。

● PrintDocument コントロール

印刷を実行するためのインスタンスを作成するコントロールです。PrintDialog コントロールと一緒に使用することで、ドキュメント印刷のすべての設定を管理できます。

● PrintDialog コントロール

出力先のプリンターや印刷範囲などの印刷設定を行う印刷ダイアログボックスを表示するためのコントロールです。ShowDialog メソッドを使用して、**印刷**ダイアログボックスを表示します。

印刷を支援するための機能として、次の2つのコントロールの組み込みを行います。

● PrintPreviewDialog コントロール

印刷イメージを確認するための**印刷プレビュー**ダイアログボックスを表示するためのコントロールです。

● PageSetupDialog コントロール

マージンや印刷の向きなどを指定する**ページ設定**ダイアログボックスを表示するためのコントロールです。

4.9 印刷機能の追加

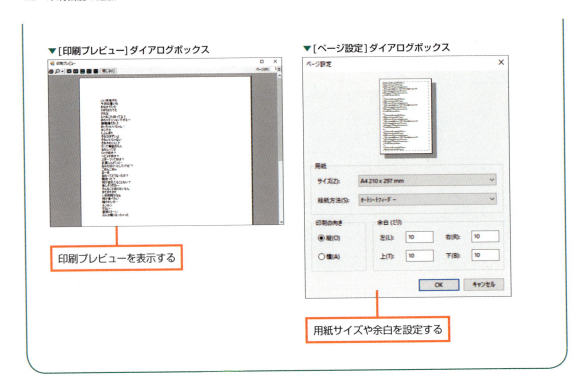

▼[印刷プレビュー]ダイアログボックス　　　▼[ページ設定]ダイアログボックス

印刷プレビューを表示する

用紙サイズや余白を設定する

Memo　サイズ揃え用のボタン

レイアウトツールバーには、コントロールのサイズを揃えるため、次のようなボタンが用意されています。基準となるコントロールを最初に選択し、その他のコントロールを選択して、下記のいずれかのボタンをクリックすると、最初に選択したコントロールと同じサイズに揃えられます。

▼サイズ揃え用のボタン

ボタン名	[同じサイズに揃える]メニューの項目名	機能
[幅を揃える]	[幅]	基準となるコントロールの幅に揃える。
[高さを揃える]	[高さ]	基準となるコントロールの高さに揃える。
[同じサイズに揃える]	[両方]	基準となるコントロールの幅と高さに揃える。
[サイズをグリッドに合わせる]	[サイズをグリッドに合わせる]	コントロールのサイズをグリッドに合わせる。

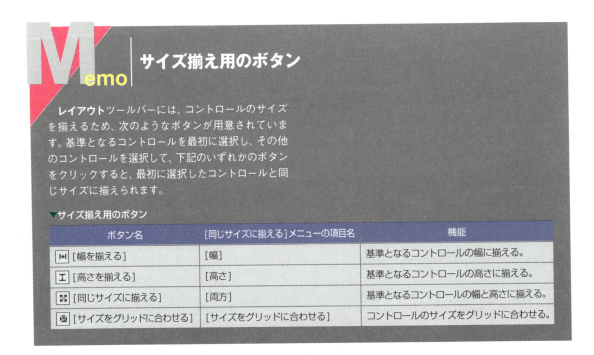

4.9.1 印刷機能の組み込み（PrintDocumentとPrintDialog）

　Visual C#には、印刷を行うための様々なコントロールが用意されています。ここでは、**印刷**ダイアログボックスを使って印刷を行うためのコントロールを組み込んで、テキストボックスに表示されている文字列を印刷できるようにしてみましょう。

［印刷］ダイアログボックスを使って印刷が行えるようにする

　印刷を行うためには、印刷を行う対象をオブジェクトとして扱えるように「PrintDocument」コントロールの組み込みを行います。
　さらに、**印刷**ダイアログボックスを表示して印刷を実行する「PrintDialog」コントロールを組み込んで、必要なコードを記述します。
　まずは印刷メニューの印刷を選択したタイミングで**印刷**ダイアログボックスを表示して、テキストボックスに表示されている文字列を印刷する機能を組み込むことにしましょう。

▼フォームデザイナー（プロジェクト「TextEditor」）

① 配置済みのメニューに、**印刷**メニューを追加し、**ページ設定**、**印刷プレビュー**、**印刷**の各アイテムを追加します。

② 下表のとおりに各プロパティを設定します。

▼MenuStripコントロールのプロパティ設定

●2つ目のトップレベルメニュー

プロパティ名	設定値
(Name)	Menu2
Text	印刷

●2つ目のアイテム

プロパティ名	設定値
(Name)	ToolStripMenuItem5
Text	印刷プレビュー

●1つ目のアイテム

プロパティ名	設定値
(Name)	ToolStripMenuItem4
Text	ページ設定

●3番目のサブメニュー

プロパティ名	設定値
(Name)	ToolStripMenuItem6
Text	印刷

4.9 印刷機能の追加

▼フォームデザイナー

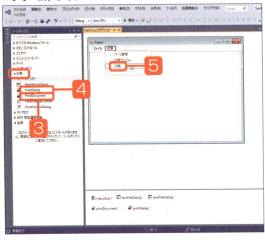

3 ツールボックスで、**印刷**タブの**PrintDocument**コントロールをダブルクリックします。

4 **PrintDialog**コントロールをダブルクリックします。

5 メニューの**印刷**をダブルクリックします。

6 印刷メニューをクリックしたときのイベントハンドラーToolStripMenuItem6_Click()内部と「Form1.cs」ファイルの上部に次のコードを記述します。

▼「Form1.cs」ファイルの上部に記述するコード

```
using System;
using System.Windows.Forms;
using System.IO;
using System.Drawing.Printing;
using System.Drawing;
```
→ 名前空間のインポート

▼「Form1.cs」ファイルの上部に記述するコード

```
namespace WindowsApplication1
{
public partial class Form1 : Form
{
        private string strPrint;
        private PageSettings pageSetting = new PageSettings();

        public Form1()
        {
            InitializeComponent();
        }
```
→ このように記述

※以下省略

4.9 印刷機能の追加

▼イベントハンドラーToolStripMenuItem6_Click()

```csharp
private void ToolStripMenuItem6_Click(object sender, EventArgs e)
{
    try
    {
        printDocument1.DefaultPageSettings = pageSetting;  ❶
        strPrint = textBox1.Text;  ❷
        printDialog1.Document = printDocument1;  ❸

        if (printDialog1.ShowDialog() == DialogResult.OK)  ❹
        {
            printDocument1.Print();  ❺
        }
        else
        {
            return;
        }
    }
    catch (Exception ex)
    {
        MessageBox.Show(ex.Message, "エラー");
    }
}
```

4

デスクトップアプリの開発

Memo | 上下の間隔を調整するボタン

レイアウトツールバーには、コントロールの上下の間隔を調整するための以下のボタンが用意されています。

▼上下間隔の調整

ボタン名	[上下の間隔]メニューの項目名	機能
⬍ [上下の間隔を均等にする]	[間隔を均等にする]	選択したコントロールの上下の間隔を同じにする。
⬍ [上下の間隔を広くする]	[間隔を広くする]	選択したコントロールの上下の間隔を広げる。
⬍ [上下の間隔を狭くする]	[間隔を狭くする]	選択したコントロールの上下の間隔を狭める。
⬍ [上下の間隔を削除する]	[削除]	選択したコントロールの上下の間隔をなくす。

487

■ メニューの[印刷]を選択したときの処理

メニューの印刷を選択したときに呼ばれるイベントハンドラーの処理を見ていきましょう。
Form1に組み込んだPrintDocumentコンポーネントの実体は、PrintDocumentクラスのオブジェクトです。PrintDocumentクラスには、印刷する対象や印刷に関する設定情報を保持するプロパティ、印刷を開始するPrint()メソッドが定義されています。

●印刷が行われる流れ
印刷を開始するまでの処理の流れです。

●PrintDocumentオブジェクト（PrintDocumentコンポーネントとして組み込み）

❶印刷の設定情報（ページ設定）の登録
PrintDocument.DefaultPageSettingsプロパティ ← PageSettingsオブジェクトをセット

❷テキストボックスの文字列をフィールドに格納
strPrintフィールド ← textBox1.Textプロパティの値

●PrintDialogオブジェクト（[印刷]ダイアログ）（PrintDialogコンポーネントとして組み込み）

❸PrintDialog.Documentプロパティ ← 印刷情報を保持しているPrintDocumentオブジェクトをセットする

❹PrintDialog.ShowDialog()メソッドでダイアログを表示

[印刷]ボタンがクリックされる

●PrintDocumentオブジェクト
❺PrintDocument.Print()で印刷開始

4.9 印刷機能の追加

❶現在のページ設定をPrintDocumentオブジェクトに登録する

[PrintDocumentクラスのプロパティ]

```
printDocument1.DefaultPageSettings = pageSetting;
```

[Form1に貼り付けたPrintDocumentコンポーネント]　[PageSettingsクラスのオブジェクトを格納している]

　　ページ設定の情報は、PageSettingsクラスのオブジェクトに登録します。このオブジェクトはForm1クラスの冒頭で生成し、参照をpageSettingフィールドに格納しました。

▼PageSettingsオブジェクトを保持するフィールドの宣言

```
private PageSettings pageSetting = new PageSettings();
```

　　イベントハンドラーの最初のコードでは、PrintDocumentオブジェクト（printDocument1）のDefaultPageSettingsプロパティに、フィールドpageSettingに格納されているPageSettingsオブジェクトを代入します。PageSettingsオブジェクトには、下表のプロパティを使って印刷に関する設定情報（ページ設定）を格納できます（情報の格納はこのあとの項目で行います）。

▼PrintDocumentオブジェクトにページ設定の情報を登録

構文
```
PrintDocumentオブジェクト.DefaultPageSettings = PageSettingsオブジェクト;
```

▼ページ設定に関するPageSettingsクラスのプロパティ

プロパティ	内容
Bounds	「Landscape」プロパティで指定した用紙方向が考慮されたページのサイズを取得する。
Color	ページを色付きで印刷するかどうかを示す値を取得または設定する。
HardMarginX	ページの左側のハード マージンの x 座標 (1/100 インチ単位) を取得する。
HardMarginY	ページの上部のハード マージンの y 座標 (1/100 インチ単位) を取得する。
Landscape	ページの印刷時に用紙を横向きにするか縦向きにするかを示す値を取得または設定する。
Margins	ページの余白を取得または設定する。
PaperSize	ページの用紙サイズを取得または設定する。
PaperSource	ページの給紙方法を取得または設定する (例えば、プリンターの上段トレイ)。
PrintableArea	プリンターのページの印刷可能領域の範囲を取得する。
PrinterResolution	ページのプリンター解像度を取得または設定する。
PrinterSettings	ページに関連するプリンター設定を取得または設定する。

❷印刷する対象を登録（テキストボックスの文字列）

　　テキストボックス（textBox1）に入力されている文字列をフィールドstrPrintに格納します。

❸ [印刷] ダイアログのDocumentプロパティに印刷情報をセットする

Form1に組み込んだPrintDialogコンポーネントの実体はPrintDialogクラスのオブジェクトです。

● PrintDialog クラス

プリンターの選択や印刷方法を設定するための[印刷]ダイアログを表示するクラスです。

PrintDialogオブジェクトのDocumentプロパティに、PrintDocumentオブジェクトをセットし、印刷情報を渡します。

● PrintDialog.Document プロパティ

PrintDocumentオブジェクトを設定します。

▼ PrintDialogのDocumentプロパティにPrintDocumentオブジェクトを格納

```
printDialog1.Document = printDocument1;
```

PrintDialogオブジェクト　　PrintDocumentオブジェクト

❹ PrintDialog.ShowDialog()メソッドでダイアログを表示
❺ PrintDocument.Print()で印刷開始

PrintDialogオブジェクトにShowDialog()メソッドを実行して、[印刷]ダイアログを表示します。なお、ShowDialog()メソッドは、ダイアログのボタンをクリックするとどのボタンがクリックされたのかを示すDialogResult 列挙体のメンバーを返します。[印刷]ボタンであれば「DialogResult.OK」が返されるので、ifステートメントで印刷実行／中止の処理を行います。

● PrintDocument.Print()メソッド

印刷開始直前に発生するPrintPageイベントを処理します。このメソッドは、印刷開始の「きっかけ」を作るようなものなので、実際の印刷処理はこのあとで扱うPrintPageイベントのイベントハンドラーにおいて行います。

▼ [印刷]ダイアログボックスを表示して[OK]ボタンがクリックされたら印刷を開始

```
if (printDialog1.ShowDialog() == DialogResult.OK)    ── 戻り値がOKなら以下の処理を実行
                                            └── [印刷]ダイアログボックスを表示
{
    printDocument1.Print();    ──────── Print()メソッドで印刷を実行
}
else
{
    return;  ─── [キャンセル]ボタンや[閉じる]ボタンがクリックされた場合はイベントハンドラーを抜ける
}
```

最後に処理全体をtryブロックで囲み、印刷時のエラーに対処できるようにしておきます。エラー発生時に実行されるcatchブロックには、メッセージを表示するコードを書いておきます。なお、エラーが発生するとシステムからエラーの内容を通知するExceptionクラスのオブジェクトが渡されてくるので、これを取得できるようにcatch(Exception ex)と書いておきました。

▼try…catchブロックの設定

```csharp
try      ── tryブロック
{
    printDocument1.DefaultPageSettings = pageSetting;
    strPrint = textBox1.Text;
    printDialog1.Document = printDocument1;
    if (printDialog1.ShowDialog() == DialogResult.OK)
    {
        printDocument1.Print();
    }
    else
    {
        return;
    }
}
catch (Exception ex)      ── tryブロックでエラーが発生したときに実行されるcatchブロック
{
    MessageBox.Show(ex.Message, "エラー");
}
```

Memo　C#のバージョンアップ時に追加された機能（その⑩）

C# 7.3では以下の機能が追加されました。

▶ C# 7.3

| Visual Studio 2019 | .NET Framework 4.8 |

▼ C# 7.3で追加された機能

- タプルの ==, != 比較
- ref 再代入
- 式中での変数宣言 (使える場所の拡充)
- ジェネリック型引数に対する Enum、Delegate、unmanaged 制約
- オーバーロード解決の改善
- stackalloc 初期化子
- ユーザー定義型の fixed ステートメント利用
- 自動プロパティのバック フィールドに対する field 属性指定

4.9 印刷機能の追加

PrintDocumentオブジェクトの印刷内容を設定する

　一応、**印刷**メニューの**印刷**を選択すると、ダイアログが表示され、**印刷**ボタンをクリックするとプリントアウトされるようにはなりました。ただし、前項で紹介した印刷手順の❷、印刷する対象を登録する処理が残っていますので、ここで処理を作ることにしましょう。

　印刷する対象は、テキストボックスに入力されている文字列なので、単純にtextBox1.Textプロパティの値をPrintDocumentオブジェクトに渡せば済むような気がしますが、印刷範囲の設定など、ちょっとややこしい作業が必要になります。

　一方、PrintDocumentクラスでは、このような処理が行いやすいように、印刷する対象をPrintPageというイベントを利用して設定する仕組みが使われています。まずは、フォームデザイナーのコンポーネントトレイに表示されているコンポーネント「printDocument1」をダブルクリックしてみてください。

▼フォームデザイナー

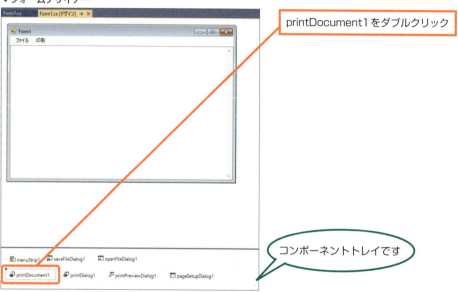

●PrintDocument1_PrintPage()って何ぞや？

　すると、次のように空のイベントハンドラーPrintDocument1_PrintPage()が作成されます。これは、[印刷]ダイアログの[印刷]ボタンがクリックされた際、つまり印刷が実行されようとしたときに呼ばれるメソッドです。

▼印刷の直前に呼ばれるイベントハンドラー
```
private void PrintDocument1_PrintPage(object sender, PrintPageEventArgs e)
{
}
```

　このハンドラーは、「Form1.Designer.cs」に自動で記述されたコードによって呼び出しの仕組みが定義されています。

▼Form1.Designer.csに記述されたハンドラーを呼び出すためのコード

```
this.printDocument1.PrintPage +=
    // PrintPageEventHandler デリゲートにイベントハンドラーを登録
    new System.Drawing.Printing.PrintPageEventHandler(
        this.PrintDocument1_PrintPage
    );
```

コードが見やすいように改行を入れてありますが、PrintPageイベントの処理をデリゲートに登録されたメソッド（イベントハンドラー）で行うためのコードです。

●PrintDocument.PrintPageイベント

プリンターに出力が必要なときに発生するイベントです。このイベントにイベントハンドラーを関連付けることで、印刷処理の直前にイベントハンドラーが呼び出され、ハンドラー内部の処理がPrintDocumentオブジェクトに反映されるようになります。

イベントのイベントハンドラーへの関連付けは、PrintPageEventHandlerデリゲートのインスタンスをイベントに追加することで行います。

●PrintPageEventHandler デリゲート

PrintDocumentのPrintPageイベントを処理するメソッドを表します。

▼デリゲートの宣言部

```
public delegate void PrintPageEventHandler(
    Object sender,
    PrintPageEventArgs e
)
```

▼パラメーター

パラメーター	型	内容
sender	Object	イベントの発生源のオブジェクト。
e	System.Drawing.Printing.PrintPageEventArgs	イベントデータを格納している PrintPageEventArgs クラスのオブジェクト。

イベントに対応したデリゲート（イベントデリゲート）は、イベントのシグネチャ（パラメーターの構成）を定義するために使用され、特定のイベントに対して専用のイベントデリゲートが定義されています。PrintPage イベントには、PrintPageEventHandler デリゲートという具合です。

なお、.NET Framework では、イベントデリゲートはイベントの発生元と、そのイベントのデータという2つのパラメーターを持つことを定めています。

.NET Framework のイベントのひな型に「EventName(sender, e)」というシグネチャがあります。senderは、イベントを発生させたクラスへの参照を示すObject型のインスタンスで、eはイベントデータを提供するEventArgsオブジェクト、またはサブクラスオブジェクトです。

PrintPageイベントは「PrintPage(Object sender, PrintPageEventArgs e)」なので、Print
PageEventHandlerもこれと同じシグネチャを持ちます。ただし、イベントデリゲートのインスタン
スは、シグネチャと一致する任意のメソッドに関連付けることができます。

「PrintPageEventHandler(this.PrintDocument1_PrintPage)」とすれば、PrintPageイベン
トの発生時に、イベントハンドラーが呼び出されるというわけです。このとき、PrintPageイベント
は、イベントの発生源のオブジェクトとEventArgsから派生したPrintPageEventArgsクラスのイ
ンスタンスをイベントハンドラーに渡すことができます。

●イベントハンドラーに渡されるPrintPageEventArgsオブジェクト

PrintPageイベントが発生すると、PrintPageEventHandlerデリゲートのインスタンスによって
ハンドラーが呼ばれます。最後にポイントになるPrintPageEventArgsクラスが何なのか見ておく
ことにしましょう。

●PrintPageEventArgs クラス

PrintPage イベントにデータを提供します。

コンストラクターの構造を見てみましょう。

▼PrintPageEventArgs コンストラクターの宣言部

```
public PrintPageEventArgs(
    Graphics graphics,
    Rectangle marginBounds,
    Rectangle pageBounds,
    PageSettings pageSettings
)
```

▼パラメーター

パラメーター	型	内容
graphics	System.Drawing.Graphics	項目の描画に使用される Graphics。
marginBounds	System.Drawing.Rectangle	余白と余白の間の領域。
pageBounds	System.Drawing.Rectangle	用紙の全領域。
pageSettings	System.Drawing.Printing.PageSettings	ページの PageSettings。

4つのパラメーターがあります。ということは、PrintPageEventArgsクラスには、これらの値を
扱うプロパティがあるはずなので、イベントハンドラーでプロパティを利用して印刷する文字列や印
刷範囲などを設定すれば、PrintDocumentオブジェクトにこれらの情報が反映されることになりま
す。では、そのためのコードを次項で記述していきましょう。

4.9 印刷機能の追加

printDocument1_PrintPage() の処理を記述する

少々、長いコードになりますが、一気に入力してしまいましょう。

▼ PrintDocument1_PrintPage() イベントハンドラー (Form1.cs)

```csharp
private void PrintDocument1_PrintPage(object sender, PrintPageEventArgs e)
{
    Font Fontsize = new Font("MS UI Gothic", 11);     // ❶フォントの設定
    int intNumberChars;        // ❷1ページ当たりの文字数を格納する
    int intNumberLines;        // 1ページ当たりに印刷可能な行数を格納する
    string strPrintString;  // 1ページぶんの文字列を格納する
    StringFormat strFormat = new StringFormat();    // 書式情報を格納する

    // ❸パラメーターeからページ余白の内側の部分を表す四角形の領域を取得する
    RectangleF rectSquare =
        new RectangleF(e.MarginBounds.Left,
                       e.MarginBounds.Top,
                       e.MarginBounds.Width,
                       e.MarginBounds.Height
                       );

    // ❹印刷領域の幅と高さをSizeF構造体に格納
    SizeF SquareSize =
        new SizeF(e.MarginBounds.Width,
                  e.MarginBounds.Height -
                      Fontsize.GetHeight(e.Graphics)
                  );

    // ❺1ページに印刷可能な文字数と行数を調べる
    e.Graphics.MeasureString(strPrint,
                             Fontsize,
                             SquareSize,
                             strFormat,
                             out intNumberChars,
                             out intNumberLines
                             );

    // ❻1ページに収まる文字数を求める
    strPrintString = strPrint.Substring(
                                        0, intNumberChars
                                        );
```

4

デスクトップアプリの開発

495

4.9 印刷機能の追加

```
//  ❼文字列を描画してプリントアウトする
e.Graphics.DrawString(strPrintString,
                      Fontsize,
                      Brushes.Black,
                      rectSquare,
                      strFormat
                      );

//  ❽1ページに収まらなかった文字列の処理
if (intNumberChars < strPrint.Length)
{
    strPrint = strPrint.Substring(intNumberChars);
    e.HasMorePages = true;
}
else
{
    e.HasMorePages = false;
    strPrint = textBox1.Text;
}
```

▼実行中のプログラム

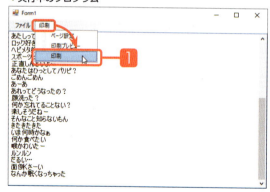

1. メニューの**印刷**をクリックして、**印刷**を選択します。

2. **印刷**ボタンをクリックすると印刷が開始されます。

▼[印刷]ダイアログボックス

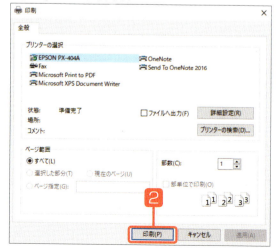

4.9 印刷機能の追加

印刷処理の手順を確認

イベントハンドラーに記述したコードを詳しく見ていきましょう。

❶印刷する文字列のフォントとサイズを指定

Font型の変数に印刷する文字のフォントとサイズを格納します。

▼フォントを「MS UI Gothic」、サイズを「11」ポイントに指定

```
Font Fontsize = new Font("MS UI Gothic", 11);
```

❷ローカル変数の宣言

▼印刷可能な1ページあたりの文字数を格納するための変数

```
int intNumberChars;
```

▼印刷可能な1ページあたりの行数を格納するための変数

```
int intNumberLines;
```

▼1ページぶんの文字列を格納するための変数

```
string strPrintString;
```

▼行間などの書式情報を表すStringFormatオブジェクトを格納するための変数

```
StringFormat strFormat = new StringFormat();
```

❸ページ上の描画可能な領域の指定

　ページ設定に基づく印刷領域の情報をRectangleF構造体型の変数rectSquareに格納しています。RectangleF構造体は、四角形の位置とサイズを表す4つの値（浮動小数点数）を指定することで、任意の四角形の領域を指定することが可能で、文字列を描画するためのDrawString()メソッド（後述）の引数にすることで、文字列を描画する範囲を指定することができます。

　RectangleF構造体の4つの引数は、左端の位置、上端の位置、四角形の幅、四角形の高さの順で指定します。

▼パラメーターeからページ余白の内側の部分を表す四角形の領域を取得する

```
RectangleF rectSquare =
    new RectangleF(e.MarginBounds.Left,     // 左端からのx座標
                   e.MarginBounds.Top,      // 上端からのy座標
                   e.MarginBounds.Width,    // 幅
                   e.MarginBounds.Height    // 高さ
                   );
```

　ここでパラメーターのeが出てきました。例のPrintPageEventArgsオブジェクトです。このオブジェクトには、印刷に関する情報を設定するためのプロパティがあるとお話ししましたが、以下がそのプロパティです。

497

4.9 印刷機能の追加

▼PrintPageEventArgsのプロパティ

プロパティ名	説明
Cancel	印刷ジョブをキャンセルするかどうかを示す値を取得する。
Graphics	ページの描画に使用されるGraphicsを取得する。
HasMorePages	追加のページを印刷するかどうかを示す値を取得する。
MarginBounds	ページ余白の内側の部分を表す四角形領域を取得する。
PageBounds	ページの全領域を表す四角形領域を取得する。
PageSettings	現在のページのページ設定を取得する。

MarginBoundsは、RectangleF構造体型のプロパティです。「e.MarginBounds.Left」とすれば、PrintPageEventArgs.MarginBoundsプロパティから、左端からのx座標を取得できます。

▼RectangleF構造体型のプロパティ

プロパティ名	内容
Bottom	構造体のYプロパティ値とHeightプロパティ値の和であるy座標を取得する。
Height	高さを取得または設定する。
IsEmpty	RectangleFのすべての数値プロパティに値ゼロがあるかどうかをテストする。
Left	左端のx座標を取得する。
Location	RectangleF構造体の左上隅の座標を取得または設定する。
Right	構造体のXプロパティ値とWidthプロパティ値の和であるx座標を取得する。
Size	構造体のサイズを取得または設定する。
Top	上端のy座標を取得する。
Width	幅を取得または設定する。
X	左上隅のx座標を取得または設定する。
Y	左上隅のy座標を取得または設定する。

❹ページ上の印刷する領域のサイズをSizeF構造体で指定

SizeF構造体は、四角形の幅と高さを格納します。ここでは、左右のマージンの内側の幅と、上下のマージンの内側の高さを取得して変数SquareSizeに格納していますが、フォントサイズや行間によっては最後の行の文字の高さが途中で切れてしまうことがあるので、Font.GetHeight()メソッドで行間を取得し、実際のサイズよりも1行ぶん小さくしておきます。このあとの計算で1ページあたりの文字数が1行ぶん少なく計算されても、最後の行まできれいに印刷されるようにするためです。

▼高さを1行分小さくした印刷領域のサイズをSizeF構造体に格納

```
SizeF SquareSize = new SizeF(
    e.MarginBounds.Width,
    e.MarginBounds.Height - Fontsize.GetHeight(e.Graphics));
```

4.9 印刷機能の追加

●Font.GetHeight()メソッド

フォントの行間を、ピクセル単位で返します。なお、引数にGraphicsオブジェクトを指定すると現在の描画オブジェクトで使用されている単位で返します。特に指定しなくてもよいのですが、PrintPageEventArgsにはGraphicsプロパティがあるので、これを使って引数を指定してみました。

❺印刷可能な1ページあたりの文字数と行数の計算

Graphicsクラスの**MeasureString()**メソッドは、指定された領域に表示可能な文字列の数を計測します。

▼MeasureString()メソッドの宣言部

```
public SizeF MeasureString(
    string text,
    Font font,
    SizeF layoutArea,
    StringFormat stringFormat,
    out int charactersFitted,
    out int linesFilled
)
```

▼Graphics.MeasureString メソッドのパラメーター

パラメーター	内容
第1パラメーター（text）	計測する文字列。
第2パラメーター（font）	文字列のテキスト形式を定義する Fontオブジェクト。
第3パラメーター（layoutArea）	テキストの最大レイアウト領域を指定するSizeF構造体。
第4パラメーター（stringFormat）	行間など、文字列の書式情報を表すStringFormatオブジェクト。
第5パラメーター（charactersFitted）	文字列の文字数。
第6パラメーター（linesFilled）	文字列のテキスト行数。

ここでは、次のように記述して、1ページに印刷可能な文字数と行数を求めています。MeasureString()はSizeF構造体型の戻り値を返しますが、第5、第6パラメーターがoutキーワードによる参照渡しになっています。実は、この2つのパラメーターは、「2つの戻り値を返すための手段」なのです。メソッドを使って知りたいのは、印刷可能な「文字数」と「行数」という2つの値です。でも、メソッドは戻り値を1つしか返せませんので、参照渡しのパラメーターを2つ用意し、これを通じて結果を伝えるようにしているというわけです。参照ですので、変数を初期化しなくてもエラーにはなりません。メソッドの実行後、変数を参照すれば計測された文字数と行数がわかります。

▼1ページ当たりの印刷可能な文字数と行数を調べる

```
e.Graphics.MeasureString(
    strPrint,       // テキストボックスに入力された文字列
    Fontsize,       // フォントの設定情報
```

4.9 印刷機能の追加

```
    SquareSize,              // ❹で求めた印刷領域の幅と高さ
    strFormat,               // StringFormatオブジェクト
    out intNumberChars,      // 印刷可能な文字数の変数を参照渡し
    out intNumberLines       // 行数の変数を参照渡し
);
```

❻印刷する1ページぶんの文字列の取り出し

ここでは、StringクラスのSubstring()メソッドを使って、印刷対象の文字列を格納しているフィールドから1ページぶんの文字列を取り出しています。

Substring()メソッドの引数に文字列の開始位置と文字数を指定することで、特定の位置以降の文字列を取り出すことができます。

▼1ページに収まる文字列を取り出して変数strPrintStringに代入する

```
strPrintString = strPrint.Substring(0, intNumberChars);
```
　└印刷する文字列　　　　　　　　　　　　　　　　　└Graphics.MeasureStringメソッドを使って算出した1ページに印刷可能な文字数

❼文字列の描画

Substringを使って取り出した1ページぶんの文字列をGraphicsクラスのDrawString()メソッドで描画します。

DrawString()は、以下のパラメーターを使用して、指定された領域に指定された文字列を描画します。指定した文字列は、RectangleF構造体によって指定された四角形の内部に描画され、四角形の内部に収まらないテキストは切り捨てられます。

▼DrawString()メソッドの宣言部

```
public void DrawString(
    string s,
    Font font,
    Brush brush,
    RectangleF layoutRectangle,
    StringFormat format
)
```

▼Graphics.DrawString()メソッドのパラメーター

パラメーター	内容
s	描画する文字列。
font	文字列のテキスト形式を定義するFontオブジェクト。
brush	描画するテキストの色とテクスチャを決定するBrushオブジェクト。
layoutRectangle	描画するテキストの位置を指定するRectangleF構造体。
format	描画するテキストに適用する行間や配置などの書式属性を指定するStringFormatオブジェクト。

▼変数strPrintStringに格納された文字列を描画

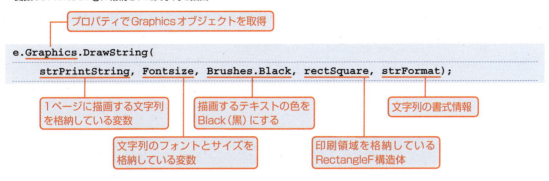

❽ 1ページに収まらなかった文字列の処理

　　印刷対象の文字列が1ページに収まらなかった場合は、さらに印刷を続行して、すべての文字列を印刷する必要があります。

　　印刷すべき文字列が残っているかどうかは、1ページあたりの印刷可能な文字数と印刷対象の文字列を比較することで確認できます。

▼印刷可能な文字数より印刷対象の文字列が多い場合は処理を続行

```
if (intNumberChars < StrPrint.Length)
```

1ページあたりの印刷可能な文字数を格納している変数

印刷対象の文字列を格納している変数

▼印刷対象の文字列から印刷済みの文字列を取り除く

```
StrPrint = StrPrint.Substring(intNumberChars);
```

▼印刷を続行するためのHasMorePagesプロパティを有効 (true) にする

```
e.HasMorePages = true;
```

▼すべての文字列が印刷されたらHasMorePagesプロパティを無効 (false) にして変数StrPrintの値を元に戻す

```
else
{
    e.HasMorePages = false;
    StrPrint = textBox1.Text;
}
```

4.9.2 印刷プレビューとページ設定の追加

●PrintPreviewDialogとPageSetupDialog

印刷に関するコンポーネントに、**印刷プレビューダイアログボックス**を表示するための**PrintPreviewDialog**と**ページ設定**ダイアログボックスを表示するための**PageSetupDialog**があります。

[印刷プレビュー]ダイアログボックスを表示する機能を追加する

印刷メニューの**印刷プレビュー**アイテムから**印刷プレビュー**ダイアログを表示して、印刷イメージが確認できるようにしましょう。

▼フォームデザイナー

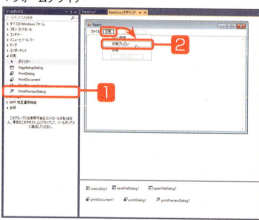

1 ツールボックスで**PrintPreviewDialog**コントロールをダブルクリックします。

2 メニューの**印刷プレビュー**アイテムをダブルクリックし、イベントハンドラーToolStripMenuItem5_Click()に以下のコードを記述します。

Onepoint
ここでは、印刷プレビューダイアログボックスを表示するために、PrintPreviewDialogコントロールを組み込んでいます。

▼イベントハンドラー「ToolStripMenuItem5_Click」

```
private void ToolStripMenuItem5_Click(object sender, EventArgs e)
{
    // PrintDocumentオブジェクトにページ設定を登録
    printDocument1.DefaultPageSettings = pageSetting;
    // テキストボックスの文字列を取得
    strPrint = textBox1.Text;
    // PrintPreviewDialogオブジェクトに
    // PrintDocumentオブジェクトを登録
    printPreviewDialog1.Document = printDocument1;
    // ダイアログを表示
    printPreviewDialog1.ShowDialog();
}
```

▼実行中のプログラム

3 **印刷**をクリックして、**印刷プレビュー**を選択すると、印刷イメージが表示されます。

印刷イメージが表示される

Onepoint
文字の尺度を調整する場合は、**ズームボタン**をクリックして、目的の尺度を選択します。このまま画面を閉じる場合は、**閉じるボタン**をクリックし、印刷を行う場合は、**印刷ボタン**をクリックします。

[ページ設定]ダイアログボックスを表示する

Onepoint ページ設定ダイアログボックスを使うと、印刷の向きや用紙サイズ、上下、左右のマージン（余白）の設定が行えるようになります。

▼フォームデザイナー

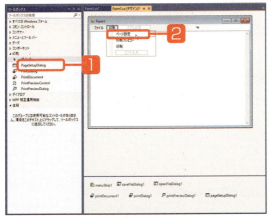

1 ツールボックスで**PageSetupDialog**コントロールをダブルクリックします。

2 メニューの**ページ設定**をダブルクリックし、イベントハンドラーToolStripMenuItem4_Click()に次ページのコードを記述します。

Onepoint
ここでは、ページ設定ダイアログボックスを表示するために、PageSetupDialogコントロールを組み込んでいます。

Memo [印刷プレビュー]ダイアログボックスの表示

PrintPreviewDialogでは、**印刷ダイアログ**のように、どのボタンがクリックされたのかといった処理を記述する必要はありません。

印刷を実行するボタンをクリックするとPrintPageイベントが発生し、イベントハンドラーPrintDocument1_PrintPage()が呼び出されて印刷が行われます。

4.9 印刷機能の追加

▼イベントハンドラーToolStripMenuItem4_Click()

```
private void ToolStripMenuItem4_Click(object sender, EventArgs e)
{
    // PageSetupDialogオブジェクトにページ設定を登録
    pageSetupDialog1.PageSettings = pageSetting;
    // ダイアログを表示
    pageSetupDialog1.ShowDialog();
}
```

▼実行中のプログラム

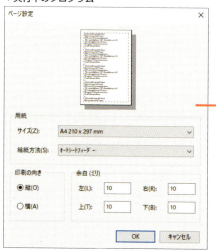

3 印刷メニューのページ設定を選択すると、ページ設定ダイアログボックスが表示されます。

[ページ設定]ダイアログボックスが表示される

Hint　MouseClickイベントの種類とイベントの内容

MouseClickイベントは、以下に示したイベントの1つです。マウスボタンが押されて離されたときに次のイベントを発生させます。

▼マウスボタンのクリック時のイベント発生順序

❶ MouseDownイベント
↓
❷ Clickイベント
↓
❸ MouseClickイベント
↓
❹ MouseUpイベント

マウスボタンをダブルクリックしたときに発生するイベントの順序は次のとおりです。

▼マウスボタンのダブルクリック時のイベント発生順序

❶ MouseDownイベント
↓
❷ Clickイベント
↓
❸ MouseClickイベント
↓
❹ MouseUpイベント
↓
❺ MouseDownイベント
↓
❻ MouseDoubleClickイベント
↓
❼ MouseUpイベント

4.9 印刷機能の追加

Memo | 構造化エラー処理（try...catchステートメント）

プログラムの実行時に発生する回復不能なエラーを実行時エラーと呼びます。読み込むべきファイルが存在しない、印刷すべきプリンターが認識されていないといった場合に起こるエラーや、整数を0で除算するような計算式が実行された場合に起こるエラー*などが実行時エラーにあたります。

C#には、エラーハンドラーとして、try...catchステートメントが用意されています。try...catchステートメントは、構造がシンプルで、エラーの検知からエラーの処理までを行うコードを1箇所にまとめて記述しておけます。try...catchステートメントのコードは構造化されていることから、構造化エラーハンドラーと呼ばれることもあります。

●try...catchステートメントの構造

実行時エラーが発生するとプログラムの実行が不可能になりますので、事前にエラーを検知して、エラーを処理する必要があります。このような、エラー処理用のためのコードのまとまりをエラーハンドラーと呼びます。

try...catchステートメントは、エラーを検知するためのtryブロック、エラーを処理するためのcatchブロック、エラーの有無にかかわらず実行するfinallyブロック（省略可能）で構成されます。

▼try...catchステートメント

構文

```
try
{
    実行時エラーが発生する可能性があるステートメント
    .
    .
    .
}
catch
{
    実行時エラーが発生したときに実行するステートメント
}
finally（省略可）
{
    実行時エラーの有無にかかわらず実行するステートメント
}
```

＊…が実行された場合に起こるエラー 0除算と呼ばれ、ある値を0で割って得られる値は無限大に発散してしまうので、エラーが発生する。また、割る数が0に近い場合も、エラーが発生する場合がある。

Section 4.10 デバッグ

Level ★★★　　Keyword　デバッグ　ステップ実行　ブレークポイント

デバッグとは、プログラムに潜む論理的な誤り（**論理エラー**）を見付けるための作業のことです。プログラムの実行はできるものの、プログラムの実行結果が意図したとおりの結果にならない場合は、論理エラーの原因をデバッグによって探し出して修正しなければなりません。Visual C#には、このような論理エラーを発見するためのツールとして、**デバッガー**が用意されています。

Visual C#におけるデバッグ

Visual C#では、ステップ実行によるデバッグやブレークポイントの設定によるデバッグを利用して、プログラムの実行状態を確認することができます。

・ステップ実行

ステートメントを1行ずつ実行しながら動作を確認することができます。

・ブレークポイントの設定によるデバッグ

実行中のプログラムを、あらかじめ設定しておいたブレークポイントで停止して、動作状況を確認することができます。

さらに、プログラムを中断モードにしておけば、自動変数ウィンドウ、ローカルウィンドウ、ウォッチウィンドウなどのウィンドウを使って、変数の値を確認したり、変数の値に新たな値を代入して、プログラムの動作を確認することができます。

4.10 デバッグ

▼自動変数ウィンドウ

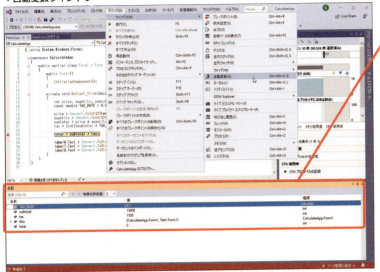

ローカル変数の値とデータ型が一覧で表示される

▼ブレークポイントの設定

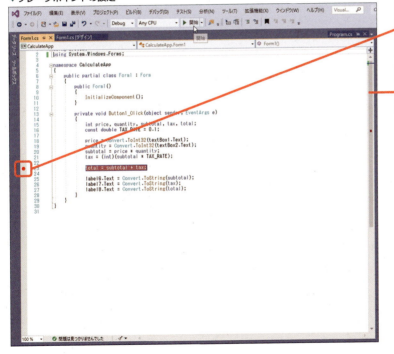

ブレークポイントまでプログラムが実行される

作ったプログラムの動作を確認する

4.10.1 ステートメントの1行単位の実行―ステップ実行

ステップ実行を使うとステートメントを1行ずつ実行しながら動作を確認できます。ステップ実行には、次のように**ステップイン**と**ステップオーバー**があります。

● ステップイン

ステップインを使うと、ステートメントを1行ずつ実行し、他のステートメントが呼び出された場合は呼び出したステートメントも1行ずつ実行します。

なお、呼び出したステートメントを一括して実行した上で、呼び出し元のステートメントに戻りたい場合は、**ステップアウト**を利用します。

● ステップオーバー

ステートメントを1行ずつ実行するところはステップインと同じです。ただし、呼び出し先のステートメントは一括して実行された上で、呼び出し元の次のステートメントで中断モードになります。

ステップインでステートメントを1行ずつ実行する

ステップインを使って2.5.2で作成したプログラムを実行してみることにしましょう。

▼[デバッグ]メニュー

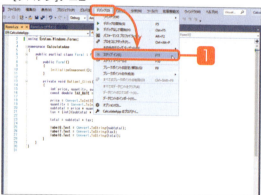

1 メニューバーの**デバッグ**を選択して、**ステップイン**をクリックします。

2 ステートメントが1行実行されて、中断モードになります。

▼中断モード

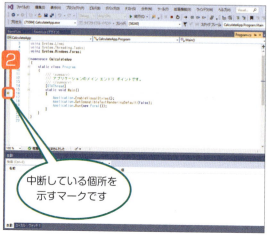

中断している個所を示すマークです

Onepoint
デバッグツールバーが表示されている場合は、ステップインボタン（F11）をクリックしてもOKです。

4.10 デバッグ

▼[デバッグ]メニュー

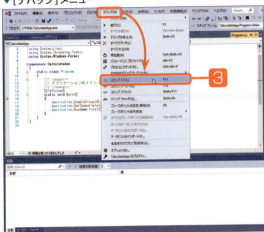

3 さらに、次の行を実行するには、メニューバーの**デバッグ**を選択して、**ステップイン**をクリックします。

F11 キーを押しても同じように操作できます。

4 デスクトップアプリの開発

Memo [デバッグの停止]ボタンと[続行]ボタン

　ステップ実行を中断したい場合は、**デバッグの停止**ボタンをクリックします。
　また、ステップ実行中に、残りのステートメントを一括して実行させたい場合は、**続行**ボタンをクリックします。

▼ステップインを実行中の画面

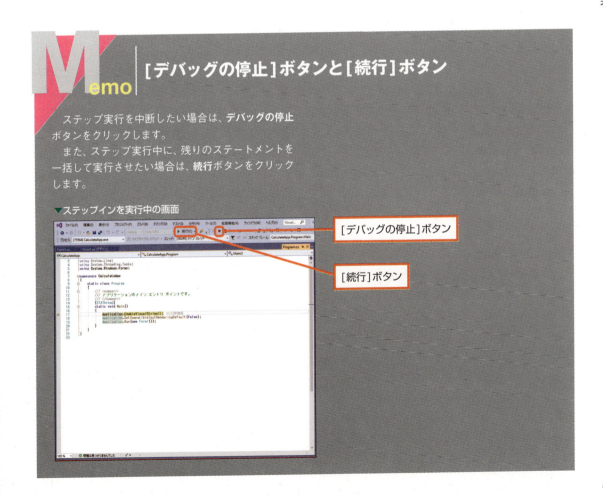

509

4.10.2 指定したステートメントまでの実行（ブレークポイントの設定）

ブレークポイントを設定すると、ブレークポイントを設定したステートメントのところでプログラムの実行を中断できます。ブレークポイントは必要なぶんだけ設定できます。

▼コードエディター左側のインジケーターバー

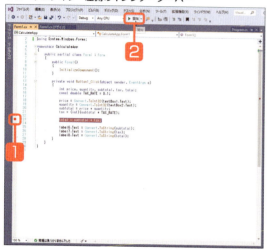

1. コードエディター左側のインジケーターバー上にマウスポインターを移動し、ブレークポイントを設定したいステートメントの左側をクリックして、ブレークポイントを設定します。

2. **開始**ボタンをクリックします。

▼コードエディター

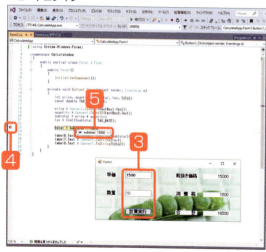

3. 単価欄と数量欄に、それぞれ値を入力し、**計算実行**ボタンをクリックします。

4. ブレークポイントで中断モードになります。

5. 任意の変数やプロパティをポイントすると、現在の値が表示されます。

Memo
設定したブレークポイントを解除するには、対象のブレークポイントをクリックします。

中断しているステートメント内の変数の値を確認する

自動変数ウィンドウは、中断しているステートメントが含まれるコードブロック内でアクセス可能なローカル変数の名前、値、およびデータ型を表示します。

▼[デバッグ]メニュー

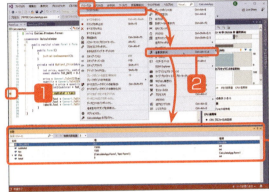

1 前項の❶～❹の操作を行って、ブレークポイントでプログラムの実行を中断します。

2 デバッグメニューの**ウィンドウ**➡**自動変数**を選択すると、**自動変数**ウィンドウに、各ローカル変数の値とデータ型が一覧で表示されます。

変数の値とデータ型が一覧で表示される

メソッドに含まれるすべてのローカル変数の値を確認する

ローカルウィンドウには、メソッド内のローカル変数の名前、値、およびデータ型を表示します。

▼[ウォッチ]ウィンドウの表示

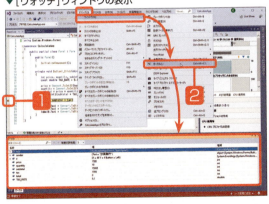

1 前ページの❶～❹の操作を行って、ブレークポイントでプログラムの実行を中断します。

2 デバッグメニューの**ウィンドウ**➡**ローカル**を選択すると、**ローカル**ウィンドウにローカル変数が一覧で表示されます。

Section 4.11 Visual C#アプリの実行可能ファイルの作成

Level ★★★　Keyword　アセンブリ　.NET Framework　Language Pack

Visual C#で作成したデスクトップアプリは、実行可能ファイルに変換すれば、他のコンピューターにインストールして動作させることができます。

実行可能ファイルの作成

作成したプログラムから、次の方法を使って実行可能ファイルを作成します。

●実行可能ファイルの作成

❶ビルドを実行して実行可能ファイルを作成する
❷作成した実行可能ファイルを配布先のコンピューターにコピーする

▼ビルドによって作成された実行可能ファイル

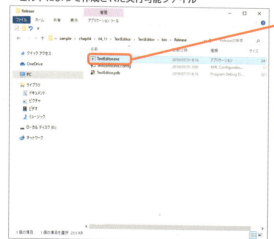

ビルドによって作成されたEXEファイル

512

4.11.1 アセンブリとビルド

Visual C#を使って作成したプログラムは、**実行可能ファイル**（**EXEファイル**）に変換して配布します。.NET Frameworkでは、実行可能ファイルのことを**アセンブリ**と呼びます。

結局は、実行可能ファイルもアセンブリも同じことを指しているのですが、アセンブリという用語は実行可能ファイルを構成する論理的な要素を説明する場合に使われます。ここでは、アセンブリという用語を使って説明しますが、アセンブリ＝実行可能ファイルと考えていただいて差し支えありません。

●アセンブリを構成する要素

アセンブリを構成する要素について見ていくことにしましょう。アセンブリは、たんにプログラムコードをコンピューターが理解できるコードに変換しただけのものと思いがちですが、実際には次のような複数の要素が含まれています。

●ヘッダー情報

アセンブリを実行する時点で、**CLR**（.NET対応プログラムが使用する動作環境）をOSに読み込ませて、**JIT**（中間コードをマシン語に変換するプログラム）によるコンパイルを開始させるための情報が記述されています。

●MSIL（Microsoft Intermediate Language）

Visual Studioでは、アセンブリを作成する際に、プログラムコードを**MSIL**と呼ばれる.NET Framework用の中間コードに変換します。

●メタデータ

プログラム内部で定義されているデータ型や、参照しているデータ型についての情報の他、外部に対して公開するメソッドがあれば、これに関する情報が格納されています。

また、メタデータには、以下の情報を持つ**マニフェスト**と呼ばれる情報が格納されています。

・**マニフェストに含まれる情報**
プログラム名
プログラムのバージョン情報
アセンブリを構成するファイルのリスト
プログラム内部で定義して外部に公開されているデータ型のリスト
アセンブリが対応するOSとCPUのリスト

■ ビルドについて確認する

アセンブリを作成することを**ビルド**と呼びます。Visual C#でビルドを実行すると、コンパイルとリンクの処理が行われます。

4.11.2 ビルドの準備

作成したプログラムを実行可能ファイル（**EXEファイル**）に変換する際に、プログラムのバージョンをはじめ、著作権や製品名などの情報を埋め込むことができます。これらの情報は、「AssemblyInfo.cs」という名前のファイルに登録します。

登録した情報は、実行可能ファイルの**プロパティ**ダイアログボックスを開くと確認することができます。

▼［ソリューションエクスプローラー］

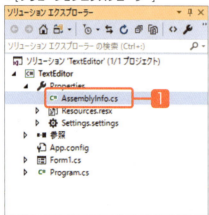

1 プロジェクトを開き、**ソリューションエクスプローラー**で、「Properties」直下の「AssemblyInfo.cs」をダブルクリックします。

▼「AssemblyInfo.cs」

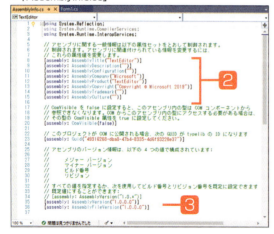

2 コードエディターに「AssemblyInfo.cs」が表示されるので、別表(1)を参照して、必要な情報を入力します。

3 別表(2)を参照して、プログラムのバージョンを入力します。

Onepoint
このあと、メニューバーの**ファイル ➡ Properties￥AssemblyInfo.csの保存**をクリックして、内容を保存しておきます。

▼別表(1)

項目名	内容
AssemblyTitle	説明
AssemblyDescription	コメント
AssemblyCompany	会社名
AssemblyProduct	製品名
AssemblyCopyright	著作権
AssemblyTrademark	商標

▼別表(2)

・メジャーバージョンとマイナーバージョンのみを記述する場合

　例：1.0 ← マイナーバージョン
　　　↑
　　　└── メジャーバージョン

・すべての要素を記述する場合

　例：1.0.1.1 ← リビジョン
　　　　　└── ビルド番号
　　　　└── マイナーバージョン
　　　└── メジャーバージョン

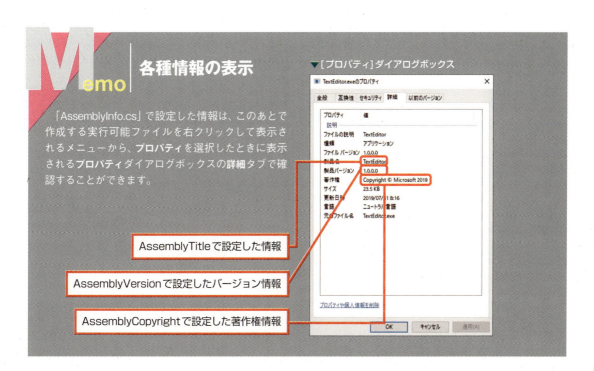

各種情報の表示

▼[プロパティ]ダイアログボックス

「AssemblyInfo.cs」で設定した情報は、このあとで作成する実行可能ファイルを右クリックして表示されるメニューから、**プロパティ**を選択したときに表示される**プロパティ**ダイアログボックスの**詳細**タブで確認することができます。

- AssemblyTitle で設定した情報
- AssemblyVersion で設定したバージョン情報
- AssemblyCopyright で設定した著作権情報

実行可能ファイルの名前を設定する

作成する実行可能ファイルの名前は、**プロパティページ**を使って設定することができます。

▼[ソリューションエクスプローラー]と右クリックメニュー

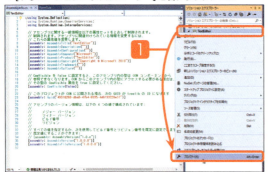

1 ソリューションエクスプローラーに表示されているプロジェクト名を右クリックして、**プロパティ**を選択します。

▼[プロパティページ]

2 プロパティページが表示されるので、**アプリケーション**タブの**アセンブリ名**に、任意の名前を入力します。

3 **ファイル**メニューをクリックし、**選択したファイルを上書き保存**を選択します。

Onepoint

アセンブリ情報ボタンをクリックすると、製品名や著作権表示、バージョン情報などの設定を行うためのダイアログボックスが表示されます。

4.11.3　実行可能ファイルの作成

通常のビルドを行うと、デバッグ用の実行可能ファイルしか作成されません。このため、配布用の実行可能ファイルが作成できるように以下の操作を行います。

なお、配布用の実行可能ファイルは最適化の処理が行われているため、デバッグ用の実行可能ファイルよりもファイルサイズが小さくなっています。

▼［構成マネージャー］ダイアログボックス

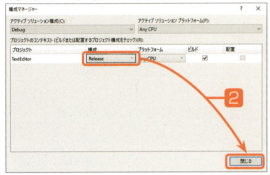

1　ビルドメニューの**構成マネージャー**を選択します。

2　**プロジェクトのコンテキスト**で**Release**を選択して、**閉じる**ボタンをクリックします。

▼［ビルド］メニュー

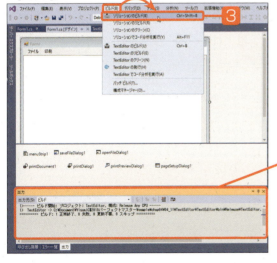

3　ビルドメニューの**ソリューションのビルド**を選択します。

4　ビルドが実行され、コンパイルとリンクが行われ、完了すると出力ウィンドウに結果が表示されます。

コンパイルとリンクが行われる

出力ウィンドウに結果が表示される

4.11 Visual C#アプリの実行可能ファイルの作成

作成したEXEファイル（実行可能ファイル）を実行する

実行可能ファイルは、プロジェクトが格納されているフォルダーの中の「bin」フォルダー➡「Release」フォルダー内に作成されます。

▼「Release」フォルダー内の実行可能ファイル

1 対象のプロジェクトが保存されているフォルダー➡「bin」フォルダー➡「Release」フォルダーを順に開きます。

2 実行可能ファイル（EXEファイル）をダブルクリックします。

▼起動したプログラム

プログラムが単独で起動する

3 プログラムが単独で起動します。

Memo 実行可能ファイルが保存されているフォルダー

「bin」➡「Release」…最適化が行われた実行可能ファイルが保存されています。

「bin」➡「Debug」…デバッグモードで作成されるため、最適化は行われていない実行可能ファイルが保存されています。

Section 4.12 プログラムに「感情」を組み込む（正規表現）

Level ★★　　Keyword　正規表現　辞書

3章で作成した「C#ちゃん」は、パターンに反応するものの表情を変えることはありませんでした。でも無表情のまま「あっちへ行きな！しっしっ」とか言われてもこわいので、本項ではシンプルな感情モデルの仕組みを使って、表情にバリエーションを付けてみようと思います。表情を増やすということは、表示するイメージを増やすということですが、それには、C#ちゃんの感情をモデル化し、感情の表れとしての表情の変化をどのように実現するかということを考えます。

正規表現で感情をモデル化する

　C#ちゃんの感情をモデル化する、つまりC#ちゃんが感情を持つとはどういうことか、それをプログラムで表すとどうなるのかということを検討し、また感情の表れとしての表情の変化をどのように実現するかを考えます。

　ここで作成するC#ちゃんアプリのプロジェクトは「Chatbot-emotion」です。ぜひ、ダウンロード用のサンプルデータをチェックしながら進めてください。

- **本書で作成するクラスファイル**
  - Cchan.cs
  - CchanEmotion.cs
  - Cdictionary.cs
  - ParseItem.cs
  - Responder.cs
  - PatternResponder.cs
  - RandomResponder.cs
  - RepeatResponder.cs

4.12 プログラムに「感情」を組み込む（正規表現）

4.12.1 アプリの画面を作ろう

　　いろいろやることが多いので、まずはアプリの画面を先に作っちゃいましょう。基本的に第3章で作成したC#ちゃんアプリと同じ構造です。

C#ちゃんのGUI

　　右にはC#ちゃんのイメージが表示される領域があり、その下にC#ちゃんからの応答メッセージ領域があります。新バージョンでは思わず語り掛けてくるように見えるようなキャラに交代してもらいました。この画面に「中の人*」に相当するプログラムを組み込み、ユーザーの入力内容によって怒った顔や笑った顔に変化させます。

　さて、左側はログを表示するためのテキストボックスで、ユーザーとC#ちゃんの対話が記録されていきます。画面の下部には入力エリアとしてのテキストボックスがあり、ここに言葉を入力して**話す**ボタンをクリックすることでC#ちゃんと会話することができます。この辺りは第3章で作成したものと同じです。その下にはC#ちゃんの「機嫌値」を表示するListコントロールが配置されています。実はこの機嫌値こそが今回のアプリの最大のポイントで、機嫌値としての数値によってC#ちゃんの表情を変化させます。なので、ユーザーはこの機嫌値を見ながら「どのくらい怒っているのか」、言い換えると怒りや喜びの度合いを知ることができるというわけです。

▼C#ちゃんのGUI

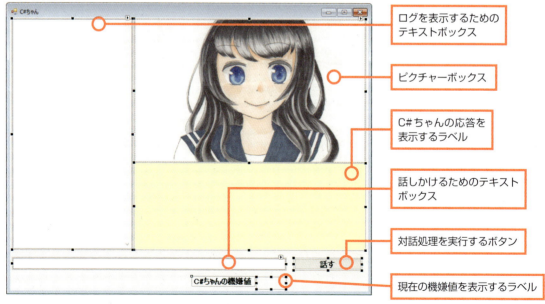

＊**中の人**　アニメのキャラを担当する声優さんを「中の人」と呼ぶことがあります。

4.12 プログラムに「感情」を組み込む（正規表現）

▼ログ表示用のテキストボックス

(Name)	textBox2
Multiline	True
ScrollBars	Both
BackColor	White
FontのSize	12

▼ピクチャボックス

(Name)	textBox2
BackgroundImage	事前に背景用のイメージをプロジェクトフォルダー内にコピーしておく。プロパティの値の欄のボタンをクリックして[ローカルリソース]をオンにし、[インポート]ボタンをクリックしてイメージ (talk.gif) を選択したあと[OK]ボタンをクリックする。

▼入力用のテキストボックス

(Name)	textBox1
FontのSize	12

▼ボタン

(Name)	button1
FontのSize	12
Text	話す

▼フォーム

(Name)	Form1
Text	C#ちゃん

▼C#ちゃんアプリで使用するイメージファイル

デフォルトのイメージです

喜んだときのイメージです

ちょっと悲しげになったときのイメージです

怒っちゃったときのイメージです

4.12.2 辞書を片手に（Cdictionaryクラス）

　C#ちゃんの旧バージョンでは、ランダムに選択するための複数の応答例が入ったリストを持っているRandomResponderクラスがありました。言ってみればこれも立派な辞書なのですが、応答例を追加するのにいちいちソースコードを書き直すのは非常に面倒なので、外部ファイルを辞書として持たせ、プログラムの実行時に読み込んで使うことを考えたいと思います。

　辞書とは一般的に言葉の意味を調べる書物のことを言いますが、ある言葉から別の言葉をひっぱり出せる機能を持つことから、プログラミングの世界ではオブジェクト同士を対応づける表のことを「辞書（dictionary）」と呼ぶことがあります。Visual C#のDictionaryオブジェクトがまさしくそれで、キーを指定することで関連付けられた値を取り出すことができます。このほかにも、IMEなどの日本語入力プログラムの変換辞書は、読みと漢字を結び付けるものですので、まさしく辞書です。

　本セクションでは、C#ちゃんの応答システムとして基本的な辞書を導入します。チャットボットにとっての「辞書」とは、ユーザーからの発言に対してどのように応答したらよいのかを示す文例集のようなものです。そのような情報をプログラム以外の外部ファイルとして用意し、それを指して「辞書」として使うのがプログラミングの世界では一般的です。

　記述されている「文例」は、ランダムに選択した文章をそのまま返すという単純なものから、キーワードに反応して文章を選択したり、ユーザーメッセージの一部を応答メッセージに埋め込んで使ったりと、いかにも「それっぽい」メッセージを作り出す様々な仕掛けの基礎となります。

ランダム応答用の辞書

　辞書を外部ファイルとして持たせ、プログラムの実行時に読み込んで使うことを考えた場合、テキストファイルにしておけば手軽に編集できますし、辞書ファイルを取り替えることで人格が豹変、なんてことも簡単ですね。C#ちゃんのランダム応答用の辞書として、次のテキストファイルを用意しました。

▼テキストファイル（random.txt）（「bin」➡「Debug」➡「dics」フォルダー内に保存）

```
いい天気だね
今日は暑いね
おなかすいた
10円おちてた
それな
じゃあこれ知ってる？
めちゃテンション下がる〜
御機嫌だね♪
めっちゃいいじゃん！
まじすか
しょんぼり
```

4.12 プログラムに「感情」を組み込む（正規表現）

```
それはまずいよ
それいいじゃない
それかわいい♪
だって無脳だもん
あたしってば
ロック好き？
ヘビメタ好き？
スポーツって好き？
正直しんどいよー
あなたはひょっとしてパリピ？
ごめんごめん
あーあ
あれってどうなったの？
顔洗った？
何か忘れてることない？
楽しそうだねー
そんなこと知らないもん
きたきたきた
いま何時かなぁ
何か食べたい
喉かわいたー
ルンルン
だるい…
面倒くさーい
なんか眠くなっちゃった
```

　気をつけたいのが辞書ファイルの保存先です。Visual Studioではプログラムを実行すると、プロジェクト内の「bin」➡「Debug」フォルダー内のファイルを読みに行きます。つまり、プログラムで読み込みや書き込みを行うファイルは、「Debug」フォルダー内に保存する必要があります。リリースビルドの場合は「Release」フォルダー内です。で、今回は、Debugフォルダー内に「docs」フォルダーを作成し、先のrandom.txtとこのあとで紹介するpattern.txtを保存するようにしました。

C#ちゃん、パターンに反応する（応答パターンを「辞書化」する）

　応答のバリエーションが増えましたし、辞書を拡張することでさらにメッセージの種類を増やすこともできるようになりました。しかし、ツボにはまった切り返しを時折見せるものの、ユーザーの発言をまったく無視したランダムな応答には限界があります。たまに見せるトンチンカンな応答をなくし、何とかこちらの言葉に関係のある発言ができないか考えてみたいと思います。

　そこで「パターン辞書」というものを使うことにしましょう。パターン辞書とは、ユーザーからの発言があらかじめ用意したパターンに適合（マッチ）したときに、どのような応答を返せばよいのかを記述した辞書です。辞書と言っても普通のテキストファイルで十分です。これに従って応答できるようになれば、少なくともランダム辞書による脈絡のなさは解消できるはずです。

　パターン辞書の中身は

> パターン[TAB] 応答

のようにパターンと応答のペアをTAB（タブ）で区切って、1行のテキストデータとします。これを必要な行数だけ書いてテキストファイルとして保存することにします。ユーザーの発言があれば、辞書の1行目からパターンに適合するか調べていき、適合したパターンのペアとなっている応答を返す、という仕組みです。「パターン」とはすなわち「発言に含まれる特定の文字列」のことで、「キーワード」と考えることができます。

パターンに反応する

　ユーザーが「今日は何だか気分がいいな」と発言した場合、

> 気分[TAB] それなら散歩に行こうよ！

というペアがあれば「気分」という文字列がパターンにマッチしたと判断され、「それなら散歩に行こうよ！」とC#ちゃんが返すことになります。「今日の気分はイマイチだな」にも反応します。何か会話っぽくなってきましたね！

正規表現

　この「パターン」、たんに文字列でもいいのですが、もっとパターンとしての表現力の高い「正規表現」を使うことにしましょう。正規表現とは「いくつかの文字列を一つの形式で表現するための表現方法」のことで、この表現方法を利用すれば、たくさんの文章の中から容易に見付けたい文字列を検索することができるのです。Perlなどのテキスト処理に強いプログラミング言語ではお馴染みですが、Visual C#でも当然使えます。

　正規表現を使うことで、たんに文字列を見付けるだけでなく、発言の最初や最後といった位置に関する指定や、AまたはBという複数の候補、ある文字列の繰り返しなど、正規表現ならではの柔軟性を活かしたパターンを設定すれば、ユーザー発言の真意をある程度までは絞り込むことができ、それに応じた応答メッセージを辞書にセットしておくことができるでしょう。

見た目はコンパクトな正規表現ですが、その機能はおそろしく豊富です。網羅的な説明をしようと思ったら書籍として1冊ぶんになるくらいのページ数が必要になるので、パターン辞書を書くための「おいしい機能」だけをかいつまんで紹介したいと思います。

正規表現のパターン

正規表現は文字列のパターンを記述するための表記法です。ですので、いろんな文字列とひたすら適合チェックするわけですが、この適合チェックのことを「パターンマッチ」と言います。パターンマッチでは、正規表現で記述したパターンが対象文字列に登場するかを調べます。みごと発見できたときは、「マッチした」という瞬間が訪れます。

Visual C#において、正規表現を使ってパターンマッチを行う方法でオーソドックスなのは、RegexクラスのMatch()やMatches()メソッドを使う方法です。

▼Matches()メソッドでパターンマッチを行う

```
// 正規表現のパターンを保持する変数
string SEPARATOR = "正規表現のパターン";

// MatchCollectionオブジェクトを取得する
Regex rgx = new Regex(SEPARATOR);
MatchCollection m = rgx.Matches(マッチさせる文字列);
```

Match()メソッドは、パターンにマッチする文字列があるかを調べます。ただし、最初にマッチした文字列をMatchオブジェクトとして返すだけです。これに対し、Matches()メソッドは、パターンにマッチしたすべての文字列のMatchオブジェクトを格納したMatchCollectionを返します。

ふつうの文字列

正規表現は、「プログラム」のようなたんなる文字列と、**メタ文字**と呼ばれる特殊な意味を持つ記号の組み合わせです。正規表現の柔軟さや複雑さは、メタ文字の種類の多さによるものなのですが、まずは文字列だけの簡単なパターンを見てみましょう。

メタ文字以外の「プログラム」などの単なる文字列は、単純にその文字列にマッチします。ひらがなとカタカナの違い、空白のあり／なしなども厳密にチェックされます。また言葉の意味は考慮されないので、単純なパターンは思わぬ文字列にもマッチすることがあります。

▼文字列のみにマッチさせる

正規表現	マッチする文字列	マッチしない文字列
やあ	やあ、こんちは いやあ、まいった そういやあれはどうなった？	ヤア、こんちは やぁやぁやぁ！ やや、あれはどうなった？

4.12 プログラムに「感情」を組み込む（正規表現）

■ この中のどれか

メタ文字「|」を使うと「これじゃなきゃそれ」という具合で、いくつかのパターンを候補にできます。「ありがとう」「あざっす」「あざーす」などの似た意味の言葉をまとめて反応させるためのパターンや、「面白い」「おもしろい」「オモシロイ」などの漢字／ひらがな／カタカナの表記の違いをまとめるためのパターンなどに使うと便利です。

▼複数のパターンにマッチさせる

正規表現	マッチする文字列	マッチしない文字列
こんにちは|今日は|こんちは	こんにちは、C#ちゃん 今日はもうおしまい こんちは〜C#です	こんばんはC#ちゃん、こっちにきてよC# 今日のご飯なに？ ちーす、C#です

■ アンカー

アンカーは、パターンの位置を指定するメタ文字のことです。アンカーを使うと、対象の文字列のどこにパターンが現れなければならないかを指定できます。指定できる位置はいくつかありますが、行の先頭「^」と行末「$」がよく使われます。文字列に複数の行が含まれている場合は、1つの対象の中に複数の行頭／行末があることになりますが、本書で作るプログラムをはじめ、たいていのプログラムでは行ごとに文字列を処理するので、「^」を文字列の先頭、「$」を文字列の末尾にマッチするメタ文字と考えてほぼ問題ありません。

たんに文字列だけをパターンにすると意図しない文字列にもマッチしてしまうという問題がありましたが、先頭にあるか末尾にあるかを限定できるアンカーを効果的に使えば、うまくパターンマッチさせることができます。

▼アンカーを使う

正規表現	マッチする文字列	マッチしない文字列
^やあ	やあ、C#ちゃん やあだC#ちゃん	おおー、やあC#ちゃん よもやあいつだとは
じゃん$	これ、いいじゃん やってみればいいじゃん	じゃんじゃん食べな すべておじゃんだ
^ハイ$	ハイ	ハイ、C#ちゃん ハイハイ チューハイまだ？ [空白]ハイ[空白]

■ どれか1文字

いくつかの文字を[ ]で囲むことで、「これらの文字の中でどれか1文字」という表現ができます。例えば「[。、]」は「。」か「、」のどちらか句読点1文字、という意味です。アンカーと同じように、直後に句読点がくることを指定して、マッチする対象を絞り込むテクニックとして使えるでしょう。また「[ＣC]」のように、全角／半角表記の違いを吸収する用途にも使えます。

4.12 プログラムに「感情」を組み込む（正規表現）

▼どれか1文字

正規表現	マッチする文字列	マッチしない文字列
こんにち[はわ]	こんにちは こんにちわ	こんにちぺ こんにちっわ
ども[〜ー…！、]	どもーっす 毎度、ども〜 ものども！ついてきやがれ！	ども。 女房ともどもよろしく こどもですが何か？

■ なんでも1文字

「.」は何でも1文字にマッチするメタ文字です。普通の文字はもちろんのこと、スペースやタブなどの目に見えない文字にもマッチします。1つだけでは役に立ちそうにありませんが、「...」（何か3文字あったらマッチ）のように連続して使ったり、次に紹介する繰り返しのメタ文字と組み合わせたりして「何でもいいので何文字かの文字列がある」というパターンを作るのに使います。

▼何でも1文字

正規表現	マッチする文字列	マッチしない文字列
うわっ、...！	うわっ、出たっ！ うわっ、それか！ うわっ、くさい！	うわっ、出たあっ！ うわっ、そっちかよ！ うわっ、くさ！

■ 繰り返し

繰り返しを意味するメタ文字を置くことで、直前の文字が連続することを表現できます。ただし、繰り返しが適用されるのは直前の1文字だけです。1文字以上のパターンを繰り返すには、後述するカッコでまとめてから繰り返しのメタ文字を適用します。

「+」は1回以上の繰り返しを意味します。つまり「w+」は'w'にも'ww'にも'wwwwww'にもマッチします。

「*」は0回以上の繰り返しを意味します。「0回以上」であるところがミソで、繰り返す対象の文字が1度も現れなくてもマッチします。つまり「w*」は'w'や'wwww'にマッチしますが、'123'や''（空文字列）や「人間観察」にもマッチします。ようは、ある文字が「あってもなくても構わないし連続していても構わない」ことを意味します。繰り返し回数を限定したいときは「{m}」を使えばOKです。mは回数を表す整数です。また、「{m,n}」とすると「m回以上、n回以下」という繰り返し回数の範囲まで指定できます。「{m,}」のようにnを省略することもできます。「+」は「{1,}」と、「*」は「{0,}」と同じ意味になります。

▼文字の繰り返し

正規表現	マッチする文字列	マッチしない文字列
は+	はははは あはは あれはどうなった？	ハハハ うふふ あれがいいよ
へええーっ！*	ええーっ！！！ ええーっ、もう帰っちゃうの？ ええーっこれだけ？	うめええーっ！ 超はええーっ！ おええーっ！
ぷ{3,}	ぷぷぷ うぷぷぷ	ぷもーうぷぷっっ うぷぷっ

4.12 プログラムに「感情」を組み込む（正規表現）

あるかないか

「?」を使うと、直前の1文字が「あってもなくてもいい」ことを表すことができます。繰り返しのメタ文字と同じく、カッコを使うことで1文字以上のパターンに適用することもできます。

▼指定した文字があるかないか

正規表現	マッチする文字列	マッチしない文字列
盛った[よぜ]?$	この写真、だいぶ盛ったよ 盛ったよ、盛ったぜ よし、完璧に盛った	いやあだいぶ盛ったねぇ マネージャーさんが盛った。 盛った写真じゃだめですか

パターンをまとめる

　すでに何度かお話ししましたが、カッコ「( )」を使うことで1文字以上のパターンをまとめることができます。まとめたパターンはグループとしてメタ文字の影響を受けます。例えば「(abc)+」は「abcという文字列が1つ以上ある」文字列にマッチします。メタ文字「|」を使うと複数のパターンを候補として指定できますが、「|」の対象範囲を限定させるときにもカッコを使います。例えば「^さよなら|バイバイ|じゃまたね$」というパターンは、「^さよなら」「バイバイ」「じゃまたね$」の3つの候補を指定したことになります。アンカーの場所に注意してください。このとき、カッコを使って「^(さよなら|バイバイ|じゃまたね)$」とすれば、「^さよなら$」「^バイバイ$」「^じゃまたね$」を候補にできます。

▼パターンでまとめる

正規表現	マッチする文字列	マッチしない文字列
(まじ|マジ)で	ま、まじで？ マジでそう思います	まーじーで？ まじ。でそう思います
(ほわん)+	そのしっぽほわんほわんしてるね 心がほわんとするわ	そのセーターほわほわしてるね 心がほわっとするわ

　ここでは、angry.gif、empty.gif、happy.gif の 3 枚の画像をプログラム内から使用します。
事前に以下の操作を行って、リソースファイルへの取り込みを行ってください。

1 ソリューションエクスプローラーでプロジェクト名を右クリックして、**プロパティ**を選択します。

2 プロジェクトのプロパティ画面が表示されるので、**リソース**タブを選択し、画面上部の**リソースの追加**の▼をクリックして**既存のファイルの追加**を選択します。

3 画像を選択して**開く**ボタンを追加します。

528

パターン辞書ファイルを作ろう

　メタ文字の種類はまだまだあるのですが、パターン辞書に使用できるものをまとめてみました。もともと正規表現は、Webのアドレス（URL）とかメールアドレスからドメインを抜き出すとか非常に限定されたフォーマットの文字列に対してパターンマッチを行うためのものなので、会話文のような自然言語（とくに日本語）に対しては非力な面があります。が、工夫次第である程度まで発言の意図をくみ取ることができます。まず反応すべきキーワードを文字列で設定し、それを補助する目的でメタ文字を使うと辞書を作りやすいと思います。

　次は、サンプルとして用意したパターン辞書ファイルです。「パターン[TAB]応答」のようにパターンと応答のペアをTAB（タブ）で区切って、1行のテキストデータとしています。工夫次第でいろんなデータを作れるので、いろいろと作ってみてください。なお、先にも述べましたが、このファイルはプロジェクトフォルダー以下の「bin」➡「Debug」➡「dics」フォルダー内に保存します。

▼パターン辞書ファイル（pattern.txt）

こんち(は|わ)$	こんにちは|やほー|ちわす|ども|またあんた？
おはよう|おはよー|オハヨウ	おはよ！|まだ眠い…|さっき寝たばかりだよ
こんばん(は|わ)	こんばんわ|わんばんこ|いま何時？
^(お|うい)す$	うぃっす
^やあ[,。！]*$	やっほー
バイバイ|ばいばい	ばいばい|バイバーイ|ごきげんよう
^じゃあ?ね?$|またね	またねー|じゃあまたね|また遊んでね
^どれ[??]$	アレはアレ|いま手に持ってるものだよ|それだよー
^[し知]ら[なね]	やばいー|知らなきゃまずいじゃん|知らないの？
5##かわいい|可愛い|カワイイ|きれい|綺麗|キレイ	%match%ってホント！？ホントに！？
－5##ブス|ぶす	－10##まじ怒るから！|－5##しばいたろか？|－10##だれが%match%なのよ！
－2##おまえ|あんた|お前|てめー	－5##%match%じゃないよ！|－5##%match%って誰のこと？|%match%なんて呼ばれても…
－5##バカ|ばか|馬鹿	%match%じゃないもん！|%match%って言うやつが%match%なんだよ！|ぷんすか！|そんなふうに言わないでよ！
何時	眠くなった？|もう寝るの？|まだいいじゃん|もう寝なきゃ
甘い|あまい	お菓子くれるの？|あんこも好きだよ|チョコもいいね
チョコ	ギミチョコ！|よこせチョコレート！|ビターは苦手かな？|つめたく冷やしてね|虫歯ばいばいき〜ん
パンケーキ	パンケーキいいよね！|しっとり感がス・テ・キ！
グミ	すっぱーいのが好き！|たまに歯にはさまらない？

4.12 プログラムに「感情」を組み込む（正規表現）

マシュマロ	そのままでもいいけど焼くのがいいな|パンに塗りたくるのもいいよね
タピオカ	やっぱタピオカティーだね|第3次ブームって知ってた？
あんこ|アンコ|餡子	アンコなら中村屋のあんぱんじゃ！|アンコ！よこせ！|あんまんもいいよね
餃子|ぎょうざ|キョーザ	食べたーい！|くれ！|ぎぎぎ、ぎょうざ…|餃子のことを考えると夜も眠れません|宇都宮行ってみたい
ラーメン|らーめん	ラーメン大好きC#さん♪|自分でも作るよ|あたしはしょうゆ派かな
自転車|チャリ|ちゃり	るんるんだよ|雨降っても乗ってるんだ！|電動アシストほしいな〜
春	お花見したいね〜|いくらでも寝てられる|春はハイキング！
夏	海！海！海！|プール！ プール！！|アイスちょーだい♪|花火しようよ！
秋	読書するぞー！|ブンガクの季節なのだ|温泉もいいよね|サンマ焼こうよ！
冬	お鍋大好き！|かわいいコートが欲しい！|スノボできる？|温泉へGo！

　お気付きかと思いますが、

5##かわいい|可愛い|カワイイ|きれい|綺麗|キレイ	%match%ってホント！？ホントに！？

のように、「数字##」や「%match%」のように記号めいたものが入っています。実はこれがC#ちゃんに感情（！）を与え、感情に応じた応答を返すための仕掛けです。これについては、「4.12.3　感情の創出」の項目で詳しく見ていくことにして、辞書の読み込み処理を続けましょう。

C#ちゃん、辞書を読み込む

　これで材料は揃いました。では、ランダム辞書とパターン辞書を読み込むCdictionaryクラスの実装を見てみましょう。プロジェクトにクラス用ファイル「Cdictionary.cs」を追加し、以下のように記述します。

▼Cdictionaryクラス（Cdictionary.cs）

```
using System;
using System.Collections.Generic;
using System.IO;

namespace ChatBot
{
    class Cdictionary
    {
```

4.12 プログラムに「感情」を組み込む（正規表現）

```csharp
// 応答用に加工したランダム辞書の各1行を保持するリスト
public List<string> Random = new List<string>();
// パターン辞書から生成したParseItemオブジェクトを保持するリスト
public List<ParseItem> Pattern = new List<ParseItem>();


// コンストラクター
public Cdictionary()
{
    // ----- ランダム辞書の用意 -----'
    // ランダム辞書ファイルをオープンし、各行を要素として配列に格納
    string[] r_lines = File.ReadAllLines(                    ❶
        @"dics\random.txt",
        System.Text.Encoding.UTF8
        );

    // ランダム辞書の各1行を応答用に加工してリストに追加する
    foreach (string line in r_lines)                         ❷
    {
        string str = line.Replace("\n", ""); // 末尾の改行文字を取り除く
        if (line != "")                       // 空文字でなければリストRandomに追加
        {
            this.Random.Add(str);
        }
    }

    //----- パターン辞書の用意 -----'
    // パターン辞書ファイルをオープンし、各行を要素として配列に格納
    string[] p_lines = File.ReadAllLines(                    ❸
        @"dics\pattern.txt",
        System.Text.Encoding.UTF8
        );

    // 応答用に加工したパターン辞書の各1行を保持するリスト
    List<string> new_lines = new List<string>();
    // ランダム辞書の各1行を応答用に加工してリストに追加する
    foreach (string line in p_lines)                         ❹
    {
        string str = line.Replace("\n", ""); // 末尾の改行文字を取り除く
        if (line != "")                       // 空文字でなければリストに追加
        {
            new_lines.Add(str);
        }
    }
```

4

デスクトップアプリの開発

4.12 プログラムに「感情」を組み込む（正規表現）

```
        }

        /* パターン辞書の各行をタブで切り分ける
         * vb_prs(0)   正規表現のパターン
         * vb_prs(1)   応答メッセージ群
         * ParseItemオブジェクトを生成してリストPatternに追加
         */
        foreach (string line in new_lines) ─────────────── ❺
        {
            string[] c_prs = line.Split(new Char[] { '¥t' });
            this.Pattern.Add( ─────────────────────── ❻
                new ParseItem(c_prs[0], c_prs[1])
                );
        }
    }
  }
}
```

❶でランダム辞書をオープンし、各行の文字列を要素にして配列r_linesに格納しています。

◼ 1行ごとの応答例から末尾の ¥n を取り除き、ついでに空白行の ¥n も削除する

ReadAllLines()メソッドは各行の末尾に改行（¥n）を付けて読み込むので、❷のforeachループでこれを取り除く処理を行います。特に削除しなくても支障はないのですが、文字列だけのプレーンな状態の方がスッキリするので取り除いておくことにします。この処理はr_linesの要素line（1行の文字列）に対してReplace()メソッドを実行して、改行文字¥nを空白文字""に置き換えることで行います。

これでリストRandomに1つずつ追加していけばよいのですが、辞書ファイルのデータの中に空白行が含まれている場合を考慮し、「if (line != "")」を条件にしてstrの中身が空ではない場合にのみRandomに追加します。空白行がある場合は¥nを取り除くと空の文字列になるので、これはリストに加えないようにするというわけです。

◼ パターン辞書の読み込み

❸以下でパターン辞書（pattern.txt）が読み込まれます。ランダム辞書と同じくdicsフォルダー内に「pattern.txt」という名前で保存してあるので、それをReadAllLines()メソッドで読み出して配列p_linesに格納します。

❹以下のforeachループでは、パターン辞書の各行についての処理が行われるのですが、1行ごとに末尾の改行（¥n）と空白行を取り除く処理はランダム辞書のときと同じです。

❺のforeachループでは、行末の¥nと空白行のみの要素を除いた1行データを[TAB]のところで切り分けます。で、これをどうするかというと、配列c_prsに格納します。C#_prsの第1要素に正規表現のパターン、第2要素に応答例の文字列を格納します。

532

続く❻でParseItemクラスのコンストラクターの引数にしてParseItemオブジェクトを生成し、リストPatternに追加します。パターン辞書は、ランダム辞書のようにリストで管理するのは困難なので、ParseItemオブジェクトとして管理することにしました。ParseItemは「パターン辞書1行分の情報を持ったクラス」で、このクラスは次項で作成します。辞書ファイルの読み込みについては、以上で完了です。

4.12.3　感情の創出

　C#ちゃん新バージョンでは、パターンに反応して表情を変えるのが最大のウリです。無表情のまま「あっちへ行きな！しっしっ」とか言われても怖いので、シンプルな感情モデルの仕組みを使って、表情にバリエーションを付けてみようと思います。表情を増やすということは、表示するイメージを増やすということですが、それには、C#ちゃんの感情をモデル化し、感情の表れとしての表情の変化をどのように実現するかということを考えることが必要です。

C#ちゃんに「感情」を与えるためのアルゴリズム

　C#ちゃんはプログラムですので、人間と同じように悲しんだり喜んだりすることはできません。しかし、「感情の振れ」を観察し、感情の表現方法をプログラムに組み込めば、あたかも感情を持っているような「フリ」をさせることはできます。そこで、「感情らしさ」を表現するために、どのようなことを行えばアルゴリズム（プログラムであることを達成するための処理手順）として表現できるのかを考えていきます。

　まず「喜怒哀楽」という言葉通り、感情にはさまざまな「状態」があります。そういった状態のいくつかは、「悲しい⇔嬉しい」や「不機嫌⇔上機嫌」というように、1つの軸の両端に位置付けて表現できます。このようなある感情を表すペアの状態は、1つのパラメーター（入力値）でモデル化できます。つまり、「悲しい⇔嬉しい」であれば0の位置を平静な状態であるとして、値がプラス方向に向かえば上機嫌、マイナス方向に向かえば不機嫌、とするわけです。

▼1つの感情のパターンをモデル化する

　感情は主に外部からの刺激によって変化します。今のところ、C#ちゃんにとっての外部刺激はユーザーからの入力だけですので、いやなことを言われればパラメーターをマイナス方向に動かして不機嫌になり、嬉しい言葉を言ってもらうとプラス方向に動いて上機嫌になる、という仕組みを作ればよいでしょう。快と不快をどう判断するかがポイントですが、これは開発者が教えてあげることにしましょう。そこでパターン辞書を使うことになりますが、悪口などの不快なキーワードが入ったパ

ターンにマッチすればパラメーターをマイナス方向に動かして不機嫌に、褒め言葉にマッチすればプラス方向に動かして上機嫌に、というような感じです。

　また、感情は揺れるものですから同じ状態が長く続くことはありません。いったんは不機嫌になったとしても、しばらくすれば徐々に平静な状態に戻ってくるのが普通です。ですので、パラメーターがプラス／マイナスのどちらかに動いても、何でもない会話を続けているうちに少しずつ0に戻るようにすれば、この振る舞いを実現できるでしょう。

感情の表現はイメージを取り換えることで伝える

　いずれにしても感情を表現する手段は必要ですので、不機嫌になればプンプン怒った表情を、上機嫌になればニッコリした笑顔を見せるようにします。また表情だけでなく、応答メッセージにも変化があるとなおよいでしょう。ムッとした表情で「タピオカってス・テ・キ！」とか言われても気持ち悪いので、そのときの感情に合わせた応答メッセージが選択されるようにしたいと思います。では、これまでのことをまとめて、プログラムの仕様を決めていきましょう。

●感情の状態は「不機嫌⇔上機嫌」を表す1つのパラメーターで管理する

　−15〜15の範囲を持つパラメーターをインスタンス変数として用意します。このパラメーターは、C#ちゃんの機嫌を表すことから「**機嫌値**」と呼ぶことにします。機嫌値は−15〜15の範囲の値を保持し、値の範囲を4つのエリアに分けてエリアによってイメージを切り替えます。

・−5 <= 機嫌値 <= 5:
　平常な状態です。「talk.gif」を表示します。

・−10 <= 機嫌値 < −5
　やや不機嫌な状態です。うつろな表情をした「empty.gif」を表示します。

・−15 <= 機嫌値 < −10
　怒っています。「angry.gif」を表示します。

・5 <= 機嫌値 <= 15
　ハッピーな状態です。「happy.gif」を表示します。

▼機嫌値

● ユーザー入力を感情の起伏に結び付けるには、パターン辞書のパターン部分に変動値（機嫌変動値）を設定しておき、マッチしたパターンの変動値を機嫌値に反映することで行う

「×××」という悪い言葉のパターンに-10の「機嫌変動値」が設定されていたら、ユーザーの「お前×××じゃん」という発言で機嫌値には-10が適用されることになり、かなり不機嫌になります。機嫌変動値が設定されていないパターンの場合は機嫌値は変化しません。

● パターン辞書の応答例のうち、強い意味を持つ応答については「これだけの機嫌値がないと発言されない」という仕組みを作る

特定の応答については機嫌値の「最低ライン」を設定します。いわゆる「必要機嫌値」です。ハッピースマイルで「しばいたろか？」と言われるのは怖いし、逆にぷんすかした顔で「カワイイって言った！？言った！？」といっても真意が伝わりません。必要機嫌値はプラス／マイナスのどちらでも設定できるようにして、プラスを設定したときは機嫌値がそれ以上であるとき、マイナスのときはそれ以下であるときに発言候補となるようにします。「この値以上に不機嫌、あるいは上機嫌のときに発言する応答」として設定できるようにして、表情と応答内容がチグハグになることを回避します。一方、必要機嫌値が設定されていなければ、その応答は機嫌値に左右されず発言の選択対象とします。

● 機嫌値は応答を返すたびに0に向かって1ポイントずつ戻っていくようにする

会話を繰り返すうちに、不機嫌／上機嫌の状態が徐々に平静に戻るようにします。

● 「感情」を表すEmotionクラスを作る

感情を扱うCchanEmotionクラスを作り、インスタンス変数に機嫌値を保持させます。またEmotionクラスには、ユーザーの入力によって機嫌値を変動させるためのメソッドや、次第に0へ戻すメソッドを用意します。

パターン辞書の書式

パターン辞書の書式は、機嫌変動値や必要機嫌値を設定できるように変更されます。これに伴って、パターン辞書の読み込み手順やCdictionaryクラスでの管理方法、PatternResponderのパターンマッチ／応答作成処理にも影響が出てきますので、それぞれ修正の必要が出てきます。パターンマッチのやり方そのものについてはこれまで通り、単に文字列のみでパターンマッチさせます。ですので、例えば「ブ●」というキーワードで不機嫌になるよう設定したとすると「あの娘ってブ●だよね～」というような発言に対してもマッチしてしまい、勝手に怒り出す可能性がありますが、これはC#ちゃんの天然っぽい一面ということにしておきましょう。パターン辞書のフォーマットは、次のように変更になります。

機嫌変動値（x）も必要機嫌値（nees）もそれぞれパターン、応答例の先頭に「##」で区切って「機嫌変動値##」「必要機嫌値##」のように書き込みます。

▼フォーマット

```
機嫌変動値##パターン[TAB]必要機嫌値##応答例1|必要機嫌値##応答例2|…
```

4.12 プログラムに「感情」を組み込む（正規表現）

▼不機嫌になるパターンと応答

```
－2##おまえ|あんた|お前|てめー[TAB]－5##%match%じゃないよ！|－5##%match%って誰の
                                こと？|%match%なんて呼ばれても…

－5##バカ|ばか|馬鹿         %match%じゃないもん！|%match%って言うやつが%match%なん
                                だよ！|ぷんすか！|そんなふうに言わないでよ！

－5##ブス|ぶす              －10##まじ怒るから！|－5##しばいたろか？|－10##だれが
                                %match%なのよ
```

▼上機嫌になるパターンと応答

```
5##かわいい|可愛い|カワイイ|きれい|綺麗|キレイ[TAB]%match%って言った！？言った！？
```

　例えばユーザー入力に「おまえ|あんた|お前|てめー」が含まれていた場合は機嫌値を－2します。一方、応答例はランダムに返すわけですが、「%match%なんて呼ばれても…」は無条件で応答にしますが、「%match%じゃないよ！」「match%って誰のこと？」にはそれ必要機嫌値－5が設定されていますので、この値以上（マイナス側に）でなければ選択が却下されます。この場合はランダム辞書からの応答に切り替えます。

　同様に「かわいい|可愛い|カワイイ|きれい|綺麗|キレイ」にパターンマッチすれば、機嫌値に5が加算され、「%match%って言った！？言った！？」が無条件に選択されます。もし、この応答に必要機嫌値を設定する場合は「10##%match%って言った！？言った！？」とすれば、機嫌値が10以上でなければこの応答はチョイスされないようになります。

　あとは、「機嫌値は応答を返すたびに1ポイントずつ0に戻る」という地味な処理も必要になりますので、これはCchanEmotionクラスに「1ポイントずつ0に戻す」メソッドを用意し、応答を返すCchanクラスのDialogue()メソッドから呼び出すようにすればよいでしょう。

4.12.4　感情モデルの移植（CchanEmotionクラス）

　まずは感情モデルのコア（核）となる、CchanEmotionクラスから見ていきましょう。クラスの、定義は、「CchanEmotion.cs」に書くことにします。

　とは言え、大仰な名前のわりには内容はあっさりしています。役目は1つ、C#ちゃんの感情を司る機嫌値を扱うことです。機嫌値を保持して、ユーザーの発言や対話の経過によって機嫌値を増減させます。

▼CchanEmotionクラス（CchanEmotion.cs）

```csharp
using System.Collections.Generic;


namespace ChatBot
{
    class CchanEmotion
    {
        /*
         * C#ちゃんの感情モデル
         */


        // Cdictionaryにアクセスするプロパティ
        public Cdictionary Dictionary { get; set; }        ❶


        // 機嫌値にアクセスするプロパティ
        public int Mood { get; set; }                      ❷


        // 機嫌値の上限／下限と回復値を設定
        private const int MOOD_MIN = -15;                  ❸
        private const int MOOD_MAX = 15;
        private const int MOOD_RECOVERY = 1;


        public CchanEmotion(Cdictionary dictionary)        ❹
        {
            /*/ Dictionaryオブジェクトをdictionaryに格納し、
             * 機嫌値moodを0で初期化する
             *
             * dictionary：Dictionaryオブジェクト */
            this.Dictionary = dictionary;

            this.Mood = 0;

        }


```

4.12 プログラムに「感情」を組み込む（正規表現）

```csharp
public void Update(string input) ──────────────────────────── ❺
{
    /* ユーザーからの入力をパラメーターinputで受け取り
     * パターン辞書にマッチさせて機嫌値を変動させる
     *
     * input： ユーザーの入力
     */

    // 機嫌を徐々にもとに戻す処理
    if (this.Mood < 0) ──────────────────────────────────── ❻
        Mood += MOOD_RECOVERY;
    else if (Mood > 0)
        Mood -= MOOD_RECOVERY;

    // パターン辞書の各行を繰り返しパターンマッチさせる
    foreach (ParseItem c_item in this.Dictionary.Pattern) ──── ❼
    {
        // パターンマッチすればAdjust_mood()で機嫌値を変動させる
        if (!string.IsNullOrEmpty(c_item.Match(input))) ────── ❽
            Adjust_mood(c_item.Modify);
    }
}


public void Adjust_mood(int val) ──────────────────────────── ❾
{
    /* 機嫌値を増減させる
     *
     * val： 機嫌変動値
     */

    // 機嫌値moodの値を機嫌変動値によって増減する
    Mood += val;
    // MOOD_MAXとMOOD_MINと比較し、機嫌値が取り得る範囲に収める
    if (Mood > MOOD_MAX)
        Mood = MOOD_MAX;
    else if (Mood < MOOD_MIN)
        Mood = MOOD_MIN;
}
}
```

538

4.12 プログラムに「感情」を組み込む（正規表現）

プロパティの定義

❶では、Cdictionaryオブジェクトを保持するフィールドにアクセスするためのプロパティを定義しています。❷が機嫌値を保持するフィールドにアクセスするためのプロパティです。❸以下で機嫌値の上限（MOOD_MAX）と下限（MOOD_MIN）、および機嫌値を回復する度合い（MOOD_RECOVERY）を定数として定義しています。

コンストラクターの定義

❹のコンストラクターは、パラメーターとしてCdictionaryオブジェクトを必要とします。パターン辞書に設定されている機嫌変動値を参照するためです。ここで0に初期化されている❷のMoodが機嫌値の保持、いわばC#ちゃんの感情の揺れを保持するプロパティです。

Update() メソッド

❺のUpdate()メソッドは対話のたびに呼び出されるメソッドです。ユーザーからの入力をパラメーターinputで受け取り、パターン辞書にマッチさせて機嫌値を変動させる処理を行います。

機嫌を徐々にもとに戻す地味な処理を行うのが❻以下のIfブロックです。機嫌値プラスのフレーズを連発されたからといっていつまでも喜んでいるのも何ですし、機嫌値マイナスのことを言ったばかりにずーっと根に持たれるのも怖いので、MoodがマイナスであればMOOD_RECOVERYぶん[1]増やし、プラスであれば減らすことで機嫌値を0に近づけます。0のときは何もしません。

❼のforeachループでパターン辞書の各行を繰り返し処理します。Dictionary.PatternはParseItemというオブジェクトのリストになりますので、c_itemの中身はParseItemオブジェクトです。ParseItemは「パターン辞書1行分の情報を持ったクラス」で、このクラスは次項で作成します。❽ではParseItemで定義するMatch()メソッドを使ってパターンマッチを行います。マッチしたら機嫌値を変動させるのですが、その処理は❾のAdjust_mood()メソッドに任せます。なお、引数にしているParseItemのmodifyは、そのパターンの機嫌変動値を保持しているプロパティです。

Adjust_mood() メソッド

❾が機嫌値を増減させるAdjust_mood()メソッドの定義です。まずはパラメーターvalに従ってmoodを増減させたあと、MOOD_MAXとMOOD_MINと比較して、機嫌値が取り得る範囲に収まるようにMoodの値を調整します。

以上でCchanEmotionクラスの定義は終わりです。

4.12.5 感情モデルの移植（ParseItemクラス）

ParseItemは、パターン辞書1行ぶんの情報を保持するためのクラスです。C#ちゃんの新バージョンではパターン辞書の書式が複雑になるので、リストで管理するのが困難です。そこでパターン辞書を1行読み込むのと同時に、それらの情報を1つのオブジェクトに格納することにしました。クラスの定義はクラスファイル「ParseItem.cs」をプロジェクトに追加し、このファイルで行います。

▼ParseItemクラス（ParseItem.cs）

```csharp
using System;
using System.Collections.Generic;
using System.Text.RegularExpressions;

namespace ChatBot
{
    class ParseItem
    {
        // マッチしたパターン辞書の応答フレーズの
        // グループを参照/設定するプロパティ
        public string Pattern { get; set; }

        // 機嫌変動値を参照/設定するプロパティ
        public int Modify { get; set; }

        // パターン辞書がマッチした場合に、必要機嫌値と
        // 応答メッセージのDictionaryとして保持するリストのプロパティ
        public List<Dictionary<string, string>> _phrases =
            new List<Dictionary<string, string>>();
        public List<Dictionary<string, string>> Phrases
        {
            get { return _phrases; }
            set { _phrases = value; }
        }

        public ParseItem(string pattern, string phrases)
        {
            /*  コンストラクター
             *
             *  pattern：機嫌変動値##マッチさせるパターンのグループ
             *  phrases：応答フレーズのグループ
             *
             */
```

4.12 プログラムに「感情」を組み込む（正規表現）

```csharp
// 正規表現のパターンを保持する変数
string SEPARATOR = @"^((-?¥d+)##)?(.*)$";                          ❶


/*----- パターンマッチさせる部分の処理 -----'
 * 「機嫌変動値##マッチさせるパターンのグループ」にSEPARATORを
 * パターンマッチさせ、機嫌変動値とパターングループに分解された
 * MatchCollectionオブジェクトを戻り値として取得
 */
Regex rgx = new Regex(SEPARATOR);
MatchCollection m = rgx.Matches(pattern);                          ❷


// MatchCollectionから先頭のMatchオブジェクトを取り出す
Match mach = m[0];                                                 ❸


// 機嫌変動値のプロパティの値を0にする
this.Modify = 0;                                                   ❹


// マッチ結果の整数の部分（インデックス2）が空でなければ
// 機嫌変動値のプロパティの値を更新する
if (string.IsNullOrEmpty(mach.Groups[2].Value) != true)           ❺

{
    this.Modify = Convert.ToInt32(mach.Groups[2].Value);
}


// マッチした場合はマッチしたパターンのグループ（インデックス3）が
// Patternプロパティに代入される。マッチしない場合は空文字が代入される
this.Pattern = mach.Groups[3].Value;                              ❻


/*----- 応答部分の処理 -----'
 * 引数で渡された応答例のグループを'｜'を境に分割し、
 * 個々の要素に対してSEPARATORをパターンマッチさせる
 * dic("need")   ：応答フレーズの必要機嫌値
 * dic("phrase")：応答フレーズ */


foreach (string phrase in phrases.Split(new Char[] { '|' }))      ❼
{
    // ハッシュテーブルを用意
    var dic = new Dictionary<string, string>();                   ❽

    // 応答メッセージグループの個々のメッセージに対してSEPARATORを
```

4.12 プログラムに「感情」を組み込む（正規表現）

```csharp
        // パターンマッチさせ、必要機嫌値と応答フレーズに分解された
        // MatchCollectionオブジェクトを戻り値として取得
        MatchCollection m2 = rgx.Matches(phrase);                           ❾

        // MatchCollectionから先頭のMatchオブジェクトを取り出す
        Match mach2 = m2[0];                                                ❿

        // "need"キーの値を0で初期化
        dic["need"] = "0";

        // mach.Groups(2)に値(必要機嫌値(整数))が存在すれば"need"キーの値としてセット
        if (string.IsNullOrEmpty(mach2.Groups[2].Value) != true)           ⓫
        {
            dic["need"] = Convert.ToString(mach2.Groups[2].Value);
        }
        // "phrase"キーの値をmach.Groups(3)(応答フレーズ)にする
        dic["phrase"] = mach2.Groups[3].Value;                             ⓬
        // 作成したDictionaryをPhrasesプロパティ(リスト)に追加
        this.Phrases.Add(dic);                                            ⓭
    }
}


public string Match(string str)                                           ⓮
{
    /* インプット文字列にPatternプロパティ(各行ごとの正規表現のパターングループ)を
     * パターンマッチさせる
     *
     * str   ：ユーザーが入力した文字列
     * 戻り値：マッチングした応答メッセージ群
     *          マッチングしない場合は空文字を返す
     */

    // マッチした正規表現のパターングループをRegexオブジェクトに変換する
    Regex rgx = new Regex(this.Pattern);
    // インプット文字列に正規表現のパターングループをマッチさせた結果を返す
    Match mtc = rgx.Match(str);
    return mtc.Value;
}


public string Choice(int mood)                                            ⓯
{
    /* mood：現在の機嫌値
```

4.12 プログラムに「感情」を組み込む（正規表現）

```
 *
 *  応答フレーズ群からチョイスした応答フレーズをランダムに抽出して返す
 */

// 応答フレーズを保持するリスト
var choices = new List<String>();

// Phrasesプロパティが参照するリストの要素 (Dictionary) をdicに取り出す
foreach (Dictionary<string, string> dic in this.Phrases)
{
    // Suitable() を呼び出し、結果がTrueであれば
    // リストchoicesに "phrase" キーの応答フレーズを追加
    if (Suitable(
        //"need"キーで必要機嫌値を取り出す
        Convert.ToInt32(dic["need"]),
        // パラメーターmoodで取得した現在の機嫌値
        mood
        )
    ){
        // 結果がTrueであればリストchoicesに
        // "phrase"キーの応答フレーズを追加
        choices.Add(dic["phrase"]);
    }
}
// choicesリストが空であればnullを返す
if (choices.Count == 0)
    return null;
else
{
    // choicesリストが空でなければシステム起動後のミリ秒単位の経過時間を取得
    int seed = Environment.TickCount;
    // シード値を引数にしてRandomをインスタンス化
    Random rnd = new Random(seed);
    // 応答フレーズをランダムに抽出して返す
    return choices[rnd.Next(0, choices.Count)];
}
}

public bool Suitable(int need, int mood) ────────────────────── ⑯
{
    /*
     * need ：必要機嫌値
```

4.12 プログラムに「感情」を組み込む（正規表現）

```
         *  mood ：現在の機嫌値
         */

        if (need == 0)
            // 必要機嫌値が0であればTrueを返す
            return true;
        else if (need > 0)
            // 必要機嫌値がプラスの場合は、機嫌値が必要機嫌値を
            // 超えていればtrue、そうでなければfalseを返す
            return (mood > need);
        else
            // 必要機嫌値がマイナスの場合は、機嫌値が必要機嫌値を
            // 下回っていればtrue、そうでなければfalseを返す
            return (mood < need);
    }
  }
}
```

正規表現のパターン

❶では変数SEPARATORを正規表現のパターンで初期化しています。コンストラクターのパラメーターpatternにはパターン辞書のパターン部分、「機嫌変動値##パターン」という書式の文字列が入っているはずです。❷で、SEPARATORの正規表現パターンと、patternに格納されている文字列とのパターンマッチを試みます。このコードの目的は「機嫌変動値##パターン」の書式から機嫌変動値とパターンを抜き出すことです。「機嫌変動値##」が付いていないパターンがたくさんありますし、もしかしたら「##」という文字列がパターンの一部として使われるかもしれません。このような少々複雑な書式から目的の部分だけを抜き出すには、正規表現の「後方参照」という機能がぴったりです。後方参照を使うとマッチした文字列の中から特定の部分を変数として取り出すことができます。変数SEPARATORには、以下のメタ文字を組み合わせた正規表現のパターンを代入しています。

メタ文字	意味
.（ピリオド）	とにかくなんでもいい1文字
^	行の先頭
$	行の最後
*	*の直前の文字がないか、直前の文字が1個以上連続する
.*	何でもよい1文字がまったくないか、連続する。いろんな文字の連続という意味

パターン辞書のパターンと応答フレーズには、それぞれ次のように先頭に「##機嫌変動値」もしくは「##必要機嫌値」が付くものと、何も付かないものがあります。

4.12 プログラムに「感情」を組み込む（正規表現）

▼パターン辞書のパターンの部分

5##かわいい|可愛い|カワイイ|きれい|綺麗|キレイ ←先頭に「機嫌変動値##」餃子|ぎょうざ|キョーザ ←「##値」がない

これらの文字列に対して、「##値」の部分を省略可にする正規表現を作ります。

▼'^((-?¥d+)##)?(.＊)$'によるパターンマッチ

^(-?¥d+)	先頭にマイナス省略可の整数が1つある
^(-?¥d+)##	その次に##がある
^((-?¥d+)##)?	まとめて省略可にする
(.＊)$'	文字列の最後は何でもよい文字がまったくないか連続するグループを作る
'^((-?¥d+)##)?(.＊)$'	完成

●「10##カワイイ」の場合

第1要素	第2要素	第3要素
'10##'	'10'	'カワイイ'

●「カワイイ」の場合

第1要素	第2要素	第3要素
''	''	'カワイイ'

●「##カワイイ」の場合

第1要素	第2要素	第3要素
''	''	'##カワイイ'

ParseItemクラスのコンストラクターによるオブジェクトの初期化

正規表現の説明が長くなってしまいました。コンストラクターの説明に戻ります。

パターンの部分に対してSEPARATORをパターンマッチさせる

❷のMatches()メソッドでは、パターン辞書のパターンの部分に対してSEPARATORをパターンマッチさせます。結果として返されるのは、Matchオブジェクトを格納したMatchCollectionオブジェクトです。Matchオブジェクトのインデックス2の要素には、「機嫌変動値##パターン」の機嫌変動値の部分が格納され、インデックス3の要素には応答フレーズのグループ（「こんにちは|やほー|ちわす|ども|またあんた？」など）が格納されています。

機嫌変動値と応答フレーズの処理

❸でMatchCollectionに格納されている先頭のMatchオブジェクトを取り出して変数matchに格納します。❹でModifyプロパティを0で初期化し、❺でMatchオブジェクトのインデックス2の要素に機嫌変動値が存在する場合は、文字列からint型に変換してからModifyプロパティに代入します。Modifyは、機嫌変動値がない（空文字として返される）場合は、0のままです。

❻では、Matchオブジェクトのインデックス3に格納されている応答フレーズをPatternプロパティに代入します。もし、マッチしていない場合はインデックス3の要素は空文字なので、空文字が代入されます。

▼パラメーターpattern処理後のModifyとPatternプロパティ

```
パラメーターpatternの値   －5##ブス|ぶす
        ⬇
      ❸❹❺の処理後
        ⬇
Modifyの値        －5
Patternの値       'ブス|ぶす'
```

応答例の処理

❼からは応答例部分の処理になります。応答例の書式にも「必要機嫌値##」が先頭にある場合があり、これを考慮したランダム選択という込み入った処理が必要になるので、ここでできるだけ情報を取り出しておくことにします。コンストラクターのパラメーターphrasesには、

```
-10##まじ怒るから！|-5##しばいたろか？|-10##だれが%match%なのよ！
```

のような1行ぶんの応答フレーズのグループが格納されていますので、これを'|'で分割してイテレート（反復処理）していきます。foreachブロックのパラメーターphraseには「-10##まじ怒るから！」のように、辞書の書式のままの文字列が入ってきます。これを必要機嫌値と応答フレーズとに分解するのですが、パターン部分と書式が同じなのでSEPARATORの正規表現がそのまま使えます。そこで❾でパターンマッチを試みて、結果として返されるMatchCollectionの先頭要素（インデックス0）のMatchオブジェクトを変数mach2に格納します（❿）。Matchオブジェクトのインデックス2が必要機嫌値、インデックス3の要素が応答フレーズです。

⓫で❽で用意したハッシュテーブルdicの'need'キーの値として、string型に変換した必要機嫌値を代入します。必要機嫌値が存在しない場合は、'need'キーの値は0で初期化されていますので、0のままです。

⓬で'phrase'キーの値として、応答フレーズを格納します。最後にハッシュテーブルdicをリスト型のPhrasesプロパティに追加します（⓭）。そうすると、先の応答例の場合は次のようなハッシュテーブルのリストになります。

▼応答部分の処理後のPhrasesの中身

```
{["need'] = -10, ["phrase"] =  "まじ怒るから！"},
{["need"] = -5, ["phrase"] = "しばいたろか？"},
{["need"] = -10, ["phrase"] = "だれが%match%なのよ！"}
```

以上でforeachループの処理は終わり、コンストラクターの処理も完了です。この結果、リスト型のPatternプロパティに追加されたParseItemオブジェクトの各プロパティの値は次のようになります。

▼ParseItemオブジェクトの一例

プロパティ	値
Pattern	"ブス|ぶす"
Modify	-5
Phrases	{["need"] = -10, ["phrase"] = "まじ怒るから！"},
	{["need"] = -5, ["phrase"] = "しばいたろか？"},
	{["need"] = -10, ["phrase"] = "だれが%match%なのよ！"}

このような状態のParseItemオブジェクトがパターン辞書のすべての行（空行を除く）に対して作成され、Cdictionaryオブジェクトのプロパティpatternにリスト要素として追加されていきます。

4.12 プログラムに「感情」を組み込む（正規表現）

Match()、Choice()、Suitable() メソッドの追加

追加機能の1つが⓮のMatchメソッドです。

▼ Match() メソッド

```
public string Match(string str)
{
    // マッチした正規表現のパターングループをRegexオブジェクトに変換する
    Regex rgx = new Regex(this.Pattern);
    // インプット文字列にパターングループをマッチさせた結果を返す
    Match mtc = rgx.Match(str);
    return mtc.Value;
}
```

　引数で受け取ったインプット文字列strとPatternプロパティの応答フレーズのグループとをパターンマッチして結果を返します。
⓯のChoice()メソッドはもう1つの追加機能です。

▼ Choice() メソッド

```
public string Choice(int mood)
{
    /* mood ：現在の機嫌値
     *
     * 応答フレーズ群からチョイスした応答フレーズをランダムに抽出して返す
     */

    // 応答フレーズを保持するリスト
    var choices = new List<String>();

    // Phrasesプロパティが参照するリストの要素（Dictionary）をdicに取り出す
    foreach (Dictionary<string, string> dic in this.Phrases)
    {
        // Suitable()を呼び出し、結果がTrueであれば
        // リストchoicesに"phrase"キーの応答フレーズを追加
        if (Suitable(
            //"need"キーで必要機嫌値を取り出す
            Convert.ToInt32(dic["need"]),
            // パラメーターmoodで取得した現在の機嫌値
            mood
            )
        ){
```

548

4.12 プログラムに「感情」を組み込む（正規表現）

```
                    // 結果がTrueであればリストchoicesに
                    // "phrase"キーの応答フレーズを追加
                    choices.Add(dic["phrase"]);
                }
            }
            // choicesリストが空であればnullを返す
            if (choices.Count == 0)
                return null;
            else
            {
                // choicesリストが空でなければシステム起動後のミリ秒単位の経過時間を取得
                int seed = Environment.TickCount;
                // シード値を引数にしてRandomをインスタンス化
                Random rnd = new Random(seed);
                // 応答フレーズをランダムに抽出して返す
                return choices[rnd.Next(0, choices.Count)];
            }
        }
```

　パターンがマッチしたときには、複数設定されているうちのどの応答を返すかという選択処理において、感情モデルの導入によって必要機嫌値を考慮することが必要となりました。Choice()メソッドは、機嫌値moodをパラメーターとします。これは応答を選択する上での条件値となり、これ以上の感情の振れを必要とする応答は選択されないことになります。

　ローカル変数choicesは必要機嫌値による条件を満たす応答フレーズを集めるためのリストです。foreachループのinでPhrasesが保持するリストの要素（ハッシュテーブル）1つ1つに対してチェックを行い、条件を満たす応答例（"phrase"キーの値）がchoicesに追加されます。このチェックを担当するのが❶❻のSuitable()メソッドです。

▼Suitable()メソッド

```
public bool Suitable(int need, int mood)
{
    /*
     * need ：必要機嫌値
     * mood ：現在の機嫌値
     */

    if (need == 0)
        // 必要機嫌値が0であればTrueを返す
        return true;
    else if (need > 0)
        // 必要機嫌値がプラスの場合は、機嫌値が必要機嫌値を
        // 超えていればtrue、そうでなければfalseを返す
```

4.12　プログラムに「感情」を組み込む（正規表現）

```
        return (mood > need);
    else
        //  必要機嫌値がマイナスの場合は、機嫌値が必要機嫌値を
        //  下回っていればtrue、そうでなければfalseを返す
        return (mood < need);
}
```

　メソッドの中身は、仕様をそのままコード化しただけの簡素な実装です。Choice()から渡された必要機嫌値needが0（省略されたときも0となる）のときは無条件に選択候補としますが、それ以外では、プラスのときは「機嫌値＞必要機嫌値」を、マイナスのときは「機嫌値＜必要機嫌値」を判定します。

　では、再びChoice()メソッドに戻って、Suitable()を呼んだときにどのようなことになるのか例を見てみましょう。

◎パターン「－5##ブス|ぶす」にマッチする「おブスだねー」と入力した場合

↓

◎応答は、

　　－10##まじ怒るから！|－5##しばいたろか？|－10##だれが%match%なのよ！

のどれかを抽出

●機嫌値と必要機嫌値の比較

▼「－5＜機嫌値」の場合

応答例	choicesに追加される値
－5##しばいたろか？（False）	リストの中身は空
－10##まじ怒るから！（False）	
－10##だれが%match%なのよ！（False）	

▼「機嫌値＜－5」の場合

応答例	choicesに追加される値
－5##しばいたろか？（False）	{"しばいたろか？"}
－10##まじ怒るから！（False）	
－10##だれが%match%なのよ！（False）	

4.12 プログラムに「感情」を組み込む（正規表現）

▼「機嫌値＜−10」の場合

応答例	choicesに追加される値
−5##しばいたろか？（False）	{"まじ怒るから！","しばいたろか？","だれが%match%なのよ！"}
−10##まじ怒るから！（False）	
−10##だれが%match%なのよ！（False）	

「−5##ブス|ぶす」の応答例には必要機嫌値が付いていて、Suitable()が機嫌値と比較してTrue/Falseを返してくるので、これに従ってChoice()メソッドでは、ローカル変数choicesのリストに応答を追加していきます。foreachループが完了したあとは、choicesに集められた中からランダムに選択して返すことにしましょう。

4.12.6 感情モデルの移植（Responderクラス、PatternResponderクラス、RandomResponderクラス、RepeatResponderクラス、Cchanクラス）

あとはResponderクラスとそのサブクラス群と、Cchanクラスの作成ですので、あと少し頑張りましょう。

ResponderクラスとRepeatResponder、RandomResponder

応答処理を行うスーパークラスResponderでは、Response()メソッドが機嫌値moodを受け取るようにしました。これに伴い、機嫌値はPatternResponderでしか使いませんが、RepeatResponder、RandomResponderのResponse()メソッドにもパラメーターmoodが設定されています。

▼Responderクラス（Responder.cs）

```
namespace ChatBot
{
    class Responder
    {
        /*
         * 応答クラスのスーパークラス
         *
         */

        // オブジェクト名を参照/設定するプロパティ
        public string Name { get; set;`}
        // Cdictionaryオブジェクトを参照/設定するプロパティ
        public Cdictionary Cdictionary { get; set; }
```

551

4.12 プログラムに「感情」を組み込む（正規表現）

```csharp
    public Responder(string name, Cdictionary dic)
    {
        /*  コンストラクター
         *
         */
        this.Name = name;           // 応答するオブジェクト名をNameにセット
        this.Cdictionary = dic; // CdictionaryオブジェクトをCdictionaryにセット
    }

    public virtual string Response(string input, int mood)
    {
        /*  オーバーライドを前提にしたメソッド
         *  インプット文字列を受け取り、応答メッセージを戻り値として返す
         */
        return "";
    }
}
```

▼RepeatResponder サブクラス（RepeatResponder.cs）

```csharp
namespace ChatBot
{
    class RepeatResponder : Responder
    {
        public RepeatResponder(string name, Cdictionary dic) : base(name, dic)
        {
            /*  サブクラスのコンストラクター
             */
        }

        public override string Response(string input, int mood)
        {
            /*  Response()メソッドをオーバーライド
             *  オウム返しのメッセージを作成して返す
             *
             *  input ：ユーザーがインプットした文字列
             */
            return string.Format("{0}ってなに？", input);
        }
    }
}
```

552

4.12 プログラムに「感情」を組み込む（正規表現）

▼RandomResponder サブクラス（RandomResponder.cs）

```csharp
using System;
using System.Collections.Generic;


namespace ChatBot
{
    class RandomResponder : Responder
    {
        public RandomResponder(string name, Cdictionary dic) : base(name, dic)
        {
            /* サブクラスのコンストラクター
             */
        }


        public override string Response(string input, int mood)
        {
            /* Response()メソッドをオーバーライド
             *
             * ランダム辞書から応答メッセージを抽出して返す
             */

            // システム起動後のミリ秒単位の経過時間を取得
            int seed = Environment.TickCount;
            // シード値を引数にしてRandomをインスタンス化
            Random rdm = new Random(seed);

            // ランダム辞書を保持するリスト
            List<string> c_random = new List<string>();

            // CdictionaryのRandomプロパティの応答メッセージをリストに代入
            c_random = this.Cdictionary.Random;

            // リストから応答メッセージをランダムに抽出して返す
            return c_random[rdm.Next(0, c_random.Count)];
        }

    }
}
```

4.12 プログラムに「感情」を組み込む（正規表現）

パターン辞書を扱うPatternResponderクラス

では、パターン辞書のユーザーであるPatternResponderを見てみましょう。

▼PatternResponderクラス（PatternResponder.cs）

```
using System;
using System.Collections.Generic;

namespace ChatBot
{
    class PatternResponder : Responder
    {
        /*
         * パターンに反応するためのサブクラス
         */

        public PatternResponder(string name, Cdictionary dic) : base(name, dic)
        {
            /* サブクラスのコンストラクター
             */
        }

        public override string Response(string input, int mood)
        {
            /* Response()メソッドをオーバーライド
             * ランダム応答用のメッセージを作成して返す
             * input ユーザーが入力した文字列
             * 戻り値 パターン辞書から抽出した応答文字列
             *        パターンマッチしない場合はランダム辞書から抽出した応答文字列
             */

            // 応答フレーズを保持する変数を初期化
            string resp = "";
            // Cdictionary.PatternプロパティでParseItemオブジェクトを1つずつ取り出す
            foreach (ParseItem c_item in Cdictionary.Pattern)                       ❶
            {
                // ParseItem().Match()でインプット文字列に
                // パターングループをマッチングさせる
                string mtc = c_item.Match(input);                                   ❷
                // マッチした場合は機嫌値moodを引数にしてChoice()を実行、
                // 戻り値の応答文字列、またはNothingを取得
```

554

```csharp
            if (String.IsNullOrEmpty(mtc) == false)
            {
                resp = c_item.Choice(mood);
                // Choice()の戻り値がnullでない場合は
                // 応答例の中の%match%をインプットされた文字列内の
                // マッチした文字列に置き換える
                if (resp != null)
                    return resp.Replace("%match%", mtc);
            }
        }

        // パターンマッチしない場合はランダム辞書から返す
        // システム起動後のミリ秒単位の経過時間を取得
        int seed = Environment.TickCount;
        // シード値を引数にしてRandomをインスタンス化
        Random rdm = new Random(seed);
        // ランダム辞書を保持するリスト
        List<string> c_random = new List<string>();
        // CdictionaryのRandomプロパティの応答メッセージをリストに代入
        c_random = this.Cdictionary.Random;
        // リストから応答メッセージをランダムに抽出して返す
        return c_random[rdm.Next(0, c_random.Count)];
    }
}
```
— ❸

— ❹

— ❺

オーバーライドした Response() メソッドの処理

❶のforeachループでは、パターン辞書を扱うParseItemオブジェクトのリストCdictionary.PatternからブロックパラメーターC_itemにParseItemオブジェクトが1つずつ入るようになっています。以降のループ処理では、このParseItemオブジェクトを使ってパターンマッチや応答選択などの処理が行われます。

❷ではParseItemのMatch()メソッドを使ってパターンマッチを行います。C#のMatch()ではないので注意してください。マッチしたら応答を選択するのですが、これはc_item（ParseItemオブジェクト）のChoice()メソッドを呼び出して選んでもらいます（❸）。ここで、引数として現在の機嫌値が必要なので、パラメーターで受け取っているmoodをそのまま引数として渡します。

こんな感じで応答メッセージの選択処理をParseItem側に任せたのでシンプルなコードになりましたが、ここで1つ注意。choice()メソッドは応答例をチョイスできなかった場合にNullを返してきます。これが思わぬ落とし穴にならないよう、❹ではrespがNullでない場合に限り応答フレーズの「%match%」をマッチした文字列と置き換えてreturnします。

どのParseItemもマッチしなければ、あるいは選択できる応答例が1つもなければ、❺でランダム辞書から無作為に応答を返します。以上でPatternResponderクラスの定義は完了です。

4.12 プログラムに「感情」を組み込む（正規表現）

4.12.7　感情モデルの移植（C#ちゃんの本体クラス）

最後はC#ちゃんの本体、Cchanクラスに感情を移植します。とはいってもCchanEmotionオブジェクトの生成を含めて、旧バージョンからの変更はわずかです。

▼Cchanクラス（Cchan.cs）

```csharp
using System;

namespace ChatBot
{
    class Cchan
    {
        private string _name;                       // オブジェクト名を保持
        private Cdictionary _dictionary;            // Cdictionaryを保持
        private CchanEmotion _emotion;              // CchanEmotionを保持
        private RandomResponder _res_random;        // RandomResponderを保持
        private RepeatResponder _res_repeat;        // RepeatResponderを保持
        private PatternResponder _res_pattern;      // PatternResponderを保持
        private Responder _responder;               // Responder型のフィールド

        public string Name                          // _nameのプロパティ
        {
            get { return _name; }
            set { _name = value; }
        }

        public CchanEmotion Emotion                 // _emotionのプロパティ
        {
            get { return _emotion; }
            set { _emotion = value; }
        }

        // コンストラクター
        public Cchan(string name)
        {
            this._name = name;
            // Cdictionaryをインスタンス化
            this._dictionary = new Cdictionary();
            // CchanEmotionをインスタンス化
            this._emotion = new CchanEmotion(_dictionary);          // ❶
```

556

4.12 プログラムに「感情」を組み込む（正規表現）

```csharp
        // RepeatResponderをインスタンス化
        this._res_repeat = new RepeatResponder("Repeat", _dictionary);
        // RandomResponderをインスタンス化
        this._res_random = new RandomResponder("Random", _dictionary);
        // PatternResponderをインスタンス化
        this._res_pattern = new PatternResponder("Pattern", _dictionary);
    }


    // 応答メッセージを返すメソッド
    public string Dialogue(string input)
    {
        this._emotion.Update(input);                                          ❷

        Random rnd = new Random();        // Randomのインスタンス化
        int num = rnd.Next(0, 10);        // 0～9の範囲の値をランダムに生成

        if (num < 6)                      // 0～5ならPatternResponderをチョイス
            _responder = _res_pattern;
        else if (num < 9)                 // 6～8ならRandomResponderをチョイス
            _responder = _res_random;
        else                              // それ以外はRepeatResponderをチョイス
            _responder = _res_repeat;

        // チョイスしたオブジェクトのResponse()メソッドを実行し
        // 応答メッセージを戻り値として返す
        return _responder.Response(input, _emotion.Mood);                     ❸
    }


    // チョイスしたオブジェクトの名前を返すメソッド
    public string GetName()
    {
        return _responder.Name;
    }
    }
}
```

❶ではCchanEmotionオブジェクトを生成しています。感情の創出です。CchanEmotionオブジェクトは対話が行われるたびにUpdate()メソッドを呼び出して機嫌値を変動させなければなりませんが、それを行っているのがDialogue()メソッドの❷の部分です。ユーザーの発言で感情を変化させたり、対話の継続によって感情を平静に近づける処理を応答処理の最初に行います。

❸ではResponderクラスのResponse()メソッドを呼び出す際に、引数として機嫌値_emotion.

4.12.8　C#ちゃん、笑ったり落ち込んだり（Form1クラス）

　C#ちゃんへの感情の移植の最終段階です。感情モデルを具現化するCchanEmotionクラスを組み込み、C#ちゃんの本体クラスで感情を作り出しました。最後の仕上げとして感情によって表情を切り替える仕組みを作っていきます。

感情の揺らぎを表情で表す

　画像の切り替えは、インプット用のボタンがクリックされたタイミングで行いますので、ボタンクリックのイベントハンドラーで処理するようにします。イベントハンドラーでは、ボタンクリック時にDialogue()メソッドがコールバックされ、応答のための処理が開始されるようにしますが、画像を切り替えるタイミングとしては、一連の処理が完了した時点が適切です。
　では、ボタンクリックのイベントハンドラーを始めとする処理を定義しているForm1クラスを見てみましょう。

▼Form1クラス（Form1.cs）

```
using System;
using System.Windows.Forms;

namespace ChatBot
{
    public partial class Form1 : Form
    {
        public Form1()
        {
            InitializeComponent();
        }

        // Cchanクラスをインスタンス化
        private Cchan _chan = new Cchan("C#ちゃん");


        private void PutLog(string str)
        {
            /* 対話ログをテキストボックスに追加するメソッド
             *
             * str：入力文字または応答メッセージ
```

4.12 プログラムに「感情」を組み込む（正規表現）

```
        */
        textBox2.AppendText(str + "\r\n");
}


private string Prompt()
{
    /* C#ちゃんのプロンプトを作るメソッド
     * 戻り値 プロンプト用の文字列
     */
    return _chan.Name + ":" + _chan.GetName() + "> ";
}


private void Button1_Click(object sender, EventArgs e)
{
    /* [話す]ボタンのイベントハンドラー
     *
     */

    // テキストボックスに入力された文字列を取得
    string value = textBox1.Text;
    if (value == String.Empty)
    {
        // 未入力の場合の応答
        label1.Text = "なに？";
    }
    else
    {
        // 入力されていたら対話処理を実行
        // 入力文字列を引数にしてDialogue()の結果を取得
        string response = _chan.Dialogue(value);
        // 応答メッセージをラベルに表示
        label1.Text = response;
        // 入力文字列を引数にしてPutLog()を実行
        PutLog("> " + value);
        // 応答メッセージを引数にしてPutLog()を実行
        PutLog(Prompt() + response);
        // テキストボックスをクリア
        textBox1.Clear();


        // 現在の機嫌値を取得
        int em = _chan.Emotion.Mood;
```

4

デスクトップアプリの開発

559

4.12 プログラムに「感情」を組み込む（正規表現）

```csharp
// 現在の機嫌値に応じて画像を取り換える
if ((-5 <= em) && (em <= 5))
{
    this.pictureBox1.Image =
        Properties.Resources.talk;    // 基本の表情
}
else if (-10 <= em & em < -5)
    this.pictureBox1.Image =
        Properties.Resources.empty;   // 虚ろな表情
else if (-15 <= em & em < -10)
    this.pictureBox1.Image =
        Properties.Resources.angry;   // 怒り心頭な表情
else if (5 <= em & em < 15)
    this.pictureBox1.Image =
        Properties.Resources.happy;   // ハッピーな表情

// 現在の機嫌値をラベルに表示
this.Label2.Text = Convert.ToString(_chan.Emotion.Mood);
        }
    }
}
```
❶

　表情を変えているのは❶のifブロックです。ここでC#ちゃんの感情を表現するための適切な画像を選びます。といっても動作は単純で、機嫌値emが「−5 <= em <= 5」の範囲であればtalk.gifが選択され、「−10 < em < −5」であればうつろなempty.gif、「−15 <= em < −10」であれば怒りのangry.gif、「5 <= em < 15」であればご機嫌なhappy.gifが選択されます。

　これで特に問題はないでしょう。以上をもってC#ちゃんが「感情」というパラメーターを持つようになり、感情の揺らぎを表情に表すことができるようになりました。さっそく、サンプルプログラムを実行して、いくつかの悪口やほめ言葉を言ってみてください。

▼C#ちゃん実行中

バッチリです。みごと表情が変わりました。とはいえ怒り心頭のC#ちゃんを放置してはいけません。ほめ言葉を連打して機嫌を直してあげましょう。

▼上機嫌のC#ちゃん

Memo エラーの種類とエラー関連の用語

プログラムにおいて発生するエラーには、次のような種類があります。

● 構文エラー

構文エラーは、コードの記述ミスが原因で発生するエラーです。Visual C#のIDEでは、入力したコードが常にチェックされ、キーワードなどのスペルや使い方に間違いがあると波線を使って警告が表示されます。完全に修正しない限り、プログラムを動作させることができず、プログラムのビルドを行うこともできません。

● ビルドエラー（コンパイルエラー）

構文エラーが原因で、プログラムのビルド時に発生するエラーです。このため、構文エラーとビルドエラーは、同じ意味で使われます。

● 実行時エラー

本セクションで取り上げているエラーで、プログラムを実行しているときに発生するエラーです。実行時エラーが発生すると、プログラムの実行が続けられなくなります。

実行時エラーが発生する際に、プログラム側でエラーを伝えるためのオブジェクト（例外オブジェクト）を生成することができます。Exceptionクラスのオブジェクトがこれに当たります。ライブラリで定義されているメソッドにおいても、処理中のエラーに対してExceptionのサブクラスのオブジェクトを生成するものが多くあります。このようなエラー時にオブジェクトを発生させることを「例外をスローする」、あるいは「例外を投げる」と呼びます。一方、catchブロックにおいて例外オブジェクトを取得し、対処することを「例外をキャッチする」、あるいは「例外を拾う」と呼びます。

「tryブロックで例外が発生」➡ 例外をスローする ➡ catchブロックで例外をキャッチする、という流れになります。

● 論理エラー

論理エラーは、プログラムを実行したときに、意図しない結果が導き出されるといった、プログラムの論理的な誤りによるエラーのことを指します。エラーの中では、最も修正の困難なエラーです。

MEMO

Perfect Master Series
Visual C# 2019

Chapter 5

ADO.NETによるデータベースプログラミング

ADO.NETは、.NET Framework環境においてデータベースシステムへのアクセスを実現するためのソフトウェア、およびクラスライブラリです。Visual C#では、ADO.NETを利用することで、データベースシステムと連携したアプリケーションを作成することができます。

この章では、ADO.NETを使用して、SQL Serverと連携したデータベースアプリケーションの開発手順を紹介します。

5.1	ADO.NETの概要
5.2	データベースの作成
5.3	データベースアプリの作成
5.4	データセットによるデータベースアプリの作成
5.5	LINQを利用したデータベースアプリの開発

Section 5.1

ADO.NETの概要

Level ★★★　　Keyword　ADO.NET　RDBMS　Sqlcmd

ADO.NETは、Visual C#などの.NET Framework対応の言語から、データベースシステム（DBMS : Database Management System）を扱うために、.NET Frameworkに組み込まれたクラスライブラリです。

ADO.NETのクラス群を利用することで、「SQL Server」や「Access」、「Oracle」などのデータベースと接続して、処理を行うことができます。

ADO.NETによる
データベースシステムへの接続

ADO.NETは、クラスライブラリとして.NET Frameworkに組み込まれています。

●ADO.NETに含まれるデータベースアクセス用のクラス

- **SqlConnection**
  SQL Serverに接続します。
- **OracleConnection**
  Oracleデータベースに接続します。
- **OleDbConnection**
  従来から利用されている汎用的なデータ接続を行うためのクラスです。

●SQLによるデータベースの操作

SQL Serverなどのデータベースシステムに処理を依頼するときは、SQL言語を使用します。Visual C#プログラムからのSQL文の送信は、ADO.NETで提供されているSqlCommandクラスのオブジェクト（インスタンス）にSQL文を格納し、ExecuteReaderメソッドを使って送信します。

5.1.1 ADO.NETとデータベースプログラミング

ADO.NETは、Visual C#などの.NET Framework対応の言語からデータベースシステム（DBMS：Database Management System）を扱うために、.NET Frameworkに組み込まれた機能です。

ADO.NETを利用すると、Microsoft社の「SQL Server」や「Access」、さらにはOracle社のデータベースなど、様々なシステムで稼動するデータベースに接続し、データの作成や更新、検索などのデータベース操作に必要な操作を行うことができます。

ADO.NETの実体はクラスライブラリ

ADO.NETの機能は、クラスライブラリとして.NET Frameworkに組み込まれています。Visual C#からデータベースにアクセスするには、ADO.NETのクラスライブラリに収録されているクラス群から生成されるオブジェクトを利用することになります。

- **SqlConnection**
  SQL Serverに接続するためのクラスです。

- **OracleConnection**
  Oracleデータベースに接続するためのクラスです。

- **OleDbConnection**
  従来から利用されている汎用的なデータ接続を行うためのクラスです。

ADO.NETのインストール先

ADO.NETは、プログラム側からデータベースに接続するためのテクノロジーです。このため、ADO.NETはデータベースサーバーではなく、データベースを利用する側で用意することが必要なので、クライアントアプリケーションが稼動するコンピューターにはADO.NETを含む.NET Frameworkがインストールされていることが必要です。

●クライアント/サーバー型システム

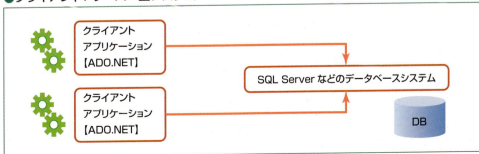

5.1 ADO.NETの概要

●Webを利用したシステム

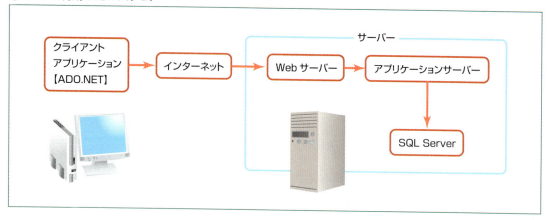

5.1.2 データベース管理システム

　　　データベースを管理するソフトウェアのことを**データベース管理システム**（**DBMS**：Database Management System）と呼びます。この中でも、SQL ServerやOracleデータベースは、データの管理形態である「テーブル」を複数、連結して処理が行えることから、**リレーショナルデータベース管理システム**（**RDBMS**：Relational Database Management System）と呼ばれます。
　　　RDBMSを含むDBMSは、主に次のような処理を行います。

・データを保存するためのデータベースの作成
・データの追加や更新、削除
・問い合わせに対して蓄積されたデータの中から回答
・データベースの保守やセキュリティに関する処理

SQLによるデータベースの操作

　　　クライアントプログラムがRDBMSに処理を依頼するときは、SQL言語を使って処理の内容を伝えます。SQL言語を使って記述したSQL文をRDBMSに送れば、RDBMSはSQL文の内容を解釈して処理を行います。
　　　SQL Serverの「SQL Server Management Studio」のようにGUI画面を持つクライアントプログラムもありますが、すべての操作結果は最終的にSQL文に変換されて、RDBMSに送られます。また、SQL Serverの「sqlcmd」と呼ばれるクライアントプログラムでは、コマンドプロンプトを利用して、直接、SQL文を入力することで、処理を行います。

●Visual C#からのSQL文の送信

　　　Visual C#のプログラムにおけるSQL文の送信は、ADO.NETで提供されているSqlCommandクラスのオブジェクト（インスタンス）を利用します。具体的には、SqlCommandオブジェクトにSQL文を格納し、ExecuteReaderメソッドを使って送信します。

データベースファイルとテーブル

データベースを利用するには、まずデータベース用のファイルを作成し、このファイルの中にテーブルを作成します。テーブルは具体的なデータを格納するためのもので、Excelのワークシートのように列と行で構成された表形式の構造を持ちます。列（カラム）には、それぞれ「Name」や「Address」など、データを分類するための名前を付け、登録するデータの型を指定します。

データベースの用語

テーブルは、列（カラム）と行（レコード）で構成されている表のことで、あらかじめ指定しておいた形式に従って、データを記録していきます。

●カラム

テーブルの列にあたり、顧客情報を扱うテーブルであれば、名前、住所、電話番号などのカラム名（列見出し）によって、データを管理します。

●レコード

テーブルの行にあたり、設定されたカラムに従ってデータが入力されます。

▼テーブル、カラム、レコード

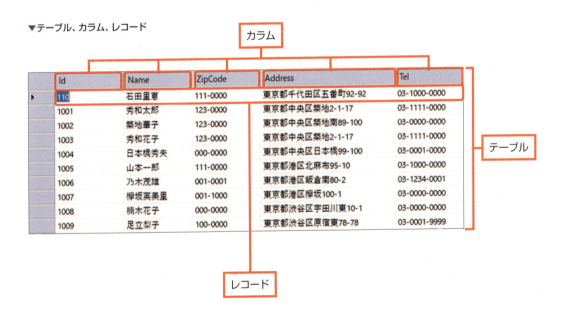

Section 5.2 データベースの作成

Level ★★★　Keyword　SQL Server Express　テーブルデザイナー

Visual Studioでデータベースを作成し、データの登録までを行います。

ここがポイント！ データベースの作成

データベースやテーブルの作成は、すべてVisual Studioで行うことができます。

●データベースの作成からデータの登録までの手順

❶データベースを作成する
データベースは、[新しい項目の追加]ダイアログボックスの「サービスベースのデータベース」を使って作成します。

❷テーブルの作成
データを登録するためのテーブルはVisual Studioの「テーブルデザイナー」で作成します。

❸データの登録
テーブルデザイナーのデータウィンドウを使って行います。

▼[新しい項目の追加]ダイアログボックス

データベース名を指定する

▼データウィンドウ

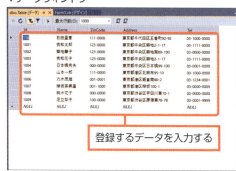

登録するデータを入力する

5.2.1 データベースを作成する

データベースは、**新しい項目の追加**ダイアログボックスの**サービスベースのデータベース**を使って作成します。作成したデータベースファイル (拡張子「.mdf」) は、ソリューションフォルダー内のプロジェクト用フォルダーの中に作成されます。フォームアプリケーション用のプロジェクトを作成した後、次の操作に進みましょう。

▼ [新しい項目の追加] ダイアログボックス

データベース名を入力して任意の名前を付けることができます

1 プロジェクトメニューの**新しい項目の追加**を選択します。

2 **データ**カテゴリを選択し、**サービスベースのデータベース**を選択して**追加**ボタンをクリックします。

Onepoint
ここでは、デフォルトで設定されているデータベース名をそのまま使用しています。別の名前を付けたい場合は、**名前**の欄に任意のデータベース名を入力します。

▼ サーバーエクスプローラー

ここに作成したデータベースが表示されます

3 **表示**メニューをクリックして**サーバーエクスプローラー**を選択します。

4 **サーバーエクスプローラー**が表示されるので、**データ接続**を展開すると、作成したデータベースが表示されます。

5.2 データベースの作成

データベースへの接続と切断

データベースへの接続は、サーバーエクスプローラーで行うことができます。データベースから切断されている場合は、次のように表示されます。

データベースから切断する場合は、データベース名が表示されている部分を右クリックして**データベースのデタッチ**を選択します。

▼データベースから切断されている場合

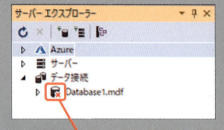

切断されている状態を示すアイコン

この場合、**最新の情報に更新**ボタンをクリックする、またはデータベース以下のフォルダーアイコンを展開するなどの操作を行うと、次のようにデータベースに接続されている状態であることを示すアイコンが表示されます。

▼データベースから切断する

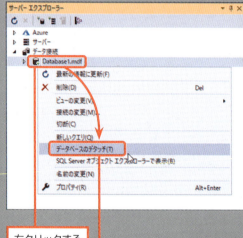

右クリックする

コンテキストメニューの[データベースのデタッチ]を選択する

▼データベースに接続している場合

接続されている状態を示すアイコン

テーブル名の指定

データベースには、任意の数だけテーブルを作成することができます。この場合、初期状態で「Table」のように自動で名前が付けられますが、任意の名前にしたい場合は、コードペインに表示されている次のコードを直接、書き換えます。

```
CREATE TABLE [dbo].[Table]
```

これを次のように、書き換えます。

```
CREATE TABLE [dbo].[Customer]
```

5.2.2 テーブルの作成

データベースの作成が完了したら、実際にデータを登録するためのテーブルを作成しましょう。
テーブルの作成は、Visual Studio の**テーブルデザイナー**を使って行います。

1 サーバーエクスプローラーで、データベースの内容を展開し、**テーブル**を右クリックして**新しいテーブルの追加**を選択します。

2 「テーブルデザイナー」が表示されるので、テーブルの1列目の名前を設定します。**名前**の欄に「Id」と入力します。

3 **データ型**の▼をクリックして**int**を選択します。

▼サーバーエクスプローラー

▼テーブルデザイナー

▼テーブルデザイナー

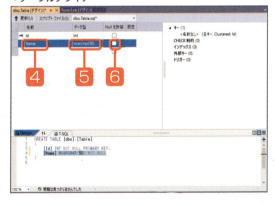

4 テーブルの2列目の名前を設定します。**名前**の欄に「Name」と入力します。

5 データ型で**nvarchar(50)**を選択します。

6 **Nullを許容**のチェックを外します。

> **Onepoint**
> 「Null」とは、何も値がないことを示すための値です。データを入力する際に特定の列データを入力しない場合は、代わりにNullが設定されます。ここでは、Nullが設定されることを禁止することで、データの入力を強制するようにしています。

5.2 データベースの作成

7 テーブルの3列目の名前を設定します。**名前**の欄に「ZipCode」と入力します。

8 データ型でnchar(10)を選択します。

9 **Nullを許容**にチェックを入れます。

10 テーブルの4列目の名前を設定します。**名前**の欄に「Address」と入力します。

11 データ型でnvarchar(50)を選択します。

12 **Nullを許容**にチェックを入れます。

▼テーブルデザイナー

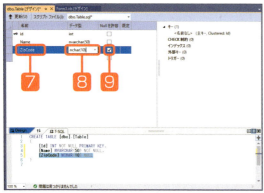

▼テーブルデザイナー

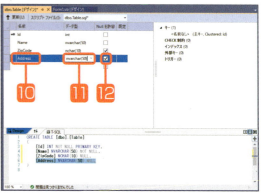

13 テーブルの5列目の名前を設定します。**名前**に「Tel」と入力します。

14 データ型でnvarchar(50)を選択します。

15 **Nullを許容**にチェックを入れます。

16 **更新**ボタンをクリックします。

17 **データベース更新のプレビュー**ダイアログボックスが表示されるので、**データベースの更新**をクリックして、データベースの内容を更新します。

▼テーブルデザイナー

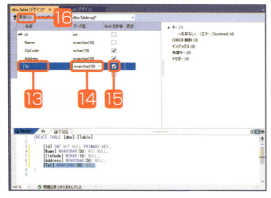

▼[データベース更新のプレビュー]ダイアログボックス

以上の操作で、「Table」という名前のテーブルがデータベースに追加されます。

572

作成したテーブルを確認する

作成したテーブルは、サーバーエクスプローラーで確認することができます。

▼サーバーエクスプローラー

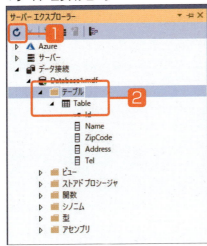

1. サーバーエクスプローラーの表示を更新します。
2. テーブルの内容を展開します。

> **Attention**
> サーバーエクスプローラーに目的のデータベースが表示されない場合は、ソリューションエクスプローラーで、対象のデータベース名をダブルクリック、または右クリックして開くを選択します。

Hint プライマリーキー

テーブルデザイナーを見てみると、名前の左横に🔑のアイコンが表示されています。この列（カラム）に**プライマリーキー（主キー）** が設定されていることを示すアイコンです。

IDや商品コード、社員番号のように、重複することが許されないことを**一意**である、または**ユニーク**である、と呼びます。このような一意の値を設定しなければならない列には、プライマリーキーを設定します。

●プライマリーキーの特徴
・値の重複を禁止します。
・空のデータ（Null）の登録を禁止します。
・1つの列だけに設定できます。

SQL Serverで使用する主なデータ型

SQL Serverで使用する主なデータ型です。

型名	内容	値の範囲	メモリサイズ
int	整数データ型	$-2,147,483,648\,(-2^{31})$ ～ $2,147,483,647\,(2^{31}-1)$	4バイト

数値を登録する列に指定するデータ型です。プラスとマイナスの両方の値を扱います。小数を含むことはできません。

型名	内容	値の範囲	メモリサイズ
char	固定長文字列データ型	1～8,000	nバイト (char(n)で指定)

- 文字列の長さをchar(10)やchar(200)のように()を使って、バイト長で指定します。
- char(6)の列に「abc」と入力した場合は「abc□□□」のように残りの文字として半角スペースが埋め込まれ、長さは常に6バイトに保たれます。
- 固定長文字列を格納するので、電話番号や郵便番号のように長さが一定の文字列を格納するのに適しています。

型名	内容	値の範囲	メモリサイズ
varchar	可変長の文字列データ型	1～8,000	最大nバイト (varchar(n)で指定)

- 文字列の最大の長さをvarchar(50)のように()を使って、バイト長で指定します。
- varchar(30)の列に「abc」と入力した場合は「abc」のように登録され、残りの文字として半角スペースが埋め込まれることはないので、登録する内容によって文字列の長さがバラバラです。
- 格納サイズは、入力したデータの実際の長さ+2バイトとなります。
- 可変長文字列を格納するので、名前や住所などの長さが一定ではない文字列を格納するのに適しています。

型名	内容	値の範囲	メモリサイズ
nchar	固定長の文字列データ型	1～4,000	nの2倍のバイト数 (nchar(n)で指定)

- nchar(n)のnで文字列の長さを指定します。この場合、nの2倍の記憶領域が用意されるので、2バイト文字であれば文字数とnの値が同じになるので、文字数でサイズ指定が行えます。

型名	内容	値の範囲	メモリサイズ
nvarchar	可変長の文字列データ	1〜4,000	最大でnの2倍のバイト数（nvarchar(n)で指定）

- nvarchar(n)のnで文字列の長さを指定します。この場合、最大でnの2倍の記憶領域が使用できます。
- 2バイト文字であれば、文字数とnの値が同じになるので、最大文字数でサイズ指定が行えます。

型名	内容
datetime	24時間形式の時刻と組み合わせた日付

- 日付の範囲は、01年1月1日から9999年12月31日。
- 既定値は、「1900-01-01」。
- メモリサイズは3バイト（固定）。
- データを登録する際は、「YYYY-MM-DD」のように、年、月、日をハイフンで区切って入力します。

Memo コードペイン

テーブルデザイナーを表示すると、画面の下部に**コードペイン**が表示されます。テーブルデザイナーで操作した内容に基づいてSQL文が生成され、コードペインに表示されます。**更新**ボタンをクリックすると、コードペインに表示されているSQL文がSQL Serverに送信され、データベースの更新が行われます。

コードペインを見てみると、SQLのキーワードがすべて大文字で記載されていることが確認できます。SQLでは、大文字と小文字の区別は行われないので、小文字で書くことも大文字で書くこともできますが、一般的にSQLのキーワードであることがわかるように大文字で記述されます。

▼テーブルデザイナーのコードペイン

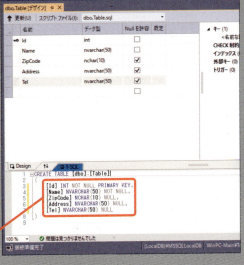

生成されたSQL文

5.2 データベースの作成

5.2.3 データの登録

　テーブルの作成が完了したら、データの登録を行います。データの登録は、テーブルデザイナーのデータウィンドウを使って行います。

▼サーバーエクスプローラー

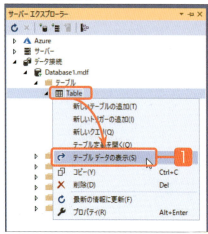

1. サーバーエクスプローラーで対象のテーブルを右クリックして、**テーブルデータの表示**を選択します。

▼テーブルデザイナー

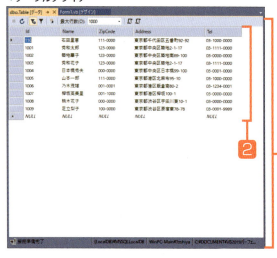

[データ]ウィンドウが表示される

2. テーブルデザイナーに**データ**ウィンドウが表示されるので、1行目のデータから順に入力していきます。

3. すべてのデータの入力が済んだら、データウィンドウを閉じます。

Onepoint

サーバーエクスプローラーで対象のテーブルを右クリックして、**テーブルデータの表示**を選択すると、**データ**ウィンドウが再表示されます。

Section 5.3 データベースアプリの作成

Level ★★★　　Keyword　接続文字列　SQL文　接続型データアクセス

　データベースの操作は、「接続型」、または「非接続型」と呼ばれるアクセス方法を使用して行います。接続型で使用するクラス群は**データプロバイダー**、非接続型で使用するクラス群を**データセット**と呼びます。
　最初に接続型データアクセスを使用したデータベースプログラムの作成について見ていきます。

データアクセス

　プログラムからデータベースに接続し、操作対象のテーブルにアクセスするには、接続文字列と呼ばれるデータを利用します。接続文字列は、プロジェクトデザイナーを利用して自動生成することができます。

● SQLによるデータベースの操作

データプロバイダーによるデータベースの操作は、次の手順で行います。

❶ SqlConnection クラスによる接続

SqlConnection オブジェクトを生成し、接続文字列を格納してデータベースへ接続します。

❷ SqlCommand インスタンスへの SQL 文の格納

データベースを操作するための SQL 文を SqlCommand クラスのインスタンスに格納します。

❸ SQL 文の送信と処理結果の取得

SqlCommand クラスの ExecuteReader メソッドを呼び出して SQL 文を送信し、処理結果を SqlDataReader 型のオブジェクトで受け取ります。

❹ レコードの読み出し

SqlDataReader クラスのインスタンスには、テーブルのレコード (行データ) が表形式で格納されているので、SqlDataReader クラスの Read メソッドを使ってデータを取り出します。

5.3 データベースアプリの作成

5.3.1 接続文字列の作成

プログラムからデータベースに接続し、操作対象のテーブルにアクセスするには、**接続文字列**と呼ばれるデータを利用します。接続文字列は、次のようにプロジェクトデザイナーを利用して生成し、生成した接続文字列をコピーしてソースコード内に貼り付けることで、プログラムからデータベースに接続できるようになります。

▼サーバーエクスプローラー

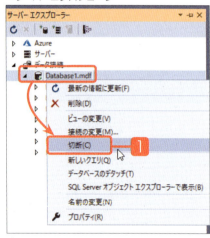

1 データベースを右クリックして**切断**を選択します。

> **Onepoint**
> 接続文字列を作成する際には、データベースへの接続が行われます。データベースへ接続した状態だと、データベースが使用中であると表示されて操作を進めることができなくなるので、あらかじめ切断しておくようにします。

2 ソリューションエクスプローラーのプロジェクト名を右クリックして、メニューから**プロパティ**を選択して、プロジェクトデザイナーを表示します。

3 **設定**タブをクリックし、**名前**の欄に設定名を入力します（デフォルトの名前で可）。

4 **種類**で（**接続文字列**）を選択します。

5 値の入力欄をクリックするとボタンが表示されるので、このボタンをクリックします。

▼ソリューションエクスプローラー

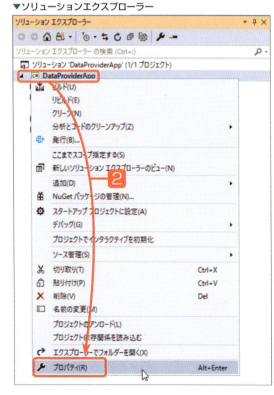

▼プロジェクトデザイナー

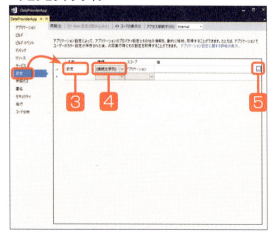

578

5.3 データベースアプリの作成

6 接続のプロパティダイアログボックスが表示されるので、**データソースの変更**ボタンをクリックします。

7 **データソースの変更**ダイアログボックスが表示されるので、**データソース**で**Microsoft SQL Server データベースファイル**を選択して、**OK**ボタンをクリックし、ダイアログボックスを閉じます。

▼［接続のプロパティ］ダイアログ

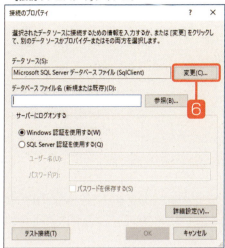

▼［データソースの変更］ダイアログ

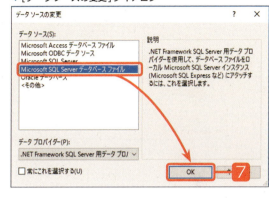

8 **データベースファイル名（新規または既存）**の**参照**ボタンをクリックします。

9 **SQL Server データベースファイルの選択**ダイアログボックスが表示されるので、接続するデータベースのファイルを選択して、**開く**ボタンをクリックし、ダイアログボックスを閉じます。

▼［接続のプロパティ］ダイアログ

▼［SQL Server データベースファイルの選択］ダイアログ

5 ADO.NETによるデータベースプログラミング

579

5.3 データベースアプリの作成

▼[接続のプロパティ]ダイアログボックス

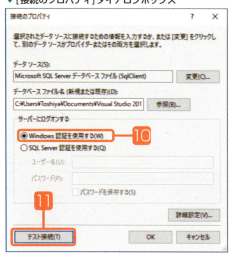

10 サーバーにログオンするで**Windows認証を使用する**をオンにします。

11 **テスト接続**ボタンをクリックします。

onepoint

Windows認証を使用するをオンにした場合は、現在、Windowsにログオンしているユーザーの情報でSQL Serverへログオンします。通常は、この方法を使ってSQL Serverに接続します。

▼接続の成功を通知するメッセージボックス

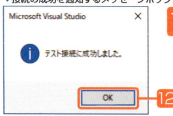

12 接続に成功するとメッセージボックスが表示されるので、**OK**ボタンをクリックします。

▼プロジェクトデザイナー

プログラムからは接続文字列を使ってデータベースにアクセスします

13 **OK**ボタンをクリックして、**接続のプロパティ**ダイアログボックスを閉じます。

14 接続文字列が生成されているので、これをコピーして、メモ帳などでテキストファイルに一時的に保存しておきます。

15 **ファイル**メニューの**選択されたファイルを上書き保存**を選択して、プロジェクトデザイナーの設定内容を保存します。

onepoint

接続文字列は、生成された接続文字列上で右クリックして**コピー**を選択、または接続文字列を選択した状態で[Ctrl]+[C]キーを押すことでコピーできます。

580

5.3.2 データベース操作の概要

ADO.NETのクラス群は、次の2つのグループに分類されます。

❶ データプロバイダーを構成するクラス群
❷ DataSetクラスを中心とする非接続型のクラス群

❶は、データベースへの接続、データベースに対するコマンド（SQL文）の実行を行い、SQL文の実行結果をデータベースから取得するような、データベースアクセスに直接かかわるクラスで構成されます。これらのクラスは**データプロバイダー**と呼ばれ、データプロバイダーを利用したデータベースへのアクセスは**接続型データアクセス**という方法を使って行われます。

❷の**データセット**と呼ばれるクラスでは、データベースから取得したデータをメモリ上に展開し、メモリ上のデータに対して処理を行います。データベースの更新を行う場合は、メモリ上のデータセット経由でデータベースにアクセスし、データセットのデータでデータベースの内容を一気に書き換えます。このようなデータベースへのアクセス方法は、**非接続型データアクセス**と呼ばれます。

データプロバイダーによるデータベースへのアクセス

ここでは、データプロバイダーに含まれる以下のクラスを利用してデータベースの操作を行ってみることにします。

クラス名	機能
SqlConnection	SQL Serverのデータベースに接続するためのオブジェクトを生成する。接続文字列は、このクラスのインスタンスに格納して利用する。
SqlCommand	SQL ServerにSQL文を送信するオブジェクトを生成する。
SqlDataReader	SQL Serverのデータベースから読み取ったデータを格納するインスタンスを生成する。

これらの3つのクラスは、System.Data.SqlClient名前空間に属するクラスです。System.Data.SqlClient名前空間の「Sql」で始まる名前のクラスは、SQL Serverにアクセスするためのクラスで、「.NET Framework Data Provider for SQL Server」というデータプロバイダー名で呼ばれています。

SqlConnectionクラスによる接続

これからデータベースで操作するためのソースコードについて見ていきます。これらのコードは、次の項目で実際に入力していきますので、まずは以下をざっと読んでいただき、概要を掴んでもらえればと思います。

まず、SqlConnectionクラスを利用してデータベースに接続する（データベースをオープンする）ための処理です。

▼ SqlConnectionクラスを利用したデータベースへの接続

```
SqlConnection cn = new SqlConnection();                          ❶
cn.ConnectionString =                                             ❷
    @"Data Source=(LocalDB)\MSSQLLocalDB;" +
    @"AttachDbFilename=|DataDirectory|\Database1.mdf;" +
    "Integrated Security=True;Connect Timeout=30";
cn.Open();                                                        ❸
    // 一連の処理
cn.Close();                                                       ❹
```

❶ SqlConnectionクラスのインスタンスを生成

データベースへの接続処理を行うSqlConnectionクラスのインスタンスを生成し、参照をcnに格納します。

❷ 接続文字列の設定

SqlConnectionクラスのConnectionStringプロパティに、接続文字列をセットします。ConnectionStringは、接続文字列を設定するプロパティです。

❸ データベースへの接続

SqlConnectionクラスのOpen()メソッドを使って、データベースに接続します。Open()は、ConnectionStringプロパティの接続文字列を使用して、データベース接続を開くメソッドです。

❹ 処理完了後の切断

一連の処理が完了したら、Close()メソッドでデータベースから切断します。

SqlCommandインスタンスへのSQL文の格納

データベースに接続したら、データベースを操作するためのSQL文をSqlCommandクラスのインスタンスに格納します。

▼SqlCommandクラスによるSQL文の送信

```
SqlCommand cmd = new SqlCommand();                              ①

cmd.Connection = cn;                                            ②
cmd.CommandType = CommandType.Text;                             ③
cmd.CommandText = "SELECT * FROM [dbo].[Table]";                ④
```

❶ SqlCommandクラスのインスタンスを生成
SQL文の処理を行うSqlCommandクラスのインスタンスを生成し、参照をcmdに格納します。

❷ SQL文の送信先を指定
SqlCommandクラスのConnectionプロパティで、SqlCommandのインスタンスが使用する接続として、SqlConnectionクラスのインスタンスを参照するcnを指定しています。

❸ コマンドに使用する文字列の解釈方法を指定

接続の指定が済んだら、CommandTypeプロパティで、コマンドに使用する文字列の解釈方法を指定します。使用するコマンドはSQL文なので、Textを指定します。

▼CommandTypeのプロパティ値（CommandType列挙体のメンバー）

メンバー名	内容
Text	SQLコマンド
TableDirect	テーブル名
StoredProcedure	ストアドプロシージャ名

❹ SQL文の格納
SqlCommandクラスのCommandTextプロパティにSQL文を格納します。ここで格納したSQL文は、あとで実行するExecuteReaderメソッドによってSQL Serverに送信されます。なお、SQL文は文字列として格納するので、""で囲んで記述します。

▼SQL文

```
"SELECT * FROM [dbo].[Table]"
```

●データを取り出す―― SELECT...FROM文

SELECT...FROMは、指定したテーブルの中から条件に合う行を検索して表示する文です。

▼特定の列のデータを表示する

```
SELECT 列名1, 列名2, …
FROM テーブル名;
```

▼すべての列のデータを表示する

```
SELECT *
FROM テーブル名;
```

SQL文は1行で書くことも、複数行に分けて書くこともできます。文が長くなる場合は、SELECTやFROMなどの句ごとに改行すると、コードが読みやすくなります。次のどちらの書き方も同じように解釈されます。

▼1行で記述
```
SELECT * FROM [dbo].[Table]
```

▼複数行に分けて記述
```
SELECT *
FROM [dbo].[Table]
```

●テーブル名の指定

FROM句で指定するテーブル名は、「[スキーマ名].[テーブル名]」のように記述します。スキーマとは、テーブルなどのデータベースオブジェクトの集合を管理するための単位のことで、関連するオブジェクトを格納するフォルダーのような役目を持ちます。既定では、dboというスキーマにテーブルが格納されるので、前記のように記述します。

Hint テーブルの内容を変更するには

作成済みのテーブルに新たな列（カラム）を追加したり、テーブルの内容を変更する場合は次のように操作します。

❶サーバーエクスプローラーで対象のテーブルを右クリックして、**テーブル定義を開く**を選択します。
❷テーブルの内容がテーブルデザイナーに表示されるので、テーブルの内容を変更します。
❸更新ボタンをクリックします。
❹データベース更新のプレビューダイアログボックスの**データベースの更新**をクリックします。

5.3 データベースアプリの作成

SqlDataReaderインスタンスからのレコード取得

データベースへの接続とSQL文の用意ができたら、SQL文を送信して処理結果を取得します。

▼SqlCommandクラスによるSQL文の送信

```
SqlDataReader rd;                                                    ❶
rd = cmd.ExecuteReader();                                            ❷
while (rd.Read())                                                    ❸
    ListBox1.Items.Add(                                              ❹
        String.Format("[{0}] {1,-10} {2,-10} {3,-30} [Tel]{4}",
            rd["Id"], rd["Name"], rd["ZipCode"],
            rd["Address"], rd["Tel"]));                              ❺
```

❶SqlDataReaderクラス型の変数宣言

SqlDataReaderクラスは、SQL文の処理結果を格納し、処理結果を読み取る処理を行うクラスです。インスタンスは❷の処理において戻り値として返されるので、ここではNewによるインスタンスの生成は行いません。

❷SQL文の送信と処理結果の取得

SqlCommandクラスのExecuteReaderメソッドは、SQL文を送信し、処理結果を格納したSqlDataReader型のインスタンスを戻り値として返します。戻り値は、❶で宣言したSqlDataReader型の変数に代入します。

❸レコードの読み出し

SqlDataReaderクラスのインスタンスには、SQL文の処理結果としてテーブルのレコード(行データ)が表形式で格納されています。これらのレコードを読み込むには、SqlDataReaderクラスのRead()メソッドを使います。このメソッドは、先頭のレコードから順に1行ずつアクセスするので、メソッドを実行した直後にSqlDataReaderオブジェクトを参照すれば行データを取り出すことができます。

```
SqlDataReader rd;
rd = cmd.ExecuteReader();
rd.Read();           ────── 1行目のデータにアクセスする
```

❹レコードの出力

取り出したレコードをリストボックスに表示する場合は、ListBoxのItemsプロパティに、ListBox.ObjectCollectionクラスのAdd()メソッドで各カラム(列)のデータを1つずつ追加します。

```
ListBox1.Items.Add(rd["Id"]);   ────── ListBox1にIdカラムのデータを表示する
```

・現在のレコードの各列のデータはインデクサーで取得する

テーブルの行データは、次のような構造になっています。

Id	Name	ZipCode	Address	Tel
1001	秀和太郎	123-0000	東京都中央区築地2-1-7	03-1111-0000

現在のレコード上にある各カラム（列）のデータは、SqlDataReaderクラスのインデクサーを使って取得します。**インデクサー**とは、クラスまたは構造体のインスタンスに対して、配列と同じようにアクセスできるようにする仕組みのことで、インデックス（添字）にテーブルのカラム名を指定することで各列のデータを取得できます。

▼インデクサーによる列データの取得（列名を使用）

```
SqlDataReaderのインスタンス["カラム名"];
```

なお、インデックスは、左端の列を基点とする0から始まる数値で指定することも可能です。

▼インデクサーによる列データの取得（0から始まるインデックス値を使用））

```
SqlDataReaderのインスタンス[インデックス];
```

SqlDataReaderのインスタンスから、1行目の各列のデータをListBoxに表示するには、次のように記述します。

```
ListBox1.Items.Add(rd["Id"]);
ListBox1.Items.Add(rd["Name"]);
ListBox1.Items.Add(rd["ZipCode"]);
ListBox1.Items.Add(rd["Address"]);
ListBox1.Items.Add(rd["Tel"]);
```

ListBox コントロールに各カラムのデータを表示するようにします

・Whileステートメントによる全データの取り出し

Whileステートメントを使えば、全レコードのデータを表示できます。

```
while (rd.Read())
{
    ListBox1.Items.Add(rd["Id"]);
    ListBox1.Items.Add(rd["Name"]);
    ListBox1.Items.Add(rd["ZipCode"]);
    ListBox1.Items.Add(rd["Adress"]);
    ListBox1.Items.Add(rd["Tel"]);
}
```

Readメソッドは、実行するたびに先頭行から順次、次の行に進み、レコードが存在する場合はTrue、行が存在しない場合はFalseを戻り値として返すので、Falseが返されるまでループを繰り返し、全行のデータを抽出します。

❺String.Formatメソッドによる行単位の出力

前記のWhileステートメントによるループでは、各データがListBoxに1行ずつ出力されます。この場合、String.Formatメソッドを使うことでレコードのデータを行単位で出力できます。

▼String.Formatメソッド

```
String.Format(複合書式指定文字列, 書式を指定する文字列);
```

複合書式指定文字列は、書式を設定するオブジェクトを識別する0から始まる数値を{ }で囲んだ文字列のことで、**パラメーター指定子**とも呼ばれます。次のように記述すると、レコードのデータがリストボックスに1行で出力されます。

▼テーブルの行データをListBoxの1行に出力する
```
ListBox1.Items.Add(
    String.Format("[{0}] {1} {2} {3} {4}",
                  rd["Id"], rd["Name"], rd["ZipCode"],
                  rd["Address"], rd["Tel"]));
```

▼出力例
```
[1001] 秀和太郎 123-0000 東京都中央区築地2-1-7 03-1111-0000
```

{0}の部分には、rd["Id"]のデータが出力されますが、パラメーター指定子の間には、[{0}]のように任意の文字列を入れることもできます。また、{0,10}のようにカンマで区切ることで、表示領域の幅を文字数で設定することができます。この場合、正の値は左寄せ、負の値は右寄せで文字データが配置されますが、表示幅を指定しても表示する文字数によっては次の列のデータが他の行のデータと揃わない場合があります。

5.3.3 操作画面の作成とイベントハンドラーの作成

データの表示を行うための操作画面を作成します。Form1にButton、TextBox、ListBoxの各コントロールを配置します。

▼フォームデザイナー (プロジェクト「DataProviderApp」)

1 Form1にButton、TextBox、ListBoxの各コントロールを配置します。フォームのBackgroundImageプロパティでは、背景イメージを設定しています。

❶ Button1　❸ Button2
❷ Button3　❹ TextBox1
❺ ListBox1

テーブルデータを表示するイベントハンドラーの作成

「全件表示」ボタン (Button1) をクリックした際に実行されるイベントハンドラーを作成して、テーブルの全データを一括して表示するコードを記述します。

Button1 (全件表示) をダブルクリックしてイベントハンドラーに以下のコードを記述します。

▼Button1のイベントハンドラー (Form1.cs)

```
using System;
using System.Data;
using System.Windows.Forms;
using System.Data.SqlClient                                       ❶

namespace DataProviderApp
{
    public partial class Form1 : Form
    {
        private SqlConnection cn = new SqlConnection();           ❷
        private SqlCommand cmd = new SqlCommand();                ❸
        private SqlDataReader rd;                                 ❹
        private string cnstr =
            @"Data Source=(LocalDB)\MSSQLLocalDB;" +
            @"AttachDbFilename=|DataDirectory|\Database1.mdf;" +
```

5.3　データベースアプリの作成

```
                "Integrated Security=True;" +
                "Connect Timeout=30";                                    ⑤


    public Form1()
    {
        InitializeComponent();
    }


    private void Button1_Click(object sender, EventArgs e)
    {
        cn.ConnectionString = cnstr;                                     ⑥
        cn.Open();                                                       ⑦


        cmd.Connection  = cn;                                            ⑧
        cmd.CommandType = CommandType.Text;                              ⑨
        cmd.CommandText = "SELECT * FROM [dbo].[Table]";                 ⑩


        rd = cmd.ExecuteReader();                                        ⑪
        while (rd.Read())                                                ⑫
            ListBox1.Items.Add(
                String.Format("[{0}] {1,-10} {2,-10} {3,-30} [Tel]{4}",
                              rd["Id"], rd["Name"], rd["ZipCode"],
                              rd["Address"], rd["Tel"]));


        rd.Close();                                                      ⑬
        cn.Close();                                                      ⑭
    }
}
}
```

●テーブルデータの全件表示

入力したコードの内容は、次のとおりです。

❶名前空間のインポート

データプロバイダー「.NET Framework Data Provider for SQL Server」を利用するための
System.Data.SqlClient名前空間をインポートします。

❷〜❹フィールドの宣言

SqlConnection、およびSqlCommand、SqlDataReader型のフィールドを宣言しています。
SqlConnectionとSqlCommandについては、同時にインスタンスの生成も行っています。

589

5.3 データベースアプリの作成

❺接続文字列の代入

string型のフィールドcnstrに、「5.3.1　接続文字列の作成」において生成した接続文字列を代入します。なお、「¥」がエスケープシーケンスを示す文字として解釈されないように、¥が存在する行の冒頭に「@」を記述しておきます。

❻接続文字列の設定

ConnectionStringプロパティに、接続文字列を代入します。

❼データベースへの接続

Open()メソッドを使って、データベースに接続します。

❽SQL文の送信先を指定

SQL文の処理を行うSqlCommandクラスのインスタンスが使用する接続を、SqlCommandクラスのConnectionプロパティに設定しています。

❾コマンドに使用する文字列の解釈方法を指定

コマンドに使用する文字列がSQL文として認識されるように、CommandTypeプロパティにTextを設定しています。

❿SQL文の格納

SqlCommandクラスのCommandTextプロパティにSQL文を格納します。SQL文のSELECT句で「*」を指定することで、すべてのカラム（列）のデータを表示するようにします。

⓫SQL文の送信と処理結果の取得

SqlCommandクラスのExecuteReader()メソッドを実行して、SQL文を送信し、戻り値として返される処理結果をSqlDataReader型の変数に代入します。

⓬レコードの読み出しとListBoxへの出力

Read()メソッドで⓫のインスタンスのレコードにアクセスし、Add()メソッドでListBox1のItemsプロパティにデータを格納します。Add()メソッドの引数にString.Format()メソッドの戻り値を指定することで、ListBoxの1行に対して1行ぶんの行データを出力します。

⓭SqlDataReaderオブジェクトを閉じる

SqlDataReaderのインスタンスrdに対してClose()メソッドを実行して、SqlDataReaderオブジェクトを閉じます。

⓮SqlConnectionオブジェクトを閉じる

SqlConnectionのインスタンスcnに対してClose()メソッドを実行して、SqlConnectionオブジェクトを閉じます。これによって、データベースの接続が切断（ログアウト）されます。

590

5.3 データベースアプリの作成

●プログラムの実行
では、プログラムを実行して、テーブルの全データを表示してみることにしましょう。
全件表示ボタンをクリックすると、テーブルに登録されている全データが表示されます。

▼実行中のプログラム

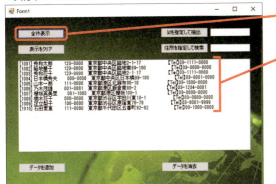

クリック

テーブルに登録されている全データが表示される

 emo データを登録する（INSERT INTO...VALUES）

データを登録するには、次のSQL文を使います。

▼テーブルにデータを登録する

構文　INSERT INTO テーブル名 VALUES（列1のデータ，列2のデータ…）

●データを入力するポイント
・登録するデータは、VALUESのあとの( )の中に列の順番どおりに入力します。
・各データは「,」で区切って入力します。

「5.3.5　データ登録用フォームの作成」で作成したプログラムは、「登録」ボタンをクリックすると、次のSQL文をSQL Serverに送信するようになっています。

```
INSERT INTO [dbo].[Table] VALUES(
                '＜TextBox1の値＞',
                N'＜TextBox2の値＞',
                N'＜TextBox3の値＞',
                N'＜TextBox4の値＞',
                '＜TextBox5の値＞')
```

5.3 データベースアプリの作成

5.3.4　指定したデータの抽出

「Idを指定して抽出」ボタン（Button2）をクリックした際に実行されるイベントハンドラーを作成して、TextBoxに入力されたIdに該当するデータを抽出するコードを記述しましょう。

データベースに接続してSQL文を送信し、結果をListBoxに表示する処理は、前項の「テーブルデータを表示するイベントハンドラーの作成」のイベントハンドラーの内容と同じです。SQL文の箇所のみが異なります。

1 Button2（「Idを指定して抽出」と表示されているButton）をダブルクリックしてイベントハンドラーを生成し、以下のコードを記述します。

▼Button2のイベントハンドラー（Form1.cs）

```
private void Button2_Click(object sender, EventArgs e)
{
    cn.ConnectionString = cnstr;
    cn.Open();


    cmd.Connection = cn;
    cmd.CommandType = CommandType.Text;
    cmd.CommandText = "SELECT * FROM [dbo].[Table] " +
                      "WHERE Id='" + TextBox1.Text + "'";
    rd = cmd.ExecuteReader();
    while (rd.Read())
        ListBox1.Items.Add(
            String.Format("[{0}] {1,-10} {2,-10} {3,-30} [Tel]{4}",
                          rd["Id"], rd["Name"], rd["ZipCode"],
                          rd["Address"], rd["Tel"]));
    rd.Close();
    cn.Close();
}
```

●プログラムの実行

プログラムを実行して、データの抽出を行ってみることにしましょう。

テキストボックスにIdの値を入力して、**Idを指定して抽出**ボタンをクリックすると、該当するレコードが抽出されます。

592

5.3 データベースアプリの作成

▼実行中のプログラム

▼実行中のプログラム
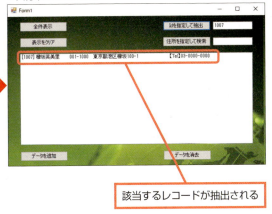

クリックする　入力する　　　該当するレコードが抽出される

Memo | 指定したデータを抽出する

「5.3.4 指定したデータの抽出」では、次のSQLの構文を使って、データの抽出を行っています。

構文 ▼データを検索する

```
SELECT  結果として表示する列名
FROM    テーブル名
WHERE   検索する条件
```

● データ検索のポイント
・WHEREのあとに記述した条件に一致する行が検索されます。
・条件に一致すると、「SELECT 列名」で指定した列のデータが表示されます。

● 条件を指定する方法
・検索条件を記述する場合は、列名に対して条件を指定します。条件を指定するには、「=」などの演算子を使います。

・「〜と等しい」とするには「=」を使います。

例：`Name = '太郎'`

・「〜より大きい」とするには「>」を使います。

例：`price > 100`

・「〜より小さい」とするには「<」を使います。

例：`price < 600`

　作成例では、次のように記述することで、列Idに登録されている値が、TextBox1に入力された値と一致する行を検索し、一致した行データを抽出するようにしています。なお、2行に分けて記述していますが、1行で記述してもかまいません。

```
"SELECT * FROM [dbo].[Table] " +
"WHERE Id='" + TextBox1.Text + "'"
```

　実際にSQL文を送信する際は、「TextBox1.Text」の部分が、TextBox1に入力された値に置き換えられます。

住所を指定して抽出する

新たにテキストボックスとボタンを追加して、住所の一部を入力すると、該当する住所が登録された行データを抽出するコードを記述することにします。

▼TextBoxコントロールとButtonコントロールの配置とプロパティの設定

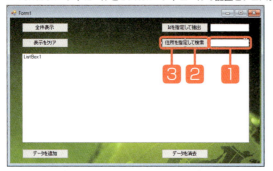

1. テキストボックス（TextBox2）を配置します。

2. ボタン（Button4）を配置して、**Text**プロパティに「住所を指定して検索」と入力します。

3. Button4をダブルクリックしてイベントハンドラーを生成し、次のように記述します。

▼Button4のイベントハンドラー（Form1.cs）

```
private void Button4_Click(object sender, EventArgs e)
{
    cn.ConnectionString =cnstr;
    cn.Open();
    cmd.Connection = cn;
    cmd.CommandType = CommandType.Text;
    cmd.CommandText = "SELECT * FROM [dbo].[Table]" +
                      "WHERE Address LIKE N'%" + TextBox2.Text + "%'";
    rd = cmd.ExecuteReader();
    while (rd.Read())
        ListBox1.Items.Add(
            String.Format("[{0}] {1,-10} {2,-10} {3,-30} [Tel]{4}",
                          rd["Id"], rd["Name"], rd["ZipCode"],
                          rd["Address"], rd["Tel"]));
    rd.Close();
    cn.Close();
}
```

指定した文字を含むデータを検索する（LIKEによるあいまい検索）

「住所を指定して抽出する」では、指定した文字を含むデータを検索するには、LIKE演算子を使用してデータの抽出を行っています。

● 指定した文字を含むデータを検索する

構文　SELECT 結果を表示する列名 FROM テーブル名 WHERE 検索対象の列名 LIKE 条件

● **あいまい検索の条件設定**
・「LIKE 条件」の条件の部分は、「%」や「_」などのワイルドカードを使って検索する文字を指定します。

● **ワイルドカード**
　検索対象の文字は、次のワイルドカードを使って指定します。

ワイルドカード	働き	使用例	該当する例
%	0〜任意の文字列に相当	%タ	データ
ベース%	ベース	%木%	乃木坂
_（アンダースコア）	1文字に相当	_青山	南青山

　操作例では、次のように記述して、TextBox2に入力された文字列を含むデータを検索するようにしています。

```
SELECT * FROM [dbo].[Table]
WHERE Address
LIKE N'% + TextBox2に入力された文字列 + %'
```

「TextBox2に入力された文字列」の前後に0文字以上の文字を含むデータを検索

● **日本語を使うときはプレフィックスの「N」を付ける**
　Visual Studioで作成したプログラムからSQL Serverに日本語の文字列を送信するときは、プレフィックス（接頭辞）の「N」を付けるようにします。これは、文字コードにUnicodeが使用されていることを示すためです。Nを付けないと、文字化けが発生して文字が正しく認識されない場合があるので注意してください。

5.3 データベースアプリの作成

●プログラムの実行

プログラムを実行して、指定した文字を含む住所の行データを抽出してみることにしましょう。

TextBox2に住所の一部を入力して、**住所を指定して検索**ボタンをクリックすると、該当する行データが表示されます。

▼実行中のプログラム

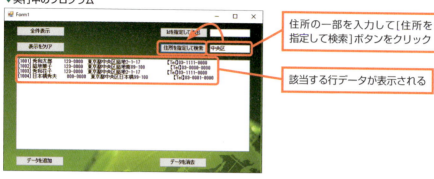

住所の一部を入力して[住所を指定して検索]ボタンをクリック

該当する行データが表示される

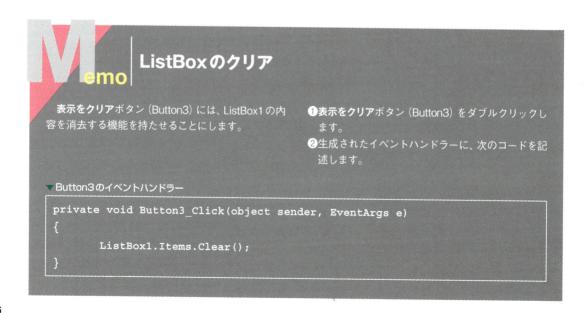

Memo　ListBoxのクリア

表示をクリアボタン（Button3）には、ListBox1の内容を消去する機能を持たせることにします。

❶**表示をクリア**ボタン（Button3）をダブルクリックします。
❷生成されたイベントハンドラーに、次のコードを記述します。

▼Button3のイベントハンドラー

```
private void Button3_Click(object sender, EventArgs e)
{
    ListBox1.Items.Clear();
}
```

5.3 データベースアプリの作成

5.3.5 データ登録用フォームの作成

プロジェクトに新規のフォーム（Form2）を追加してデータ登録用の画面を作成し、テーブルにデータを登録できるようにしましょう。

▼Label、TextBox、Buttonコントロールの配置

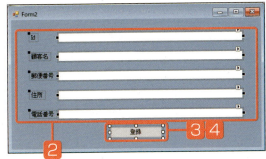

1 プロジェクトメニューをクリックして**Windowsフォームの追加**から**Windowsフォーム**を選択し、フォーム名を入力して、**追加**ボタンをクリックします。

2 LabelコントロールとTextBoxコントロール（TextBox1～TextBox5）を配置し、LabelコントロールのTextプロパティを設定します。

3 Buttonコントロール（Button1）を配置し、Textプロパティを設定します。

4 Button1をダブルクリックしてイベントハンドラーと、その上部に以下のように記述します。

▼Button1のイベントハンドラー（Form2.cs）

```
using System;
using System.Data;
using System.Windows.Forms;
using System.Data.SqlClient;           ──────── 追加する

namespace DataProviderApp
{
    public partial class Form2 : Form
    {
        private SqlConnection cn  = new SqlConnection();
        private SqlCommand    cmd = new SqlCommand();         ──── 記述する
        private SqlDataReader rd;

        public Form2()
        {
            InitializeComponent();
        }

        private void Button1_Click(object sender, EventArgs e)
        {
```

5.3 データベースアプリの作成

```
        cn.ConnectionString =
            @"Data Source=(LocalDB)\MSSQLLocalDB;" +
            @"AttachDbFilename=|DataDirectory|\Database1.mdf;" +
            "Integrated Security=True;Connect Timeout=30";
        cn.Open();
        cmd.Connection = cn;
        cmd.CommandType = CommandType.Text;
        cmd.CommandText = "INSERT INTO [dbo].[Table] VALUES(" +
                          "'" + TextBox1.Text + "'," +
                          "N'" + TextBox2.Text + "'," +
                          "N'" + TextBox3.Text + "'," +
                          "N'" + TextBox4.Text + "'," +
                          "'" + TextBox5.Text + "')";
        rd = cmd.ExecuteReader();
        rd.Close();
        cn.Close();
        this.Close();
    }
  }
}
```

記述する

Onepoint

入力するコードは、「Form1」の各イベントハンドラーに入力したコードと同じです。ただし、ここではデータの登録だけを行うので、「rd = cmd.ExecuteReader」を実行したあとは、SqlDataReaderオブジェクトとSqlConnectionオブジェクトを閉じています。

▼Form1にButtonコントロールを配置

5 Form1にButtonコントロール（Button5）を追加して、Textプロパティを設定します。

6 Button5をダブルクリックしてイベントハンドラーに、次のように記述します。

5.3 データベースアプリの作成

▼Button5のイベントハンドラー (Form1.cs)
```
private void Button5_Click(object sender, EventArgs e)
{
    Form2 frm = new Form2();
    frm.ShowDialog();
}
```

●プログラムの実行

プログラムを実行して、データの登録を行ってみることにしましょう。なお、今回は、実行可能ファイルを直接、実行して操作を行うことにします。

データを追加ボタンをクリックして、登録用の画面を表示し、データを入力して**登録**ボタンをクリックします。**全件表示**ボタンをクリックすると、データが登録されていることが確認できます。

▼データ登録用のフォーム

[登録]ボタンをクリックする

Onepoint

プログラムを終了し、再び開始ボタンでプログラムを実行するとビルドが行われるため、プロジェクトに保存されているデータベースによって上書きされます。つまり、テーブルデザイナーで作成したテーブルの状態に戻ります。プログラムを終了したあとで、再度、追加したデータを確認したい場合は、ビルドを実行せずに、「bin」フォルダーの「Debug」に格納されている実行ファイルを使ってプログラムを起動してください。

5.3.6 データ消去用フォームの作成

プロジェクトに新規のフォームを追加してデータを削除する画面を作成します。

▼TextBoxコントロールとButtonコントロールの配置

1. 新規のフォーム (Form3.cs) を追加します。

2. TextBoxコントロール (TextBox1) とButtonコントロールを配置し、Button1コントロールのTextプロパティを設定します。

3. Button1をダブルクリックし、Form3のソースファイルに以下のコードを記述します。

▼Button1のイベントハンドラー (Form3.cs)

```csharp
using System;
using System.Data;
using System.Windows.Forms;
using System.Data.SqlClient;          ── 追加する

namespace DataProviderApp1
{
    public partial class Form3 : Form
    {
        private SqlConnection cn = new SqlConnection();      ┐
        private SqlCommand cmd = new SqlCommand();           │ 記述する
        private SqlDataReader rd;                            ┘

        public Form3()
        {
            InitializeComponent();
        }
        private void Button1_Click(object sender, EventArgs e)
        {
            cn.ConnectionString =
            @"Data Source=(LocalDB)\MSSQLLocalDB;" +
            @"AttachDbFilename=|DataDirectory|\Database1.mdf;" +
            "Integrated Security=True;Connect Timeout=30";
            cn.Open();

            cmd.Connection = cn;
            cmd.CommandType = CommandType.Text;
```

```
            cmd.CommandText = "DELETE FROM [dbo].[Table]" +
                            "WHERE Id='" + TextBox1.Text + "'";

            rd = cmd.ExecuteReader();
            rd.Close();
            cn.Close();
            this.Close();
        }
    }
}
```

記述する

▼Form1にButtonコントロールを配置

4 Form1にButtonコントロール(Button6)を追加して、Textプロパティを設定します。

5 Button6をダブルクリックして、イベントハンドラーに次のように記述します。

6 Button6のイベントハンドラーに、Form3を表示するコードを記述します。

▼Button6のイベントハンドラー (Form3.cs)

```
private void Button6_Click(object sender, EventArgs e)
{
    Form3 frm = new Form3();
    frm.ShowDialog();
}
```

● プログラムの実行

プログラムを実行して、指定したIdを含む行データを削除してみることにしましょう。
データを消去ボタンをクリックします。

▼実行中のプログラム

クリックする

5.3 データベースアプリの作成

消去する行データのIdを入力して、**該当するIdのデータを消去**ボタンをクリックすると、対象のレコードが削除されます。

▼実行中のプログラム

入力する　　クリック

Attention
プログラムの終了後、デバッグの開始やソリューションのビルドを再度、実行すると、データベースの内容は、プロジェクトフォルダー直下に保存しているデータベースの内容に書き換えられるので、更新された内容は破棄されます。なお、デバッグの開始やソリューションのビルドを再度、実行する前であれば、「bin」フォルダーに生成された実行可能ファイルからプログラムを起動することで、操作結果を見ることができます。

▼実行中のプログラム

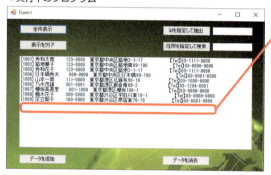

指定したデータが削除された

Section 5.4 データセットによるデータベースアプリの作成

Level ★★★　　Keyword　データセット　データ接続　バインディングナビゲーター

データセットとは、データベースのデータをメモリ上に展開し、メモリ上のデータに対して、操作を行う機能のことです。
Visual Studioでは、データセットの作成が自動化されていて、ウィザードに沿って操作を進めるだけで済むようになっています。

ここがポイント！ データセットを利用したアプリの開発

本セクションでは、以下の環境と手順で、データベースアプリの開発を行います。

● 開発手順
1. データセットの作成
2. データセットのフォームへの登録
3. データグリッドビューの設定

● サンプルプログラムの改造
1. データグリッドビューの削除
2. データの読み込みを行うボタンの配置
3. データの更新を行うボタンの配置
4. イベントプロシージャの作成

▼完成したデータベースアプリ

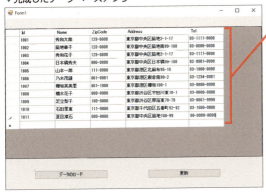

テーブルデータを読み込む

5.4.1 データセットを利用したデータベースプログラミング

ADO.NETでは、データベースへ接続するための機能やデータを操作するための機能などをオブジェクト化（プログラムとしての部品化）しています。これによって、複雑な操作を行わずに、個々の機能を組み合わせていくだけで、データベースへの操作が行えます。

データセットの仕組み

データセットとは、データベースのデータをメモリ上に展開し、データの閲覧や追加、および削除、修正などの編集を行うための仕組みのことです。

●データセットの特徴

データセットを使えば、最初に必要なデータを一括して読み込み、読み込んだデータ（正確にはメモリ上に展開されたデータ）に対してデータの編集が行えるので、データを追加したり削除する度にデータベースに接続する必要はありません。編集や追加などの作業が済んだところでデータベースにアクセスし、データベースのデータをデータセットのデータで一気に上書きするためです。

このように、データセットは、データベースとデータベースプログラムの中間に位置する、仮想的なデータベース空間としての機能を提供します。

●「Visual C#」＋「SQL Server」で自動化されたデータベース接続

Visual Studioを使ってデータベースおよびテーブルを作成した場合、アプリケーションからデータベースへ接続するための「データ接続」が自動的に設定されるようになっています。

データ接続とは、データベースに接続するための設定情報を含む**Adapter**（アダプター）と呼ばれるプログラムや**Connection**（コネクション）と呼ばれるプログラムなど、データベースに接続するための必要なプログラムの総称です。

データベース、およびテーブルの作成を済ませて、ここで紹介するデータセットの作成さえ行えば、あとは、データセットをフォームにドラッグ＆ドロップするだけで、データの閲覧と編集が行えるアプリケーションを作成することができます。

ADO.NETのクラス

ADO.NETのデータセットでは、主に次の4つのオブジェクトを使って、データベースへのアクセスや処理を行います。これらのオブジェクトは、コンポーネントやコントロールとして、ツールバーの**データ**カテゴリに登録されています。

●BindingSourceコンポーネント

フォーム上に配置されたコントロールとデータベースを接続する機能があります。

5.4 データセットによるデータベースアプリの作成

●TableAdapterコンポーネント

　データベースのデータの取得やデータの変更の通知を管理するためのオブジェクト（コンポーネント）で、DataSetとデータベースのテーブル間で通信を行う機能を実装していて、データベースから返されたテーブルデータをDataSetに格納する処理を行います。

●DataSetコンポーネント

　データセットは、データベースのコピーを保持するためのオブジェクト（コンポーネント）で、データベースにアクセスして、データベースのデータをメモリ上に展開する働きをします。

　データベースアプリケーションは、データベースのデータを直接、読み書きするのではなく、データベースから読み込んだデータをいったんメモリ上に展開し、メモリ上に展開されたデータベースのコピーに対して読み書きを行います。

　データの更新を行う場合は、DataSet上のデータをデータベースに書き込む処理を行います。このような仕組みを**非同期データセット**と呼びます。

　「非同期データセット」のメリットとしては、メモリ上のDataSetが処理の対象となるため、常にデータベースシステムと接続して処理を行う場合に比べて、高速で処理できる点が挙げられます。また、処理中にデータベースシステムと接続し続ける必要がないため、データベースを占有することがないというメリットがあります。

●BindingNavigatorコントロール

　データの修正や追加、削除などの操作を行うためのユーザーインターフェイスをフォーム上に表示します。BindingNavigatorコントロールを使用せずに、独自にデザインしたユーザーインターフェイスに、必要なプログラムコードを関連付けることで、オリジナルのユーザーインターフェイスを実装することも可能です。

●DataGridViewコントロール

　DataSetのデータをフォーム上に表示するためのコントロールです。

Memo レコード単位でデータを削除する

　登録したデータが不要になった場合は、DELETE文を使って削除することができます。
　DELETE文は、特定のレコードだけを削除するほかに、すべての行のデータを一括で削除することもできます。

●行のデータを削除するときのポイント

　WHEREのあとに「列名 = 列のデータ」のような条件を記述すれば、条件に一致したデータが登録されている行が削除されます。

▼特定の行データを削除する

構文　`DELETE FROM テーブル名 WHERE 条件`

5.4 データセットによるデータベースアプリの作成

▼ADO.NETにおけるデータベースシステムへのアクセス

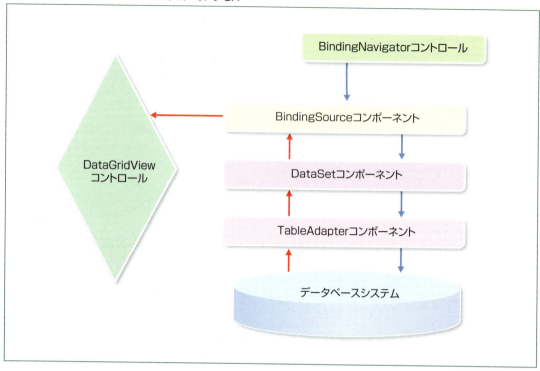

▼ツールボックスの[データ]カテゴリ

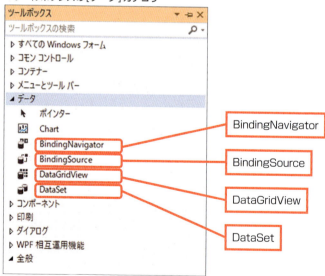

5.4 データセットによるデータベースアプリの作成

データセットを作成する

ここでは、作成済みのデータベースを利用して、データセットを使用するアプリケーションを作成することにします。

1 前のセクションで作成した「Database1.mdf」をプロジェクトにコピーしておきます。

2 **表示**メニューをクリックして**その他のウィンドウ→データソース**を選択します。

3 **データソース構成ウィザード**を表示します。**新しいデータソースの追加**ボタンをクリックします。

▼ソリューションエクスプローラー（プロジェクト「DataApp」）

▼データソースウィンドウ

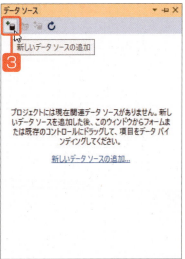

4 **データベース**を選択して**次へ**ボタンをクリックします。

5 **データセット**を選択して**次へ**ボタンをクリックします。

▼データソース構成ウィザード

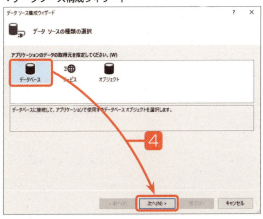

▼データソース構成ウィザード

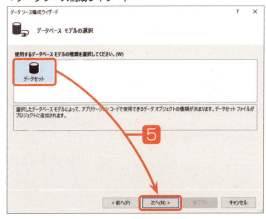

5.4 データセットによるデータベースアプリの作成

6 新しい接続ボタンをクリックします。

▼データソース構成ウィザード

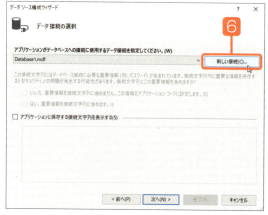

7 データソースの変更ボタンをクリックします。

▼[接続の追加]ダイアログボックス

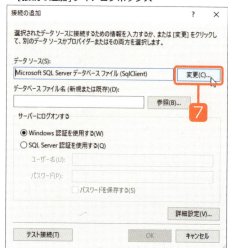

8 データソースでMicrosoft SQL Server データベースファイルを選択してOKボタンをクリックします。

▼[データソースの変更]ダイアログボックス

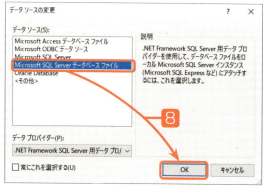

9 データベースファイル名（新規または既存）の参照ボタンをクリックします。

▼[接続の追加]ダイアログボックス

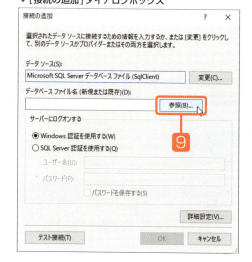

5.4 データセットによるデータベースアプリの作成

10 プロジェクト内にコピーしたデータベースファイルを選択して、**開く**ボタンをクリックします。

11 **Windows認証を使用する**をオンにして**OK**ボタンをクリックします。

▼[SQL Server データベースファイルの選択]ダイアログボックス

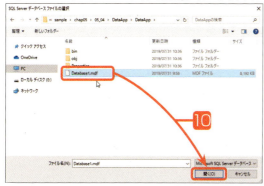

▼[接続の追加]ダイアログボックス

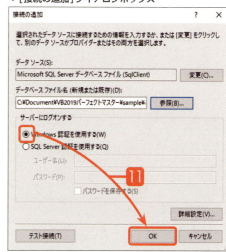

Onepoint
テスト接続ボタンをクリックすると、選択したデータベースへの接続を確認することができます。

12 **次へ**ボタンをクリックします。

13 データベースへの接続文字列を保存するようにします。**次の名前で接続を保存する**にチェックを入れて**次へ**ボタンをクリックします。

▼データソース構成ウィザード

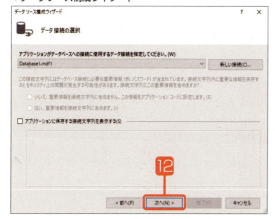

▼データソース構成ウィザード

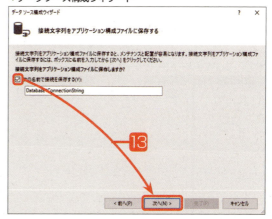

609

5.4 データセットによるデータベースアプリの作成

▼データソース構成ウィザード

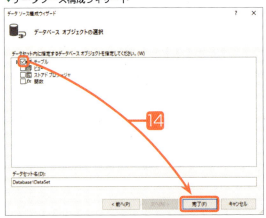

14 **テーブル**にチェックを入れて**完了**ボタンをクリックします。

▼[データソース]ウィンドウ

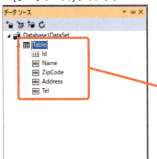

15 **データソース**ウィンドウで、Database1DataSetに、作成済みのテーブルが表示されていることが確認できます。

作成済みのテーブルが表示されている

データセットをフォームに登録する

データセットの作成が完了したら、データセットをフォームに登録することにしましょう。データセットの登録は、**データソース**ウィンドウに表示されているデータソースのテーブルの表示部分をフォームにドラッグ＆ドロップするだけで行えます。

▼フォームデザイナーとデータソースウィンドウ

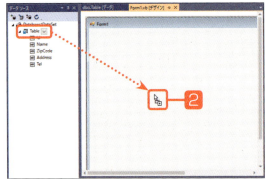

1 フォームデザイナーでフォームを表示し、**データソース**ウィンドウを表示します。

2 「Database1DataSet」を展開し、「Table」をフォーム上へドラッグします。

3 データセットコントロールがフォーム上に配置され、同時に**バインディングナビゲーター**が配置されるので、フォームとデータセットコントロールのサイズを調整します。

610

5.4 データセットによるデータベースアプリの作成

▼フォームデザイナー

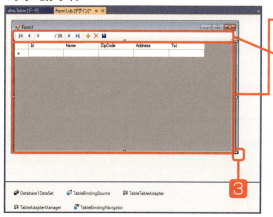

データセットコントロールがフォーム上に配置される

［バインディングナビゲーター］が配置される

Onepoint
データセットをフォームにドラッグすると、データの表示機能を搭載した**データセットコントロール**としてフォームに貼り付けられます。このとき、データの閲覧や更新を行うための**バインディングナビゲーター**がフォーム上部に配置されます。また、Windowsフォームデザイナーの下部のトレイに、「TableBindingSource」「TableTableAdapter」「TableAdapterManager」「TableBindingNavigator」の4つのコンポーネントが表示されます（操作例の場合）。

●プログラムを実行する

作成したプログラムは、データベースにアクセスして、テーブルの内容をアプリケーションウィンドウに表示します。また、**バインディングナビゲーター**を搭載したので、ウィンドウ上で変更した内容は、データ更新用のボタンをクリックすることで、データベースに反映することができます。

プログラムを実行すると、テーブルのデータが表示されます。データの追加や変更を行った場合は、**データの保存**ボタンをクリックすれば、データベースに反映されます。

▼実行中のプログラム

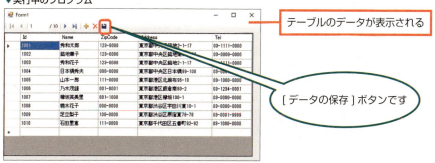

テーブルのデータが表示される

［データの保存］ボタンです

5 ADO.NETによるデータベースプログラミング

611

5.4 データセットによるデータベースアプリの作成

5.4.2 プログラムの改造

前の項目で作成したプログラムには、データの閲覧や更新などの処理を行う**バインディングナビゲーター**が配置されていましたが、ここでは、バインディングナビゲーターを使わずに、データの読み込みとデータの更新を行う、専用のボタンを配置してみることにしましょう。

［データのロード］と［更新］ボタンを配置する

ここでは、前の項目で作成したプログラムの**バインディングナビゲーター**を消去し、代わりに**データのロード**ボタンと**更新**ボタンをフォーム上に配置して、それぞれのボタンをクリックしたときに、テーブルのデータの読み込みと、データの更新が行えるようにします。

1. 前の項目で作成したフォームをWindowsフォームデザイナーで表示します。
2. コンポーネントトレイに表示されている**TableBindingNavigator**コンポーネントを右クリックして、**削除**を選択します。
3. **TableBindingNavigator**コンポーネントと、フォーム上の**BindingNavigator**コントロールが削除されます。
4. **データセット**コントロールを上部へ移動し、ボタンを2つ配置して、下表のとおりにプロパティを設定します。

▼TableBindingNavigatorの削除
（プロジェクト「DataSetRecreate」）

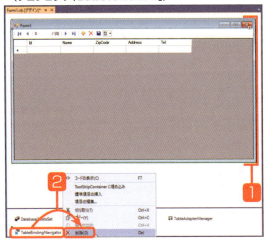

▼Windowsフォームデザイナー

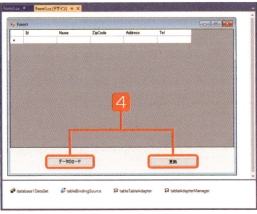

▼プロパティ設定

●Buttonコントロール（左側）

プロパティ名	設定値
(Name)	button1
Text	データのロード

●Buttonコントロール（右側）

プロパティ名	設定値
(Name)	button2
Text	更新

5.4 データセットによるデータベースアプリの作成

5 データのロードボタンをダブルクリックし、イベントハンドラーButton1_Click()に以下のコードを記述します。

▼イベントハンドラー「Button1_Click」

```
private void Button1_Click(object sender, EventArgs e)
{
    this.tableTableAdapter.Fill(this.database1DataSet.Table)
}
```

このように記述

Onepoint

「tableTableAdapter」の箇所には、TableAdapterコンポーネントの名前を入力します。テーブルの名前がTableの場合は、tableTableAdapterという名前になります。

「Database1DataSet」の箇所には、DataSetコンポーネントの名前を入力します。データベースの名前がDatabase1の場合は、database1DataSetという名前になります。「Table」の箇所は、対象のテーブル名を入力します。

6 フォームデザイナーで**更新**ボタンをダブルクリックし、イベントハンドラーButton2_Click()に以下のコードを記述します。

▼イベントハンドラー「Button2_Click」

```
private void Button2_Click(object sender, EventArgs e)
{
    try
    {
        this.Validate();
        this.tableBindingSource.EndEdit();
        this.tableTableAdapter.Update(this.database1DataSet.Table);
        MessageBox.Show("Update Successful!");
    }
    catch (System.Exception ex)
    {
        MessageBox.Show("Update failed");
    }
}
```

このように記述

- ●「tableBindingSource」の箇所には、BindingSourceコンポーネントの名前を入力します。
- ●「tableTableAdapter」の箇所には、TableAdapterコンポーネントの名前を入力します。
- ●「database1DataSet」の箇所には、DataSetコンポーネントの名前を入力します。
- ●「Table」の箇所には、対象のテーブル名を入力します。

5.4 データセットによるデータベースアプリの作成

Onepoint

ここでは、try...catchステートメントを使って、データの更新に成功したときに「Update successful!」と表示し、更新に失敗したときは「Update failed」と表示するようにしています。

7 「Form1.cs」ファイルの以下のコードを削除します。

▼「Form1.cs」ファイルのコード

```csharp
using System;
using System.Windows.Forms;

namespace DataSetRecreate
{
    public partial class Form1 : Form
    {
        public Form1()
        {
            InitializeComponent();
        }
        private void tableBindingNavigatorSaveItem_Click(
            object sender,EventArgs e)
        {
            this.Validate();
            this.tableBindingSource.EndEdit();
            this.tableAdapterManager.UpdateAll(this.database1DataSet);
        }


        private void Form1_Load(object sender, EventArgs e)
        {
            // TODO： このコード行はデータを 'database1DataSet.Table' テーブルに読み込みます。必要に応じて移動、または削除をしてください。
            this.tableTableAdapter.Fill(this.database1DataSet.Table);
        }
        private void button1_Click(object sender, EventArgs e)
        {
            this.tableTableAdapter.Fill(this.database1DataSet.Table);
        }
        private void button2_Click(object sender, EventArgs e)
        {
            try
            {
                this.Validate();
```

この部分を削除

この部分を削除

614

5.4 データセットによるデータベースアプリの作成

```
            this.tableBindingSource.EndEdit();
            this.tableTableAdapter.Update(this.database1DataSet.Table);
            MessageBox.Show("Update successful!");
        }
        catch
        {
            MessageBox.Show("Update failed");
        }
    }
}
```

●プログラムの実行

データのロードボタンをクリックすると、テーブルのデータが表示されます。

▼実行中のプログラム

[データのロード]ボタンをクリックする

データを変更した場合は、**更新**ボタンをクリックすると、更新内容がデータベースに反映されます。

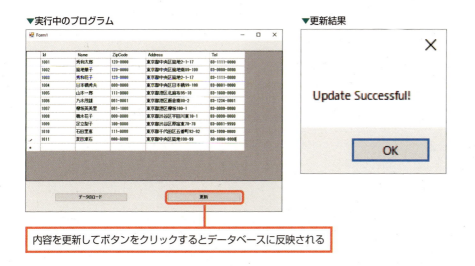

▼実行中のプログラム　　　　　　　　　　　　　　▼更新結果

内容を更新してボタンをクリックするとデータベースに反映される

5.4 データセットによるデータベースアプリの作成

Memo｜接続文字列の構造

接続文字列は、次のセクションで構成されています。

▼接続文字列の内容

❶ Data Source	接続するサーバー名とインスタンス名を指定する。ローカルマシンのサーバーであれば「(LocalDB)」のように記述できる。
❷ AttachDbFilename	接続するデータベースファイルを指定する。データベースサーバーへの接続と同時に、ここで指定したファイルにアタッチ（接続）する。
❸ Integrated Security	Falseの場合は、ユーザーIDとパスワードは接続文字列で指定する。Trueの場合は、現在のWindowsアカウントの資格情報が認証に使用される。
❹ Connect Timeout	サーバーへの接続を待機する時間（秒単位）を指定する。この時間が経過した後、接続の試行を終了してエラーが生成される。

▼本書において生成した接続文字列の例

```
Data Source=(LocalDB)MSSQLLocalDB;                    ❶
AttachDbFilename=|DataDirectory|¥Database1.mdf;       ❷
Integrated Security=True;                             ❸
Connect Timeout=30                                    ❹
```

Hint｜SQLの基本的な書き方

　SELECTなどのキーワードは、すべて半角で入力します。なお、「東京」などの文字データの場合は、「'」、または「"」で囲みます。

●キーワードは大文字でも小文字でもかまわない
　SQLのキーワードは、大文字でも小文字でも同じように処理されます。ただし、大文字にした方が文の構造がわかりやすくなるため、一般的に次のような書き方が使われます。

▼キーワードは大文字

> 例：SELECT、FROM、WHEREなど

●単語と単語の間は半角スペースか改行で区切る
　単語と単語の間は、半角スペースで区切るか、改行を入れなくてはなりません。

5.4 データセットによるデータベースアプリの作成

```
CREATE TABLE goods;           単語と単語の間は半角スペースで区切ります。
CREATE      TABLE goods;       2個以上の半角スペースでもかまいません。
CREATE TABLE
goods;                         このように改行を入れてもOKです。
```

●**SQL文の最後には「;」を付ける**
　（ただし、SQL Serverでは省略可）
　SQL文の最後には、「;」（セミコロン）を付けます。
「;」には、SQL文の終わりを示す働きがあります。た
だし、SQL Serverでは、「;」を省略することができま
す。

●**SQL文の種類は3種類**
　SQLの命令文は、内容によって次の3つのグルー
プに分類されます。

●**DDL（Data Definition Language）**
　DDL（データ定義言語）は、データベースそのもの
の作成や削除、テーブルの作成や削除を行います。

```
CREATE ―――――――――――― データベースやテーブルを作成します。
DROP ―――――――――――――― データベースやテーブルを削除します。
ALTER ―――――――――――――― データベースやテーブルの内容を変更します。
```

●**DML（Data Manipulation Language）**
　DML（データ操作言語）は、テーブルのデータ（行
データ）の登録や更新、削除、検索を行います。

```
SELECT ―――――――――――― データを検索します。
INSERT ―――――――――――― データを登録します。
UPDATE ―――――――――――― データを更新します。
DELETE ―――――――――――― データを削除します。
```

●**DCL（Data Control Language）**
　DCLは、データベースへ行った処理を確定したり、
取り消したりします。また、データベースを操作する
権限を与えたり、取り消したりすることも行います。

```
COMMIT ―――――――――――― データベースに対して行った変更を確定します。
ROLLBACK ―――――――――――― データベースに対して行った変更を取り消します。
GRANT ―――――――――――――― ユーザーに対して、データベースを操作する権限を与えます。
REMOVE ―――――――――――― データベースを操作する権限を取り消します。
```

5

ADO.NETによるデータベースプログラミング

617

Section 5.5 LINQを利用したデータベースアプリの開発

Level ★★★　Keyword　LINQ

LINQ（リンク、Language INtegrated Query：統合言語クエリ）とは、Visual C#やVisual Basicなどの言語に対応した、データベースから情報を取り出す機能のことです。

LINQでは、クエリ（データベースから情報を引き出す標準化された手法のこと）が、開発言語に統合され、標準化された手法でクエリを実行することができます。

ここがポイント！ LINQの基礎

LINQは、.NET Framework 3.5以降のバージョンで対応した、統合言語クエリです。

● LINQの種類

LINQは、データソースの種類によって、以下の3種類に分類されます。

Visual C#やVisual Basicなどの開発言語に統合されたため、これまで実際にプログラムを実行するまで発見できなかった構文上のミスが、コードエディター上やコンパイルの段階で発見できるようになりました。

LINQの種類	内容
LINQ to ADO.NET	データベースからデータソースとして、データを取り出すことができる。 LINQ to ADO.NETには、次のような種類がある。 LINQ to SQL (DLinq) LINQ to Entities LINQ to DataSet
LINQ to Objects	配列やコレクションをデータソースとして、データを取り出すことができる。
LINQ to XML (XLinq)	XMLをデータソースとして、データを取り出すことができる。

このセクションでは、「LINQ to DataSet」について見ていきます。

5.5.1 LINQ to DataSetの作成

LINQ to DataSetを利用すると、以下のように記述することで、データソース構成ウィザードで作成したデータセットから任意のデータを取り出すことができます。

▼LINQ to DataSetを使ってデータの抽出を行う

var 抽出した結果を格納する変数名 =	from	データを格納する変数名 in データソース
	where	抽出条件
	orderby	並べ替えのキー
	select	抽出結果として格納するデータ名;

データセットの作成

ここでは、LINQ to DataSetで使用するデータソースを作成することにします。

例として、商品名と単価が記載された作成済みのデータセットに、新規のプロジェクトから接続するためのデータソースを作成します。

▼[データソース構成ウィザード]

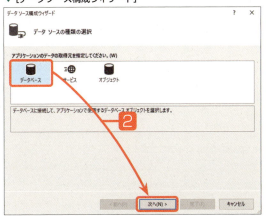

1 **プロジェクト**メニューの**新しいデータソースの追加**を選択します。

2 **データベース**を選択して、**次へ**ボタンをクリックします。

Memo　LINQを使うメリット

SQLで記述したコードは、Visual C#のソースコード上では文字列として扱われるので、コンパイラーによるチェックは行われません。これに対し、LINQのコードは、Visual C#のソースコードとして取り込まれるので、コンパイラーによるチェックが行われます。また、LINQはVisual C#の組み込みの機能なので、SQLを直接、記述する場合に比べて、記述するコードの量が少なくなる傾向があります。

5.5 LINQを利用したデータベースアプリの開発

3 データセットを選択して、次へボタンをクリックします。

4 新しい接続ボタンをクリックします。

▼[データソース構成ウィザード]

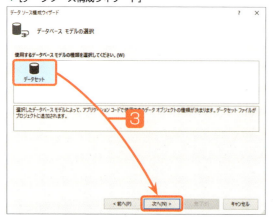

▼[データソース構成ウィザード]

▼[接続の追加]ダイアログボックス

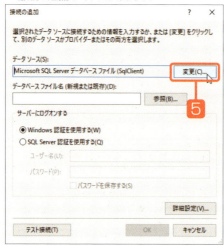

5 変更ボタンをクリックします。

6 Microsoft SQL Serverデータベースファイルを選択して、OKボタンをクリックします。

7 データベースファイル名の参照ボタンをクリックします。

▼[データソースの変更]ダイアログボックス

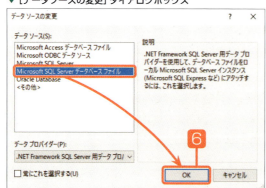

▼[接続の追加]ダイアログボックス

5.5 LINQを利用したデータベースアプリの開発

8 対象のデータベースファイルを選択して、**開く**ボタンをクリックします。

▼ [SQL Server データベースファイルの選択] ダイアログボックス

9 **OK**ボタンをクリックします。

▼ [接続の追加] ダイアログボックス

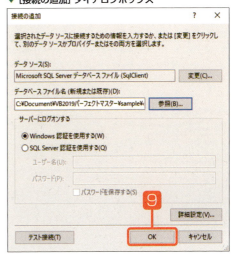

10 **次へ**ボタンをクリックします。

▼ [データソース構成ウィザード]

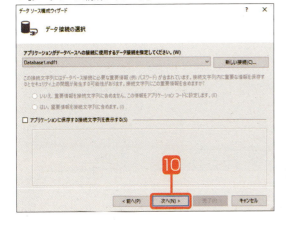

11 **次の名前で接続を保存する**にチェックを入れて、接続名を入力（デフォルトでも可）し、**次へ**ボタンをクリックします。

▼ [データソース構成ウィザード]

621

5.5 LINQを利用したデータベースアプリの開発

▼[データソース構成ウィザード]

12 テーブルにチェックを入れます。

13 データセット名が「データベース名」+「DataSet」になっていることを確認し、**完了**ボタンをクリックします。

Memo 接続文字列の確認

生成した接続文字列は、プロジェクトの設定ファイルにおいて確認することができます。ソリューションエクスプローラーで「App.Config」をダブルクリックすると、設定ファイルが開いて、接続文字列が表示されます。

▼App.Config

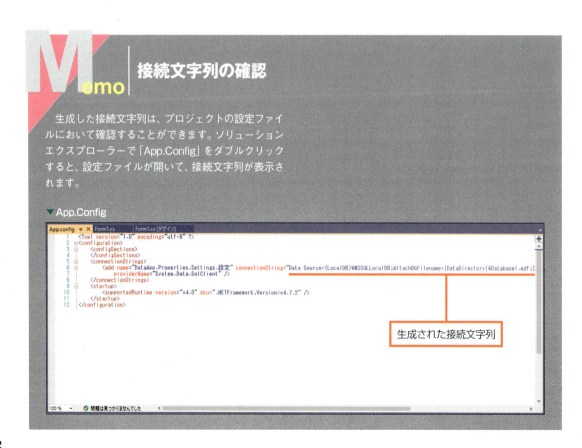

生成された接続文字列

5.5 LINQを利用したデータベースアプリの開発

LINQ to DataSetでデータベースのデータを抽出する

ここでは、LINQ to DataSetでデータベースのデータを抽出するための操作を行います。

●データを取り込むための設定

▼[データセットの追加]ダイアログボックス

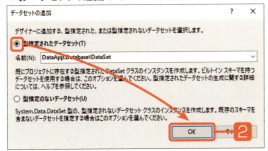

1. ツールボックスの**DataSet**コンポーネントをダブルクリックします。

2. **データセットの追加**ダイアログボックスが表示されるので、**型指定されたデータセット**をオンにして、**OK**ボタンをクリックします。

▼Webフォームデザイナー

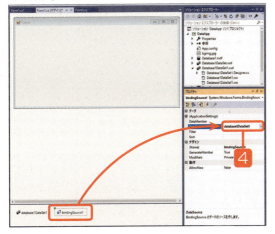

3. ツールボックスの**BindingSource**コンポーネントをダブルクリックします。

4. **コンポーネントトレイ**のBindingSourceコンポーネントを選択し、**プロパティウィンドウ**の**DataSource**で、1で作成したDetaSetコンポーネント名を選択します。

5. **DataMember**の▼をクリックして、対象のテーブル名を選択します。

6. 以上の操作で、自動的に「Form1_Load」イベントハンドラーが作成され、データベースのデータを取り込むためのコードが記述されます。

▼[プロパティ]ウィンドウ

▼コードエディター

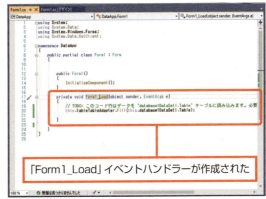

「Form1_Load」イベントハンドラーが作成された

5.5 LINQを利用したデータベースアプリの開発

●DataGridView（データグリッドビュー）の配置

▼フォーム上にDataGridViewを配置

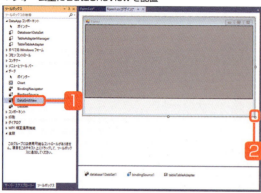

1. ツールボックスのDataGridViewをダブルクリックします。
2. 追加されたDataGridView1のサイズと、フォームのサイズを調整します。
3. Form1をコードエディターで表示し、以下のコードを記述します。

▼イベントハンドラーForm1_Load()（Form.cs）

```
private void Form1_Load(object sender, EventArgs e)
{
    // TODO: このコード行はデータを 'priceListDataSet1.
    // PriceList' テーブルに読み込みます。
    // 必要に応じて移動、または削除をしてください。
    this.priceListTableAdapter.Fill(
        this.priceListDataSet1.PriceList);
    dataGridView1.DataSource = bindingSource1;   ← このように記述
}
```

> **Onepoint**
> この記述によって、DataGridView1にBindingSource1が関連付けられて、フォーム上にデータベースファイルの内容が表示されるようになります。

●指定した条件でデータを抽出するボタンの配置とコードの記述

▼ボタンの配置

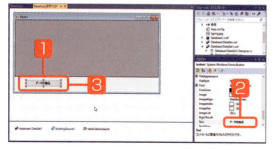

1. フォーム上にButton1を配置します。
2. Textプロパティの入力欄に「データの抽出」と入力します。
3. 配置したButton1をダブルクリックし、以下のコードを記述します。

624

5.5 LINQを利用したデータベースアプリの開発

▼データを抽出するコード

```
private void button1_Click(object sender, EventArgs e)
{
    var query = from rs in databese1DataSet1.Table
                where rs.Id > 1005
                orderby rs.Name
                select rs;
    bindingSource1.DataSource = query;
}
```
このように記述

●データの一覧を再表示するボタンの配置とコードの記述

▼ボタンの配置

1 フォーム上にButton2を配置します。

2 Textプロパティの入力欄に「全データの再表示」と入力します。

3 配置したButton2をダブルクリックします。

4 以下のコードを記述します。

▼データを再表示するbutton2のコード

```
private void button2_Click(object sender, EventArgs e)
{
    bindingSource1.DataSource = databese1DataSet1.Table;
}
```
このように記述

作成したプログラムを実行する

それでは、作成したプログラムを実行してみることにしましょう。

▼プログラムの実行

1. **データの抽出**ボタンをクリックします。

▼抽出されたデータ

2. Idが1006以降のデータが抽出されます。

3. **全データの再表示**ボタンをクリックします。

▼全データの再表示

4. すべてのデータが再表示されます。

Perfect Master Series
Visual C# 2019

Chapter 6

マルチスレッド
プログラミング

この章では、これまでに取り上げていなかった、プログラムをマルチスレッド化する方法について見ていきます。

本書でこれまでに習得した知識を基に、さらに一歩進んだテクニックをぜひ、身に付けましょう。

6.1	マルチスレッドプログラミング
6.2	Thread クラスを使用したスレッドの作成と実行
6.3	ThreadPool クラスを利用したマルチスレッドの実現
6.4	Parallel クラスでサポートされたマルチスレッド

Section 6.1 マルチスレッドプログラミング

Level ★★★　Keyword　マルチスレッド　マルチタスク

マルチスレッドとは、1つのプロセス（1つのプログラムが実行している単位のこと）を分割し、それぞれの処理を同時並列的に行う仕組みのことです。

プロセスを分割した単位のことを「マルチスレッド」と呼び、マルチスレッドは、現在のすべてのOSが対応しています。マルチスレッドは、アプリケーションの応答速度を高速化するために利用されます。

マルチスレッドのメリット

冒頭で述べたように、マルチスレッドは、アプリケーションの応答速度を上げるための技術です。

● マルチタスク（マルチプロセス）

OSには、特定の処理のまとまりであるジョブ管理、そしてジョブをCPUが処理できる単位に分割処理してタスク管理を行う機能が備わっています。

そして、これらの技術を使うことで、複数のプログラムを同時並列的に実行するマルチタスク（マルチプロセス）を実現しています。これによって、複数のアプリケーションを実行中に、それぞれのアプリケーションがあたかも同時に実行されているように見えます。

● マルチタスクOSにおけるスレッドの生成

1つのアプリケーションを使って複数の作業を行う場合、それぞれの作業ごとにタスクを生成していたのでは非効率的です。できれば、同じアプリケーションに属する作業は、1つのタスクで管理した方が、リソース（メモリなどの共有資源のこと）を節約することができます。

1つのタスクの中で、さらにタスクを分割したプログラムの実行単位のことを**スレッド**と呼び、複数のスレッドを同時並列的に実行することを**マルチスレッド**と呼びます。

● マルチスレッドの優位性

マルチスレッドを行うことの最大のメリットは、**レスポンスタイム**の高速化です。レスポンスタイムとは、処理の要求を行ってから、最初の反応が返ってくるまでの時間のことです。例えば、重い処理を行っている場合に、マルチスレッドでプログラムが実行されていれば、割り込み処理により、即座に反応が返ってきます。

6.1.1 CPUの動作

CPUは、次の4つのステージ*の動作を1つのサイクルとして、これを繰り返すことによって、1つの命令を実行していきます。これを**CPUのマシンサイクル**と呼びます。

ここでは、メモリに格納された命令が、CPU内部でどのように処理されているのかを見ていくことにしましょう。

CPUのマシンサイクル

CPUは、次の4ステップで処理を実行していきます。

❶命令の取り出し（命令フェッチ）

メモリ上の命令を制御装置（制御ユニット）に読み込みます。このとき、プログラムカウンターによって示されたアドレスに従ってメモリにアクセスし、取り出した命令を命令レジスターに格納します。

❷デコード

命令レジスターに格納した命令の内容を、デコーダーと呼ばれる解読器によってCPUの制御命令に置き換えます。このとき、操作の対象となるデータがメモリに格納されている場合は、指定されたレジスターへの転送が行われます。

❸命令の実行

命令のアドレス部（オペランド）で示された情報に従って、命令の実行に必要なデータを取り出して（これを**オペランドフェッチ**と呼ぶ）演算を実行します。

❹結果の出力

演算結果をメモリに出力します。このとき、プログラムカウンターの値を次の命令の先頭アドレスに置き換えます。

> **Attention**
> ここでは、最も基本的なCPUの動作を紹介していますが、実際には、各ステージが1クロックで処理できるとは限らないので、この後で紹介するパイプライン方式などの高速化技術が使われています。

***ステージ**　ここでは、CPUが命令を処理するための各段階のことを指している。

CPUの高速化技術

ここでは、CPUを高速化する技術について見ていくことにしましょう。

●パイプライン方式

複数の命令を並行処理することによって、CPUの処理時間を短縮する方法です。パイプライン方式では、1つのステージが終了して2番目のステージを開始する際に、次の命令の1つ目のステージを同時に開始します。

このように、パイプライン方式では複数の命令を並列的に実行することで、各ステージを処理する回路をフル稼働させて、CPUによる処理を高速で実行させます。

例えば、3つの命令を処理する場合、逐次実行方式では12ステージが必要なのに対して、3段のパイプラインを用いると、6ステージ（6クロック）で処理が完了します。

●スーパーパイプライン方式

それぞれのステージを分割して、複数の命令を並列的に実行することで処理速度を上げる方法です。

CPUを高速化するには、クロック周波数を上げればよいのですが、トランジスタ回路の応答速度がネックとなり、物理的な限界があります。

スーパーパイプライン方式は、各ステージを分割することで、各ステージを処理する回路を簡素化して、クロック周波数を引き上げます。なお、1命令あたりのクロック数は増えてしまいますが、それを補う以上にクロック周波数を引き上げることで高速化を実現しようというのが、スーパーパイプライン方式の考え方です。

●スーパースカラ方式

複数の演算ユニットを内蔵したCPUを使って、複数のパイプラインを同時に実行します。これによって、1クロックあたりの命令実行数が増え、短時間でより多くの処理が行われるようになります。

CPUとは

Central Processing Unitの略。厳密には、制御機能や演算機能などの単体の機能を実現するユニットをCPUと呼び、CPUの機能を1つのチップに集積したものを**マイクロプロセッサ**（Micro Processing Unit: **MPU**）と呼びます。

ただし、現在では、PentiumなどのMPUのことを指す用語としてCPUが一般的に使われています。

6.1.2 CPUでのマルチタスク処理

OSには、特定の処理のまとまりであるジョブ管理、そしてジョブをCPUが処理できる単位に分割処理してタスク管理を行う機能が備わっています。

これらの技術を使うことで、複数のプログラムを同時並列的に実行する**マルチタスク（マルチプロセス）** を実現しています。

ジョブ管理

ジョブとは、コンピューターにおける処理のまとまりのことを指します。OSは、ユーザーから依頼された処理をジョブとして管理し、処理を実行します。

●ユーザーからの要求を効率的に実行するジョブ管理

コンピューターでは、ユーザーからの処理要求が1つずつ発生するとは限りません。ときには、複数の処理要求が同時に発生したり、1つの処理を行うためには、異なる処理を順番に行う必要がある場合もあります。

●ジョブ管理の内容

OSでは、ユーザーからの要求があれば、処理の内容をジョブと呼ばれる単位で管理することで、複数の処理に対応するようになっています。これをOSの**ジョブ管理**と呼びます。

●ジョブ管理の流れ

以下は、OSのジョブ管理プログラムにおける処理の流れです。

❶ジョブの登録
処理要求を、入力ジョブの待ち行列（入力ジョブキュー）に登録します。
❷ジョブの選択とリソースの割り当て
ジョブスケジューラー（ジョブを管理するプログラムのこと）内のイニシエーターが、入力待ち行列の中から次に実行するジョブを実行可能な状態にします。
❸ジョブの実行
ジョブは実行手順ごとに分割されてタスクスケジューラーに引き渡され、ジョブステップをCPUの処理単位である、タスクに分解して処理を実行します。
❹ハードウェア資源の解放
ジョブの処理が終了すると、ターミネーターと呼ばれるプログラムが、終了処理を行います。
❺処理結果の登録
出力用の待ち行列に、処理結果を登録します。
❻処理結果の出力
待ち行列の中に登録している、処理結果を出力します。

タスク管理

　前項で紹介したジョブスケジューラーは、ジョブを実行する際に、ジョブを実行する個々のプログラム（ジョブステップ）をタスク管理プログラムに引き渡します。タスク管理プログラムは、ジョブステップをCPUの処理単位に分割して処理を行います。

●タスクとは
　タスクは**プロセス**とも呼ばれ、ジョブステップをCPUの実行単位に分割することで、タスクが生成されます。ジョブは特定の処理のまとまりなので、ジョブを実行するには、複数のプログラムを順番に実行していく必要があります。
　そこで、ジョブスケジューラーは、ジョブに含まれる個々のプログラムごとに**ジョブステップ**と呼ばれる単位に分割して、**タスクスケジューラー**に引き渡します。

●マルチタスク（マルチプロセス）
　ジョブステップを渡されたタスクスケジューラーは、ジョブステップをCPUの実行単位であるタスクに分割することで、処理を実行します。
　なお、タスクの実行では、複数のタスクを同時並列的に実行する「マルチタスク」、または「マルチプロセス」と呼ばれる手法が使用されます。
　WindowsやUNIX、macOSなどのOSは、すべてマルチタスクに対応しています。マルチタスクでは、実行対象のタスクを次々に切り替えながらアプリケーションの処理をしていきます。

> ジョブスケジューラーは、ユーザーからの処理要求を管理するプログラムであるのに対し、タスクスケジューラーは、ジョブスケジューラーから渡された処理要求（ジョブステップ）の実行を担当します。

●マルチタスクにおける複数のプログラムの同時実行
　マルチタスクは、CPUの空き時間を減らし、複数のタスクを同時並列的に実行していくので、ユーザー側からはあたかも複数のプログラムが同時に処理されているように見えます。
　ただし、実際には1つのCPUで実行するので、処理の速度が上がるわけではありません。同じアプリケーションをマルチタスクで実行する場合とシングルタスクで実行する場合とでは、シングルタスクの方が高速に処理されます。

6.1 マルチスレッドプログラミング

6.1.3 スレッドの生成による処理の効率化

ここでは、C#プログラミングで実現できるスレッド処理について見ていくことにしましょう。

スレッドとは、1つのタスク（プロセス）をさらに細かく分割した実行単位のことです。スレッドを生成することで、1つのアプリケーションの処理を行うと同時に、プログラム自体の実行速度を高めます。

マルチタスクOSでのスレッドの生成

1つのアプリケーションを使って複数の作業を行う場合、それぞれの作業ごとにタスクを生成していたのでは非効率的です。できれば、同じアプリケーションに属する作業は、1つのタスクで管理した方が、リソース（メモリなどの共有資源のこと）を節約することができます。

●Webブラウザーに見るマルチスレッド

Webブラウザーの場合、複数のページを開く場合に、それぞれのページごとにブラウザー本体を起動するのは非効率です。

使用する機能は同じなので、本体の起動は1回だけにして、同じ画面にタブ表示で次々とページを開いていく方が効率的です。

●マルチスレッド

1つのアプリケーションで複数の処理を同時に行わなければならない場合は、それぞれの処理を分割して、1つのスレッドとして実行します。

1つのタスクを、さらに分割したプログラムの実行単位のことを**スレッド**と呼び、複数のスレッドを同時並列的に実行することを**マルチスレッド**と呼びます。

●マルチスレッドの処理の流れ

1つのタスクを分割した各スレッドは、同じメモリ空間を共有してCPU時間の割り当て（ディスパッチ）を受けます。複数の処理を同時並列的に実行する仕組みはマルチタスクとほぼ同じですが、リソースを共有しているぶん、パフォーマンスの向上が期待できます。

実際に、各スレッド間でデータのやり取りを行う場合は、メモリアドレスの変換が不要なので、プロセス間でやり取りする場合に比べて処理が軽くなります。

6

マルチスレッドプログラミング

633

Section 6.2 Threadクラスを使用したスレッドの作成と実行

Level ★★★

Keyword　スレッドプール　同期制御　フォアグラウンドスレッド　バックグラウンドスレッド

本項では、Threadクラスを利用したマルチスレッド処理について紹介します。

マルチスレッド化

　C#には、Threadクラスの他に、ThreadPool（スレッドプール）やデリゲートを利用したマルチスレッド化の方法があります。それぞれの特徴は、以下のとおりです。

● Threadクラス

・メリット
　・各スレッドに優先順位を設定できます。
　・スレッドの一時停止や再開を行うことができます。

・デメリット
　・スレッドの作成と破棄を繰り返すとパフォーマンスが低下します。
　・メソッドにパラメーターを設定することはできません。
　・メソッドの戻り値の取得が難しいです。

● ThreadPool（スレッドプール）

・メリット
　・スレッド間でリソースを共有できるので、複数のスレッドを効率的に実行することができます。

・デメリット
　・メソッドのパラメーターには、object型のパラメーターを1つしか使うことができません。
　・メソッドの戻り値の取得が難しいです。
　・待機や停止など、スレッドの細かな制御が難しいです。

● デリゲート

　簡単に戻り値を得ることができますが、その反面で待機や停止など、スレッドの細かな制御が難しい部分があります。

6.2.1 Threadクラスによるスレッドの生成と実行

スレッドを生成するには、System.Threading名前空間に属するThreadクラスのインスタンスを生成し、Threadクラスに含まれるコンストラクターやメソッドを利用します。

マルチスレッドの基本、Threadクラスによるスレッドの生成

Threadクラスを使うと、指定したメソッドを別スレッドで実行することができます。また、スレッドの一時停止や中断、優先順位付けなどを細かく制御することも可能です。

Onepoint

スレッドが便利であっても、サーバー型のプログラムのように、リクエストを並行して処理する場合、スレッドの生成と破棄を大量に繰り返していてはパフォーマンスが低下してしまうことがあります。ただし、これは特殊な例であり、スレッドを操作して複数の処理を同時並列的に実行することで、確実にパフォーマンスは向上します。

●Threadクラスのコンストラクター

Threadクラスには、2つのコンストラクターがオーバーロードされています。object型のパラメーターを持つメソッドは❶のコンストラクター、パラメーターを持たないメソッドは❷のコンストラクターを使用するようになっています。

❶ Thread(ParameterizedThreadStart)

ParameterizedThreadStartデリゲートを指定して、Threadクラスの新しいインスタンスを生成します。ParameterizedThreadStartデリゲートには、object型のパラメーターを1個持つメソッドを登録することができます。

▼ParameterizedThreadStartデリゲートの宣言部

```
public delegate void ParameterizedThreadStart( object obj )
```

❷ Thread(ThreadStart)

ThreadStartデリゲートを指定して、Threadクラスの新しいインスタンスを生成します。なお、ThreadStartデリゲートには、パラメーターなしのメソッドの登録が可能です。

6.2 Threadクラスを使用したスレッドの作成と実行

●スレッドが開始されるまでの順序

❶対象のスレッドで実行するメソッドの情報を、ParameterizedThreadStart、またはThread
 Startデリゲートを経由して、Thread()コンストラクターに渡し、Threadのインスタンスを生成
 します。
❷Thread.Start()メソッドを開始すると、登録されたメソッドが実行されます。

●スレッドを使用した処理を実行するStart()メソッド

　Start()メソッドは、スレッドを使用した処理を開始します。先に紹介したThreadコンストラク
ターが保持するパラメーターの型によって、次の2つのメソッドがオーバーロードされています。

・Start(Object)

　ParameterizedThreadStartデリゲートのスレッドを起動します。

・Start()

　ThreadStartデリゲートのスレッドを起動します。

Threadクラスを使ってスレッドを生成するプログラムを作成❶

　ここでは、ParameterizedThreadStartデリゲートを使用するプログラムを作成してみることに
します。

▼スレッドの生成時にParameterizedThreadStartデリゲートを使うコンソールアプリ（プロジェクト「Parameterized」）

```
using System;
using System.Threading;   ——————— 追加する

namespace Parameterized
{
    class Program
    {
        static void Main(string[] args)
        {
            // 静的メソッドThreadTest1()の参照を
            // ParameterizedThreadStart型のデリゲートとして
            // コンストラクターの引数に指定します。
            // これによってThreadTest1()を実行するスレッドが
            // 生成されます。
            Thread thread1 = new Thread(Program.ThreadTest1);

            // スレッドで実行するThreadTest1()メソッドに
            // 引数を渡してスレッドを開始します。
            thread1.Start(5000);
```

6.2 Threadクラスを使用したスレッドの作成と実行

```
                // Programクラスのインスタンスを生成します。
                Program obj = new Program();


                // インスタンスメソッドThreadTest2()の参照を
                // デリゲートとしてコンストラクターの引数に指定し、
                // 新規のスレッドを生成します。
                Thread thread2 = new Thread(obj.ThreadTest2);


                // ThreadTest2()メソッドに
                // 引数を渡してスレッドを開始します。
                thread2.Start("スレッド実行中");
                Console.ReadKey();
        }


        // 1つ目のスレッドで実行する静的メソッド
        public static void ThreadTest1(object data)
        {
                Console.WriteLine(
                    "スレッドに渡されたデータは、「{0}」です。",
                    data
                );
        }

        // 2つ目のスレッドで実行するインスタンスメソッド
        public void ThreadTest2(object data)
        {
                Console.WriteLine(
                    "スレッドに渡されたデータは、「{0}」です。",
                    data
                );
        }
    }
}
```

▼実行結果

```
        スレッドに渡されたデータは、「5000」です。
        スレッドに渡されたデータは、「スレッド実行中」です。
```

6

マルチスレッドプログラミング

Onepoint ラムダ式を使った記述

次のThreadオブジェクトを生成するコードは、ラムダ式で書き換えることができます。

▼元のコード
```
Thread thread1 = new Thread(Program.ThreadTest1);
```

▼ラムダ式で書き換える
```
Thread thread1 = new Thread((data) => ThreadTest1(data));
```

▼元のコード
```
Program obj = new Program();
Thread thread2 = new Thread(obj.ThreadTest2);
```

▼ラムダ式で書き換える
```
Program obj = new Program();
Thread thread2 = new Thread((data) => obj.ThreadTest2(data));
```

▼メソッド（パラメーターなし）呼び出しをデリゲートに登録
```
() => 登録するメソッド()
```

▼メソッド（パラメーターあり）をデリゲートとして登録
```
(パラメーターリスト) => 登録するメソッド(パラメーターリスト)
```

Memo マルチスレッドの利便性

マルチスレッドを行うことの最大のメリットは、レスポンスタイムの高速化です。**レスポンスタイム**とは、処理の要求を行ってから、最初の反応が返ってくるまでの時間のことです。

例えば、重い処理を行っている場合に、マルチスレッドでプログラムが実行されていれば、割り込み処理により、即座に反応が返ってきます。このように、マルチスレッドの目的は、アプリケーションの応答速度を高めることです。

6.2 Threadクラスを使用したスレッドの作成と実行

Threadクラスを使ってスレッドを生成するプログラムを作成❷

ここでは、ThreadStartデリゲートを使用するプログラムを作成してみることにします。

▼スレッドの生成時にThreadStartデリゲートを使うコンソールアプリ（プロジェクト「ThreadStartApp」）

```csharp
using System;
using System.Threading;


namespace ThreadStartApp
{
    class Program
    {
        static void Main(string[] args)
        {
            // DataShowクラスの静的メソッドThreadTest1()を
            // threadDelegate1デリゲートに登録します。
            ThreadStart threadDelegate1 =
                new ThreadStart(DataShow.ThreadTest1);

            // threadDelegate1デリゲートを引数にして
            // thread1スレッドを生成します。
            Thread thread1 = new Thread(threadDelegate1);
            // スレッドを開始
            thread1.Start();

            // DataShowクラスのインスタンスを生成します。
            DataShow obj = new DataShow();

            // DataShowクラスのDataプロパティの値を設定。
            obj.Data = 2500;

            // DataShowのインスタンスメソッドThreadTest2()を
            // threadDelegate2デリゲートに登録します。
            ThreadStart threadDelegate2 =
                new ThreadStart(obj.ThreadTest2);

            // threadDelegate2デリゲートを引数にして
            // thread2スレッドを生成します。
            Thread thread2 = new Thread(threadDelegate2);
            // スレッドを開始
            thread2.Start();
```

6

マルチスレッドプログラミング

639

6.2 Threadクラスを使用したスレッドの作成と実行

```csharp
        Console.ReadKey();
    }
}


class DataShow
{
    // 1つ目のスレッドで実行するメソッド
    public static void ThreadTest1()
    {
        Console.WriteLine("Staticなスレッドが開始されました。");
    }
    public int Data { get; set; }
    // 2つ目のスレッドで実行するメソッド
    public void ThreadTest2()
    {
        Console.WriteLine("スレッドに渡されたデータは、「{0}」です。", Data);
    }
}
}
```

▼実行結果

```
Staticなスレッドが開始されました。
スレッドに渡されたデータは、「2500」です。
```

Tips | クロック倍率

　現在のCPUは、クロックジェネレーターが発生するクロック（外部クロック）よりも高速で動作するように、クロックに特定の数を掛けたクロックで動作するようになっています。

　このクロックのことを**内部クロック**と呼び、100MHzの外部クロックに対して1GHzで動作するCPUの場合は、外部クロックの10倍の速度で動作していることになります。

　このような、外部と内部のクロックの比率のことを**クロック倍率**と呼びます。

▼CPUの動作クロックを求める式

CPUの動作クロック ＝ 外部クロック×クロック倍率

6.2 Threadクラスを使用したスレッドの作成と実行

Memo｜スレッドの状態の推移

スレッドの状態は、**ThreadState列挙体**のメンバーを使って操作します。

OSによって現在のインスタンスの状態が、[ThreadState.Running]になると、オプションで、スレッドが実行するメソッドで使用するデータを格納するオブジェクトが利用できるようになります。

なお、いったんスレッドを終了すると、再起動することはできません。この場合は、新たにスレッドの生成から実行までを行うことが必要です。

▼ ThreadState 列挙体のメンバー

メンバー名	内容
Running	スレッドを起動する。
StopRequested	スレッドの停止をリクエストする。
SuspendRequested	スレッドの処理を中断する。
Background	スレッドは、フォアグラウンドスレッドではなく、バックグランドスレッドとして実行する。この状態は、「Thread.Background」プロパティを設定して制御する。
Unstarted	スレッド処理をスタートするThread.Start メソッドを呼び出さないようにする。
Stopped	スレッドを停止する。
WaitSleepJoin	スレッドがブロックされている状態。
Suspended	スレッドを中断する。
AbortRequested	スレッド上で Thread.Abortメソッドを呼び出す際にスローされる例外。スレッドを破棄するためのAbortメソッドが呼び出されると、共通言語ランタイムはThreadAbortException をスローする。この例外が発生すると、共通言語ランタイムは、スレッドを終了する前に、finallyブロックをすべて実行する。
Aborted	スレッドを停止する。スレッドの状態にAbortRequested が含まれることで、そのスレッドは停止しているが、状態はまだ Stopped に変わっていない。

Memo｜ロック

ロックとは、一度に1つのスレッド、または指定した数のスレッドがリソースを制御できるようにすることです。ロックの使用時に排他ロックを要求するスレッドは、ロックが使用できるようになるまで別のスレッドからのアクセスをブロックします。

● 排他ロック

ロックの最も簡単な形式は、コードブロックへのアクセスを制御するステートメントによるロックです。このようなコードブロックは**クリティカルセクション**と呼ばれ、Monitor クラスなどのEnter() メソッドなどによって行います。排他ロックは、Monitor クラスのEnter() メソッドと (Exit) メソッドや lock キーワードを使用して実装され、try...catch...finally を使用してロックを確実に解放します。

6

マルチスレッドプログラミング

641

6.2 Threadクラスを使用したスレッドの作成と実行

Threadクラスを使ってスレッドを生成するプログラムを作成❸

ここでは、Threadクラスを利用して、スレッドの生成から実行までの推移を確認してみましょう。

▼Threadクラスを使ってスレッドの生成を行うコンソールアプリ（プロジェクト「ThreadStartCheck」）

```csharp
using System;
using System.Threading;                     ————— 追加する


namespace ThreadStartCheck
{
    class Program
    {
        static void Main(string[] args)
        {
            // Programのインスタンスを生成
            Program obj = new Program();
            Console.WriteLine("スレッドの処理を開始します。");

            //ThreadTest()を実行
            obj.ThreadTest();
            Console.ReadKey();
        }

        public void ThreadTest()
        {
            //CountUp()メソッドを登録したThreadStart
            //デリゲートを引数にしてスレッドを生成
            Thread thread1 = new Thread(
                    new ThreadStart(CountUp));

            //CountDown()メソッドを登録したThreadStart
            //デリゲートを引数としてスレッドを生成
            Thread thread2 = new Thread(
                    new ThreadStart(CountDown));

            //スレッドの開始
            thread1.Start();
            thread2.Start();
        }

        //10までをカウントするメソッド
```

```
    public void CountUp()
    {
        for (int i = 0; i <= 10; i++)
            Console.WriteLine(
                "CountUp: {0}", i);
    }

    //10からカウントダウンするメソッド
    public void CountDown()
    {
        for (int i = 10; i >= 0; i--)
        {
            Console.WriteLine(
                "CountDown: {0}", i);
        }
    }
}
```

● **スレッドの処理順序**

スレッドの実行が切り替わるタイミングは、スレッドスケジューラーやその他のプログラム、およびCPUの動作周波数などの要因に影響を受けるので、各スレッドの処理が、必ずしも順序よく実行されるわけではないことが確認できます。

▼プログラムの実行結果

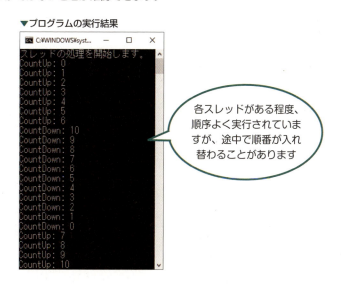

各スレッドがある程度、順序よく実行されていますが、途中で順番が入れ替わることがあります

6.2.2 Sleepによるスレッドの交互操作

スレッドを使う際に、複数のスレッドを交互に実行させたい場合があります。例えば、時間を計測するプログラムを作成する際に、1秒単位で時間を表示させる場合は、スレッドを1秒間だけ停止すれば、CPU時間を無駄にせずに済み、空き時間を利用して他の処理を行うことができます。このように、スレッドの処理を一時的に停止する場合は、Threadクラスのメソッドである**Sleep()**を使います。Sleep()は、int型の値、またはTimeSpanオブジェクトをパラメーターにして、スレッドの待機時間を設定します。

スレッドを交互に実行させる

スレッドを一時的に待機させるには、次の構文を使って待機時間を設定します。

▼Sleep()メソッドを使う（using System.Threading;を記述してあること）

```
Thread.Sleep(スレッドを停止する時間);
```

●Sleep()メソッドのパラメーター

・int

int型の値を設定した場合は、設定した値がミリ秒単位で扱われます。例えば、「2000」と設定した場合は、待機時間が2000ミリ秒➡2秒となります。

・TimeSpan オブジェクト

TimeSpanオブジェクトは、100ナノ秒単位のタイマーとして実行できますが、Sleep()メソッドは、ミリ秒（1,000,000ナノ秒）単位しか扱わないので、通常はint型の値を使用します。

●Sleep()メソッドの例

Sleep()メソッドを使って、特定のスレッドを1秒間待機させるには、次のように記述します。

```
Thread.Sleep(1000);
```

●指定した時間でスレッドを切り替えるプログラムの作成

それでは、2つのスレッドを交互に切り替えながら処理を進めていくプログラムを作成してみることにします。このプログラムでは、「ABC」と画面表示するスレッドと、「123」と画面表示するスレッドを0.5秒ごとに切り替えて、計50回の処理を行います。

▼0.5秒ごとにスレッドを切り替えるコンソールアプリ（プロジェクト「ThreadSleep」）

```
using System;
using System.Threading;
```

6.2 Threadクラスを使用したスレッドの作成と実行

```
namespace ThreadSleep
{
    public class List1_1
    {
        public static void Main()
        {
            Thread threadA = new Thread(
                new ThreadStart(ThreadMethod));

            threadA.Start();

            for (int i = 0; i < 50; i++)
            {
                Thread.Sleep(500);
                Console.Write(" 123 ");
            }
            Console.ReadKey();
        }

        // 別スレッドで動作させるメソッド
        private static void ThreadMethod()
        {
            for (int i = 0; i < 50; i++)
            {
                Thread.Sleep(500);
                Console.Write(" ABC ");
            }
        }
    }
}
```

▼実行結果

```
ABC 123 ABC 123 ABC 123 ABC 123 ABC 123 ABC 123 ABC 123 ABC 123
ABC 123 ABC 123 ABC 123 ABC 123 ABC 123 ABC 123 ABC 123 ABC 123
ABC 123 ABC 123 ABC 123 ABC 123 ABC 123 ABC 123 ABC 123 ABC 123
ABC 123 ABC 123 ABC 123 ABC 123 ABC 123 ABC 123 ABC 123 ABC 123
ABC 123 ABC 123 ABC 123 ABC 123 ABC 123 ABC 123 ABC 123 ABC 123
ABC 123 ABC 123 ABC 123 ABC 123 ABC 123 ABC 123 ABC 123 ABC 123
ABC 123 ABC 123
```

645

6.2 Threadクラスを使用したスレッドの作成と実行

6.2.3　別スレッドで実行中のメソッドへの引数渡し

Threadクラスを使用して、別のスレッドで実行できるメソッドは、戻り値がvoidで、パラメーターを持たないメソッドだけに限られます。ここでは、戻り値やパラメーターを間接的に渡す方法について見ていきたいと思います。

別スレッドで実行中のメソッドへ引数を渡す

ここでは、Transfer()を作成し、このメソッドを通じて、独立したスレッドで実行中のメソッドThreadMethod()に間接的に引数を渡す方法を使ってみます。

▼スレッドで実行中のメソッドに引数を渡すコンソールアプリ（プロジェクト「PassParam」）

```csharp
using System;
using System.Threading;

namespace PassParam
{
    class Program
    {
        public static void Main()
        {
            // ClassTest型のインスタンスを生成
            ClassTest obj = new ClassTest();

            // TransferMethodメソッドに文字列を引数として渡す
            obj.Transfer("ABC");

            //メインの処理
            for (int i = 0; i < 100; i++)
            {
                //  スレッドの切り替え
                Thread.Sleep(500);
                //画面表示
                Console.Write(" 123 ");
                Console.ReadKey();
            }
        }
    }

    public class ClassTest
```

646

```csharp
{
    // 引数を渡すためのフィールド
    private string textGet;


    // 呼び出し元から引数を受け取るための
    // パラメーターを実装したメソッド
    public void Transfer(string strPar)
    {
        // パラメーター値をフィールドにセット
        textGet = strPar;
        // ThreadMethod() を実行するスレッドを生成
        Thread threadTest =
            new Thread(new ThreadStart(ThreadMethod));
        threadTest.Start();
    }


    // スレッドで動作させるメソッド
    // Transfer() メソッドから渡された文字列を画面表示
    private void ThreadMethod()
    {
        for (int i = 0; i < 100; i++)
        {
            // スレッドの切り替え
            Thread.Sleep(500);
            //画面表示
            Console.Write(" {0} ", textGet);
        }
    }
}
```

Onepoint

Sleep()メソッドに待機時間を0にして渡したい場合、たとえ待機時間が0であっても、スレッドスケジューラーが他のスレッドに処理を切り替えるようになります。

6.2 Threadクラスを使用したスレッドの作成と実行

▼実行結果

```
123 ABC 123 ABC 123 ABC 123 ABC 123 ABC 123 ABC 123 ABC 123 ABC
123 ABC 123 ABC ABC 123 ABC 123 123 123 123 123 123 123 123 123
ABC ABC ABC 123 ABC 123 ABC 123 123 ABC 123 ABC 123 ABC 123 123
ABC 123 ABC ABC 123 123 ABC 123 ABC 123 123 ABC 123 ABC 123
ABC 123 ABC 123 ABC ABC 123 ABC 123 ABC 123 ABC 123 ABC 123 ABC
123 ABC 123 ABC 123 ABC 123 ABC 123 ABC 123 ABC 123 ABC 123
ABC 123 ABC 123 ABC 123 ABC 123 123 ABC 123 ABC 123 ABC 123 ABC
123 ABC 123 ABC 123 ABC 123 ABC 123 ABC 123 ABC 123 ABC 123 ABC
123 ABC 123 ABC 123 ABC 123 ABC 123 ABC 123 ABC 123 ABC 123 ABC
123 ABC 123 ABC 123 ABC 123 ABC 123 ABC 123 ABC 123 123 ABC 123
ABC 123 123 123 ABC 123 ABC ABC 123 123 ABC 123 ABC 123 ABC ABC
123 ABC 123 ABC 123 ABC 123 123 ABC ABC ABC ABC ABC ABC ABC ABC
ABC ABC ABC ABC ABC ABC ABC ABC
```

Memo タスクの状態の切り替え

タスクが生成されると、タスクスケジューラーによって、次のような流れで処理が行われます。

❶タスクの生成
ジョブステップからタスクが生成され、CPUの実行待ち行列（レディキュー）に登録されます。

❷実行可能状態➡実行状態
レディキューから選択されたタスクにCPUの割り当てが行われます。

❸実行待ち状態
入出力処理などで割り込みが発生すると、タスクの実行を一時中断し、レディキューに加えます。

❹実行可能状態
割り込み処理が完了すると、レディキューから選択されたタスクが❷の実行可能状態になります。

❺実行状態
CPUの割り当てが行われ、処理が再開されます。

❻実行状態➡実行可能状態
並行して実行中のタスクに処理が切り替わる間、一時的に処理を中断して、実行可能状態に移行します。

❼実行可能状態➡実行状態
再びCPUの割り当てが行われます。

❽タスクの削除
タスクの処理が完了すると、タスクが削除されます。

6.2.4 フォアグラウンドスレッドとバックグラウンドスレッド

.NET Frameworkが管理するスレッドは、**バックグラウンドスレッド**、または**フォアグラウンドスレッド**のどちらかです。

● フォアグラウンドスレッド

新規にThreadクラスで生成されたすべてのスレッドは、フォアグラウンドスレッドです。なお、フォアグラウンドスレッドが動作している限り、アプリケーションは終了されません。

● バックグラウンドスレッド

バックグラウンドに指定されたスレッドは、フォアグラウンドスレッドが終了すると同時に終了します。この点だけがフォアグラウンドスレッドと違います。

● IsBackground プロパティ

スレッドが、バックグラウンドスレッドなのかフォアグランドスレッドなのかを特定したり、現在の状態を変更したりするには、Threadクラスの「IsBackground」プロパティを使用します。

IsBackgroundプロパティの値をTrueに設定すると、対象のスレッドをバックグラウンドスレッドに変更できます。

▼特定のスレッドをバックグラウンドスレッドに指定する

構文

```
スレッド名.IsBackground = true;
```

フォアグラウンドとバックグラウンドを交互に実行する
プログラムの作成

ここで作成するプログラムは、フォアグラウンドスレッドとバックグラウンドスレッドを作成し、フォアグラウンドスレッドはプロセスがforループを抜けるまでプロセスの実行を継続します。フォアグラウンドスレッドが完了すると、実行中のプロセスはバックグラウンドスレッドがforループを完了する前に終了されます。

▼フォアグラウンドスレッドとバックグラウンドスレッドを交互に実行するコンソールアプリ（プロジェクト「ForeAndBack」）

```
using System;
using System.Threading;

namespace ForeAndBack
{
    class Program
    {
```

```
static void Main()
{
    // BackgroundTestのインスタンスを生成
    BackgroundTest obj1 = new BackgroundTest(10);
    BackgroundTest obj2 = new BackgroundTest(10);


    // フォアグラウンドスレッドを生成
    Thread foregroundThread =
        new Thread(new ThreadStart(obj1.ThreadLoopMethod));
    foregroundThread.Name = "フォアグラウンドスレッド";

    // バックグラウンド用のスレッドを生成
    Thread backgroundThread =
        new Thread(new ThreadStart(obj2.ThreadLoopMethod));
    backgroundThread.Name = "バックグラウンドスレッド";

    // スレッドをバックグラウンドにする
    backgroundThread.IsBackground = true;

    foregroundThread.Start(); // フォアグラウンドスレッドの開始
    backgroundThread.Start(); // バックグラウンドスレッドの開始

    Console.ReadKey();
    }
}


class BackgroundTest
{
    // 処理回数を保持するフィールド
    private int maxIteration;

    public BackgroundTest(int intIteration)
    {
        this.maxIteration = intIteration;
    }

    public void ThreadLoopMethod()
    {
        // スレッドの識別名を取得
        String threadName = Thread.CurrentThread.Name;

        for (int i = 0; i < maxIteration; i++)
```

```
                {
                    // スレッド名と処理回数を表示
                    Console.WriteLine("{0} count: {1}",
                                        threadName, i.ToString());
                    // スレッドを一時停止
                    Thread.Sleep(250);
                }
                Console.WriteLine(
                    "{0} スレッドの処理が完了しました。", threadName);
            }
        }
}
```

▼処理結果

```
    フォアグラウンドスレッド count: 0
    バックグラウンドスレッド count: 0
    フォアグラウンドスレッド count: 1
    バックグラウンドスレッド count: 1
    フォアグラウンドスレッド count: 2
    バックグラウンドスレッド count: 2
    フォアグラウンドスレッド count: 3
    バックグラウンドスレッド count: 3
    フォアグラウンドスレッド count: 4
    バックグラウンドスレッド count: 4
    フォアグラウンドスレッド count: 5
    バックグラウンドスレッド count: 5
    フォアグラウンドスレッド count: 6
    バックグラウンドスレッド count: 6
    フォアグラウンドスレッド count: 7
    バックグラウンドスレッド count: 7
    フォアグラウンドスレッド count: 8
    バックグラウンドスレッド count: 8
    フォアグラウンドスレッド count: 9
    バックグラウンドスレッド count: 9
    フォアグラウンドスレッド スレッドの処理が完了しました。
    バックグラウンドスレッド スレッドの処理が完了しました。
```

Tips タスクスケジューリングの方法

　CPUの割り当てを行うことを**ディスパッチ**と呼びます。複数のタスクを同時並列的に実行する場合は、タスクスケジューラーが設定した順序でディスパッチが行われます。このように、ディスパッチを行うべきタスクを選択することを**タスクスケジューリング**と呼びます。

　WindowsやUNIX、macOSでは、**ラウンドロビン**と呼ばれる方式でタスクスケジューリングが行われます。タスクスケジューリングでは、一定の間隔で区切られたCPUの割り当て時間（**タイムスライス**と呼ぶ）に沿って、複数のタスクを同時並列的に実行します。

Memo フォアグラウンドスレッドとバックグラウンドスレッドの切り替え

　フォアグランドスレッドで実行されているMain()メソッドが終了すれば、すべてのバックグラウンドスレッドは、強制的に終了させられます。

　逆にいうと、すべてのフォアグラウンドスレッドが終了しなければプロセスは終了しないことになります。

● **IsBackground プロパティのデフォルト値は False**

　IsBackgroundプロパティのデフォルト値は、「False」です。このため、特に指定しない限り、対象のスレッドはフォアグラウンドです。これに気付かないでいると、Main()メソッドが終了したのに、プログラムが終了しないという事態になりかねないので注意が必要です。

　次のプログラムでは、スレッドをバックグラウンドで実行することで、スレッドの処理が完了していなくても、Main()メソッドが終了すれば、強制的に終了するようにしています。

6.2 Threadクラスを使用したスレッドの作成と実行

▼Program.cs（プロジェクト「ThreadClose」）

```csharp
using System;
using System.Threading;

namespace ThreadClose
{
    class Program
    {
        public static void Main()
        {
            Console.WriteLine("処理を開始しました。");

            // MethodTest()メソッドを登録したスレッドを生成
            Thread ThreadTest = new Thread(
                new ThreadStart(MethodTest));
            // バックグラウンドスレッドにする
            ThreadTest.IsBackground = true;
            //スレッドの開始
            ThreadTest.Start();

            // メッセージを表示
            Console.WriteLine("Enterキーを押してください。");
            //Enterキーが押されたことを確認
            Console.ReadLine();
        }

        // メソッド
        private static void MethodTest()
        {
            // ループを延々と繰り返す
            for (int i = 0; i < 100000; i++)
                Console.WriteLine("処理中です");
            // 処理が終了したことを通知
            Console.WriteLine("処理が完了しました。");
        }
    }
}
```

　プログラムを実行して何もしなければ、メッセージが延々と出力されますが、Enterキーを押すとフォアグラウンドの終了とともにバックグラウンドスレッドも終了します。

6

マルチスレッドプログラミング

653

6.2.5 スレッドが終了するまで待機させる

スレッドを実行中に、他のスレッドが終了するまで待機させたい場合は、**Thread.Join()** メソッドを使います。

▼Join()メソッドで呼び出し元のスレッドを待機させる

```
スレッド名.Join();
```

Main()メソッドでスレッドの終了を待機する

次は、Main()メソッドにおいて、スレッドの処理が完了するまで待機する例です。

▼スレッドの終了まで待機する（プロジェクト「ThreadJoin」）
```csharp
using System;
using System.Threading;

namespace ThreadJoin
{
    class Program
    {

        public static void Main()
        {
            Console.WriteLine("処理を開始しました。");

            // MethodTest()メソッドを実行するスレッド
            Thread ThreadTest = new Thread(
                new ThreadStart(MethodTest));

            // バックグラウンドスレッドにする
            ThreadTest.IsBackground = true;

            //スレッドの開始
            ThreadTest.Start();

            // スレッドが完了するまで待機する
            ThreadTest.Join();
```

654

6.2 Threadクラスを使用したスレッドの作成と実行

```
        //  メッセージの表示
        Console.WriteLine("Enterキーを押してください。");


        //Enterキーが押されたことを確認
        Console.ReadLine();
    }


    //  スレッドで実行するメソッド
    private static void MethodTest()
    {
        //  ループ処理
        for (long i = 0; i < 5; i++)
            Console.WriteLine("処理中");


        //  処理が終了したことを通知
        Console.WriteLine("処理が完了しました。");
        Console.ReadKey();
    }
}
```

▼実行結果

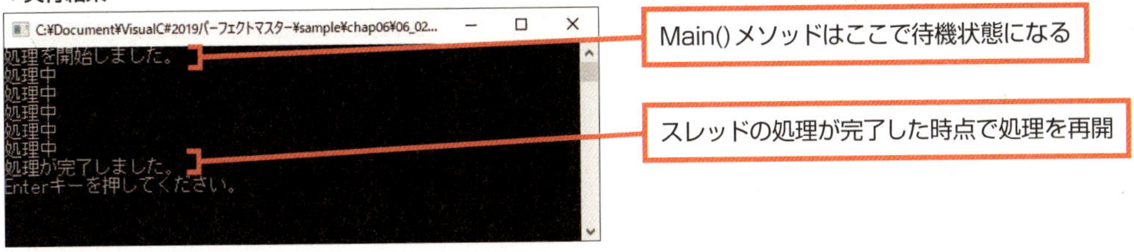

Main()メソッドはここで待機状態になる

スレッドの処理が完了した時点で処理を再開

655

6.2 Threadクラスを使用したスレッドの作成と実行

6.2.6 スレッドの破棄

指定したスレッドを強制的に終了させたい場合は、**Abort()** メソッドを使用します。

特定のスレッドを破棄する

Abort()メソッドを呼び出すと、共通言語ランタイムが対象のスレッドに「ThreadAbort Exception」を返してきます。なお、スレッドが終了するまで待機する必要がある場合は、Join()を呼び出すことができます。

▼スレッドを強制的に終了させる

終了させるスレッド名.Abort();

▼スレッドを強制終了（プロジェクト「ThreadAbort」）
```
using System;
using System.Threading;

namespace ThreadAbort
{
    class Program
    {
        public static void Main()
        {
            // スレッドを生成
            Thread ThreadTest =
                new Thread(new ThreadStart(MethodTest));
            // スレッドを開始
            ThreadTest.Start();
            // 1秒間待機
            Thread.Sleep(1000);

            Console.WriteLine("スレッドを破棄します。");
            // スレッドを破棄
            ThreadTest.Abort();

            // スレッドが破棄されるまで待機する
            ThreadTest.Join();
```

656

6.2 Thread クラスを使用したスレッドの作成と実行

```
            Console.WriteLine("指定したスレッドが破棄されました。");
            Console.ReadKey();
        }


        static void MethodTest()
        {
            Console.WriteLine("新規のスレッドを実行中です。");
            Thread.Sleep(1000);  // 1秒間待機
        }
    }
}
```

▼実行結果

```
新規のスレッドを実行中です。
スレッドを破棄します。
指定したスレッドが破棄されました。
```

H int | CPUとクロック

CPUは、4つのステージを使って1つの命令を実行していきます。このとき、クォーツ式の時計が「カチッカチッ」と時を刻むように、一定のテンポに合わせて処理されます。

このテンポのことを**クロック周波数**、またはたんに**クロック**と呼び、CPU、メインメモリ、チップセットなどの部品は、マザーボード*上のクロックジェネレーター（水晶発信器）が発生したクロックパルスに合わせて動作することで、処理の同期を取っています。

このように、CPUのマシンサイクルの各ステージを1クロックずつ処理する場合は、合計で4クロックが必要になります。そして、1つのマシンサイクルに続いて、次の命令を処理するマシンサイクルを実行し、複数の命令を連続して実行します。これを**逐次制御方式**と呼びます。

クロック周波数は、1秒間にクロックがいくつあるのかをHz（ヘルツ）と呼ばれる単位を使って表します。1秒間に1クロックであれば、1Hz、100万クロックあれば1MHzとなります。

＊**マザーボード**　コンピューターの基盤のこと。マザーボード上に、CPUやメモリ、ビデオカードなどの機器を取り付け、マザーボード上のコネクターを使って、ハードディスクや外部メディアを装着するようになっている。

6.2 Threadクラスを使用したスレッドの作成と実行

6.2.7　Monitorクラスを使用した同期制御

マルチスレッドは、同時並列的に処理を実行しますが、1つの処理を複数のスレッドが処理してしまうことがあるので注意が必要です。

このような場合は、スレッド同士が協調して処理を行うようにする必要があります。このことを**同期制御**と呼びます。また、これと似た方法として、複数のスレッドから同じリソース（データ）にアクセスすることによって生じるデータの不整合を防ぐ**排他制御**があります。

● Monitorクラスを使用した同期制御

複数のスレッドがタイミングを計りながら互いに命令やデータのやりとりをすることを防止します。

● lockを利用した排他制御

複数のスレッドから共通のリソース（データ）に、同時にアクセスすることによって生じるデータの不整合を防止します。

同期制御が必要な理由

次のプログラムは、フィールドの値を1つ増やすスレッドを複数生成し、ループ処理を行って、フィールドcounterの値を1ずつ加算するプログラムです。しかし、プログラムを実行してみると、whileステートメントで指定した回数よりも多くの処理が行われていることが確認できます。

▼指定した処理回数をオーバーしてしまうコンソールアプリ（プロジェクト「CountOver」）

```
using System;
using System.Threading;

namespace CountOver
{
    class Program
    {
        // フィールドの宣言
        private int counter = 0;

        static void Main()
        {
            // ClassTestのインスタンスを生成
            Program obj = new Program();

            // 1つ目のスレッドを生成
            Thread Thread1 =
```

```
            new Thread(new ThreadStart(obj.MethodTest));
        Thread1.Name = "スレッド1";

        // 2つ目のスレッドを生成
        Thread Thread2 =
            new Thread(new ThreadStart(obj.MethodTest));
        Thread2.Name = "スレッド2";

        // スレッドを開始
        Thread1.Start();
        Thread2.Start();
        Console.ReadKey();
    }

    // スレッドで実行するメソッド
    public void MethodTest()
    {
        string name = Thread.CurrentThread.Name;
        // counterが3より小さい間にループを実行
        while (counter < 3)
        {
            // スレッドを停止し他のスレッドに制御を移す
            Thread.Sleep(1000);

            // counterを1増やす
            counter++;
            // 画面表示
            Console.WriteLine(name);
            Console.WriteLine(counter);
        }
    }
}
```

▼実行結果（実行環境により異なる）

3回のところを4回ループしてしまった

●指定した処理回数をオーバーしている

2つのスレッドを生成し、同じインスタンスからMethodTest()を実行するようにしました。Thread.Sleep(1000)で停止することで、1つの処理が2つのスレッドで交互に行われます。ところが、どちらのスレッドも同じフィールドにアクセスしているため、データの不整合が起きて3回ループするところを4回ループしてしまいました。スレッドを停止したあとにフィールドの値を増やしているので、最後の処理の停止中にスレッド2が実行されてしまったのです。

Monitorクラスを使用して同期制御する

前記のようなスレッド間による競合が行われないようにするためにはMonitorクラスのEnter()とExit()メソッドを使います。

これらのメソッドを使えば、複数のスレッドからメソッドやプロパティにアクセスされても、競合状態が発生しないようになります。

●Monitor.Enter()メソッド

Monitor.Enter()メソッドは、指定した処理に対して、排他的なロックを実行します。

Monitor.Enter()メソッドとMonitor.Exit()メソッドで囲まれたコードブロックがロックされ、処理が終了するまで他のスレッドからアクセスできないようになります。

▼指定したオブジェクトに排他ロックをかける

```
アクセス修飾子 void Enter(対象のオブジェクト)
```

▼指定したオブジェクトの排他ロックを解放する

```
アクセス修飾子 void Exit(対象のオブジェクト)
```

それでは、Monitorクラスを使用した同期制御を行うプログラムを作成してみることにしましょう。

▼Monitorクラスを使用したコンソールアプリ（プロジェクト「ThreadMonitor」）

```
using System;
using System.Threading;

namespace ThreadMonitor
{
    class Program
    {
        //フィールド
```

```
        private int counter = 0;


static void Main()
{
    // ClassTestのインスタンスを生成
    Program obj = new Program();


    // 1つ目のスレッドを生成
    Thread Thread1 = new Thread(
      new ThreadStart(obj.MethodTest));
    Thread1.Name = "スレッド1";


    // 2つ目のスレッドを生成
    Thread Thread2 = new Thread(
      new ThreadStart(obj.MethodTest));
    Thread2.Name = "スレッド2";


    // スレッドを開始
    Thread1.Start();
    Thread2.Start();
    Console.ReadKey();
}


public void MethodTest()
{
    string name = Thread.CurrentThread.Name;


    //ロックを取得
    Monitor.Enter(this);


    try
    {
        // counterが3より小さい間にループを実行
        while (counter < 3)
        {
            // スレッドを停止
            Thread.Sleep(1000);


            // counterを1増やす
            counter++;


            // 画面表示
```

```
                Console.WriteLine(name);
                Console.WriteLine(counter);
            }
        }
        finally
        {
            //ロックを解放
            Monitor.Exit(this);
        }
    }
}
```

●フィールドへのアクセスはスレッド１だけに制限される

　プログラムを実行してみると、スレッド１だけが実行され、指定した３回の処理で終了しました。スレッド１も２も同じインスタンスメソッドを実行するのですが、スレッド１の同期制御によって、このスレッド１だけで処理が完了したことになります。

▼実行結果

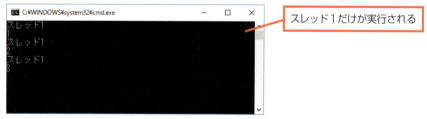

スレッド１だけが実行される

6.2.8　lockを利用した排他制御

lockステートメントを使うと、Monitorクラスのようにtry...finallyの記述が必要なくなるため、プログラムコードを簡素化することができます。lookは、複数のスレッドが同時にリソースにアクセスすることを禁止することで、データの不整合を防止します。これを**排他制御**と呼び、排他制御によってメソッドを保護することを**スレッドセーフ**と呼びます。

lockステートメントを使う

では、「6.2.7　Monitorクラスを使用した同期制御」で作成したプログラムをlockステートメントで書き換えると次のようになります。

▼lockステートメントによる排他制御（プロジェクト「ThreadLock」）

```
public void MethodTest()
{
    string name = Thread.CurrentThread.Name;
    lock(this)
    {
        while (counter < 3)
        {
            Thread.Sleep(1000);
            counter++;
            Console.WriteLine(name);
            Console.WriteLine(counter);
        }
    }
}
```

●lockステートメントを使った同期制御

lockキーワードは、指定したオブジェクトに対する排他的なロックを取得し、指定した範囲のステートメントを実行します。このとき、ロックを取得するステートメントブロックをクリティカルセクション*として実行します。

なお、lock キーワードは、コードブロックの最初にEnter () を呼び出し、ブロックの最後にExit () を呼び出します。

* **クリティカルセクション**　Critical section。単一のオブジェクトに、複数の処理が同時期に実行されると、正常に機能しないコードブロックのこと。このように複数のスレッドが同時に実行しないことが保証された領域のことを指す。クリティカルセクションにおいては、排他制御を行う必要がある。

6.2.9 競合状態とデッドロック

競合状態とは、複数のスレッドの処理が、定められた順序で実行されずに、実行した順序で処理が行われることです。複数のスレッドが共有データベースにアクセスしたり、共有の変数を更新したりする場合、同時に複数のスレッドが共有リソースへアクセスしようとすると「競合状態」が発生する可能性があります。競合状態は、特定のスレッドによってリソースが無効な状態に変更された後、別のスレッドがそのリソースにアクセスし、無効な状態で利用しようとするときに発生します。

> **Onepoint**
> 競合状態は、2つ以上のスレッドのうちのどれが特定のコードブロックを実行するかによって、プログラムの結果が変わってしまうバグのことです。プログラムを何回か実行すると、異なる結果が得られ、実行の結果は予測できません。

▼競合状態
```csharp
public class ClassTest
{
    public int intResult = 0;
    public void AddMethod()
    {
        intResult++;
        Console.WriteLine(intResult.ToString());
    }
    public void SubtractMethod()
    {
        intResult -= 10;
    }
}
```

競合状態の発生

　このクラスには、2つのメソッドが定義されています。**AddMethod()** メソッドでは、intResultフィールドに1を加算し、この値を画面に出力するようにしています。2つ目の**SubtractMethod()** メソッドでは、intResultの値から10を減算します。

　このようなコードブロックでは、ClassTestクラスのインスタンスを生成し、複数のスレッドが同時にインスタンスにアクセスしようとしたときに、競合状態が発生する可能性があります。

　一方のスレッドがAddMethodを呼び出すと同時に、もう一方のスレッドがSubtractMethodを呼び出した場合、このスレッドがintResultの値に1を加算して画面表示しようとしますが、もう一方のスレッドによってSubtractMethod()メソッドが実行されると、10を減算してしまうことになり、意味のない処理結果になってしまいます。

デッドロック

デッドロックは、2つのスレッドのうちの一方のスレッドが、もう一方のスレッドによって既にロックされているオブジェクト（インスタンス）をロックしようとすると発生します。この状態に陥ると、どちらのスレッドも続行できなくなり、アプリケーションが停止してしまいます。

リソースの持合いによるデッドロック

リソースの持合いによる相互のロックは、典型的なデッドロックです。この場合、2つのスレッドが互いに必要なリソースのロックを同時期に実行し、他方のリソースの解放を待つ状態になるので、どちらのスレッドもリソースを解放しないために先に進めなくなってしまいます。以下は、リソースの持合いによるデッドロックを発生させるプログラムです。

▼意図的にデッドロックを発生させるコンソールアプリ（プロジェクト「DeadLock」）

```csharp
using System;
using System.Collections.Generic;
using System.Linq;
using System.Text;
using System.Threading;

namespace DeadLock
{
    class Class1
    {
        private static object resource1 = new object();
        private static object resource2 = new object();

        // Main() メソッド
        public static void Main()
        {
            // 新規の別スレッドを作成して実行する
            Thread ThreadTest =
                new Thread(
                new ThreadStart(MethodTest));
            ThreadTest.Start();

            // resource1をロックする
            lock (resource1) ──────────────────────────────── ❶
            {
                Console.WriteLine("メインスレッドでresource1をロック");
                // スレッドを待機させる
```

6.2 Threadクラスを使用したスレッドの作成と実行

```
            Thread.Sleep(2000);


            // resource2をロックする
            // ここでデッドロックが発生
            lock (resource2)────────────────────────────────❹
            {
                Console.WriteLine("メインスレッドでresource2をロック");
            }
        }


        Console.WriteLine("メインスレッドの処理が完了しました。");
    }

    private static void MethodTest()
    {
        // スレッドを待機させる
        System.Threading.Thread.Sleep(1000);

        //resource2をロックする
        lock (resource2)────────────────────────────────────❷
        {
            Console.WriteLine("別スレッドでresource2をロック");

            // resource1をロックする
            // ここでデッドロックが発生
            lock (resource1)────────────────────────────────❸
            {
                Console.WriteLine("別スレッドでresource2をロック");
            }
        }

        Console.WriteLine("別スレッドの処理が完了しました。");
    }
}
```

▼実行結果

```
メインスレッドでresource1をロック
別スレッドでresource2をロック
```

プログラムを停止するには[閉じる]ボタンをクリックします。

666

プログラムの検証

前記のプログラムを実行すると、以下の順序で処理が行われます。

❶ メインスレッドでオブジェクトresource1をロックします。

❷ 新規のスレッドでオブジェクトresource2をロックします。

❸ 新規のスレッドはresource1のロックを要求しますが、すでにメインスレッドでロックされているため、メインスレッドでロックが解放されるまでブロックされます。

❹ メインスレッドでもresource2のロックを要求しますが、resource2は新規のスレッドですでにロックされているため、やはり解放されるまでブロックされます。結局は、双方のスレッドが互いをブロックし合うことになり、プログラムが停止してしまいます。

Attention

デッドロックに陥らないようにするには、最低限、クリティカルセクション内で別のオブジェクトをロックしないようにすることが必要です。また、クリティカルセクション内でメソッドを呼び出すときは、他のスレッドが対象のメソッドをロックするようになっていないか、注意が必要です。

Hint Monitor クラスのメンバー

Monitor クラスには、主に以下のメンバーが登録されています。

▼ Monitor クラスのメンバー

名前	内容
Enter()	指定したオブジェクトの排他ロックを取得する。
Exit()	指定したオブジェクトの排他ロックを解放する。
Pulse	ロックされたオブジェクトの状態が変更されたことを、待機キュー内のスレッドに通知する。
PulseAll	オブジェクトの状態が変更されたことを、待機中のすべてのスレッドに通知する。
TryEnter()	指定したオブジェクトの排他ロックの取得を試みる。
Wait(object)	オブジェクトのロックを解放し、現在のスレッドがロックを再取得するまでそのスレッドをブロックする。

Section 6.3 ThreadPoolクラスを利用したマルチスレッドの実現

Level ★★★　Keyword　スレッドプール　非同期デリゲート

サーバー型プログラムのように、大量のリクエストを平行して処理する場合は、どうしてもパフォーマンスの低下は避けられません。そこでVisual C#には、複数のスレッドで共通するリソースを使用することで、パフォーマンスの低下を防ぐためのThreadPool（スレッドプール）クラスが用意されています。

ここがポイント！ ThreadPoolクラスを利用したマルチスレッド

ここでは、以下の方法を使ったマルチスレッドプログラミングについて紹介します。

●ThreadPoolクラスを利用したマルチスレッド

スレッドプールを使うと、一度確保したスレッドのリソースを他のスレッドと共有できるので、パフォーマンスの低下を防ぐことができます。

●非同期デリゲート

非同期デリゲートを使用すれば、指定したメソッドを別スレッドで非同期的に呼び出すことができます。また、パラメーターや戻り値の受け渡しが簡単に行えるのが特徴です。

▼ThreadPoolクラスを使用したプログラムの実行

リソースを共有して処理速度の低下を防ぐ

668

6.3.1 ThreadPool（スレッドプール）でのマルチスレッド

　スレッドプールとは、ThreadPoolクラスのオブジェクトを使って、すでに作成された複数のスレッドを待機させて利用する仕組みのことを差します。
　ThreadクラスのStart()メソッドを使ってスレッドを起動する場合、スレッドの生成と破棄を繰り返すと、リソースを圧迫し、次第にプログラムの速度が低下してしまいます。スレッドプールでは、一度確保したスレッドを再利用するので、効率的にスレッドの処理を行うことができます。

スレッドプールの仕組み

　それでは、実際にプログラムを作成して、スレッドプールの仕組みを見ていくことにしましょう。

▼スレッドプールを利用したコンソールアプリ（プロジェクト「ThreadPoolApp」）

```
using System;
using System.Threading;

namespace ThreadPoolApp
{
    class Class1
    {
        public static void Main()
        {
            Console.WriteLine("Main()メソッドのスレッドを開始します。");

            // メソッドをスレッドプールのキューに追加する
            ThreadPool.QueueUserWorkItem(
                new WaitCallback(MethodTest));        ──❶
            // 画面表示
            Console.WriteLine("Enterキーで終了します。");
            // キーの入力待ち
            Console.ReadLine();
        }

        // スレッドで実行するメソッド
        private static void MethodTest(object obj)    ──❷
        {
            // 一時、待機させる
            Thread.Sleep(5000);
            // 画面表示
            Console.WriteLine("別スレッドの処理が完了しました。");
        }
```

6.3 ThreadPoolクラスを利用したマルチスレッドの実現

```
    }
}
```

▼実行結果

```
Main()メソッドのスレッドを開始します。
Enterキーで終了します。
別スレッドの処理が完了しました。
```

> **Onepoint**
> 「Enterキーで終了します。」と表示されてから5秒以内に Enter キーを押すと、アプリケーションはすぐに終了します。このことから、スレッドプールのスレッドはバックグラウンドスレッドであることが確認できます。

● プログラムの解説

作成したプログラムでは、WaitCallbackデリゲートを使用して、スレッドプールで実行するタスク（処理）をキュー（待ち行列）に追加しています。

❶ ThreadPool.QueueUserWorkItem()メソッドで、WaitCallback型のデリゲートをThreadプールに登録します。登録されたデリゲートは、スレッドプールのスレッドが使用可能な状態になると実行されます。

● ThreadPool.QueueUserWorkItem()メソッド（静的メソッド）

WaitCallback型のデリゲートをスレッドプールに追加し、使用できる状態になったら実行します。

メソッドの宣言部	public static bool QueueUserWorkItem(WaitCallback callBack)
パラメーター	callback　　System.Threading.WaitCallback型のデリゲートオブジェクト。

● WaitCallbackデリゲート

スレッドプールで実行されるメソッドを登録するデリゲートです。

宣言部	public delegate void WaitCallback(object state)
パラメーター	state　　メソッドの参照を格納するobject型のオブジェクト。

```
ThreadPool.QueueUserWorkItem(
          new WaitCallback(MethodTest));      ── デリゲートにMethodTest()を登録
```

❷ 別スレッドとして実行するメソッドMethodTestは、スレッドプールの仕様に合わせて、戻り値がvoid、パラメーターがobject型になります。

> **Onepoint**
> ThreadPoolクラスを使って同時に実行できるスレッドの最大数は、1つのプロセスに対して、「プロセッサ数×25」と定められています。

6.3 ThreadPoolクラスを利用したマルチスレッドの実現

スレッドプールによる引数渡し

ThreadPool.QueueUserWorkItem()メソッドはオーバーロードされていて、第2引数を使ってメソッドにデータを渡すことができます。なお、スレッドプールで実行可能なメソッドはvoidに限られるので戻り値を返せませんが、引数として渡したオブジェクトを利用してメソッドの処理結果を取得できます。

▼スレッドプールのメソッドに引数を渡し結果を取得する（プロジェクト「QueueUserWorkItem」）

```csharp
using System;

namespace QueueUserWorkItem
{
    class Program
    {
        public static void Main()
        {
            // ClassTestのインスタンスを生成
            // コンストラクターによって引数の値がプロパティにセットされる
            ClassTest obj = new ClassTest("プログラムの実行中です。");

            // デリゲートをスレッドプールのキューに追加する
            // メソッドで使用するオブジェクトobjも引数として渡す
            System.Threading.ThreadPool.QueueUserWorkItem(      ──────────❶
                new System.Threading.WaitCallback(MethodTest),
                obj
            );

            // 3秒間、待機
            System.Threading.Thread.Sleep(3000);
            // Returnプロパティの値を表示
            Console.WriteLine(obj.Return); ───────────────────────❷
            Console.ReadKey();
        }

        //スレッドで実行するメソッド
        private static void MethodTest(object parameter1)
        {
            // 渡されたデータをClassTest型に戻す
            ClassTest objParameter = (ClassTest)parameter1; ──────────❸

            // Returnプロパティに戻り値として返すデータを格納
```

6

マルチスレッドプログラミング

671

6.3 ThreadPoolクラスを利用したマルチスレッドの実現

```
            objParameter.Return = "引き続きプログラムの実行中です。";  ──────── ❹


            // 渡されたデータを表示
            Console.WriteLine(objParameter.Value);
        }
    }


// データの受け渡しとデータの取得を行うためのクラス
class ClassTest
{
    // メソッドに渡すデータを保持するプロパティ
    public string Value { get; set; }
    // メソッドの処理結果を取得するためのプロパティ
    public string Return { get; set; }


    // コンストラクター
    public ClassTest(string str)
    {
        Value = str;
        Return = null;
    }
}
}
```

▼処理結果

> プログラムの実行中です。
> 引き続きプログラムの実行中です。

●プログラムの解説
❶デリゲートをメソッドプールに追加
　ThreadPool.QueueUserWorkItem()メソッドで、デリゲート生成時にメソッドにデータ転送用のオブジェクトを渡しています。

●ThreadPool.QueueUserWorkItem()メソッド
　WaitCallback型のデリゲートをスレッドプールに追加し、使用できる状態になったら実行します。第2引数に、メソッドが使用するデータを格納したオブジェクトを指定します。

6.3 ThreadPoolクラスを利用したマルチスレッドの実現

宣言部	public static bool QueueUserWorkItem(WaitCallback callBack, Object state)	
パラメーター	callBack	System.Threading.WaitCallback型のデリゲート。
	state	メソッドが使用するデータを格納するObject型のオブジェクト。

```
System.Threading.ThreadPool.QueueUserWorkItem(
    new System.Threading.WaitCallback(MethodTest),    ——— WaitCallbackデリゲート
    obj    ——————————————— プロパティに値がセットされたClassTestオブジェクト
);
```

❷メソッドから結果を取得

スレッドにおいてMethodTest()メソッドが実行されると、メソッド側で設定した値がReturnプロパティに格納されます。これを戻り値として「obj.Return」で取得します。

❸MethodTest()におけるパラメーターの処理処理

メソッドが呼ばれると、パラメーターにClassTestオブジェクトが渡されてきます。これは、QueueUserWorkItem()によって、デリゲートと引数用のオブジェクトがセットでスレッドプールに追加されたことによるものです。プロパティにアクセスできるように、ClassTest型にキャストしています。

❹処理結果をプロパティに格納

戻り値を返す仕組みとして、プロパティを利用しています。呼び出し元では、Returnプロパティを参照すれば、戻り値がわかるという仕組みです。

6

マルチスレッドプログラミング

Memo マルチコア

マルチコア(Multiple core) は、1つのプロセッサ内に複数の「プロセッサ・コア (プロセッサの中枢部のこと) を格納したプロセッサのことです。

外見的には1つのプロセッサでありながら内部的には複数のプロセッサが処理を行うので、並列処理を行わせる場合に威力を発揮します。

プロセッサ・コアが2つであれば**デュアルコア**(Dualcore)、4つであれば**クアッドコア** (Quad-core)、6つであれば**ヘキサコア** (Hexa-core) と呼ばれます。

673

6.3 ThreadPoolクラスを利用したマルチスレッドの実現

Tips | Monitorクラス

Monitorクラスとは、スレッドへのアクセスを制御する機能が実装されている、クラスライブラリーのクラスのことです。

Monitorクラスは、オブジェクトのロックを通じて、特定のスレッドへのアクセスを制御するためのメンバーを実装しています。

スレッドの処理をロックすると、通常クリティカルセクションへのアクセスを制限できます。特定のスレッドがオブジェクトのロックを所有している間、他のスレッドはそのロックを取得できません。

●Monitorクラスのメソッド

・Enter()メソッド

オブジェクトのロックを取得し、クリティカルセクションの先頭をマークします。他のスレッドは、特別な場合を除き、通常はクリティカルセクションに入ることはできません。

・Wait()メソッド

オブジェクトのロックを解放して、他のスレッドがオブジェクトをロックしたりオブジェクトにアクセスできるようにします。パルスシグナルを使用して、オブジェクトの状態が変更されたことを待機中のスレッドに通知します。

呼び出し元のスレッドは、他のスレッドがオブジェクトにアクセスしている間待機します。

・Pulse()メソッド（通知）

1つ以上の待機中のスレッドにシグナル（割り込みのこと）を送ります。このシグナルが、ロックされていたスレッドの状態が変更されたことを待機中のスレッドに通知すると同時に、ロックされていたスレッドを解放する準備をします。

待機中のスレッドは、オブジェクトの実行待ちキューに加えられます。

・Exit()メソッド

オブジェクトのロックを解放します。このアクションは、ロックされたオブジェクトによってプロテクトされるクリティカルセクションの末尾もマークします。

▼Monitorクラスを使ったコンソールアプリ（プロジェクト「MonitorClass」）

```
using System;
using System.Threading;

namespace MonitorClass
{
    class Program
    {
        private static readonly object syncObj = new object();

        public static void Main()
        {
            //2つのスレッドを生成
            Thread thread1 = new Thread(
                new ThreadStart(MethodTest1));
```

674

```
            thread1.Name = "Thread1";

            Thread thread2 = new Thread(
                new ThreadStart(MethodTest2));
            thread2.Name = "Thread2";

            thread1.Start();
            thread2.Start();
            Console.ReadKey();
        }

        public static void MethodTest1()
        {
            Console.WriteLine("{0} : スレッドが生成されました。",
                Thread.CurrentThread.Name);
            Console.WriteLine("{0} : 相互排他ロックを取得します。",
                Thread.CurrentThread.Name);
            //ロックを取得
            Monitor.Enter(syncObj);

            lock (syncObj)
            {
                Console.WriteLine("{0} : Wait入ります。",
                    Thread.CurrentThread.Name);
                // Wait()を実行
                Monitor.Wait(syncObj);

                Console.WriteLine("{0} : 時間がかかる処理を行っています。",
                    Thread.CurrentThread.Name);
                Thread.Sleep(1000);

                // ロックを解除
                Monitor.Exit(syncObj);
                Console.WriteLine("{0} : 相互排他ロックを解除しました。",
                    Thread.CurrentThread.Name);
            }
            Console.WriteLine("{0} : スレッドを終了します。",
                Thread.CurrentThread.Name);
        }

        public static void MethodTest2()
        {
```

6.3 ThreadPoolクラスを利用したマルチスレッドの実現

```
        Console.WriteLine("{0} ： スレッドを生成しました。",
            Thread.CurrentThread.Name);


        lock (syncObj)
        {
            Console.WriteLine("{0} ： Pulseを実行。",
                Thread.CurrentThread.Name);
            // Pulse()を実行
            Monitor.Pulse(syncObj);

            Console.WriteLine("{0} ： 時間がかかる処理を行っています。",
                Thread.CurrentThread.Name);
            Thread.Sleep(2000);
        }
        Console.WriteLine("{0} ： スレッドを終了します。",
            Thread.CurrentThread.Name);
    }
  }
}
```

　プログラムを実行する際は、**デバックメニューのデ
バッグなしで開始**を選択してください。

▼実行結果

❶メインスレッド生成

❷排他ロック

❸スレッド生成

❹Wait()実行

❺Pulse()実行

❻スレッド破棄

❼排他ロック解除

❽メインスレッド終了

Section 6.4 Parallelクラスでサポートされたマルチスレッド

Level ★★★　　Keyword　Parallelクラス　マルチスレッド　プログレスバー

　System.Threading.Tasks名前空間に登録されているParallelクラスには、並列処理を行うためのメソッドが登録されています。
　また、デスクトップアプリにおける「BackgroundWorker」コンポーネントなど、これまでに紹介していなかった項目について取り上げます。

Visual C#に搭載されているマルチスレッド機能

　ここでは、これまでに取り上げていなかった、Visual C#に搭載されている以下の項目について見ていきます。

● Parallel.Invoke() メソッド

　System.Threading.Tasks名前空間に登録されているParallelクラスには、ループ処理、および並列処理に対する機能を提供する数多くのメソッドが登録されており、Parallelクラスのメソッドを使えば、一定の条件を満たす場合に、プログラムコードの量を減らすことができるのが特徴です。
　このセクションでは、Parallelクラスの代表的なParallel.Invoke()メソッドについて取り上げます。

● foreachステートメントをパラレルで実行する

　foreachステートメントは、Parallel.ForEach()メソッドによる処理に置き換えることができます。ここでは、Parallel.ForEach()メソッドの特徴と使い方について紹介します。

● デリゲート

　「BackgroundWorker」コンポーネントを利用することで、フォームアプリケーションにおけるマルチスレッドを簡単に操作できるようになりました。

　その他に、プログレスバーを使用して処理状況を表示させる方法や、スレッドの中止を行う方法について見ていきます。

677

6.4 Parallelクラスでサポートされたマルチスレッド

6.4.1 Parallelクラス

Parallelクラスには、マルチスレッドを行うための数多くのメソッドが登録されています。従来の
Threadクラスに比べてコードがシンプルになります。

◢ ThreadクラスとParallelクラスを比較する

Threadクラスのコードと、.NET Framework 4.0以降で搭載されたParallelクラスを使ったコー
ドを比較してみます。

▼2つのスレッドを実行するコンソールアプリ (プロジェクト「ThreadClass」)

```
namespace ThreadClass
{
    class Program
    {
        static void Main(string[] args)
        {
            var thread1 = new Thread(
                (s) => Console.WriteLine(s)
            );
            var thread2 = new Thread(
                (s) => Console.WriteLine(s)
            );
            thread1.Start("スレッド1を実行中。");
            thread2.Start("スレッド2を実行中。");
            Console.ReadKey();
        }
    }
}
```

▼Parallelクラスを使う (プロジェクト「ParallelClass」)

```
namespace ParallelClass
{
    class Program
    {
        static void Main(string[] args)
        {
            Parallel.Invoke(
                () => Console.WriteLine("スレッド1を実行中。"),
                () => Console.WriteLine("スレッド2を実行中。"));
            Console.ReadKey();
```

            }
        }
}
```

## ParallelクラスのInvoke()メソッド

　　System.Threading.Tasks名前空間の**Parallel**クラスには、ループ処理、および並列処理に対する機能を提供する数多くのメソッドが登録されています。

### ●Parallel.Invoke()メソッド
　指定された一連の処理を実行します。状況によっては並列で複数のメソッドを実行するため、このメソッドは、並列実行の可能性がある一連の操作の実行に使用できます。
　ただし、処理の実行順序、または処理が並行して実行される保証は行われません。

> **Onepoint**
> Parallel.Invoke()メソッドのパラメーターは可変なので、いくつでも並べて記述することができます。これらのパラメーターは、コア（CPUの核の部分）の数だけ並列に実行できます。

▼Parallel.Invoke()で並列処理を行う（プロジェクト「ParallelInvoke」）
```
using System;
using System.Threading;
using System.Threading.Tasks;

namespace ParallelInvoke
{
    class Program
    {
        static void Main(string[] args)
        {
            Parallel.Invoke(
                // メソッドの参照を登録
                Action,
                // ラムダ式で匿名メソッドとして登録
                () => {
                    Console.WriteLine("MethodB, Thread={0}",
                        Thread.CurrentThread.ManagedThreadId);
                },
                // delegateステートメントで匿名メソッドとして登録
```
```

6.4 Parallelクラスでサポートされたマルチスレッド

```
                delegate () {
                    Console.WriteLine("MethodC, Thread={0}",
                        Thread.CurrentThread.ManagedThreadId);
                }
            );
            Console.ReadKey();
        }
        static void Action()
        {
            Console.WriteLine("MethodA, Thread={0}",
                Thread.CurrentThread.ManagedThreadId);
        }
    }
}
```

▼実行結果

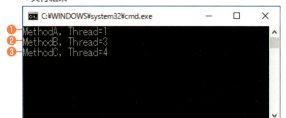

❶ Action()で実行

❷ ラムダ式で定義した匿名メソッド

❸ delegateステートメントで定義した匿名メソッド

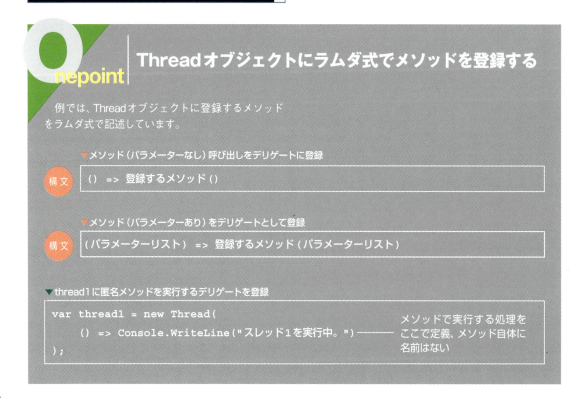

Onepoint｜Threadオブジェクトにラムダ式でメソッドを登録する

例では、Threadオブジェクトに登録するメソッドをラムダ式で記述しています。

▼メソッド（パラメーターなし）呼び出しをデリゲートに登録

構文　`() => 登録するメソッド ()`

▼メソッド（パラメーターあり）をデリゲートとして登録

構文　`(パラメーターリスト) => 登録するメソッド (パラメーターリスト)`

▼thread1に匿名メソッドを実行するデリゲートを登録

```
var thread1 = new Thread(
    () => Console.WriteLine("スレッド1を実行中。")
);
```

メソッドで実行する処理をここで定義、メソッド自体に名前はない

680

6.4 Parallelクラスでサポートされたマルチスレッド

foreachステートメントのParallel.ForEach()メソッドへの置き換え

ForEach()メソッドにおける処理は、パラレル（並列）で実行されるので、処理の量によっては
foreachよりも処理速度の点で有利です。

▼foreachステートメントとParallel.ForEach()メソッドを使う（プロジェクト「ForEachApp」）

```csharp
using System;
using System.Threading.Tasks;

namespace ForEachApp
{
    class Program
    {
        static void Main(string[] args)
        {
            int[] arrayData = { 1, 2, 3, 4, 5, 6, 7, 8, 9, 10 };

            foreach (var a in arrayData)
            {
                Console.Write("{0} ", a);
            }
            Console.WriteLine("serialで順次処理");

            Parallel.ForEach(
                // 処理対象の配列
                arrayData,
                // 繰り返す処理
                (n) => Console.Write("{0} ", n)
            );
            Console.WriteLine("parallelで並行処理");
            Console.ReadKey();
        }
    }
}
```

▼実行結果

```
C:¥WINDOWS¥system32¥cmd.exe                    —    □    ×
1 2 3 4 5 6 7 8 9 10 serialで順次処理
2 10 1 7 4 5 8 3 9 6 parallelで並行処理
```

foreachによる処理

Parallel.ForEach()による処理

6

マルチスレッドプログラミング

681

6.4 Parallelクラスでサポートされたマルチスレッド

　　ここでは、foreachステートメントとParallel.ForEach()メソッドによる処理を実行しましたが、Parallel.ForEach()メソッドにおける処理は、順序よく行われていません。

　　これは、Parallel.ForEach()メソッドは並列的処理を行うので、コンピューターの稼働状況によって、OSのタスクスケジューラーが効率的な処理を実行しているためです。

Tips forステートメントをパラレル処理する

　forステートメントの構造によっては、Parallel.For()メソッドによる処理に置き換えることができます。

　なお、doステートメントやwhileステートメントの場合は、プログラムの構造上、Parallel.For()メソッドによる処理はできません。

▼forとParallel.For()を実行するコンソールアプリ（プロジェクト「ParallelFor」）

```
using System;
using System.Threading.Tasks;

namespace ParallelFor
{
    class Program
    {
        static void Main(string[] args)
        {
            for (int i = 0; i < 10; i++) Console.Write("{0} ", i);
            Console.WriteLine("serialで実行(順次、処理)。");

            Parallel.For(0, 10, (value) => Console.Write("{0} ",
                value));
            Console.WriteLine("parallelで実行(並行処理)。");
            Console.ReadKey();
        }
    }
}
```

▼実行結果

```
0 1 2 3 4 5 6 7 8 9 serialで実行(順次、処理)。
0 1 3 4 5 6 7 9 8 2 parallelで実行(並行処理)。 ──── 数字の順番で実行されていない
```

682

6.4 Parallelクラスでサポートされたマルチスレッド

6.4.2 スレッドの進捗状況の表示

スレッド処理を行う際に、**プログレスバー**を使うと、スレッドの進捗状況を視覚的に表示することができます。ここでは、スレッドの進捗状況を表示するプログラムを作成してみることにします。

スレッドの進捗状況を表示するプログラムを作成する

以下の要領で、プログラムを作成します。

▼コントロールとコンポーネントの配置（プロジェクト「BackWorker」）

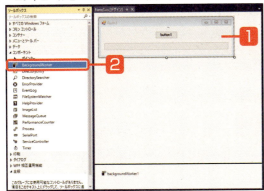

1 フォーム上に、Button（button1）、ProgressBar（progressBar1）を配置します。

2 ツールボックスの**BackgroundWorker**をダブルクリックします。

Onepoint
ProgressBarは、ツールボックスのProgressBarをダブルクリックしたあと、フォーム上で表示位置とサイズを調整します。

3 **button1**をダブルクリックし、作成されたイベントハンドラーに、次のように記述します。

▼button1のClickイベントハンドラー
```
private void Button1_Click(object sender, EventArgs e)
{
    backgroundWorker1.WorkerReportsProgress = True;
    backgroundWorker1.RunWorkerAsync();
}
```
このように記述

▼イベントハンドラーBackgroundWorker1_DoWork()の作成

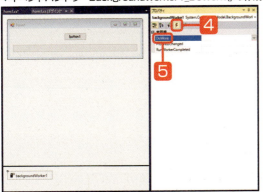

4 **BackgroundWorker1**を選択した状態で、**プロパティウィンドウ**の**イベント**ボタンをクリックします。

5 **DoWork**をダブルクリックし、イベントハンドラーに、次のように記述します。

6.4 Parallelクラスでサポートされたマルチスレッド

▼イベントハンドラーBackgroundWorker1_DoWork()

```
private void BackgroundWorker1_DoWork(
    object sender, DoWorkEventArgs e)
{
    for (int i = 1; i <= 100; i++)
    {
        System.Threading.Thread.Sleep(100);
        backgroundWorker1.ReportProgress(i);
    }
}
```

このように記述

「Thread.Sleep(100)」は、スレッドの実行を一時停止しながら進めていくために記述しています。

▼イベントハンドラーBackgroundWorker1_ProgressChangedの作成

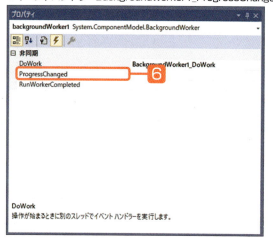

⑥ BackgroundWorker1を選択した状態で、プロパティウィンドウのProgressChangedをダブルクリックし、イベントハンドラーに次のように記述します。

▼イベントハンドラーBackgroundWorker1_ProgressChanged()における処理の記述

```
private void BackgroundWorker1_ProgressChanged(
    object sender, ProgressChangedEventArgs e)
{
    progressBar1.Value = e.ProgressPercentage;
}
```

このように記述

684

6.4 Parallelクラスでサポートされたマルチスレッド

▼BackgroundWorker1_RunWorkerCompletedイベントハンドラーの作成

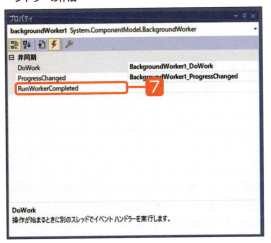

7 BackgroundWorker1を選択した状態で、プロパティウィンドウのRunWorkerCompletedをダブルクリックし、イベントハンドラーに次のように記述します。

▼BackgroundWorker1_RunWorkerCompletedイベントハンドラーにおける処理の記述

```
private void BackgroundWorker1_RunWorkerCompleted(
    object sender, RunWorkerCompletedEventArgs e)
{
    MessageBox.Show("バックグラウンドによる処理が完了しました。");
}
```
このように記述

●プログラムの実行

プログラムを実行してみることにします。

▼スレッドの開始

1 button1ボタンをクリックすると、スレッドの進捗状況が表示されます。

▼スレッドの処理が完了したことを通知するメッセージ

メッセージが表示される

6.4.3 スレッドの中止

スレッド処理を途中で中止する場合は、**CancelAsync()** メソッドを使います。このとき、**CancellationPending** プロパティを使って、スレッドの中止命令が出ていないかをチェックするのがポイントです。

スレッドの開始と中止

フォーム上に2つのボタンを配置して、スレッドの開始と中止を行えるようにしてみましょう。

▼コントロールとコンポーネントの配置（プロジェクト「CancelThread」）

1. フォーム上に、button1、button2を配置し、button1のTextプロパティに「スレッドを開始」と入力し、button2のTextプロパティに「スレッドを中止」と入力します。

2. ツールボックスのBackgroundWorkerをダブルクリックします。

3. button1をダブルクリックし、イベントハンドラーに、次のように記述します。

▼イベントハンドラーButton1_Click

```
private void Button1_Click(object sender, EventArgs e)
{
    backgroundWorker1.WorkerSupportsCancellation = true;
    backgroundWorker1.RunWorkerAsync();
}
```
このように記述

4. button2をダブルクリックし、イベントハンドラーに、次のように記述します。

▼イベントハンドラーButton2_Click

```
private void Button2_Click(object sender, EventArgs e)
{
    backgroundWorker1.CancelAsync();
}
```
このように記述

6.4 Parallelクラスでサポートされたマルチスレッド

▼イベントハンドラーBackgroundWorker1_DoWork()の作成

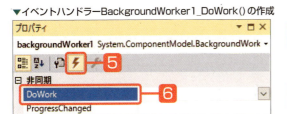

5 コンポーネントトレイのbackgroundWorker1を選択し、プロパティウィンドウのイベントボタンをクリックします。

6 DoWorkをダブルクリックし、イベントハンドラーに、次のように記述します。

▼イベントハンドラーBackgroundWorker1_DoWork()

```
private void BackgroundWorker1_DoWork(object sender, DoWorkEventArgs e)
{
    for (int i = 1; i <= 100; i++)
    {
        System.Threading.Thread.Sleep(100);

        if (backgroundWorker1.CancellationPending == true)
        {
            e.Cancel = true;
            break;
        }
    }
}
```
このように記述

▼BackgroundWorker1_RunWorkerCompleted()の作成

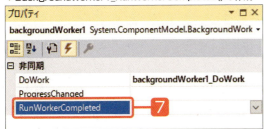

7 BackgroundWorker1を選択した状態で、プロパティウィンドウのRunWorkerCompletedをダブルクリックし、作成されたイベントハンドラーに、次のように記述します。

▼イベントハンドラーBackgroundWorker1_RunWorkerCompleted()

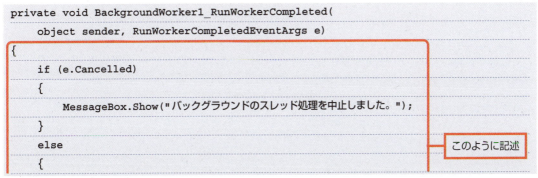

```
private void BackgroundWorker1_RunWorkerCompleted(
    object sender, RunWorkerCompletedEventArgs e)
{
    if (e.Cancelled)
    {
        MessageBox.Show("バックグラウンドのスレッド処理を中止しました。");
    }
    else
    {
```
このように記述

6 マルチスレッドプログラミング

6.4 Parallelクラスでサポートされたマルチスレッド

```
            MessageBox.Show("バックグラウンドのスレッド処理が完了しました。");
        }
        button1.Enabled = true;
    }
}
```

それでは、作成したプログラムを実行してみることにします。

8 **スレッドを開始**ボタンをクリックし、**スレッドを中止**ボタンをクリックすると処理が取り消されます。

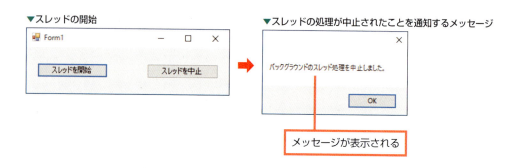

▼スレッドの開始

▼スレッドの処理が中止されたことを通知するメッセージ

メッセージが表示される

Memo 複数のスレッドに対して安全な「スレッドセーフ」

クラスやメソッドにおいて、複数のスレッドからメソッドやプロパティにアクセスされても問題が起きない、または、複数のスレッドからのアクセスに対し、排他制御が行われているようなクラスやメソッドを**スレッドセーフ**と呼びます。

スレッドセーフではないクラスやメソッドをスレッドセーフにする場合には、次のように排他制御を行います。

❶**アクセスされるリソースのクラスをまとめてスレッドセーフにする**

この方法を使うと、排他制御を行う部分を局所化することで、デッドロックを防止したり、プログラムの実行速度の低下の理由を見付けやすくなります。

また、排他制御を行うコードを1箇所にまとめて記述するので、プログラムの変更が容易に行えるメリットがあります。

❷**アクセスするクラスで排他制御を行う**

lockステートメントをメソッドに適用する方法がこれに当たります。

Perfect Master Series
Visual C# 2019

Chapter 7

ASP.NETによる
Webアプリ開発の概要

ASP.NETとは、サーバーサイドで実行するWebアプリのための技術の総称です。
この章では、Visual C#によるWebアプリ開発について紹介します。

7.1	ASP.NETによるWebアプリ開発の概要
7.2	ASP.NETを利用したWebアプリの作成
7.3	ASP.NETを利用したデータアクセスページの作成

Section 7.1 ASP.NETによるWebアプリ開発の概要

Level ★★★　　Keyword　サーバーサイド型　クライアントサイド型

Visual Studioでは、**Visual C#**を使って、Webアプリの開発が行えます。

ここがポイント！ ASP.NETでのWebアプリの開発

Visual Studioでは、Webフォームとコントロールを使用することで、デスクトップアプリとほぼ同じ手順で、Webアプリの開発が行えます。

● **Visual StudioのWebアプリ用のプロジェクトで作成される主なファイル**

・Webフォーム用ファイル　　・スタイルシート用ファイル
・ソースコード用ファイル　　・HTML用ファイル

 **IISのインストール**

Windows 10には、IISが付属していますので、以下の操作を行うことで、IISをインストールすることができます。

❶コントロールパネルの**プログラム**をクリックします。
❷Windowsの機能の有効化または無効化をクリックします。
❸Windowsの機能ウィンドウが表示されたら、**インターネット インフォメーション サービス**をチェックして、**OK**ボタンをクリックします。

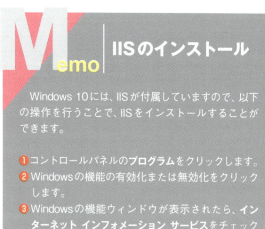

ここからIISをインストールできる

7.1.1 Webアプリの概要

　Webアプリには、JavaScriptなどで記述したプログラムをWebページと一緒にダウンロードし、ブラウザー上でプログラムを実行する**クライアントサイド型（フロントエンド）**のプログラムがあります。
　これに対し、Webブラウザーにはダウンロードされずに、Webサーバー上でプログラムを実行する**サーバーサイド型**のプログラムもあります。

●ASP.NETで作成されるWebアプリはサーバーサイド型

　ASP.NETで作成するWebアプリは、サーバーサイド型のアプリです。
　クライアント（ブラウザー）からのアクセスがあると、Webサーバーは、ASP.NETで作成されたWebページ（拡張子「.aspx」）を表示すると共に、ソースコード用ファイル（拡張子「.aspx.cs」）に保存されているVisual C#プログラムを呼び出して実行します。

▼サーバーサイドのWebアプリ

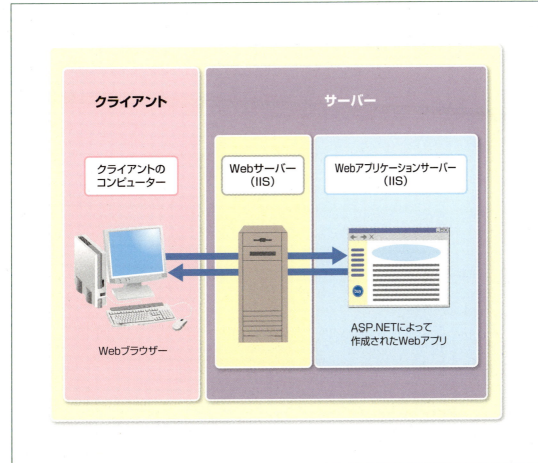

7.1 ASP.NETによるWebアプリ開発の概要

●Webサーバーと連携して処理を行うWebアプリケーションサーバー

サーバーサイドのWebアプリを実行するには、クライアントとの通信を行う**Webサーバー**の他に、プログラムを解釈して実行するための**Webアプリケーションサーバー**と呼ばれるソフトウェアが必要です。

Webサーバーは、クライアントからのアクセスがあるとWebページの表示を行いますが、Webアプリを実行するには、プログラムを解釈するためのWebアプリケーションサーバーが必要というわけです。

●Microsoft社のWebアプリケーションサーバー

Microsoft社のWebサーバーソフトである**IIS**（Internet Information Services）は、Webサーバーの機能に加え、ASP.NETによるWebプログラムを実行するためのWebアプリケーションサーバーの機能を搭載しています。

Visual Studioには、作成したWebアプリのテスト用として、IISの簡易版である**IIS Express**が付属しています。IIS Expressには、Webサーバーとしての機能と、ASP.NETで開発したWebプログラムを実行するためのWebアプリケーションサーバーの機能が搭載されています。

Webフォームコントロール

Webフォームコントロールは、Webフォーム上に配置するためのコントロール群で、ボタンやテキストボックスなど、Windowsフォームコントロールとよく似たコントロールがWebフォームコントロールが用意されています。

サーバーサイドのWebアプリ専用のWebフォームコントロールとクライアントサイドのWebアプリ用のHTMLコントロールがあります。

▼Webフォームコントロール

692

7.1.2 Visual C#でのWebアプリの開発

　Webフォーム用のファイルとコードモジュール用のファイルは、Webアプリ用のプロジェクトを作成すると自動的に作成されます。

　Webアプリの開発は、デスクトップの作成方法と大きく変わるところはなく、Webフォームデザイナーの画面からコードエディターへの切り替えも、Windowsフォームのときと同じように操作できます。

　Webアプリプロジェクトで作成される主なファイルには、以下のようなファイルがあります。

●Webフォーム用ファイル

　Webフォームは、Webページを表示するための基盤としての役割を持っていて、文字列の入力やボタンなどのコントロールを配置することで、Webアプリを実行するWebページの作成を行います。

　Webフォームは、「.aspx」という拡張子が付いたファイルとして保存されます。

●ソースファイル

　イベントプロシージャなどのVisual C#におけるステートメントを保存しておくためのファイルです。「.aspx.cs」という拡張子が付いたファイルとして保存されます。

●スタイルシートファイル

　Webページのスタイル設定を保存しておくためのファイルで、「.css」という拡張子が付いています。

●HTMLファイル

　Webアプリのページから、リンク先として表示するためのページです。通常、拡張子は、「.htm」に設定されます。Webフォームデザイナーを使えば、ASP.NETによるWebアプリのページだけでなく、HTMLだけで記述されたWebページを作成することができます。

　なお、以上のファイルの他に、Webアプリのアセンブリ情報を記録しておくための「AssemblyInfo.cs」、アプリケーションの起動や終了といったアプリケーションレベルのイベントハンドラーを記述するための「Global.asax」、Webアプリで使用する文字コードや認証情報などをXMLで記述する「Web.config」などのファイルが作成されます。

Section 7.2 ASP.NETを利用したWebアプリの作成

Level ★★★　　Keyword　Webフォーム　Webアプリ

このセクションでは、シンプルなWebアプリの作成を行ってみることにします。

ここがポイント！ Webアプリの開発手順

ASP.NETによるWebアプリの開発は、以下の手順で行います。

1. Webアプリプロジェクトの作成
2. Webフォームの作成
3. コントロールの配置
4. プログラムコードの記述

　ASP.NETによるWebアプリの開発は、デスクトップアプリと同様にユーザーインターフェイスとなるWebフォームを作成し、各イベントに対して、処理を実行するためのコードを入力することで、開発を進めていきます。

▼Webフォームの作成

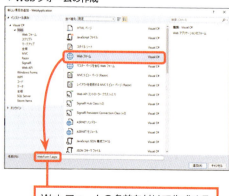

Webフォームの名前を付けて作成する

▼コントロールの配置

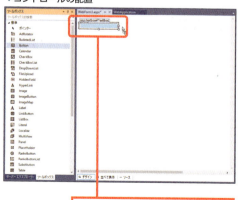

ツールボックスからドラッグしてコントロールを配置

694

7.2.1 Webサイトの作成

Webアプリ用のプロジェクトは、**ASP.NET Webアプリケーション (.NET Framework)** という項目を選択して作成します。作成されたプロジェクト用のフォルダーは、Webアプリ用のフォルダー、すなわちWebサイトのフォルダーとして扱われます。

1 ファイルメニューの**新規作成**➡**プロジェクトの作成**を選択します。

2 **新しいプロジェクトの作成**ダイアログが表示されるので、言語で**C#**を選択し、**ASP.NET Webアプリケーション (.NET Framework)** を選択して**次へ**ボタンをクリックします。

3 プロジェクト名を入力し、**参照**ボタンをクリックしてプロジェクトの保存先を選択したあと、**作成**ボタンをクリックします。

▼ [新しいプロジェクトの作成] ダイアログ

▼ [新しいプロジェクトの作成] ダイアログ

4 **空**を選択して**作成**ボタンをクリックします。

5 新しいWebサイトが作成されます。

▼ [新しいプロジェクトの作成] ダイアログ

▼ [ソリューションエクスプローラー]

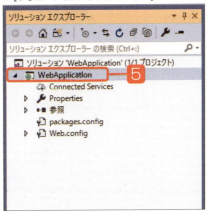

7.2 ASP.NETを利用したWebアプリの作成

7.2.2 Webアプリの作成

空のWebサイトを作成したら、Webフォームを追加します。**Webフォーム**は、Webページの土台となるもので、ここへボタンなどのコントロールを配置すると、そのままの状態でWebページとしてブラウザーに表示されます。

デザインビューを表示できるようにする

Visual Studioには、Webページを編集するためのWebフォームデザイナーが搭載されています。ただし、初期状態で非表示になっていることがあるので、次の手順で表示可能な状態にしておきましょう。

▼[オプション]ダイアログボックス

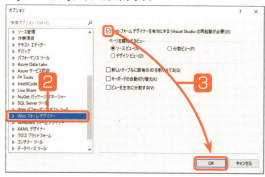

1. **ツール**メニューをクリックして、**オプション**を選択します。

2. **オプション**ダイアログボックスが表示されるので、左側のペインで**Webフォームデザイナー**を選択します。

3. **Webフォームデザイナーを有効にする(Visual Studioの再起動が必要)** にチェックを入れて、**OK**ボタンをクリックし、Visual Studioを再起動します。

Webフォームを作成する

Webフォームを追加して、Webページの画面を作成します。

▼[新しい項目の追加]ダイアログボックス

1. **Webサイト**メニューの**新しい項目の追加**を選択します。

2. **新しい項目の追加**ダイアログボックスが表示されるので、**Visual C#**の**Web**を選択して、**Webフォーム**を選択します。

3. **名前**の欄にWebフォームのファイル名を入力して、**追加**ボタンをクリックします。

7.2 ASP.NETを利用したWebアプリの作成

4 Webフォームが作成され、**ソースビュー**でWebフォームのコードが表示されます。**デザイン**ボタンをクリックします。

▼[ソースビュー]

▼[デザインビュー]

Webフォームのコードが表示される

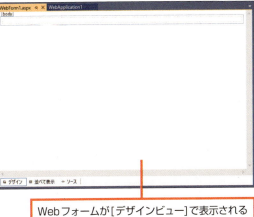
Webフォームが[デザインビュー]で表示される

Webフォーム上にコントロールを配置する

Webフォーム上にButton、Label、TextBoxの各コントロールを配置して、プロパティの設定を行いましょう。

1 画面の**div**と表示されている枠内にカーソルを置き、**ツールボックス**の**標準**タブの**Label**をダブルクリックします。

2 Labelコントロールの右横をクリックして、Enter キーを押します。

▼コントロールの配置

Labelをダブルクリックすることで、Webフォーム上に配置します

▼段落の挿入

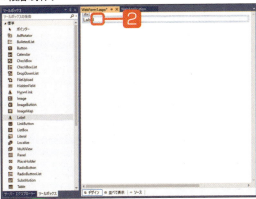

697

7.2 ASP.NETを利用したWebアプリの作成

3 新しい段落が挿入されるので、**ツールボックス**の**TextBox**をクリックして、挿入された段落へドラッグします。

4 ツールボックスの**Button**をクリックして、**TextBox**コントロールの右横へドラッグします。

▼コントロールの配置

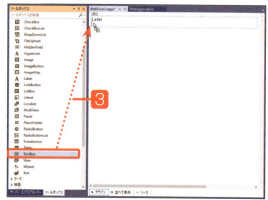

▼コントロールの配置

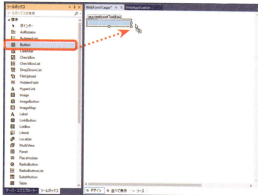

▼コントロールの配置

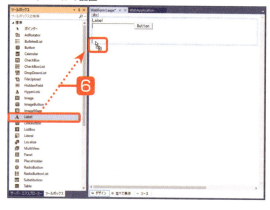

5 **Button**コントロールの右横をクリックして、Enterキーを3回押します。

6 新しい段落が3つ挿入されるので、**ツールボックス**の**Label**をクリックして、挿入された3つ目の段落へドラッグします。

7 下表を参照して、各コントロールのプロパティを設定します。

▼プロパティの設定

●Labelコントロール（上）

プロパティ名	設定値
(ID)	Label1
Text	名前を入力してください

●TextBoxコントロール

プロパティ名	設定値
(ID)	TextBox1
Text	（空欄）

●Labelコントロール（下）

プロパティ名	設定値
(ID)	Label2
Text	（空欄）

●Buttonコントロール

プロパティ名	設定値
(ID)	Button1
Text	入力

イベントハンドラーで実行するコードを記述する

Webフォーム上にコントロールの配置ができたら、ボタンをクリックしたときに実行されるイベントハンドラーにコードを記述します。

1 Webフォーム上のButtonコントロールをダブルクリックし、イベントハンドラーButton1_Click()に次のコードを記述します。

▼イベントハンドラー「Button1_Click」

```
protected void Button1_Click(object sender, EventArgs e)
    Label2.Text = TextBox1.Text + "さん、ASP.NETのWebサイトへようこそ！";
```

このように記述

作成したWebアプリの動作を確認する

では、作成したWebアプリをブラウザーで実行してみましょう。

1 デバッグメニューの**デバッグの開始**を選択します。

2 ブラウザーが起動して、Webアプリのページが表示されます。

3 入力欄に氏名を入力して、ボタンをクリックすると、メッセージが表示されます。

▼実行中のWebアプリ

▼メッセージの表示

メッセージが表示される

Onepoint このあと、テスト用のWebサーバー、IIS Expressが起動します。サーバーが起動しているかどうかは、タスクトレイに表示されるアイコンで確認することができます。

Onepoint プログラムを終了するには、ツールバーのデバックの停止ボタンをクリックします。なお、ブラウザーは別途で終了する必要があります。実行するブラウザーの種類は、ツールバーのデバッグ実行用のボタン横の▼をクリックして選択できます。

Section 7.3 ASP.NETを利用したデータアクセスページの作成

Level ★★★　　Keyword　データ接続　データソース　グリッドビュー

ここでは、SQL Serverと連携して、データベースを操作するWebアプリを作成します。

ここがポイント！ ASP.NETを利用したデータベース連携型Webアプリ開発

ここでは、ASP.NETを利用したデータベース連携型Webアプリの開発を以下の環境で行います。
ASP.NETを利用したデータベース連携型Webアプリの開発手順です。

1. Webサイトの作成
2. データセットの作成
3. データグリッドの配置
4. データグリッドのプロパティ設定
5. データグリッドのデザイン設定

▼データセットの組み込み

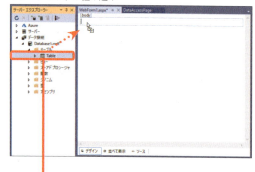

テーブルをWebフォーム上へドラッグ

▼グリッドビューの設定

グリッドビューの設定を行うためのメニュー

7.3.1 データベース連携型Webアプリの作成

このセクションでは、Visual Studioで作成したデータベースを利用します。データベースを作成していない場合は、Chapter 5を参照して、データベース（テーブルを含む）を作成した上で、以下の手順に進んでください。

データ接続を作成する

データベースに接続するための情報を格納した**DataAdapter（データアダプター）**など、データベースに接続するための必要なプログラムを含む**データ接続**を作成します。

▼ [接続の追加] ダイアログボックス

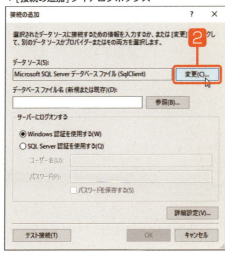

1 **ツール**メニューをクリックし、**データベースへの接続**を選択します。

2 **接続の追加**ダイアログボックスが表示されるので、**変更**ボタンをクリックします。

3 **データソースの変更**ダイアログボックスが表示されるので、**データソース**で**Microsoft SQL Serverデータベースファイル**を選択して、OKボタンをクリックします。

4 **接続の追加**ダイアログボックスが表示されるので、**データベースファイル名**の**参照**ボタンをクリックします。

▼ [データソースの変更] ダイアログボックス

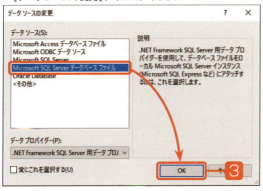

▼ [接続の追加] ダイアログボックス

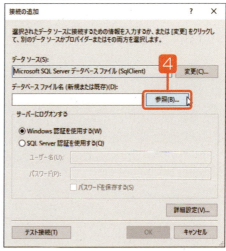

701

7.3 ASP.NETを利用したデータアクセスページの作成

5 SQL Serverデータベースファイルの選択ダイアログボックスが表示されるので、対象のデータベースファイルを選択して、開くボタンをクリックします。

6 サーバーにログオンするでWindows認証を使用するをオンにして、テスト接続ボタンをクリックします。

▼[SQL Serverデータベースファイルの選択]ダイアログボックス

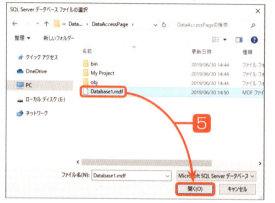

▼[接続の追加]ダイアログボックス

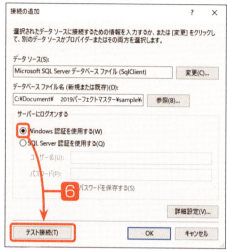

7 データベースへの接続が成功したことを通知するメッセージが表示されたら、OKボタンをクリックします。

8 接続の追加ダイアログボックスのOKボタンをクリックします。

▼接続に成功したことを通知するメッセージ

▼[接続の追加]ダイアログボックス

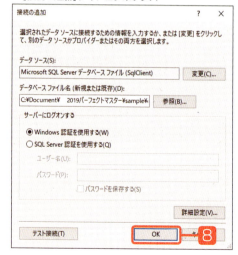

Onepoint

「データ接続」の名前は、選択したデータベースファイルと同じ名前になります。

データソースとグリッドビューを作成する

データソースは、アプリケーションとデータベース管理ツールとの間で、双方のやり取りを仲介するプログラムです。

サーバーエクスプローラーから、対象のテーブル名をWebフォーム上にドラッグするだけで、データソースと、データを閲覧、編集するための**グリッドビュー**を同時に作成できます。Webフォームを追加したあと、以下の操作を行ってください。

▼サーバーエクスプローラー

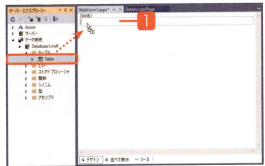

1 **サーバーエクスプローラー**で、**データ接続 ➡ データベース名 ➡ テーブル**を展開し、対象のテーブルをWebフォーム上の**div**または**body**と表示されている枠内へドラッグします。

Attention
サーバーエクスプローラーが表示されない場合は、表示メニューをクリックし、**サーバーエクスプローラー**を選択してください。

グリッドビューのデザインを設定する

オートフォーマットを使って、グリッドビューのデザインを設定します。

▼Webフォームデザイナー

1 グリッドビューを選択し、右上にある ボタンをクリックして、**オートフォーマット**をクリックします。

Onepoint
グリッドビューとは、データソースと連携して、Webページ上にデータベースのデータを表示する機能を持つコントロールです。

Onepoint
ボタンは、テーブル内部をクリックすると、表示されます。

7.3 ASP.NETを利用したデータアクセスページの作成

▼[オートフォーマット]ダイアログボックス

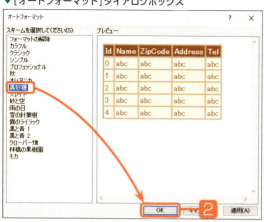

2 オートフォーマットダイアログボックスが表示されるので、**スキームを選択してください**の中から、グリッドビューに適用したい項目をクリックして、**OK**ボタンをクリックします。

グリッドビューの機能を設定する

グリッドビューに、データの編集と削除を行う機能を追加します。

▼Webフォームデザイナー上のグリッドビュー

1 グリッドビューの右上にある▷ボタンをクリックします。

2 **編集を有効にする**と**削除を有効にする**にチェックを入れます。

3 データの編集と削除を行うためのリンクが設定されます。

7.3 ASP.NETを利用したデータアクセスページの作成

7.3.2　Webアプリの動作確認

作成したWebアプリにデータが表示されるかを確認し、データの編集が実際に行えるか試してみることにしましょう。

▼Webブラウザーに表示されたASP.NETページ

1　**デバッグ**メニューをクリックして**デバッグなしで開始**を選択します。

2　Webブラウザーが起動し、データベース内のデータが表示されるので、任意の行の**編集**をクリックします。

Webブラウザーが起動し、データベース内のデータが表示される

▼データの編集と更新

3　選択した行が編集可能な状態になるので、任意のデータを編集し、**更新**をクリックします。

▼更新後のデータ

4　編集したデータが更新されていることが確認できます。

編集したデータが更新されていることが確認できる

705

MEMO

Perfect Master Series
Visual C# 2019

Chapter 8

ユニバーサル Windows アプリの開発

　Windows 8において登場したWindowsストアアプリは、PCだけでなく、タブレットPCにも対応できるように平板な画面をしているのが特徴のアプリです。その後、Windows 10において、名称が「ユニバーサルWindowsアプリ」に改められました。

　この章では、Visual C#によるユニバーサルWindowsアプリの開発について見ていきます。

8.1	ユニバーサルWindowsアプリの概要
8.2	ユニバーサルWindowsアプリ用プロジェクトの作成と実行
8.3	Webページの表示

Section 8.1 ユニバーサルWindowsアプリの概要

Level ★★★　　Keyword　ユニバーサルWindowsアプリ　XAML　コンテンツ

ユニバーサルWindowsアプリは、タブレット型PCにも対応した、Windows 10で動作するアプリケーションです。
　このセクションでは、ユニバーサルWindowsアプリの技術的要素について見ていきます。

ユニバーサルWindowsアプリの開発

Visual StudioにおいてVisual C#を使用して、ユニバーサルWindowsアプリの開発を行います。

● ユニバーサルWindowsアプリの開発に利用できる言語

・Visual C#　　・Visual Basic　　・Visual C++　　・JavaScript

● Windowsランタイム

Windowsランタイム（WinRT）は、ユニバーサルWindowsアプリ専用の実行環境です。

● インターフェイスの構築はXAMLで行う

ユニバーサルWindowsアプリでは、インターフェイス（操作画面）の構築をXAML（「ザムル」と読む）と呼ばれる言語を使って行います。

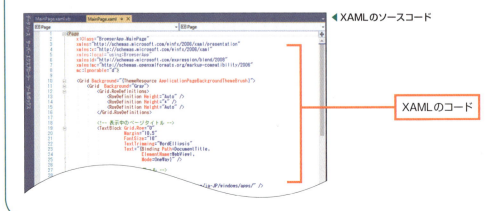

◀XAMLのソースコード

XAMLのコード

8.1.1 ユニバーサルWindowsアプリの開発環境

ユニバーサルWindowsアプリの開発では、次のクラスライブラリ（API）を利用することができます。

▼ユニバーサルWindowsアプリの開発で利用できるクラスライブラリ

> .NET Frameworkのクラスライブラリの一部
> Windowsランタイムのクラスライブラリ
> Win32 APIの一部（C++でのみ利用可）
> JavaScript用Windowsライブラリ（WinJS）とDOM API（JavaScript専用）

● .NET Frameworkのクラスライブラリ

ユニバーサルWindowsアプリに対応した一部のクラスだけが利用可能です。

● Windowsランタイム

Windowsランタイム（以降は「WinRT」と表記）は、ユニバーサルWindowsアプリ以降に新規に開発された実行環境です。WinRTのクラスライブラリに収録収録されているクラスは、Windows Phone用の一部のクラスを除いて、すべて使用することができます。

● Win32 API

Windowsの基本API群であるWin32 APIの一部のクラスを利用できますが、ゲーム開発で使用するDirectXは、C++言語での開発が前提となります。

ユニバーサルWindowsアプリ用に作成する実行関連ファイル

ユニバーサルWindowsアプリ用に作成する実行関連ファイルには、次の4種類の形式のファイルがあります。

▼ユニバーサルWindowsアプリ用の実行関連ファイル

ファイルの種類	拡張子	内容
アプリ	.exe	アプリ本体。
クラスライブラリ	.dll	アプリ本体や、他のライブラリから呼び出せるライブラリファイル。
WinRTコンポーネント	.winmd	JavaScriptからも利用できるライブラリ。WinRTの型だけを公開するような特殊な用途で利用する。
PCL	.dll	ポータブル・クラス・ライブラリ。利用するAPIを制限するような特殊な用途で利用する。

ユニバーサルWindowsアプリは、最低で1つのアプリファイル（.exe）で構成されます。なお、EXE形式ではありますが、エクスプローラーから直接、実行することはできません。

8.1.2　XAMLの基礎

　XAML（Extensible Application Markup Language）は、ユニバーサルWindowsアプリの画面を構築するための言語で、マークアップ言語のXMLの一種です。Webページの記述言語であるHTMLのように、＜＞で囲まれたタグを使って記述します。Visual C#をはじめとするVisual Studio関連の言語で開発を行う場合は、画面の作成にはXAMLを利用します。

●XAMLの要素はオブジェクト

　XAMLでButtonなどのコントロールを表示するには、＜＞で囲まれたタグの内部に、コントロール名を記述します。XAMLのタグに記述するコントロールのことを**要素**と呼びます。次のXAMLの要素はTextBlockコントロールで、Windows.UI.Xaml.Controls名前空間に属するTextBlockクラスから生成されるオブジェクト（インスタンス）を示しています。

▼TextBlockコントロールの配置例
```
<TextBlock Text="Hello, world!" />
```

　XAMLでは、HTMLと同様に、タグの終了を「/」を使って示します。上記のコードは、次のように記述することもできます。

▼TextBlockコントロールの配置例
```
<TextBlock Text="Hello, world!"></TextBlock>
```

　「<TextBlock Text="Hello, world!">」の部分を**開始タグ**と呼び、「</TextBlock>」の部分を**終了タグ**と呼びます。開始タグと終了タグの間に何も記述する必要がない場合は、最初の例の「<TextBlock Text="Hello, world!" />」のように1つにまとめて記述するのが一般的です。このような、開始タグと終了タグをまとめたタブのことを**空要素タグ**と呼びます。
　タグを使って要素名を記述すると、プログラムの実行時に該当するクラスのインスタンスが生成され、画面への描画が行われます。

●XAMLの属性はプロパティを表す

　XAMLの開始タグや空要素タグには、1つの要素名と、必要に応じて属性の指定を行うコードを記述します。なお、XAMLにおける属性とは、各コントロールのプロパティのことを指します。

▼TextBlockのTextプロパティの設定
```
<TextBlock Text="Hello, world!" />
```

　XAMLにおける属性値の設定では、{ }のように、中カッコで囲まれた部分が拡張要素（XAMLマークアップ拡張）と解釈されます。これは、データバインディング（「8.3.1　Webブラウザーの作成」において解説します）やリソースの指定を行う際に利用します。

8.1 ユニバーサルWindowsアプリの概要

▼リソースの指定例
```
<TextBlock Text="{StaticResource Message}" />
```

上記では、別途で定義されている「Message」の文字列がTextプロパティの値として設定されます。

XAML要素のコンテンツ

　開始タグと終了タグの間には、文字列や他の要素を表示するためのタグを入れることができます。このようなタグの間に入れる内容のことを**コンテンツ**と呼びます。コンテンツには、前述したように、文字列、またはXAML要素を記述することができます。例えば、<TextBlock>には、コンテンツとして文字列を記述できます。

▼TextBlockにおけるコンテンツ
```
<TextBlock>Hello, world!</TextBlock> ──────────────────── ❶
```

　上記のように記述した場合は、TextBlockの開始タグで「Text="Hello, world!"」と記述した場合と同じ結果になります。

●コンテンツにコントロールを設定する
　コンテンツとして、コントロールを配置するXAML要素を記述すると、コントロールを入れ子にすることができます。次の例は、コントロールを配置する格子状のマス目（セル）を設定するGridコントロールに内部の要素としてTextBlockコントロールを配置しています。

▼Gridコントロール内部にTextBlockを配置
```
<Grid>
    <TextBlock Text="Hello, world!" />
</Grid>
```

●コンテンツにおける属性値の設定
　コンテンツとして属性値の設定を記述することができます。前述の❶は、次のように記述することもできます。

▼TextBlockにおけるコンテンツ
```
<TextBlock>
    <TextBlock.Text>Hello, world!</TextBlock.Text>
</TextBlock>
```

プロパティの設定をコンテンツとして記述することで、複雑なプロパティ設定が行えるようになります。

Section 8.2 ユニバーサルWindowsアプリ用プロジェクトの作成と実行

Level ★★★　Keyword　プロジェクト　選択した要素のプロパティ　XAMLエディター

　このセクションでは、ユニバーサルWindowsアプリ用のプロジェクトの作成から、XAMLによる画面の構築、Visual C#によるイベントハンドラーの処理、プログラムの実行までを通して行うことにします。

ボタンクリックで処理を行うユニバーサルWindowsアプリの作成

ユニバーサルWindowsアプリは、基本的に次の手順で開発を行います。

❶ユニバーサルWindowsアプリ用のプロジェクトを作成する

❷ユニバーサルWindowsアプリの操作画面上にコントロールを配置する

ツールボックスからドラッグ＆ドロップするほかに、XAMLのコードを記述して配置することもできます。

❸コントロールのプロパティを設定する

プロパティウィンドウ、またはXAMLのコードを記述して、コントロールのプロパティを設定します。

❹イベントハンドラーを作成してVisual C#のソースコードを記述する

▼コントロールの配置

ドラッグして配置する

8.2.1　ユニバーサルWindowsアプリ用プロジェクトの作成

ユニバーサルWindowsアプリ用のプロジェクトを作成します。

▼［新しいプロジェクトの作成］ダイアログ

1. ファイルメニューの**新規作成➡プロジェクトの作成**を選択します。

2. **新しいプロジェクトの作成**ダイアログで**C#➡Windows➡ユニバーサル**を選択し、**空白のアプリ（ユニバーサル Windows）**を選択します。

3. プロジェクト名を入力し、**参照**をクリックして保存先を選択して**作成**ボタンをクリックします。

4. ターゲットとするプラットフォームの選択画面が表示されるので、このまま**OK**ボタンをクリックします。

▼プロジェクトのターゲットの選択

▼プロジェクトのターゲットの選択

▼開発者モードを有効にする

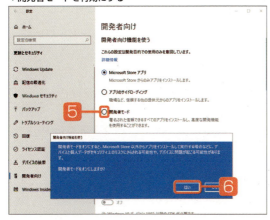

5. Windowsの設定画面を表示して、**開発者モード**のラジオボタンをオンにします。

6. 確認のメッセージが表示されるので、**はい**ボタンをクリックします。

7. **開発者用ライセンス**ダイアログの**OK**ボタンをクリックすると、プロジェクトが作成されます。

8.2.2 メッセージを表示するアプリ

ユニバーサルWindowsアプリの最初の作成例として、Buttonコントロールをクリックすると、TextBlockコントロールにテキストを表示するプログラムを作成することにします。

ButtonとTextBlockを配置する

ツールボックスからButtonを画面上にドラッグして、ButtonとTextBlockを配置します。

1 「MainPage.xaml」を表示します。**ソリューションエクスプローラー**で**MainPage.xaml**をダブルクリックします。

2 スケールの設定で**13.3" Desktop（1280×720）100%スケール**を選択し、解像度を**100%**に設定します。

3 ツールボックスの**Button**をXAMLデザイナー上にドラッグします。

4 ツールボックスの**TextBlock**をXAMLデザイナー上にドラッグします。

▼ソリューションエクスプローラー

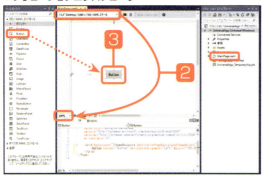

▼XAMLデザイナーとXAMLエディター

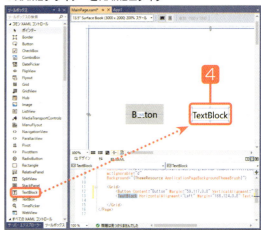

Memo 各プログラミング言語で利用する画面構築用の言語

インターフェイス（操作画面）の構築と、プログラムの制御はそれぞれ異なる言語を用いて開発します。

▼プログラミング言語と画面構築言語

プログラミング言語	画面構築言語
Visual C#	XAML
Visual Basic	XAML
Visual C++（C++/CX）	XAML
JavaScript	HTML、CSS

8.2 ユニバーサルWindowsアプリ用プロジェクトの作成と実行

プロパティを設定する

ButtonとTextBlockの識別名を設定し、外観に関するプロパティを設定します。

1 Buttonを選択し、**プロパティウィンドウの名前**に「button1」と入力します。

2 **共通**を展開してContentに「メッセージを表示」と入力します。

3 TextBlockを選択して、**名前**に「textBlock1」と入力します。

4 **共通➡Text**に入力されている文字列を削除します。

5 **テキスト**を展開して**36px**を選択します。

▼Buttonの名前の設定

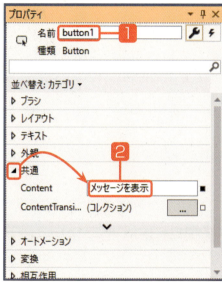

▼TextBlockのプロパティ設定

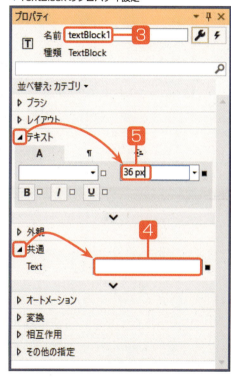

Onepoint

プロパティパネルに各プロパティの設定用の項目が表示されていない場合は、プロパティパネル右上の**選択した要素のプロパティ**ボタンをクリックします。

メッセージを表示するイベントハンドラーを作成する

Button1をクリックしたときに実行されるイベントハンドラーを生成し、TextBlockにメッセージを表示するためのコードを記述します。

8.2 ユニバーサルWindowsアプリ用プロジェクトの作成と実行

▼ボタンクリックのイベントハンドラーの作成

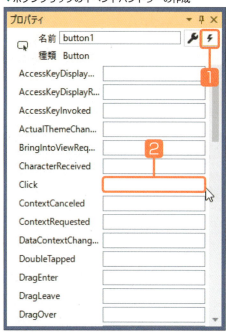

1 ボタンを選択し、**プロパティウィンドウ**の選択した要素の**イベントハンドラー**ボタンをクリックします。

2 **Click**の欄をダブルクリックします。

3 空のイベントハンドラーが作成されるので、次のコードを入力します。

▼イベントハンドラーButton1_Click()（MainPage.xaml.cs）

```
private void Button1_Click(object sender, RoutedEventArgs e)
{
    textBlock1.Text = "ユニバーサルWindowsアプリの世界へようこそ!";
}
```

Hint 画面の分割を解除する

▼画面分割の切り替え

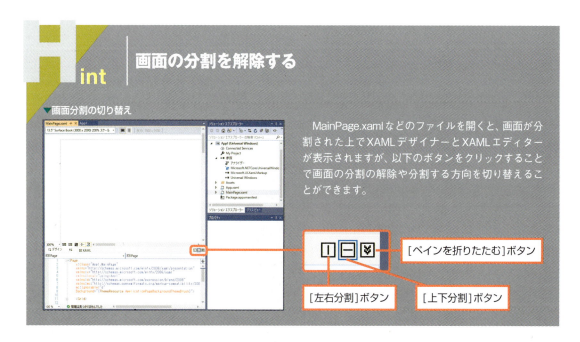

MainPage.xamlなどのファイルを開くと、画面が分割された上でXAMLデザイナーとXAMLエディターが表示されますが、以下のボタンをクリックすることで画面の分割の解除や分割する方向を切り替えることができます。

［ペインを折りたたむ］ボタン

［左右分割］ボタン　［上下分割］ボタン

716

8.2 ユニバーサルWindowsアプリ用プロジェクトの作成と実行

プログラムを実行する

プログラムを実行してみることにしましょう。

▼プログラムの実行

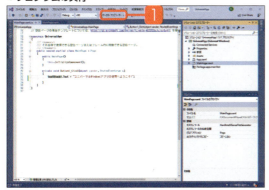

[1] ツールバーの**ローカルコンピューター**をクリックします。

Onepoint
ローカルコンピューターボタンをクリックすると、プログラムがデバッグモードで起動します。デバッグモードではなく通常の状態で起動したい場合は、デバッグメニューのデバッグなしで開始を選択してください。

[2] プログラムが起動するので、**メッセージを表示**ボタンをクリックします。

[3] メッセージが表示されます。

▼実行中のプログラム

▼Button1をクリックした結果

Memo｜シミュレーターの起動に失敗する場合

　Windowsの**Hyper-V**という機能が有効になっていないと、シミュレーターの起動に失敗することがあります。
　この場合は、Windowsの**コントロールパネル**の**Windowsの機能の有効化または無効化**を選択し、Hyper-Vにチェックを入れて（チェックマークではなく■のように塗りつぶされた状態でもOK）、**OK**ボタンをクリックしてください。再起動後、**Hyper-V**が有効になります。

717

8.2 ユニバーサルWindowsアプリ用プロジェクトの作成と実行

Memo シミュレーターを利用したプログラムの実行

Visual Studioには、作成したユニバーサルWindowsアプリを実行するためのシミュレーターが搭載されています。シミュレーターを使うと、画面上に表示されたWindows 10の擬似空間を使って、アプリを実行することができます。

❶**ローカルコンピューター**の右横の▼をクリックして**シミュレーター**を選択します。

❷ボタンの表示が**シミュレーター**に切り替わるので、これをクリックします。

❸シミュレーターが起動し、シミュレーター上でユニバーサルWindowsアプリが実行されます。

❹画面の中が見づらい場合は、**解像度の変更**をクリックして他の解像度を選択します。

▼Visual Studioのツールバー

▼起動したシミュレーター

▼シミュレーターで実行中のユニバーサルWindowsアプリ

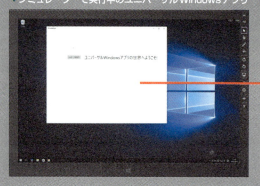

❺プログラムの動作が確認できます。

プログラムの動作が確認できる

●シミュレーターを終了する

シミュレーターの**スタート**ボタンをクリックし、**電源**➡**切断**を選択すると、シミュレーターが終了します。

Section 8.3 Webページの表示

Level ★★★　　Keyword　WebViewコントロール　ブラウザー　スプラッシュスクリーン

　ユニバーサルWindowsアプリでは、**WebView**コントロールを配置することで、Webページの表示が行えます。
　このセクションでは、WebViewコントロールを利用したWebブラウザーの作成方法について紹介します。

Webブラウザーの作成

WebViewコントロールを利用して、基本的な機能を備えたWebブラウザーを作成します。

●簡易型Webブラウザーの作成

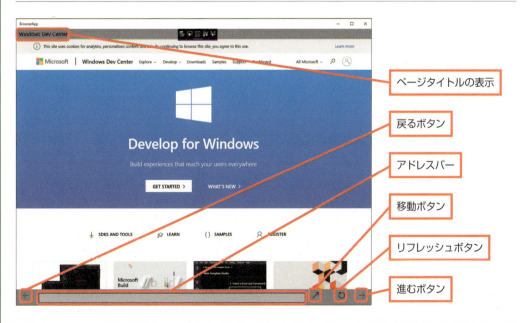

　TextBoxに、表示中のWebページのタイトルをデータバインディングと呼ばれる仕組みを使って表示します。UI部品とデータオブジェクトの接続(バインディング)を確立すると、UI部品とデータオブジェクト間でデータの受け渡しができるようになります。

8.3 Webページの表示

8.3.1 Webブラウザーの作成

WebViewコントロールを使用して、シンプルなWebブラウザーを作成します。

Webページの表示方法を確認する

WebViewコントロールを配置して、表示するWebページのURIをSourceプロパティに設定することで、指定したページを表示することができます。

▼XAMLのコード

```
<WebView x:Name="WebView1"
    Source="http://msdn.microsoft.com/ja-JP/windows/apps/" />
```

TextBoxを利用して、入力されたURIのページを表示するには、次のようにButtonコントロールなどのイベントハンドラーを作成して、Visual C#のコードを記述します。

▼TextBoxに入力されたURIのページを表示する

```
namespace BrowserApp
{
    public sealed partial class MainPage : Page
    {
        public MainPage()
        {
            this.InitializeComponent();
        }

        private Uri newUri;                                              ❶

                             追加する
        private async void GoButton_Click(object sender, RoutedEventArgs e)
        {
            if (Uri.TryCreate(TextBox1.Text, UriKind.Absolute, out newUri  ❷
                ) && newUri.Scheme.StartsWith("http"))                     ❸
            {
                WebView1.Navigate(newUri);                                 ❹
            }
            else
            {
                string Msg = "入力されたURIが認識できません";
                await new Windows.UI.Popups.MessageDialog(Msg).ShowAsync();  ❺
            }
            TextBox1.Text = "";
```

720

            }
        }
}

●コード解説
❶ private Uri newUri;
System.Uriは、指定されたURIにアクセスするためのオブジェクトを生成するクラスです。

❷ if (Uri.TryCreate(TextBox1.Text, UriKind.Absolute, out newUri)
Uri.TryCreateメソッドを呼び出して、TextBoxに入力されたURIにアクセスするためのUri型のインスタンスを生成します。Uri.TryCreateメソッドは共有メソッドなので、newによるインスタンスの生成は必要ありません。なお、このメソッドは、インスタンスの生成に成功するとTrueの値を返すので、ifステートメントの条件として記述し、Uriインスタンスの生成に成功した場合に、以下の処理を行うようにします。

●Uri.TryCreateメソッド
URIを表すString型のインスタンスとUriKind型のインスタンスを使用して、Uri型のインスタンスを生成する共有メソッドです。生成したインスタンスの参照は、第3パラメーターのUri型の変数に代入されます。

▼メソッドの宣言部
```
public static bool TryCreate(
    string uriString,
    UriKind uriKind,
    out Uri result
)
```

▼パラメーター

uriString	URIを表すString型のオブジェクト。
uriKind	URIの種類を表すUriKind列挙体のオブジェクト。
result	このメソッドから制御が戻るときに、作成されたUriを格納するSystem.Uri型のオブジェクト。outが指定されているので、引数を設定する場合はoutの記述が必要。

●outキーワード
outキーワードを使用すると、引数が参照渡しされます。refキーワードに似ていますが、refの場合は、変数を初期化してから渡す必要があるのに対し、outを引数に付けて渡す場合は、渡す前に初期化する必要はありません。ただし、呼び出されたメソッドでは、メソッドから制御を戻す前に値を代入する必要があります。

outパラメーターを使用するには、メソッド定義と呼び出し元のメソッドの両方でoutキーワードを明示的に使用する必要があることから、引数のresultではoutを指定します。

8.3 Webページの表示

▼戻り値（bool型）

True	Uriのインスタンスが正常に作成された場合。
False	上記以外の場合。

●UriKind 列挙体
Uriオブジェクトにおける URI の種類を定義します。

▼メンバー

メンバー名	内容
Absolute	絶対 URI を示す。
Relative	相対 URI を示す。
RelativeOrAbsolute	URI の種類が不確定であることを示す。

❸ && newUri.Scheme.StartsWith("http")
追加の条件として、TextBoxに入力された文字列の先頭が「http」で始まるかどうかをチェックします。String.StartsWith メソッドは、対象の文字列の先頭部分がパラメーターの文字列と一致した場合に True を返します。

●String.StartsWith メソッド
インスタンスの先頭文字列が、パラメーターで指定した文字列と一致するかどうかを判断します。

▼メソッドの宣言部

```
public bool StartsWith(string value)
```

▼パラメーター

value	比較対象の文字列を表す string 型の値。

▼戻り値（bool型）

True	文字列の先頭がパラメーターの文字列と一致する場合。
False	上記以外の場合。

❹ WebView1.Navigate(newUri);
WebView.Navigateは、パラメーターのUriオブジェクトで示されるURIにアクセスして、対象のHTMLコンテンツを読み込むメソッドです。

❺ await new Windows.UI.Popups.MessageDialog(Msg).ShowAsync();
Uriオブジェクトが生成できない場合や、TextBoxに入力された文字列が「http」で始まっていない場合にメッセージを表示します。

722

8.3 Webページの表示

Webブラウザーを作成する

WebViewコントロールを中心とした操作画面を作成し、**戻る**ボタンや**進む**ボタンなどの機能を搭載したWebブラウザーを作成します。

1 「MainPage.xaml」を表示します。

2 各コントロールを配置するコードを入力します。

▼MainPage.xaml（プロジェクト「BrowserApp」）

```
<Page

…省略…


<Grid Background="{ThemeResource ApplicationPageBackgroundThemeBrush}">
    <Grid Background="#FEEEEF2">                                              ❶
        <Grid.RowDefinitions>
            <RowDefinition Height="Auto" />
            <RowDefinition Height="*" />                                      ❷
            <RowDefinition Height="Auto" />
        </Grid.RowDefinitions>


        <TextBlock Grid.Row="0"                                              ❸
            Margin="10,5"                                                    ❹
            FontSize="18"
            TextTrimming="WordEllipsis"                                      ❺
            Text="{Binding Path=DocumentTitle,                               ❻
                ElementName=WebView1,
                Mode=OneWay}" />


        <WebView Grid.Row="1"                                                ❼
            x:Name="WebView1"
            Source="http://msdn.microsoft.com/ja-JP/windows/apps/" />


        <Grid Grid.Row="2" Background="#FF020255">                           ❽
            <Grid.ColumnDefinitions>
                <ColumnDefinition Width="Auto" />
                <ColumnDefinition Width="*" />
                <ColumnDefinition Width="Auto" />
            </Grid.ColumnDefinitions>


            <StackPanel Grid.Column="0" Orientation="Horizontal">            ❾
                <!-- [戻る] ボタン -->
                <AppBarButton x:Name="BackButton"                            ❿
```

8

ユニバーサルWindowsアプリの開発

723

8.3 Webページの表示

```
                        Icon="Back"
                        IsCompact="true"
                        Margin="0,0,10,0"
                        IsEnabled="{Binding Path=CanGoBack,
                            ElementName=WebView1,
                            Mode=OneWay}" />
        </StackPanel>

        <!-- アドレスバー -->
        <TextBox x:Name="TextBox1" Grid.Column="1" VerticalAlignment="Center" />  ——⑪

        <StackPanel Grid.Column="2" Orientation="Horizontal">  ——⑫
            <!-- [GO] ボタン -->
                <AppBarButton x:Name="GoButton"  ——⑬
                        Icon="GO"
                        IsCompact="true" />
            <!-- [リフレッシュ] ボタン -->
                <AppBarButton x:Name="RefreshButton"  ——⑭
                        Icon="Refresh"
                        IsCompact="true"
                        Margin="10,0,0,0" />
            <!-- [進む] ボタン -->
                <AppBarButton x:Name="ForwardButton"  ——⑮
                        Icon="Forward"
                        IsCompact="true"
                        IsEnabled="{Binding Path=CanGoForward,
                            ElementName=WebView1,
                            Mode=OneWay}" />
        </StackPanel>
      </Grid>
    </Grid>
  </Grid>
</Page>
```

XAMLでコメントを記述する場合は、「<!--」と「-->」で囲まれた範囲に記述します。なお、コメントの中で2文字以上続く「-」を記述することはできません。

8.3　Webページの表示

●コード解説

❶ <Grid Background="#FEEEEF2">

　3行に分割するGridを配置し、Backgroundプロパティで全体の背景色をグレー（#FEEEEF2）に設定します。

❷ <RowDefinition Height="*" />

　Gridの2行目の高さが、1行目と3行目のコントロールを表示した残りの領域全体になるようにHeightプロパティの値にstarSizingを示す「*」を設定しています。

❸ <TextBlock Grid.Row="0"

　表示中のWebページのタイトルを表示するためのTextBlockを配置します。

❹ Margin="10,5"

　Margin="10,5"と記述すると、左右のマージンが10、上下のマージンが5に設定されます。

❺ TextTrimming="WordEllipsis"

　TextBlock.TextTrimmingプロパティは、表示領域から溢れてしまうテキストのトリミング動作を取得、または設定します。プロパティの値は、TextTrimming列挙体です。

▼TextTrimming列挙体のメンバー

メンバー	内容
None	テキストは切り取られない。
WordEllipsis	テキストは単語境界で切り取られる。省略記号（...）が残りのテキストの代わりに描画される。

❻ Text="{Binding Path=DocumentTitle, ElementName=WebView1,Mode=OneWay}"

　TextBlockに現在、表示中のWebページのタイトルをデータバインディングと呼ばれる仕組みを使って表示します。UI部品とデータオブジェクトの接続（バインディング）を確立すると、UI部品とデータオブジェクト間でデータの受け渡しができるようになります。

　データバインディングを確立するには、Bindingマークアップ拡張機能を使用して、次のように記述します。

▼プロパティの値を参照する

```
<要素名 UI部品のプロパティ="{Binding プロパティ=設定値,…}" …/>
```

　「UI部品のプロパティ」の箇所には、データを表示するコントロールのプロパティ名を記述します。Binding以下には、バインディングの対象となるオブジェクトやプロパティの情報を、Bindingクラスのプロパティを使って指定します。プロパティは、カンマで区切って任意の順序で設定できます。

725

8.3 Webページの表示

●Bindingクラスのプロパティ

・Pathプロパティ

バインディングを行うプロパティへのパスを指定します。{Binding Path=DocumentTitle}の他に、Bindingの直後にプロパティパスを記述して、{Binding DocumentTitle}と記述してPathを設定することもできます。

操作例では、Webページタイトルを取得するWebView.DocumentTitleプロパティを指定しています。

・ElementNameプロパティ

バインディングするオブジェクトの名前を取得、または設定します。

・Modeプロパティ

バインディングのデータフローの方向を示す値を取得または設定します。プロパティの型はSystem.Windows.Data.BindingMode列挙体です。既定値は、BindingMode.OneWayです。

▼BindingMode 列挙体

メンバー名	内容
OneWay	バインディングが確立すると、ターゲットのプロパティを更新する。ソースオブジェクトに変更があった場合もターゲットに反映される。
OneTime	バインディングが確立すると、ターゲットのプロパティを更新する。
TwoWay	バインディングが確立すると、ターゲットのプロパティを更新する。さらに、ソースオブジェクトが変更された場合はターゲットオブジェクトを更新すると共に、ターゲットオブジェクトが変更された場合は、ソースオブジェクトを更新する。

❼ `<WebView Grid.Row="1"`
　　`x:Name="WebView1"`
　　`Source="http://msdn.microsoft.com/ja-JP/windows/apps/" />]`

Gridの2行目にWebViewを配置します。Sourceプロパティを使って、プログラムの起動時に表示するWebページのURIを指定しています。

❽ `<Grid Grid.Row="2" Background="#FF020255">`

Gridの3行目に、入れ子のGridを配置しています。このGridは、横方向に3つに分割します。

❾ `<StackPanel Grid.Column="0" Orientation="Horizontal">`

❽のGridの1列目にStackPanelを配置して、内部に[戻る]ボタンを配置します。

❿ `<AppBarButton …`

AppBarButtonコントロールを配置します。

●Icon="Back"

　AppBarButtonクラスのIconプロパティは、AppBarButtonの外観となるグラフィックスを設定します。プロパティの型は、Symbol列挙体です。Symbol列挙体では、AppBarButton用の様々なグラフィックスがメンバーとして定義されています。操作例では、次のメンバーを使用します。

▼本書で使用したSymbol列挙体のメンバー

メンバー	AppBarButtonに設定されるグラフィックス
Forward	→
Back	←
Refresh	↻
Go	↗

●IsCompact="true"

　AppBarButtonクラスのIsCompactは、bool型のプロパティです。Trueを設定した場合は、テキスト表示用のラベルを非表示にして、全体のサイズをコンパクトにします。

●Margin="0,0,10,0"

　右側のマージンを10に設定しています。マージンは、左、上、右、下の順で、カンマで区切って設定します。

●IsEnabled="{Binding Path=CanGoBack, ElementName=WebView1, Mode=OneWay}"

　Webページを表示して、前に表示したページに戻ることが可能な場合は、[戻る]ボタンをアクティブにします。このためには、AppBarButtonのIsEnabledプロパティに、WebViewクラスのCanGoBackプロパティをデータバインドします。

┌───┐
│　WebViewクラスのCanGoBackプロパティには、True（戻ることが可能）、　│
│　　　　　　またはFalse（不可）が格納されている　　　　　　　│
└───┘

┌───┐
│　　　これをAppBarButtonのIsEnabledプロパティに代入する　　　│
└───┘

┌───┐
│　CanGoBackプロパティがTrueであればAppBarButtonがアクティブになる　│
└───┘

⓫<TextBox x:Name="TextBox1" Grid.Column="1" VerticalAlignment="Center" />

　入れ子にしたGridの2列目にTextBoxを配置し、これをアドレスバーとして使用します。

⓬<StackPanel Grid.Column="2" Orientation="Horizontal">

　3個のAppBarButtonを横に並べて配置するために、入れ子にしたGridの3列目にStackPanelを配置します。

8.3 Webページの表示

⓭ <AppBarButton x:Name="GoButton" …
GOボタンとして、外観をGoに設定したAppBarButtonを配置します。

⓮ <AppBarButton x:Name="RefreshButton" …
リフレッシュボタンとして、外観をRefreshに設定したAppBarButtonを配置します。

⓯ <AppBarButton x:Name="ForwardButton" …
進むボタンとして、外観をForwardに設定したAppBarButtonを配置します。

● IsEnabled="{Binding Path=CanGoForward, ElementName=WebView1, Mode=OneWay}"
Webページを表示して、以前に表示したページに進むことが可能な場合は、進むボタンをアクティブにします。このためには、AppBarButtonのIsEnabledプロパティに、WebViewクラスのCanGoForwardプロパティをデータバインドします。

3 GoButtonのイベントハンドラーを作成し、次のコードを入力します。

▼GoButtonのイベントハンドラー

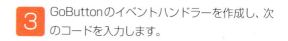

```
namespace BrowserApp
{
    /// <summary>
    /// それ自体で使用できる空白ページまたはフレーム内に移動できる空白ページ。
    /// </summary>
    public sealed partial class MainPage : Page
    {
        public MainPage()
        {
            this.InitializeComponent();
        }

        private Uri newUri;        ——— 記述する

                         ┌── 追加する
        private async void GoButton_Click(object sender, RoutedEventArgs e)
        {
            if (Uri.TryCreate(TextBox1.Text, UriKind.Absolute, out newUri
                ) && newUri.Scheme.StartsWith("http"))
            {
                WebView1.Navigate(newUri);
            }
            else
            {
```

8.3 Webページの表示

```
            string Msg = "入力されたURIが認識できません";
            await new Windows.UI.Popups.MessageDialog(Msg).ShowAsync();
        }
        TextBox1.Text = "";


    }
  }
}
```

このように記述

4 BackButtonのイベントハンドラーを作成し、次のコードを入力します。

▼BackButtonのイベントハンドラー

```
private void BackButton_Click(object sender, RoutedEventArgs e)
{
    WebView1.GoBack();
}
```

5 RefreshButtonのイベントハンドラーを作成し、次のコードを入力します。

▼RefreshButtonのイベントハンドラー

```
private void RefreshButton_Click(object sender, RoutedEventArgs e)
{
    WebView1.Refresh();
}
```

6 ForwardButtonのイベントハンドラーを作成し、次のコードを入力します。

▼ForwardButtonのイベントハンドラー

```
private void ForwardButton_Click(object sender, RoutedEventArgs e)
{
    WebView1.GoForward();
}
```

8.3 Webページの表示

●プログラムの実行

ローカルコンピューターボタンをクリックして、プログラムを実行します。

▼実行中のプログラム

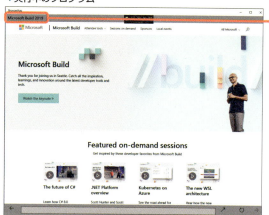

ページタイトルが表示される

▼実行中のプログラム

ページを移動する

[戻る]ボタンがアクティブになる

[進む]ボタンがアクティブになる

▼ページの移動

アドレスバーにURIを入力する

[GO]ボタンをクリックすると指定したページに移動する

8.3　Webページの表示

Memo｜デザイナーの画面

デザイナーの画面では、**ズームメニュー**で表示倍率の設定、横、縦のボタンで画面を横長、または縦長に切り替えることができます。

▼デザイナーの表示を変更

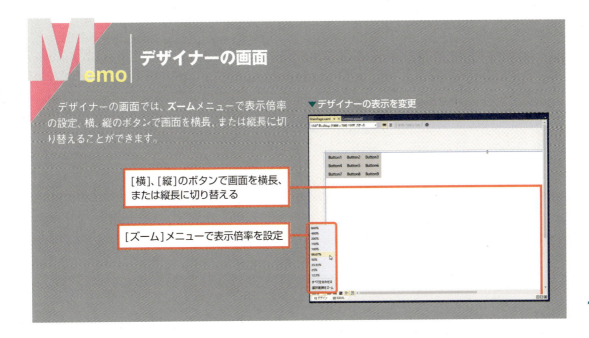

[横]、[縦]のボタンで画面を横長、または縦長に切り替える

[ズーム]メニューで表示倍率を設定

Memo｜Microsoft社のサイトからフリーの素材を入手する

Microsoft社のmsdnのサイト「**Windowsアプリアートギャラリー**」(http://msdn.microsoft.com/ja-jp/hh544699.aspx) では、アプリケーションの開発時に利用できる、無料の素材を配布しています。本書においても、当サイトで配布されている画像を使用しました。

▼Windowsアプリアートギャラリー

ジャンル別に分類されている

MEMO

Perfect Master Series
Visual C# 2019

Appendix

資料

資料では、各種の操作における関数やメソッドと、その使用例を紹介します。

Appendix 1　関数、メソッド、プロパティ、イベント
Appendix 2　用語集
Index　用語索引

関数、メソッド、プロパティ、イベント

ここでは、Visual C#で利用できる関数やメソッド、プロパティの内容と使用例を紹介します。

文字列の操作に関する関数とメソッド

●関数

関数名	使用例（上）および内容（下）
InStr関数	InStr([検索の開始位置を示す値],String1,String2,[1または2]) String1の文字列の先頭から、指定した文字列（String2）を検索し、最初に見付かった文字列の開始位置（先頭の文字からの文字数）を示す整数型（int）の値を返します。なお、最後のパラメーターとして1を指定した場合はバイナリモード（大文字、小文字、全角、半角、ひらがな、カタカナが区別される）で比較を行い、2を指定した場合はテキストモードで比較を行います。
UCase関数	UCase(String1) String1に指定したアルファベットの小文字を大文字に変換します。変換した値は、文字列型（string）または文字型（char）で返されます。
LCase関数	LCase(String1) アルファベットの大文字を小文字に変換します。
LTrim関数	LTrim(String1) String1に指定した文字列の先頭のスペースを削除します。
RTrim関数	RTrim(String1) String1に指定した文字列の最後尾のスペースを削除します。
Trim関数	Trim(String1) String1に指定した先頭と最後尾のスペースを削除します。
Mid関数	Mid(String1,Int1,Int2) String1に指定した文字列の先頭からX番目（XはInt1で指定）の位置から、Int2で指定した数のぶんだけ文字列を取り出します。

●メソッド

メソッド	使用例（上）および内容（下）
String.Compare	String.Compare(String1, String2,[TrueまたはFalse]) 指定した2つのStringオブジェクト（テキストを表すオブジェクト）同士を比較します。True（大文字と小文字を区別する）、またはFalse（区別しない）を指定することが可能です。

Appendix 1 関数、メソッド、プロパティ、イベント

メソッド	使用例（上）および内容（下）
String.IndexOf	String1.IndexOf(String2,[開始位置],[検索対象の文字数])
	String1に指定した文字列の先頭から、String2に指定した文字列を検索し、最初に見付かった文字列の開始位置（先頭の文字からの文字数）を示す整数型（int）の値を返します。ただし、検索の開始位置の指定が、0から始まるところがInStr関数と異なります（InStr関数は1から開始）。
String.LastIndexOf	String1.LastIndexOf(String2,[開始位置],[検索対象の文字数])
	String1に指定した文字列の最後尾から、String2に指定した文字列を検索し、最初に見付かった文字列の開始位置（先頭の文字からの文字数）を示す整数型（int）の値を返します。
String.Concat	String.Concat(String1,String2)
	String型のインスタンス、またはObject型に格納されたString形式の値同士を連結します。
String.Copy	Copy(String1)
	String1に指定した文字列をコピーして、新しいインスタンスを生成します。
String.ToUpper	String1.ToUpper()
	String1に指定したアルファベットの小文字を大文字に変換します。UCase関数と同じ処理を行います。
String.ToLower	String1.ToLower()
	String1に指定したアルファベットの大文字を小文字に変換します。LCase関数と同じ処理を行います。
String.Trim	String1.Trim()
	String1に指定した文字列の先頭と末尾にある空白文字をすべて削除します。文字列の余分な空白を取り除く場合などに使用します。
String.TrimEnd	String1.TrimEnd()
	String1に指定した文字列の末尾のスペースのみを削除します。
String.PadLeft	str.PadLeft(Int1,[Char1])
	Int1で指定した数だけ文字列を右寄せし、指定した文字数になるまで左側の空白部分に文字を埋め込みます。[Char1]として特定の文字を指定した場合は、指定した文字を埋め込みます。
String.PadRight	str.PadRight(Int1,[Char1])
	Int1で指定した数だけ文字列を左寄せし、指定した文字数になるまで右側の空白部分に文字を埋め込みます。[Char1]として特定の文字を指定した場合は、指定した文字を埋め込みます。
String.Remove	String1.Remove(Int1,Int2)
	String1に指定した文字列の先頭からX番目（XはInt1で指定）の位置から、Int2で指定した数のぶんだけ文字を削除します。
String.Replace	String1.Replace("String2", "String3")
	String1に指定した文字列の中から、String2に合致する文字、または文字列をString3で指定する文字または文字列に置き換えます。
String.Insert	String1.Insert(Int1,String2)
	String1に指定した文字列の先頭からX番目（XはInt1で指定）の位置へ、String2で指定した文字列を挿入します。

A

資料

735

Appendix 1 関数、メソッド、プロパティ、イベント

メソッド	使用例（上）および内容（下）
String.Substring	String1.Substring(Int1,Int2)
	String1に指定した文字列の先頭からX番目（XはInt1で指定）の位置から、Int2で指定した数のぶんだけ文字列を取り出します。Mid関数と同様の処理を行いますが、Mid関数の引数では、切り取る文字列の開始位置を1から開始するのに対し、String.SubStringメソッドの引数では、0から開始します。
Mid	Mid(String1,Int1,[Int2])= String2
	String1に指定した文字列の先頭からX番目（XはInt1で指定）の位置から、Int2で指定した数の文字を、String2で指定した文字列に置き換えます。

日付／時刻の操作に関するメソッドとプロパティ

●プロパティ

プロパティ	内　容
DateTime.Now	コンピューターのシステム時刻（現在の日付と時刻）であるDateTime構造体をまとめて取得します。
DateTime.Today	現在の年と日付を取得します。
DateTime.TimeOfDay	DateTimeに格納されている日付データから現在の時刻のみを取得します。
DateTime.Date	DateTimeに格納されている日付データから日付の部分のみを取得します。
DateTime.Month	DateTimeに格納されている日付データから日付の月の部分のみを取得します。
DateTime.Day	DateTimeに格納されている日付データから日付の日の部分のみを取得します。
DateTime.DayOfWeek	DateTimeに格納されている日付データから曜日を取得します。
DateTime.Hour	DateTimeに格納されている日付データから日付の時間の部分のみを取得します。
DateTime.Minute	DateTimeに格納されている日付データから日付の分の部分のみを取得します。
DateTime.Second	DateTimeに格納されている日付データから日付の秒の部分のみを取得します。
DateTime.Millisecond	DateTimeに格納されている日付データから日付のミリ秒の部分のみを取得します。

●メソッド

メソッド	使用例（上）および内容（下）
String.Compare	String.Compare(String1, String2,[TrueまたはFalse])
	指定した2つのStringオブジェクト（テキストを表すオブジェクト）同士を比較します。True（大文字と小文字を区別する）またはFalse（区別しない）を指定することが可能です。
DateTime.AddYears	DateTime.AddYears(Int1)
	DateTimeに格納されている日付データに、Int1で指定した年数を加算します。
DateTime.AddMonths	DateTime.AddMonths(Int1)
	DateTimeに格納されている日付データに、Int1で指定した月数を加算します。

Appendix 1　関数、メソッド、プロパティ、イベント

メソッド	使用例（上）および内容（下）
DateTime.AddDays	DateTime.AddDays(Int1)
	DateTimeに格納されている日付データに、Int1で指定した日数を加算します。
DateTime.AddHours	DateTime.AddHours(Int1)
	DateTimeに格納されている日付データに、Int1で指定した時間数を加算します。
DateTime.AddMinutes	DateTime.AddMinutes(Int1)
	DateTimeに格納されている日付データに、Int1で指定した分数を加算します。
DateTime.AddSeconds	DateTime.AddSeconds(Int1)
	DateTimeに格納されている日付データに、Int1で指定した秒数を加算します。
DateTime.AddMilliseconds	DateTime.AddMilliseconds(Int1)
	DateTimeに格納されている日付データに、Int1で指定したミリ秒数を加算します。
DateTime.DaysInMonth	DaysInMonth(Int1,Int2)
	Int1で指定した年（4桁の数値）における、Int2で指定した月（1～12）の日数を返します。
DateTime.IsLeapYear	IsLeapYear(Int1)
	Int1で指定した年（4桁の数値）が閏年かどうかを示す値（閏年である場合はTrue、それ以外の場合はFalse）を返します。
DateTime.ToUniversalTime	DateTime.ToUniversalTime()
	DateTimeに格納されている現在のローカル時刻を世界協定時刻（UTC）に変換します。
DateTime.ToLocalTime	DateTime.ToLocalTime()
	DateTimeに格納されている現在の世界協定時刻（UTC）をローカル時刻に変換します。

A

資料

データ型の変換を行う関数とメソッド

●関数

● 任意の値または数式 ➡ ブール型（bool）の値

関数名	使用例（上）および内容（下）
CBool	CBool(式)
	A==Bなどの指定された式を評価し、ブール型（bool）の値を返します。式が成立するのであればTrue、成立しないのであればFalseを返します。また、式の部分に数値のみを指定した場合は、値が0の場合はFalse、それ以外であればTrueを返します。

737

Appendix 1 関数、メソッド、プロパティ、イベント

● 任意の文字列 (string) ➡ 最初の 1 文字を char 型に変換

関数名	使用例 (上) および内容 (下)
CChar	CChar(string型の文字列)
	string型の文字列の先頭の1文字をchar型に変換します。

● 日付を表わす文字列 (string) ➡ 日付型 (DateTime) の値

関数名	使用例 (上) および内容 (下)
CDate	CDate(日付を表す文字列)
	日付を表す文字列をDateTime型の値に変換します。

● 数値または日付型の値 ➡ 文字列型 (string) の値

関数名	使用例 (上) および内容 (下)
CStr	CStr(数値)
	指定した数値や日付型の値を文字列型 (string) の値に変換します。パラメーターにブール型の値を指定した場合は、TrueまたはFalseの文字列を返します。

● 任意の値または数式 ➡ バイト型 (byte) の値

関数名	使用例 (上) および内容 (下)
CByte	CByte(式)
	式の部分をバイト型 (byte) の値に変換します。小数が含まれる場合は、小数部分は丸められます*。

● 数値 ➡ 短整数型 (short) の値

関数名	使用例 (上) および内容 (下)
CShort	CShort(数値)
	指定した数値を短整数型 (short) の値に変換します。小数が含まれる場合は、小数部分は丸められます*。

● 数値 ➡ 整数型 (int) の値

関数名	使用例 (上) および内容 (下)
CInt	CInt(数値)
	指定した数値を整数型 (int) の値に変換します。小数が含まれる場合は、小数部分は丸められます*。

* **数値の丸め方** 4以下を切り捨て、6以上を切り上げし、ちょうど半分 (5) の場合は、丸めたあとの値が偶数になるようにする。1.5 ➡ 2、2.5 ➡ 2、3.5 ➡ 4、4.5 ➡ 4のようになる。このような処理方法には四捨五入を行うよりも、集計したときの結果が小さくなるという特徴がある。

Appendix 1　関数、メソッド、プロパティ、イベント

● 数値 ➡ 長整数型 (long) の値

関数名	使用例 (上) および内容 (下)
CLng	**CLng(数値)**
	指定した数値を長整数型 (long) の値に変換します。小数が含まれる場合は、小数部分は丸められます*。

● 数値 ➡ 単精度浮動小数点数型 (single) の値

関数名	使用例 (上) および内容 (下)
CSng	**CSng(数値)**
	指定した数値を単精度浮動小数点数型の値に変換します。

● 数値 ➡ 倍精度浮動小数点数型 (double) の値

関数名	使用例 (上) および内容 (下)
CDbl	**CDbl(式)**
	任意の式を倍精度浮動小数点数型 (double) の値に変換します。

● 数値 ➡ 10進数型 (decimal) の値

関数名	使用例 (上) および内容 (下)
CDec	**CDec(数値)**
	指定した数値を10進数型 (decimal) の値に変換します。

● 数値 ➡ オブジェクト型 (object) の値

関数名	使用例 (上) および内容 (下)
CObj	**CObj(数値)**
	指定した数値をオブジェクト型 (object) の値に変換します。

A

資料

Appendix 1 関数、メソッド、プロパティ、イベント

●メソッド

●任意の値 ➡ TypeCodeで指定したデータ型の値

メソッド	使用例（上）および内容（下）
Convert.ChangeType	Convert.ChangeType(Object1,TypeCode)
	Object1に指定した値をTypeCodeで指定したデータ型に変換します。

▼TypeCodeのメンバ

メンバ名	内 容
Boolean	TrueまたはFalseのブール値を表す。
Byte	0から255までの値を保持する符号なし8ビット整数を表す整数型。
Char	0から65535までの値を保持する符号なし16ビット整数を表す整数型。Char型で使用できる値は、Unicode文字セットに対応する。
DateTime	日時の値を表す型。
Decimal	1.0×10^{-28}から概数7.9×10^{28}までの範囲で、有効桁数が28または29の値を表す単純型。
Double	概数5.0×10^{-324}から1.7×10^{308}までの範囲で、有効桁数が15または16の値を表す浮動小数点数型。
Int16	−32768から32767までの値を保持する符号付き16ビット整数を表す整数型。
Int32	−2147483648から2147483647までの値を保持する符号付き32ビット整数を表す整数型。
Int64	−9223372036854775808から9223372036854775807までの値を保持する符号付き64ビット整数を表す整数型。
Object	別のTypeCodeで明示的に表されていない任意の参照または値型を表す一般的な型。
SByte	−128から127までの値を保持する符号付き8ビット整数を表す整数型。
Single	概数1.5×10^{-45}から3.4×10^{38}までの範囲で、有効桁数が7の値を表す浮動小数点数型。
String	Unicode文字列を表すシールクラス型。
UInt16	0から65535までの値を保持する符号なし16ビット整数を表す整数型。
UInt32	0から4294967295までの値を保持する符号なし32ビット整数を表す整数型。
UInt64	0から18446744073709551615までの値を保持する符号なし64ビット整数を表す整数型。

●任意の値 ➡ 文字列型（string）の値

メソッド	使用例（上）および内容（下）
Convert.ToString	Convert.ToString(値)
	指定した値をstring型に変換します。

●任意の値 ➡ char型の値

メソッド	使用例（上）および内容（下）
Convert.ToChar	Convert.ToChar(文字コード)
	指定した文字コードをUnicode文字に変換します。

Appendix 1　関数、メソッド、プロパティ、イベント

● 日付を表す文字列（string）➡ 日付型（DateTime）の値

メソッド	使用例（上）および内容（下）
Convert.ToDateTime	Convert.ToDateTime(日付を表す文字列)
	指定した文字列をDateTime型の値に変換します。

● 数値 ➡ バイト型（byte）の値

メソッド	使用例（上）および内容（下）
Convert.ToByte	Convert.ToByte(式)
	指定した式を8ビット符号なし整数（Byte型）に変換します。

● 数値 ➡ 短整数型（short）の値

メソッド	使用例（上）および内容（下）
Convert.ToInt16	Convert.ToInt16(数値)
	指定した値を16ビット符号付き整数（short型）に変換します。小数が含まれる場合は、小数部分は丸められます*。

● 数値 ➡ 整数型（int）の値

メソッド	使用例（上）および内容（下）
Convert.ToInt32	Convert.ToInt32(数値)
	指定した値を32ビット符号付き整数（int型）に変換します。小数が含まれる場合は、小数部分は丸められます*。

● 数値 ➡ 長整数型（long）の値

メソッド	使用例（上）および内容（下）
Convert.ToInt64	Convert.ToInt64(数値)
	指定した値を64ビット符号付き整数（long型）に変換します。小数が含まれる場合は、小数部分は丸められます*。

● 数値 ➡ 単精度浮動小数点数型（single）の値

メソッド	使用例（上）および内容（下）
Convert.ToSingle	Convert.ToSingle(数値)
	指定した値を単精度浮動小数点数に変換します。

A

資料

─────────────────────────────────────

＊**数値の丸め方**　4以下を切り捨て、6以上を切り上げし、ちょうど半分（5）の場合は、丸めたあとの値が偶数になるようにする。1.5 ➡ 2、2.5 ➡ 2、3.5 ➡ 4、4.5 ➡ 4のようになる。このような処理方法には四捨五入を行うよりも、集計したときの結果が小さくなるという特徴がある。

741

Appendix 1　関数、メソッド、プロパティ、イベント

● 数値 ➡ 倍精度浮動小数点数型（double）の値

メソッド	使用例（上）および内容（下）
Convert.ToDouble	Convert.ToDouble(数値)
	指定した値を倍精度浮動小数点数に変換します。

● 数値 ➡ 10進数型（decimal）の値

メソッド	使用例（上）および内容（下）
Convert.ToDecimal	Convert.ToDecimal(数値)
	指定した値をdecimalの値に変換します。

● 任意の値または数式 ➡ ブール型（bool）の値

メソッド	使用例（上）および内容（下）
Convert.ToBoolean	Convert.ToBoolean(式)
	指定した式を評価し、ブール型（bool）の値を返します。式が成立するのであればTrue、成立しないのであればFalseを返します。また、式の部分に数値のみを指定した場合は、値が0の場合はFalse、それ以外であればTrueを返します。

● 数値 ➡ 8ビット符号付き整数

メソッド	使用例（上）および内容（下）
Convert.ToSByte	Convert.ToSByte(数値)
	指定した値を8ビット符号付き整数に変換します。

● 数値 ➡ 16ビット符号なし整数

メソッド	使用例（上）および内容（下）
Convert.ToUInt16	Convert.ToUInt16(数値)
	指定した値を16ビット符号なし整数に変換します。

● 数値 ➡ 32ビット符号なし整数

メソッド	使用例（上）および内容（下）
Convert.ToUInt32	Convert.ToUInt32(数値)
	指定した値を32ビット符号なし整数に変換します。

● 数値 ➡ 64ビット符号なし整数

メソッド	使用例（上）および内容（下）
Convert.ToUInt64	Convert.ToUInt64(数値)
	指定した値を64ビット符号なし整数に変換します。

Appendix 1　関数、メソッド、プロパティ、イベント

数値の演算を行うメソッド

メソッド	使用例（上）および内容（下）
Math.Round	Math.Round（数値,[丸める小数点以下の桁数]）
	指定された桁数に丸めた*倍精度浮動小数点数型（double）の値を返します。
Math.Sign	Math.Sign（数値）
	引数に指定された数式の符号を表す整数型（int）の値を返します。数値が0未満であれば−1、0であれば0、0より大きい値であれば1の値を返します。
Math.Sqrt	Math.Sqrt（数値）
	指定した数値（double型）の平方根を倍精度浮動小数点数型（double）の値で返します。
Math.Sin	Math.Sin（数値）
	指定した角度（double型）のサインを倍精度浮動小数点数型（double）の値で返します。
Math.Cos	Math.Cos（数値）
	指定した角度（double型）のコサインを含む倍精度浮動小数点数型（double）の値を返します。
Math.Tan	Math.Tan（数値）
	指定した角度（double型）のタンジェントを倍精度浮動小数点数型（double）の値で返します。
Math.Atan	Math.Atan（数値）
	指定された数値（double型）をアークタンジェントとする角度を倍精度浮動小数点数型（double）の値で返します。
Math.Log	Math.Log（数値）
	指定された数値（double型）の対数を含む倍精度浮動小数点数型（double）の値を返します。
Math.Exp	Math.Exp（数値）
	指定された数値（double型）を指数とするe（自然対数の底）の累乗を含む倍精度浮動小数点数型（double）の値を返します。
Math.Abs	Math.Abs（数値）
	指定された数値の絶対値を返します。

A

資料

* **数値の丸め方**　4以下を切り捨て、6以上を切り上げし、ちょうど半分（5）の場合は、丸めたあとの値が偶数になるようにする。1.5 ➡ 2、2.5 ➡ 2、3.5 ➡ 4、4.5 ➡ 4のようになる。このような処理方法には四捨五入を行うよりも、集計したときの結果が小さくなるという特徴がある。

743

Appendix 1　関数、メソッド、プロパティ、イベント

財務処理を行う関数

●減価償却費の計算

関数名	使用例（上）および内容（下）
DDB関数	DDB（取得価格,残存価格,耐用年数,償却期間,[償却率]）
	指定した期間の資産の減価償却費を倍率法で計算して、倍精度浮動小数点数型（double）の値を返します。
SLN関数	SLN（取得価格,残存価格,耐用年数）
	定額法で計算した、資産の1期ぶんの減価償却費を倍精度浮動小数点数型（double）の値で返します。
SYD関数	SYD（取得価格,残存価格,耐用年数,償却期間）
	指定した期間の資産の減価償却費を定額逓減法を使って計算して、倍精度浮動小数点数型（double）の値を返します。

●将来価値の計算

関数名	使用例（上）および内容（下）
FV関数	FV(利率,支払い回数,毎回の支払額,[借入額],[支払期日を示すオブジェクト型*])
	利率が一定であると仮定して、定額の支払いを定期的に行った場合の将来価値を倍精度浮動小数点数型（double）の値で返します。毎月の貯蓄プランにおける貯蓄額の計算や、ローンにおける借入残高の計算に利用します。

●利率の計算

関数名	使用例（上）および内容（下）
Rate関数	Rate(支払い回数,毎回の支払額,借入額,[最終的な残高],[支払期日を示すオブジェクト型*],[利率の推定値])
	投資期間を通じての利率を倍精度浮動小数点数型（double）の値で返します。利率の計算や、ローンにおける利子の計算に利用します。

●期間の計算

関数名	使用例（上）および内容（下）
NPer関数	NPer(利率,毎回の支払額,借入額,[最後の支払いを行ったときの残高],[支払期日を示すオブジェクト型*])
	利率が一定であると仮定して、定額の支払いを定期的に行った場合の投資期間を倍精度浮動小数点数型（double）の値で返します。投資回数の計算の他に、ローンにおける返済回数を求める際に利用します。

＊**支払期日を示すオブジェクト型**　各期の期末に支払う場合はDueDate.EndOfPeriod、各期の期首に支払う場合はDueDate.BegOfPeriodをそれぞれ引数に指定する。この引数を省略すると、DueDate.EndOfPeriodを指定したものとして扱われる。

Appendix 1　関数、メソッド、プロパティ、イベント

●支払い額の計算

関数名	使用例（上）および内容（下）
IPmt関数	IPmt(利率,期間,支払い回数,借入額,[最後の支払いを行ったときの残高],[支払期日を示すオブジェクト型*])
	利率が一定であると仮定して、定額の支払いを定期的に行った場合の支払い額を倍精度浮動小数点数型（double）の値で返します。
Pmt関数	Pmt(利率,期間,支払い回数,借入額,[最後の支払いを行ったときの残高],[支払期日を示すオブジェクト型*])
	利率が一定であると仮定して、定額の支払いを定期的に行った場合の、投資に必要な毎回の支払額を倍精度浮動小数点数型（double）の値で返します。投資を行う場合の積み立て額の計算や、ローンにおける毎回の返済額の計算に利用します。
PPmt関数	PPmt(利率,期間,支払い回数,借入額,[最後の支払いを行ったときの残高],[支払期日を示すオブジェクト型*])
	利率が一定であると仮定して、定額の支払いを定期的に行った場合の、投資に必要な毎回の支払額を倍精度浮動小数点数型（double）の値で返します。投資を行う場合の積み立て額の計算や、ローンにおける毎回の返済額の計算に利用します。

●正味現在価値の計算

関数名	使用例（上）および内容（下）
NPV関数	NPV(割引率,キャッシュフローの値)
	一連の定期的なキャッシュフロー（支払いと収益）と割引率に基づいて、投資の正味現在価値（将来行われる一連の支払いと収益を現時点での現金価値に換算したもの）を倍精度浮動小数点数型（double）の値で返します。なお、キャッシュフローの値は、倍精度浮動小数点数型（double）の配列で指定します。
PV関数	PV(利率,期間,支払い回数,借入額,[最後の支払いを行ったときの残高],[支払期日を示すオブジェクト型*])
	利率が一定であると仮定して、定額の支払いを定期的に行った場合の投資の現在価値を倍精度浮動小数点数型（double）の値で返します。

●内部利益率の計算

関数名	使用例（上）および内容（下）
IRR関数	IRR(キャッシュフローの値,[利率の推定値])
	一連の定期的なキャッシュフロー（支払いと収益）に基づいて、内部利益率（一定間隔で発生する支払いと収益から成る投資に対する受け取り利率）を倍精度浮動小数点数型（double）の値で返します。なお、キャッシュフローの値は、倍精度浮動小数点数型（double）の配列で指定します。
MIRR関数	MIRR(キャッシュフローの値,支払額に対する利率を示す倍精度浮動小数点数型（double）の値,収益額に対する利率を示す倍精度浮動小数点数型（double）の値)
	一連の定期的なキャッシュフロー（支払いと収益）に基づいて、修正内部利益率（支払いと収益を異なる利率で管理する場合の内部利益率）を倍精度浮動小数点数型（double）の値で返します。なお、キャッシュフローの値は、倍精度浮動小数点数型（double）の配列で指定します。

A
資料

745

Appendix 1 関数、メソッド、プロパティ、イベント

ファイル/ディレクトリの操作を行うメソッド

●Directory クラス（System.IO 名前空間）に属するメソッド

メソッド	使用例（上）および内容（下）
CreateDirectory	System.IO.Directory.CreateDirectory(パス)
	パスで指定したすべてのディレクトリとサブディレクトリを作成します。
Delete	Delete(パス)
	ディレクトリとその内容を削除します。
Exists	System.IO.Directory.Exists(パス)
	指定したパスが存在する場合に True を返します。
GetCreationTime	System.IO.Directory.GetCreationTime(パス)
	ディレクトリの作成日時を取得します。
GetCreationTimeUtc	System.IO.Directory.GetCreationTimeUtc(パス)
	世界協定時刻（UTC）形式でのディレクトリの作成日時を取得します。
GetCurrentDirectory	System.IO.Directory.GetCurrentDirectory
	現在のカレントディレクトリ（作業ディレクトリ）を文字列として返します。
GetDirectories	System.IO.Directory.GetDirectories(パス,[検索条件])
	指定したディレクトリ内のすべてのサブディレクトリの名前を string 型の配列として返します。
GetDirectoryRoot	System.IO.Directory.GetDirectoryRoot(パス)
	指定したパスのルートディレクトリを文字列として返します。
GetFiles	System.IO.Directory.GetFiles(パス,[検索条件])
	指定したディレクトリ内のすべてのファイル名を string 型の配列として返します。
GetFileSystemEntries	System.IO.Directory.GetFileSystemEntries(パス,[検索条件])
	指定したディレクトリ内のすべてのファイル名とサブディレクトリ名を string 型の配列として返します。
GetLastAccessTime	System.IO.Directory.GetLastAccessTime(パス)
	指定したファイルまたはディレクトリに最後にアクセスした日付と時刻を返します。
GetLastAccessTimeUtc	System.IO.Directory.GetLastAccessTimeUtc(パス)
	指定したファイルまたはディレクトリに最後にアクセスした日付と時刻を世界協定時刻（UTC）形式で返します。
GetLastWriteTime	System.IO.Directory.GetLastWriteTime(パス)
	指定したファイルまたはディレクトリに最後に書き込んだ日付と時刻を返します。
GetLastWriteTimeUtc	System.IO.Directory.GetLastWriteTimeUtc(パス)
	指定したファイルまたはディレクトリに最後に書き込んだ日付と時刻を世界協定時刻（UTC）形式で返します。

Appendix 1　関数、メソッド、プロパティ、イベント

メソッド	使用例（上）および内容（下）
GetLogicalDrives	System.IO.Directory.GetLogicalDrives
	使用中のコンピューターのすべての論理ドライブ名をstring型の配列として返します。
Move	System.IO.Directory.Move(移動元,移動先)
	ファイルまたはディレクトリを移動します。
SetCreationTime	System.IO.Directory.SetCreationTime(パス,日時)
	指定したファイルまたはディレクトリの作成日時を設定します。
SetCreationTimeUtc	System.IO.Directory.SetCreationTimeUtc(パス,日時)
	指定したファイルまたはディレクトリの作成日時を世界協定時刻（UTC）形式で設定します。
SetLastAccessTime	System.IO.Directory.SetLastAccessTime(パス,日時)
	指定したファイルまたはディレクトリの最終アクセス日時を設定します。
SetLastAccessTimeUtc	System.IO.Directory.SetLastAccessTimeUtc(パス,日時)
	指定したファイルまたはディレクトリの最終アクセス日時を世界協定時刻（UTC）形式で設定します。
SetLastWriteTime	System.IO.Directory.SetLastWriteTime(パス,日時)
	指定したファイルまたはディレクトリの最終書き込み日時を設定します。
SetLastWriteTimeUtc	System.IO.Directory.SetLastWriteTimeUtc(パス,日時)
	指定したファイルまたはディレクトリの最終書き込み日時を世界協定時刻（UTC）形式で設定します。

A

資料

●Fileクラス（System.IO名前空間）に属するメソッド

メソッド	使用例（上）および内容（下）
AppendText	System.IO.File.AppendText(パス)
	追加モードでファイルを開き、UTF-8エンコードされたテキストを付け加えるためのStreamWriterオブジェクト*を作成します。
Copy	System.IO.File.Copy(コピー元のパス,コピー先のパス,[bool値])
	既存のファイルを新しいファイルにコピーします。bool値としてTrueを指定した場合は、コピー先のファイルへの上書きを許可します。
Create	System.IO.File.Create(パス,[バッファサイズ])
	指定したパスでファイルを作成し、作成したファイルを開いてFileStreamオブジェクト*を返します。
CreateText	System.IO.File.CreateText(パス)
	UTF-8エンコードされたテキストの書き込み用のファイルを作成し、StreamWriterオブジェクト*を返します。

747

Appendix 1 関数、メソッド、プロパティ、イベント

メソッド	使用例（上）および内容（下）
Delete	System.IO.File.Delete(パス)
	指定したファイルを削除します。
Exists	System.IO.File.Exists(パス)
	指定したファイルが存在するかどうかを確認します。
GetAttributes	System.IO.File.GetAttributes(パス)
	パス上のファイルの属性を返します。
GetCreationTime	System.IO.File.GetCreationTime(パス)
	指定したファイルの作成日時を返します。
GetCreationTimeUtc	System.IO.File.GetCreationTimeUtc(パス)
	指定したファイルの作成日時を世界協定時刻（UTC）で返します。
GetLastAccessTime	System.IO.File.GetLastAccessTime(パス)
	指定したファイルに最後にアクセスした日付と時刻を返します。
GetLastAccessTimeUtc	System.IO.File.GetLastAccessTimeUtc(パス)
	指定したファイルに最後にアクセスした日付と時刻を世界協定時刻（UTC）で返します。
GetLastWriteTime	System.IO.File.GetLastWriteTime(パス)
	指定したファイルの最終書き込み日時を返します。
GetLastWriteTimeUtc	System.IO.File.GetLastWriteTimeUtc(パス)
	指定したファイルの最終書き込み日時を世界協定時刻（UTC）で返します。
Move	System.IO.File.Move(移動元のパス,移動先のパス)
	指定したファイルを新しい場所に移動します。

＊ **StreamWriter オブジェクト**　テキストファイルへ書き込むには、StreamWriterクラスから生成されるStreamWriterオブジェクトを使用する。これはUnicode形式で表されたテキストの書き込みを行う方法を定義するクラスで、Writeメソッド、またはWriteLineメソッドを使用して、テキストの書き込みを行う。Writeメソッドは、Integer型やDoubleなどの基本的なデータ型のテキスト表現を書き込む処理を行い、WriteLineメソッドは、文字列の書き込みだけを行い、書き込んだ文字列の末尾には改行文字が自動的に付加される。

＊ **FileStream オブジェクト**　ファイルのデータのまとまりのことで、FileStreamクラスによって生成される。Visual C#では、ファイルを扱う方法として、従来のFileOpenなどのランタイム関数を使用する方法の他に、C++などのプログラミング言語で利用されているFileStreamクラスなどのファイルストリームに対応したクラスを利用する方法がサポートされている。

＊ **StreamReader オブジェクト**　テキストファイルからの読み取りを行う場合には、StreamReaderオブジェクトを使用する。StreamReaderオブジェクトは、Unicode形式で表されたテキストの読み取りを行う方法を定義するStreamReaderクラスから生成される。

Appendix 1　関数、メソッド、プロパティ、イベント

メソッド	使用例（上）および内容（下）
Open	System.IO.File.Open(パス,[モード])
	指定したファイルを開いて、FileStreamオブジェクト*を返します。なお、ファイルのオープンモードは、ファイルが存在しない場合にファイルを作成するかどうか、既存のファイルの内容を上書きするかどうかを、以下のFileMode列挙体の値を使って指定します。

▼FileMode列挙体の値

メンバー名	内容
Append	ファイルが存在する場合はそのファイルを開き、存在しない場合は新しいファイルを作成します。FileMode.Appendは、必ずFileAccess.Writeと共に使用します。
Create	新しいファイルを作成することを指定します。ファイルがすでに存在する場合は上書きされます。この操作にはFileIOPermissionAccess.Write、およびFileIOPermissionAccess.Appendが必要です。
CreateNew	新しいファイルを作成することを指定します。この操作にはFileIOPermissionAccess.Writeが必要です。ファイルがすでに存在する場合はIOExceptionが適用されます。
Open	既存のファイルを開くことを指定します。ファイルを開けるかどうかは、FileAccessで指定される値によって異なります。ファイルが存在しない場合はSystem.IO.FileNotFoundExceptionが適用されます。
OpenOrCreate	ファイルが存在する場合はファイルを開き、存在しない場合は新しいファイルを作成することを指定します。ファイルをFileAccess.Readで開く場合はFileIOPermissionAccess.Readが必要です。ファイルアクセスがFileAccess.ReadWriteで、ファイルが存在する場合は、FileIOPermissionAccess.Writeが必要です。ファイルアクセスがFileAccess.ReadWriteで、ファイルが存在しない場合は、ReadおよびWriteの他にFileIOPermissionAccess.Appendが必要です。
Truncate	既存のファイルを開くことを指定します。ファイルは、開いたあとにサイズが0バイトになるように切り捨てられます。この操作にはFileIOPermissionAccess.Writeが必要です。Truncateを使用して開いたファイルから読み取ろうとすると、例外が発生します。

OpenRead	System.IO.File.OpenRead(パス)
	読み取り専用モードでファイルを開いて、FileStreamオブジェクト*を返します。
OpenText	System.IO.File.OpenText(パス)
	読み取り用として、UTF-8エンコードされたテキストファイルを開いて、StreamReaderオブジェクト*を返します。
OpenWrite	System.IO.File.OpenWrite(パス)
	書き込みモードでファイルを開いて、FileStreamオブジェクト*を返します。
SetAttributes	System.IO.File.SetAttributes(パス,日時)
	指定したファイルの属性を設定します。
SetCreationTime	System.IO.File.SetCreationTime(パス,日時)
	指定したファイルの作成日時を設定します。
SetCreationTimeUtc	System.IO.File.SetCreationTimeUtc(パス,日時)
	指定したファイルの作成日時を世界協定時刻（UTC）で設定します。
SetLastAccessTime	System.IO.File.SetLastAccessTime(パス,日時)
	指定したファイルに最後にアクセスした日時を設定します。

A

資料

749

Appendix 1 関数、メソッド、プロパティ、イベント

メソッド	使用例（上）および内容（下）
SetLastAccessTimeUtc	System.IO.File.SetLastAccessTimeUtc(パス,日時)
	指定したファイルに最後にアクセスした日時を世界協定時刻（UTC）で設定します。
SetLastWriteTime	System.IO.File.SetLastWriteTime(パス,日時)
	指定したファイルの最終書き込み日時を設定します。
SetLastWriteTimeUtc	System.IO.File.SetLastWriteTimeUtc(パス,日時)
	指定したファイルの最終書き込み日時を世界協定時刻（UTC）で設定します。

●DirectoryInfoクラス（System.IO名前空間）に属するプロパティとメソッド

●プロパティ

プロパティ	内　容
Attributes	ディレクトリの属性をFileAttributesの値として取得、または設定します。
CreationTime	ディレクトリの作成日時をDateTime値として取得、または設定します。
CreationTimeUtc	ディレクトリの作成日時を世界協定時刻（UTC）のDateTime値として取得、または設定します。
Exists	ディレクトリが存在するかどうかを示す値を取得します。存在する場合はTrueを返します。
Extension	ディレクトリの拡張子部分を表す文字列を取得します。
FullName	ディレクトリの絶対パスを取得します。
LastAccessTime	ディレクトリに最後にアクセスした時刻をDateTime値として取得、または設定します。
LastAccessTimeUtc （FileSystemInfoから継承される）	ディレクトリに最後にアクセスした時刻を世界協定時刻（UTC）のDateTime値として取得または設定します。
LastWriteTime	ディレクトリに最後に書き込みが行われた時刻をDateTime値として取得、または設定します。
LastWriteTimeUtc （FileSystemInfoから継承される）	ディレクトリに最後に書き込みが行われた時刻を世界協定時刻（UTC）のDateTime値として取得、または設定します。
Name	ディレクトリの名前を取得します。
Parent	指定されたサブディレクトリの親ディレクトリを取得します。
Root	ルートディレクトリを取得します。

Appendix 1　関数、メソッド、プロパティ、イベント

● メソッド

メソッド	内　容
Create	ディレクトリを作成します。
CreateSubdirectory	引数として指定したパスに1つ以上のサブディレクトリを作成します。
Delete	現在のディレクトリを削除します。
GetDirectories	現在のディレクトリのサブディレクトリを返します。引数として検索条件を指定することができます。
GetFiles	現在のディレクトリに含まれるファイルの一覧を返します。引数として検索条件を指定することができます。
GetFileSystemInfos	現在のディレクトリに含まれるファイルとサブディレクトリに関する情報を返します。引数として検索条件を指定することができます。
MoveTo	現在のディレクトリを引数として指定したパスに移動します。
Refresh	DirectoryInfoオブジェクトの状態を更新します。

●FileInfoクラス（System.IO名前空間）に属するプロパティとメソッド

● プロパティ

プロパティ	内　容
Attributes	ファイルの属性をFileAttributesの値として取得、または設定します。
CreationTime	ファイルの作成日時をDateTime値として取得、または設定します。
CreationTimeUtc	ファイルの作成日時を世界協定時刻（UTC）のDateTime値として取得、または設定します。
Directory	親ディレクトリのDirectoryInfoオブジェクトを取得します。
DirectoryName	親ディレクトリの絶対パスを表す文字列を取得します。
Exists	ファイルが存在するかどうかを示す値を取得します。存在する場合はTrueを返します。
Extension	ファイルの拡張子部分を表す文字列を取得します。
FullName	ファイルの絶対パスを取得します。
LastAccessTime	ファイルまたはディレクトリに最後にアクセスした日時をDateTime値として取得、または設定します。
LastAccessTimeUtc	ファイルに最後にアクセスした時刻を世界協定時刻（UTC）のDateTime値として取得または設定します。

A

資料

751

Appendix 1　関数、メソッド、プロパティ、イベント

●FileInfoクラス（System.IO名前空間）に属するプロパティとメソッド

● プロパティ

プロパティ	内　容
LastWriteTimeUtc	ファイルに最後に書き込みが行われた時刻を世界協定時刻（UTC）のDateTime値として取得、または設定します。
Length	ファイルのサイズを取得します。
Name	ファイルの名前を取得します。

● メソッド

メソッド	内　容
AppendText	追加モードでファイルを開き、ファイルの末尾にテキストを追加するためのStreamWriterオブジェクト*を返します。
CopyTo	現在のファイルを引数として指定したディレクトリにコピーします。オプションとして上書きの設定を行うこともできます。
Create	ファイルを作成します。
CreateText	新しいテキストファイルを作成し、書き込みを行うためのStreamWriterオブジェクト*を返します。
Delete	ファイルを削除します。
MoveTo	引数として指定したパスへファイルを移動します。オプションで新しいファイル名を指定することもできます。
Open	指定したファイルを開いて、FileStreamオブジェクト*を返します。なお、ファイルのオープンモードは、ファイルが存在しない場合にファイルを作成するかどうか、既存のファイルの内容を上書きするかどうかを、FileMode列挙体の値を使って指定します。
OpenRead	読み取り専用モードでファイルを開いて、FileStreamオブジェクトを返します。
OpenText	読み取り用として、UTF-8エンコードされたテキストファイルを開いて、StreamReaderオブジェクト*を返します。
OpenWrite	書き込みモードでファイルを開いて、FileStreamオブジェクト*を返します。
Refresh	FileInfoオブジェクトの状態を更新します。

Appendix 1 関数、メソッド、プロパティ、イベント

Formオブジェクト（System.Windows.Forms 名前空間）の プロパティ、メソッド、イベント

●フォームの外観や機能に関するプロパティ

プロパティ	内　容
BackgroundImage	フォームの背景イメージを取得または設定します。
BackColor	フォームの背景色を取得または設定します。
FormBorderStyle	フォームの境界線スタイルを取得または設定します。
Icon	フォームのアイコンを取得または設定します。
ControlBox	フォームのキャプションバーにコントロールボックスを表示するかどうかを設定します。
MaximizeBox	フォームのキャプションバーに最大化ボタンを表示するかどうかを設定します。
MinimizeBox	フォームのキャプションバーに最小化ボタンを表示するかどうかを設定します。
HelpButton	フォームのキャプションボックスにヘルプボタンを表示するかどうかを設定します。
SizeGripStyle	フォームの右下隅に表示するサイズ変更グリップのスタイルを設定します。
Opacity	フォームの不透明度を設定します。
TransparencyKey	フォームの透明な領域を表す色を設定します。

●フォームのサイズと表示位置に関するプロパティ

プロパティ	内　容
AutoScale	フォームで使用されるフォントの高さに合わせてフォームとフォーム上のコントロールのサイズを自動的に変更するかどうかを設定します。
DesktopBounds	デスクトップ上のフォームのサイズと位置を取得または設定します。
DesktopLocation	デスクトップ上のフォームの位置を取得または設定します。
StartPosition	フォームが最初に表示されるときの位置を設定します。
WindowState	フォームのウィンドウ状態（Normal、Minimized、Maximized）を取得または設定します。
TopLevel	フォームをトップレベルウィンドウとして表示するかどうかを設定します。
TopMost	フォームをアプリケーションの最上位フォームとして表示するかどうかを設定します。
MinimumSize	フォームのサイズを変更する場合の最小サイズを取得または設定します。
MaximumSize	フォームのサイズを変更する場合の最大サイズを取得または設定します。
Size	フォームのサイズを取得または設定します。

A

資料

Appendix 1　関数、メソッド、プロパティ、イベント

●モーダルフォームに関するプロパティ

プロパティ	内　容
Modal	フォームをモーダルとして表示するかどうかを設定します（Trueでモーダルとして表示）。
AcceptButton	ユーザーが Enter キーを押したときにクリックされる、フォーム上のボタンを設定します。
CancelButton	ユーザーが Esc キーを押したときにクリックされるボタンコントロールを取得または設定します。
DialogResult	モーダルフォームの操作結果（OK、Cancel、Yes、Noなど）を取得または設定します。
AutoScroll	フォームで自動スクロールを有効にするかどうかを示す値を取得または設定します。
AutoScrollMargin	自動スクロールのマージンのサイズを取得または設定します。
AutoScrollMinSize	自動スクロールの最小サイズを取得または設定します。
AutoScrollPosition	自動スクロールの位置を取得または設定します。
DockPadding	ドッキングしているコントロールのすべての端に対する埋め込みの設定を取得します。

●MDIフォームに関するプロパティ

プロパティ	内　容
ActiveMdiChild	現在アクティブなMDI子フォームを取得します。
IsMdiChild	フォームがMDI子フォームかどうかを取得します。Trueの場合は、対象のフォームがMDI子フォームであることになります。
IsMdiContainer	フォームがMDI子フォームとして設定します。Trueに設定された場合は、対象のフォームがMDI子フォームになります。
MdiChildren	対象のフォームのMDI子フォームの配列を取得します。
MdiParent	対象となるフォームのMDI親フォームを取得または設定します。

●フォームの状態に関するメソッド

メソッド	内　容
Activate	フォームをアクティブにし、そのフォームにフォーカスを移します。
Close	フォームを閉じます。
Show	コントロールを表示します。
ShowDialog	フォームをモーダルダイアログボックスとして表示します。
Hide	フォームを非表示にします。

Appendix 1　関数、メソッド、プロパティ、イベント

●フォームのサイズと表示位置に関するメソッド

メソッド	内 容
SetDesktopBounds	フォームのサイズと位置をデスクトップ上の座標で設定します。
SetDesktopLocation	フォームの位置をデスクトップ座標で設定します。

●MDIフォームに関するメソッド

メソッド	内 容
LayoutMdi	MDI子フォームを整列します。

●フォームに関するイベント

●サイズおよび位置

イベント	内 容
MinimumSizeChanged	MinimumSize プロパティの値が変更された場合に発生します。
MaximumSizeChanged	MaximumSize プロパティの値が変更された場合に発生します。
MaximizedBoundsChanged	MaximizedBounds プロパティの値が変更された場合に発生します。

●MDI関連

イベント	内 容
MdiChildActivate	MDI子フォームがアクティブになった場合、または閉じた場合に発生します。

●フォームの状態

イベント	内 容
Load	フォームが初めて表示されるときに発生します。
Activated	フォームがコード、またはユーザーの操作によってアクティブになったとき発生します。
Deactivate	フォームがフォーカスを失い、アクティブではなくなったときに発生します。
Closing	フォームが閉じる間に発生します。
Closed	フォームが閉じたときに発生します。
MenuStart	フォームのメニューがフォーカスを受け取ると発生します。
MenuComplete	フォームのメニューがフォーカスを失ったときに発生します。

●メニューに関するプロパティ

プロパティ	内 容
Menu	フォームに表示するMainMenuを取得または設定します。
MergedMenu	フォームのマージされたメニューを取得します。

A

資料

755

Appendix 1 関数、メソッド、プロパティ、イベント

コントロールに共通するプロパティ、メソッド、イベント

●コントロールのサイズと位置に関するプロパティ

プロパティ	内　容
Location	コンテナの左上隅に対する相対座標（X、Y）として、コントロールの左上隅の座標を取得または設定します。
Size	コントロールのサイズを取得または設定します。
Left	コントロールの左端のx座標をピクセル単位で取得または設定します。
Top	コントロールの上端のy座標をピクセル単位で取得または設定します。
Width	コントロールの幅を取得または設定します。
Height	コントロールの高さを取得または設定します。
Right	コントロールの右端とコンテナの左端の間の距離（x座標）を取得します。
Bounds	コントロールのサイズおよび位置を取得または設定します。
ClientRectangle	コントロールの領域を表す四角形を取得します。
Anchor	コントロールのどの端をコンテナの端に固定するかを設定する値（ビットコード化された値）を取得または設定します。
Dock	コントロールのドッキング先の親コンテナの端を設定する値（ビットコード化された値）を取得または設定します。

●コントロール上に表示するテキストに関するプロパティ

プロパティ	内　容
Text	コントロールに表示するテキストを取得または設定します。
Font	コントロールに表示するテキストのフォントを取得または設定します。
ImeMode	コントロールが選択されたときのIME（Input Method Editor）のモードを取得、または設定します。
ContextMenu	コントロールに関連付けられたショートカットメニューを取得または設定します。

●前景色と背景色

プロパティ	内　容
ForeColor	コントロールの前景色を取得または設定します。
BackColor	コントロールの背景色を取得または設定します。

●コントロールのフォーカスに関するプロパティ

プロパティ	内　容
TabIndex	Tab キーを押してフォーカスが移動するコントロールの順序。
TabStop	ユーザーが Tab キーで、このコントロールにフォーカスを移すことができるかどうかを示す値（True）を取得、または設定します。

Appendix 1 関数、メソッド、プロパティ、イベント

プロパティ	内　容
Visible	コントロールが表示されている（True）かどうかを示す値を取得または設定します。
Enabled	コントロールが使用可能（True）かどうかを示す値を取得または設定します。
Cursor	マウスポインタの状態、位置、サイズなどを取得または設定します。

●コントロールの状態に関するプロパティ

プロパティ	内　容
Created	コントロールが作成されているかどうかを示す値（True）を取得します。
Disposing	コントロールが破棄処理中かどうかを示す値（True）を取得します。
Disposed	コントロールが破棄されたかどうかを示す値（True）を取得します。

●コントロール名やコントロールを含むアプリケーションの情報に関するプロパティ

プロパティ	内　容
Name	コントロールの名前を取得または設定します。
AllowDrop	ユーザーがコントロールにドラッグしたデータを、そのコントロールが受け入れることができるかどうかを示す値（True）を取得、または設定します。
CompanyName	コントロールを格納しているアプリケーションの会社または作成者の名前を取得します。
ProductName	コントロールを格納しているアセンブリの製品名を取得します。
ProductVersion	コントロールを格納しているアセンブリのバージョンを取得します。

●コントロールのサイズと位置に関するメソッド

メソッド	内　容
BringToFront	コントロールをzオーダーの最前面へ移動します。
SendToBack	コントロールをzオーダーの背面に移動します。
FindForm	コントロールが配置されているフォームを取得します。
GetContainer	コントロールのコンテナを取得します。
GetContainerControl	コントロールの親チェインの1つ上のContainerControlを返します。
PointToClient	指定した画面上の座標を計算してクライアント座標を算出します。
PointToScreen	指定したクライアント座標を計算して画面座標を算出します。
RectangleToClient	指定した画面上の四角形のサイズと位置をクライアント座標で算出します。
RectangleToScreen	指定したクライアント領域の四角形のサイズと位置を画面座標で算出します。
SetBounds	コントロールの範囲を設定します。
SetSize	コントロールの幅と高さを設定します。
Scale	指定された比率に沿って、コントロールおよび子コントロールのスケールを設定します。
GetChildAtPoint	指定した座標にある子コントロールを取得します。

A

資料

757

Appendix 1 関数、メソッド、プロパティ、イベント

メソッド	内　容
Contains	指定したコントロールが、別のコントロールの子かどうかを示す値を取得します。
ActivateControl	子コントロールをアクティブにします。

●コントロールの外観に関するメソッド

メソッド	内　容
Show	コントロールを表示します。
Hide	コントロールを非表示にします。
Refresh	強制的にコントロールがクライアント領域を無効化し、直後にそのコントロール自体とその子コントロールを再描画するようにします。
Update	コントロールによって、クライアント領域内の無効化された領域が再描画されます。
ResetBackColor	BackColorプロパティを既定値にリセットして親の背景色を表示させます。
ResetForeColor	ForeColorプロパティを既定値にリセットして親の前景色を表示させます。
ResetCursor	Cursorプロパティを既定値にリセットします。
ResetText	Textプロパティを既定値にリセットします。

●コントロールのフォーカスに関するメソッド

メソッド	内　容
Focus	コントロールに入力フォーカスを設定します。
GetNextControl	タブオーダー内の1つ前、または1つ後ろのコントロールを取得します。
Select	コントロールを選択（アクティブ）にします。
SelectNextControl	次のコントロールをアクティブにします。

●コントロールに共通するイベント

イベント	内　容
GotFocus	コントロールがフォーカスを受け取ったときに発生します。
LostFocus	コントロールがフォーカスを失ったときに発生します。
Enter	コントロールに入力フォーカスが移ったときに発生します。GotFocusイベントの前に発生します。
Leave	入力フォーカスがコントロールを離れたときに発生します。
Validating	コントロールが検証を行っているときに発生します。
Validated	コントロールの検証が終了すると発生します。
ChangeUICues	フォーカスキュー、またはキーボードインターフェイスキューが変更されたときに発生します。
Click	コントロールがクリックされたときに発生します。
DoubleClick	コントロールがダブルクリックされたときに発生します。

Appendix 1　関数、メソッド、プロパティ、イベント

イベント	内　容
MouseDown	コントロール上でマウスボタンが押されたときに発生します。
MouseMove	マウスポインタがコントロール上を移動すると発生します。
MouseUp	マウスポインタがコントロール上にあり、マウスボタンが離されると発生します。
MouseWheel	コントロールにフォーカスがあるときにマウスホイールが動くと発生します。
MouseEnter	マウスポインタによってコントロールが入力されると発生します。
MouseHover	マウスポインタがコントロール上を移動すると発生します。
MouseLeave	マウスポインタがコントロールを離れると発生します。
KeyDown	コントロールにフォーカスがあるときにキーが押されると発生します。
KeyPress	コントロールにフォーカスがあるときにキーが押されると発生します。
KeyUp	コントロールにフォーカスがあるときにキーが離されると発生します。
HelpRequested	ユーザーがコントロールのヘルプを要求すると発生します。
DragDrop	ドラッグアンドドロップ操作が完了したときに発生します。
DragEnter	オブジェクトがコントロールの境界内にドラッグされると発生します。
DragLeave	オブジェクトがコントロールの境界の外へドラッグされると発生します。
DragOver	オブジェクトがコントロールの境界を超えてドラッグされると発生します。
GiveFeedback	ドラッグ操作中に発生します。
QueryContinueDrag	ドラッグアンドドロップ操作中に発生し、操作をキャンセルする必要があるかどうかを決定できるようにします。
Paint	コントロールが再描画されると発生します。
Invalidated	コントロールの表示で再描画が必要なときに発生します。
Move	コントロールが移動されると発生します。
Resize	コントロールのサイズが変更されると発生します。
Layout	コントロールの子コントロールの位置を変更する必要があるときに発生します。
ControlAdded	新しいコントロールがControl.ControlCollectionに追加されたときに発生します。
ControlRemoved	コントロールが削除されたときに発生します。

A

資料

Appendix 1　関数、メソッド、プロパティ、イベント

各オブジェクトに対する接頭辞（プリフィックス）

オブジェクト	接頭辞	使用例
フォーム	frm	frmApp
テキストボックス	txt	txtCustomerName
ラベル	lbl	lblMessage
チェックボックス	chk	chkGrade
ラジオボタン	rdb	rdbType
ボタン	btn	btnOpen
メニュー	mnu	mnuPrintOut
コンボボックス	cbo	cboPart
リストボックス	lst	lstGroup1
ピクチャボックス	pic	picPhoto
タブコントロール	tab	tabOptions
タイマー	tmr	tmrAlarm
垂直スクロールバー	vsb	vsbHeight
水平スクロールバー	hsb	hsbWidth
データセット	ds	dsCustomer
データグリッド	dbg	dbgAllUser

用語集

資料 Appendix 2

ここでは、Visual C# でプログラミングを行う際に使われる用語を紹介します。

英数字

● ADO：ActiveX Data Objects

Microsoft社が開発したデータベースアクセスのためのソフトウェア部品（ActiveXコントロール）のことです。

● ADO.NET

従来のADOの.NET対応版で、.NET対応のデータベースアプリケーションを作成することができます。データベースからメモリ上に読み込んだデータを作業用のデータ（非接続オブジェクト）として使用するための機能が新たに搭載され、データベースへの接続時間を最小限に留めるようになっています。また、XMLに対応し、他の環境との相互運用性が高いのが特徴です。

● API：Application Program Interface

特定のOSやミドルウェアに対応したアプリケーションを開発する際に、OSやミドルウェアに用意されている命令や関数のことです。また、これらの命令や関数を使用するための使用方法（規約）のことを指す場合もあります。

● ASP：Active Server Pages

動的にWebページを生成するための技術のことで、Webサーバーの拡張機能として実装されます。VBScriptやJavaScriptなどのスクリプト言語で記述されたプログラムをMicrosoft社のWebサーバーであるIISに搭載されたASPが処理し、処理結果をWebブラウザーに返すといった流れで処理を行います。

● ASP.NET

ASPの.NET対応版で、ASP.NETを実現するための環境は、.NET FrameworkのクラスライブラリにMまれています。.NET Frameworkを使用するVisual Basic、VisualC#、VisualC++など、様々な言語に対応しています。

● bool

論理的な真偽を扱うデータ型で、値型に属し、2バイトのTrueまたはFalseの値を扱います。

● byte

整数を扱うデータ型で、値型に属し、1バイトの0～255までの範囲の数値を扱います。

● CancelEventArgs

CancelEventArgsは、名前空間System.ComponentModelに属するクラスで、フォームやコントロールなどの操作のうち、キャンセル可能な操作を行った場合に発生するイベントを扱います。

CancelEventArgsを使うと、特定のイベントを続行、またはキャンセルすることができます。例えば、データの保存を行わずにプログラムを終了しようとした場合に、Closingイベントをキャンセルする際に使われます。

● char

文字を扱うデータ型で、値型に属し、2バイトの0～65535（符号なし）のUnicode文字を扱います。

A

資料

Appendix 2　用語集

CLR：Common Language Runtime

共通言語ランタイムとも呼ばれます。Microsoft. NET対応のプログラムが実行できる環境を提供する、JITコンパイラー、ガベージコレクター、共通型システム（CTS）、クラスローダーなどのソフトウェアやライブラリファイルが含まれます。.NET対応のプログラミング言語は、コンパイラーによって、MSIL（Microsoft Intermediate Language）と呼ばれる中間コードに変換され、実行時に、CLRのJITコンパイラー（Just-In-Time compiler）によって、ネイティブコードに変換されて実行されます。

COM：Component Object Model

Microsoft社が開発した、プログラムのコンポーネント（部品化）技術のことです。COMコンポーネントを組み合わせることで、プログラムが開発できるようになっています。

COM+：Component Object Model plus

COM+は、Microsoft.NETの前身であるMicrosoft DNAにおける中核技術として、COM、DCOM、MTS（Microsoft Transaction Server：Microsoft社のトランザクションサーバーとして開発されたソフトウェアのこと）、MSMQ（Microsoft Message Queue Server：分散処理を行うコンピューターの中で、処理を停止してしまったコンピューターがある場合に、処理を停止したコンピューターが処理を行うことが可能になった時点で処理を再開する仕組みのこと）を統合した技術です。

COM+には、従来のオブジェクトの管理機能を強化した部分として、COM+コンポーネントサービスが追加されています。COM+コンポーネントサービスでは、MTSやMSMQの機能が統合され、セキュリティの管理やメモリの管理を行うための機能などが加えられています。

DataReader

データベースからデータを読み込む処理を行うクラスです。

DataSet

Visual C#に用意されている非接続オブジェクトを生成するためのクラスのことで、データベースのデータを読み込んで、メモリ上に展開する処理を行います。メモリ上への展開を行ったあとは、データの閲覧はもちろん、データの追加や書き換えについても、メモリ上に展開されたデータに対して行い、書き換えを実行する瞬間だけ、データベースに再接続します。このように、非接続オブジェクトを使えば、データベースへの接続時間を極力少なくすることで、接続数の多いデータベースシステムであっても、パフォーマンスの低下を防ぐことができます。

DCOM：Distributed Component Object Model

Microsoft社のオブジェクト指向技術であるCOMを分散オブジェクト技術に対応させた技術仕様のことで、DCOMは、COMコンポーネントを分散環境で、等価的に利用できるようにするための通信プロトコルとして位置付けられます。

COM仕様に従って作成されたソフトウェア部品（COMコンポーネント）同士がネットワークを通じて通信を行うことで、データの交換や処理の実行を依頼するといったやり取りが行えます。COMコンポーネントを利用するクライアントは、DCOMを使うことで、ネットワークで接続された他のコンピューター上のCOMコンポーネントを利用できるようになります。DCOMでは、異なるコンピューター同士のプロセス間通信を実現します。これにより、負荷のかかる処理を実行するCOMコンポーネントを、高性能なコンピューターに配置することで、コンピューターの性能をフルに活用したシステムを構築できます。

decimal

10進数型のデータ型で、値型に属し、16バイトの$\pm 79,228 \times 10^{24}$の範囲の値を扱います。

DLL：Dynamic Link Library

複数のアプリケーションソフトが共通して利用するような汎用性の高いプログラムを部品化して抜き出したものをまとめて保存したファイルのことです。DLLとして提供されている機能であれば、異なるプ

ログラム同士で共通して利用できるので、同じ機能を実装する必要がなくなり、アプリケーションソフトの開発効率が高まるというメリットがあります。

● double
倍精度浮動小数点数型のことで、値型に属し、8バイトの－1.79769313486231570E308～1.79769313486231570E308までの範囲の値を扱います。

● do...whileステートメント
条件式が真（True）の間だけ処理を繰り返すステートメントです。条件式を最後に記述するので、繰り返し処理を最低でも1回は実行します。

● e
イベントハンドラーの第2パラメーターには、必ずSystem.EventArgsクラス、またはその派生クラスを型としたパラメーターが必要です。

System.EventArgsは、その名のとおりSystem名前空間に属するEventArgsクラスのことを指しています。このクラスは、イベントに関するデータを格納するためのクラスのスーパークラスとして存在するだけで、データの格納は行いません。

実際に、イベントデータが必要な場合は、このクラスの派生クラスを使用します。

これを整理すると、イベントハンドラーの第2パラメーターには、特にイベントデータが必要ない場合は、EventArgs型の変数（通常は「e」）を指定し、イベントデータが必要な場合は、EventArgsクラスのサブクラスを指定することになります。

● event
「event」キーワードを使うことで、ユーザー定義型の独自のイベントを作成することができます。

● float
単精度浮動小数点数型を扱うデータ型で、値型に属し、4バイトの－3.4028235E38～3.4028235E38までの範囲のデータを扱います。

● forステートメント
指定した回数だけ特定の処理を繰り返すステートメントです。

● foreachステートメント
コレクション内のすべてのオブジェクトに同じ処理を実行するステートメントです。

● GUI：Graphical User Interface
グラフィックを利用した画面を表示し、マウスなどのポインティング装置を利用して操作を行う操作画面のことです。GUIを実装したOSには、WindowsやmacOSがあります。

● IDE：Integrated Development Environment
統合開発環境のことです。Visual C#のIDEには、Webフォームデザイナーやコードエディター、コンパイラーなど、アプリケーションを開発するために必要な一連のツールが搭載されています。

● if...elseステートメント
条件によって処理を分岐するステートメントです。

● if...else if...ステートメント
3つ以上の選択肢を使って処理を分岐するステートメントです。

● IIS：Internet Information Services
Microsoft社のWebサーバーソフトで、ASP.NETプログラムを実行するためのWebアプリケーションサーバー機能を実装しています。Windows 7のHome Premium以上、およびWindows 8,10の各エディションに付属しています。

● IL：Intermediate Language
MSILの項を参照してください。

● int
整数を扱うデータ型で、値型に属し、4バイトの－2,147,483,648～2,147,483,647までの範囲の値を扱います。

Appendix 2　用語集

LIFO：Last In First Out

メモリ上に格納したデータを、新しく格納した順に取り出すようにする方式のことで**後入れ先出し方式**とも呼ばれます。スタックと呼ばれるメモリ領域では、この方法を使ってデータを扱います。

LINQ

統合言語クエリ（LINQ：Language INtegrated Query）のことで、異なる種類のデータに対して、共通の構文でフィルター、列挙などの処理を行うことができます。

LINQをサポートする言語には標準クエリ演算子（standard query operators）が定義されており、.NET Framework 3.5以降のバージョンで搭載されており、Visual Studio 2008から対応しています。

long

長整数型のデータ型で、値型に属し、8バイトの−9,223,372,036,854,775,808～9,223,372,036,854,775,807までの範囲の値を扱います。

MDI：Multiple Document Interface

親ウィンドウの中に複数の子ウィンドウを表示させるための仕組みのことです。

MSIL：Microsoft Intermediate Language

.NET対応のVisual C#などのプログラミングツールが生成する中間コードのことです。.NETは特定のOSやプログラミング言語に依存しないことを目指しているため、.NETに対応したプログラムを開発する場合は、コンパイラーによって、MSILと呼ばれる中間コードに変換します。

そして、CLR（共通言語ランタイム）のJITコンパイラー（Just-In-Time compiler）によって、ネイティブコードに変換されて、実行されます。このような仕組みを採用したことで、Microsoft.NET対応のツールで作成されたプログラムは、CLRを含む.NET Frameworkが備わったコンピューターであれば、OSの種類やCPUなどのハードウェアに関係なく実行することが可能です。

.NET Framework

Microsoft.NET対応アプリケーションの動作環境を提供するパッケージで、.NET Frameworkをインストールすると、Microsoft.NET対応のアプリケーションを動作させることができるようになります。

.NET Frameworkは、大きく分けて、.NET対応プログラムが使用するプログラム部品の集まり（クラスライブラリ）と、アプリケーションのプログラムコードをコンピューターが理解できるマシン語（機械語）に翻訳してプログラムを実行するCLR（共通言語ランタイム）という部分で構成されています。

new演算子

クラスからインスタンスを生成するための演算子です。

ODBC：Open DataBase Connectivity

Microsoft社が開発した、データベースにアクセスするための規格のことです。データベースへの接続は、データベースの種類に応じて用意されているODBCドライバによって行われるので、ODBCに定められた手順に従ってプログラムを記述すれば、データベースソフトの種類を意識することなく、データベースへの接続が可能になります。

private

アクセス修飾子の一つで、privateが指定されているプロシージャ内部で宣言した変数は、そのプロシージャ内部でのみ利用することができます。また、プロシージャの外部でprivateを指定して宣言した変数は、同一のモジュール（プログラムコードを収録した拡張子「.cs」が付くファイル）内のすべてのプロシージャから共通して利用することができます。

public

アクセス修飾子の一つで、publicを指定しておくと、すべてのモジュールから共通して利用できます。

Appendix 2　用語集

● return ステートメント

メソッドの呼び出しを行ったコードに制御を戻す場合に使用するステートメントです。

● sender

フォーム上のボタンなどのコントロールをダブルクリックすると、自動的に空のイベントハンドラーが作成されます。このとき、第1パラメーターに、「sender」が、「object sender」のように宣言されています。なお、senderはSystem.Object型の変数なので、インスタンス化によって生成されたオブジェクトの参照情報が格納されるようになり、senderの中身を参照すれば、イベントの発生源のオブジェクト名を取得することが可能となります。

● short

短整数型を扱うデータ型で、値型に属し、2バイトの−32,768〜32,767までの範囲の値を扱います。

● SOAP：Simple Object Access Protocol

XMLとHTTPなどをベースとした、他のコンピューターにあるデータやサービスを呼び出すためのXML Webサービスを実現するためのプロトコル（通信規約）です。

● SQL：Structured Query Language

データベース操作用の言語で、リレーショナルデータベースを操作します。ISOやJISで標準化されています。

● Microsoft SQL Server 2017

開発目的であれば、無償で利用できるデータベース管理ソフトです。

● static変数

「static」は、あとに続く変数名が、静的な変数であることを示すための修飾子です。

staticが付かない通常の変数は、メソッドが実行されるたびにメモリ領域に生成され、メソッドの処理が終了すると、使用していたメモリ領域が解放され

ます。

これに対し、staticが付いた変数は**静的変数**と呼ばれ、プログラムの実行時から終了時まで存在し続ける特性を持っています。

● string

文字列を扱うデータ型で、参照型に属し、1文字あたり2バイトを使用します。

● this

カレントオブジェクト（フォーカスがあるオブジェクトのこと）を参照するためのキーワードです。

実行中のオブジェクト（インスタンス）から、オブジェクトが持つ要素へアクセスしたい場合は「Me」キーワードを使います。Meを使うと、現在、実行中のオブジェクトに関する情報を自分自身のメンバーに渡すことができます。

● try...catch ステートメント

例外処理を行うためのステートメントです。tryブロックで例外を取得し、catchブロックで、例外に対応する処理を行います。

● UML：Unified Modeling Language

オブジェクト指向プログラミングを用いたプログラム開発を行う際のプログラム設計図の表記法のことで、「統一モデリング言語」と訳される場合もあります。プログラムの機能や内部構造を表記する方法は、現在では、UMLが統一的な表記法として利用されています。

UMLでは、オブジェクト指向特有の表記法に加えて、従来から利用されているフローチャートなどを利用することで、ドキュメントにすれば膨大な量になる仕様書から、重要な部分を効率よく取り出して、直感的に理解できるように図式化することができるようになっています。

● Validating

Validatingイベントは、System.Windows.Forms名前空間に属するControlクラスで定義されているイベントの1つで、任意のコントロールが参照されて

A

資料

765

Appendix 2　用語集

いる間に発生します。

Controlクラスでは、コントロールに対する複数の
イベントが定義されています。特定のコントロールに
フォーカスが移った際に、何らかの処理を行わせる
場合に使います。

● Visual Studio

Microsoft社のアプリケーション開発ツール（統
合開発環境）で、Visual Basic、Visual C#、Visual
C++などの言語を利用することができます。

● Webサービス

Web関連の技術を使い、ソフトウェアの機能を
ネットワーク（インターネット）を通じて利用できる
ようにしたサービスのことです。インターネット上に
は、様々なサービスが公開されていて、これらのサー
ビスをプログラムから直接、利用するためのSOAP
を利用したインターフェイスを利用できるようにし
ています。

● Web Forms

Webアプリケーションを作成するためのユーザー
インターフェイスのことです。Webフォーム上に、
必要に応じて各種のコントロールを配置します。

● whileステートメント

条件式が真（True）の間だけ処理を繰り返すス
テートメントです。

● Windows Forms

Windowsアプリケーションを作成するためのユー
ザーインターフェイスのことです。Windowsフォー
ム上に、必要に応じて各種のコントロールを配置しま
す。

● XML：eXtensible Markup Language

データの意味や構造を記述するためのマークアッ
プ言語の一つで、**タグ**と呼ばれる識別子を使って文
書構造を定義し、独自のタグを指定することができ
ます。

● XML Webサービス

Web上で公開されているサービスをソフトウェア
から直接、利用できるようにしたサービスのことで
す。このようなXML Webサービスは、XML（データ
フォーマット）、SOAP（通信プロトコル）、UDDI
（サービスの検索）、WSDL（サービスの利用方法の公
開）などの技術を基盤としています。

▶ あ行

● アクセス修飾子

クラスやメソッドなどにアクセスできる範囲を設
定するための修飾子でpublic、private、protected
などがあります。

● アクセスレベル

特定のアクセス修飾子を使うことで、アクセス範
囲が設定されることを指します。

● アセンブリ

.NETアプリケーションにおける実行可能ファイル
のことを呼びます。実行可能ファイルという用語とア
センブリは、どちらも同じことを指していますが、ア
センブリという用語は、実行可能ファイルを構成する
論理的な要素を説明する場合に使われます。アセン
ブリには、ヘッダー情報、MSIL（中間コード）、メタ
データが含まれています。

● 値型

Visual C#で扱うデータ型のことで、値型の変数
を宣言した場合は、スタック上に変数の値を格納す
るための領域が確保されます。スタックにデータの
格納と破棄を行うためのコードは、コンパイラーに
よって自動的に生成され、プロシージャの処理が完
了すると、スタックとして使用されていたメモリ領域
は自動的に解放されます。

スタックを使うときの特徴として、「後入れ先出し
方式（LIFO：Last In First Out）」があります。この
方式では、あとから格納した値を先に取り出して使い
ます。スタック上に格納された値型の変数の値は、変
数を含むプロシージャの終了と同時に領域が解放さ

Appendix 2　用語集

れます。

● イベント

　ボタンがクリックされた、フォームが読み込まれた、といった、特定の出来事が発生した場合に、出来事が発生したことを通知するための仕組みのことです。マウスがクリックされたことを通知するClickイベントや、フォームが読み込まれた際に発生するLoadイベントなどがあります。

● イベントドリブン

　イベントを利用して、特定のイベントが発生したときに、任意の処理を行わせるプログラミング手法を**イベントドリブン（イベント駆動型プログラミング）**と呼びます。

● イベントハンドラー

　イベントドリブンプログラミングにおいて、「マウスがクリックされた」などの特定のイベントに対応して実行される一連のステートメントのことです。

● インスタンス

　インスタンスとは、クラスによって作成されるクラスの実体のことを指す用語です。クラスには、データを扱うためのメンバー変数と、データを操作するためのメソッドやプロパティが含まれています。

　そして、クラスを実行すると、メンバー変数が使用する領域がヒープ上に確保されます。これがインスタンスです。このようなことから、メンバー変数のことをインスタンス変数と呼ぶこともあります。クラスは、メンバー変数と、メンバー変数が使用するメソッドやプロパティをセットで定義していることから、インスタンスは、メンバー変数用にヒープ上に確保された領域に格納された値であり、クラスで定義されたメソッドやプロパティと結び付いた値であるということになります。

● インスタンス化

　クラスからインスタンスを生成することです。

● インスタンス変数

　インスタンスの生成によって動的に生成される変数のことで、**メンバー変数フィールド**と呼ばれる場合もあります。

● インスタンスメンバー変数

　メンバー変数やメソッドは、クラスをインスタンス化したときに実体として存在するようになります。

　厳密には、このような変数のことを**インスタンスメンバー変数**と呼びます。クラスをインスタンス化するたびに生成されます。

● インスタンスメソッド

　メンバー変数やメソッドは、クラスをインスタンス化したときに実体として存在するようになります。

　厳密には、このようなメソッドのことを**インスタンスメソッド**と呼びます。

　クラスをインスタンス化するたびに生成されます。

● インターフェイス

　インターフェイスには、「外部との窓口」という意味があり、クラスにインターフェイスを実装することで、外部から、インターフェイスを通じてクラスへアクセスできるようになります。外部からクラスへのアクセスを常にインターフェイスを介することで、クラス内部を隠蔽（いんぺい）することができます。

● インデックス

　配列型変数の要素を識別するための番号のことで、配列要素の位置を示す働きがあります。**添え字**と呼ばれる場合もあります。

● インポート

　型名の一部を省略するための仕組みのことで、usingキーワードによって、名前空間のインポートを行います。

● 演算子

　数値同士で計算を行ったり、変数や定数に値を代入したりすることを演算と呼び、演算を行うときに、どのような演算を行うのかを指定するのが演算子で

A

資料

767

Appendix 2　用語集

す。演算子には、代入演算子、算術演算子、連結演算子、比較演算子、論理演算子などがあります。

● オーバーライド

オブジェクト指向プログラミングにおけるプログラミング手法の一つで、ベースクラス（基底クラス）を継承して、メソッドやプロパティの機能を、さらに独自の機能に書き換えるために使用するテクニックのことです。オーバーライドを使えば、既存のコードを生かしつつ、必要な部分だけを書き加えて、まったく別の機能を持つ新たなプロパティやメソッドを作り出すことができます。

オーバーライドを可能にするには、ベースクラスのoverrideキーワードをプロパティやメソッドの宣言部に追加します。

● オブジェクト

オブジェクト指向プログラミングでは、操作する対象（オブジェクト）を中心に扱います。オブジェクトは各種のコントロールやコンポーネント、さらには、クラス、クラスのインスタンスなどを指す場合に使われます。

● オブジェクト指向プログラミング

抽象化、カプセル化、継承、ポリモーフィズムなどの概念をサポートし、操作の対象を「物（オブジェクト）」を中心にプログラミングを行うのが特徴で、「主語」➡「述語」というパターンを取るプログラムコードは、自然言語と同じ構造をとります。関連するデータのまとまりと、それに対する手続き（メソッド）を一元的に管理するため、プログラムの再利用がしやすく、大規模なプログラムを効率的に開発できるという特長があります。

か行

● 型

プログラミング言語で扱うデータ形式のことです。データ型の項目を参照してください。

● 型変換

特定のデータ型の変数を異なるデータ型に変換することです。

● カプセル化

クラス内部のデータやプログラムコードを外部から隠蔽（いんぺい）し、クラス内部を保護することです。カプセル化によって保護されたクラスには、定義済みのメソッドやプロパティを通じてアクセスします。なお、クラスにインターフェイスを実装することで、カプセル化をさらに進めることができます。

● ガベージコレクション

不要となったプログラムが占有するメモリ領域の解放を行うことです。CやC++言語では、このようなメモリ管理をポインターという仕組みを使って行ってきましたが、.NET対応の開発言語では、CLR（共通言語ランタイム）のガベージコレクターを利用して、メモリの解放処理を行うようになっています。

● ガベージコレクター

不要になったメモリ領域（ガベージ）を解放する処理を行うソフトウェアのことで、ガベージコレクターはCLR（共通言語ランタイム）に含まれています。プログラムの実行中は「ガベージコレクター」がメモリを常に監視し、不要となったプログラムが占有するメモリ領域の解放を自動的に行います。このような処理は、**ガベージコレクション**と呼ばれ、不要になったメモリ領域が原因でシステムに負荷がかかったり、他のプログラムの実行が中断してしまうことがないように、不要な領域（ガベージ）を回収して連続した空き領域の確保が行われます。

● キーワード

あらかじめ定義されている予約語のことで、データ型の名前や修飾子、ステートメントとして定義されているキーワードがあります。キーワードとして予約されている文字列と同じ文字列を変数名やプロシージャ名に利用することはできません。

Appendix 2 用語集

● 共通言語ランタイム

CLR（Common Language Runtime）とも呼ばれ、Microsoft.NET対応のプログラムが実行できる環境を提供する、JITコンパイラー、ガベージコレクター、共通型システム（CTS）、クラスローダーなどのソフトウェアやライブラリファイルのセットのことを指します。

● クラス

オブジェクトをメモリ上に展開（インスタンス化）するためのプログラムコードのまとまりのことです。データのみで構成される構造体に対して、データとメソッドで構成されるのがクラスです。

クラスは、データとその振る舞い（動作）をひとまとめにしたデータ型なので、クラスを実行すると、必要なデータとメソッドへの参照情報がメモリ上に展開されます。

このような、クラスを実行してメモリ上に展開することをインスタンス化と呼び、実際にメモリ上に展開されたクラスの実体をインスタンスと呼びます。

なお、クラスで使用されるデータのことを**フィールド**、または**メンバー変数**と呼び、メソッドのことを**メンバー関数**、あるいは、たんに**メソッド**と呼びます。

● クラスメンバー

クラスで使用するメンバー変数（フィールド）、メソッド（プロパティを含む）やクラスのインターフェイス、さらには、クラス内部に入れ子になった内部クラスを指します。

● グリッドビュー

テーブルのデータをフォーム上に表示する場合に使います。編集や更新を行うためのボタンが付いています。

● グローバルスコープ

publicキーワードを使って宣言した変数や定数のスコープ（変数や定数にアクセスできる範囲）のことで、グローバルスコープを持つ変数は、同一のプロジェクト内のすべてのモジュールから利用すること

ができます。このようなグローバルスコープを持つ変数を**グローバル変数**、または**パブリック変数**と呼びます。

● グローバルフィールド

publicキーワードを使って宣言した変数で、すべてのモジュールから利用することができます。

● 継承

既存のクラスのすべての機能を引き継いで、まったく新しい別のクラスを作成することです。継承に関連して、特定のメソッドやプロパティに新たな機能を追加するオーバーライドというテクニックがあります。

● 構造体

異なるデータ型の複数の変数や定数をまとめて扱うために定義する、独自のデータ型のことです。構造体は値型に属し、様々なデータ型に関連付けられた複数の変数を入れるための変数としての役割を持っています。

● コーディング

プログラムコードを入力する作業のことです。

● コメント

プログラムコードの中に埋め込んでおくメッセージのことで、変数の内容やメソッドの役割などを書き込むために使用します。「//」に続けて入力した文字列がコメントとして扱われます。

● コンストラクター

クラスからインスタンスを生成するときに実行される初期化メソッドで、メンバー変数の初期化や初期の処理を行う際に使用します。

● コントロール

コマンドボタンやテキストボックスなど、特定の用途を実現するためのメンバーのセットのことです。IDE（統合開発環境）では、ツールボックスに表示されているコントロールの一覧から、目的のコントロー

Appendix 2　用語集

ルをドラッグ＆ドロップで配置できるようになって
います。

● コンパイラー

コンパイルを行うソフトウェアのことです。

● コンパイル

プログラムコードをコンピューター上で実行可能
な形式に変換することです。.NET Framework対応
の言語では、プログラムコードをいったんMSILと呼
ばれる中間コードに変換し、プログラムの実行時に、
JITコンパイラーによってネイティブコードに変換す
る仕組みを採用しています。

◤ さ行

● サブクラス

特定のクラス（スーパークラス）を継承して宣言さ
れたクラスのことです。

● 算術演算子

算術演算で使用する演算子のことで、＋、－、＊、
／、¥、＾、Modなどの演算子があります。

● 参照型

変数の指し示す領域に直接、値を格納せずに、値を
格納している領域への参照情報が格納されるデータ
型のことを指します。参照型の変数を宣言した場合
は、ヒープ上に変数の値を格納するための領域が確
保されます。

● 参照渡し

引数を渡す方法として、outキーワードを使用した
「値渡し」と、refキーワードを利用した「参照渡し」
が使えます。outキーワードを使った場合は、引数は
値として渡されるのに対し、refキーワードを使った
場合は、呼び出し元への参照情報が渡されます。

このため、参照渡しを使った場合は、常に呼び出し
元の変数が参照されていることになり、呼び出し先
で値が変更されると、呼び出し元の変数の値も変更
されます。

● 自動実装プロパティ

プロパティを定義する際にコンパイラーがプロパ
ティの値を保存するためのフィールドを自動的に作
成し、さらに関連するgetとsetメソッドを自動的に
生成する機能のことです。

この機能により、単純にフィールドに値を保存した
り取得したりするだけの場合は、冗長なコードを記述
せずに、シンプルなコードだけを記述できるようにな
ります。

● 条件文

特定の条件を満たすかどうかを判断するためのス
テートメントのことです。

● 条件分岐

特定の条件によって処理を分岐させることで、条
件分岐を行い、プログラムの流れを制御します。

● 初期化

変数を使用する際に、変数の値を設定することで、
変数の宣言時、または変数を使用する直前に行いま
す。

● スコープ

変数や定数にアクセスできる範囲のことをスコー
プと呼びます。スコープは、変数や定数を宣言した場
所やアクセス修飾子によって決定します。スコープ
の範囲によって、ブロックスコープ、ローカルスコー
プ（プロシージャスコープ）、モジュールスコープ、グ
ローバルスコープなどがあります。

● スタック領域

プロシージャ内部で使用される変数を格納するた
めに、メモリ上に確保される領域のことで、可能な限
りメモリ上の上位のアドレスを基点に、下位のアドレ
ス方向へ向かって確保されます。スタック領域には、
値型のデータが格納されます。

● スタティック領域

スタティック（静的）領域は、プログラムの開始時
に、メモリ上に確保される領域で、メモリの下位のア

ドレスから割り当てられます。プログラムがメモリ上にロード（読み込まれること）されるときには、関連する一連のステートメント（プロシージャ）が格納されるスタティック（静的）領域と、データを格納するためのスタックと**ヒープ**と呼ばれる領域が確保されます。

● ストリーム
　入出力時におけるデータを読み込み可能にしたり、読み書きの両方を可能にするためのデータのまとまり（オブジェクト）のことを指します。

● スレッド
　プログラムの実行単位であるプロセスの内部に生成されるプログラムの実行単位のことです。Internet Explorerでは、Webコンテンツのダウンロードを行っている間に、現在、表示中のページを印刷したり、前に表示したページに戻ったりすることができますが、これらは、Internet Explorerのプロセス内に、それぞれの処理を行うスレッドが生成されることで、実現されています。

● 制御構造
　プログラムの処理の流れを制御する仕組みのことです。

● 静的フィールド
　「静的フィールド」は、インスタンス単位ではなく、クラス単位で存在します。このため、複数のインスタンスが同じ変数を共有するために使用します。インスタンス化を行わずに利用でき、クラス内に1つだけ存在します。「static」修飾子を変数名の前に付けます。staticが付いた変数は、クラス変数として扱われます。

● 静的メソッド
　共有変数を操作するためのメソッドのことで、インスタンスメソッドと異なり、「static」修飾子を使って宣言します。静的メソッドはクラス内に1つだけ存在し、各インスタンスにおいて共有するために使用します。

● 宣言
　変数や定数、クラス、メソッド、プロパティなどのプログラムに必要な要素を使えるように定義することです。このような宣言を行う文（ステートメント）のことを宣言文と呼びます。

● 宣言コンテキスト
　クラスや構造体、あるいはそのメンバーなどのプログラムにおける要素が宣言されているコードの領域のことです。

● 添え字
　配列型変数の要素を示す番号のことで、配列の要素の位置を示す役割を持っています。**インデックス**と呼ばれる場合もあります。

● ソリューション
　アプリケーションを作成するときの単位のことです。1つのソリューションで、複数のプロジェクトを管理することができます。

た行

● 代入
　変数や定数に、特定の値を設定することを指します。

● 代入演算子
　演算子の右辺の値を左辺の要素に代入する役目を持っている演算子のことで、＝、＋＝、－＝、＊＝、／＝、￥＝、＾＝、＆＝などの演算子があります。

● 多態性
　継承を発展させた概念で、異なる複数のクラスに実装されている機能を同じ方法を使って呼び出せるようにすることです。**ポリモーフィズム**とも呼ばれます。

● データ型
　プログラミング言語で扱うデータ形式のことです。整数型、長整数型、単精度浮動小数点数型、文字型、

Appendix 2　用語集

日付型などのデータ型があり、それぞれ異なるサイズのメモリ領域を使用します。

● データアダプター

データベースのデータ取得やデータ変更の通知を管理するためのオブジェクト（コントロール）です。データベースとデータアダプターのいわゆる仲介役として機能し、データ接続を使ってデータベースへの接続を行います。

● データ接続

データベースに接続するための設定情報が格納されるオブジェクト（コントロール）です。接続先のコンピューター名のほか、接続に必要なユーザー名やパスワードなども含まれます。

● データセット

データベースのデータのコピーを保持するためのオブジェクト（コントロール）で、データベースにアクセスして、データベースのデータをメモリ上に展開する働きをします。ADO.NETを利用して開発するデータベースアプリケーションは、データベースのデータを直接、読み書きするのではなく、いったんメモリ上に、データベースのコピーとして取り出しておいたデータセットに対して、読み書きを行います。

● デザインパターン

プログラムの設計方法を複数の項目にパターン化した、プログラムの設計手法のことです。1995年に出版された『デザインパターン』という書籍の中で23の開発パターンが解説されたのをきっかけに広く普及するようになり、プログラミングのノウハウやエッセンスを目的に応じて部品のように扱えることから、特に、オブジェクト指向プログラミングの分野で多く利用されています。

● デバッガー

デバッグを行うための専用ツールのことです。

● デバッグ

プログラムの不具合を修正する作業のことです。

● デリゲート

特定の処理を行うときに、メソッドを直接、呼び出すのではなく、デリゲートを利用した間接的な呼び出しを行うための機能のことで、次のような特徴があります。

・デリゲートには、特定の処理を行うメソッドの位置が登録されており、デリゲートを呼び出すことで、メソッドによる処理を行わせることができます。
・例えば、クラスAのメソッドは、常にクラスBに処理を委ねる場合、デリゲートを利用して、メソッドAの中にメソッドBを呼び出すコードを記述します。
・呼び出し先のメソッドが常に決まっているとは限らない場合、デリゲートの実行時に適切なメソッドを呼び出すことができます。
・メソッドを参照するための型として利用することができます。
・「delegate」キーワードを使って宣言します。
・デリゲート型は、様々なメソッドを呼び出すために使用できます。ただし、同じ戻り値と、同じパラメーターを持つメソッドに限られます。
・デリゲート型のオブジェクトには、デリゲートを定義する際に指定した戻り値とパラメーターを持つメソッドを代入することができます。

な・は行

● 名前空間

関連するクラスやメソッド、インターフェイスなどをグループごとにまとめるための仕組みのことで、階層構造で管理されています。

● バイナリ

テキスト形式以外のデータ形式のことで、バイナリ形式のデータをバイナリデータ、バイナリデータを格納しているファイルのことをバイナリファイルと呼びます。実行可能形式のプログラムや、画像、音声などのデータは、すべてバイナリデータです。

Appendix 2　用語集

● **配列**

同じ型の複数のデータをまとめて管理できるデータ形式のことで、1次元配列や2次元配列などがあり、それぞれの配列の要素は、インデックス（添え字）と呼ばれる番号を使って管理します。

● **バグ**

プログラムに含まれる誤りや不具合のことで、プログラミング上の論理的な不具合から、プログラムコードを記述する上での記述ミスなどがあります。

● **パラメーター**

メソッドが受け取る値のことです。

● **比較演算子**

2つの式を比較する場合に使用する演算子で、比較の結果は、True（真）またはFalse（偽）のどちらかの値で返されます。比較演算子には、＝＝、！＝、＞、＜、＞＝、＜＝などがあります。

● **引数**

メソッドを呼び出す際に渡す値のことです。

● **ヒープ領域**

スタティック領域とスタック領域の間に位置する領域です。参照型のデータが格納されます。プログラムがメモリ上にロード（読み込まれること）されるときには、関連する一連のステートメント（プロシージャ）が格納されるスタティック（静的）領域と、データを格納するためのスタックとヒープと呼ばれる領域が確保されます。

値型の変数を宣言した場合は、スタック上に変数の値を格納するための領域が確保され、参照型の変数を宣言した場合は、ヒープ上に変数の値を格納するための領域が確保されます。ヒープ領域は、プログラムが実行された時点で1つの領域が確保され、プログラムの実行によって、参照型の値（インスタンス）を格納するために必要な領域が、逐次、動的に確保され、必要のなくなった領域は、**ガベージコレクター**と呼ばれる機能によって、解放されるようになっています。

● **ビルド**

作成したプログラムをコンパイルして、実行可能形式のファイルを作成することです。

● **フィールド**

オブジェクト指向プログラミングにおける、クラスが保持する変数や定数などをまとめて「フィールド」と呼びます。

● **フィールド**

データベースにおける、テーブルの列にあたり、顧客情報を扱うテーブルであれば、名前、住所、電話番号などの列見出し（フィールド名）によって、データを管理します。

● **プリフィックス**

変数名などの識別子の直前に付ける文字列のことで、**接頭辞**とも呼ばれます。

● **ブレークポイント**

デバッグを行う際に、プログラムの実行を一時的に停止させる場所のことです。

● **プロジェクト**

開発するアプリケーションを管理する単位のことでプロジェクトを作成することによって、プロジェクトの名前と同名のフォルダーが作成され、この中に、アプリケーションの開発に必要なファイルが保存されます。

● **プロセス**

アプリケーションソフトの実行単位のことです。OSから見た処理の実行単位を指す用語であるタスクと、ほぼ同じ使い方をされています。Windowsは、マルチプロセス（マルチタスク）に対応したOSで、CPUの処理時間を分割して、複数のアプリケーションソフト（プロセス）に割り当てることで、同時に複数のアプリケーションソフトを平行して実行することができるようになっています。実際は、非常に短い間隔で処理の対象となるプロセスを切り替えているのですが、見かけ上は、複数のアプリケーションソフ

A

資料

773

トが同時に動いているように見えます。

● ブロックスコープ

条件判断構造に含まれる一連のステートメントを
コードブロックと呼び、コードブロック内で宣言され
た変数や定数のスコープ（使用できる範囲）のことを
指します。ブロックスコープにおけるスコープは、宣
言されたブロック内になります。

● プロパティ

オブジェクトが持っている特有の値のことです。
特定のオブジェクトのプロパティを設定するには、
「＜オブジェクト名＞.＜プロパティ＞ ＝ ＜値＞」の
ようなステートメントを記述します。

● ベースクラス

継承を行う際の元となるクラスのことで、スー
パークラス、**基底クラス**とも呼ばれます。

● 変数

プログラム内で使用するデータを一時的に格納す
る役目を持った文字列です。変数に数値や文字など
のデータを入れておけば、目的の変数を呼び出すこ
とによって、いつでも変数に格納された値を利用す
ることができます。変数には、一時的にデータを格納
しておくことができるので、ユーザーが入力した値
や特定の計算結果の格納や、データを受け渡しする
場合には、すべて変数を使って処理を行います。

● ポリモーフィズム

継承を発展させた概念で、異なる複数のクラスに
実装されている機能を同じ方法を使って呼び出せる
ようにすることです。多態性とも呼ばれます。

ま行

● マルチスレッド

同一のプロセス内部で、複数のスレッドを同時並
列的に実行することを指します。

● メソッド

メソッドとは、特定のオブジェクトに対して何らか
の処理を行わせるためのステートメントのことを指
します。オブジェクトの設定値がプロパティであるの
に対し、オブジェクトに対する処理がメソッドです。

メソッドには、メソッドが使用する値（引数と呼
ぶ）を指定して、処理を行わせることができます。

● メンバー

クラスで使用するメンバー変数（フィールド）、メ
ソッド（プロパティを含む）やクラスのインター
フェース、また、クラス内部に入れ子になった内部ク
ラスのことを指します。

● 戻り値

メソッドが処理結果として返す値のことです。

や・ら行

● 予約語

データ型の名前や修飾子、ステートメントとして、
あらかじめ定義されている文字列のことで、キー
ワードと呼ばれる場合もあります。予約されている文
字列と同じ文字列を変数名やメソッド名に利用する
ことはできません。

● ライブラリ

特定の機能を持ったプログラムを、他のプログラ
ムから利用できるように部品化した上で、これらのプ
ログラム部品を1つのファイルにまとめたものをラ
イブラリと呼びます。

● ループ

特定の条件を満たすまで、繰り返し行われる処理
のことを指します。

● 例外

プログラムの実行時に発生するシステムエラー以
外のエラーのことを指します。

Appendix 2　用語集

● 例外処理

例外が発生したときに、例外に対応するために実行する処理のことを指します。

● レコード

データベースにおけるテーブルの行にあたり、設定されたフィールドに従ってデータが入力されます。

● 連結演算子

連結演算子は、文字列同士を連結するための演算子です。

● ローカルスコープ

特定のメソッド内で宣言された変数や定数のスコープは、宣言されたメソッド内になります。このようなスコープのことをローカルスコープと呼びます。ローカルスコープを持つ変数は、**ローカル変数**と呼ばれます。

● 論理演算子

論理演算子は、複数の条件式を組み合わせて、複合的な条件の判定を行う場合に利用します。判定の結果は、True（真）または False（偽）のどちらかの値で返されます。

A

資料

775

用語索引

ひらがな・カタカナ

■あ行

アクセシビリティ ……………………………… 270
アクセス修飾子 ………………………………… 86,766
アクセスレベル ………………………………… 766
アセンブリ ……………………………………… 513,766
アセンブリ情報ボタン ………………………… 516
値型 ……………………………………………… 66,69,766
アダプター ……………………………………… 604
後入れ先出し方式 ……………………………… 70
アンカー ………………………………………… 241,526
アンボクシング ………………………………… 128
暗黙的な型変換 ………………………………… 115,118,120,255
一意 ……………………………………………… 573
イテレーター …………………………………… 231
イベント ………………………………………… 425,767
イベントドリブン ……………………………… 767
イベントドリブンプログラミング …………… 425
イベントハンドラー …………………………… 113,337,767
インクリメント ………………………………… 103
印刷 ……………………………………………… 401,492
印刷機能 ………………………………………… 483
印刷ダイアログボックス ……………………… 485
印刷プレビュー ………………………………… 502,503
印刷プレビューダイアログボックス ………… 502
インスタンス …………………………………… 62,767
インスタンス化 ………………………………… 767
インスタンス変数 ……………………………… 767
インスタンスメソッド ………………………… 292,294,767
インターフェイス ……………………………… 350,355,767
インターフェイスの実装クラス ……………… 357
インターフェイスの宣言 ……………………… 356
インデクサー …………………………………… 201,586
インデックス …………………………………… 194,767
インテリセンス ………………………………… 403
インポート ……………………………………… 767
エイリアス ……………………………………… 64,160
エスケープシーケンス ………………………… 150
エスケープ文字 ………………………………… 148

エラー一覧 ……………………………………… 146
エラー関連の用語 ……………………………… 561
エラーの種類 …………………………………… 561
演算 ……………………………………………… 95
演算子 …………………………………………… 95,767
エンタープライズ ……………………………… 34
オーバーフロー ………………………………… 142,144
オーバーライド ………………………………… 151,326,329,330,555,768
オーバーロード ………………………………… 306,313,326
大文字方式 ……………………………………… 84
オブジェクト …………………………………… 73,768
オブジェクト指向プログラミング …………… 768
オペランドフェッチ …………………………… 629

■か行

開始タグ ………………………………………… 710
外部クロック …………………………………… 640
カウンター変数 ………………………………… 174
型 ………………………………………………… 768
型パラメーター ………………………………… 217
型変換 …………………………………………… 768
カッコ …………………………………………… 224
カプセル化 ……………………………………… 268,768
ガベージコレクション ………………………… 33,768
ガベージコレクター …………………………… 33,72,83,768
可変長のパラメーター ………………………… 291
可変長の文字列データ型 ……………………… 574,575
画面構築言語 …………………………………… 714
空のメソッド …………………………………… 351
カラム …………………………………………… 567
空要素タグ ……………………………………… 710
カレンダーコントロール ……………………… 450
感情 ……………………………………………… 519,534
キーワード ……………………………………… 61,63,768
機嫌変動値 ……………………………………… 546
擬似乱数 ………………………………………… 179
キャスト ………………………………………… 116,118,122
キャスト演算子 ………………………………… 116,123,141
行 ………………………………………………… 567
競合状態 ………………………………………… 664
共通型システム ………………………………… 64,66

776

共通言語ランタイム	30,31,33,769
クアッドコア	673
クエリ	618
クエリ式	237
具象クラス	351,352
区分線	422,422
組み込み型	135
クライアントサイド型	691
クラス	58,73,264,769
クラス型の配列	373,377,378
クラスの定義	266
クラス名	265
クラスメンバー	769
クラスライブラリ	29,30
繰り返しステートメント	173
グリッド	420
グリッドビュー	703,769
クリティカルセクション	641,663
グローバルスコープ	769
グローバルフィールド	769
グローバル変数	769
クロスローダー	33
クロック	640,657
クロック周波数	657
クロック倍率	640
継承	78,316,320,769
構成マネージャー	517
構造化エラー処理	505
構造体	78,250,769
構造体の定義	251
構造体のメンバー	251
後置インクリメント演算	103
構文エラー	561
コーディング	769
コードエディター	48
コードペイン	575
コードベースのセキュリティ	33
固定長の文字列データ型	574
固定長文字列データ型	574
コネクション	604
コメント	156,769
コメントアウト	156
コモンコントロール	399
コレクション	189,193
コレクション・クラス	213
コレクション初期化子	212

コンストラクター	277,309,310,769
コンストラクターのオーバーロード	309,313
コンソールアプリケーション	46
コンソロールウインドウ	61
コンテナー	400
コンテンツ	711
コントロール	50,399,413,414,769
コンパイラー	31,770
コンパイル	31,770
コンポーネント	401,413

■さ行

サーバーサイド型	691
サフィックス	137,145
サブクラス	320,770
サブメニュー	423,426
算術演算子	97,770
参照型	66,69,74,770
参照型のパラメーター	373,374
参照情報	287
参照変数	373
参照渡し	287,770
シーケンシャル出力モード	477
ジェネリック	216,292
ジェネリッククラス	217,219
ジェネリックメソッド	230,297
辞書	522
指数	138
指数表記	138
実行可能ファイル	512,513,517,518
実行時エラー	561
実行時型識別	333
実数リテラル	138
実装	351
自動実装プロパティ	281,770
自動変数ウインドウ	511
シミュレーター	718
終了タグ	710
主キー	573
条件演算子	308
条件文	770
条件分岐	770
初期化	86,770
初期化子	212
書式指定文字	130

Index　用語索引

書式メニュー	457
ジョブ	631
ジョブ管理	631
ジョブステップ	632
数値リテラル	110
スーパークラス	320
スーパークラス名	342
スーパースカラ方式	630
スーパーパイプライン方式	630
ズームメニュー	731
スコープ	87,770
スタート画面	43
スタイルシートファイル	693
スタック	69,70,72
スタックポインター	77
スタック領域	770
スタティック	72
スタティック領域	72,770
ステージ	629
ステートメント	58,59
ステップアウト	508
ステップイン	508
ステップオーバー	508
ステップ実行	506,508
ストリーム	771
スナップ	420
スモールビジネス	34
スレッド	385,628,633,771
スレッドセーフ	663,688
スレッドプール	634,668,669
正規表現	519,525,544
制御構造	771
制御文字	150
整数型	137
整数型の変数宣言	139
整数データ型	574
静的フィールド	771
静的メソッド	292,294,771
整列用のボタン	481
接続型データアクセス	581
接続文字列	577,578,616,622
宣言	771
宣言コンテキスト	771
選択ステートメント	161
前置インクリメント演算	103
添え字	771

ソースコードエディター	40
ソースファイル	58,693
属性	384
ソリューション	41,771
ソリューションエクスプローラー	52,111,383
ソリューションのビルド	517

■た行

ダイアログ	402
タイトルバー	432
ダイナミックヘルプ	55
代入	81,771
代入演算子	96,771
タイプパラメーター	217
タイムスライス	652
多重定義	309,313
タスク	632
タスクスケジューラー	632
タスクスケジューリング	652
多態性	341,345,771
単一継承	355
単項演算子	104
単純代入演算子	104
チェックボックス	437
遅延実行	238
逐次制御方式	657
チャットボット	330
抽象クラス	350,351
抽象メソッド	350,351
ツールウィンドウ	47
ツールウィンドウの自動非表示	54
ツールボックス	50,714
定義済みのデリゲート型	292,299
定数	92
データ	400
データアダプター	701,772
データ型	64,69,771
データ型の変換	118
データ接続	604,701,772
データセット	577,581,603,604,772
データソース	703
データソースウインドウ	610
データプロバイダー	577,581
データベース	568
データベース管理システム	566

Index　用語索引

データベース連携型Webアプリ	701
テーブル	567
テーブルデザイナー	571
テキストボックス	431
デクリメント	103
デコード	629
デザインパタン	772
デスクトップアプリ	28
デッドロック	665
デバッガー	506,772
デバッグ	40,70,506,772
デバッグの停止	509
デフォルトコンストラクター	277,309
デリゲート	365,634,772
デリゲート型	298
デリゲートの宣言	366
同期制御	658
統合開発環境	27
統合言語クエリ	618
動的メソッド呼び出し	365
ドキュメントウインドウ	47
ドキュメントコメント	187
匿名メソッド	302

■な行

内部クロック	640
名前空間	58,157,172,772
名前を付けて保存ダイアログボックス	468,479
二項演算子	104
ネームスペース	58,157
ネスト	159
値渡し	287

■は行

排他制御	658,663
排他ロック	641
バイナリ	772
パイプライン方式	630
配列	193,773
配列の要素数	256
バインディングナビゲーター	611,612
バグ	40,773
パスカル記法	84,271
パターン辞書	523,524
バックグラウンドスレッド	649

ハッシュ関数	151
パブリック変数	769
パラメーター	286,773
パラメーター指定子	587
ハンガリアン記法	84,271
反復子	231
ヒープ	72
ヒープ領域	83,773
比較演算子	98,773
引数	283,286,773
非接続型データアクセス	581
非同期データセット	605
非同期デリゲート	668
表示メニュー	50
標準定義データ型	64
ビルド	396,513,773
ビルドエラー	561
ファイルを開く	468
フィールド	79,268,773
フィールド定数	93,94
フィールドのスコープ	87
フィールドの宣言	268
フォアグラウンドスレッド	649,652
フォーム	398,404
フォントダイアログボックス	415
複合書式指定文字列	587
複合代入演算子	104
プッシュピン	54
浮動小数点数型	142,145
プライマリーキー	573
プリフィックス	773
ブレークポイント	506,510,773
プレースホルダー	131
プログラミング言語	714
プログラム	58
プログレスバー	683
プロジェクト	39,40,42,773
プロジェクトリソースファイル	408
プロセス	385,632,773
ブロック	175
ブロックスコープ	774
プロパティ	269,405,774
プロパティウインドウ	53
プロパティの定義	269
プロパティページ	516
フロントエンド	691

索引

779

Index 用語索引

ページ設定ダイアログボックス	503
ベースクラス	774
ヘキサコア	673
ベクターグラフィックス	241
ヘッダー情報	513
ヘルプ	55,390
変数	79,774
変数に値を代入する	79
変数のスコープ	87
変数の宣言	79,80
変数名	84
ボクシング	126
ボタンコントロール	427
ポリモーフィズム	320,329,341,345,774

■ま行

マイクロプロセッサ	630
マザーボード	657
マニフェスト	513
マルチキャストデリゲート	371
マルチコア	673
マルチスレッド	385,628,633,774
マルチタスク	385,628,631,632
マルチプロセス	385,628,631,632
無限ループ	184
無名配列	312
明示的な型変換	116,122
命令フェッチ	629
メソッド	58,61,283,284,292,769,774
メソッドのオーバーロード	306
メソッドの再定義	330
メソッドの定義	271
メタデータ	513
メタ文字	525
メッセージボックス	450
メッセージループ	384
メニュー	423,424
メニューとツールバー	400
メンバー	251,774
メンバー変数	85
モードレス	428
文字型	148
文字リテラル	110
文字列リテラル	110
戻り値	283,292,774

■や行

優位順位	97
ユーザーインターフェイス	397
ユーザー定義型	135
ユーザー定義データ型	65
ユニーク	573
ユニバーサルWindowsアプリ	28,708,709
要素	194,710
呼び出し式	292
予約語	774

■ら行

ライブラリ	774
ラウンドロビン	652
ラジオボタン	438
ラスターグラフィックス	241
ラムダ式	293,296,301,638,680
乱数	179
ランタイム	31
ランダム	179
リストボックス	440
リソース	155
リソースの選択	408
リテラル	110
リレーショナルデータベース管理システム	566
リンク	365,396
ループ	774
レイアウト	415
レイアウトツールバー	482,484,487
例外	774
例外処理	775
レコード	567,775
レスポンスタイム	628,638
列	567
列挙体	258
連結演算子	97,775
ローカルウインドウ	511
ローカルスコープ	775
ローカル定数	93
ローカル変数	79,85
ローカルリソース	408
ロック	641
論理エラー	506,561
論理演算子	98,273,775
論理型	148

Index 用語索引

アルファベット

■A

Abort() メソッド	656
abstract	364
Action<T> デリゲート	222
Adapter	604
Add() メソッド	213
AddMethod() メソッド	664
Adjust_mood() メソッド	539
ADO	761
ADO.NET	564,565,761
API	761
API リファレンス	187
Append() メソッド	155
Application.Run() メソッド	384,385
ARGB	406
ArrayList クラス	213,219
ASP	761
ASP.NET	691,761
ASP.NET Web アプリケーション	695
AssemblyInfo.cs	515

■B

BackColor プロパティ	191,406,408,416,417,430
base キーワード	324
Binding クラス	726
BindingNavigator コントロール	605
BindingSource コンポーネント	604
bool 型	148,761
Boxing	119,126
break キーワード	186
byte	761

■C

CancelAsync メソッド	686
CancelEventArgs	761
CancellationPending プロパティ	686
CenterScreen	410
char 型	148,574,761
Checked プロパティ	163,443
class キーワード	383
Close() メソッド	429
CloseMainWindow() メソッド	460

■C (continued)

CLR	30,31,33,513,762
Color 構造体	406
COM	762
COM+	762
Connection	604
Console.WriteLine() メソッド	70
const キーワード	93
Contains() メソッド	105
ControlBox プロパティ	432
Controls コレクション	189,192
Convert.ToInt32() メソッド	114,125,255
Convert クラス	119,124,142,154,433
CPU	630
CPU のマシンサイクル	629
CTS	64,66
C#	27,402,491

■D

DataAdapter	701
DataGridView コントロール	605
DataReader	762
DataSet コンポーネント	605,762
DateString プロパティ	463
DateTime 型	124,462
DateTime.Now プロパティ	467
DateTimePicker コントロール	451,453
DCL	617
DCOM	762
DDL	617
decimal 型	147,762
DELETE 文	605
DialogResult 列挙型	455
Dictionary<Tkey,Tvalue> クラス	220
Disp メソッド	341
Dispose() メソッド	387
DLL	762
DML	617
double 型	145,763
do...while ステートメント	188,763
DrawString() メソッド	500

■E

e	763
ElementName プロパティ	726
EndsWith() メソッド	105

781

Index 用語索引

Enter() メソッド 674
enum ステートメント 258
event 763
EXE ファイル 513,514
Exit() メソッド 428,429,674

■F

float 763
Font プロパティ 415
Font.GetHeight() メソッド 499
for キーワード 174
for ステートメント 682,763
foreach ステートメント 189,677,763
ForeColor プロパティ 416,417
Form 404
Form1.cs 382,389
Form1.Designer.cs 382,386
Func 297

■G

GDI 384
GDI+ 384
get アクセサー 269
GridSize プロパティ 420
GroupBox 418
GUI 39,337,397,404,763

■H

Height 420
HTML ファイル 693
Hyper-V 717

■I

IDE 27,763
if ステートメント 284,308
if...else ステートメント 162,763
if...elseif... ステートメント 763
if...else if…else if ステートメント 164
IIS 690,763
IIS Express 692
IL 763
ImeMode プロパティ 419
InitializeComponent() メソッド 390
INSERT INTO...VALUES 文 591

int 型 65,574,763
Interval プロパティ 465
IsBackground プロパティ 649,652

■J

JIT 513
JIT コンパイラー 31,33

■L

LayoutMode 420
Length プロパティ 256
Length() メソッド 256
LIFO 764
LIKE 演算子 595
LINQ 236,618,764
LINQ to ADO.NET 618
LINQ to DataSet 619
LINQ to Objects 236,618
LINQ to XML 618
List ジェネリッククラス 217
ListBox 440,596
List<T> ジェネリッククラス 222
LoadFile() メソッド 467
Location プロパティ 412
lock ステートメント 663
long 764

■M

Main() メソッド 62
MDI 764
MeasureString() メソッド 499
MEF 41
MenuStrip コントロール 421
MessageBoxButtons 列挙体 454
MessageBox.Show() メソッド 172,455
Microsoft SQL Server 765
Mode プロパティ 726
Monitor クラス 658,667,674
Monitor.Enter() メソッド 660
MouseClick イベント 504
MPU 630
MSIL 31,513,764
MultiSimple 442

Index　用語索引

■N

namespace キーワード	383
nchar	574
new 演算子	764
new キーワード	246
Next() メソッド	179
null キーワード	152,571
nvarchar	575

■O

object 型	151
ODBC	764
OLE	467
OleDbConnection クラス	565
OpenFileDialog コントロール	478
OracleConnection クラス	565
out キーワード	290,721

■P

PageSetupDialog コントロール	483,502
Parallel クラス	678,679
Parallel.ForEach() メソッド	681
Parallel.Invoke() メソッド	677,679
partial キーワード	386,390
Path プロパティ	726
PrintDialog コントロール	483
PrintDocument オブジェクト	492
PrintDocument クラス	488
PrintDocument コントロール	483
PrintPageEventArgs クラス	494
PrintPreviewDialog コントロール	483,502
private キーワード	268,764
private メソッド	370
Process コンポーネント	458
Procram.cs	382,383
property キーワード	269
public	764
Pulse メソッド	674

■R

RDBMS	566
ref キーワード	287
return ステートメント	284,765
RGB	417

■S

RGBA	406
RichTextBoxStreamType 列挙体	467
RTTI	333

saveFileDialog コントロール	472
ScrollBars プロパティ	461
SDI	398
select 句	244
Select() メソッド	245
SelectedItem プロパティ	440
SelectionMode プロパティ	441,442
sender	765
set アクセサー	269
short	765
ShowDialog() メソッド	479,482
ShowGrid	420
SizeF 構造体	498
Sleep() メソッド	644
SnapToGrid	420
SOAP	765
SQL	564,765
SqlCommand クラス	581,583
SqlConnection クラス	565,581,582
SqlDataReader クラス	585
Start() メソッド	636
Start(Object) メソッド	636
StartPosition プロパティ	410,411
StartsWith() メソッド	105
STAThreadAttribute クラス	384
static 変数	765
string 型	152,765
StringBuilder クラス	154
String.Format() メソッド	129,130
String.StartsWith メソッド	722
Substring() メソッド	500
subtractMethod() メソッド	664
switch ステートメント	170

■T

TableAdapter コンポーネント	605
Text プロパティ	389,409,414,424
TextBox コントロール	471
this キーワード	190,317,765
Thread オブジェクト	680

索引

783

Index 用語索引

Thread.Join()メソッド	654
ThreadPoolクラス	634,668,669
ThreadState列挙体	641
Timerコントロール	462
Timerコンポーネント	465
TimeStringプロパティ	463
ToBoolean()メソッド	149
ToChar()メソッド	149
toString()メソッド	154
Transfer()メソッド	646
Treadクラス	634,635
try...catchステートメント	505,765

■U

UI	397
UML	765
Unboxing	119,128
Update()メソッド	539
UriKind列挙体	722
Uri.TryCreateメソッド	721
usingキーワード	157,160,383
UWPアプリ	28

■V

Validating	765
varchar	574
varキーワード	82,211
Visual C#	27,690
Visual Studio	27,34,41,766
Visual Studioの画面構成	47
Visual Studio Community 2019	34
voidメソッド	62

■W

Wait()メソッド	674
WCF	41
WCS	41
Webアプリ	691
Webアプリケーションサーバー	692
Webサーバー	692
Webサービス	766
Webフォーム	696
Webフォームコントロール	692
Webフォーム用ファイル	693

Web Forms	766
WebViewコントロール	719,720
WF	41
whileステートメント	182,188,766
Width	420
Windowsアプリアートギャラリー	731
Windowsフォーム	29,398
Windowsフォームデザイナー	40,48
Windowsランタイム	708,709
Windows Forms	766
Win32アプリ	28
Win32 API	709
WPF	41
WPFアプリ	28
WriteLine()メソッド	62

■X

XAML	708,710
XML	766
XML Webサービス	766

■Y

yieldステートメント	232

記号・数字

■記号

#	134
&&	273
.NET Framework	29,41,695,764
||	273
＋演算子	235
＝＝演算子	229

■数字

0	134
0x	65
1次元配列	194
2次元配列	205
10進数型	147
10進数表記	138
24時間形式の時刻と組み合わせた日付	575

Visual C# 2019
パーフェクトマスター

発行日	2019年10月25日	第1版第1刷
	2020年10月 1日	第1版第2刷

著 者　金城　俊哉
　　　　（きんじょう　としや）

発行者　斉藤　和邦
発行所　株式会社　秀和システム
　　　　〒135-0016
　　　　東京都江東区東陽2-4-2　新宮ビル2F
　　　　Tel 03-6264-3105（販売）Fax 03-6264-3094
印刷所　三松堂印刷株式会社　　　Printed in Japan

ISBN978-4-7980-5912-9 C3055

定価はカバーに表示してあります。
乱丁本・落丁本はお取りかえいたします。
本書に関するご質問については、ご質問の内容と住所、氏名、
電話番号を明記のうえ、当社編集部宛FAXまたは書面にてお送
りください。お電話によるご質問は受け付けておりませんので
あらかじめご了承ください。

サンプルデータの解凍方法

🌐 **ダウンロードページ**
http://www.shuwasystem.co.jp/books/pmvcshap2019no181/

サンプルデータは、zip形式で章ごとに圧縮されていますので、解凍してからお使いください。

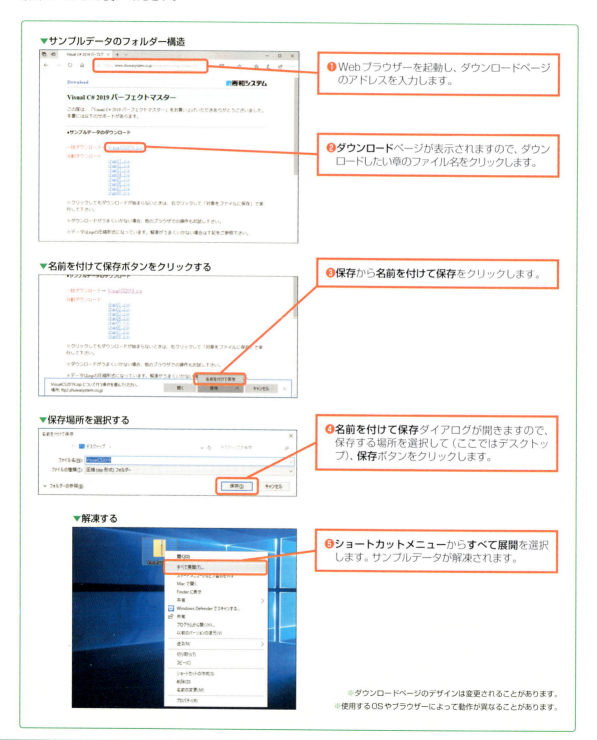

▼サンプルデータのフォルダー構造

❶ Webブラウザーを起動し、ダウンロードページのアドレスを入力します。

❷ ダウンロードページが表示されますので、ダウンロードしたい章のファイル名をクリックします。

▼名前を付けて保存ボタンをクリックする

❸ 保存から名前を付けて保存をクリックします。

▼保存場所を選択する

❹ 名前を付けて保存ダイアログが開きますので、保存する場所を選択して（ここではデスクトップ）、保存ボタンをクリックします。

▼解凍する

❺ ショートカットメニューからすべて展開を選択します。サンプルデータが解凍されます。

※ダウンロードページのデザインは変更されることがあります。
※使用するOSやブラウザーによって動作が異なることがあります。